A. A. RODE

DAS WASSER IM BODEN

ALEXEI A. RODE

DAS WASSER IM BODEN

Neubearbeitete Ausgabe
In deutscher Sprache herausgegeben von

Prof. Dr. phil. MAX TRÉNEL
Direktor des Instituts für Pflanzenernährung, Bodenbiologie und Bodenchemie der Humboldt-Universität Berlin

Mit 108 Abbildungen und 143 Tabellen

AKADEMIE-VERLAG · BERLIN
1959

А. А. РОДЕ
ПОЧВЕННАЯ ВЛАГА

Erschienen im Verlag der Akademie der Wissenschaften der UdSSR
Moskau 1952

Übersetzt aus dem Russischen von Dr. agr. Eugen Kahn

Die Herausgabe dieses Werkes wurde durch
den Kulturfonds der Deutschen Demokratischen Republik gefördert

Erschienen im Akademie-Verlag GmbH, Berlin W 8, Mohrenstraße 39

Lizenz-Nr. 202/100/664/59
Gesamtherstellung: VEB Druckererei „Thomas Müntzer" Bad Langensalza
Bestell- und Verlagsnummer: 5307
Printed in Germany
ES 22 D

VORWORT DES HERAUSGEBERS

Die vorliegende Monographie von A. RODE „Das Wasser im Boden" ist keine wörtliche Übersetzung, sondern stellt eine gekürzte Neuauflage in deutscher Sprache dar, die in enger Zusammenarbeit mit dem Autor auf Grund einer wörtlichen Rohübersetzung erstellt worden ist. Die Hauptschwierigkeit lag in der verschiedenen Terminologie; hierfür ein bemerkenswertes Beispiel: Die „salzfreie Wasserhaut" heißt im Russischen der „nichtlösende Raum". Für eine internationale Zusammenarbeit ist deshalb eine einheitliche Terminologie notwendige Voraussetzung.

Der Unterzeichnete hofft, daß es gleichwohl gelungen ist, den besonderen Charakter des russischen Originals zu erhalten. Auch wer mit der weit ausholenden, tiefschürfend kritischen, aber stets interessanten Darstellung der komplexen Fragen durch den Autor, insbesondere mit der außerordentlich weit getriebenen Differenzierung der Wasserformen im Boden nicht ohne weiteres einverstanden sein kann, wird das Erscheinen dieser Monographie begrüßen, weil sie eine gute Übersicht nicht nur über die internationale Literatur, sondern auch über die immer noch schwer zugängliche Literatur der UdSSR liefert.

Beim Vergleich der Rohübersetzung mit dem Original wurde ich von meinem Assistenten Herrn Dr. LINDNER unterstützt; die Durchsicht der mathematischen Formeln lag in den Händen von Herrn Dr. RINNO.

Prof. Dr. phil. M. TRÉNEL
Direktor des Instituts für Bodenkunde
und des Instituts für Pflanzenernährung,
Bodenchemie und Bodenbiologie der
Humboldt-Universität Berlin

AUS DEM VORWORT DES VERFASSERS

> Das Wasser mit den in ihm gelösten Nährstoffen ist für Boden und Untergrund das, was das Blut für den lebenden Organismus ist: Ohne Wasser — kein Boden. Deshalb ist seine Wasserführung von größter Bedeutung für die Bodenbildung. G. N. Wyssozki

Das Bodenwasser stellt einen der wichtigsten Bestandteile des Bodens dar, weil es eine maßgebliche Rolle bei der Bodenbildung spielt. Die Verlagerung der verschiedenen Stoffe im Boden, durch die das Bodenprofil gebildet wird, geht vorwiegend in Form von Lösungen vor sich. Zugleich ist das Bodenwasser außerordentlich stark an verschiedenen Stoffumwandlungen beteiligt, wie z. B. an der Verwitterung der Mineralien und am Auf- und Abbau der organischen Substanz.

Der Übergang des Bodenwassers aus der flüssigen in die feste Phase übt einen sehr großen Einfluß auf den physikalischen Zustand des Bodens aus. Ohne Kenntnis der Gesetze, die Bewegung und Verhalten des Wassers im Boden steuern und von denen die Wechselbeziehungen zwischen Wasser und den übrigen Bodenbestandteilen abhängen, wären die Vorgänge der Bodenbildung unverständlich.

Nicht weniger groß ist die Bedeutung, die das Bodenwasser für die Bodenfruchtbarkeit und damit für die landwirtschaftliche Erzeugung hat. Die Beherrschung des Wasserhaushaltes im Boden ist wohl die allerwichtigste Voraussetzung für Maßnahmen zur Ertragssteigerung der landwirtschaftlichen Kulturflächen. Der Plan zur Umgestaltung der Natur für die Leistungssteigerung der landwirtschaftlichen Produktion bezweckt sowohl die Reorganisation des Wasserhaushaltes des gesamten Territoriums der UdSSR als auch im einzelnen die der Wasserführung des Bodens überhaupt.

Auch für andere Volkswirtschaftszweige, wie Forstwirtschaft, Straßenbau, Wasserbau, ist es wichtig, die Gesetze vom Verhalten des Wassers im Boden zu kennen.

Bei der Lösung einer der oben angeführten Fragen wird es in den meisten Fällen nicht möglich sein, die Wasserführung des eigentlichen Bodens von der des Muttergesteins scharf abzugrenzen. Wir müssen diese Fragen vielmehr im Zusammenhang betrachten, weil zwischen Boden und Untergrund ein ständiger Wasseraustausch, einschließlich der darin gelösten Stoffe und Gase, vor sich geht. Die Geschwindigkeit dieses Austausches kann sehr verschieden sein. Wenn wir deshalb von der Wasserführung des Bodens sprechen, dann verstehen wir darunter das Wasser im gesamten Bodenprofil.

Die große Bedeutung, die das Wasser für die Landwirtschaft hat, wurde vom Menschen bereits in den Anfängen des Ackerbaues erkannt, wie Bewässerungsanlagen im Altertum erkennen lassen. Die Entwicklung der Bewässerungsmethoden ging natürlich rein empirisch vor sich, obwohl selbstverständlich auch damals schon die gesammelten Erfahrungen und die erkannten Gesetze ausgewertet wurden.

Die Agrarwissenschaft, die sich in der ersten Hälfte des vergangenen Jahrhunderts in Westeuropa zu entwickeln begann, beschäftigte sich natürlich auch mit dem Verhalten des Wassers im Boden. In diesem Zusammenhang erschienen in der landwirtschaftlichen Literatur Veröffentlichungen über Ergebnisse von Laboratoriumsversuchen, die sich hauptsächlich mit der Erforschung einzelner physikalischer Bodeneigenschaften befaßten.

In Rußland ging man andere Wege. Naturforscher, wie LOMIKOWSKI, SSHISCHKIN u. a., stellten hier Anfang des vergangenen Jahrhunderts Versuche in der Natur an. Die Ergebnisse dieser Versuche ließen die Gesetzmäßigkeiten erkennen, denen das Verhalten des Wassers im Boden unterworfen ist. Diese Erkenntnisse sind um so wertvoller, als sie unter natürlichen Verhältnissen gewonnen wurden.

Die wissenschaftliche Bodenkunde, die in der zweiten Hälfte des vorigen Jahrhunderts durch DOKUTSCHAJEW begründet wurde, konnte natürlich die Bodenhydrologie schon deshalb nicht unbeachtet lassen, weil auf diese Fragen bereits durch die vorangegangenen Forschungen hingewiesen worden war. DOKUTSCHAJEW gab durch seine naturwissenschaftliche Betrachtungsweise den Erscheinungen, die mit dem Verhalten des Wassers im Boden zusammenhängen, eine neue Deutung. Er erweiterte den gesamten Fragenkomplex, brachte ihn mit der Bodenbildung und Dynamik in Einklang und machte damit die Kenntnis vom Bodenwasser zu einem Bestandteil der wissenschaftlichen Bodenkunde.

Als sich DOKUTSCHAJEW Anfang der neunziger Jahre mit dem Problem der Dürre und ihrer Bekämpfung befaßte, hob er die große Bedeutung hervor, die die Wasserführung für den Boden hat[1].

In seinem Forschungsprogramm war für die von ihm angelegten Versuchsflächen 1894 in erster Linie die Untersuchung der Schneedecke, der Tiefe und der Art des Gefrierens sowie das Auftauen des Bodens, die Analyse des Bodens (im engeren Sinne dieses Wortes) und teilweise des Grundwassers vorgesehen.

Die Schüler und Nachfolger DOKUTSCHAJEWS, WYSSOZKI, ADAMOW, ISMAILSKIJ, entwickelten die Ideen ihres Lehrers weiter und verwirklichten sie. Dank ihrer schöpferischen Arbeit wurden die Grundlagen der Bodenhydrologie geschaffen, die einen wichtigen Teil der DOKUTSCHAJEW-Bodenkunde darstellen, auf die man sich heute noch stützt.

In seinen Forschungsarbeiten über das Verhalten des Wassers im Boden achtete KOSTYTSCHEW insbesondere auf die Beziehungen, die zwischen Pflanzen und Bodenwasser bestehen.

---

[1] Vgl. das letzte Kapitel „Methoden zur Regelung des Wasserhaushaltes in Rußland" in seinem bekannten Buch „Unsere Steppen früher und jetzt."

Im weiteren Verlauf wurden die Fragen der Bodenhydrologie von vielen namhaften Gelehrten bearbeitet, von denen in erster Linie zu nennen sind: Blisnin, Kossowitsch, Krakow, Otozki, Rotmistrow, Lebedew, Wiljams, Dojarenko, Katschinski, Popow, Andrijanow, Dolgow u. a.

Durch die unermüdliche Arbeit dieser Forscher konnte die Lehre von der Wasserführung des Bodens auf Grund seiner physikalischen Eigenschaften weiter entwickelt werden. In der UdSSR wandte man sie in der Volkswirtschaft mehr und mehr an. In verschiedenen anderen Ländern wurden Arbeiten auf dem Gebiete der Bodenhydrologie hauptsächlich seit Ende des vorigen Jahrhunderts durchgeführt. Unter diesen Arbeiten befinden sich auch wertvolle experimentelle Untersuchungen darüber, wie sich das Wasser im Boden verhält. Den meisten dieser Untersuchungen fehlt jedoch trotz sorgfältiger und gründlicher Durchführung die Ausrichtung auf eine bestimmte Idee. Die Versuche, eine allgemeingültige Auffassung zu schaffen, wie z. B. die Arbeiten von Versluys (1917), Zunker (1930), Vageler (1932), Alten und Kurmies (1939) u. a., unterscheiden sich besonders dadurch, daß sie auf Laboratoriumsuntersuchunge beruhen. Sie haben oft sogar nur spekulativen Charakter und stehen mit den Vorgängen in der Natur nicht genügend im Zusammenhang.

Zweifellos sind Laboratoriumsuntersuchungen notwendig. Diese Arbeiten sind jedoch für Wissenschaft und Praxis nur dann sinnvoll, wenn ihre Ergebnisse mit den Vorgängen in der Natur im Zusammenhang stehen.

Wenden wir uns jetzt den Arbeiten russischer Forscher zu, die einen allgemeineren Charakter tragen. Hierbei werden wir zunächst die Fragen nicht berühren, die den Wasserhaushalt des Territoriums als Ganzen behandeln, wie z. B. die ausgezeichneten Forschungsarbeiten Wysozkis, sondern wir wollen nur die Arbeiten über die allgemeinen Gesetze betrachten, die das Verhalten des Wassers im Boden regeln.

Als erste dieser Untersuchungen ist die trotz ihrer Kürze sehr bedeutungsvolle Arbeit von Kossowitsch (1904) zu erwähnen, in der Kossowitsch das ganze Tatsachenmaterial zusammenfaßt, das damals über die wichtigsten hydrologischen Bodeneigenschaften in der Literatur vorhanden war.

Im gleichen Jahr erschien die Arbeit von Lokot mit einer gründlichen Übersicht der in- und ausländischen Literatur auf dem Gebiete der hydrologischen Bodeneigenschaften, der einzelnen Elemente des Wasserhaushaltes des Bodens und seines Feuchtigkeitsgehaltes. Außerdem enthält diese Arbeit zahlreiche eigene Beobachtungen des Autors über die Wasserführung der Böden der Poltawsker Versuchsstation. Lokot ist der erste Forscher, der die methodische Untersuchung der Bodenfeuchtigkeit fordert.

In den Jahren 1911 und 1915 erschienen weitere umfangreiche Aufsätze von Loske über verschiedene Fragen der Bodenhydrologie.

Die nächste große Arbeit, in welcher der Versuch unternommen wird, eine allgemeingültige Auffassung über das Verhalten des Wassers im Boden zu schaffen, ist das wohlbekannte Werk von Lebedew „Das Boden- und Grundwasser“, das seit seinem Erscheinen im Jahre 1919 die vierte Auflage erreichte.

Charakteristisch für dieses Buch ist die Verwendung von experimentellem Material. LEBEDEW greift nur in geringfügigem Maße auf fremde Forschungsergebnisse zurück, stützt sich vielmehr bei allen von ihm berührten Fragen allein auf seine eigenen zahlreichen Versuche. Das ist einerseits ein Vorzug, andererseits wieder ein Mangel; ein Vorzug deshalb, weil durch die Versuche LEBEDEWS neue Erkenntnisse auf dem Gebiete der Bodenhydrologie gewonnen wurden, ein Nachteil deshalb, weil LEBEDEW in manchen Fragen dadurch in Widerspruch zu wissenschaftlich belegten Tatsachen geriet, daß er gültige Erkenntnisse verneinte. Das kommt z. B. in seiner Einstellung zur sogenannten „Minimalen Wasserkapazität" nach KOSSOWITSCH (Field-Moisture-Equivalent) zum Ausdruck. Dieser für das Verhalten des Wassers im Boden ungemein wichtigen Größe maß LEBEDEW einen zu geringen Wert bei, weil er offenbar ihre Bedeutung nicht erkannte.

Anfang der dreißiger Jahre erschienen von KATSCHINSKI zahlreiche Arbeiten (1930, 1934), deren Wert hauptsächlich in der Ausarbeitung und Standardisierung der Untersuchungsmethoden für die physikalischen Bodeneigenschaften sowie in der Verbesserung der entsprechenden Instrumente und Apparate besteht. Wichtig ist der Hinweis KATSCHINSKIS, daß bei der Untersuchung der Bodenphysik der Aufbau des Bodenprofils berücksichtigt werden muß.

Die letzte zusammenfassende umfangreiche Arbeit auf dem Gebiete der Bodenhydrologie ist das Buch von DOLGOW (1948). Ähnlich wie das Werk LEBEDEWS hat auch diese Arbeit weniger den Charakter einer kritischen Darstellung als vielmehr einer experimentellen Untersuchung, obgleich der Kritik und der Besprechung der Literatur hier ein breiterer Raum als bei LEBEDEW gewidmet wird. Von LEBEDEW unterscheidet sich DOLGOW auch noch dadurch, daß hier das Hauptgewicht auf die physikalischen Bodeneigenschaften gelegt ist, während LEBEDEW auch Angaben über die Wasserführung des Bodens im engeren Sinn macht.

Ein Vergleich der Arbeiten LEBEDEWS und DOLGOWS zeigt, daß die Ansichten dieser beiden Forscher in wesentlichen Punkten stark auseinandergehen.

Bei LEBEDEW spielen bei der Auswaschung und insbesondere bei dem Festhalten des Wassers durch den Boden die Molekularkräfte, die zwischen den Bodenpartikeln und Wassermolekülen auftreten, also die Sorptionskräfte, eine hervorragende Rolle. Hierbei schließt LEBEDEW jedoch die Wirkung der anderen Kräfte, der kapillaren und der Schwerkraft, nicht aus, sondern verweist sie nur auf den zweiten Platz.

Zum Unterschied von LEBEDEW nehmen nach der Ansicht DOLGOWS die Kapillarkräfte, von ihm „Meniskenkräfte" genannt, bei der Zurückhaltung des Bodenwassers die erste Stelle ein. DOLGOW schließt sich dabei weitgehend VERSLUYS an (1917), der unserer Meinung nach jedoch zu abstrakt und formal denkt. Ohne die Bedeutung der Sorptionskräfte zu verneinen, verweist DOLGOW seinerseits diese nun auf den zweiten Platz, — wie seine Klassifikation der Wasserformen deutlich zeigt.

Somit stehen sich in den Arbeiten LEBEDEWS und DOLGOWS zwei wichtige theoretische Auffassungen gegenüber. Diese theoretischen Meinungsverschiedenheiten sind auch für die Praxis von Bedeutung, weil von der Richtigkeit der theoretischen Anschauung auch die Lösung praktischer Fragen abhängt, wie z. B. die Durchführung verschiedener agrotechnischer Maßnahmen.

Für die richtige Lösung der hier interessierenden Fragen erscheint es uns notwendig, die Ansichten, die den beiden Auffassungen zugrunde liegen, zu koordinieren.

Im Grunde genommen handelt es sich doch darum, daß Boden und Untergrund nicht als gleichförmig betrachtet werden dürfen, vielleicht müssen die Unterschiede ihrer Eigenschaften, insbesondere hinsichtlich ihrer mechanischen Zusammensetzung, und ihre Struktur berücksichtigt werden. Zu differenzieren sind sie hauptsächlich nach ihren Merkmalen, ebenso müssen hiernach die hydrologischen Erscheinungen untersucht werden. Bei einer solchen Betrachtungsweise können beide Ansichten den ihnen gebührenden Platz einnehmen, wobei eine die andere ergänzt. Das ergibt sich daraus, daß ein und dieselbe Erscheinung die gleichen Merkmale zeigen, jedoch je nach dem Charakter des Bodens oder Untergrundes verschiedene Ursachen haben kann. In den Arbeiten der meisten Forscher ist indessen keine Differenzierung der Böden und des Untergrundes bei der Untersuchung der hydrologischen Erscheinungen festzustellen. Nur bei WELIKANOW (1948) ist wohl erstmalig ein kleiner Hinweis auf die Notwendigkeit der oben erwähnten Differenzierung enthalten.

In dem vorliegenden Werk wird nunmehr der Versuch unternommen, das umfangreiche Material, das über die Fragen des Verhaltens des Bodenwassers in der Literatur vorhanden ist, zusammenzufassen und kritisch auszuwerten.

Die Notwendigkeit einer solchen Auswertung ergibt sich sowohl aus der Menge des gesammelten Materials, als auch aus dem Bedürfnis, die entsprechenden Erkenntnisse zu konzentrieren, um die verschiedensten Aufgaben lösen zu können, die durch die großartigen Projekte zur Umgestaltung der Natur und der Landwirtschaft in der Sowjetunion gestellt sind.

Der Verfasser behauptet nicht, daß die vorliegende Arbeit eine erschöpfende Analyse der gesamten vorhandenen Literatur darstellt. Es ist durchaus möglich, daß erstens Veröffentlichungen vorhanden sind, die der Verfasser übersehen hat, daß zweitens ein Teil der Arbeiten, deren Existenz ihm bekannt ist, für ihn unzugänglich blieb. Drittens wurden einige Abhandlungen, die seiner Meinung nach von keinem wesentlichen Interesse sind, wissentlich von dieser Auswertung ausgeschlossen. Jede wissenschaftliche Kritik an seiner Darstellung wird der Autor dankbar entgegennehmen.

Im Buche selbst behandelt der Verfasser hauptsächlich die Wassereigenschaften des Bodens. Er hofft, die Arbeit in nächster Zeit fortsetzen zu können, um sowohl die Fragen des regionalen Wasserhaushaltes der Böden als auch die Untersuchungsmethoden zu besprechen.

Hiermit endet der Verfasser das Vorwort, hält es jedoch noch für seine Pflicht, dem Doktor der Landwirtschaftswissenschaften W. A. FRANZESSON und

W. A. Ulassewitsch seinen besonderen Dank dafür auszusprechen, daß sie ihm die noch nicht veröffentlichten Versuche zur Verfügung gestellt haben.

Der Verfasser möchte seinen Dank auch den Mitarbeitern der Bibliothek des Institutes für Bodenkunde der Akademie der Wissenschaften der UdSSR, insbesondere L. I. Kwin, für die große Mühe aussprechen, die sie bei der Beschaffung der von ihm benötigten Literatur aufgewendet haben.

Auch seinen engsten Mitarbeitern, M. M. Abromowa, E. A. Afanasjewa, A. F. Bolschakow, I. S. Wassiljew sowie S. I. Dolgow dankt der Verfasser für ihre kameradschaftliche Hilfe.

A. Rode.

INHALTSVERZEICHNIS

ABBILDUNGSVERZEICHNIS

EINLEITUNG

Im Boden müssen wir wie in der Atmosphäre drei Phasen des Wassers unterscheiden: die feste, flüssige und gasförmige Phase. In festem Zustand ist das Wasser im Boden unbeweglich, bewegen kann es sich nur dann, wenn es in den flüssigen oder gasförmigen Zustand übergeht. In dem vorliegenden Werk werden wir unsere Aufmerksamkeit in erster Linie der flüssigen Form des Wassers widmen; dem festen Zustand werden wir uns nur zuwenden, soweit es für das Verständnis notwendig ist.

In den Boden[1] gelangt das Wasser vornehmlich aus der Atmosphäre. Nachdem das Wasser in diesem oder jenem Zustand auf die Bodenoberfläche oder in die oberen Bodenschichten gelangt ist, gerät es unter den Einfluß einer Reihe von Kräften verschiedener Art und verschiedener Herkunft. Die Kombination dieser Kräfte ruft eine Bewegung des Wassers hervor, und die Aufgabe der Hydrologie besteht in erster Linie darin, die Gesetzmäßigkeiten dieser Dynamik zu untersuchen. Bewegung ist sozusagen das Normale im Verhalten des Bodenwassers. Andererseits stellt die Unbeweglichkeit des Wassers im Boden einen Fall dar, der in der Natur seltener eintritt. Man kann dies darauf zurückführen, daß das Kräfteverhältnis, unter dessen Einfluß das Wasser steht, sich dauernd ändert; hierbei spielen sowohl die Veränderung der äußeren Bedingungen, von denen diese Kräfte abhängen (Niederschläge, Temperaturschwankungen usw.), als auch die Veränderung der Wasserbewegung selbst eine Rolle. Letzteres führt zu einer Abschwächung, ja sogar zum vollen Verschwinden der einen Kräftegruppe und umgekehrt zum Hervortreten und Ansteigen der anderen.

Im gegebenen Moment wirkt auf die jeweilige Form von Wassermolekülen eine gewisse Kräftekombination ein, die ihnen eine bestimmte Richtung und Geschwindigkeit verleiht. Im nächsten Augenblick kann sich die Kombination der Kräfte, die auf die Gruppe von Molekülen eingewirkt hat, bereits geändert haben. Demzufolge nimmt diese Wasserform dann eine andere Richtung und eine andere Geschwindigkeit an.

Die einzelnen Gruppen von Molekülen befinden sich zum gleichen Zeitpunkt unter dem Einfluß verschiedener Kräfte; deshalb kann ihre Bewegung nach Richtung und Geschwindigkeit unterschiedlich sein. Wie wir weiter unten sehen werden, kann man die Gesamtheit des Bodenwassers, das sich in einem Bodenvolumen (einem ausreichend kleinen, so daß man es als makroskopisch gleichartig ansehen

[1] Sowohl hier als auch im weiteren Verlauf werden wir den Begriff „Boden“, falls kein besonderer Vorbehalt gemacht wird, im erweiterten Sinn dieses Wortes gebrauchen; wir verstehen darunter nicht nur die eigentlichen Bodenhorizonte, sondern auch die Masse des Muttergesteins, d. h. die Gesamtheit von Boden und Untergrund.

kann) befindet, in mehrere Kategorien aufteilen. Für jede dieser Wasserformen wird jeweils der Gleichgewichtszustand charakteristisch sein, der durch die in diesem Augenblick vorherrschenden Kräfte hervorgerufen wird.

Die zweite Aufgabe der Bodenhydrologie besteht darin, die verschiedenen Wasserformen, die, wie leicht ersichtlich, abstrakte Begriffe darstellen, zu definieren. Die Einteilung des Bodenwassers in verschiedene Formen muß gerade auf dem Vorherrschen dieser oder jener Kräfte aufgebaut sein, die das Verhalten der jeweils festgestellten Wasserformen bestimmen.

Drittens hat die Bodenhydrologie die Aufgabe, den quantitativen Gehalt des Bodens an verschiedenen Bodenwasserformen festzulegen.

Hier müssen wir auf eine wesentliche Schwierigkeit aufmerksam machen, die bei der Lösung dieser Aufgabe, wie überhaupt bei der Behandlung bodenkundlich-hydrologischer Erscheinungen, auftritt und der wir später noch oft begegnen werden.

Wie wir bereits ausführten, hängen Bewegung und Verhalten des Wassers im Boden von Kräften und anderen Bedingungen verschiedener Natur ab. Mit steigendem Wassergehalt im Boden klingt eine dieser Erscheinungen allmählich ab, während eine andere neu entsteht und zunimmt. Hierbei liegen jeder folgenden Erscheinung schwächere Kräfte zugrunde als der vorangegangenen. Zur gleichen Zeit überdecken sich allerdings oft die einander ablösenden Vorgänge. Folglich kann man zwischen ihnen und damit zwischen den verschiedenen Formen des Bodenwassers keine scharfe Trennung vornehmen.

Die Ursachen dieser Überschneidungen sind erstens darin zu sehen, daß nach Erschöpfung der Kräfte der einen Kategorie ihre Größe auf ein Niveau absinkt, auf dem bereits die Kräfte der anderen Kategorie auftreten; in den Grenzen eines gewissen Intervalls von ansteigender oder abnehmender Feuchtigkeit werden diese Kräfte gemeinsam wirken, bis die eine endgültig erschöpft ist. Zweitens ist auch der Charakter der Mikroanordnung der Bodenporosität von wesentlicher Bedeutung. Da der Boden aus kleinen Partikeln besteht und die Bodenporen Form und Ausmaß wechseln, so können im Boden gleichzeitig sowohl konvexe als auch konkave Oberflächen, Menisken und Häutchen verschiedener Krümmung entstehen, die sich in energetischer Hinsicht wesentlich voneinander unterscheiden.

Infolge der Überdeckung einer Erscheinung durch die andere können wir oftmals nicht feststellen, welche Form die Verlagerung oder das Zurückhalten des Wassers beim gegebenen Feuchtigkeitsgehalt bedingt. Deshalb wird die Trennungslinie zwischen den Gebieten (im Raum) und den Perioden (in der Zeit) beim Vorherrschen dieser oder jener Kräfte bzw. ihrer individuellen Kombination (demzufolge auch zwischen den „Formen“ des Bodenwassers) immer nur eine bedingte sein. Wie wir jedoch weiter unten sehen werden, kann man die qualitativen Unterschiede im Verhalten einzelner geschlossener Einheiten von Wassermolekülen bis zu einem gewissen Genauigkeitsgrad doch bestimmen, wenn das Bodenvolumen klein genug ist. Diese qualitativen Unterschiede hängen vom Vorherrschen verschiedener Kräfte ab. Damit wird es möglich, die Menge des Bodenwassers in den verschiedenen Formen annähernd zu bestimmen.

Außer den „Formen“ des Bodenwassers werden auch die sogenannten „bodenhydrologischen Konstanten“, wie z. B. Maximale Hygroskopizität, oder Kapillare Wasserkapazität gemessen. Damit diese Größen sinnvoll ausgewertet werden, sind sie ebenfalls zu den verschiedenen vorherrschenden Kräften in Beziehung zu bringen, die das Verhalten irgendeines Teils des Bodenwassers in einem gleichartigen Bodenvolumen bestimmen.

Aus oben Gesagtem geht die Relativität dieser Größen hervor; wenn so z. B. die Feuchtigkeit des Bodens zunimmt, beginnt bereits die Anreicherung der zweiten Wasserform, bevor noch die Anreicherung des Bodens an der ersten Form abgeschlossen ist. Man kann das darauf zurückführen, daß der Boden in der Regel ein heterogenes polydisperses System darstellt, dessen Eigenschaften auf kleinstem Raum wechseln können. Wenn wir deshalb von Bodenvolumen sprechen, die „genügend klein sind, um als gleichartig zu gelten“, so ist darunter eine makroskopische Gleichartigkeit zu verstehen. Tatsächlich ist sogar schon ein äußerst kleines Bodenvolumen sowohl physikalisch als auch energetisch heterogen. Diese Verschiedenheit hat mikroskopischen Charakter und kommt in mehr oder weniger gesetzmäßigen, rhythmischen, räumlichen Veränderungen einiger Eigenschaften zum Ausdruck, wobei diese Veränderungen in bestimmten Grenzen vor sich gehen, die von der mechanischen Zusammensetzung des Bodens, von seiner Struktur und seiner mineralogischen Zusammensetzung abhängen. Im makroskopischen Sinne können wir dagegen genetisch einheitliche Bodenhorizonte als mehr oder weniger gleichartig betrachten, wie auch umgekehrt zwei genetisch verschiedene Horizonte in der Regel auch makroskopisch ungleichartig sein werden.

Endlich muß man berücksichtigen, daß jede gemessene „Größe“ oder beliebige Eigenschaft eines Bodens niemals etwas absolut Unveränderliches, Beständiges darstellt. Sie verändert sich mit der Zeit im Entwicklungsprozeß des Bodens. In den natürlichen, vom Menschen nicht bearbeiteten Böden gehen diese Veränderungen in den meisten Fällen äußerst langsam vor sich, so daß wir diese „Eigenschaften“ praktisch als beständig ansehen können. Umgekehrt können sie vornehmlich in den Pflughorizonten der Ackerböden in verhältnismäßig kurzen Zeitabständen starken Schwankungen unterworfen sein; ihre Veränderungen bilden oftmals ein Problem, das von der Bodenbearbeitung oder der Melioration zu lösen ist.

Die vierte Aufgabe der Bodenhydrologie besteht in der Erforschung der Wechselwirkung zwischen Bodenwasser und Pflanze.

Gehen wir nun zur Klärung der Frage über, welche Faktoren das in den Boden eingedrungene Wasser und seine Bewegung beeinflussen. Untersuchen wir diese Frage getrennt für den flüssigen und den dampfförmigen Zustand des Wassers, was wir zunächst in der gedrängtesten allgemeinen Form durchführen wollen, um dann später in den entsprechenden Kapiteln jeden Faktor genauer zu untersuchen.

Im flüssigem Zustand gelangt das Wasser meistens in Form von Niederschlägen auf die Bodenoberfläche und unterliegt zunächst der Schwerkraft. Unter ihrem Einfluß sickert das Wasser in die Bodenporen ein. Wenn die niedergehenden Wassermengen die Geschwindigkeit des Einsickerns übersteigen, wird es an der Oberfläche in Richtung des vorhandenen Gefälles abfließen.

Das eingesickerte Wasser hat ebenfalls das Bestreben, tiefer in den Boden einzudringen. Diese nach unten gerichtete Bewegung im Bodeninnern hängt jedoch nun auch von der Wirkung anderer Kräfte ab.

Das in den Boden eindringende Wasser unterliegt sofort der Wirkung der Sorptionskräfte. Das sind die wechselseitig wirkenden Anziehungskräfte zwischen den Wassermolekülen einerseits und den Molekülen und Ionen, die auf den Oberflächen der Bodenpartikel sorbiert sind, andererseits. Da die Wassermoleküle beweglich, die sorbierten Moleküle und Ionen aber unbeweglich sind, fassen wir die Sorption als wechselseitig wirkende Anziehungskräfte zwischen den Wassermolekülen und den Bodenpartikeln auf. Zu den gleichen Kräften sind auch diejenigen Anziehungskräfte zu rechnen, die zwischen den Wassermolekülen und den Ionen (meistens Kationen) auftreten, die zum Bestand der Oberflächenschichten der Bodenpartikel gehören. Die sorbierten Ionen sind unter Umständen befähigt, sich von der Oberfläche des Bodenpartikels zu lösen und in das dieses Partikel umgebende Wasser auszuwandern; wir bezeichnen sie deshalb als Austausch-Ionen.

Ferner muß auf die wechselseitig wirkenden Anziehungskräfte zwischen den Wassermolekülen selbst hingewiesen werden. Diese Kräfte sind hinlänglich groß, jedoch unterliegen die einzelnen Wassermoleküle, die sich innerhalb eines gewissen Volumens befinden, den gleichen Anziehungskräften, so daß ihre mittlere Resultante gleich Null ist. Die Wassermoleküle, die sich jedoch an der Oberfläche befinden, sind einer einseitigen Anziehungskraft unterworfen, die, von der Wasseroberfläche aus gesehen, senkrecht in die Flüssigkeit gerichtet ist.

Falls an die Wasseroberfläche dieses Volumens eine gasförmige Phase grenzt, so erhalten die Kräfte eine beachtliche Stärke und erzeugen die sogenannte Oberflächenspannung, deren Stärke von der Form der Oberfläche abhängt. Unter einer konkaven Oberfläche ist die Spannung geringer als unter einer flachen, unter einer konvexen steigt sie an. Ihre Größe wechselt somit je nach dem Vorzeichen und der absoluten Größe des Krümmungsradius. Diese Kräfte der Oberflächenspannung werden wir als Kapillardruck oder „Meniskendruck“ bezeichnen.

Ferner müssen die osmotischen Kräfte Erwähnung finden. Wenn sich zwei Lösungen ein und desselben Stoffes oder verschiedene Stoffe berühren, so diffundieren die darin enthaltenen Moleküle oder Ionen (darunter auch die Moleküle des Lösungsmittels) von den Punkten, an denen die Konzentration größer ist, zu den Stellen mit geringerer Konzentration. Ihr liegen folgende Ursachen zugrunde: erstens die gegenseitige Anziehungskraft zwischen den Molekülen des Lösungsmittels einerseits und den Molekülen oder Ionen des gelösten Stoffes andererseits, zweitens die chaotische thermische Bewegung der Moleküle und Ionen, die die Lösung bilden, und ihr Bestreben, einen Gleichgewichtszustand zu erreichen. An der Erscheinung der Diffusion im Boden können sich außer den Molekülen des Wassers sowohl die Moleküle und Ionen der gelösten Salze, die im Boden vorkommen, als auch die austauschbaren Ionen (in begrenztem Umfang und in begrenztem Raum) beteiligen.

Alle bisher aufgezählten Kräfte, die auf das im Boden befindliche Wasser einwirken, hängen entweder mit den Eigenschaften der Moleküle des Wassers selbst oder der Bodenpartikel zusammen. Im Boden tritt aber noch eine andere Kraft auf, deren Stärke erheblichen Umfang annehmen kann.

Diese Kraft ist die Saugkraft des Wurzelsystems der Pflanzen. Unter dem Einfluß dieser Kraft wird das Wasser aus dem Boden entfernt, tritt zuerst in die Pflanzen ein, um anschließend fast völlig (mit Ausnahme eines geringfügigen Bruchteiles, der für die Synthese der lebenden Materie verbraucht wird und der mit den organischen Resten in den Boden zurückkehrt) in die Atmosphäre überzugehen.

Das also sind die Kräfte, die die Bewegung des flüssigen Wassers im Boden steuern.

Das Verhalten des dampfförmigen Wassers ist weniger kompliziert. Den Einfluß der Schwerkraft können wir in diesem Falle wohl unberücksichtigt lassen, weil in den Bodenschichten, deren Mächtigkeit von wenigen bis zu zehn Metern schwankt, die Anziehungskraft der Erde konstant bleibt. Der durch diese Anziehungskraft bestimmte Luftdruck und der in diesen Grenzen auftretende Dampfdruck sind unter sonst gleichartigen Bedingungen stets gleich.

Die Wassermoleküle, die im dampfförmigen Zustand in den Boden gelangen, können ebenfalls den gegenseitigen Anziehungskräften, die zwischen ihnen und den Oberflächen der Bodenpartikel auftreten, d. h. der Sorption, unterworfen sein.

Für die Bewegung des Wasserdampfes ist die Diffusion von ausschlaggebender Bedeutung, d. h. wiederum die chaotische thermische Wanderung der Moleküle des Wasserdampfes, die bestrebt sind, sich möglichst gleichmäßig im Volumen auszudehnen. Die Bewegung des Wasserdampfes erfolgt in diesem Falle von den Stellen größerer Tension zu den Punkten mit geringerer Tension. Für diese Bewegung kann die Erwärmung der Luft und des in ihr enthaltenen Wasserdampfes eine gewisse Bedeutung haben. Die einige Dezimeter mächtigen oberen Bodenschichten sind den täglichen Temperaturschwankungen ausgesetzt, deren Schwankungsbreite bis zu einigen zehn Grad betragen kann. Es ist nur natürlich, daß diese rhythmischen Temperaturveränderungen Ausdehnung und Zusammenpressung der Bodenluft und des in ihr enthaltenen Wasserdampfes hervorrufen, folglich auch die entsprechende Bewegung des Wasserdampfes auslösen.

Da bekanntlich auch der Luftdruck gewissen Schwankungen unterworfen ist, kann das zur Folge haben, daß die Bodenluft mit dem in ihr enthaltenen Wasserdampf aus dem Boden in die Atmosphäre wandert und umgekehrt. Hierzu gehören auch aerodynamische Kräfte, die durch den Wind an der Bodenoberfäche auftreten und den Gasaustausch zwischen Boden und Atmosphäre verstärken.

Das ist das allgemeine Bild der Kräfte, von denen das Verhalten des Wassers im Boden abhängt. Schon aus dieser Übersicht ist leicht zu ersehen, daß diese Kräfte verschieden stark sein werden. Ihre Kombination kann ebenfalls sehr mannigfaltig und kompliziert sein. Wenn wir berücksichtigen, daß die Natur dieser Kräfte und die Gesetze, die ihre Entwicklung lenken, noch nicht genügend erforscht sind, wird die Schwierigkeit der vor uns stehenden Aufgabe — ihre komplizierte Wechselwirkung im Boden zu erkennen — deutlich. Trotzdem ist es möglich, diese Aufgabe annähernd richtig zu lösen. Das wird der Inhalt der folgenden Kapitel sein.

Bevor wir uns nun unmittelbar diesen Fragen zuwenden, halten wir es für zweckmäßig, die verwendeten Begriffe und Abkürzungen zu definieren.

Definition der verwendeten Abkürzungen

s*G* Spezifisches Gewicht der festen Bodenteilchen.

VG Volumengewicht des Bodens in g je cm³.

P Porenvolumen: das gesamte Volumen der Bodenporen in Prozent des Bodenvolumens; auch Gesamtporosität.

MH Maximale Hygroskopizität: Höchstmenge an Wasser, das der Boden aus mit Wasserdampf fast gesättigter Luft sorbieren kann. In der Regel wird sie über einer 10%igen Schwefelsäure bei einer relativen Feuchte von 94% bestimmt und in Prozenten zum Gewicht des trockenen Bodens angegeben.

MMW Maximale molekulare Wasserkapazität: Höchstmenge an Wasser, die im Boden durch die molekularen Anziehungskräfte zurückgehalten werden kann; sie wird in Gewichtsprozenten des trockenen Bodens angegeben. Da die Methoden, die von Lebedew vorgeschlagen werden, in den meisten Fällen die Bestimmung dieser Größe nicht mit Sicherheit gewährleisten, ist *MMW* eine relative Größe.

MAW Maximale Adsorptionskapazität: Höchstmenge an festgebundenem Wasser, das im Boden durch Adsorptionskräfte festgehalten wird. Theoretisch ein Synonym von *MMW*, wird *MAW* jedoch nach völlig anderen Methoden gemessen, die bedeutend besser den entsprechenden theoretischen Begriff dieser Größe bestimmen. Sie wird in Gewichtsprozent des trockenen Bodens ausgedrückt.

VW Volle Wasserkapazität: Höchstmenge an Wasser, die der Boden bei vollständiger Ausfüllung aller Hohlräume und Poren enthält; sie wird in Gewichtsprozent des trockenen Bodens angegeben.

GW Minimale Wasserkapazität: Höchstmenge an hängendem Kapillarwasser. Synonyme: „Field-Moisture Equivalent“, „Absolute Wasserkapazität (Tjuremnow), „Grenz-Feldwasserkapazität“ (Ulassewitsch), „Kapillare Wasserkapazität, die dem „kapillar getragenen“ Wasser entspricht“ (Katschinski).

In Abhängigkeit von Korngrößenzusammensetzung des Bodens und Natur der wasserbindenden Kräfte sind ferner zu unterscheiden:

GW_F Höchstmenge an Fugenwasser, das vom Boden festgehalten wird.

GW_{HG} Höchstmenge des an Filmen hängenden Sorptionswassers.

FRK Feuchtigkeit des Abrisses der Kapillarverbindung, eine Feuchtigkeit, bei der hängendes Wasser infolge Verdunstung seinen Zusammenhang verliert und deshalb aufhört, zur verdunsteten Oberfläche aufzusteigen.[1]

KW Kapillare Wasserkapazität: Höchstmenge an „kapillar hängendem" oder „getragenem" Wasser, das sich im Boden halten kann, eine veränderliche Größe, die von der Entfernung des Grundwasserspiegels abhängt.

WF Feuchtigkeit des „Permanenten Welkepunktes": Wassergehalt des Bodens, bei dem die Pflanzen Welkeerscheinungen zeigen, die auch dann nicht behoben werden können, wenn die Pflanzen wieder in mit Wasserdampf gesättigte Luft gebracht werden. *WF* wird in Gewichtsprozent zum trockenen Boden ausgedrückt.

KrF Kritische Feuchtigkeit: Bodenfeuchtigkeit, bei der die Versorgung der Pflanze mit Wasser stark erschwert ist; sie wird durch das Aufhören des „Blutens" der Pflanzen gekennzeichnet. Es ist möglich, daß sie der Größe *FRK* entspricht. Diese Größe kann man auch als die Feuchtigkeit bezeichnen, bei der das Wachstum der Pflanzen gehemmt ist.

TK Transpirationskoeffizient: Verhältnis aus der Wasserverdunstung der Pflanze und der erzeugten Trockensubstanz. Praktisch wird meistens das Verhältnis des verdunsteten Wassers nur zum oberirdischen Anteil anstatt zur Gesamtmasse an Trockensubstanz angegeben.

WhK Wasserhaltevermögen: Höchstmenge an Wasser, die der Boden unter den gegebenen Verhältnissen zurückhält, unabhängig davon, zu welcher Form das zurückgehaltene Wasser gehört. Synonyme: Feldwasserkapazität (Dolgow, 1948), Gesamtwasserkapazität Katschinski, 1947), Grenzwasserkapazität (Rosow, 1936).

KF Filtrationskoeffizient: Durchlässigkeit für Wasser.

MWA Maximale Wasserabgabe.

WA Unvollständige Wasserabgabe.

VEL Gehalt an Lufteinschlüssen.

[1] Entspricht etwa dem „Leutokapillaren Punkt" der angelsächsischen Literatur. (Anm. d. Herausgebers)

KAPITEL I

DAS PORENVOLUMEN

Der Boden besteht als ein „polydisperses System" aus vielen verschieden großen Teilchen, die häufig klein, sogar sehr klein sein können. Daraus ergibt sich die wohlbekannte Tatsache, daß der Boden ein Schwamm ist, daß er also nach allen Richtungen hin von vielen miteinander in Verbindung stehenden Kanälen und Hohlräumen durchzogen wird, in denen sich das Wasser halten kann.

Da die Bodenporen in der Mehrzahl äußerst klein sind, zeichnet sich das in ihnen gespeicherte Wasser durch eine Reihe von besonderen Eigenschaften aus, die nur dann verstanden werden können, wenn das Porenvolumen gekennzeichnet wird. Wir müssen leider feststellen, daß in dieser Hinsicht bisher noch sehr wenig gearbeitet worden ist und daß unsere Kenntnisse über Ausdehnung und Eigenschaften der Poren und Hohlräume des Bodens noch recht dürftig sind.

Am leichtesten läßt sich die Größe des Gesamtporenvolumens bestimmen. Die übliche Methode hierzu besteht in der Bestimmung des Volumens und des spezifischen Gewichtes der festen Teilchen. Ist das Volumen-Gewicht VG, das spezifische Gewicht sG und das gesuchte Porenvolumen P, so ist

$$P = \left(1 - \frac{VG}{sG}\right) \cdot 100,$$

wenn P in Prozenten zum Gesamtvolumen ausgedrückt wird.

Die Bestimmung des spezifischen Gewichtes nach der üblichen pyknometrischen Methode mit Wasser als Verdrängungsflüssigkeit liefert, wie wir später in Kapitel IV zeigen werden, zu hohe Werte.

Die Größe des Porenvolumens schwankt in den verschiedenen Horizonten ein und desselben Bodenprofils im allgemeinen in ziemlich weiten Grenzen. In Mineralböden liegt sie zwischen 25 und 80%, in rein organischen Horizonten, z. B. im Torf und in der Waldstreu, über 90%. In den oberen Humushorizonten der Mineralböden ist die Porosität meist erhöht, und zwar infolge der guten Krümelstruktur und der Röhren, die von Wurzeln, Wühlern und Insekten herrühren. Nach unten zu verringert sich die Porosität; in tonigen und lehmigen Böden ohne Gleybildung beträgt sie 40 bis 45%, in sandigen 35 bis 40%. Wie wir noch sehen werden, sinkt sie in lehmigen und tonigen Gleyhorizonten auf 25 bis 30%. Nach Tabelle 1 ist die Porosität auch in tieferen Horizonten häufig größer als 40%.

Wir können uns aber nicht mit der summarischen Größenordnung begnügen; vielmehr interessieren in qualitativer Hinsicht auch Größe und Form der Poren. Wie durch einfache Beobachtungen festgestellt wurde, nimmt die Porengröße mit

TABELLE 1

Porenvolumen verschiedener Bodentypen

Bodentyp	Morphologischer Horizont	Tiefe in cm	Gesamtporosität in % zum Volumen
Mittelpodsolierter Waldboden auf leichtem	A_0	0—4	95
Geschiebelehm (lt. Angaben von	A_1	4—9	73
WASSILJEW, 1950)		9—16	59
	A_2	16—25	49
	A_2 B	25—35	45
		35—45	43
	B	45—55	43
	BC	55—65	41
	C	65—75	40
Grasnarbe — Ackerboden mittelpodsoliert auf	$A_1 + A_2$	0—5	66
leichtem Geschiebelehm (lt. Angaben von		5—18	66
WASSLIJEW, 1950)	$A_2(+ A_1)$	18—25	51
	A_2	30—40	47
	A_2B	40—50	44
	B	50—60	43
	BC	60—70	40
	C	70—80	40
Grasnarbe — Waldboden mittelpodsoliert auf	A_0	0—1	94
schwerem Geschiebelehm (lt. Angaben von	A_1	1—4	78
WASSILJEW)		5—10	56
		10—18	50
	A_2	20—30	49
	A_2B	30—40	47
		40—50	47
		50—60	49
		60—70	47
	B	70—80	46
		80—90	45
		90—100	44
		100—110	44
	C	110—120	44
Südlicher toniger Tschernosjom	A	0—4	62
(lt. Angaben von POLSKI)		10—14	59
		18—22	52
		22—26	52
		30—34	51
		46—50	47
	B_k	56—60	44
		78—80	43
		96—100	40
	BC	146—150	44
		196—200	45
Sekundärer Podsol auf lößartigem Lehm.	A_1	0—15	46—51
Kasansker landwirtschaftliche Gebiets-	A_2	15—25	42
Versuchsstation (LEBEDEW und BAUKOWA, 1930)	B	25—90	42—44
	C	bis 230	44—49

TABELLE 1 (Fortsetzung)

Bodentyp	Morphologischer Horizont	Tiefe in cm	Gesamtporosität in % zum Volumen
Podsol auf Geschiebelehm. Smolensker Gebiet (LEBEDEW und BAUKOWA)	A_1	0—20	46—59
	A_2	20—30	47
	B	20—30	41—48
Grauer Waldboden auf Löß BSSR (LEBEDEW und BAUKOWA)	A_1	0—15	51—52
	A_2	25—35	42—45
	B	35—155	42—48
	C	155—175	47—48
Schwach podsolierter, mit Geschieben untersetzter Lehm. Gebiet Leningrad (LEBEDEW und BAUKOWA)	A_1	0—20	51
	A_2	20—30	39
	B	30—50	36—40
Gewöhnlicher Tschernosjem. Steinige Steppe (LEBEDEW und BAUKOWA)	A	0—30	53—56
	B	30—80	46—53
	C	80—200	39—41
Tiefgründiger Tschernosjem des westlichen Vorkaukasus. Umgebung von Krasnodar (LEBEDEW und BAUKOWA)	A	0—100	48—62
	B	100—160	47—48
	C	160—300	42—47
Mit Maulwurfshügeln mittelmäßig bedeckter Tschernosjem der Besentschuksker Station (LEBEDEW und BAUKOWA)	A	0—60	55—59
		60—80	47—52
		80—150	38—45

gröberer mechanischer Zusammensetzung zu. Diese Erkenntnis ist jedoch zu elementar und daher unbefriedigend. Deshalb bemüht sich die Wissenschaft seit langem, das Porenvolumen genauer zu kennzeichnen.

Bei Untersuchung des Porenvolumens wurden zwei Wege eingeschlagen. Manche Forscher haben versucht, ein so kompliziertes System, wie es der Boden darstellt, durch geeignete Modellsubstanzen zu ersetzen; andere wieder verwendeten den Boden selbst.

Bei Erforschung der Gesetze über die Bewegung des unterirdischen Wassers, erzielte SLICHTER, der als Modell einen „Idealboden" benutzte, gute Ergebnisse. Dieses Verfahren wurde auch von mehreren ausländischen Bodenkundlern angewendet, so von HAINES (1925, 1927), FISCHER (1926, 1928), WILSDON (1924), KEEN (1924), SMITH (1931, 1932, 1933a, 1933b), DALLAVALLE (1943), FRASER (1935).

Als „Idealboden" dienten diesen Forschern Kugeln aus Glas oder Porzellan von gleicher Korngröße. Es ist leicht einzusehen, daß dieses Modell mit wirklichem Boden durchaus nichts mehr gemein hat. Deshalb ist die umfangreiche mathematische Analyse der Erscheinungen, die mit dem Verhalten des Wassers in einem solchen „Idealboden" zusammenhängen, nach unserer Ansicht größtenteils recht sinnlos, vor allem deshalb, weil die Bodenpartikel alles andere als kugelförmig sind. Das gilt besonders für Lehmböden, die zahlreiche Tonmineralien enthalten. Auch die Korngrößen, aus denen sich der Boden zusammensetzt, sind äußerst verschiedenartig. Nur wenige Sandböden — der Untergrund eher als der Boden — haben die Tendenz, einem monodispersen System zu gleichen. Schließlich ist sowohl im Boden als auch im Gestein der Vorgang der Aggregatbildung weit verbreitet. Ferner hängen die Eigenschaften der Bodenpartikelchen von ihrer Zusammensetzung und ihrer Natur ab, die bekanntlich ebenfalls sehr verschieden sein kann.

Deshalb werden wir hier nicht[1] alle mathematischen Berechnungen bringen, sondern uns auf die elementarsten Angaben beschränken, die uns im weiteren Verlauf nützlich sein werden.

Die kugelförmigen Teilchen, aus denen ein solcher „Idealboden" besteht, können in verschiedener Weise gelagert sein. Es gibt zwei Anordnungen ihrer Lagerung (Abb. 1). Die Lage *a* besteht in einer lockeren Packung der Partikelchen,

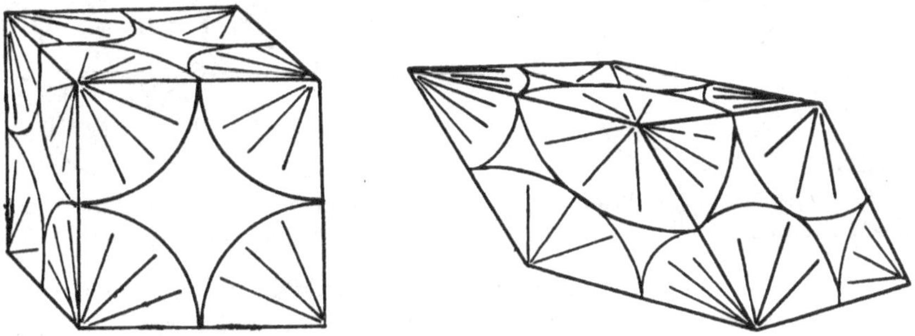

a bei würfelförmiger Packung — *b* bei hexagonaler Packung

Abb. 1. Kugelförmige Teilchen

bei der die Zentren der Kugeln den Ecken des würfelförmigen Gitternetzes entsprechen, was wir „kubisch gepackt" nennen wollen. Jede Kugel berührt hier sechs benachbarte. Bei einer solchen Lagerung beträgt die Porosität des Systems, wie leicht aus dem geometrischen Verhältnis zu berechnen ist, 47,64% des Gesamtvolumens. Dementsprechend wird das Volumen der festen Substanz 52,36% betragen. Jede „Elementar-Pore" weist die Form eines Oktaeders mit nach innen gerichteten sphärischen Flächen auf. Der Radius der engsten Kanäle, die die benachbarten Poren miteinander verbinden, ergibt sich aus dem Radius r des Kreises zwischen vier benachbarten Kugeln (s. Abb. 2)

$$r = 0{,}41\,R\,,$$

wenn R der Radius der Kugel ist.

Der Porenradius, der sich aus dem Radius R des kugelförmigen Teilchens rechnerisch ergibt, wenn sich bei hexagonaler Packung acht Kugeln berühren, ist

$$r = 0{,}73\,R\,,$$

und das Volumen dieser oktaedrischen Pore wird dann zu 3,82 R berechnet.

---

[1] Wir verweisen auf das Buch von Keen „Die physikalischen Bodeneigenschaften" (1931) und auf die Aufsätze von Haines und Fischer.

Der zweite Fall (Abb. 1b) entspricht der dichtesten Lagerung der Kugeln; dann sind sie so angeordnet, daß ihre Zentren den Winkeln eines gleichschenkligen Tetraeders entsprechen. Hierbei steht jede Kugel mit zwölf benachbarten Kugeln in Berührung. Bei dieser Lagerung beträgt das Porenvolumen des Systems nur 25,95% und das entsprechende Volumen der festen Substanz also 74,05%. Die Elementarporen sind in diesem Falle, sowohl Tetraeder als auch Rhomboide, selbstverständlich mit eingebogenen sphärischen Flächen. Das Entstehen und die

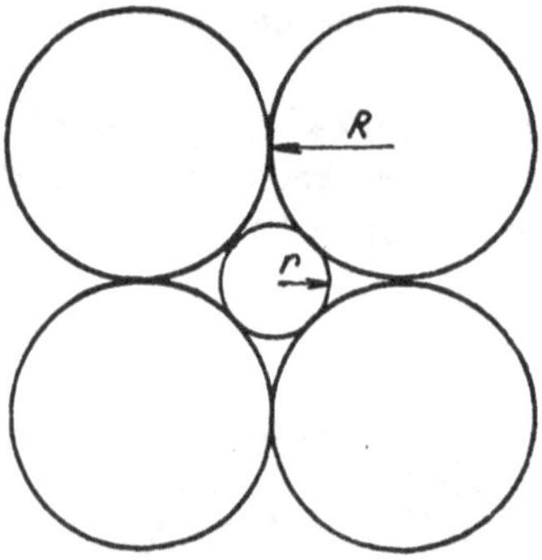

Abb. 2. Vier kugelförmige Teilchen bei würfelförmiger Packung

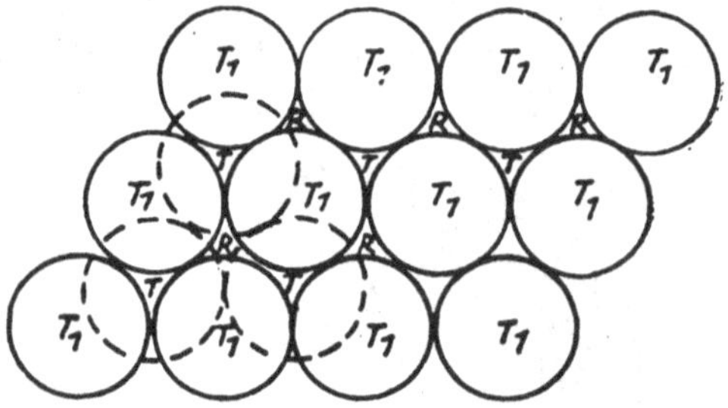

Abb. 3. Anordnung der Rhomboid- und der Tetraeder-Poren bei hexagonaler Packung

Anordnung dieser beiden Porenformen sind aus Abbildung 3 zu ersehen und bedürfen keiner weiteren Erläuterung. Die Zahl der Tetraeder-Poren, die auf Abbildung 3 mit *T* bezeichnet sind, ist doppelt so groß wie die Zahl der rhomboedrischen Poren, die mit *R* bezeichnet sind.

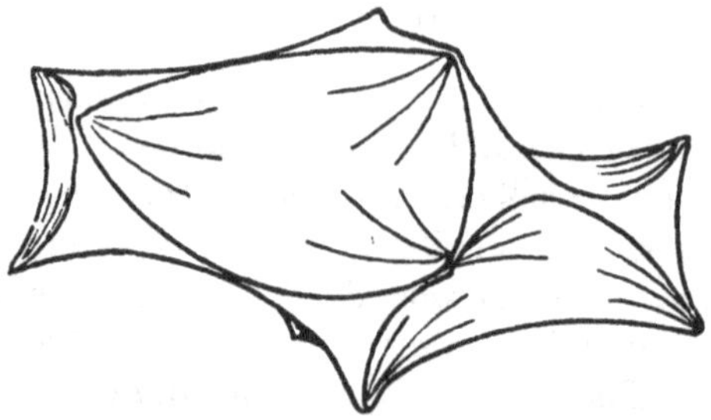

Abb. 4. Ausformung des Porenvolumens bei hexagonaler Packung

Der Hohlraum zwischen den Teilchen ist also sehr kompliziert ausgeformt (Abb. 4). Die Weite der engsten Kanäle, die die benachbarten Poren verbinden, ist aus dem Radius eines Kreises berechnet, der den Zwischenraum von drei benachbarten Kugeln ausfüllt. (Abb. 5). Bei hexagonaler Packung ist er gleich 0,155 *R*.

Die Radien von Kugeln jedoch, die in die tetraeder- und rhomboidförmigen Poren eingezeichnet werden können, also ihre Querschnitte an den breitesten Stellen, betragen:

für die tetraederförmigen Poren	0,288 *R*,
für die rhomboidförmigen Poren	0,414 *R*.

Folglich ist das Volumen dieser Poren

in Tetraederform:	0,21 R^3,
in Rhomboidform:	1,05 R^3.

Das Volumen der Tetraederporen entspricht einem Prozentgehalt von 2 mal 3,68 = 7,36% und das der Rhomboidporen einem von 18,58% des Gesamtporen-

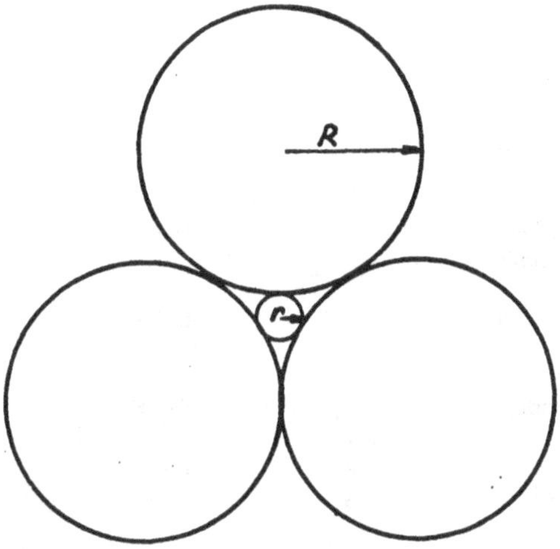

Abb. 5. Berührungsstellen von drei Kugeln bei hexagonaler Packung

volumens, das 25,94% des Gesamtsystems entspricht. Folglich entfallen 28,40% des gesamten Porenvolumens auf die Tetraederporen und 71,60% auf die Rhomboidporen.

Aus diesen Zahlen kann folgende Schlußfolgerung gezogen werden: Das Porenvolumen besteht in seiner Gesamtheit aus Hohlräumen verschiedener Form und unterschiedlicher Größe, die von Kanälen miteinander verbunden werden, die in verschiedener Richtung verlaufen und enger als die Querschnitte der Hohlräume selbst sind. Das charakteristische Merkmal des Porenvolumens ist somit die Veränderlichkeit seines Querschnitts, die auf äußerst kleinen Abständen auftritt. Ein solcher „Idealboden" läßt sich mit einem natürlich gewachsenen Boden auch hinsichtlich der Porenform nicht vergleichen, weil sie im Naturboden so gut wie unbekannt ist. Es ist aber durchaus vorstellbar, daß in Böden von grobmechanischer Zusammensetzung wie Sand- und Kiesböden, insbesondere mit abgeschliffenen Einzelteilchen, sich die Porenform der eines „Idealbodens" nähern kann. In lehmigen und tonigen Böden, die sich aus mehr oder weniger verschiedenen Tonmineralien zusammensetzen, die häufig aus Lamellen bestehen, muß die Porenform völlig anders gestaltet sein. Bezüglich der Größe des Porenvolumens können beim Vergleich mit Naturböden interessante Schlußfolgerungen gezogen werden.

TABELLE 2

Porenvolumen der Humushorizonte verschiedener Bodentypen

Bezeichnung des Bodens	Horizont	Tiefe in cm	Porosität in Prozenten	Autor
Podsolierter lehmiger Boden	A_1	0—5	52	LEBEDEW und BAUKOWA (1930)
Podsolierter Lehmboden	A_1	5—10	59	
Podsolierter lehmiger Ackerboden	A_1	0—5	52	„
Starkpodsolierter grauer lehmiger Boden unter Wald	A_1	0—5	52	„
Humoser, podsolierter gley-artiger sandiger Ackerboden	A_1	0—5	53	„
Schwachpodsolierter sandiger Ackerboden	A_1	0—5	45	„
Humoser Podsol-Gleyboden	A_1 (vertorft)	0—5	78	„
	A_1	5—10	63	„
Gewöhnlicher Tschernosjom	A	0—30	56—53	LEBEDEW und BAUKOWA (1930)
Gewöhnlicher Tschernosjom	A_1	0—50	56—52	
Tiefgründiger toniger Tschernosjom im westlichen Vorgebirge des Kaukasus	A_1	0—50	62—50	„
Mit Maulwurfshügeln mittelmäßig bedeckter lehmiger Tschernosjom	A	0—25	59—56	„
Strukturloser ausgelaugter Tschernosjom „Podin“	A_1	0—20	61—57	„
Grauer lehmiger Waldboden	A	0—30	61—50	„
Tschernosjomartiger Solonez mit tiefreichender Säulenstruktur	A_1	0—12	55	„
Typische Grauerde in der Usbekischen SSR jungfräulicher Boden	A_1	0—15	55—57	GORBUNOW (1942)
Ackerland	A	0—10	62	„
Dunkelkastanienfarbiger Boden auf Ton	A	0—23	53	USSOW (1948)
Hellkastanienfarbiger Boden auf Ton	A	0—18	52	„

Zunächst wenden wir uns den oberen Humushorizonten verschiedener Böden zu. Nach den Angaben über die oberen Horizonte einiger Böden (Tab. 2) ist ihr Porenvolumen fast immer bedeutend größer als der maximale Wert eines „Idealbodens", bei würfelförmiger Lagerung der Teilchen also größer als 47,64%.

Wie diese Zahlen zeigen, liegt das Porenvolumen der Humushorizonte verschiedener Bodentypen zwischen 50 und 60%, übertrifft also das Porenvolumen eines „Idealbodens" selbst im Vergleich zur denkbar lockersten Lagerung seiner Teilchen. Die Ursachen hierzu müssen wir naturgemäß darin sehen, daß in der Regel im Humushorizont die Krümelstruktur am besten ausgebildet und daß in den Humushorizonten mehr als in allen anderen das Wurzelsystem der Pflanzen entwickelt ist. Außerdem leben hier die verschiedenen kleinen Wühler (Regenwürmer, Insektenlarven), die durch ihre Wühlarbeit die Porosität des Bodens vergrößern.

Wenden wir uns jetzt den tieferen Horizonten der verschiedenen Böden zu. Es erweist sich, daß in Böden ohne Gleybildung sowohl die Porosität der unteren Horizonte als auch die des Muttergesteins sich mehr dem Porenvolumen (47,64) eines „Idealbodens" bei würfelförmiger Lagerung nähert, ja sie manchmal sogar übertrifft. Zur Erklärung soll wieder die Tabelle 1 herangezogen werden.

Diese Tatsache erscheint auf den ersten Blick widerspruchsvoll. Es ist schwer verständlich, daß Ablagerungen, die zum größten Teil vom Wasser angeschwemmt wurden, deren untere Schicht noch einem beträchtlichen Druck durch die darüber liegenden Schichten ausgesetzt ist und auf die sich der die Struktur verbessernde Einfluß der Wurzeln nicht mehr erstreckt, die denkbar lockerste Lagerung aufweisen. Man könnte viel eher eine dichtere Packung der Teilchen erwarten, d. h. eine solche, die sich der hexagonalen Packung nähert.

Dieser Widerspruch läßt sich jedoch sehr einfach auflösen. Der von Gleybildung nicht erfaßte lehmige Untergrund hat Mikrostruktur. Er besteht aus kleinen Aggregaten, deren Durchmesser häufig den hundertsten Teil eines Millimeters beträgt. Daher weisen die angeführten Bodenhorizonte mindestens zwei Porensysteme auf: Poren zwischen den Krümeln und Poren innerhalb der Krümel. Das bezeugen z. B. die direkten mikroskopischen Beobachtungen Astapows (1940), der beim Vergleich des dichter gelagerten Bobrikowsker Lößes mit einem weniger dicht gelagerten feststellte, daß ersterer eine dichte Masse darstellte, während letzterer deshalb poröser war, weil er aus Krümeln mit einem Querschnitt von 0,06 bis 0,15 mm bestand, die durch Hohlräume von 0,05 bis 0,10 mm Durchmesser getrennt waren.

Da viele dieser Ablagerungen vom Wasser angeschwemmt und dem Druck der darüberliegenden Schichten ausgesetzt waren, müßte man annehmen, daß sich sowohl die Lagerung der Teilchen in den Aggregaten als auch die der Aggregate selbst dem kleinsten Porenvolumen nähern wird. Es erhebt sich die Frage: Wie groß wird in diesem Falle die Gesamtporosität des Untergrundes sein? Nehmen wir an, daß der Untergrund vollständig aus Krümeln besteht; es sei P_z der Hohlraum zwischen den Krümeln und P_I der Hohlraum innerhalb der Krümel (beides in Vol.% ausgedrückt), so ist der ganze Hohlraum P_g offenbar

$$= P_Z + (100 - P_Z)\,\frac{P_I}{100} = P_Z + P_I - \frac{P_Z P_I}{100}\,.$$

Unter der Voraussetzung, daß

$$P_Z = P_I = 25{,}9\% \text{ ist,}$$

finden wir

$$P_g = 45{,}1\%\,.$$

Hierbei entfallen auf das Porenvolumen der Zwischenräume etwa 60% des Gesamthohlraumes und auf das der Krümel im Innern rund 40%.

Somit erweist sich die zunächst widerspruchsvoll erscheinende Angleichung der Gesamtporosität an die Größe des Hohlraumes bei denkbar lockerster Lagerung als zufällig. In Wirklichkeit wird dieser Wert von 45,1% durch die Mikrostruktur der Bodenhorizonte sowie durch die Hohlräume zwischen den Krümeln und auch innerhalb der Krümel bedingt. Hierbei kann sich die Packung sowohl der Teilchen in den Krümeln als auch zwischen den Krümeln der dichtesten Packungen, der hexagonalen, nähern.

Die Richtigkeit dieser Berechnung bestätigen die Arbeiten Ryshows (1937). Bei der Bestimmung des „inneraggregatlichen“ Hohlraumes von lößartigem Lehm und Chwalinsker Ton fand dieser Forscher Werte zwischen 27 und 30%, die damit dem theoretischen Wert von 25,9% bei denkbar dichtester Lagerung sehr nahekommen.

Tjulin und Skljar (1937), die das Porenvolumen von Tschernosjom aus Asow untersuchten, stellten zwischen den Krümeln eine Porosität von 22% fest. Die Autoren nehmen an, daß infolge methodischer Fehlerquellen dieser Wert eher zu klein ausgefallen ist; er kommt trotzdem der Porosität eines „Idealbodens“ bei hexagonaler Lagerung schon so nahe, daß damit ebenfalls die Richtigkeit unserer Annahme bestätigt wird, die unserer Berechnung zugrunde liegt.

Da der Untergrund und die unteren Bodenhorizonte nicht nur aus Krümeln bestehen, sondern an ihrem Aufbau auch zum Bestand der Aggregate nicht gehörende Teilchen ohne „innere“ Porosität beteiligt sind, so kann das Porenvolumen auch unter den theoretisch berechneten Wert von 45% sinken. Umgekehrt kann die Porosität den theoretischen Wert von 45% übersteigen, wenn die Lagerung der Aggregate selbst hinter der denkbar dichtesten zurückbleibt. Soweit jedoch das Porenvolumen des Untergrundes 45% erreicht, ist anzunehmen, daß die Mehrzahl der Teilchen in Krümel zusammengekittet ist und daß die Lagerung in beiden Fällen der dichtesten am nächsten kommt.

Die „zwischenaggregatliche“ Porosität kann aber die angegebenen Werte nur dann erreichen, wenn das Sediment durch Ablagerung bereits gebildeter Aggregate entstanden ist. In den Böden kann zwischenaggregatliche Porosität auch auf andere Art und Weise entstehen, durch Zerfallen der früher gebildeten Bodenkrümel. In diesen Fällen kann die zwischenaggregatliche Porosität bedeutend geringer und je nach dem Wassergehalt des Bodens periodischen Veränderungen unterworfen sein.

Die Entstehung des „zwischenaggregatlich" bedingten Porenvolumens kann auch andere Ursachen haben. So ist z. B. wohl bekannt, daß Löß verhältnismäßig grobe Poren aufweist, deren Durchmesser 0,1 mm erreichen kann. Die Entstehung dieser Gänge führen manche Forscher auf das Wachstum der Wurzeln zurück, andere auf die Ausscheidung von CO_2. DOBROWOLSKI (1936) bezeichnet die durch diese Gänge hervorgerufene Porosität als sekundär und weist darauf hin, daß diese nach seinen Berechnungen 20 bis 50% der Gesamt-Porosität erreichen kann. Gerade auf die Verringerung der sekundären Porosität führt er die Verdichtungserscheinungen zurück.

TOKAR (1937) bemerkt ebenfalls, daß der Untergrund von Löß, oft schon mit dem Auge wahrnehmbar, hauptsächlich in vertikaler Richtung von röhrenartigen Hohlräumen durchzogen wird („Makroporosität"). Unter „Koeffizient der Makroporosität" versteht er das Verhältnis des Porenvolumens eines Bodens, den man einem bestimmten Druck nach erfolgter Benetzung aussetzte, zum Porenvolumen unter natürlichen Verhältnissen. Wir fügen erläuternd hinzu, daß man in der Baugrundkunde unter „Porositätskoeffizienten" das Verhältnis des Porenvolumens zum Volumen der festen Teilchen (ZYTOWITSCH, 1940, S. 27) versteht. Wenn wir die Porosität des Untergrundes in Vol.-% mit P und den Koeffizienten der Porosität mit K_p bezeichnen, so ist

$$K_p = \frac{P}{100 - P}.$$

Aus dem „Koeffizienten der Makroporosität" TOKARS kann man das Volumen der Makroporen berechnen. Tabelle 3 enthält eines der von ihm untersuchten Profile.

TABELLE 3

Physikalische Bodeneigenschaften, „Koeffizient der Makroporosität" und die „Makroporosität nach TOKAR[1]

Horizont	Volumengewicht in g/cm³	Porosität des natürlichen Untergrundes in Prozenten	Koeffizient der Makroporosität	Makroporosität in % des Gesteinsvolumen	Makroporosität in % der Gesamtporosität
Löß des ersten Horizontes	1,61	51,0	0,77	11,7	22,9
Lößartiger Lehm des zweiten Horizontes	1,68	46,5	0,75	11,6	25,0
Lößartiger zimtfarbener Lehm	1,88	39,8	1,0	0,0	0,0
Löß des zweiten Horizontes	1,76	41,3	0,80	8,2	19,8

[1] Anmerkung des Verfassers

1. die Zahlen der letzten beiden Sparten wurden von uns errechnet.
2. Der „Koeffizient der Makroporosität" wurde bei einem Druck von 2,75 bis 3,85 kg je cm² bestimmt.

Die Frage der inneraggregatlichen Porosität bei verschiedenen Böden erläutert ASTAPOW (1944). Dieser Forscher untersuchte mikroskopisch die Fallgeschwindigkeit der Bodenteilchen im Wasser.

Er fand, daß Größe und Fallgeschwindigkeit der Teilchen nahezu der von STOKES theoretisch abgeleiteten Formel folgen.

$$v = \frac{2\,d_2 - d_1}{9\,\eta}\,g \cdot r^2\,,$$

in der

v = die Fallgeschwindigkeit,
d_2 = die Dichte der Teilchen,
d_1 = die Dichte des Wassers,
η = die Viskosität des Wassers bei der gegebenen Temperatur,
g = die Erdbeschleunigung,
r = der Radius der Teilchen

ist.

Als ASTAPOW die wahre Fallgeschwindigkeit der Teilchen im Wasser und danach ihre Größe unter dem Mikroskop bestimmte, fand er, daß die ausgemessene Korngröße immer dann der Formel von STOKES entsprach, wenn man anstelle des theoretischen Zahlenkoeffizienten von $^2/_9 = 0{,}222$ den Wert 0,200 einsetzte, den ASTAPOW aus vielen Bestimmungen ermittelt hat. Einzelne Bestimmungen ergaben jedoch starke Abweichungen zwischen 0,163 und 0,212. Leider gibt ASTAPOW nicht an, welchen Wert er bei seinen Berechnungen für die Dichte der Teilchen eingesetzt hat. Zweifellos können die Schwankungen zwei Ursachen haben: erstens die verschiedene Dichte der Teilchen und zweitens, wahrscheinlich in erster Linie die Form der Teilchen, worauf ASTAPOW selbst hingewiesen hat.

Eine ähnliche Arbeit hat ASTAPOW mit der Fraktion von 0,001 bis 0,1 mm durchgeführt. Er stellte fest, daß auch in diesem Falle die beobachtete Fallgeschwindigkeit wesentlich von der STOKESschen Formel im gleichen Sinne abwich. Bei einer angenommenen Dichte der Bodenteilchen von 2,7 lagen die Werte zwischen 0,052 und 0,195, mit einem Mittelwert von 0,13. Deshalb schlägt ASTAPOW vor, diesen Mittelwert bei der Bestimmung der Mikroaggregate zu benutzen.

Wenn man den von ASTAPOW empirisch festgestellten Koeffizienten benutzt, kann man die scheinbare Dichte der Mikroaggregate berechnen und daraus ihre Porosität ermitteln. Führen wir diese Berechnung für den mittleren Wert 0,13 und für den niedrigsten Wert 0,052 durch.

Die Dichte des Teilchens sei 2,7. Wird der Wert 0,13 angenommen, so ist

$$v = 0{,}13\,\frac{2{,}7 - 1}{\eta}\,g \cdot r^2\,.$$

Wenn die scheinbare Dichte mit X bezeichnet und der Wert 0,222 eingesetzt wird, dann ist

$$v = 0{,}222\,\frac{X - 1}{\eta}\,g \cdot r^2\,.$$

Da es sich um ein und dasselbe Material handelt, muß die Fallgeschwindigkeit die gleiche sein; es ist also

$$0{,}13 \frac{2{,}7 - 1}{\eta} g \cdot r^2 = 0{,}222 \frac{X - 1}{\eta} g \cdot r^2 .$$

Durch Kürzung erhalten wir

$$0{,}13 \, (2{,}7 - 1) = 0{,}222 \, (X - 1) ,$$

woraus

$$X = 2$$

folgt.

Bezeichnen wir jetzt mit Z denjenigen Zuwachs an Volumen durch die Aufnahme von Wasser, den eine Substanz von der Dichte 2,7 erhalten muß, um seine Dichte auf 2 herabzusetzen und nennen das ursprüngliche Volumen des Körpers W, so ist

$$2{,}7 \, W + Z = 2 \, (W + Z) ,$$

woraus

$$Z = 0{,}7 \, W \text{ folgt.}$$

Folglich beträgt das Porenvolumen P eines Aggregates mit einer scheinbaren Dichte von 2

$$\frac{0{,}7 \, W}{W + 0{,}7 \, W} \cdot 100 = 41\% .$$

Wir stellen die gleiche Berechnung für den zweiten Fall, also für den niedrigsten des von Astapow gefundenen Wertes von 0,052 an. Wenn wir die Gleichung ebenso auflösen, erhalten wir

$$X = 1{,}40; \; Z = 0{,}93 \, W; \; P = 76\% .$$

Im letzten Falle ergibt sich ein sehr großer Wert für das Porenvolumen, der selbst den für die lockerste Packung errechneten Wert übertrifft.

Man muß deshalb annehmen, daß die Krümel selbst wiederum aus kleineren Aggregaten bestehen, d. h., wir haben es hier nicht nur mit einem zweifachen, sondern mit einem dreifachen, gleichsam sozusagen „dreistufigen" Porenvolumen zu tun. Für diese Annahme spricht auch Astapows Feststellung, daß mit der Vergrößerung des Aggregatquerschnitts der Koeffizient kleiner und das Porenvolumen folglich größer wird.

Polski (1949) stellte den gleichen Zusammenhang fest. Seine direkten mikroskopischen Beobachtungen ergeben, daß „. . . sich die größeren Krümel aus kleineren zusammensetzen".

Ähnliche Hinweise finden wir auch bei Wladytschenski und Lebedewa (1949), die durch die mikroskopische Untersuchung von Schliffen feststellten, daß die Makroaggregate der Horizonte A_1 und B eines südlichen Tschernosjems „aus scharf ausgeprägten einzelnen körnigen Mikroaggregaten bestehen".

Zu den Beobachtungen Wladytschenskis und Lebedewas ist folgendes zu sagen: „Die mikroskopische Porosität", die an Schliffen bei 48facher Vergrößerung beobachtet wurde, stellt in Wirklichkeit die Gesamtheit der großen

Poren dar. Die kleineren Poren konnten zweifellos von den beiden Forschern nicht wahrgenommen werden, weil einmal die Vergrößerung nicht ausreichte und zum anderen die Schliffe nicht dünn genug waren. Aus diesen Gründen konnten sie in den unteren Bodenhorizonten keine Mikroaggregate und keine „zwischenaggregatlichen" Poren feststellen. Zu gleicher Zeit ergeben ihre Beobachtungen ganz richtig die Tatsache, daß in den oberen Horizonten bedeutend mehr Großporen als in den unteren vorhanden sind.

Bei Gleybildung verringert sich die Porosität stark; in diesem Falle nähert sich ihr Wert der Porosität eines „Idealbodens" bei dichtester Packung. In der Tabelle 4 bringen wir einige Zahlen, die das bestätigen; die Angaben sind dem Buche von LEBEDEW und BAUKOWA (1930) entnommen.

Wie aus dieser Tabelle zu ersehen ist, nimmt bei Grundwassereinfluß durch Gleybildung die Porosität ab, während das Raumgewicht ansteigt. Die unteren Horizonte der verschiedenen Böden ohne Gleybildung haben ein Volumengewicht von 1,5 bis 1,6; in den Gleyhorizonten steigt dieser Wert aus 1,8 bis 2,0.

TABELLE 4

Porenvolumen und Volumengewicht von Gleyhorizonten nach LEBEDEW und BAUKOWA (1930)

Nr. der Probe	Bodentyp	Horizont	Tiefe in cm	Porosität in Prozenten	Volumengewicht in g/cm³
5	Humoser mittelpodsolierter sandiger Gleyboden	*D*	60—90	32—36	1,7—1,8
7	Podsolierter Glyboden auf Moränenlehm	B_g	30—90	30—34	1,8—1,9
10	Humoser eisenhaltiger Gleyboden auf schluffigem lehmigen Sand	*g*	50—90	32—36	1,7—1,8
11	Dunkelgrauer Bodem mit Merkmalen der Versumpfung	B_g	35—70	27—29	1,9—2,0
12	Humoser podsolierter Gleyboden	*B*	35—70	25—31	1,8—1,9

Die Verringerung des Porenvolumens und die Erhöhung des Volumengewichts zeigen eindeutig, daß der Boden durch Gleybildung im Untergrund verdichtet wird. Nach den obigen Voraussetzungen kann man annehmen, daß bei Gleybildung die Mikrostruktur, die den unteren Bodenhorizonten vor der Gleybildung eigen war, zerstört worden ist. Infolgedessen geht auch die „inneraggregatliche Porosität" verloren. Die einzelnen Teilchen lagern sich dichter, wodurch das Porenvolumen kleiner wird. Das wird auch von DOSMANOWA (1934) bestätigt, nach deren Ansicht die Gleybildung den Schluffgehalt erhöht.

Die Verringerung des Porenvolumens bei Zerstörung der Mikrostruktur wurde auch von KEEN und COUTTS (1928) nachgewiesen. Diese Autoren rührten den Boden sorgfältig mit Wasser an, stellten aus diesem Brei Proben her, trockneten sie bei 105° und bestimmten ihr Volumen. Da ihnen das Spezifische Gewicht bekannt war, konnten sie die Größe der Porosität berechnen. Bei 39 untersuchten Proben lag nach dieser Methode das Porenvolumen zwischen 16,5 und 37,5%. In den meisten Fällen war die Schwankungsbreite kleiner, während der Durchschnitt bei etwa 26% lag. Das Porenvolumen derartig vorbehandelter Proben näherte sich also der eines „Idealbodens" bei dichtester Packung. Die Oxydation des Humus mit Wasserstoffsuperoxyd verkleinerte das Porenvolumen um 4 bis 5%.

Wie wir bereits erwähnten, empfehlen manche Forscher, die Hohlräume in „inneraggregatliche" und „zwischenaggregatliche" zu unterteilen, was zweifellos einen wesentlichen Schritt vorwärts bedeuten würde. Der Durchmesser der „zwischenaggregatlichen" Poren ist in der Regel größer als der der „inneraggregatlichen".

Bedeutend älter ist die im Jahre 1924 vorgeschlagene Unterscheidung von Dojarenko zwischen kapillaren und nichtkapillaren Poren. Auf diese Unterteilung und auf die neuesten Vorschläge von Katschinski (1947), der eine genauere Differenzierung des Porenvolumens empfiehlt, werden wir später eingehen.

Nach dem Gesagten hängt die Porosität der Böden im wesentlichen von ihrer Struktur ab. Das gilt natürlich überwiegend für Böden von lehmiger und toniger Beschaffenheit, weil sandige Böden in der Regel strukturlos sind. Hier kann die mechanische Zusammensetzung maßgebend für die Größe des Porenvolumens sein. Sandige Böden zeichnen sich oft durch feine Korngrößen aus, die in sehr engen Grenzen liegen; d. h. Boden oder Untergrund sind nahezu ein monodisperses System.

Die Porosität dieser Böden beträgt größtenteils 35 bis 40%. Wenn in solchen Böden Teilchen vorhanden sind, die einen kleineren Durchmesser als die Poren haben, so daß sie die Poren des Untergrundes ausfüllen können, wird das Porenvolumen herabgesetzt.

Unter natürlichen Verhältnissen sind solche Fälle sehr selten, weil, wie bereits erwähnt, ein sandiger Untergrund monodispers ist und weil bei seiner Entstehung alle übrigen Korngrößen ausgewaschen worden sind. Künstlich können wir jedoch eine Mischung aus Teilchen beliebiger Korngrößen herstellen. Darüber hat Ochotin (1929) umfangreiche Versuche angestellt, deren Ergebnisse in Abbildung 6 graphisch dargestellt sind.

Aus dieser Abbildung ist zu ersehen, daß sich das Porenvolumen verringert, wenn man zu Kies von 8 bis 16 mm kleinere Teilchen von verschiedenem Ausmaß und in unterschiedlichen Verhältnissen hinzufügt. Diese Verringerung ist besonders deutlich, wenn der Gehalt an feinen Fraktionen 30 bis 40% erreicht. Liegt der Gehalt unter oder über diesem Wert, so nimmt die Porosität zu. Ferner weist die Abbildung 6 nach, daß mit Herabsetzung des Verhältnisses der Korngrößen von 1:1 auf 1:16 die Porosität kontinuierlich abnimmt. Bei weiterer Herabsetzung dieses Verhältnisses hört die Verringerung der Porosität auf. Bei einem Gehalt von 30 bis 40% der beigemischten feinen Fraktion bleibt die Porosität auf einem Stand von etwa 20%.

Wie die Versuche von OCHOTIN zeigen, kann man die kleinste Porosität mit einem Gemisch von drei und vier Fraktionen erzielen, wenn der Durchmesser jeder folgenden Fraktion um das 16fache geringer ist als der Durchmesser der vorhergehenden und wenn der gewichtsmäßige Anteil jeder nachfolgenden Fraktion sich zum Gehalt der vorhergehenden wie 3:7 verhält. Die Porosität

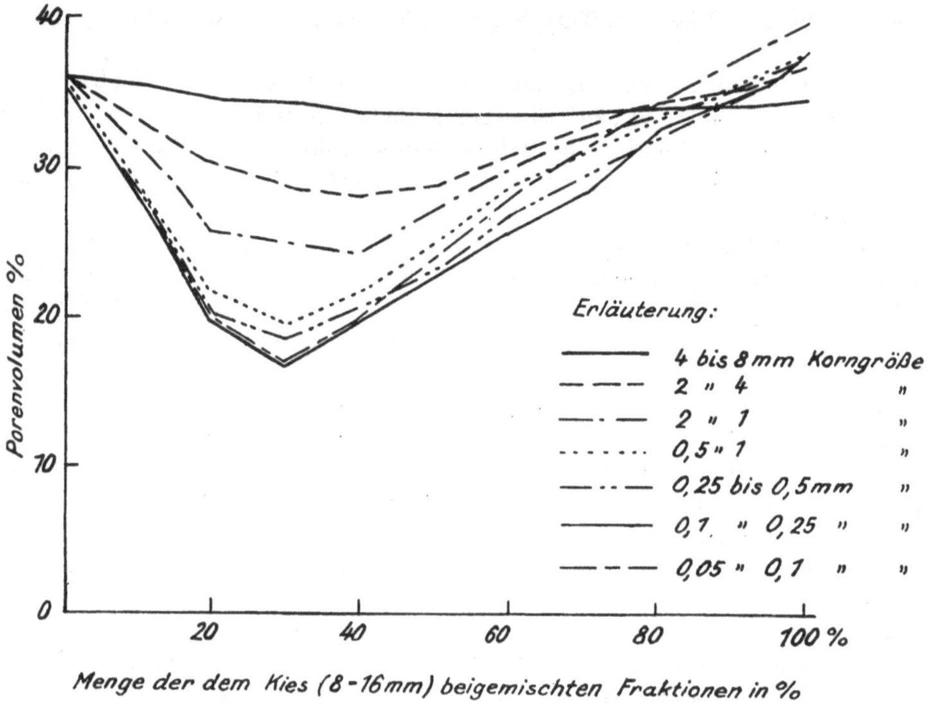

Abb. 6. Porenvolumen in Gemischen aus verschiedenen Korngrößen nach OCHOTIN

eines Gemisches von drei Fraktionen ist unter diesen Verhältnissen um das Vierfache und die aus vier Fraktionen sogar um das Achtfache geringer als die Porosität jeder einzelnen Fraktion. In Gemischen aus drei und vier Fraktionen gelang es OCHOTIN, die Porosität bis auf 4 bis 5% zu senken.

Wenn überhaupt, kommen in der Natur ähnliche Korngrößengemische äußerst selten vor, so daß die Porosität fast nie unter 27% absinkt.

Zusammenfassung:

Eine wesentliche Eigenschaft des Bodens ist sein Porenvolumen. Die Größe der Porosität, die in Prozenten zum Gesamtbodenvolumen ausgedrückt wird, kann in ziemlich weiten Grenzen von 25 bis fast 100% schwanken. Die höchste Porosität von 90% haben die organogenen Böden, wie Waldstreu und Torf; bei den mit Humus angereicherten Horizonten beträgt sie 50 bis 60%. Falls die darunter liegenden Horizonte keine Gleybildung aufweisen, haben sie eine zwischen 40 und 45% liegende Porosität, die bei Gleybildung auf 25—30% absinkt.

Der Vergleich des Porenvolumens natürlicher Böden mit der eines „Idealbodens“ zeigt, daß die Bodenpartikel und ihre Krümel in den meisten Fällen die Tendenz haben, sich möglichst dicht zu lagern, d. h. der hexagonalen Packung nahezukommen. Die Eigenschaft der Bodenpartikel jedoch, sich zu Aggregaten verschiedener Größe zu vereinigen, hat zur Folge, daß die Porosität aller Bodenhorizonte in der Mehrzahl der Fälle bedeutend höher liegt, als die eines „Idealbodens“ bei hexagonaler Lagerung. In den mit Humus angereicherten Horizonten kann eine zwei-, drei- und auch mehrfache Aggregatbildung des Bodens vor sich gehen. In den tieferen Horizonten ist die einfache Krümelung weit verbreitet, nämlich eine Zusammenballung aus Mikroaggregaten, wobei die Lagerung der Primärteilchen in den Aggregaten und die Schichtung der Aggregate selbst sich der dichtesten Packung nähern. Durch Gleybildung wird die Krümelstruktur völlig zerstört.

Es ist für das Porenvolumen des Bodens charakteristisch, daß die Größe der Bodenporen auf engstem Raum stark schwanken kann. Die Hohlräume, über deren Form wenig bekannt ist, können wir uns als räumlich verteilte Netze vorstellen, deren Poren durch enge Kanäle miteinander in Verbindung stehen.

KAPITEL II

DIE BESONDEREN EIGENSCHAFTEN DES WASSERS UND SEIN DARAUS FOLGENDES VERHALTEN

Das Wasser ist eine Flüssigkeit mit besonderen physikalischen und chemischen Eigenschaften, die einen großen Einfluß auf sein Verhalten bei Berührung mit anderen Substanzen ausüben. Die Erscheinungen, die bei der Wechselwirkung zwischen dem Wasser und den festen Teilchen auftreten, sind unabhängig davon, ob diese gelöst, dissoziiert oder nur dispergiert sind. Auch bei der Benetzung fester Körper treten besondere Erscheinungen infolge dieser Eigenschaften des Wassers auf. Es ist deshalb nur natürlich, daß sie eine große Rolle bei der Wechselwirkung zwischen dem Wasser und den Bodenteilchen spielen. Deshalb halten wir es für notwendig, zuvor diese besonderen physikalischen und chemischen Eigenschaften des Wassers zu behandeln.

1. Die physikalische Struktur des Wassers

Bekanntlich wird die chemische Zusammensetzung des Wassers durch die Formel H_2O ausgedrückt. Das bedeutet jedoch nicht, daß die Wassermoleküle elektrisch-neutral sind. Bereits Ende des vorigen Jahrhunderts hat Mendelejew bewiesen, daß sich die Wassermoleküle mit den Molekülen des gelösten Stoffes verbinden können. Auf dieser Grundlage baute Mendelejew die Hydratations-Theorie oder, allgemeiner ausgedrückt, die Theorie der Lösungserscheinungen auf. Einige Zeit später zeigte Kablukow, daß die Erscheinungen der Hydration sich auch auf die Ionen erstrecken. Die Anschauung Mendelejews fand nach langjährigem Kampf allgemeine Anerkennung; auf sie stützt sich die heutige Theorie der Lösungen.

Der Wechselwirkung zwischen Wasser und gelösten Stoffen liegen folgende Erscheinungen zugrunde. Das Wassermolekül, das aus zwei einwertigen Wasserstoff-Ionen und einem zweiwertigen Sauerstoff-Ion besteht, verhält sich in physikalischer Hinsicht elektrisch nicht neutral, wie das auf den ersten Blick erscheint, wenn man von der Gleichheit der Summen der negativen und positiven Ladungen ausgeht. Die fehlende energetische Neutralität läßt sich wie folgt erklären:

Am häufigsten wird das Wassermolekül, das man auch als Hydrol bezeichnet, in Form von Dipolen dargestellt, d. h. als Molekül mit zwei elektrisch geladenen Polen. Das Auftreten von zwei Polen bei einem Körper, der elektrisch neutral sein müßte, kann nach Pauling, dadurch erklärt werden, daß die Wasserstoff- und Sauerstoff-Ionen an den Scheiteln eines gleichschenkligen Dreiecks angeordnet sind. Hierbei beträgt der Scheitelwinkel des Dreiecks, an dem das Sauerstoff-Ion sitzt, 105° (PAULING, 1947), während der Abstand zwischen den Wasserstoff- und Sauerstoff-Ionen im gasförmigen Zustand 0,96 Å und in festem Zustand 0,99 Å beträgt. Der schematische Aufbau des Wassermoleküls ist aus Abbildung 7a zu ersehen.

Der Radius eines Wassermoleküls beträgt 2,76: 2 = 1,38 Å. Wenn wir aus dieser Größe das Volumen eines Mols berechnen, wird ersichtlich, daß die Wassermoleküle auch in flüssigem Zustand sehr locker angeordnet sind. Das Volumen eines kugelförmig angenommenen Wassermoleküls ist

$$V = \frac{4}{3} r^3 \pi = 4{,}19\,(1{,}38 \cdot 10^{-8})^3 = 11 \cdot 10^{-24}\ \mathrm{cm}^3 .$$

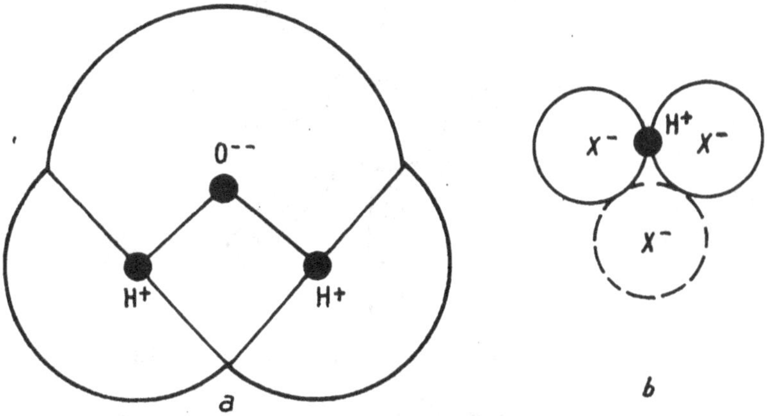

a b

Abb. 7a Struktur des Wassermoleküls
Abb. 7b Wasserstoffbrückenbindung nach PAULING

Unter der Annahme einer „würfelförmigen Packung" wird das Gesamtvolumen eines Mols einschließlich der Zwischenräume zwischen den kugelförmigen Molekülen

$$= 6{,}06 \cdot 10^{23}\,(2{,}76 \cdot 10^{-8})^3 = 12{,}74\ \mathrm{cm}^3 .$$

Unter der Annahme jedoch, daß die Kugeln „hexagonal" gepackt sind, wird ihr Gesamtvolumen kleiner sein, nämlich nur

$$6{,}06 \cdot 10^{23} \cdot 11 \cdot 10^{-24}\left(1 + \frac{25{,}95}{74{,}05}\right) = 9{,}0\ \mathrm{cm}^3 ,$$

wobei der Quotient $\frac{25{,}95}{74{,}05}$ das Verhältnis des Volumens der Zwischenräume zum Volumen der Kugeln angibt (vgl. Kap. 1).

Während das Volumen eines Mols Wasser nach Konvention 18 cm³ beträgt, ergeben die oben durchgeführten Berechnungen bedeutend geringere Werte von 9,0 bis 12,74 cm³, woraus folgt, daß die Moleküle des flüssigen Wassers weniger dicht angeordnet sein müssen.

Was sind die Ursachen dieser aufgelockerten Anordnung?

Es ist oben bereits ausgeführt worden, daß die negativen Ladungen des Wassermoleküls im Scheitel eines Dreiecks konzentriert sind, während sich die positiven Ladungen an der Basis des Dreiecks befinden.

Infolge dieser Anordnung der Ladungen sind die Moleküle befähigt, miteinander in Verbindung zu treten, indem sich die Pole mit entgegengesetzten Ladungen anziehen. Das gleiche trifft auch für positiv oder negativ geladene Ionen zu. Im letzteren Falle ist es üblich, von der Hydratation der Ionen zu

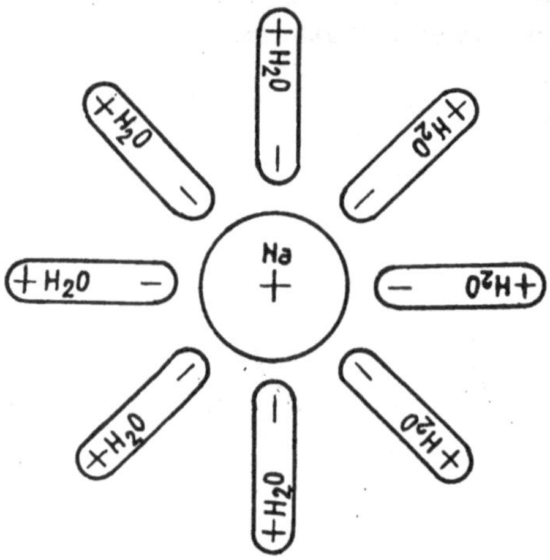

Abb. 8. Hydratisiertes Natrium-Ion, von Dipol-Wassermolekülen umgeben

sprechen, die darin besteht, daß die dipoligen Wassermoleküle, die von einem Ion angezogen werden, um dieses Ion eine Hydrathülle bilden. Das ist schematisch auf der Abbildung 8 dargestellt, in der gerichtete Wasserdipole ein positiv geladenes Natrium-Ion umschwärmen.

Eine andere Auslegung der gleichen Erscheinung ist folgende: Das Wasserstoffatom, das nur eine stabile Einflußsphäre hat, kann, ganz allgemein gesprochen, nur eine nebenvalente Bindung eingehen. Trotzdem kann in einigen Fällen der Wasserstoff zwei Atome binden. Hierbei tritt bereits eine Ionenbindung auf, d. h. eine Bindung, der die COULOMBsche Anziehungskraft zwischen zwei verschieden geladenen Körpern zugrunde liegt. Das Entstehen der Wasserstoffbrückenbindung zwischen Anionen (X^-) nach PAULING ist schematisch auf Abbildung 7b dargestellt. Das dritte Anion, das auf der Abbildung punktiert dargestellt ist, kann vom Proton nicht mehr angezogen werden, weil die anderen zwei Anionen die Annäherung dieses dritten verhindern.

Eine solche Wasserstoffbrückenbindung geht um so leichter vor sich, je stärker elektronegativ die Atome sind, die vom Wasserstoffion gebunden werden. Durch die starke elektronegative Ladung der Sauerstoff-Ionen werden vom Wasserstoff-Ion besonders leicht Wasserstoffbrückenbindungen gebildet; aus diesem Grunde können die Hydrole untereinander leicht zu Komplexen assoziieren.

Wegen der leichter verständlichen Behandlung des Problems werden wir im folgenden die Wassermoleküle als Dipole betrachten, dabei aber nicht übersehen, daß dieser Auffassung eigentlich die Wasserstoffbindung zugrunde liegt.

Das Wasser besteht demnach aus dipoligen Molekülen, die im allgemeinen keine bestimmte Orientierung haben. Ein Teil dieser Moleküle ist jedoch zu unbeständigen und nur zeitweilig vorhandenen Komplexen assoziiert, die sich ständig auflösen, um neu zu entstehen. Die Hydrole können auch noch kompliziertere Aggregate bilden, die nahezu denen gleichen, die beim Eis nachgewiesen sind.

Je nach der Anzahl der Hydrole, die zu einem Komplex gehören, können wir Mono-, Di- und Trihydrole unterscheiden. Der Grad der Assoziation von Hydrolen nimmt mit dem Ansteigen der Temperatur ab, wie RAMAN und RAO (Tab. 5) nachgewiesen haben.

TABELLE 5
Prozentgehalt an Mono-, Di und Trihydrolen bei verschiedener Temperatur nach RAMAN und RAO (zitiert nach FRIZMAN, 1935)

Art der Moleküle	Eis	Bei einer Temperatur des Wassers von			
		0°	4°	38°	98°
(H_2O)	0	19	20	29	36
$(H_2O)_2$	41	58	59	50	51
$(H_2O)_3$	59	23	21	21	13

Die Existenz dieser in der Tab. 5 beschriebenen Hydrole ist später bezweifelt worden. Nach BERNAL und FOWLER (1933) sollen sich die Wassermoleküle in Aggregate von je fünf Molekülen zusammenschließen, wobei sich ein Molekül im Zentrum befindet, während sich die anderen vier an den Winkeln des Tetraeders anlegen und sich so um ersteres scharen. Die Bindung zwischen den Molekülen soll durch Nebenvalenzen der Sauerstoff- und Wasserstoffatome bewirkt werden.

FRIZMAN (1935) hat ausgerechnet, daß die Dichte des Wassers nicht 1, sondern 1,84 betragen müßte, wenn eine dichte Packung der Wassermoleküle mit einem Radius von 1,38 Å vorläge.

Die Tatsache, daß die Wassermoleküle elektrische Dipole darstellen, erklärt die große Lösekraft des Wassers; die Entstehung von Hydraten, also von chemischen Verbindungen zwischen den Wassermolekülen und dem aufgelösten Stoff, ist wesentlich die Ursache für die auflösende Wirkung des Wassers.

2. Die Hydratation der Ionen

Wie wir oben ausgeführt haben, können die Wasserdipole infolge der gegenseitigen Anziehungskraft auch von Ionen angezogen werden. Man bezeichnet diese Erscheinung als Hydratation der Ionen. Sie kommt letzten Endes durch die Bildung einer Hydrathülle um die Ionen zum Ausdruck. Je größer der Radius eines Ions ist, desto schwächer wird es das Hydrol anziehen und desto kleiner wird folglich die Hydrathülle sein.

Es ist üblich, diesen Hydratationsgrad nach der Anzahl der Wassermoleküle, die von einem Ion angezogen werden, auszudrücken. Die in der Literatur mitgeteilten Bestimmungen widersprechen einander so sehr, daß man nicht behaupten kann, daß wir zuverlässig über den Hydratationsgrad der Ionen unterrichtet sind.

Gleichwohl bringen wir in Tab. 6 eine Reihe von Zahlen verschiedener Autoren.

TABELLE 6

Hydratation der Ionen (Anzahl der Wassermoleküle je Ion) und die Radien von hydratisierten und nicht hydratisierten Ionen (nach Gruner und Vogel, 1950)

Autoren	Ionen von									
	H	Li	Na	K	Rb	Cs	Mg	Ca	Sr	Ba
	Die Radien nicht hydratisierter Ionen (in Å)									
Zachariasen*	1,36	0,68	0,98	1,33	1,48	1,67	0,89	1,17	1,34	1,49
Goldschmidt	—	0,78	0,98	1,33	1,49	1,65	0,78	1,06	1,27	1,43
	Die Radien der hydratisierten Ionen (in Å)									
Jenny	—	10,03	7,90	5,32	5,09	5,05	—	—	—	—
Pallmann	—	7,3	5,7	3,8	3,6	3,6	10,8	3,6	9,6	8,8
	Hydratation in Wassermolekülen je Ion									
Riesenfeld	1	68—158	60—70	22	—	—	40	28	—	—
und Reingolz	1	12,6	8,4	4,0	—	—	13,3	10,0	8,2	4,1
Remy	1	13	8,6	4,2	4,0	3,5	14	~11	8	4
Pallmann, Brintzinger und Radanaret	1	15	8	4	—	—	21	22	—	14
Bourion, Ronger und Hun	1	11—13	9—11	5—6	—	—	20—23	19—22	—	18—22
Babrowsky, Velisch und Wagner	1	13—14	8—9	5	—	—	—	—	—	—

*) Reduz. Ionenradien, Z. Krist. 80, 137 (1931)

3. Die osmotischen Erscheinungen

Der osmotische Druck ist an semipermeablen Membranen nachweisbar; das sind Scheidewände, die zwar durchlässig für die Moleküle des Lösungsmittels, nicht aber für die Moleküle des gelösten Stoffes sind. Benutzt werden nach Pfeffer in der Regel Gefäße aus porösem Ton, auf deren Wänden eine Haut von Ferrocyankupfer niedergeschlagen worden ist. Wenn man eine solche

„Pfeffersche Zelle“ mit der Lösung irgendeines Stoffes füllt und sie in ein anderes Gefäß mit reinem Lösungsmittel stellt, wird das Lösungsmittel in die „Pfeffersche Zelle“ eindringen und hier den Druck erhöhen, der mit einem Manometer gemessen werden kann. VAN'T HOFF untersuchte experimentell den osmotischen Druck und leitete hieraus folgendes Gesetz ab: Der osmotische Druck eines gelösten Stoffes ist gleich dem Druck, den er bei derselben Konzentration und Temperatur ausüben würde, wenn er sich wie ein „ideales Gas“ verhielte.

Es gilt also auch hier

$$P = R \cdot C \cdot T ,$$

wobei P der osmotische Druck des gelösten Stoffes,
R die Gaskonstante,
C die Konzentration der Lösung,
T die absolute Temperatur
ist.

Die Erscheinungen, die mit dem osmotischen Druck zusammenhängen, werden von vielen Forschern, z. B. VAGELER, MATTSON, ALTEN und KURMIES u. a., herangezogen, um die Wasserführung des Bodens zu erklären. Deshalb wollen wir zunächst auf den gegenwärtigen Stand der Wissenschaft in dieser Frage eingehen, obwohl das auf den ersten Blick überflüssig erscheinen mag. Die Begriffe „osmotischer Druck“ und „Osmose“ sind Gegenstand der Lehrbücher für Chemie und Physikalische Chemie, so daß es müßig erscheinen könnte, sich hier damit zu befassen. Dem ist jedoch nicht so.

Es ist zwar richtig, daß die Osmose eine gründliche mathematische Bearbeitung gefunden hat, wie die Lehrbücher zeigen, in denen die Fragen der Thermodynamik behandelt werden.

Die mathematische Ableitung der osmotischen Vorgänge sagt jedoch nichts über deren Wesen aus. Dessen war sich zweifellos auch VAN'T HOFF, der Schöpfer der Theorie des osmotischen Druckes, bewußt. Im Jahre 1892 schreibt er „Wieder steht vor uns im Grunde genommen, die nutzlose (v. A. RODE gesperrt) Frage: Wodurch wird der osmotische Druck ausgelöst? Wie bereits erwähnt, interessiert mich tatsächlich nur seine Größe; soweit festgestellt ist, entspricht sie der Größe des Gasdruckes, sofern man zu der Vorstellung neigt, daß es ein Zustand ist, der dem Gas ähnelt. Wer jedoch dadurch in Verwirrung gebracht wird, der kann einfach diese Vorstellungen verwerfen“. (v. A. RODE gesperrt, zitiert nach OSTWALD).

Nach diesen Äußerungen hatte selbst VAN'T HOFF Zweifel an der Richtigkeit seiner Vorstellung vom Wesen des osmotischen Druckes.

Es ist tatsächlich nicht leicht, sich eine richtige Vorstellung vom Mechanismus des osmotischen Druckes zu machen. Gegen die klassische Anschauung, die sich den gelösten Stoff gleichsam als im gasförmigen Zustand befindlich vorstellt, sind viele Einwände zu erheben. Es ist deshalb leicht verständlich, daß die Frage nach den Ursachen des osmotischen Druckes immer wieder gestellt wird, obgleich die wenigen Arbeiten über dieses Thema keine neuen Theorien bringen, die allgemein anerkannt werden können. Wir werden hierauf nicht näher eingehen, erstens, weil der Verfasser des vorliegenden Buches auf diesem Gebiet nicht Fachmann ist, zweitens, weil wir uns damit zu weit von unserem eigentlichen Thema entfernen würden und drittens, weil diese Theorien noch so stark umstritten sind, daß ihre Anwendung auf ein so komplexes System, wie es der Boden ist, zu mindest verfrüht wäre. In den Arbeiten von FINDLEY (1914), THIEL (1940), METCALF (1940 u. 1941), FREDENHAGEN (1935) und MEYER (1945) läßt sich die geschichtliche Entwicklung dieser Frage verfolgen. Den gegenwärtigen Stand der Wissenschaft charakterisiert Akademiemitglied I. A. KABLUKOW (1936) treffend wie folgt: „Weshalb ist der osmotische Druck gleich dem Gasdruck? Auf diese Frage haben wir bis auf den heutigen Tag noch keine klare Antwort. In ähnlicher Weise, wie die Bewegung der Gasmoleküle den Gasdruck erzeugt, stammt der Osmotische Druck aus der Bewegungsenergie der gelösten Ionen; so gesehen, stellt das Lösungsmittel nur das Milieu dar, in dem sich die gelösten Teilchen wie Gasmoleküle frei bewegen."

Jedoch kann man mit ebenso großer Berechtigung annehmen, daß die Ursache des osmotischen Druckes die Anziehungskraft ist, welche die Teilchen des gelösten Stoffes im Wasser ausüben. Diese Anziehungskraft zwingt das Wasser, in die PFEFFERsche Zelle" einzudringen.

Diese Auffassung scheint uns am besten geeignet, sowohl die osmotischen Vorgänge als auch die Wasserbindung im Boden zu erklären.

In diesem Zusammenhang erwähnen wir hier OSTWALD und MÜNDLER (1919), die zwar vornehmlich mit der klassischen Erklärung arbeiten, jedoch auf Grund der beobachteten Tatsachen diese Theorie erweitern und ergänzen. Diese Autoren gehen von den Unterschieden zwischen den gemessenen und berechneten Werten des osmotischen Druckes aus. Da der beobachtete Druck stets höher als der berechnete ist, setzt sich nach Ansicht von OSTWALD der beobachtete osmotische Druck aus dem „reinen VAN'T HOFFschen Druck" und einem gewissen zusätzlichen Druck zusammen, der infolge der Anziehung zwischen dem Lösungsmittel und den gelösten Teilchen auftritt.

Als extremer Fall der Hydratation ist die Quellung der Gele aufzufassen. OSTWALD und MÜNDLER wenden die von POSNJAK und FREUNDLICH erkannte Beziehung zwischen Konzentration und Quellung an und stellen folgende Gleichung auf:

$$\pi = R\,T\,c_1 + k\,c_2^n\,,$$

in der π der beobachtete osmotische Druck,
R die Gaskonstante,
T die absolute Temperatur,
c_1 die Molkonzentration des gelösten Stoffes,
c_2 die Konzentration des quellenden Systems (in Gramm des Gels in 1000 cm^3),
k und n Konstanten sind.

Es ist leicht zu erkennen, daß das erste Glied auf der rechten Seite der Formel den „reinen“ osmotischen Druck darstellt, während das zweite Glied dem Druck der „Hydratation“ entspricht.

Ostwald und Mündler stützen sich auf umfangreiches experimentelles Material, über die Bestimmung des osmotischen Druckes hauptsächlich mit Zuckerlösungen, aber auch mit Lösungen anderer Stoffe und schließen daraus, daß bei der Wechselwirkung zwischen Zucker und Wasser tatsächlich sowohl der „reine“ osmotische Druck als auch der Druck der Hydratation auftritt. In Zuckerlösungen kann die Hydratation 63% des beobachteten Gesamtdruckes erreichen, in einer ferrocyanidhaltigen Calciumlösung sogar 71%.

Schon 1896 hat Poynting (zitiert nach Berkenheim, 1926) darauf hingewiesen, daß die mathematische Formel, die den osmotischen Druck in Abhängigkeit von der Konzentration des gelösten Stoffes darstellt, sowohl aus der Hydratationstheorie Mendelejews als auch aus der van't Hoffschen Theorie abgeleitet werden kann, was ohne Einfluß auf ihre Gültigkeit ist.

In keinem Falle aber kann man den osmotischen Druck ausschließlich mit dem Verhalten des gelösten Stoffes erklären und hierbei die Rolle des Lösungsmittels übersehen, so wie das die klassische Theorie getan hat. Unter der Annahme, daß der osmotische Druck die Differenz zwischen dem Diffusionsdruck des reinen Lösungsmittels und des in Lösung befindlichen Stoffes (Meyer, 1945) darstellt, wird die Größe des osmotischen Druckes gleich der Differenz aus der Energie der Moleküle des reinen Lösungsmittels und der Energie der in der Lösung befindlichen Moleküle sein.

Abschließend weisen wir noch darauf hin, daß Taylor nach Prüfung der osmotischen Theorien Fraser wie folgt zitiert (Taylor, 1935, Bd. I, S. 394): „Wie ersichtlich, befriedigt keine dieser Theorien. Eine befriedigende Deutung der Natur der Osmose kann nur dann erwartet werden, wenn das Wesen der Lösungen, deren dynamische Eigenschaften bisher noch nicht genügend erforscht worden sind, erkannt sein wird.“

Eine ähnliche Ansicht über diese Frage finden wir unter Berücksichtigung moderner Erkenntnisse bei Krafts, Karrier und Stocking (1951). Das Ergebnis ihrer kritischen Untersuchungen der verschiedenen Theorien, die von den Autoren selbst als „weitschweifig und verwickelt“ bezeichnet werden, ist die kurze Schlußfolgerung auf Seite 94, daß „die Größe des osmotischen Druckes eine physikalische Eigenschaft der Lösung ist“. Mit dieser unzureichenden Erklärung wird man sich vorläufig begnügen müssen.

Wenn man den osmotischen Druck im Boden untersucht, muß man sich darüber im klaren sein, daß auf den Boden die klassische Erklärung nicht anwendbar ist, weil hier keine semipermeablen Scheidewände vorhanden sind.

Im folgenden sollen die wichtigsten Erscheinungen der Osmose im Boden behandelt werden.

Der erste Fall ist bei der Wechselwirkung zwischen dem Wasser und den austauschbaren Kationen gegeben. Die austauschbaren Kationen werden von der Oberfläche der Kolloidteilchen des Bodens angezogen. Gleichzeitig ziehen diese Kationen aus der Bodenlösung die dipoligen Wassermoleküle an, die infolge dieser Anziehungskraft das Bestreben haben, jedes austauschbare Kation von allen Seiten zu umgeben, um es in eine Hydrathülle einzuschließen, es gewissermaßen von der Oberfläche der Bodenteilchen abzudrängen und loszulösen. Diese Erscheinung können wir auf den osmotischen Druck zurückführen. Vom klassischen Osmometer mit semipermeabler Membran unterscheidet sich aber der Boden dadurch, daß hier dem osmotischen Druck, der auf der Wechselwirkung zwischen Ionen und Wasserdipolen beruht, die elektrostatische Anziehungskraft der austauschbaren Kationen seitens der Bodenteilchen gegenübersteht, während im klassischen Fall der hydrostatische Druck einer Wassersäule dem osmotischen Druck das Gleichgewicht hält.

Der zweite Fall, bei dem im Boden osmotische Erscheinungen beobachtet werden, tritt dann ein, wenn die Bodenlösung an den verschiedenen Stellen des Bodenprofils eine unterschiedliche Konzentration hat. Dadurch erfolgt nicht nur eine Diffusion der gelösten Stoffe von den Stellen höherer Konzentrationen zu den Stellen niedrigerer Konzentration, sondern es findet gleichzeitig eine gegenläufige Diffusion in beiden Richtungen statt. Beiden Prozessen liegt die Wechselwirkung zwischen den Molekülen oder Ionen der Bodenlösung und den dipoligen Wassermolekülen zugrunde. Wesentliche Bedeutung haben diese Vorgänge jedoch nur dann, wenn die Unterschiede in der Konzentration groß sind. Das gleichzeitige Auftreten dieser beiden Vorgänge wurde von Lebedew (1930) experimentell nachgewiesen und von Komarowa (1937) bestätigt.

4. Die kapillaren Erscheinungen

In diesem Abschnitt werden wir das Wesen der kapillaren Erscheinungen behandeln. Wir halten das für zweckmäßig, weil die Natur dieser Erscheinungen bisher nicht immer exakt beschrieben worden ist.

Die Erscheinungen, die unter Kapillarität zusammengefaßt werden, entstehen an den Grenzflächen von drei Phasen: der festen, der flüssigen und der gasförmigen. Diesen Erscheinungen liegen Kräfte zugrunde, die einerseits zwischen den Molekülen der Flüssigkeit und andererseits zwischen den Molekülen der Flüssigkeit und den Molekülen des festen Körpers wirksam sind.

Wir wollen zuerst die Erscheinungen untersuchen, die an der Grenzfläche von zwei Phasen, der flüssigen und der gasförmigen auftreten.

Die Anziehungskräfte, die zwischen den Molekülen einer Flüssigkeit wirksam sind, rufen eine Erscheinung hervor, die als Oberflächenspannung bezeichnet wird. Sie besteht in folgendem:

Ein beliebiges Molekül innerhalb einer genügend dicken Schicht einer Flüssigkeit steht unter dem Einfluß der Anziehungskräfte der benachbarten Moleküle, wobei eine wechselseitige Anziehung stattfindet. Infolge der chaotischen Anordnung dieser Moleküle und ihrer ständigen Bewegung sind die von ihnen ausgehenden Anziehungskräfte, die auf das gegebene Molekül in *jedem Augenblick* wirken, nicht ausgeglichen; deshalb befindet sich auch das Molekül im Zustand ständiger Bewegung. In der *durchschnittlichen* Einwirkung jedoch, die die benachbarten Moleküle während einer gewissen Zeitdauer ausüben, herrscht Gleichgewicht, und demzufolge zeigt das Molekül keine ausgesprochene Neigung, sich in einer bestimmten Richtung zu bewegen.

Anders ist die Lage in der oberen Flüssigkeitsschicht, dort wo diese an die gasförmige Phase grenzt. Stellen wir uns ein Molekül (Abb. 9) vor, das sich im Augenblick an der Oberfläche selbst befindet (Abb. 9a). Es ist klar, daß dieses

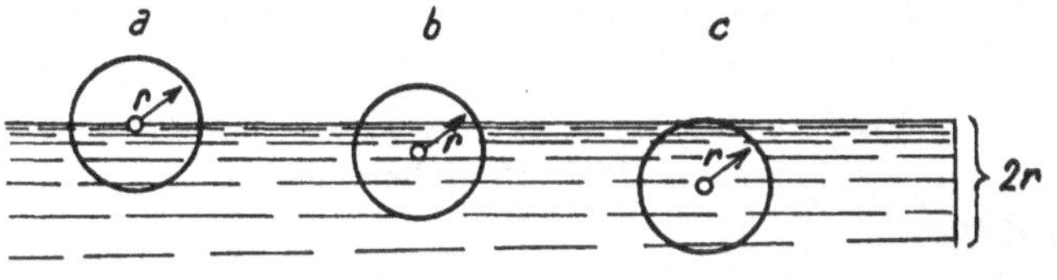

Abb. 9. Moleküle in der Oberflächenschicht des Wassers

Molekül sowohl von den Molekülen der Flüssigkeit als auch von denen des gleichen Stoffes, der sich in dampfförmigem Zustand darüber befindet, angezogen werden wird. Da die Dichte der Flüssigkeit bei weitem größer ist als die des Dampfes, wird die nach unten gerichtete Kraft bedeutend größer sein als die nach oben strebende. Demzufolge wird das Molekül, das sich an der Oberfläche befindet, einer einseitigen nach unten zur Masse der Flüssigkeit gerichteten Anziehungskraft, ausgesetzt sein. In einem solchen Zustand werden sich nicht nur die Oberflächenmoleküle befinden, sondern auch die Moleküle in der Flüssigkeitsschicht von einer gewissen Dicke, die dem doppelten Radius der Einwirkung molekularer Anziehungskräfte entspricht (Abb. 9). Dieser Radius ist nicht wesentlich größer als der Radius der Moleküle selbst, weil die molekularen Anziehungskräfte mit der Entfernung sehr rasch abklingen.

Die Moleküle der Oberflächenschicht, die unter dem Einfluß der aufgezeigten einseitig gerichteten Anziehungskraft stehen, üben offenbar einen Druck auf die gesamte Masse der Flüssigkeit aus. Dieser Druck wird als Oberflächen-, Binnen- oder Kohäsionsdruck bezeichnet; er wird auf Tausende von Atmosphären geschätzt und beträgt für Wasser nach VAN DER WAAL 10700 at. Infolge dieses hohen Binnendruckes haben Flüssigkeiten eine sehr geringe Kompressibilität, weil sie bereits stark zusammengedrückt sind.

Man darf nicht annehmen, daß die Moleküle der Oberflächenschicht unbeweglich sind. Im Gegenteil, sie stehen in einem ständigen äußerst lebhaften Austausch mit den Molekülen des gesamten Flüssigkeitsvolumens. ADAM (S. 18) hat 1947 berechnet, daß ein Molekül an der Oberflächenschicht bei 20° durchschnittlich den achtmillionsten Teil einer Sekunde verweilt, wenn sich über der Flüssigkeit ein Vakuum befindet.

Die Moleküle der Oberfläche weisen nun eine Eigenschaft auf, die sich aus ihrer besonderen Lage ergibt. Sie äußern Anziehungskräfte, die nach allen Richtungen verlaufen. Während die auf das Innere der Flüssigkeit gerichteten Kräfte durch die Anziehungskräfte dieser inneren Moleküle aufgehoben werden, bleiben die Kräfte, deren Anziehung nach außen strahlt, frei. Deshalb besitzt die Grenzschicht der Flüssigkeit ein gewisses Maß freier Oberflächenenergie, deren Größe proportional der Oberfläche der Flüssigkeit ist.

Da die freie Energie dem geringsten Wert zustrebt, ist die Flüssigkeit bemüht, ihre Oberfläche zu verkleinern; so weist bekanntlich jede Flüssigkeit die Tendenz auf, Kugelform anzunehmen, weil die Kugel bei größtem Inhalt die geringste Oberfläche hat.

Eine ähnliche Tendenz würde eine Flüssigkeit zeigen, die man in ein Gefäß mit elastischer Wand, z. B. aus dünnem Gummi, gebracht hat.

Da die Verkleinerung der Oberfläche den Eindruck erweckt, als wäre die Flüssigkeit mit einer elastischen Hülle umgeben, nennt man diese Erscheinung „Oberflächenspannung".

Wir halten diese Bezeichnung für völlig falsch, weil sie auf einer unrichtigen Anschauung beruht. Für das Vorhandensein einer solchen Haut wäre es notwendig, besondere tangential gerichtete Kräfte zwischen den Molekülen in der Oberflächenschicht selbst anzunehmen, und zwar größere als zwischen den Molekülen der restlichen Flüssigkeitsmasse. Infolge ihres größeren Wertes bilden diese Kräfte die „Oberflächenhülle". Das Vorhandensein solcher Kräfte ist nicht bewiesen; nach Joffe und Semenow (1933) besteht aber kein Grund, sie völlig zu negieren. Nach ihrer Meinung ist in der Oberflächenschicht, die sich unter einem einseitigen Druck befindet, „die Anordnung der Moleküle ... in der Richtung der Normalen eine andere als bei der Tangente ... Zum Unterschiede von einer isotropen Flüssigkeit, die in allen Richtungen gleiche Eigenschaften aufweist, muß die Oberflächenschicht anisotrop sein."

Die Größe der Oberflächenenergie ist für die verschiedenen Flüssigkeiten charakteristisch. Sie ist eine Konstante, die nur von der Temperatur abhängt, und wird korrekt in $erg \cdot cm^{-2}$ ausgedrückt. In der Regel jedoch wird sie in $dyn \cdot cm^{-1}$ angegeben, weil sich damit die Vorstellung von der „Hülle der Oberflächenspannung" verbindet. Eine mathematische Unstimmigkeit entsteht hieraus jedoch nicht, da $1\ erg \cdot cm^{-2} = 1\ dyn \cdot cm^{-1}$ ist.

Die „Oberflächenspannung" (Oberflächenenergie) sinkt mit steigender Temperatur, wobei die Abhängigkeit dieser beiden Werte voneinander in vielen Fällen linear ist. Diese Abhängigkeit wird durch folgende Formel ausgedrückt:

$$\alpha_t = \alpha_0 \left[1 - \nu\,(t - t_0)\right],$$

in der α_0 und α_t die Größe der Oberflächenspannung darstellen, die der Schmelztemperatur t_0 und der gemessenen Temperatur t entsprechen. Die Größe ν kann nach folgender Formel annähernd berechnet werden:

$$\nu = \frac{1}{\vartheta_0 - t_0},$$

wobei ϑ_0 die kritische Temperatur der gegebenen Flüssigkeit ist.

Für Wasser nimmt die Gleichung folgende Form an:

$$\alpha_t = 75{,}6\,(1 - 0{,}002\,t).$$

Kehren wir jetzt zur Frage des Binnen- oder Oberflächendruckes zurück. Nach LAPLACE hängt die Größe dieses Druckes von der Oberflächenform der Flüssigkeit ab; diese Beziehung ist von LAPLACE wie folgt formuliert worden:

$$P = P_0 + \alpha\left(\frac{1}{R_1} + \frac{1}{R_2}\right),$$

in der P der Druck bei der gegebenen Oberflächenkrümmung,

P_0 der Normaldruck bei ebener Oberfläche,

α die Größe der Oberflächenspannung,

R_1 und R_2 die Hauptradien der Oberflächenkrümmung sind.

Die letzteren Größen sind positiv, wenn die Oberfläche der Flüssigkeit konvex, und negativ, wenn sie konkav ist.

Es ist leicht einzusehen, daß, wenn bei einer ebenen Oberfläche

$$\frac{1}{R_1} = \frac{1}{R_2} = 0$$

ist, der Oberflächendruck gleich dem Normaldruck sein wird.

Aus der LAPLACEschen Gleichung folgt, daß bei konkaver Oberfläche der Druck geringer und bei konvexer Oberfläche der Druck größer ist als bei ebener Oberfläche.

Wie bereits erwähnt, gilt diese Abhängigkeit für den Fall, in dem die flüssige Phase an die entsprechend gasförmige oder auch an Luft grenzt.

Betrachten wir nun die Erscheinungen, die bei der Berührung von drei Phasen, der festen, der flüssigen und der gasförmigen, auftreten.

Ein auf die ebene Oberfläche einer festen Substanz gebrachter Flüssigkeitstropfen wird dem Einfluß von drei Kräften ausgesetzt sein: erstens der Schwerkraft, die bestrebt ist, diesen Tropfen abzuflachen, zweitens den Anziehungskräften zwischen den Molekülen des festen Körpers und den Molekülen der Flüssigkeit, die ebenfalls das Bestreben haben, die Dicke des Tropfens auf ein Minimum, also bis zur monomolekularen Schicht, zu reduzieren, drittens von der ihm eigenen freien Oberflächenenergie, der „Oberflächenspannung", die bestrebt ist, ihm mit der Kugelform die kleinste Oberfläche zu geben.

Unter der Einwirkung dieser drei Kräfte nimmt der Tropfen eine Form an, die um so abgeflachter ist, je größer die Anziehungskräfte zwischen den Molekülen des festen Körpers und der Flüssigkeit im Vergleich zu den in der Flüssigkeit auftretenden molekularen Anziehungskräften sind. An der Berührungslinie der drei Phasen bildet hierbei die Oberfläche der Flüssigkeit mit dem festen Körper den Benetzungswinkel Θ zwischen der Oberfläche des festen Körpers und der Tangente zur Oberfläche der benetzenden Flüssigkeit.

Auf der Abbildung 10 ist die Größe verschiedener Benetzungswinkel dargestellt. Je größer dieser Winkel ausfällt, desto geringer ist die Benetzbarkeit und umgekehrt. Beträgt der Winkels 180°, so ist der Körper völlig unbenetzbar für die gegebene Flüssigkeit; bei $\Theta = 0_0$ liegt völlige Benetzbarkeit vor.

Manche Forscher vertreten die Ansicht, daß die feste Oberfläche bereits bei einem Benetzungswinkel von 90° unbenetzbar ist. Das entspricht jedoch nicht den Tatsachen (ADAM, 1947), weil zwischen einem festen Körper und einer beliebigen Flüssigkeit immer eine gewisse, wenn auch sehr geringe Anziehungskraft bestehen wird.

Die Benetzung tritt auch dann ein, wenn die teilweise in eine Flüssigkeit getauchte Oberfläche eines festen Körpers mit dieser einen Winkel bildet. Dabei kommen die beschriebenen Erscheinungen in einer Krümmung der Oberfläche der Flüssigkeit zum Ausdruck, die sich in einem mehr oder weniger schmalen Streifen zeigt,

Abb. 10. Randwinkel bei guter (a), mittlerer (b) und schlechter (c) Benetzung

der an der Oberfläche des festen Körpers anliegt. Bei einer guten Benetzung ($\Theta < 90°$) wird die Oberfläche der Flüssigkeit an der Berührungslinie mit dem festen Körper etwas angehoben, bei einer schlechten ($\Theta > 90°$) etwas herabgezogen.

Wasser benetzt fast alle Substanzen gut, der Benetzungswinkel beträgt jedoch sehr selten 0°; das tritt nur bei der Benetzung völlig reiner Oberflächen von Glas, Kieselerde und Metallen ein. Schon eine Schicht von der Stärke nur eines Moleküls, die diese Oberflächen verunreinigt, genügt, um den Benetzungswinkel stark zu vergrößern.

Weiterhin hängt die Größe des Benetzungswinkels davon ab, ob die Flüssigkeit mit einer trockenen oder schon vorher benetzten Oberfläche des festen Körpers in Berührung kommt. Wird eine trockene Platte in Wasser gestellt, so ist der Benetzungswinkel stets größer als bei seiner Herausnahme aus dem Wasser. Die Ursache für diese Hysterese ist noch nicht geklärt. Möglicherweise geht sie ebenfalls auf den Film zurück, der die Oberfläche des festen Körpers „verunreinigt".

5. Die Kapillarität in Haarröhrchen

Wie bereits erwähnt, ruft die Benetzung eine Krümmung der Flüssigkeitsoberfläche an den Wänden des Gefäßes hervor. Wenn das Gefäß einen genügend großen Querschnitt besitzt, bleibt der zentrale Hauptteil der Flüssigkeit flach und krümmt sich nur an den Rändern. Ist sein Querschnitt jedoch klein, so fließen die gekrümmten Ränder zusammen und bilden einen Meniskus, der bei guter Benetzung ($\Theta < 90°$) konkav und bei mangelhafter ($\Theta > 90°$) konvex ist. Da der Krümmungsradius meist sehr klein ist, können Menisken nur in Haarröhrchen und Spalten von sehr kleinem Querschnitt entstehen. Praktisch beträgt die obere Grenze für den Durchmesser der Röhrchen, in denen die Bildung von Menisken beobachtet werden kann, nur einige Millimeter. Je geringer der

Durchmesser der Röhrchen, desto kleiner ist der Krümmungsradius, der zu dem Radius des Röhrchens in folgender Beziehung steht: Auf der Abb. 11 ist R der Krümmungsradius des Meniskus BB' und r der Radius des Röhrchens. Da die Linie AB' die Tangente zur Meniskusoberfläche im Punkte B' darstellt, ist Θ der Benetzungswinkel. Da ferner der Winkel CB' O gleich Θ ist, folgt daraus die gesuchte Beziehung:

$$r = R \cdot \cos \Theta$$

Bei voller Benetzung ist $\Theta = 0$ und $R = r$. Bekanntlich bewirkt die Krümmung der Oberfläche eine Veränderung des Oberflächendruckes, indem diese bei der Bildung eines konkaven Meniskus verringert und bei einem konvexen vergrößert wird.

Stellen wir uns zwei kommunizierende Haarröhrchen vor, die die gleiche Flüssigkeit enthalten, jedoch von verschiedenem Durchmesser.

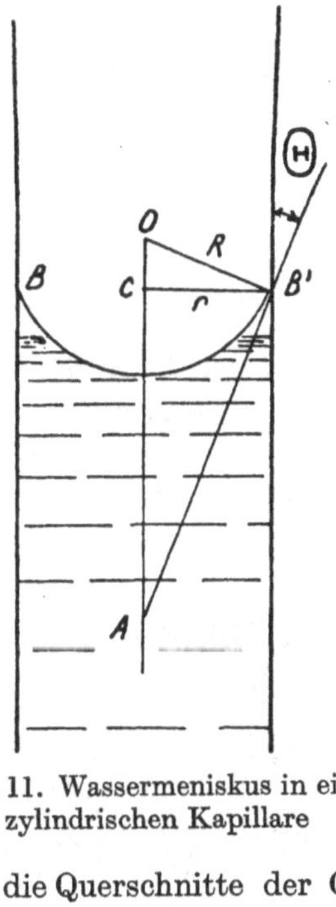

Abb. 11. Wassermeniskus in einer zylindrischen Kapillare

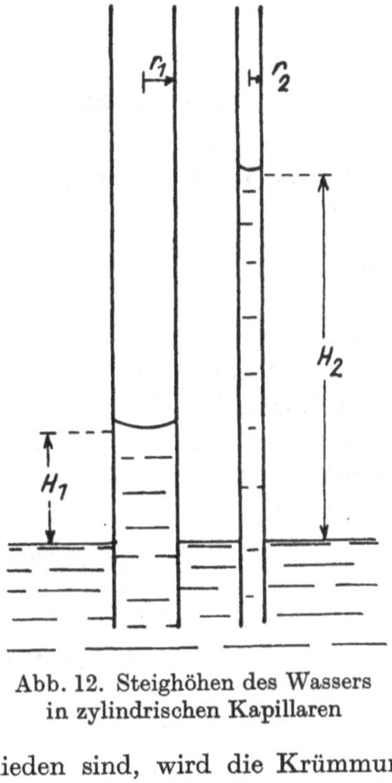

Abb. 12. Steighöhen des Wassers in zylindrischen Kapillaren

Da die Querschnitte der Gefäße verschieden sind, wird die Krümmung der Menisken und demzufolge auch die Größe des Oberflächendruckes unterschiedlich sein. Nehmen wir an, daß wir es mit Wasser zu tun haben, das die Gefäßwände gut benetzt. In diesem Falle wird sich im Gefäß mit dem kleineren Querschnitt ein stärker gekrümmter Meniskus bilden als in dem mit einem großen Durchmesser. Demzufolge ist in dem Gefäß mit großem Durchmesser der Oberflächendruck stärker als in dem mit kleinerem Querschnitt. Durch die entstandene Druckdifferenz (wohlgemerkt es handelt sich um kommunizierende Röhren) wird das Wasser im Gefäß mit dem kleineren Durchmesser ansteigen, im anderen fallen. Diese Verschiebung des Wasserstandes wird so lange anhalten, bis die Differenz im Oberflächendruck durch den Unterschied des hydrostatischen Druckes der Wassersäulen in den kommunizierenden Röhrchen ausgeglichen ist (vgl. Abb. 12).

Auf der Abb. 12 tauchen zwei Kapillaren mit den Radien r_1 und r_2 gemeinsam in Wasser mit ebener Oberfläche. Wenn H_1 und H_2 die Steighöhen, R_1 und R_2 die Krümmungsradien der Menisken sind und Θ der Benetzungswinkel ist, folgt auch hier

$$R_1 = \frac{r_1}{\cos\Theta} \text{ und } R_2 = \frac{r_2}{\cos\Theta}.$$

Unter der Annahme, daß die Kapillaren zylindrisch sind und die Menisken also eine gleichmäßige Krümmung nach allen Richtungen aufweisen, gilt wieder nach Laplace

$$P_1 = P_0 - \frac{2}{R_1}\alpha \text{ und } P_2 = P_0 - \frac{2}{R_2}\alpha,$$

wobei P_1 und P_2 der entsprechende Oberflächendruck in den beiden Kapillaren ist.

Wenn $r_1 > r_2$, so ist auch $R_1 > R_2$

und folglich $P_1 > P_2$;

ferner ist $P_0 - P_1 = \frac{2}{R_1}\alpha$ und $P_0 - P_2 = \frac{2}{R_2}\alpha$.

Diese beiden Differenzen stellen den Unterdruck dar, der durch die Bildung der konkaven Menisken entsteht. Wie wir bereits oben ausführten, wird dieser Unterdruck durch den der Wassersäulen in den Kapillaren kompensiert. Bezeichnen wir die Dichte des Wassers mit d, den hydrostatischen Druck, den die Wassersäulen auf 1 cm² jeweils in den weiten und engen Kapillaren ausüben, mit Q_1 und Q_2, so erhalten wir

$$Q_1 = H_1\,d\,g \text{ dyn/cm}^2 \text{ und } Q_2 = H_2\,d\,g \text{ dyn/cm}^2.$$

Da $P_0 - P_1 = Q_1$ und $P_0 - P_2 = Q_2$ ist,

ist auch $\frac{2}{R_1}\alpha = H_1\,d\,g$ und $\frac{2}{R_2}\alpha = H_2\,d\,g$.

Da ferner $R_1 = \frac{r_1}{\cos\Theta}$ und $R_2 = \frac{r_2}{\cos\Theta}$ ist,

so ist $\frac{2\alpha\cos\Theta}{r_1} = H_1\,d\,g$ und $\frac{2\alpha\cos\Theta}{r_2} = H_2\,d\,g$,

woraus folgt:

$$H_1 = \frac{2\alpha\cos\Theta}{r_1\,d\,g} \text{ und } H_2 = \frac{2\alpha\cos\Theta}{r_2\,d\,g}.$$

Bei völliger Benetzung und einer Dichte des Wassers von 1 erhalten wir:

$$H_1 = \frac{2\alpha}{r_1\,g} \text{ und } H_2 = \frac{2\alpha}{r_2\,g}.$$

Somit ist die Höhe des Wasseraufstieges in Kapillaren umgekehrt proportional dem Radius der letzteren (Gesetz von JURAIN).

Durch Einsetzen der Zahlenwerte für $g = 981$ cm/sec² und für $\alpha = 74$ dyn/cm erhalten wir:

$$H = \frac{2 \cdot 74}{r \cdot 981},$$

woraus nach JURAIN folgt:

$$H \approx \frac{0{,}15}{r} = \frac{0{,}3}{d}.$$

Wir kehren zu unseren Kapillaren zurück und berechnen die Differenz der Steighöhen wie folgt:

$$H_2 - H_1 = \frac{2\,\alpha \cos \Theta}{r_2\, dg} - \frac{2\,\alpha \cos \Theta}{r_1\, dg} = \frac{2\,\alpha \cos \Theta}{dg}\left(\frac{1}{r_2} - \frac{1}{r_1}\right).$$

Was die Schnelligkeit des Wasseraufstieges in den Kapillaren betrifft, so steht sie im umgekehrten Verhältnis zum Durchmesser der Kapillaren; je kleiner der Durchmesser der Kapillare, desto geringer ist die Geschwindigkeit des Aufstieges. Das wird dadurch erklärt, daß sich mit Verringerung des Durchmessers die Reibung vergrößert, wodurch der kapillare Aufstieg verzögert wird.

Die Geschwindigkeit des kapillaren Aufstieges in echten zylindrischen Kapillaren kann nach der Formel von WOSHBURN, die in der Arbeit AGAPOWAS (1937, S. 99 bis 119) angewendet wird, berechnet werden; sie lautet:

$$l = r \sqrt{\frac{t}{4\,\eta}\left(\frac{2\,\alpha}{r} \cos \Theta + d \cdot g \cdot H\right)},$$

in der
l die Weglänge,
r der Radius der Kapillare,
t die Dauer des Aufstieges,
η die Viskosität der Flüssigkeit,
α die Größe der Oberflächenspannung,
Θ der Benetzungswinkel,
g die Erdbeschleunigung,
d die Dichte der Flüssigkeit,
H die Steighöhe

ist.

Auf die Geschwindigkeit der kapillaren Steighöhe in Böden ist diese Formel indessen nicht direkt anwendbar, weil Querschnitte und Form der Bodenporen bekanntlich sehr verschieden sind.

Zusammenfassend können wir sagen, daß die Ursache des kapillaren Aufstiegs und der kapillaren Gleichgewichtszustände auf den Oberflächendruck zurückzuführen ist. Seine Höhe hängt von der Form der Flüssigkeitsoberfläche ab, die durch die Benetzbarkeit des festen Körpers und den Querschnitt der Kapillare bestimmt wird.

Im folgendem sollen einige Fälle der kapillaren Erscheinungen näher betrachtet werden.

Wir sehen in Abb. 13 eine zylindrische Kapillare, die von oben allmählich mit Wasser gefüllt wird, wobei sich keine Luftbläschen bilden dürfen.

Zunächst wird sich in der Kapillare in einem bestimmten Augenblick eine Wassersäule von geringer Steighöhe bilden (Abb. 13a). Untersuchen wir die Gleichgewichtsbedingungen dieser Wassersäule. Sie steht unter dem Einfluß

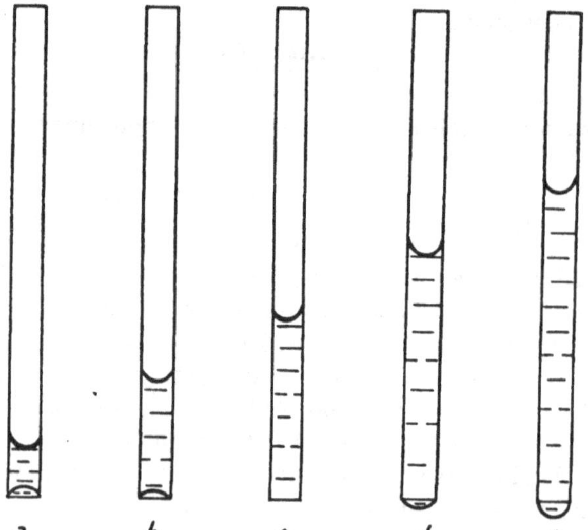

Abb. 13. Hängendes Wasser in zylindrischen Kapillaren

dreier Kräfte: der Schwerkraft, die nach unten gerichtet ist, dem Oberflächendruck des oberen Meniskus P_1, der ebenfalls nach unten gerichtet ist, und dem Oberflächendruck des unteren Meniskus P_2, der nach oben gerichtet ist. Wir bezeichnen mit h die Höhe der Wassersäule in cm, mit d ihre Dichte und mit r den Radius der Kapillare in cm. Das Gewicht der Wassersäule wird dann

$$Q = \pi \cdot r^2 \cdot h \cdot d \cdot g\,,$$

und der Druck q je cm²

wird
$$q = \frac{Q}{\pi \cdot r^2} = h \cdot d \cdot g$$

oder
$$= h \cdot d \cdot g \text{ dyn} \cdot \text{cm}^{-2}\,,$$

wenn g, die Erdbeschleunigung, in cm sec^{-2} eingesetzt wird.

Die Bedingungen des Gleichgewichts verlangen, daß

$$P_1 + q = P_2$$

ist. Falls die Kapillare eine zylindrische Form hat, so ist nach LAPLACE

$$P_1 = P_0 - \alpha\,\frac{2}{R_1} \quad \text{und} \quad P_2 = P_0 - \alpha\,\frac{2}{R_2}\,,$$

wobei R_1 und R_2 den entsprechenden Krümmungsradien des oberen und unteren Meniskus gleich sind.

Wenn wir diesen Wert in die obige Gleichung einsetzen, so erhalten wir

$$P_0 - \alpha \frac{2}{R_1} + hdg = P_0 - \alpha \frac{2}{R_2},$$

woraus sich

$$hdg = \alpha \frac{2}{R_1} - \alpha \frac{2}{R_2}$$

und

$$hdg = 2\alpha \left(\frac{1}{R_1} - \frac{1}{R_2} \right) \text{ ergibt.}$$

Wir stellen also fest, daß die ungleichmäßige Krümmung des oberen und unteren Meniskus die Voraussetzung für den Gleichgewichtszustand einer solchen hängenden Wassersäule ist. Da die linke Hälfte der letzten großen Gleichung unter allen Umständen einen positiven Wert hat, so muß auch die rechte Hälfte positiv sein. Folglich ist

$$\frac{1}{R_1} > \frac{1}{R_2} \quad \text{und} \quad R_1 < \text{als } R_2,$$

d. h. der obere Meniskus muß einen kleineren Krümmungsradius und demzufolge auch eine größere Krümmung haben als der untere. Nur unter dieser Bedingung wird der Oberflächendruck, den der untere Meniskus verursacht, größer sein als der des oberen. Die Differenz dieser beiden Kräfte, von unten nach oben gerichtet, wird dabei die Schwerkraft der Wassersäule aufheben, die nach unten gerichtet ist.

Wenn wir unsere Kapillare weiter mit Wasser füllen, nimmt mit der Höhe h der Wassersäule auch die Größe hdg in der Gleichung $hdg = 2\alpha \left(\frac{1}{R_1} - \frac{1}{R_2} \right)$ zu. Indessen verlangen es die Bedingungen des Gleichgewichtes, daß auch die rechte Hälfte der Gleichung $2\alpha \left(\frac{1}{R_1} - \frac{1}{R_2} \right)$ vergrößert wird. Hier stellt die Größe α einen konstanten Wert dar; die Größe R_1, d. h. der Krümmungsradius des oberen Meniskus ist ebenfalls ein konstanter Wert. Deshalb kann man die rechte Hälfte der Gleichung nur vergrößern, wenn man die Größe $\frac{1}{R_2}$ verkleinert und folglich den Wert von R_2 erhöht. Mit anderen Worten: Die Krümmung des unteren Meniskus wird sich mit der Vergrößerung der Höhe der Wassersäule verringern; als weitere Folge davon erhöht sich der Oberflächendruck des unteren Meniskus, während der des oberen konstant bleibt. Schließlich wird der Augenblick eintreten, was auf der Abb. 13c dargestellt ist, wo der untere Meniskus abflacht. In diesem Moment wird offenbar

$$\frac{1}{R_2} = 0 \quad \text{und} \quad h \cdot d \cdot g = 2\alpha \frac{1}{R_1} \quad \text{sein.}$$

Wird h weiter vergrößert, so nimmt der untere Meniskus eine konvexe Form an, und infolge der vorliegenden Bedingungen erhält die Größe R_2 einen positiven Wert. Die Gleichung bekommt damit folgendes Aussehen:

$$hdg = 2\alpha \left(\frac{1}{R_1} + \frac{1}{R_2} \right),$$

was den Fällen d und e der Abb. 13 entspricht.

Die Krümmung des unteren Meniskus wird zunehmen, solange der Tropfen, der sich am Ende der Kapillare gebildet hat, hängen bleibt. Das wird dem maximalen Wert von h entsprechen.

Um die Anwendung dieser Gesetze auf die sich im Boden abspielenden Vorgänge zu verstehen, untersuchen wir noch einen allgemeinen Fall, und zwar den über das Verhalten des Wassers in „Paternoster-Kapillaren" von JAMIN, in dem wir auf die Untersuchungen von KOSSOWITSCH (1904) und LEBEDEW (1936) zurückgreifen.

In „Paternoster-Kapillaren" vergrößern oder verringern sich die Durchmesser in der ganzen Länge der Kapillare periodisch. Ihr innerer Hohlraum besteht somit aus einer Reihe von Erweiterungen, die miteinander durch enge Zwischenräume verbunden sind. Eine solche Kapillare ist in Abb. 14a dargestellt. Nehmen

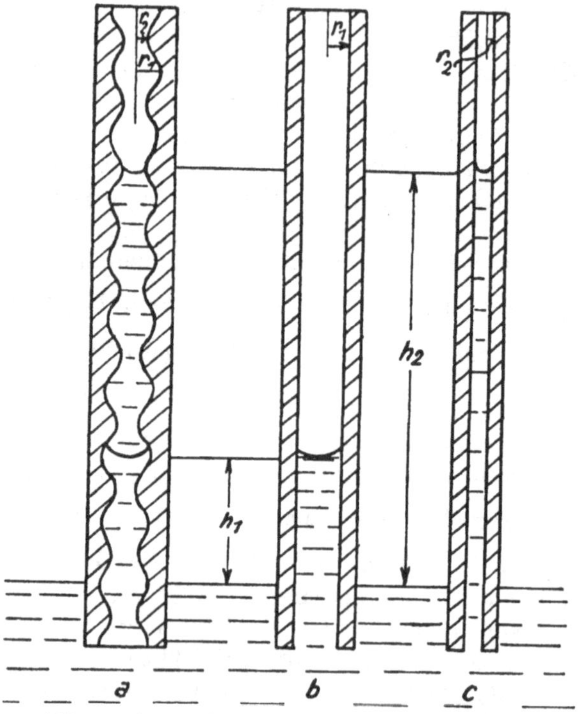

Abb. 14. Steighöhen in verschiedenen Kapillaren

wir an, daß der Querschnitt der Kapillare kreisförmig ist, und daß alle erweiterten und verengten Stellen gleiche Durchmesser aufweisen. Auf derselben Abbildung sind unter b und c die entsprechenden gewöhnlichen, zylindrischen Kapillaren zu sehen, von denen die größere den Querschnittradius r_1 aufweist, der dem Radius der erweiterten Stellen der Paternoster-Kapillare entspricht, während die engere (c) einen Querschnittradius r_2 hat, der den verengten Stellen der Paternoster-Kapillare entspricht.

Tauchen wir nun alle drei zunächst nur mit ihren unteren Enden ins Wasser. Wenn die Höhe des Aufstieges in den Kapillaren b und c entsprechend h_1 und h_2 ist, nehmen die Menisken in diesen Kapillaren die auf Abb. 14 dargestellte Lage ein. Wenn der Meniskus in der „Paternoster-Kapillare" von unten gesehen sich im dritten erweiterten Paternosterglied befindet, wird die Höhe des Aufstieges in der „Paternoster-Kapillare" gleich h_1 seïn, denn bedingungsgemäß sind die Durchmesser der erweiterten Paternoster-Zellen der zylindrischen Kapillare b gleich.

Jetzt tauchen wir alle drei Kapillaren völlig ein und heben sie dann bis zur vorherigen Höhe wieder heraus. Die Menisken der Wassersäulen in den Kapillaren b und c werden ihre frühere Lage wieder einnehmen. In der „Paternoster-Kapillare" beobachten wir jedoch etwas anderes. Wenn die Paternoster-Kapillare nach dem Herausheben aus dem Wasser ihre frühere Stellung (Abb. 14) einnimmt, d. h. eine Stellung, bei der sich auf der Höhe h_2 die verengte Stelle der Kapillare befindet, so wird der Wassermeniskus nach dem Herausheben gerade an dieser verengten Stelle stehenbleiben, jetzt also auf der Höhe h_2 über dem Wasserstand des unteren Gefäßes. Die Ursache dieser Erscheinung ist klar: Die Beziehungen zwischen dem normalen Oberflächendruck des Wassers im unteren Gefäß, dem Oberflächendruck des Meniskus in der Kapillare und dem Druck (bezogen auf die Einheit des Querschnittes) der Wassersäule sind sowohl in der zylindrischen Kapillare c als auch in der „Paternoster-Kapillare" völlig gleich. Deshalb muß sich auch der Wasserstand in diesen beiden Kapillaren auf ein und derselben Höhe h_2 halten.

Somit kann in einer „Paternoster-Kapillare" bei einer bestimmten Lage zur freien Wasseroberfläche nicht nur ein Gleichgewichtszustand der kapillaren Wassersäulen beobachtet werden, sondern mehrere. Das Zurückhalten des Wassers auf einem höheren Stand, bedingt durch die Lage des oberen Meniskus an der verengten Stelle der Kapillare, bezeichnet man als kapillare Hysterese.

Im weiteren Verlauf des Versuchs senken wir allmählich den Wasserstand im äußeren Gefäß. Offensichtlich wird sich dadurch der in der „Paternoster-Kapillare" auf der Höhe h_2 stehende Meniskus anfänglich mit der gleichen Geschwindigkeit nach unten bewegen, mit der das Wasser im äußeren Gefäß fällt. Das Gleichgewicht zwischen der Wassersäule in der Kapillare und dem Wasser im äußeren Gefäß kann durch die Gleichung

$$P_0 = P_0 - \frac{2\,\alpha \cos\Theta}{r_2} + Q$$

oder

$$\frac{2\,\alpha \cos\Theta}{r_2} = Q$$

formuliert werden, wenn der Druck der Wassersäule in der Kapillare gleich $h_2\,dg$ ist. Deshalb ist

$$\frac{2\,\alpha \cos\Theta}{r_2} = h_2 \cdot d \cdot g\,.$$

Sobald der Meniskus an die engste Stelle gelangt ist, erhöht sich sofort r_2 in der soeben angeführten Gleichung. Die linke Hälfte der Gleichung nimmt dadurch ab, was zwangsläufig eine Verkleinerung der rechten Hälfte nach sich zieht. Im letzteren Wert sind die Größen d und g konstant, folglich muß h_2 kleiner werden. Jede Verringerung der Säulenhöhe an den Grenzübergängen vom verengten zum erweiterten Teil der „Paternoster-Kapillare" wird die Vergrößerung von r_2 hervorrufen, die ihrerseits als Ursache für die weitere Verringerung von h_2 anzusehen ist. Diese Erscheinungen kommen alle in einer raschen, fast plötzlichen Entleerung der erweiterten Zelle der Kapillare zum Ausdruck, die unmittelbar an die verengte Zelle grenzt, in der sich der Meniskus auf der Höhe h_2 befindet. Der Meniskus wird hierbei in die nächste, tiefer liegende Verengung der Kapillare absinken. Wenn wir den Wasserstand im Gefäß weiter senken, so wird die Entleerung der „Paternoster-Kapillare" auch weiterhin ruckweise vor sich gehen.

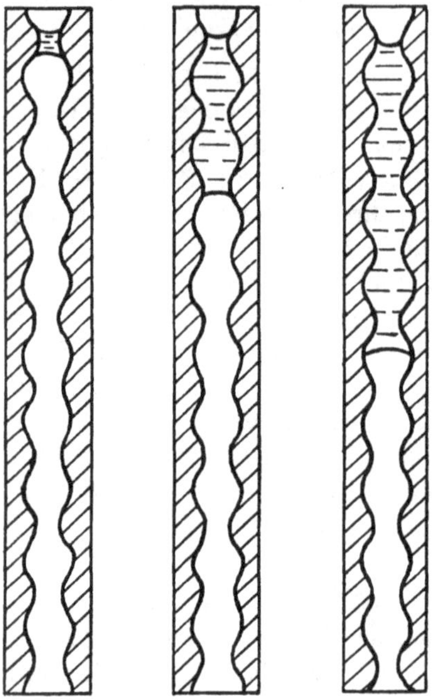

Abb. 15. Kapillargetragenes Wasser in JAMINschen Paternoster-Kapillaren

Untersuchen wir jetzt das Verhalten des Wassers in einer „Paternoster-Kapillare", die isoliert ist, d.h. nicht mit einem Wasservolumen in Verbindung steht, das über eine freie Oberfläche verfügt.

Zum Unterschied von den zylindrischen Kapillaren kann sich in solchen „Paternoster-Kapillaren" das Wasser nicht nur in dem unteren Teil, sondern auch in den oberen und mittleren Teilen halten. Diesen Fall wollen wir zuerst untersuchen, weil er am besten für die Wasserzurückhaltung im Boden als Modell dienen kann.

Stellen wir uns also eine leere „Paternoster-Kapillare" vor, (Abb. 15) die wir allmählich von oben mit Wasser füllen.

Der erste Wassertropfen, der in den oberen erweiterten Teil der Kapillare fällt, wird sofort in den verengten Teil hineingezogen, weil der Meniskus, der sich im verengten Teil der Kapillare gebildet hat, eine größere Krümmung und demzufolge einen geringeren Oberflächendruck hat. Der Gesamtwert von Tropfengewicht und Oberflächendruck des oberen, anfangs flachen Meniskus drückt den Tropfen in den verengten Abschnitt, wobei er die Lage in Abb. 15a einnehmen wird. Es ist völlig klar, daß der Tropfen hierbei nicht den mittleren Teil der Verengung einnehmen kann, sondern mehr nach unten verlagert wird; denn nur unter dieser Voraussetzung wird der untere Meniskus eine etwas geringere Krümmung und deshalb auch einen gewissen höheren Oberflächendruck aufweisen als der obere. Die Differenz zwischen dem Oberflächendruck der beiden Menisken wird dem Gewicht des Tropfens das Gleichgewicht halten.

Wenn wir nun dem eingefüllten Tropfen allmählich Wasser zufügen, werden sich Gewicht und Höhe der sich bildenden Paternostersäule dadurch vergrößern. Dadurch wird die Krümmungsdifferenz des oberen und unteren Meniskus zunehmen, und dadurch die Wassersäule am oberen Ende der Kapillare festgehalten. Die Vergrößerung dieser Differenz wirkt sich dahin aus, daß der untere Meniskus sich immer mehr dem Zentrum der erweiterten Zelle der Kapillare (Abb. 15b) nähert. Bei Fortführung des Versuches wird die Wassersäule, die sich in der Kapillare bildet, weiter ansteigen und damit auch der ihr eigene hydrostatische Druck zunehmen. Die Vergrößerung der Säulenhöhe und der damit verbundene gesteigerte hydrostatische Druck, dem die Differenz des Oberflächendruckes des unteren und oberen Meniskus gegenüberstehen, haben ihre Grenzen, die dann erreicht werden, wenn der hydrostatische Druck der Differenz des Oberflächendruckes gleichkommt, und zwar dann, wenn sich der untere Meniskus im mittleren breitesten Teil der erweiterten Zelle der Kapillare befindet. Solange verbleibt der obere Meniskus in dem engsten Teil der Kapillare (Abb. 15c). An diesem Punkt wird der untere Meniskus die geringste Krümmung und folglich auch den höchsten Oberflächendruck aufweisen. Ist in diesem Moment der hydrostatische Druck gleich der Differenz zwischen dem Oberflächendruck des oberen und unteren Meniskus, so wird eine weitere Vergrößerung der Säulenhöhe unmöglich: das Wasser fließt nach unten ab. In einer einzelnen Paternoster-Kapillare kann der Abfluß nicht lange anhalten, weil ein Teil des Wassers an den Wänden haften bleibt. Somit wird die Wassersäule nach dem Abfließen allmählich niedriger. Endlich muß der Augenblick eintreten, wo der von ihr entwickelte hydrostatische Druck wiederum geringer sein wird als die Differenz zwischen dem Oberflächendruck der beiden Menisken. In diesem Moment hört das Abfließen des Wassers auf, so daß es im mittleren Teil der Kapillare hängen bleibt.

Abb. 16 Fugenwasser in einer JAMINschen „Paternoster-Kapillare“

Wir werden später sehen, daß diese modellhafte Vorstellung über die Zurückhaltung des kapillaren getragenen Wassers in den verschiedenen Abschnitten der „Paternoster-Kapillare“ die Erscheinungen im Boden recht gut wiedergibt. Aus verschiedenen Ursachen kommt es in solchen Kapillaren oft zum Einschluß von Luft. Naturgemäß werden hierbei die Wassertropfen in die verengten Abschnitte der Kapillare hereingezogen, weil die sich hier bildenden Menisken einen geringeren Oberflächendruck haben als die Menisken in den erweiterten Abschnitten. Die Luftbläschen jedoch nehmen die erweiterten Abschnitte der Kapillaren ein, wie das aus Abb. 16 zu ersehen ist. In diesem Falle hält sich jeder Wassertropfen im verengten Abschnitt der Kapillare allein durch die Differenz zwischen dem Oberflächendruck der beiden Menisken, die ihn von oben und unten abschließen; die Tropfen stehen in keiner Verbindung untereinander und können daher den hydrostatischen Druck auch nicht weitergeben.

6. Das Verhalten des Wassers in einem „Idealboden“

Wir nehmen die „Paternoster-Kapillare“ zum Vorbild, um die kapillaren Erscheinungen in einem anderen Modell, dem „Idealboden“, zu verstehen, dessen Eigenschaften wir bereits im ersten Kapitel abgeleitet haben.

Wie wir gesehen haben, ist der Querschnitt der Poren im „Idealboden“ veränderlich, und zwar ähnelt diese Veränderlichkeit der der „Paternoster-Kapillaren“ Deshalb ist es wahrscheinlich, daß im „Idealboden“ die gleichen Gesetze gelten wie in den „Paternoster-Kapillaren“.

Aus den früher berechneten Porengrößen erhalten wir folgendes Verhältnis zwischen dem Durchmesser der engsten und der breitesten Abschnitte der „Kapillaren“ im „Idealboden“:

bei würfelförmiger Lagerung

$$\frac{0{,}73}{0{,}41} = 1{,}78,$$

bei hexagonaler Lagerung

$$\text{von } \frac{0{,}288}{0{,}155} = 1{,}86 \text{ bis } \frac{0{,}414}{0{,}155} = 2{,}66.$$

Die Höhe des kapillaren Wasseraufstiegs im „Idealboden“ wird naturgemäß durch die Querschnitte der kleinsten Verbindungskanäle bestimmt. Nach der von Jurain abgeleiteten Formel ist

$$H \approx \frac{0{,}15}{r}.$$

Wenn bei würfelförmiger Lagerung $r = 0{,}41\ R$ ist, erhalten wir

$$H \approx 0{,}366 \frac{1}{R}.$$

Versuche ergeben, daß in manchen wirklichen Systemen der kapillare Aufstieg tatsächlich der soeben abgeleiteten Formel entspricht.

So bestimmte z. B. Dolgow (1948, Tab. 50) die Höhe des kapillaren Aufstieges in Säulen aus Ziegelsplitt verschiedener Korngrößen (vgl. Tab. 7).

TABELLE 7

Die Höhen des kapillaren Wasseraufstieges in Säulen aus gekörntem Ziegelsplitt nach Dolgow

Korngröße in mm		Höhe des kapillaren Aufstieges in cm	
von bis	mittlere	gefunden	berechnet
2 —1	1,5	5,0	4,9
1 —0,5	0,75	10,8	9,8
0,5 —0,25	0,375	16,3	19,6
0,25—0,10	0,175	41,0	42,0

Die Übereinstimmung ist zufriedenstellend. Nach DOLGOW kann der tatsächliche Durchmesser der Poren, der 0,42 des Durchmessers der Korngröße ausmacht, berechnet werden, wenn man von den von ihm gefundenen Höhen des kapillaren Aufstieges ausgeht. Diese Größe entspricht fast dem theoretischen Wert von 0,41.

Wir kommen nun zu einer anderen Erscheinung, dem Auftreten von isolierten Wasseransammlungen an den Berührungsstellen der Bodenteilchen.

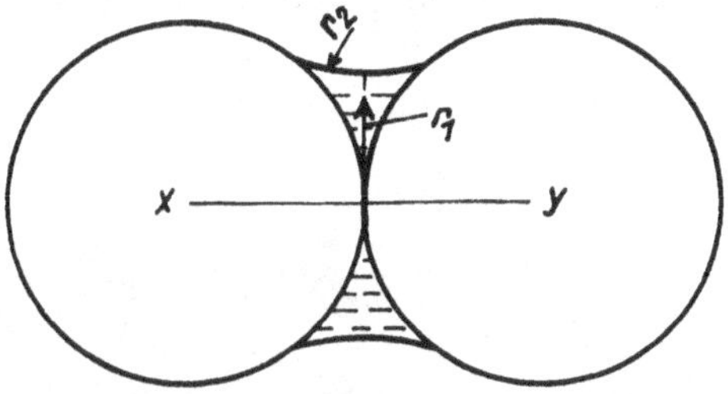

Abb. 17. Wassermanschette (Fugenwasser) zwischen zwei kugelförmigen Teilchen

Ähnliche Ansammlungen bilden sich im Boden beim allmählichen Zufluß von Wasser, wenn das Wasser nicht den gesamten Porenraum zwischen den Teilchen ausfüllt. Eine solche Wasseransammlung ist auf Abb. 17 dargestellt. An dem Berührungspunkt der Partikel bildet sich hierbei eine Wassermanschette, die, eine „doppelkonkave“ Linse darstellt, deren seitliche Oberfläche konvex-konkav ist. Die zweifache Krümmung dieser seitlichen Oberfläche hat die Radien r_1 und r_2 (Abb. 17). Aus dieser Abbildung ist leicht zu ersehen, daß die dem Radius r_1 entsprechende Krümmung zur konvexen Oberfläche und die Krümmung mit dem Radius r_2 zur konkaven Oberfläche gehört. Die gesamte Krümmung dieser Oberfläche wird deshalb dem Wert

$$\frac{1}{r_1} - \frac{1}{r_2}$$

entsprechen. Der Druck P dieser Oberfläche wird nach LAPLACE in dieser Lage

$$P_0 = \alpha\left(\frac{1}{r_1} - \frac{1}{r_2}\right) \text{ sein.}$$

Solche vereinzelte Ansammlung von Wasser wird auch als „Porenwinkelwasser“ bezeichnet und die gesamte Wassermenge, die im Boden in dieser Form enthalten ist, als Fugenwasser oder auch „penduläres Wasser“.

Da in dieser Formel r_2 stets kleiner als r_1 ist, so muß $\frac{1}{r_2}$ größer als $\frac{1}{r_1}$ sein. Der eingeklammerte Wert ist deshalb immer negativ, auch der Oberflächendruck der Wassermanschette liegt deshalb stets unter dem normalen. Das begünstigt das Festhalten der Wasserhaut in den Fugen der Teilchen.

Wie Abb. 18a zeigt, berühren sich bei allmählicher Zugabe von Wasser zu einem „Idealboden“ die Wassermanschetten zunächst nicht, die an den Fugenstellen der Teilchen gebildet werden. Bei weiterer Zugabe von Wasser vergrößern sich die Wassermanschetten. Es können nun zwei Fälle eintreten. Sind die kugelförmigen Teilchen groß genug, so tritt noch vor dem endgültigen Zusammenfließen der Wassermanschetten ein Zustand ein, bei dem das Gewicht der Wassermanschetten größer als die kapillaren Kräfte sein wird. Sobald dieser Fall eintritt, fließt der Wasserüberschuß sofort an der Oberfläche der Teilchen ab, und die Wassermanschette geht auf ihre ursprüngliche Größe zurück. Bei großen kugelförmigen Teilchen kann demnach ein Zusammenfließen der Wassermanschetten nicht stattfinden, so daß der Gesamtgehalt an Fugenwasser einen Grenzwert nicht überschreiten kann.

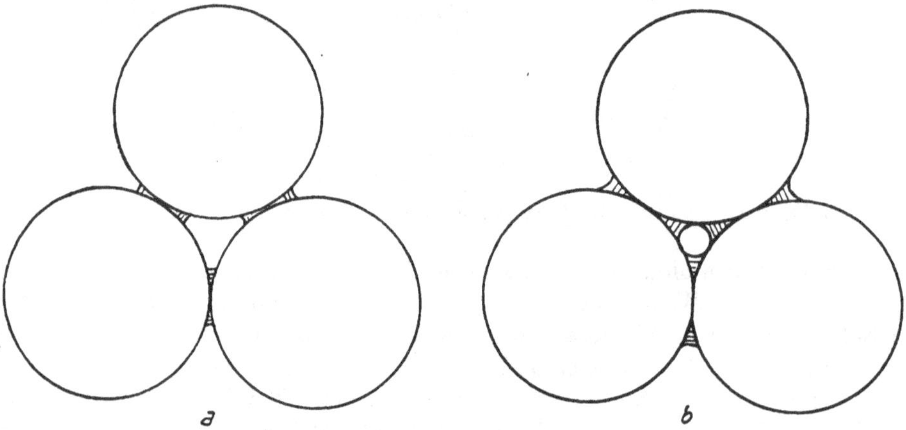

a b

Abb. 18. Entstehung und Zusammenfließen der Wassermanschetten (Fugenwasser) zwischen kugelförmigen Teilchen

Sind die Partikel aber klein, fließen die allmählich wachsenden Wassermanschetten zusammen, wie Abb. 18 b zeigt. Man kann berechnen, daß im Augenblick des Zusammenfließens das gesamte Volumen des Fugenwassers bei würfelförmiger Lagerung 18,3% und bei hexonaler Lagerung 22,6% des gesamten Porenvolumens beträgt.

Für die Berechnung des Volumens einer einziger Wassermanschette gibt Fischer (1930) folgende Näherungsformel an:

$$V = 2\,\pi\,r^3\,(\sec\Theta - 1)^2 \left[1 - \left(\frac{\pi}{2} - \Theta\right) \operatorname{tg}\Theta\right],$$

in der

Θ der Winkel zwischen der Verbindungslinie der Zentren der Partikel und dem Radius vom Zentrum des Partikels bis an den Rand der Wassermanschette

r der Radius der Teilchen sind.

Von dem Augenblick an, in dem die einzelnen Wassermanschetten zusammenfließen, nimmt der Wasserkörper, der sich im Boden gebildet hat, die Eigenschaften der Geschlossenheit und der durchgehenden Verbindung an.

Gleichzeitig bleibt im „Idealboden“ das System der untereinander verbundenen Lufträume bestehen. Diesen Zustand des Wassers bezeichnet man auf Vorschlag von VERSLUYS (1917) als funikulär.

Durch weitere Zugabe von Wasser werden die Poren allmählich ausgefüllt. Dabei wird ein großer Teil der Luft aus dem System verdrängt. Bei zu schnellem Füllen des Systems mit Wasser können isolierte Luftbläschen zurückbleiben. Das Wasser in diesem Zustand wird nach VERSLUYS Kapillarwasser genannt.

Diese von VERSLUYS unterschiedenen Zustandsformen des Wassers in einem „Idealboden“ — penduläres, funikuläres, kapillares Wasser — sind von vielen Autoren übernommen worden. In letzter Zeit benutzte auch DOLGOW (1948) weitgehend diese Definition. Alle diese Versuche sind ein Beispiel dafür, daß auch das beste Modell keinesfalls einen Naturkörper ersetzen kann. Wie wir bereits sahen, lassen sich in bestimmten Fällen die Gesetze, die am „Idealboden“ gefunden wurden, auch auf die Wirklichkeit übertragen. Das bedeutet jedoch nicht, daß das in allen Fällen möglich und richtig ist. Schon wenn wir von grobkörnigen Böden zu feinkörnigen übergehen, erweist sich die Auffassung von VERSLUYS, die den Vorgang der Sorption übersieht, als unhaltbar. Alle Forscher, die versuchten, sie in das Prokrustes-Bett dieser Auffasung zu pressen, wurden durch die Vielfalt der im Boden zu beobachtenden Erscheinungen in eine Sackgasse geführt.

7. Die Kapillarkondensation

Die letzte Frage, die wir in diesem Kapitel zu untersuchen haben, ist die nach der „Kapillarkondensation“.

Wir haben bereits gesehen, daß als Ergebnis der kapillaren Erscheinungen in Spalten, Poren und Röhrchen mit kleinem Durchmesser Menisken entstehen können, deren Krümmung verschiedene Vorzeichen und unterschiedliche Werte aufweist.

An der Oberfläche dieser Menisken verdunstet die Flüssigkeit. Wenn wir den Raum abschließen, ist er bald mit dem Dampf der Flüssigkeit gesättigt. Bekanntlich hängt die Tension des Dampfes in einem solchen Raum in erster Linie von der Temperatur ab, und zwar derart, daß mit steigender Temperatur auch die Tension zunimmt. Es hat sich jedoch gezeigt, daß die Tension nicht nur von der Temperatur, sondern auch von der Krümmung der Oberfläche der Flüssigkeit abhängt, und zwar derart, daß die Dampfspannung über einer konkaven Oberfläche kleiner und über einer konvexen größer ist als über einer ebenen.

Diese Erscheinung wurde von W. THOMSON (später Lord KELVIN) 1871 entdeckt und wird deshalb „THOMSON-Effekt“ genannt. Den Zusammenhang zwischen der Oberflächenkrümmung der Flüssigkeit und dem Dampfdruck gibt folgende Gleichung wieder:

$$R\,T\,ln\frac{P}{P_0} = \frac{2\,M\,\alpha}{d\,r},$$

in der

R die Gaskonstante,
T die absolute Temperatur,
P_0 der Dampfdruck über einer ebenen Oberfläche der Flüssigkeit bei T^0,
P der Dampfdruck über einer gekrümmten Flüssigkeitsoberfläche vom Radius r bei T^0,
M das Molekulargewicht der Flüssigkeit,
α die Oberflächenspännung der Flüssigkeit bei T^0,
d die Dichte der Flüssigkeit bei T^0, bedeuten.

Kapillarkondensation tritt unter gewissen Bedingungen im Boden und auch in anderen porösen Körpern auf. Wenn ein Boden mit Luft in Berührung kommt, die mit Wasserdampf gesättigt ist, wird das in der Luft befindliche Wasser in den Bodenkapillaren kondensieren, weil das Wasser in den Hohlräumen konkave Oberflächen bildet, über denen der Dampfdruck — wie wir gesehen haben — herabgesetzt ist.

Wie im nächsten Kapitel gezeigt wird, erreicht die Kapillarkondensation nur dann höhere Werte, wenn der Feuchtigkeitsgehalt des Bodens annähernd gleich der Maximalen Hygroskopizität ist.

KAPITEL III

DAS DAMPFFÖRMIGE WASSER IM BODEN

1. Das Wesen der Erscheinung und ihre Untersuchungsmethoden

In der Natur kommt absolut trockener Boden wahrscheinlich nur sehr selten vor. Nur in den tropischen Wüsten, wo die Bodenoberfläche, insbesondere bei dunkler Färbung, bis über 100° heiß werden kann, dürften am Tage die oberen Bodenschichten völlig austrocknen. Aber selbst in diesem äußersten Falle ist der Boden in einer Tiefe von einigen Millimetern oder wenigen Zentimetern nicht mehr ganz trocken, sondern enthält eine geringfügige Menge Wasser. Es ist allgemein bekannt, daß ein dem Aussehen nach völlig trockener Boden, der lange Zeit im Laboratorium aufbewahrt wurde, also ein „lufttrockener Boden", immer einen gewissen sogenannten hygroskopischen Wassergehalt hat. Um einen absolut trockenen Boden zu erhalten, wenden wir Verfahren an, die der Bodenprobe das Wasser künstlich entziehen.

Die einfachste Methode besteht in der Trocknung durch Wärme. Wie die Erfahrung lehrt, muß man den Boden, um ihn völlig zu entwässern, auf eine Temperatur bringen, die den Siedepunkt des Wassers etwas übersteigt. Gewöhnlich wird bei einer Temperatur von 105 bis 110° erhitzt[1]. Haben wir eine lufttrockene Bodenprobe genommen, so wird der Gewichtsverlust, in Prozenten auf das Gewicht des zurückgebliebenen trockenen Bodens bezogen, als hygroskopischer Wassergehalt des Bodens bezeichnet. Die Entwässerung verläuft ziemlich langsam und dauert bis zu ihrem Abschluß einige Stunden, auch dann, wenn dem Boden nur einige Gramm Wasser entzogen wurden. Je mehr organische Substanz der Boden enthält, desto länger dauert seine Entwässerung.

Eine andere Methode besteht darin, daß man die abgewogene Substanz in einen Exsikkator bringt, in dem sich ein Trockenmittel befindet, das aus der Luft Wasserdampf aufnehmen kann, also ein Stoff, der den Dampfdruck bis nahe Null herabsetzt. Hierzu wird meist Phosphorpentoxyd (P_2O_5) benutzt. Das aus dem Boden verdunstende Wasser wird vom Trockenmittel aufgenommen, bis der Boden seinen gesamten Wassergehalt abgegeben hat. Es ist klar, daß das ein langwieriges Verfahren ist und daß man für seine Durchführung mehrere Tage benötigt. Bei den Bodenuntersuchungen bedient man sich selten dieser Methode,

[1] Einige Forscher, wie z. B. BAVER und HORNER (1933), äußern Zweifel, ob bei 110° alles adsorbierte Wasser entfernt werden kann. Nach ihren Beobachtungen wirkt sich die Natur der austauschbaren Kationen auf die Menge des adsorbierten Wassers (siehe weiter unten) bei allmählichem Wasserentzug bis zu einer Temperatur von 250° aus.

und zwar nur dann, wenn der Boden oxydierende oder bei 105° C flüchtige Stoffe enthält.

Ein nach diesen Methoden getrockneter Boden hat die Fähigkeit, von neuem Wasserdampf aus der Luft aufzunehmen. Davon kann man sich leicht überzeugen, wenn man die abgewogene Bodensubstanz im Laboratorium stehenläßt. Ihr Gewicht wird zunehmen, um schließlich den Ausgangswert vor der Austrocknung zu erreichen, falls für den Versuch eine im Laboratorium aufbewahrte lufttrockene Bodenprobe verwendet wurde. Die Eigenschaft des Bodens, dampfförmiges Wasser zu sorbieren, wird Hygroskopizität genannt.

Die Versuche zeigen, daß die Größe der Sorption von der relativen Feuchtigkeit der Luft abhängt; je höher die relative Luftfeuchtigkeit ist, desto mehr Wasser sorbiert der Boden.

Bei einer relativen Luftfeuchtigkeit von 100% erreicht die Wassermenge, die vom Boden sorbiert wird, ihre maximale Höhe.

Wenn wir die Sorption des Wasserdampfes bei einer relativen Luftfeuchtigkeit untersuchen, die die volle Sättigung von 100% nicht ganz erreicht, (in der Regel 94%) so erhalten wir die Maximale Hygroskopizität des Bodens, einen Wert, der annähernd die Sorptionsfähigkeit des Bodens für Wasser quantitativ ausdrückt.

Die Beziehung der relativen Luftfeuchte zur sorbierten Wassermenge ist oft Gegenstand der Forschung gewesen.

Die Untersuchungsmethode ist meist folgende:

Die Bodenproben werden in Exsikkatoren, die mit Schwefelsäure von verschiedener Konzentration gefüllt sind, getrocknet. Bekanntlich entspricht jeder H_2SO_4-Konzentration ein bestimmter Dampfdruck. Auf diese Weise wird im Exsikkator eine unterschiedliche relative Luftfeuchte erzeugt, angefangen mit sehr niedrigen Werten über konzentrierter Schwefelsäure bis zu nahe 100% über den schwachen Konzentrationen. Wenn wir in diese so gefüllten Exsikkatoren trockene Proben stellen, so werden alle Bodenproben aus der Luft des Exsikkators Wasser aufnehmen. Eine Gewichtsveränderung wird jedoch nur solange anhalten, bis der Dampfdruck im Boden so groß ist wie der über der Schwefelsäure von bestimmter Konzentration; je schwächer ihre Konzentration, desto mehr Wasser bleibt im Boden zurück. Wenn das Gewicht der Probe konstant bleibt, ist die Sorption oder auch die Desorption beendet. Die graphische Darstellung der Abhängigkeit des Wassergehalts von der relativen Luftfeuchtigkeit ergibt die sogenannte Isotherme der Wasserdampfsorption.

Eine andere Methode zur Untersuchung der Abhängigkeit der Bodenfeuchtigkeit von dem relativen Dampfdruck, mit dem sich der Boden im Gleichgewicht befindet, besteht in folgendem:

Eine abgewogene Probe des feuchten Bodens wird in einen Exsikkator ohne Schwefelsäure gestellt. Nach Ablauf einer gewissen Zeit, die für die Herstellung des Gleichgewichtes notwendig ist, wird die relative Feuchtigkeit der über der Bodenoberfläche befindlichen Luft mit Hilfe des Taupunktes bestimmt.

2. Die quantitativen Beziehungen

Betrachten wir nun die mathematische Beziehung zwischen der Bodenfeuchtigkeit und der relativen Luftfeuchtigkeit.

In der Literatur sind zahlreiche Untersuchungen über diese Frage zu finden; genannt seien die Arbeiten von RODEWALD (1902), MITSCHERLICH (1901), SPERANSKI und KRASCHENINNIKOW (1907), THOMAS (1921, 1924, 1928), KURON (1930, 1931, 1932) und anderen.

Eine der frühesten russischen Arbeiten auf diesem Gebiete ist die von SPERANSKI, (SPERANSKI und KRASCHENIKOW, 1907).

SPERANSKI brachte Boden mit einem bestimmten Feuchtigkeitsgehalt, der unter der „Maximalen Hygroskopizität" lag, in einen geschlossenen Raum und bestimmte nach Herstellung des Gleichgewichtes den Taupunkt, aus dem die relative Luftfeuchtigkeit ermittelt wurde.

SPERANSKI kam zu der Schußfolgerung, daß „ die Kurven, die die Abhängigkeit der Dampfspannung von der Wassermenge im Boden ausdrücken, .. das Aussehen von Parabeln haben", und drückte diese Abhängigkeit durch folgende Gleichung aus:

$$a = a_0 + K\left(\frac{P}{P_0}\right)^2,$$

in der P der Dampfdruck der Luft über dem Boden,

P_0 der maximale Dampfdruck bei gleicher Temperatur,

$\frac{P}{P_0}$ der relative Dampfdruck,

a die vom Boden sorbierte Wassermenge und

a_0, K Konstanten sind.

Wir übergehen die Überlegungen SPERANSKIS über den physikalischen Sinn der Größe a_0 als offenbar nicht ausreichend begründet und bemerken, daß die Versuche SPERANSKIS nicht die niedrigen Werte der relativen Luftfeuchtigkeit mit erfassen. Die niedrigsten, von ihm gemessenen Werte liegen bei 0,23 bis 0,41.

Die Formel, die SPERANSKI aus seinen Versuchen ableitete, konnte von uns bestätigt werden, wie aus der Abbildung 19 zu ersehen ist.

Umfangreiches experimentelles Material über die uns interessierenden Fragen enthalten die Arbeiten von KURON (1930, 1931, 1932a, 1932b, 1932c, 1934a, 1934b und 1936).

In der Regel erzeugte er mit H_2SO_4 verschiedener Konzentration die entsprechende relative Feuchtigkeit:

H_2SO_4 in Prozenten	$\frac{P}{P_0}$	H_2SO_4 in Prozenten	$\frac{P}{P_0}$
10	0,942	54	0,286
20	0,868	60	0,177
30	0,748	70	0,069
39	0,582	74	0,034
48,5	0,383		

Insgesamt wurden von ihm 49 natürliche Böden untersucht (ausschließlich der mit verschiedenen Kationen gesättigten Tone).

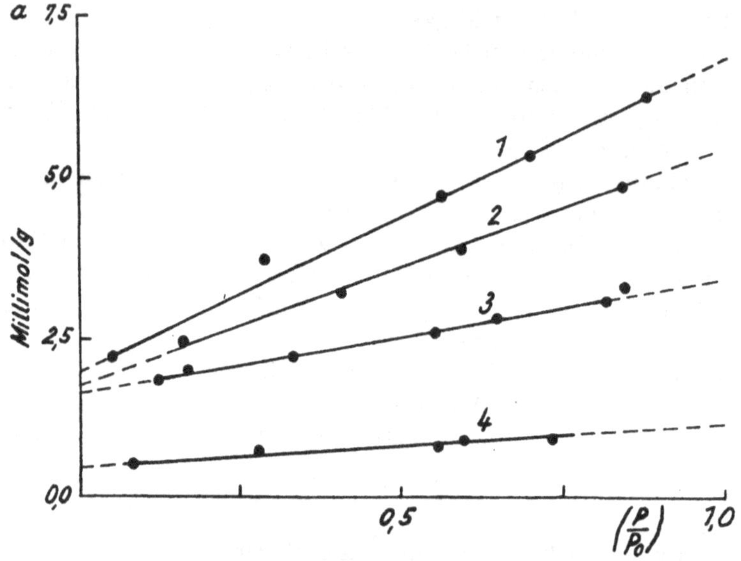

Abb. 19. Graphische Darstellung der Formel SPERANSKIS bei verschiedenen Bodentypen
1 — Tschernosjom aus Woronesh; *2* — Tschernosjom „Krotkoje"; *3* — dunkelgrauer Boden aus dem Gouvernement Orlow; *4* — Podsolboden aus dem Gouvernement Smolensk

Die wichtigste Schlußfolgerung aus seinen Arbeiten ist die, daß das Anfangsstadium der Wasserdampfsorption durch Böden und Tone der Sorptionsgleichung von FREUNDLICH folgt:

$$a = \alpha \left(\frac{P}{P_0} \right)^{\frac{1}{n}},$$

in der
- a die Menge des sorbierten Wassers,
- P der gemessene Dampfdruck,
- P_0 der Dampfdruck im gesättigten Raum bei gleicher Temperatur,
- $\frac{P}{P_0}$ der relative Dampfdruck
- α und n Konstanten sind.

Wenn wir die Gleichung logarithmieren, erhalten wir die Gerade:

$$\lg a = \lg \alpha + \frac{1}{n} \lg \frac{P}{P_0}.$$

Die 49 von KURON untersuchten Proben folgen nur in den Anfangsstadien der Sorption ausgezeichnet der Gleichung FREUDLISCHS, bei niedrigen, nicht über 0,383 liegenden Dampfdrucken.

Auf Abb. 20 sind als Beispiele einige Sorptionsisothermen nach den Angaben KURONS und auf Abb. 21 die gleichen Isothermen logarithmisch dargestellt.

Die Werte für α schwanken bei den verschiedenen Objekten von 0,3 bis 7,4; während die Konstante $\frac{1}{n}$ für die gleichen Proben in den Grenzen von 0,392 bis 0,633, in den meisten Fällen jedoch bei 0,44 bis 0,50 liegt.

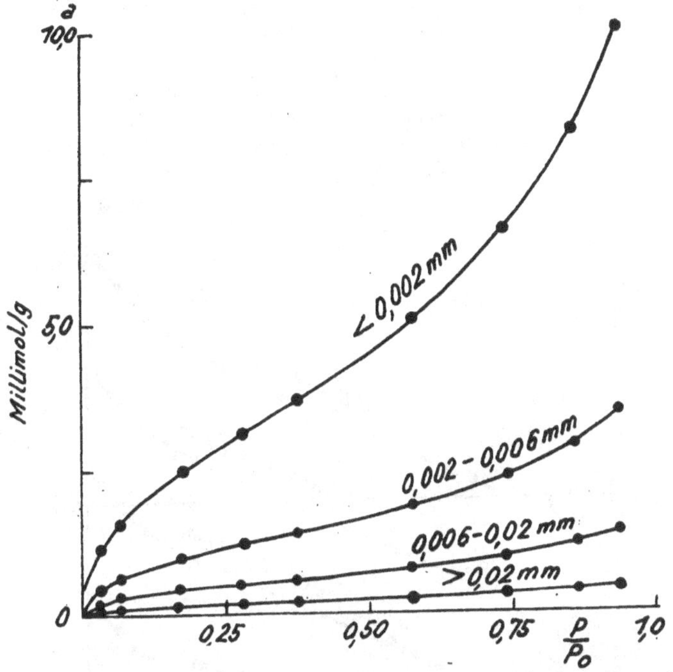

Abb. 20. Abhängigkeit der Wasserdampfsorption vom relativen Dampfdruck (Boden aus Verthinghave) nach KURON

Aus den Kurven der Abbildung 21 sind die Konstanten der obigen Gleichungen zu entnehmen. Die vier Kurven, die auf dieser Abbildung dargestellt sind, beziehen sich auf vier Fraktionen: > 0,02; 0,02 bis 0,006; 0,006—0,002 und < 0,002 mm, die aus dem Verthinghavener Ton gewonnen wurden. Die geraden Abschnitte der Kurven verlaufen fast parallel; sie haben nahezu den gleichen Steigungswinkel $\frac{1}{n}$, wie aus folgendem hervorgeht:

Fraktion	$\frac{1}{n}$
> 0,02 mm	0,443
0,02 —0,006 mm	0,448
0,006—0,002 mm	0,448
< 0,002 mm	0,466

Die Größe von lg α wird aus den Abschnitten der Ordinate $\frac{P}{P_0} = 1$ bestimmt, weil unter dieser Voraussetzung $\frac{1}{n} \lg \frac{P}{P_0} = 0$ und $\lg a = \lg \alpha$ ist.

Wenn wir die geraden Abschnitte der Kurven (vgl. Abb. 21) nach rechts bis zum Schnittpunkt mit der Ordinate verlängern, die $\frac{P}{P_0} = 1$ entspricht, können wir die Werte für lg α und damit auch für α selbst bestimmen:

Fraktion	lg α	α
> 0,02 mm	1,475	0,299
0,02 —0,006 mm	1,970	0,932
0,006—0,002 mm	0,335	2,16
< 0,002 mm	0,745	5,56

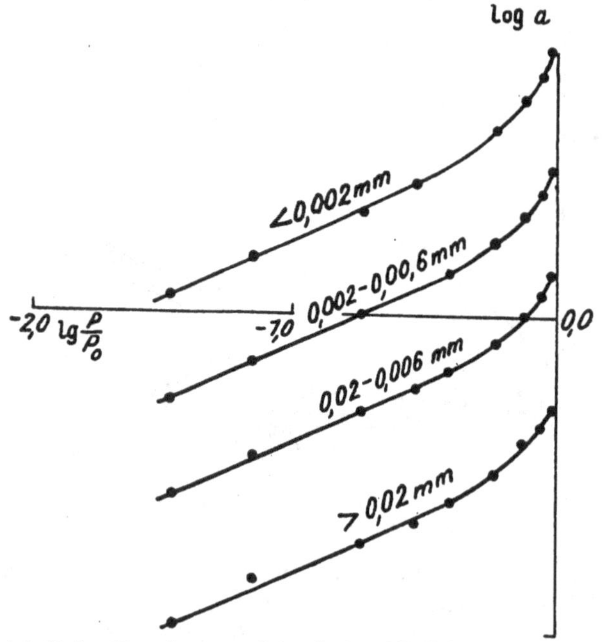

Abb. 21. Abhängigkeit der Sorption von der relativen Luftfeuchte in logarithmischer Darstellung (Boden aus Verthinghave) nach KURON

Da α von der Teilchengröße in dem Sinne abhängt, daß α mit abnehmender Teilchengröße zunimmt, kann dieser Wert als ein Ausdruck für die gesamte Sorptionsoberfläche der Teilchen angesehen werden.

Damit soll jedoch nicht behauptet werden, daß α der Größe der sorbierenden Oberfläche direkt proportional ist.

Wir werden später sehen, daß die Sorption des Wassers bei abnehmender Korngröße nicht direkt proportional der gesamten Oberfläche ist, sondern bedeutend langsamer ansteigt. Die Beziehung, die zwischen dem Wert α und der zunehmenden sorbierenden Oberfläche besteht, ist also nicht linear. Wie sie auch sein mag, α ist jedenfalls ein Ausdruck für die Größe der Oberfläche. Die zweite Konstante $\frac{1}{n}$ kennzeichnet die Eigenschaft der Oberfläche, von der die Größe der

Sorption bei gegebener Korngröße abhängt. So stellte z. B. KURON 1932 fest, daß die Größe $\frac{1}{n}$ mit zunehmendem Humusgehalt nahezu linear abnimmt.

Wie bereits erwähnt, folgt die Sorption des Wasserdampfes durch den Boden der Gleichung FREUNDLICHS nur bis zu einer gewissen Grenze, und zwar solange, bis $\frac{P}{P_0}$ den Wert 0,38 nicht übersteigt. Nach KURON haben auch andere Forscher, z. B. LÖWENSTEIN, PURI, KRAUSER, KEEN und NEUGEBOREN, einen ähnlichen Grenzwert festgestellt, der abgerundet mit 0,4 angenommen werden kann. Bei weiterer Annäherung von $\frac{P}{P_0}$ zu 1 nimmt die Menge an sorbiertem Wasser schneller zu, als der Gleichung FREUNDLICHS entspricht (vgl. Abb. 21). SPERANSKI und KURON kommen also zu ähnlichen Sorptionsgleichungen, die sich nur in der Potenz zur Größe $\frac{P}{P_0}$ unterscheiden.

Wir wollen nun an Hand der zahlreichen Bestimmungen KURONS die Richtigkeit der Gleichung SPERANSKIS für die mittleren Intervalle der relativen Luftfeuchtigkeit mathematisch prüfen.

Bei dieser Berechnung stellte sich heraus, daß sich die von KURON gefundenen Werte tatsächlich leicht in die Formel von SPERANSKI einbauen lassen, und zwar in den Grenzen der mittleren relativen Luftfeuchte, meist zwischen 0,354 und 0,868.

Die Abbildung 22 zeigt die Kurven für die vier Fraktionen des Bodens aus Verthinghave, die der SPERANSKIschen Gleichung $a = a_0 + K\left(\frac{P}{P_0}\right)$ entsprechen,

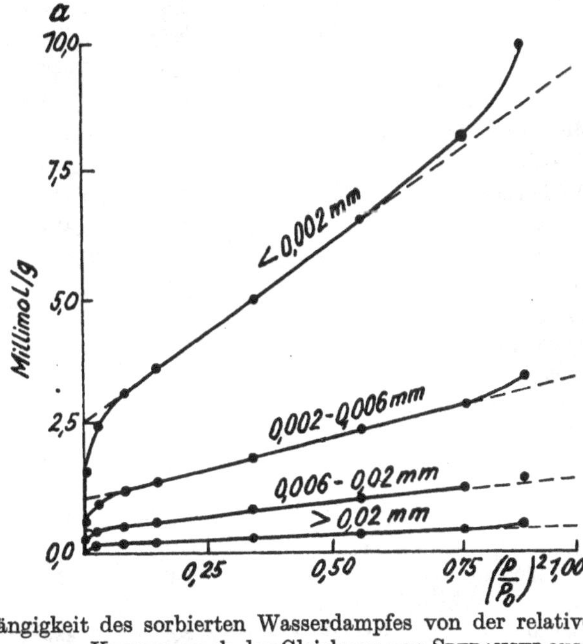

Abb. 22. Abhängigkeit des sorbierten Wasserdampfes von der relativen Luftfeuchte. Bestimmungen KURONS, nach der Gleichung von SPERANSKI ausgewertet

TABELLE 8

Adsorptionsisothermen des Wasserdampfes

Boden	Tiefe in cm	Gleichung nach FREUNDLICH (1) α	$\frac{1}{n}$	Endwert von $\frac{P}{P_0}$ bis zu dem die Gleichung anwendbar ist
Tschernosjem Nr. 6	0— 3	4,7	0,440	0,354
	10— 20	4,6	0,443	0,354
	30— 40	3,9	0,463	0,260
	53— 61	3,5	0,489	0,354
	67— 74	3,3	0,500	0,354
	100—110	3,6	0,515	0,260
Podsolboden Nr. 1	8— 13	1,07	0,396	0,260
	17— 23	1,10	0,392	0,260
	36— 45	2,04	0,452	0,354
	79— 89	3,2	0,471	0,354
	110—121	4,3	0,473	0,354
Podsolboden Nr. 3	18— 25	1,5	0,436	0,354
	42— 54	3,8	0,497	0,354
	55— 64	3,2	0,498	0,260
	64— 73	3,5	0,497	0,260
	110—120	3,0	0,493	0,260
Roterde, getrocknet	—	5,0	0,445	0,164
Roterde, benetzt	—	4,7	0,455	0,354
Podsolboden aus Mittelkirchen	—	2,05	0,473	0,383
Podsolboden aus Wiesch	—	3,6	0,470	0,383
Podsolboden aus Hohenfelde	—	3,8	0,477	0,383
Podsolboden aus Borstel	—	4,6	0,478	0,383
Podsolboden aus Kandiserde	—	3,6	0,471	0,383
Ton aus Boguslawiz	—	1,3	0,446	0,383
Ton aus Großalmerode, Korngröße < 0,0005 mm	—	3,1	0,589	0,383
Ton aus Großalmerode, Korngröße 0,002—0,0005 mm	—	1,5	0,577	0,383
Ton aus Gebersdorf, Korngröße < 0,0005 mm	—	5,1	0,559	0,383
Ton aus Gebersdorf, Korngröße 0,002—0,0005 mm	—	3,2	0,560	0,383
Ton aus Gebersdorf, Korngröße 0,006—0,002 mm	—	3,9	0,511	0,383
Ton aus Gebersdorf, Korngröße 0,02—0,006 mm	—	3,5	0,499	0,383

nach den Angaben von KURON (bearbeitet v. Vf.)

nach SPERANSKI (2)				Übergang von Gleichung (1) zu Gleichung (2)		
a_0	K	Intervall von $\frac{P}{P_0}$, in dem die Gleichung anwendbar ist		Übergangswert von $\frac{P}{P_0}$	a Übergang	$a_0 + K - a$ Übergang
		von	bis			
2,35	4,50	0,354	0,868	0,354	2,93	3,92
2,30	4,55	0,354	0,868	0,354	2,87	3,98
2,10	4,35	0,354	0,868	0,307	2,45	4,00
1,80	4,15	0,354	0,868	0,354	2,35	3,60
1,60	3,50	0,354	0,868	0,354	2,01	3,09
1,75	4,00	0,354	0,868	0,307	2,08	3,67
0,55	1,65	0,354	0,868	0,307	0,70	1,50
0,55	1,80	0,354	0,942	0,307	0,72	1,63
1,00	2,50	0,354	0,868	0,354	1,30	2,20
1,55	3,40	0,354	0,868	0,354	1,99	2,96
2,15	4,00	0,354	0,868	0,354	2,67	3,48
0,75	1,65	0,354	0,868	0,354	0,97	1,43
1,85	3,75	0,354	0,868	0,354	2,32	3,28
1,70	3,35	0,354	0,868	0,307	1,92	3,15
1,85	3,65	0,354	0,868	0,307	2,11	3,39
1,25	2,75	0,354	0,868	0,307	1,43	2,57
2,85	8,20	0,354	0,868	0,259	2,96	8,09
2,15	5,60	0,260	0,748	0,354	2,94	4,71
0,90	2,60	0,286	0,868	0,335	1,23	2,27
1,65	4,50	0,286	0,868	0,335	2,17	3,98
1,70	4,40	0,383	0,868	0,383	2,34	3,76
2,15	4,75	0,383	0,868	0,383	2,85	4,05
1,65	4,25	0,286	0,868	0,335	2,15	3,75
0,65	1,15	0,286	0,868	0,335	0,80	1,00
1,10	4,20	0,286	0,582	0,335	1,61	3,69
0,55	2,15	0,286	0,748	0,335	0,80	1,90
2,05	6,70	0,286	0,582	0,335	2,81	6,06
2,00	5,85	0,286	0,748	0,232	2,21	5,84
1,65	4,70	0,286	0,582	0,335	2,19	4,16
1,40	4,80	0,286	0,748	0,335	1,92	4,28

(Fortsetzung)

Boden	Tiefe in cm	Gleichung nach FREUNDLICH (1)		
		α	$\frac{1}{n}$	Endwert von $\frac{P}{P_0}$ bis zu dem die Gleichung anwendbar ist
Ton aus Gebersdorf, Korngröße > 0,02 mm	—	3,9	0,507	0,286
Ton aus Naumburg, Korngröße < 0,0005 mm	—	2,6	0,617	0,383
Ton aus Naumburg, Korngröße 0,002—0,0005 mm	—	1,3	0,627	0,383
Boden aus Rostersdorf, Korngröße < 0,002 mm	—	7,4	0,486	0,383
Boden aus Rostersdorf, Korngröße 0,006—0,002 mm	—	3,4	0,467	0,383
Boden aus Rostersdorf, Korngröße 0,02—0,006 mm	—	2,1	0,465	0,383
Boden aus Rostersdorf, Korngröße > 0,02 mm	—	1,4	0,438	0,286
Boden aus Verthinghave Korngröße < 0,002 mm	—	5,8	0,476	0,383
Boden aus Verthinghave Korngröße 0,006—0,006 mm	—	2,2	0,447	0,383
Boden aus Verthinghave, Korngröße 0,02—0,006 mm	—	0,93	0,451	0,383
Boden aus Verthinghave, Korngröße > 0,02 mm	—	0,29	0,442	0,383
Tschernosjom aus Boguslawiz, Korngröße < 0,002 mm	—	6,5	0,418	0,383
Tschernosjom aus Boguslawiz, Korngröße 0,006—0,002 mm	—	2,5	0,456	0,383
Tschernosjom aus Boguslawiz, Korngröße 0,02—0,006 mm	—	0,71	0,489	0,383
Tschernosjom aus Boguslawiz, Korngröße > 0,02 mm	—	0,14	0,443	0,383
Solonez aus Hortobagy	—	2,9	0,605	0,383
Solontschak aus Demsed	—	2,1	0,633	0,383
Ton aus Bunzlau	—	0,85	0,552	0,383
Kaolin	—	1,05	0,481	0,383
Durchschnitt	—	3,01	0,490	

TABELLE 8

nach SPERANSKI (2)				Übergang von Gleichung (1) zu Gleichung (2)		$a_0 + K - a$ Übergang
a_0	K	Intervall von $\frac{P}{P_0}$, in dem die Gleichung anwendbar ist		Übergangs-wert von $\frac{P}{P_0}$	a Übergang	
		von	bis			
1,60	5,80	0,286	0,748	0,286	2,09	5,31
0,85	3,95	0,286	0,582	0,335	1,29	3,51
0,45	1,55	0,286	0,582	0,335	0,64	1,36
3,30	8,20	0,286	0,868	0,335	3,29	8,21
1,60	3,50	0,383	0,868	0,383	2,11	2,99
1,00	2,25	0,286	0,868	0,335	1,26	1,99
0,75	1,55	0,383	0,868	0,335	0,92	1,38
2,55	7,00	0,286	0,748	0,335	3,38	6,17
1,05	2,50	0,286	0,868	0,335	1,32	2,23
0,95	0,50	0,286	0,868	0,335	0,57	0,88
0,10	0,40	0,286	0,868	0,335	0,18	0,32
3,20	7,40	0,286	0,748	0,335	4,03	6,57
1,20	2,55	0,286	0,748	0,335	1,51	2,24
0,35	0,55	0,383	0,868	0,383	0,44	0,46
0,07	0,13	0,383	0,868	0,383	0,09	0,11
1,05	3,45	0,286	0,868	0,335	1,47	3,03
0,65	3,10	0,286	0,748	0,335	1,03	2,72
0,30	1,40	0,177	0,748	0,286	0,46	1,24
0,45	1,45	0,286	0,582	0,335	0,61	1,19
1,42	3,57		0,810	0,354	1,78	3,21

TABELLE 8a

Berechnete und beobachtete Werte für a in zwei Böden

$\frac{P}{P_0}$	67—74 cm mächtiger Tschernosjomhorizont			36—45 cm mächtiger Podsolhorizont		
	a berechnet nach Gl. (1) $a = 3{,}3\left(\frac{P}{P_0}\right)^{0{,}5}$	nach Gl. (2) $a = 1{,}60 + 3{,}50\left(\frac{P}{P_0}\right)^2$	a beobachtet	a berechnet nach Gl. (1) $a + 2{,}04 \times \left(\frac{P}{P_0}\right) 0{,}452$	nach Gl. (2) $a = 1{,}0 + 2{,}50\left(\frac{P}{P_0}\right)^2$	a beobachtet
0,034	0,58	1,57	0,62	0,45	1,00	0,45
0,064	0,83	1,59	0,85	0,61	1,01	0,59
0,164	1,28	1,67	1,32	0,91	1,07	0,88
0,260	1,61	1,81	1,65	1,12	1,17	1,09
0,354	1,88	2,01	2,01	1,29	1,32	1,30
0,595	2,44	2,81	2,85	1,63	1,88	1,96
0,748	2,73	3,54	3,48	1,81	2,40	2,40
0,868	2,94	4,21	4,20	1,93	2,87	2,87
0,942	3,07	4,71	4,82	2,00	3,22	3,35

während Tab. 8 die Konstanten beider Gleichungen aller von KURON untersuchten 49 Proben enthält; sie sind durch graphische Auswertung der KURONschen Bestimmungen aus beiden Gleichungen erhalten worden.

In derselben Tabelle sind auch die Grenzen von $\frac{P}{P_0}$ angegeben, in denen die gefundenen Werte den Gleichungen gehorchen.

Aus den Kurven der Abbildung 22, die repräsentativ für alle 49 Böden sind, geht mit Deutlichkeit hervor, daß der Übergang von dem anfänglich gekrümmten Abschnitt zur Geraden scharf ausgeprägt ist. Wenn wir die Werte $\frac{P}{P_0}$, bei denen dieser Übergang stattfindet, miteinander vergleichen, also den Punkt aufsuchen, in dem die Anwendbarkeit der FREUNDLICHschen Gleichung aufhört und die der Gleichung von SPERANSKI beginnt, erkennen wir (vgl. Tab. 8), daß diese Werte häufig übereinstimmen. Manchmal überlappen sie einander, und selten sind sie durch kleine Zwischenräume getrennt. Aus der Tatsache, daß der Endpunkt des auf die Gleichung (1) anwendbaren Intervalls mit demjenigen Intervall, das auf die Gleichung (2) angewendet werden kann, zusammenfällt, könnte man folgern, daß sich auf der Adsorptionskurve zwei Abschnitte unterscheiden lassen, von denen der erste der Gleichung (1), der zweite der Gleichung (2) zugeordnet ist. Da jedoch die Potenzen zur Größe $\frac{P}{P_0}$ in beiden Gleichungen sehr verschieden sind (0,5 und —2), ist anzunehmen, daß sich die Vorgänge ursächlich wesentlich unterscheiden. Die Grenze zwischen diesen beiden Abschnitten liegt bei $\frac{P}{P_0}$ = etwa 0,35; der Mittelwert aus den Bestimmungen der Tab. 8 ist

0,354. Etwa das erste Drittel der Kurve also entspricht der Gleichung (1). Der zweite Abschnitt der Kurve endet bei 0,582 bis 0,942 (im Durchschnitt bei 0,810). Es bleibt also ein Restabschnitt übrig — etwa ein Fünftel —, der keiner der beiden Gleichungen gehorcht.

Als Beweis für die abschnittsweise Geltung der beiden Gleichungen sind in der Tab. 8a für zwei Proben die berechneten und beobachteten Werte einander gegenübergestellt.

Um einer falschen Auslegung unserer Erklärung vorzubeugen, weisen wir darauf hin, daß die aus den experimentellen Unterlagen ermittelten Gleichungen von SPERANSKI (2) wie auch von FREUNDLICH (1) empirische Gleichungen sind, daß erstens also die Sorption des Wasserdampfes durch den Boden nicht einheitlich ist, daß zweitens in bestimmten Intervallen von $\frac{P}{P_0}$ die Sorption allem Anschein nach gleichartig verläuft. Auf die physikalische Auslegung der Vorgänge in diesen Intervallen werden wir später zurückkommen.

Wie bereits erwähnt, gehorcht das letzte Fünftel der Kurven in den Grenzen von 0,8 bis 1 SPERANSKIS Gleichung nicht mehr. Weder die Formel SPERANSKIS noch die FREUNDLICHS lassen eine Deutung der Erscheinungen zu, die in diesem Abschnitt der Sorption vor sich gehen; über ihre Natur können wir nur Vermutungen äußern, die wir im folgenden untersuchen wollen.

3. Die Filmstärke des hygroskopischen Wassers

Bekanntlich sind die Moleküle und Ionen, die die Oberflächenschicht einer Substanz bilden, energetisch nicht gesättigt, weil dem Teil des Kraftfeldes dieser Ionen, der nach außen hin ausstrahlt, keine Ionen oder Moleküle gegenüberstehen, für deren Anziehung die Energie dieses Kraftfeldteiles verausgabt werden kann. Das ist die Ursache für die Oberflächenenergie, die allen Stoffen eigen ist.

Bringt man einen trockenen Boden in eine Atmosphäre mit einem gewissen Feuchtigkeitsgehalt, so wird die Feuchte von den Oberflächenmolekülen und Ionen der Bodenpartikel angezogen.

Somit besteht das Anfangsstadium der Wasseraufnahme durch den Boden aus der feuchten Atmosphäre darin, daß die Wasserdampfmoleküle von den Oberflächenmolekülen und Ionen der Bodenpartikel angezogen werden. So kann man sich ohne weiteres die Sorption der ersten molekularen Wasserhaut vorstellen.

RODEWALD und MITSCHERLICH, die zuerst diese Vorgänge 1901 untersucht haben, waren der Meinung, daß die Bodenteilchen aus einer Atmosphäre über 10prozentiger Schwefelsäure mit einem $\frac{P}{P_0}$ von 0,94 eine monomolekulare Wasserhaut sorbieren.

Wenn eine Substanz mit großer aktiver Oberfläche, der vorher das Wasser entzogen worden ist, mit Wasser in Berührung kommt, wird dabei eine gewisse Wärmemenge, die „Benetzungswärme“ frei.

Die Untersuchungen MITSCHERLICHS (1901) und RODEWALDS (1900) zeigen, daß auch die Böden diese Eigenschaft haben. Hierbei stellte es sich heraus, daß in einem trockenen Boden, dem Wasser allmählich in kleinen Gaben zugeführt wird, die bei seiner Benetzung frei werdende Wärme zunimmt. Die Steigerung geht aber nur bis zu einem gewissen Grenzwert. Eine weitere Zuführung von Wasser ruft keine weitere Erwärmung mehr hervor. Die Wassermenge, die maximale Benetzungswärme hervorruft, soll nach MITSCHERLICH gerade der Menge entsprechen, die vom Boden aus einer Atmosphäre über 10%iger Schwefelsäure aufgenommen wird. Diese monomolekulare Wasserhaut nannte er Hygroskopizität.

Diese Ansichten von RODEWALD und MITSCHERLICH entsprechen offenbar nicht den Tatsachen. An Hand ihrer Angaben über die Benetzungswärme können wir uns davon überzeugen, daß mit der Zuführung von Wasser die Wärmemenge abnimmt, die je Gewichtseinheit des zugegebenen Wassers frei wird. Das beweisen deutlich die Differentialkurven der Benetzungswärme, die wir nach den Angaben MITSCHERLICHS konstruiert haben (vgl. Abb. 35 u. 36). Diese Tatsache allein rechtfertigt unseren Zweifel darüber, daß die Bildung der monomolekularen Schicht allein die Ursache der maximalen Benetzungswärme ist. Wenn diese Schicht tatsächlich monomolekular wäre, so müßten die Werte für $\frac{dr}{dW}$ mehr oder weniger unveränderlich bleiben. Die bei Feuchtigkeitserhöhung tatsächlich beobachtete Verringerung des Wertes von $\frac{dr}{dW}$ weist aber darauf hin, daß der Charakter der Wassersorption sich ebenfalls ändert. Dieser Fall kann dann eintreten, wenn die monomolekulare Wasserhaut im weiteren Verlauf in eine polymolekulare umgewandelt wird. (Vgl. S. 136.)

MITSCHERLICH hat später seine ursprüngliche Auffassung geändert und sich 1922 der Meinung EHRENBERGS angeschlossen (S. 270 bis 273), daß die maximale Stärke der hygroskopischen Wasserhaut 10 Wassermoleküle beträgt, ohne allerdings diese Annahme zu begründen.

Der zweite Einwand, der gegen die Monomolekularität dieser Wasserhülle erhoben werden kann, beruht auf Forschungen von DOBENECK (1892), BRIGGS (1905), KATZ (1912), ODEN (1921), THOMAS (1924), RYSHOW (1937) und anderen, nach denen es möglich ist, die Stärke der hygroskopischen Wasserhaut zu berechnen.

DOBENECK (1892) untersuchte die Aufnahme von Wasser durch Sand von verschiedenen Korngrößen. Die Ergebnisse seiner Versuche enthält Tab. 9.

BRIGGS, (1905) zitiert nach MCBAIN, 1934, S. 170 bis 171 hat die Versuchsergebnisse von DOBENECK kritisiert und hervorgehoben, daß DOBENECK mit zu hohem Dampfdruck (von 100% oder sehr naheliegenden Werten) gearbeitet habe, wodurch die kapillare Kondensation nicht ausgeschlossen werden konnte. BRIGGS war der Meinung, in seinen eigenen Versuchen diese Fehlerquelle dadurch ausgeschlossen zu haben, daß er den fein zerriebenen Quarz in rotierenden Röhrchen untersuchte. Seine Versuchsergebnisse ergeben bei einem relativen Dampfdruck von $P_0 = 83\%$ eine Stärke der sorbierten Hydrathülle von 45 Å und bei $\frac{P}{P_0} = 99\%$ eine solche von 266 Å, entsprechend 16 bzw. 96 Wassermolekülen.

TABELLE 9

Versuchsergebnisse DOBERNECKS (1892) über die Aufnahme von Wasser durch verschiedene Quarzsandfraktionen

Korngrößen des Sandes in mm	Mittlerer Durchmesser der Körner in mm	Oberfläche cm^2/100 g	Wasser-aufnahme g/100 g	Stärke der Hülle	
				in cm	Wassermoleküle
0,01—0,071	0,036	166660	0,2031	$122{,}10^{-8}$	36
0,071—0,114	0,092	65220	0,1677	$257{,}10^{-8}$	93
0,114—0,171	0,142	42250	0,1378	$326{,}10^{-8}$	114
0,171—0,25	0,210	28570	0,1007	$353{,}10^{-8}$	128
0,25—0,5	0,380	15790	0,0847	$535{,}10^{-8}$	194
0,5—0,1	0,750	8000	0,0571	$713{,}10^{-8}$	258
1,0—2,0	1,500	4000	0,0545	$1361{,}10^{-8}$	495

Anmerkung: Die Zahlen in den letzten beiden Kolonnen sind von uns errechnet (A. R.). Der Durchmesser der Wassermoleküle ist hier und auch später mit $2{,}76 \cdot 10^{-8}$ cm angenommen, da das hygroskopische Wasser eine höhere Dichte hat (s. unten).

KATZ (1912, zitiert nach MCBAIN, 1934, S. 171 bis 172) untersuchte die Sorption des Wasserdampfes durch Quarz- und Anorthitpulver und erhielt dabei eine Stärke der sorbierten Hydrathülle von 32 Å im ersten Falle und 15,5 Å im zweiten, was 12 und 6 Wassermolekülen entspricht.

Nach den Untersuchungen ODENS (1921—1922) schwankte die Sorption durch verschiedene Tone in den einzelnen Abschnitten der Sorptionsisothermen zwischen 0 und 0,03 g je 1 m^2 Oberfläche, das entspricht einer Schichtstärke von 0 bis 190 Wassermolekülen.

THOMAS (1924) kommt bei der Berechnung der Stärke der Hydrathülle auf Werte von $5 \cdot 10^{-7}$ mm bei $\frac{P}{P_0} = 0{,}01$ und auf $2 \cdot 10^{-5}$ mm bei $\frac{P}{P_0} = 0{,}98$, was 2—72 Wassermolekülen entspricht. Leider gibt THOMAS keine Einzelheiten an, so daß über die Zuverlässigkeit seiner Angaben nicht geurteilt werden kann.

RYSHOW (1937) führte Versuche mit Quarzsand durch. Bei $\frac{P}{P_0} = 0{,}94$, über 10prozentiger Schwefelsäure, wiesen die Quarzkörner verschiedener Größe folgende Maximale Hygroskopizität und Stärke der entsprechenden Hydrathülle auf (s. Tab. 10).

TABELLE 10

„Maximale Hygroskopizität“ nach der Methode von MITSCHERLICH und Stärke der Hydrathülle verschiedener Quarzfraktionen nach RYSHOW (1937)

Korngr. in mm	0,25—0,1	0,1—0,05	0,05—0,02	0,02—0,01	0,01—0,005	0,005—0,002	0,002—0,001	0,001 bis 0,0001
% Hy	0,0452	0,0998	0,0917	0,1133	0,1474	0,2642	0,4963	0,3872
Wassermoleküle	137	129	55	30	19	16	13	12

Werschinin und Konstantinowa (1937) beobachteten die Adsorption des Wasserdampfes durch Quarzsand im Vakuum unter strenger Kontrolle und fanden, daß die Bildung der monomolekularen Schicht bei dem äußerst geringen Dampfdruck von 1 mm beendet wird; steigt der Druck des Wasserdampfes weiter an, so beginnt die mehrschichtige Sorption, in deren Verlauf die Wasserhaut eine Stärke von 30 bis 50 Wassermoleküle erreicht. Bei Dampfdrücken, die 80 bis 85% der relativen Feuchtigkeit übersteigen, beginnt bereits die Kapillarkondensation.

Tschapek (1938) untersuchte ebenfalls die Sorption des Wasserdampfes durch Quarzsand und erhielt folgende Werte für die verschiedenen Korngrößen (Tab. 11).

TABELLE 11
Die Stärke des von Quarz sorbierten Films nach Tschapek (1938)

Korngröße 10^{-4} cm	Stärke der sorbierten Schicht in Å		Anzahl der Schichten	
	$\frac{P}{P_0} = 0{,}96$	$\frac{P}{P_0} = 0{,}35$	$\frac{P}{P_0} = 0{,}96$	$\frac{P}{P_0} = 0{,}35$
1000—250	145	64	52	23
250—100	133	34	48	12
100—650	69	31	25	11
50— 10	56	12	20	5
10— 5	51	10	18	4
5— 1	39	4	14	1

Anmerkung: Die Zahl der Schichten wurde für einen Durchmesser von 2,76 Å errechnet.

Diese Zahlen zeigen, daß nicht nur bei $\frac{P}{P_0}$ von 98%, sondern auch bei weitaus geringerer relativer Luftfeuchtigkeit die Hydrathülle, die sich infolge der Sorption von Wasserdampf bildet, in keinem Fall monomolekular ist, vielmehr sich aus zahlreichen Schichten zusammensetzt. Die angegebenen Schichtstärken dürfen natürlich nur als Näherungswerte betrachtet werden, weil für ihre Berechnung die Dichte des Wassers und die Gesamtoberfläche der Bodenteilchen bekannt sein müssen und weil schließlich die Bestimmung dieser Größen von einer ganzen Reihe von Voraussetzungen abhängt.

4. Über die Kräfte, die die Hygroskopizität des Bodens erzeugen

Da die Hydrathülle also polymolekular ist, so kann wahrscheinlich ihre Entstehung nicht durch die Anziehungskräfte allein erklärt werden, die unmittelbar von der Oberfläche der Bodenpartikel ausgehen. Diese Kräfte haben bekanntlich einen ganz geringen Wirkungsbereich, der nicht mehr als ein oder wenige Ångström ausmacht (s. z. B. McBain 1934, S. 321). Da die in der Oberfläche der Teilchen befindlichen Ionen bereits auf kürzeste Entfernung die Kraftfelder der entgegengesetzt geladenen Ionen kompensieren (s. Dubinin, 1935, S. 132), muß die

Wirkung dieser Kräfte bei größeren Abständen als 1 Wassermolekül-Durchmesser durch andere Kräfte hervorgerufen werden. Hier sind an erster Stelle die VAN-DER-WAALschen Kräfte zu nennen, die einen bedeutend größeren Wirkungsbereich als die chemischen Kräfte haben und Werte von mindestens einigen Molekulardurchmessern erreichten. Sie verringern sich umgekehrt proportional zur sechsten Potenz des Abstandes (s. SHUCHOVIZKI 1938, S. 12, oder MCBAIN 1934, S. 353).

Ferner müssen hier auch die Anziehungskräfte berücksichtigt werden, die zwischen den sorbierten und freien Wassermolekülen wirksam sind. Jedes Wassermolekül verliert infolge der Sorption nicht nur seine Beweglichkeit, sondern nimmt zugleich dadurch eine orientierte Lage ein, weil es entweder mit seinem positiven oder negativen Ende angezogen wird. Das Endergebnis ist: Die Oberfläche der ersten Wasserschicht besteht aus orientierten Dipolen, die damit neue Ansatzpunkte für die weitere Sorption bilden. Infolgedessen kann die erste Dipolschicht eine zweite, diese wiederum eine dritte sorbieren.

Wie MCBAIN (1934, S. 363) ausführt, können hierbei Bindungskräfte von beachtlicher Stärke auftreten.

Tab. 12 zeigt einen Versuch von KURON, der auf additive Sorptionsvorgänge hinweist. Der lehmige Boden aus Wegnersau vom Typ Braunerde wurde in vier Fraktionen eingeteilt. Die Größe der Wasserdampfsorption wurde gesondert für jede Fraktion und außerdem für den Gesamtboden bestimmt. Die Hygroskopizität jeder Fraktion wurde mit ihrem entsprechenden Anteil multipliziert, die Resultate addiert und diese Summe mit der direkt bestimmten Hygroskopizität des Gesamtbodens verglichen.

TABELLE 12

Die Additivität der Sorptionswerte für den Boden aus Wegnersau nach KURON (1930)

	Werte der Wasserdampfsorption in g/100 g trockenen Boden					
$\frac{P}{P_0}$	Fraktion < 0 002	Fraktion 0,002—0,006	Fraktion 0,006—0,020	Fraktion > 0,020	Hy aus der Summe der Fraktionen berechnet	Hy des Gesamtbodens direkt bestimmt
0,942	2,514	2,090	1,280	1,273	7,057	7,61
0,868	2,055	1,750	1,102	1,012	5,919	6,24
0,748	1,661	1,440	0,911	0,834	4,846	5,03
0,582	1,290	1,140	0,730	0,665	3,825	3,96
0,383	0,975	0,850	0,544	0,509	2,878	2,91
0,177	0,665	0,595	0,370	0,335	1,965	1,97
0,069	0,425	0,384	0,235	0,217	1,261	1,21
0,034	0,345	0,276	0,164	0,155	0,940	0,88
Gehalt an Fraktionen in Proz.	12,19	12,65	13,04	62,12	100,0	

Bei der Sorption des Wasserdampfes durch den Boden wird die sogenannte Hysterese beobachtet: Wir sättigen mehrere Proben eines beliebigen Bodens zuerst mit Wasser, indem wir sie nacheinander in ein Gefäß mit ansteigender relativer Luftfeuchte bringen und jeweils für volles Gleichgewicht sorgen. Bringen wir diese Proben nun in dieselben Gefäße in umgekehrter Reihenfolge, d. h. mit jeweils abnehmender Feuchtigkeit und bestimmen wiederum ihren Wassergehalt, so werden jetzt höhere Hy-Werte — bei gleicher relativer Feuchtigkeit — gefunden

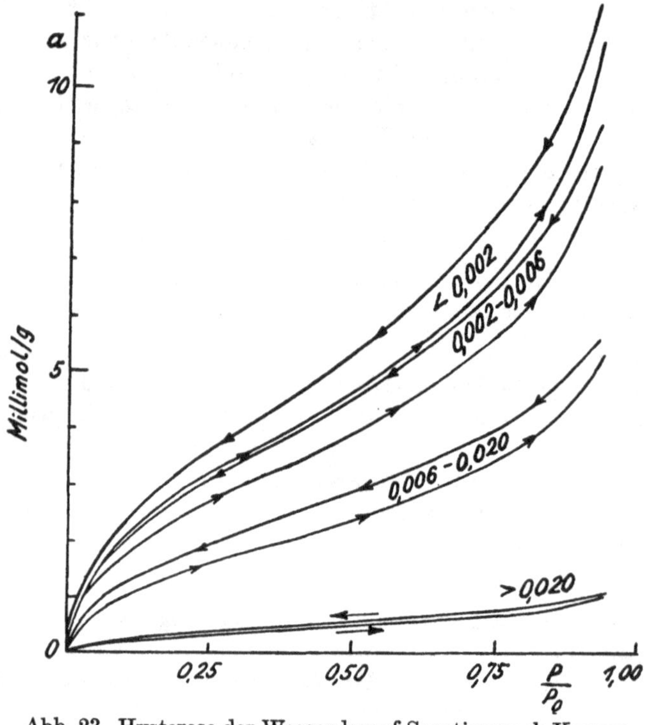

Abb. 23. Hysterese der Wasserdampf-Sorption nach Kuron

als bei der Benetzung. Die entsprechenden Beispiele für die Kurven des Wasserentzuges und der Benetzung bringt Abb. 23. Diese aus der Kolloidchemie bekannte Erscheinung wurde von Thomas (1924), später von Kuron (1930) auch für Böden bestätigt und von letzterem genauer untersucht (1932) (vgl. Abb. 23). Kuron hat darauf hingewiesen, daß die Hysterese im wesentlichen folgende Ursachen hat: erstens die Absorption von Luft auf der Oberfläche des entwässerten Bodens, wodurch die Sorption von Wasserdampf gehemmt wird, zweitens die Austrocknung des Bodens, die irreversible Veränderungen der Oberfläche der Bodenpartikel hervorruft und drittens die Kapillarkondensation. Unter dem Einfluß hoher relativer Luftfeuchtigkeit können bei Trocknung des Bodens kapillare Hohlräume mit kapillar-kondensiertem Wasser gefüllt bleiben, während bei der Wiederbenetzung diese Hohlräume auf diese Weise entstandenes Wasser nicht enthalten können, weil für die Bildung des entsprechenden Meniskus eine bedeutend höhere relative Luftfeuchte notwendig ist.

In der zitierten Arbeit versucht KURON die Hysterese näher zu erläutern. Zu diesem Zweck benutzt er Proben aus drei verschiedenen Profilen: Tschernosjem aus Woronesh, Podsol aus der Gegend von Moskau und Solonez aus Woronesh. Den mit Wasserdampf gesättigten Bodenproben entzog er zuerst das Wasser, benetzte sie anschließend wieder und entzog ihnen das Wasser von neuem. Die beim ersten und zweiten Wasserentzug erzielten Unterschiede werden durch irreversible Veränderungen verursacht, die infolge der Austrocknung eintreten. Die Unterschiede jedoch, die man bei der zweiten Benetzung und anschließendem Wasserentzug erhielt, kennzeichnen nach KURON die Größe der reversiblen Hysterese, als deren Ursache die Luftsorption und die kapillare Kondensation anzusehen sind.

Tab. 13 zeigt diese Versuchsergebnisse für den Tschernosjem aus Woronesh:

TABELLE 13

Hysterese der Wasserdampfsorption durch Tschernosjom aus Woronesh nach KURON (1932) (Die Sorptionswerte sind in Millimol Wasser je 1 g Boden bei einer relativen Luftfeuchtigkeit von 35,4% angegeben)

	Die Horizonte und ihre Tiefe in cm					
	A_1 0—3	A_1 10—20	A_1 30—40	A_2 53—61	B_1 67—74	B_2 100—110
Sorption beim ersten Wasserentzug (I)	2,93	2,87	2,64	2,35	2,01	2,28
Desgl. bei Benetzung (II)	2,39	2,37	2,18	1,95	1,69	1,93
Desgl. beim zweiten Wasserentzug (III)	2,78	2,74	2,25	2,25	1,90	2,17
III in % von I	94,9	95,5	95,5	95,8	95,6	95,3
Die irreversible Veränderung der Sorption in Proz. von I	5,1	4,5	4,5	4,2	5,4	4,7
II in % von III	86,0	86,5	86,7	86,8	89,0	89,0
Die reversible Hysterese in % von III	14,0	13,5	13,3	13,2	11,0	11,0

Die kritische Betrachtung unserer Kenntnisse vom Mechanismus der Sorption und ihrer Ursachen ergibt, daß sie unzureichend sind. Von allen vorhandenen Unterlagen über die Sorption des Wasserdampfes im Boden haben wir die interessantesten wiedergegeben. Zusammenfassend ergibt sich nach den Monographien von MCBAIN (1934), DUBININA (1935), SHUCHOWIZKI (1938), HÜCKEL (1928), DUMANSKI (1940 u. 1950) wahrscheinlich folgendes Bild:

Schon bei kleinster relativer Luftfeuchte, von 1% und weniger, wird eine monomolekulare Wasserhaut sehr fest gebunden. Die Entstehung dieser Schicht ist auf die starken elektrostatischen Anziehungskräfte zurückzuführen, die von der Oberfläche der Bodenpartikel ausgehen.

Bei weiterem Ansteigen der relativen Luftfeuchte $\frac{P}{P_0}$ bis zu etwa 0,40 (nach KURON bis 0,38), also im Wirkungsbereich der Gleichung FREUNDLICHS, beginnt die Bildung der polymolekularen Hydrathülle. Dieser Vorgang beruht zu Beginn hauptsächlich auf den VAN-DER-WAALschen Anziehungskräften, teilweise allerdings auch auf den Anziehungskräften der äußeren Schicht der sorbierten Wasserdipole. Mit steigenden Werten von $\frac{P}{P_0}$ und der damit verbundenen wachsenden Hydrathülle nehmen die Kräfte der ersten Kategorie ab. Wenn $\frac{P}{P_0}$ den Wert 0,40 erreicht, müßten sie nach unserer Ansicht wirkungslos sein. Die Sorption der folgenden Schichten geht schon ausschließlich infolge der Anziehung durch die bereits sorbierten Wasserdipole vor sich, indem sie der Gleichung SPERANSKIS folgen. Dieser Prozeß hält wahrscheinlich bis zum Schluß an, d. h. bis $\frac{P}{P_0}$ einen Wert von nahezu 100% erreicht[1]. Im letzten Stadium, beginnend bei einem mittleren Wert von $\frac{P}{P_0} = 80\%$, hört der Sorptionsprozeß auf, der Gleichung SPERANSKIS zu folgen, so daß mehr Wasser sorbiert wird, als diese Gleichung erlaubt. Das beweisen in Abb. 22 die Kurven, die nach oben zu einbiegen. Diese zusätzliche Sorption muß auf die Kapillarkondensation zurückgeführt werden.

Wie in jedem dispersen System sind auch im Boden bei beliebigem Feuchtigkeitsgehalt, der die volle Wasserkapazität nicht erreicht, verschieden gekrümmte Oberflächen an der Grenzfläche Wasser/Luft vorhanden. Sie treten auf, weil sich um die Berührungspunkte zweier Partikel eine ringförmige Wasseransammlung, eine Manschette, bildet und weil die Oberfläche der Bodenpartikel uneben ist.

Die Entstehung der Wassermanschette stellen wir uns folgendermaßen vor: Wir bringen zwei Bodenpartikel, die sich im Punkte C berühren, in ein geschlossenes Gefäß mit konstanter Temperatur, in dem wir die relative Luftfeuchte von 0 bis 100% verändern können. Wenn die Bodenpartikel miteinander nicht in Berührung stünden, hätte die hygroskopische Wasserhaut eine gleichmäßige Stärke, weil das Kraftfeld um die Partikel homogen ist. Da sich Teilchen die jedoch berühren, überlagern sich deren Kraftfelder an den Berührungsstellen.

Bei verhältnismäßig geringer Luftfeuchtigkeit hat die hygroskopische Wasserhaut in Abhängigkeit von diesen Kraftfeldern eine Oberfläche, die annähernd parallel zur Oberfläche der Partikel verläuft. Mit steigendem $\frac{P}{P_0}$ und damit verursachter Verstärkung der sorbierten Wasserhülle wird die Wirkung dieser Kraftfelder durch den Einfluß der einseitig gerichteten Anziehungskräfte der Wassermoleküle erhöht. Diese Kräfte der Oberflächenanziehung oder Kapillarkräfte können nur dann wirksam werden, wenn die von den Bodenpartikeln

[1] Bei der Sorption von flüssigem Wasser durch den Boden sogar noch darüber hinaus.

ausgehenden Anziehungskräfte im Vergleich zum normalen Oberflächendruck ausreichend klein geworden sind. Nach unserer Meinung tritt das dann ein, wenn $\frac{P}{P_0}$ den Wert 0,40 erreicht.

Sobald die Kräfte der Oberflächenanziehung auftreten, wächst die Stärke der Wasserhülle weiter und ist bestrebt, eine Form anzunehmen, die der kleinsten Oberfläche entspricht. Das tritt vor allem an den Berührungsstellen der beiden Partikel ein, an denen die Hydrathülle nicht mehr parallel zur Oberfläche der letzteren anliegt (vgl. die punktierte Linie auf Abb. 24), sondern eine gewisse Verdickung (durchgehende Linie) bildet.

An den Berührungsstellen der Partikel entstehen also ringförmige Wasseransammlungen („Manschetten"), die bereits kapillare Eigenschaften aufweisen. Die Oberfläche dieser Ansammlung wird eine Krümmung von $\frac{1}{r} = \frac{1}{r_1} - \frac{1}{r_2}$ haben, wobei r_1 gleich KC, dem Radius der positiven Krümmung der Manschette ist; r_2 dagegen ist gleich KC_1, dem Radius der negativen Manschettenkrümmung. Da meistens $r_1 > r_2$, so ist $\frac{1}{r_1} < \frac{1}{r_2}$ und die summarische Krümmung negativ; sie entspricht also einer konkaven Oberfläche.

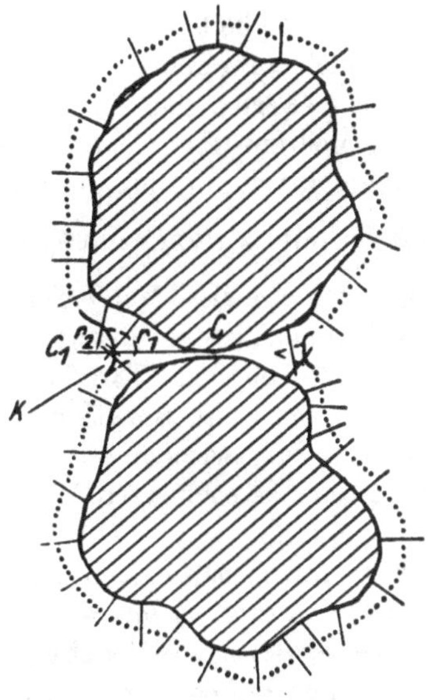

Abb. 24. Konvex-konkaver Meniskus beim Zusammenfließen von zwei Hydrathüllen

Bei weiterem Ansteigen der Größe $\frac{P}{P_0}$ und der damit zunehmenden Stärke der hygroskopischen Hydrathülle kommt der Augenblick, wo der Dampfdruck P so groß geworden ist, daß er der Tension eines gesättigten Raumes bei gegebener Temperatur über einer konkaven Oberfläche entspricht, deren Krümmung $\frac{1}{r} = \frac{1}{r_1} - \frac{1}{r_2}$ ist. Bei weiterer Steigerung von $\frac{P}{P_0}$ beginnt daher an der Manschettenoberfläche die Kondensation des Wasserdampfes.

Gerade diese Kapillarkondensation, die also an den konkaven Flächen vor sich geht, überdeckt den Prozeß der Hygroskopizität additiv, so daß die Sorptionskurven (vgl. Abb. 20 u. 22) steil ansteigen.

Hierzu ist noch ergänzend zu bemerken, daß die Kapillarkondensation nicht nur an den Oberflächen der „Manschetten", sondern auch an den konkaven Oberflächen der Bodenpartikel vor sich gehen kann.

Es fragt sich, bei welcher Größe von $\frac{P}{P_0}$ die Kapillarkondensation meßbar wird. Wie bereits erwähnt, beginnt dieser Prozeß wahrscheinlich bei $\frac{P}{P_0}$ = etwa

40%, wie auch die folgenden Versuche KURONS zeigen. Unter absolut gleichen Verhältnissen wurde gleichzeitig die Sorption von Wasserdampf durch getrockneten Ton Ca-Ton und durch den gleichen Ton, vermischt mit völlig trockener Soda, untersucht. Die Messungen zeigten, daß sich bei $\frac{P}{P_0} = 18{,}3$, $28{,}6$ und $38{,}0\%$ die Sorptionskurven für Ton und für das Ton–Soda-Gemisch nahezu überlagerten. Bei $\frac{P}{P_0} = 58{,}3\%$ änderte sich jedoch das Bild. Anfänglich war bei dieser relativen Luftfeuchtigkeit die Sorption durch das Ton–Soda-Gemisch nach wie vor im Vergleich zum reinen Ton nur leicht erhöht; als sich jedoch der Prozeß seinem Ende näherte, ging die vom Ca-Ton–Soda-Gemisch sorbierte Wassermenge im Vergleich zur Hygroskopizität des reinen Tons unwesentlich zurück. KURON erklärt das damit, daß der mit Natrium gesättigte Ton weniger Wasser adsorbiere als der mit Calcium gesättigte[1]. Bei $\frac{P}{P_0} = 58{,}3\%$ tritt infolge der Kapillarkondensation eine gewisse Menge flüssigen Wassers auf, das die Soda lösen kann. Dadurch wird eine Austauschreaktion zwischen dem mit Calcium gesättigten Ton und der Soda möglich. Ein Teil des austauschbaren Calciums wird durch Natrium ersetzt, und die Sorptionsfähigkeit des Tones herabgesetzt. Daraus schließt KURON, daß zwischen 40 und 60% die Grenze für die Veränderlichkeit der Eigenschaften des sorbierten Wassers liegt; unterhalb dieser Grenze soll das Wasser fest gebunden sein, während oberhalb von 40% das hygroskopische Wasser labil ist, so daß es Salze lösen kann.

Der Versuch KURONS zeigt also, daß der Beginn der Kapillarkondensation in der relativen Luftfeuchte von 40 bis 60% liegt.

Wie unsere Bearbeitung des umfangreichen Materials von KURON ergibt, gehorcht die Sorption dann nicht mehr der Gleichung SPERANSKIS, wenn der Grenzwert im Durchschnitt 81% beträgt. Zusammenfassend kann man deshalb annehmen, daß die Kapillarkondensation bei $\frac{P}{P_0} = 0{,}40$ beginnt und erst dann erheblich wird, wenn die relative Luftfeuchte einen Wert von 0,80 erreicht.

THOMAS (1928) fand, daß Gefrieren des Bodens den Sorptionsprozeß herabsetzt, aber Verreiben mit Wasser dagegen erhöht. Da diese Wirkung erst bei $\frac{P}{P_0} = 0{,}85$ und darüber eintritt, muß man nach THOMAS annehmen, daß die genannte Vorbehandlung nicht auf die Oberfläche der Partikel eingewirkt hat, sondern nur auf die Struktur der Packung und damit aber auch auf die Kapillarkondensation. Der Wert, den THOMAS angibt kommt dem von uns ermittelten sehr nahe.

Die Arbeiten von PURI, CROWTHER und KEEN (1925) enthalten Angaben über die Wasserdampfsorption durch verschiedene Fraktionen ein und desselben Bodens, eines „groben Tonuntergrundes aus Hoos“.

Wir überprüften diese Angaben dadurch, daß wir für jeden Wert von $\frac{P}{P_0}$ die Sorptionsgröße durch die Fraktion 0,04 bis 0,01 mm mit 100 ansetzten und die

[1]) Das gilt nur für kleine Dampfdrucke (Anm. d. Herausgebers)

Sorptionswerte der übrigen Fraktionen prozentual auf diese bezogen. Die Ergebnisse sind in Tab. 14 enthalten.

TABELLE 14

Die relativen Sorptionswerte der verschiedenen Fraktionen ein und desselben Bodens, ausgedrückt in Prozenten der Sorptionsgröße der Fraktion von 0,04 bis 0,01 mm, nach den Angaben von PURI, CROWTHER und KEEN (1925) errechnet

$\frac{P}{P_0}$	Korngröße in mm				Boden insgesamt
	0,04—0,01	0,01—0,005	0,005—0,002	0,002	
0,882	100	188	220	343	164
0,693	100	193	223	374	181
0,406	100	193	222	380	170
0,191	100	188	216	374	168
0,098	100	184	216	374	170
0,016	100	173	203	370	178
im Mittel	100	188	217	369	172

Die relative Sorptionsgröße ist bei allen $\frac{P}{P_0}$-Werten für alle Fraktionen praktisch gleich; das geht offenbar auf den homogenen Sorptionsprozeß sowie auf gleiche mengenmäßige Abhängigkeit der Sorption von $\frac{P}{P_0}$ zurück. Man kann deshalb mit ziemlicher Sicherheit daraus den Schluß ziehen, daß die Erscheinungen der Kapillarkondensation bei $\frac{P}{P_0} < 0{,}882$ keine wesentliche Bedeutung haben. Somit ist auch hier der Grenzwert von $\frac{P}{P_0}$ etwa der gleiche, den wir aus den Messungen von KURON bestimmten und den auch THOMAS angegeben hat.

SHURAWEL (1939), der die Quellung verschiedener Proben bei der Sorption von Wasserdampf untersuchte, kam zu einer etwas anderen Schlußfolgerung. Dieser Forscher ging davon aus, daß Quellung oft bei Werten von $\frac{P}{P_0} = 50\%$ eintritt, und äußerte die Ansicht, daß auch die Kapillarkondensation bei diesem Wert begönne.

Bei der Besprechung der Kapillarkondensation erhebt sich die weitere Frage: Bis zu welchem Feuchtigkeitsgehalt der Bodenluft oder bis zu welchem Feuchtigkeitsgehalt des Bodens selbst setzt sich dieser Prozeß fort?

Um diese Frage zu beantworten, müssen wir wieder auf das uns bereits bekannte Modell, auf den „Idealboden", zurückgreifen. Dabei gehen wir davon aus, daß die Partikel dieses Systems nicht locker, sondern dicht gelagert sind.

Die „Wassermanschetten", die sich um die Berührungspunkte der Partikel bilden, haben eine negative Krümmung von $\frac{1}{r} = \frac{1}{r_1} - \frac{1}{r_2}$ (s. Abb. 17).

Im Anfangsstadium ist r_2 der sich bildenden „Wassermanschette" kleiner als r_1, folglich $\frac{1}{r_2} > \frac{1}{r_1}$ und $\frac{1}{r} < 0$, also ist die Krümmung der „Manschette" negativ.

Bei Vergrößerung der Filme an den Berührungsstellen von drei Partikeln fließen ihre Ränder zusammen. Dann ist die Oberflächenkrümmung $\frac{1}{r}$ in diesem Augenblick gleich $\frac{1}{R}\left(\frac{1}{0{,}423} - \frac{1}{0{,}155}\right) = 4{,}1\,\frac{1}{R}$ ist, bleibt also negativ und ist zu weiterer Kapillarkondensation fähig. Mit ansteigendem Wassergehalt werden sich die Poren, die zwischen den Kugeln liegen, mit Wasser füllen. Auch diese Menisken werden eine negative Krümmung aufweisen. Deshalb muß der Wasserdampf der Bodenluft über der konkaven Wasseroberfläche bei gleicher Temperatur eine geringere Tension haben als über einer ebenen Oberfläche. Das wird solange andauern bis der Boden völlig mit Wasser gesättigt ist. Bis zu diesem Augenblick wird wahrscheinlich auch der Prozeß der Kapillarkondensation anhalten. Wenn der Feuchtigkeitsgehalt die volle Wasserkapazität erreicht hat, verschwinden im Boden die konkaven Menisken, und die Kapillarkondensation hört auf. Deshalb darf man nach FOSTER auch die Sorption des Bodens nicht bei einer relativen Feuchtigkeit von 100% durchführen $\left(\frac{P}{P_0} = 1\right)$.

TABELLE 15

Sorptionsverlauf des Wasserdampfes durch Boden aus Hoos, über reinem Wasser nach PURI (1925)

Zeit nach Beginn des Versuchs in Tagen	Sorption von Wasser in Prozenten zum trockenen Boden bei einer Temperatur von			
	15°	20,2°	25,0°	29,7°
0	4,19	3,03	4,74	3,35
1	6,80	7,46	7,80	7,89
2	7,80	8,57	8,74	8,84
4	8,99	9,38	9,70	9,76
6	9,76	9,87	10,17	10,18
8	10,16	10,19	10,48	10,36
10	10,57	10,50	10,69	10,50
12	10,90	10,77	10,81	10,60
14	11,12	10,83	11,02	—
16	11,40	—	—	—
18	11,58	—	—	—
20	11,72	—	—	—
22	11,89	—	—	—
24	12,05	—	—	—

Tatsächlich bemerkte PURI 1925, als er den „Hygroskopischen Koeffizienten" untersuchte, daß der feuchte Boden „praktisch unbegrenzt" Wasser aufnehmen kann. Der bereits 1859 von HILGARD vorgeschlagene „Hygroskopische

Koeffizient“, der tatsächlich die Maximale Hygroskopizität des Bodens darstellt, wurde in einem mit Wasserdampf gesättigten Raum über reinem Wasser bestimmt. Tab. 15 zeigt, daß selbst nach 24 Tagen das Gleichgewicht noch nicht eingetreten war. PURI führt das sowohl auf Kapillarkondensation als auch auf den Einfluß der Elektrolyte des Bodens zurück, durch den die Tension des Wasserdampfes verringert wird.

Somit setzt sich die Maximale Hygroskopizität aus zwei Anteilen zusammen: aus dem festgebundenen hygroskopischen Wasser und dem kapillarkondensierten, das labil gebunden ist. Der Prozeß der Kapillarkondensation ist auch dann nicht abgeschlossen, wenn die maximale Hy erreicht ist. Deshalb ist die Hy nur eine relative Größe. Ferner wird die Hy von der Vorbehandlung des Bodens stark beeinflußt, wie KATSCHINSKI 1930 gezeigt hat. Die bei einer Temperatur von 100 bis 105° getrockneten Bodenproben wiesen eine kleinere Hy auf als die lufttrockenen.

Podsol	Maximale Hygroskopizität	
	Lufttrockene Proben	Proben, die bei 100 bis 105° getrocknet wurden
A — Ackerkrume	6,2	3,0
B_2 — zweiter verdichteter	9,0	6,8
B_3 — dritter verdichteter	6,7	5,8
A_2 — mit Ortstein	3,7	2,8
A_2 — ohne Ortstein	2,2	1,7
Ortstein	7,7	6,6

In neuerer Zeit wurde diese Frage genauer von FRANZESSON (1947) untersucht. Als er die Hy von zwei Horizonten eines schwach solonezartigen tonigen Tschernosjem bei verschiedenen Austrocknungsgraden bestimmte, fand er folgende Werte:

	Maximale Hygroskopizität	
	Horizont 0 bis 20 cm	Horizont 20 bis 30 cm
Im feuchten Boden	13,42	16,68
Im lufttrockenen Boden	12,12	14,44
Desgl. nach 90 Tagen	11,87	13,66
Desgl., anschließend bei 45° getrocknet	11,78	13,41
Bei 105° getrocknet	—	12,56

Somit verringert sich die Maximale Hygroskopizität mit Austrocknen des Bodens, weil beim Trocknen die Struktur der Partikel verändert wird.

5. Die Natur der Hygroskopizität des Bodens

Zusammenfassend kann behauptet werden, daß die Sorption vornehmlich auf physikalischen Vorgängen beruht, also verhältnismäßig wenig von der Natur der Ionen und deren Anordnung abhängt, die die Oberflächenschicht der Bodenpartikel bilden. Diese Faktoren wirken wahrscheinlich nur bei der Sorption der ersten molekularen Wasserhaut mit. Der weitere Verlauf der Sorption hängt hauptsächlich von der Oberflächengröße ab. Dieser Standpunkt wird durch folgende Tatsachen erhärtet.

In der von uns bereits zitierten Arbeit hat KURON (1932) festgestellt, daß auch die Sorption von Kohlensäure der Gleichung von FREUNDLICH gehorcht. Die relativen Sorptionswerte von H_2O und CO_2 stimmen in dem Bereich, in dem die Sorption der FREUNDLICHschen Gleichung gehorcht, fast überein; folglich können diese Werte in erster Linie nur von der Oberflächengröße abhängen.

BOUYOUCOS (1936) untersuchte die Frage nach der Natur der Wassersorption, indem er in Mineral- und Torfböden den Gehalt an hygroskopischem Wasser bestimmte. Zu diesem Zweck wendete er auch die Methode der Bodentrocknung durch Ausziehen mit Alkohol an. Für Mineralböden erbrachten beide Methoden annähernd gleiche Werte, womit nach BOUYOUCOS der Beweis für die physikalische Natur der Wasseraufnahme erbracht ist. Gleichzeitig lieferte aber die Trocknung bedeutend höhere Werte (die Differenz betrug bis zu 50%) bei Torf und Stallmist als die Alkoholmethode; woraus folgt, daß bei der Trocknung die organischen Substanzen zerstört und teilweise flüchtig werden. Beim Versuch, die gleichen Methoden zur Bestimmung des Kristallisationswassers im Kupfersulfat anzuwenden, stellte es sich heraus, daß durch Alkohol das Kristallisationswasser nicht entzogen werden kann.

Es ist aufschlußreich, den Untersuchungen von BOUYOUCOS die Arbeiten von MOSGOWOI und TRETJAKOW (1935) gegenüberzustellen. Diese Autoren, die mit „gewöhnlichem“ und „tiefgründigem“ Tschernosjom (leider wird keine genauere Beschreibung der Böden gegeben) arbeiteten und neben der Hydratationswärme auch die Menge des sorbierten Wassers untersuchten, sind der Meinung, daß bei der Hydratation von Kolloiden Verbindungen entstehen, die den Kristallhydraten ähnlich sind. Diese Vermutungen begründen die Verfasser damit, daß eine bestimmte Hydratationswärme sowohl bei Böden als auch bei einigen anderen hydrophilen Kolloiden der Wärmetönung von Kristallhydraten sehr nahe kommt, wie Tab. 16 zeigt.

Ferner stellen die Autoren fest, daß „Äthylalkohol das Hydratwasser der Kolloide, das mit ihnen durch große Energie verbunden ist, nicht ablösen kann, weil die Bindung von Wasser an Alkohol (ungeachtet ihres rein chemischen Charakters) mit geringerer Energie — mit nur 250 g Kalorien je Mol Wasser — vor sich geht“.

Diese Begründung ist nicht ganz klar; sie beruht wohl nur auf der Gleichheit der Wärmetönung.

Die dargestellten Kurven lassen keinen Zweifel darüber, daß wasserfreier Alkohol diesen Kolloiden das Wasser völlig entzieht. Uns erscheint deshalb die Behauptung, daß Alkohol diesen Kolloiden kein Wasser entziehen könne, unwichtig. Zugleich kann auch die andere Behauptung — die allerdings nicht in bestimmter Form vorgetragen wird —, daß die Hydratation der Kolloide der Bildung von Kristallhydraten entspräche, als nicht begründet angesehen werden. Gerade die von BOUYOUCOS beobachtete dehydratisierende Wirkung des Alkohols auf die Bodenkolloide und ihr Ausbleiben bei der Behandlung der Kristallhydrate beweisen, daß diese beiden Erscheinungen nicht identisch sind, obgleich sie energetisch annähernd gleiche Werte liefern.

TABELLE 16

Wärmetönung der Hydratation von Kolloiden und Kristallhydraten nach MOSGOWOI und TRETJAKOW (1935)

Substanz	Hydratationswärme in g Kalorien je Mol gebundenes Wasser
Boden	2200
Torf	3200
Silikagel	2300
Stärke	2200
Agar-agar	2200
$CuSO_4 \cdot 5\,H_2O$	3710
$CaSO_4 \cdot 2\,H_2O$	2336
$Na_2CO_3 \cdot 10\,H_2O$	2175

Für eine vornehmlich physikalische Natur der Wasseraufnahme spricht auch die gefundene Hygroskopizität der verschiedenen Korngrößen, die wir aus Angaben von PURI, CROWTHER und KEEN berechnet haben (vgl. Tab. 14).

Bekanntlich unterscheiden sich die Korngrößen in ihrer mineralogischen Zusammensetzung. Während die Fraktionen unter 0,002 mm hauptsächlich sekundäre Aluminiumsilikate enthalten, setzen sich die Fraktionen von 0,04 bis 0,01 mm fast ausschließlich aus primären Mineralien zusammen. Die Gleichheit der relativen Sorptionswerte bei verschiedenem $\frac{P}{P_0}$ läßt die Annahme zu, daß die Sorptionserscheinungen einheitlicher Natur sind. Diese Einheitlichkeit liegt bei unterschiedlichem Aufbau des Kristallgitters nur dann vor, wenn die Sorption vornehmlich physikalischer Natur ist.

Einen etwas anderen Standpunkt nehmen KELLEY, JENNY und BROWN (1936) ein. Sind in den Bodenmineralien Oberflächen von Si–O–Si vorhanden, wie z. B. in den Bentoniten, so wird nach ihren Untersuchungen das Sorptionswasser überwiegend bei Temperaturen unter 150° abgegeben. Dieses Wasser bezeichnen die Verfasser als „Flächenwasser". Bestehen jedoch die Mineralteilchen aus

Tetraedern von Silicium oder Aluminiumoxyd, wie z. B. Quarz, Feldspat, so geht die Wasserabgabe in einem Temperaturintervall bis zu 400° ziemlich schnell vor sich.

Dieses Wasser wird von den Autoren als Wasser der „aufgebrochenen Bindung" bezeichnet, weil es von Ionen gebunden wird, die durch Bruch der Elementarteilchen zur Wirkung kommen. Die geschichteten Mineralien, z. B. im Montmorillonit, enthalten dieses Wasser nur in den seitlichen Ecken der Lamellen, deren Oberfläche parallel zur Nahtstelle verläuft und sehr gering ist. Nach KELLEY, JENNY und BROWN überwiegt deshalb das „Flächenwasser".

Die gleichen Autoren untersuchten auch die zwischen dem Sorptionswasser und der Austauschkapazität bestehende Beziehung, wobei alle Kolloide mit Calcium gesättigt wurden. Die sorbierte Wassermenge bestimmte man bei $\frac{P}{P_0} = 0{,}5$, um Kapillarkondensation zu vermeiden.

Wie aus den Ergebnissen in Tab. 17 ersichtlich ist, erwies sich die Zahl der H_2O-Moleküle je Austauschkapazität bei allen untersuchten Kolloiden als nahezu konstant; sie schwankte zwischen 7,5 und 9,7.

Leider geben die Verfasser die chemische und mineralogische Zusammensetzung der Kolloide nicht an, so daß man keine Schlüsse ziehen kann, inwieweit sich diese Zusammensetzung auf die sorbierte Wassermenge auswirkt. Allerdings spricht die Konstanz des Quotienten:

$$\frac{\text{sorbierte Wassermenge}}{\text{Austauschkapazität}}$$

eher dafür, daß die Natur der verschiedenen Kolloide keinen merklichen Einfluß auf die Hygroskopizität ausübt. Aber wir werden noch sehen, daß diese Schlußfolgerung nicht zutrifft.

Es ist interessant, daß auch andere Autoren ähnliche Quotienten berechnet haben.

Da der hygroskopische Wassergehalt lufttrockener Proben etwa der Wassermenge gleichkommt, die bei $\frac{P}{P_0} = 0{,}5$ sorbiert wird, so können die Angaben ALJOSCHINS mit den in Tab. 17 angeführten verglichen werden. Das Ergebnis der Untersuchung ALJOSCHINS ist in Tab. 18 enthalten.

Die von ALJOSCHIN mitgeteilten Quotienten schwanken zwischen 6,2 und 8,2 wenn man die erste und letzte Probe ausscheidet. Sie kommen also den von KELLY, JENNY und BROWN mitgeteilten Werten sehr nahe. Hierbei ist zu beachten, daß alle Böden (außer dem ersten und letzten) hauptsächlich mit Calcium gesättigt waren. Was die erste und letzte Probe betrifft, so müssen hier Zweifel an der Genauigkeit der Bestimmung der Austauschkapazität geäußert werden. Letztere wurden nach der Methode von BOBKO und ASKINASI ermittelt, nach der in ungesättigten Böden, wie Podsol und Roterde, leicht zu kleine Werte erhalten werden. Man darf jedoch nicht übersehen, daß in diesen beiden Böden ein anderer Quotient durchaus möglich ist.

TABELLE 17

Quotient aus sorbierter Wassermenge und der Austauschkapazität nach JENNY, KELLY und BROWN 1936)

Kolloidanteil von Böden aus	Austausch-kapazität in Millival je 100 g Boden	Bei $\frac{P}{P_0} = 0{,}5$ sorbierte Wassermenge und Verlust bei 150° in Gewichtsprozent	Desgl. in Millimol je 100 g Boden	Verhältnis der sorbierten Wassermenge in Millimol zur Austauschkapazität in Millival
Cecil	17	2,66	148	8,7
Sierra	19	2,89	161	8,4
Redding	35	5,38	299	8,5
Sedding	31	5,01	278	9,0
Rt. Joakin	27	3,91	217	8,1
Plazentia	25	3,92	218	8,7
Aiolo	67	8,98	499	7,5
Aiolo	56	7,91	439	7,8
Susquehanna: A	30	4,73	263	8,8
B	38	6,68	371	9,7
C	60	7,84	436	7,3
D	62	9,18	510	8,2
E	95	14,18	782	8,3

TABELLE 18

Quotient aus dem hygroskopischen Wasser lufttrockener Bodenproben und ihrer Austauschkapazität nach ALJOSCHIN (1936)

Bodentyp	Austausch-kapazität in Milli-äquivalent je 100 g Boden	Gehalt an hygroskop. Wasser in Prozent zum Gew. des trockenen Bodens	Desgl. in Millimol je 100 g trockenen Bodens	Quotient aus hygr. Wasser und Austausch-kapazität
Mittelpodsolierter Boden	8,32	1,90	105	12,6
Grauer Waldboden	21,02	2,68	149	7,1
Dunkelbrauner Boden	29,59	3,29	183	6,2
Degradierter Tschernosjom	38,58	5,34	296	7,7
Ausgelaugter Tschernosjom	38,33	5,04	280	7,3
Ausgelaugter Tschernosjom	48,87	6,59	366	7,5
Tiefgründiger Tschernosjom	45,55	6,22	346	7,6
Tiefgründiger Tschernosjom	51,81	7,12	395	7,6
Gewöhnlicher Tschernosjom	54,41	7,17	398	7,3
Südlicher Tschernosjom	33,44	4,61	256	7,6
Kastanienfarbiger Boden	22,76	3,25	181	8,0
Tschernosjom aus Kuban	33,46	4,81	287	8,0
Tschernosjom aus Asow	36,95	5,45	303	8,2
Roterde	12,0	5,73	318	26,5

In einer weiteren Arbeit behauptet ALJOSCHIN 1939, daß die Hygroskopizität von mit Ca gesättigten Böden und ihre Austauschkapazität durch die Formel

$$Hy = 7{,}3\ T$$

ausgedrückt werden kann, in der Hy die Hygroskopizität, ausgedrückt in Millimol Wasser je 100 g Boden, und T die Austauschkapazität in Millival je 100 g Boden ist.

ALJOSCHIN schlägt sogar vor, nach dieser Formel die Austauschkapazität von gesättigten Böden aus ihrer Hygroskopizität zu berechnen.

Auch KÜHN hat 1932 ähnliche Werte veröffentlicht (vgl. Tab. 19).

TABELLE 19

Das Verhältnis des hygroskopischen Wassergehaltes lufttrockener Bodenproben zur Austauschkapazität nach KÜHN (1932)

Lfd. Nr. der Bodenprobe	Summe der austauschbaren Millival	Gehalt an hygroskop. Wasser in Gewicht-%	Desgl. in Millimol je 100 g Boden	Hygr. Wassergehalt und Austauschkapazität
1	21,01	2,61	145	7,0
2	46,26	6,27	348	7,5
3	20,93	2,34	130	6,2
4	11,16	1,24	69	6,2
5	9,77	1,07	59	6,1
6	12,56	1,36	76	6,0
7	7,47	0,85	47	6,3
8	20,36	2,66	148	7,3
9	30,40	3,80	211	6,9
10	62,41	6,44	358	5,7
11	23,50	3,32	184	7,8
12	11,96	1,25	69	5,8
13	10,52	1,11	62	5,9
14	11,56	1,35	75	6,5
15	11,00	1,57	87	7,9
16	5,15	0,57	32	6,1

Bei KÜHN liegt dieses Verhältnis zwischen 5,7 und 7,9. Die Böden, mit denen er arbeitete, waren ebenfalls mit Ca gesättigt; viele enthielten (mit 3 Ausnahmen) kohlensauren Kalk und kleine Mengen (bis zu 0,4%) leicht löslicher Salze.

Zusammengefaßt beträgt bei 50%iger Luftfeuchte das Verhältnis von Hygroskopizität zur Austauschkapazität:

nach KELLEY, JENNY und BROWN	7,3—9,7
nach ALJOSCHIN	6,2—8,2
nach KÜHN	5,9—7,9.

Obwohl die berechneten Werte nicht sehr stark voneinander abweichen, darf man diese quantitative Beziehung nicht als allgemeingültig betrachten. In den Tab. 20, 21, 22 und 23 bringen wir weiteres Zahlenmaterial aus Untersuchungen verschiedener Bodentypen, insbesondere Maximale Hygroskopizität in Millimol zur Austauschkapazität in Millival und Hygroskopizität in Millimol zur Austauschkapazität in Millival. Auch nach diesen Zahlen bewegt sich insbesondere der zweite Quotient in den von KELLER, JENNY und BROWN, ALJOSCHIN und KÜHN ermittelten Grenzen.

Das bezieht sich sogar auf die Waldstreu (Tab. 20, Horizont A_0). In manchen Fällen sind auch Abweichungen festzustellen, z. B. in der 60 bis 120 cm Schicht eines dunkelgrauen Bodens (Tab. 21), mit dem Quotienten 12, umgekehrt ist im Tschermosjom (Tab. 12) dieser Quotient erheblich kleiner. Abweichungen werden vor allem deshalb leicht eintreten, weil die Proben bei unterschiedlicher relativer Luftfeuchtigkeit aufbewahrt wurden. Die Bestimmung der Maximalen

TABELLE 20

Humusgehalt, Austauschkapazität, hygroskopischer Wassergehalt und Maximale Hygroskopizität eines mittelpodsolierten Bodens auf Geschiebelehm unter Fichten. Einschlag Nr. 7 von ABRAMOWA (Analyse von RASCHEWSKI)

Horizont	Tiefe in cm	Humusgehalt in Gew.-%	Austauschkap. in Milliäquivalenten	Hygr. Wassergehalt		Maximale Hygr.		Quotient aus	
				in %	in Milli-Mol	in %	in Milli-Mol	Hygr. u. Austauschkap.	Max. Hygr. u. Austauschkap.
A_0	0—2	55,88	53,42	6,71	373	—	—	7,0	—
A_0A_1	2—4	30,54	44,7	5,76	320	—	—	7,2	—
A_1A_2	4—9	3,30	9,9	1,31	73	3,60	200	7,4	20,2
	9—15	1,80	7,6	1,39	77	3,06	170	10,1	22,4
A_2	15—25	0,61	6,7	0,76	41	2,31	128	6,1	19,2
A_2B	25—35	0,30	9,4	1,25	69	3,72	207	7,3	22,0
	35—40	0,49	17,0	2,65	147	7,24	413	8,6	24,3
	40—50	0,30	19,3	2,25	125	7,81	434	6,5	22,5
	50—60	0,34	20,0	3,20	178	8,09	449	8,9	22,4
	60—70	0,27	21,8	3,39	188	8,40	467	8,6	21,4
	70—80	0,34	21,9	3,59	200	—	—	9,1	—
C	80—90	0,26	21,8	3,43	191	—	—	8,8	—
	90—100	0,38	22,4	3,28	182	—	—	8,1	—
	100—110	0,28	24,0	2,85	158	9,06	503	6,6	21,0
	110—120	0,26	23,4	3,62	201	—	—	8,6	—
	120—130	0,30	23,3	3,72	207	8,91	495	8,9	21,3
	130—140	0,34	23,6	3,74	208	—	—	8,8	—
	140—150	0,30	33,7	3,13	174	—	—	7,3	—
	150—160	0,27	24,4	2,47	137	8,38	465	5,6	19,1
	160—170	0,30	24,5	4,11	228	—	—	9,3	—
	170—180	0,29	22,4	3,03	168	—	—	7,5	—
	180—190	0,34	24,8	3,21	178	—	—	7,2	—
	190—200	0,40	25,5	4,02	223	8,45	469	8,7	18,4

Anmerkung. Die Austauschkapazität wurde nach der Methode von BOBKOASKINASI bestimmt.

Hygroskopizität muß selbstverständlich stets bei gleicher relativer Spannung des Wasserdampfes erfolgen.

Der Vorschlag ALJOSCHINS, die Austauschkapazität in den basengesättigten Böden aus der Maximalen Hygroskopizität zu berechnen, ist nicht annehmbar, weil die verschiedenen Bodentypen, vielleicht auch die einzelnen genetischen Horizonte des gleichen Bodens in dieser Hinsicht nicht vergleichbar sind.

TABELLE 21

Humusgehalt, Austauschkapazität, hygroskopischer Wassergehalt und Maximale Hygroskopizität in einem dunkelgrauen Waldboden unter Eichen. Einschlag Nr. 16 von AFANASJEWA (Analyse von RASCHEWSKI)

Tiefe in cm	Humusgehalt in Gew.-%	Austauschkap. in Milliäquivalenten	Gehalt an hygr. Wasser		Maximale Hygr.		Quotient aus	
			in %	in Milli-Mol	in %	in Milli-Mol	Hygr. und Austauschkap.	Maximale Hygr. u. Austauschkap.
0—10	6,52	28,2	2,70	150	7,00	389	5,3	13,8
10—20	3,05	20,4	1,99	111	4,70	261	5,4	12,8
20—30	1,99	18,5	2,02	112	4,95	275	6,1	14,9
30—40	1,78	21,8	2,51	140	6,28	349	6,4	16,0
40—50	1,48	22,8	2,54	141	6,53	363	6,2	15,9
50—60	0,93	20,1	2,81	156	6,68	371	7,8	18,4
60—70	0,61	18,0	3,61	201	6,64	368	11,2	20,5
70—80	0,52	18,0	3,55	198	6,92	383	11,0	21,3
80—90	0,47	18,9	3,27	182	6,39	356	9,6	18,8
90—100	0,37	19,65	4,26	236	7,43	413	12,0	21,0
100—110	0,39	24,4	5,11	284	8,41	467	11,6	19,2
110—120	0,48	26,9	5,28	294	8,44	469	10,9	17,4
120—130	0,48	23,5	3,15	175	9,66	537	7.5	22,8
130—140	0,59	25,1	2,95	165	9,54	529	6,6	21,0
140—150	0,53	26,3	3,44	191	9,11	506	7,3	19,3
150—160	0,48	23,9	3,15	175	8,87	4,93	7,3	20,6
160—170	0,52	24,7	2,97	165	8,98	499	6,7	20,2
170—180	0,48	24,7	3,11	173	8,98	499	7,0	20,2
180—190	0,52	26,1	3,68	204	9,88	548	7,8	21,0
190—200	0,54	27,8	3,79	211	9,77	543	7,6	19,5
200—210	0,61	26,3	3,74	208	—	—	7,9	—
210—220	0,60	26,2	3,68	204	9,77	543	7,8	20,7
220—230	0,67	26,9	3,64	202	—	—	7,5	—
230—240	0,54	25,8	4,38	244	10,14	562	9,6	21,8
240—250	0,51	28,8	4,06	226	—	—	7,8	—
250—260	0,39	29,6	4,24	236	10,93	607	8,0	20,5
260—270	0,38	28,4	4,52	252	—	—	8,9	—
270—280	0,41	27,7	4,22	234	11,29	627	8,4	22,6
280—290	0,33	28,5	4,00	222	—	—	7,4	—
290—300	0,29	27,7	3,83	213	10,82	601	7,7	21,7
300—310	0,24	28,5	3,76	209	10,82	601	7,3	21,1

Anmerkung. Die Austauschkapazität wurde nach der Methode von BOBKOASKINASI bestimmt.

TABELLE 22

Humusgehalt, Ausstauschkapazität, hygroskopischer Wassergehalt, Maximale Hygroskopizität in tiefgründiger Schwarzerde unter Steppe (Einschlag Nr. 2 von AFANASJEWA)

Tiefe in cm	Humusgehalt in Proz.	Austauschkap. in Milliäquivalenten	Gehalt an Hygr. Wasser		Maximale Hygr.		Quotient aus	
			in %	in Milli-Mol	in %	in Milli-Mol	Hygr. u. Austauschkap.	Max. Hygr. u. Austauschkap.
0—10	10,8	39,5	3,68	204	10,6	598	5,2	14,9
10—20	7,7	34,2	3,31	184	9,8	545	5,4	15,9
20—30	7,0	32,5	3,53	196	9,3	517	6,0	15,9
30—40	6,2	34,5	3,86	214	9,3	517	6,2	15,0
40—50	5,4	32,7	3,85	214	9,2	511	6,5	15,6
50—60	4,7	33,9	3,84	213	8,9	495	6,3	14,6
60—70	3,6	32,5	3,69	205	7,9	439	6,3	13,5
70—80	2,4	32,1	3,34	185	8,0	445	5,8	13,8
80—90	2,3	27,0	3,24	180	7,9	439	6,7	16,3
90—100	2,3	29,2	3,38	188	7,5	417	6,4	14,3

Anmerkung. Die Austauschkapazität wurde aus der Summe von austauschfähigem Calcium und Magnesium berechnet.

Wir kommen nun zu den besonderen Auffassungen, die von deutschen Forschern, z. B. KÜHN, JANERT, VAGELER, ALTEN und KURMIES vorgetragen worden sind.

Am entschiedensten hat KÜHN seinen Standpunkt in seiner bereits zitierten Arbeit (1932) vertreten; er behauptet, daß die kolloiden Teilchen an und für sich völlig trocken und nur die Austauschkationen hydratisiert sind. Böden ohne austauschbare Kationen könnten demnach auch keine Hygroskopizität mehr zeigen. Nach der Meinung KÜHNS wird also das sorbierte Wasser nicht von den Oberflächenkräften der Partikel gebunden, sondern allein von den austauschbaren Kationen im Verlauf ihrer Hydratation.

KÜHN geht von den Hydratationswerten von REMY aus und kommt zu folgenden Verhältniszahlen aus Austauschkapazität und hygroskopischer Feuchtigkeit:

Ca	11,1
Mg	8,3
K	13,9
Na	6,7.

Diese Zahlen, auf den Quotienten

$$\frac{\text{Millimole des hygroskopischen Wassers}}{\text{1 Millival Austauschkation}}$$

umgerechnet, ergeben für

Ca	5,0
Mg	6,7
K	4,0
Na	8,3.

TABELLE 23

Austauschkapazität, Maximale Hygroskopizität und Quotient aus diesen Werten in den Grauerden der UdSSR (nach Angaben von GORBUNOW, 1942)

Nr. der Schürfung	Tiefe der entnommenen Probe cm	Austauschkap. in Milliäquivalenten	Maximale Hygr.		Quotient aus Maximaler Hygroskopizität u. Austauschkapazität
			in %	in Milli-Mol	
			Helle Grauerde		
1	0—9	10,4	4,33	241	23,2
	10—20	6,4	3,61	201	31,4
	35—45	6,3	3,34	184	29,2
	70—80	6,5	3,53	196	30,2
	100—110	8,5	3,95	220	25,9
			Typische Grauerde		
4	0—3	14,1	5,20	289	20,5
	5—15	9,1	5,06	282	31,1
	20—30	9,3	4,62	257	27,6
	50—60	8,3	5,08	283	34,1
	80—90	7,9	4,80	267	33,8
	160—170	8,4	4,36	242	28,8
			Dunkle Grauerde		
6	3—13	12,6	5,70	317	25,2
	25—35	10,5	5,55	309	29,4
	60—70	10,3	5,40	300	29,1
	110—120	11,2	5,07	282	25,1
			Ausgelaugte Grauerde		
7	0—5	15,4	6,86	382	24,8
	8—18	14,7	6,38	355	24,2
	25—35	11,5	7,31	407	35,4
	55—65	10,6	6,02	335	31,6
	150—160	10,1	6,02	335	33,2

Demnach müßte ein Boden, der mit Natrium gesättigt ist, eine viel höhere Hygroskopizität haben als ein mit Calcium gesättigter. Inwieweit das den Tatsachen entspricht, werden wir später sehen.

Die zuletzt angeführten Zahlen stehen jedoch im Widerspruch zu den von ALJOSCHIN ermittelten Quotienten; für Böden, die mit Calcium und Magnesium gesättigt waren, erhielt er einen Durchschnitt von 7,5, während KELLEY, JENNY und BROWN 8,4 ermittelten.

BEHRENS (1935) kritisierte KÜHN und bemerkte dazu, daß die Übereinstimmung der errechneten und gefundenen Werte der Maximalen Hygroskopizität die angeblich die Richtigkeit des KÜHNschen Standpunktes beweisen soll, eine rein zufällige sei. Das sei darauf zurückzuführen, daß KÜHN nicht von der Maximalen Hygroskopizität, sondern vom Gehalt an hygroskopischem Wasser im lufttrockenen Boden ausgehe.

Ähnliche Ansichten wie KÜHN äußert VAGELER: „Die am festen Partikelchen zur Verfügung stehenden Kräfte sind endlich. Sie werden bei polarer Sorption, die im Boden überwiegt, durch die Gegenionen, und zwar durch die Kationen,[1] in Anspruch genommen, können also nicht außerdem noch Wassermoleküle in nähere Bindung zum festen Teilchen heranziehen. Eine direkte Wasseranlagerung kommt demnach nur für die Massenpunkte der Gitternetzebene oder, in alter Ausdrucksweise, für die eigentliche Phasengrenzfläche oder Oberfläche in Frage. Sie muß jedoch bei den geringen dort zur Verfügung stehenden Kräften äußerst geringfügig sein. Wohl aber müssen die den Ionenschwarm bildenden Kationen mit ihrer meist sehr großen Hydratationswärme (s. o.), wenn ein Kolloidsalz, also ein Bodenpartikelchen, ins Wasser kommt, sofort ihr Hydratationswasser anlagern, soweit es ihre nach Absättigung der Teilchenladung noch freien Restkräfte gestatten. Dieser Vorgang muß mit ganz besonderer Energie aus Wasserdampf, der ein mehrfach höheres Dipolmoment als das Wasser in flüssiger Phase besitzt, vor sich gehen (s. Tab. S. 29).

Diese Verdichtung von Wassermolekülen aus Wasserdampf nennt man gewöhnlich seine „Hygroskopizität". MITSCHERLICH und andere nehmen an, daß sie ein Maß der Oberflächenentwicklung des Bodens sei.

Es braucht nach diesen Ausführungen kaum mehr betont zu werden, daß die Annahme MITSCHERLICHS nur sehr bedingt richtig ist. Die Wasseranlagerung von Kolloidsalzen kann nur sehr wenig mit der Oberflächenentwicklung der Teilchen, muß aber alles mit der Zahl und, da die Hydratationsgröße der einzelnen Ionen sehr verschieden ist, mit der Art der angelagerten oder der den Sorptionskomplex bildenden Ionen zu tun haben."[2]

Wenn die Behauptungen deutscher Forscher richtig wären, müßte einem höheren Hydratationsgrad des Kations bei gegebenen $\frac{P}{P_0}$ eine größere Wassersorption entsprechen.

Wie wir bereits gesehen haben, enthält die Literatur keine feststehenden Werte für die Hydratation der Ionen; die verschiedenen angegebenen Zahlen entsprechen in keiner Weise den Erscheinungen, die im Boden beobachtet werden.

Ferner ist zu berücksichtigen, daß die von den Physikern mitgeteilten Zahlen für Ionen in Lösungen gelten, die sich also in freiem Zustand befinden und natürlich deshalb nicht vorbehaltlos auf solche Ionen übertragen werden können, die von der Oberfläche der kolloiden Teilchen sorbiert sind, also vor allem nicht auf die austauschbaren Kationen.

Deshalb wird der Hydratationsgrad der Austauschkationen aus der Quellung des Bodens bestimmt, der mit verschiedenen Kationen belegt ist. Diese Methode kann uns also keine absoluten Zahlen über den Hydratationsgrad der Austauschkationen liefern, sondern nur Verhältniszahlen.

Außerdem beruht diese Methode auf der Annahme, daß die Quellung des Bodens die Folge der Hydratation der Austauschkationen ist. Dadurch, daß die Hydrat-

[1] Austauschkationen — Anm. d. Verf.

[2] Wörtlich zitiert nach P. VAGELER „Der Kationen- und Wasserhaushalt des Mineralbodens vom Standpunkt der physikalischen Chemie und seine Bedeutung für die land- und forstwirtschaftliche Praxis", Verlag von Julius Springer, Berlin 1932, S. 35. (Anm. d. Red.)

hüllen zusammenfließen, wird der gegenseitige Abstand der Bodenpartikel mit steigendem Hydratationsgrad des sorbierten Kations vergrößert.

Diese weitverbreitete Auffassung erweist sich, wie wir später zeigen werden, nach den neuesten experimentellen Unterlagen als sehr anfechtbar, so daß wir sie nur mit größtem Vorbehalt betrachten können.

Zahlenmaterial, über den Hydratationsgrad der Austauschkationen, finden wir bei MATTSON (1938), sowie bei ALTEN und KURMIES (1939). Auf diese Arbeiten werden wir ebenfalls näher eingehen; hier seien zunächst nur die in diesen Arbeiten gefundenen Hydratationswerte angegeben (Tab. 24).

TABELLE 24
Relative Hydratation der Austauschkationen nach MATTSON, ALTEN und KURMIES

Kationen	Relative Hydratation	
	nach MATTSON 1938	nach ALTEN und KURMIES 1939
Ca	100	100
Mg	101	102
K	178	193
Na	452	490
Li	352 (?)	—
H	101	—

ANTIPOW-KARATAJEW und seine Mitarbeiter (1935) erhielten die in Tab. 25 angegebenen Werte für die Quellung von Tschernosjom, der mit verschiedenen Kationen gesättigt war. Die von BAVER und WINTERKORN (1935) bestimmten Werte sind in der Tab. 26 angeführt.

TABELLE 25
Quellungswerte von Tschernosjom, der mit verschiedenen Kationen gesättigt war, nach ANTIPOW-KARATAJEW (1935)

Gesättigt mit	Quellung in Prozenten zum Ausgangsvolumen	Relative Quellung
H	5,0	65
Ca	7,7	100
Ba	7,7	100
Mg	9,3	121
K	15,5	201
Na	26,8	348
Li	50,0	650

Geht man von diesen Unterlagen aus, so kann der scheinbare Hydratationsgrad der Austauschkationen durch folgende qualitative Reihe näherungsweise angegeben werden:

$$\underset{450}{\mathrm{Li}} \geq \underset{450}{\mathrm{Na}} \gg \underset{200}{\mathrm{K}} \gg \underset{100-120}{\mathrm{Mg}} \geqq \underset{100}{\mathrm{Ca}} \geq \underset{100}{\mathrm{H}}$$

Demnach sind einwertige Kationen stärker als die zweiwertigen und auch als das Wasserstoffion hydratisiert. In der Reihe von Li über Na zu K nimmt der Hydratationsgrad ab. Die Kationen von Magnesium, Calcium und Wasserstoff unterscheiden sich hinsichtlich ihrer Hydratation nur wenig voneinander. Die Stellung des Kaliums ist umstritten.

TABELLE 26

Quellung von Bodenkolloiden, die mit verschiedenen Kationen gesättigt wurden, nach BAVER und WINTERKORN (1935)

Gesättigt mit	Quellung in cm^3/g			relative Quellung		
	Putnam	Bentonit	Wabash	Putnam	Bentonit	Wabash
Li	4,97	10,77	3,10	548	430	393
Na	4,02	11,08	3,73	442	444	472
K	0,50	8,55	0,55	55	322	70
Ba	0,85	2,50	0,74	93	100	94
Ca	0,91	2,50	0,79	100	100	100
H	0,81	2,20	0,94	89	88	119

Einigen wir uns vorläufig darauf, daß diese Reihe etwa den relativen Hydratationsgrad der Austauschkationen angibt. Inwieweit sie den Tatsachen entspricht, werden wir später im IV. Kapitel untersuchen.

Wenn die Ansichten von KÜHN und VAGELER richtig sind, müßte die Fähigkeit des Bodens, das dampfförmige Wasser zu sorbieren, von den sorbierten Kationen abhängen.

Nun finden wir in der Literatur eine ganze Reihe von Abhandlungen über den Einfluß der Natur des Austauschkations auf die Sorption des dampfförmigen Wassers.

THOMAS (1928) teilt Sorptionswerte von Wasserdampf für neun Böden mit, die mit verschiedenen Kationen belegt waren (s. Tab. 27).

TABELLE 27

Sorption von Wasserdampf durch Böden bei $\frac{P}{P_0} = 0{,}4$, mit verschiedenen Kationen gesättigt, nach Angaben von THOMAS (1928)

Bodenprobe	Reihenfolge der Sorptionswerte
T 1	$NH_4 > Ca = Na = Mg > K$
1170	$Ca > Na > H > NH_4 > K$
1170 A	$Ca > Na > H > NH_4 > K$
1171	$Ca > Na > H > NH_4 > K$
1286	$Ca > H > Na > NH_4 > K$
1293	$Ca > H > Na > NH_4 > K$
1294	$Ca > H > Na > NH_4 > K$
1295	$Ca > H > Na > NH_4 > K$
1296	$Ca > Na > NH_4 > K$

Die mit Calcium gesättigten Böden haben den größten Sorptionswert, dann folgen die Böden, die mit Natrium oder mit Wasserstoff belegt sind. An letzter Stelle stehen die mit Ammonium und Kalium gesättigten Böden.

Wie wir sehen, besteht keine Übereinstimmung mit der oben angeführten Hydratationsreihe, obwohl Kapillarkondensation als Fehlerquelle ausgeschlossen erscheint.

Baver und Horner (1933) geben folgende Sorptionsreihe von Wasserdampf bei $\frac{P}{P_0} = 0{,}75$ (über 30%iger H_2SO_4) für Putnamtone an, die mit verschiedenen Kationen gesättigt waren.

$$H > Ca > Li \geq Mg > Na > Ba > K\,.$$

Aljoschin (1934) erhielt folgende Reihen:

Tiefgründiger Tschernosjom	Mg > H > Ca > Na
Degradierter Tschernosjom	Mg > H > Ca > Na
Podsolboden	Mg > H > Ca > Na
Roterde	Mg > H > Ca > Na,

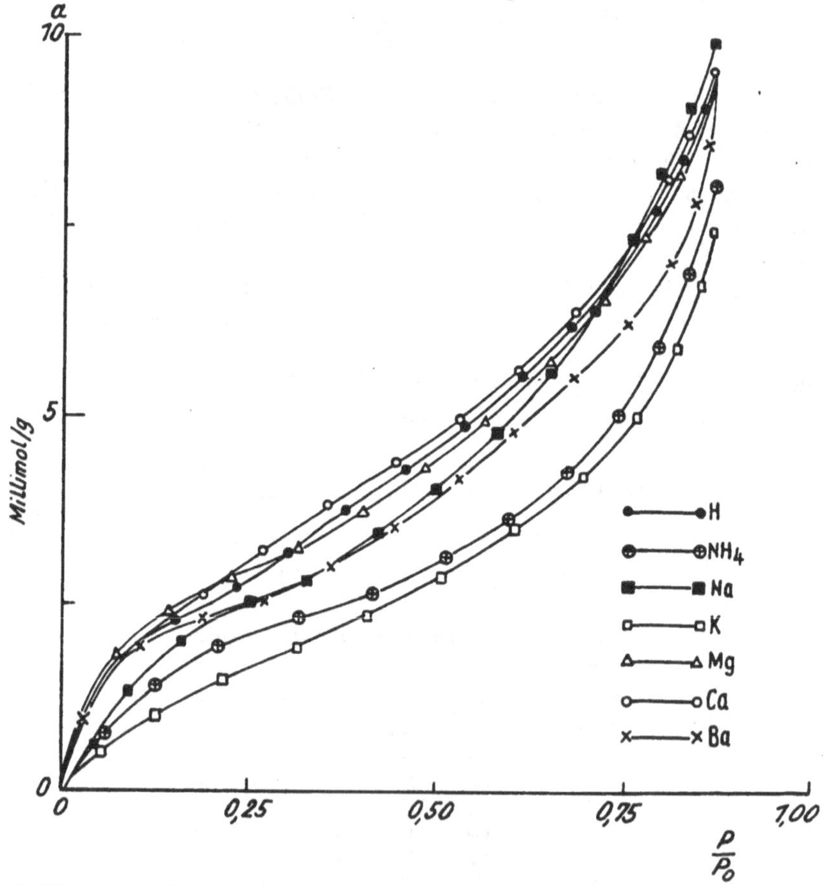

Abb. 25. Wasserdampf-Sorption an mit verschiedenen Kationen belegtem Ton nach Kuron

SUJEW und GAPON (1944) für Bentonit

$$Ca > (H + Ca) > H > Na\,.$$

KURON (1932) untersuchte ebenfalls den Einfluß der Austauschkationen auf die Sorption von Wasserdampf. In Abb. 25 bringen wir die Sorptionskurven für Ton aus Hebersdorf und in der Abb. 26 die gleichen Werte in logarithmischer

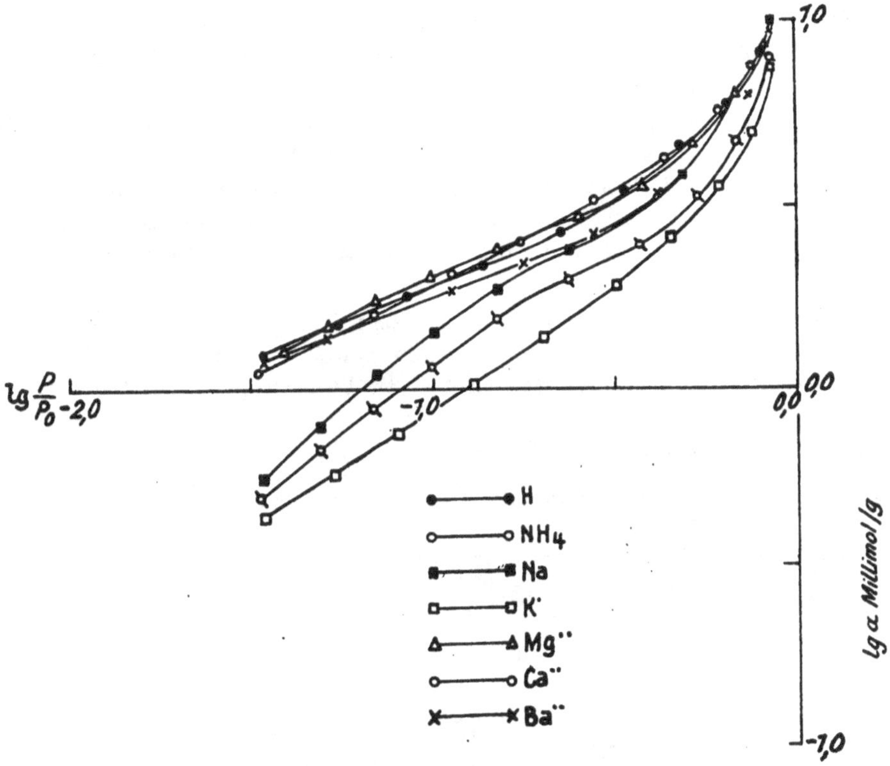

Abb. 26. Die gleiche Sorption in logarithmischer Darstellung

Form. Hieraus ergibt sich, daß sich die Sorption von Wasserdampf durch verschieden belegte Tone nur ganz geringfügig unterscheidet. Durch einwertige Kationen wird bei $\frac{P}{P_0} = 0{,}70$ die Sorptionsgröße wesentlich verringert, wobei Kalium den geringsten Wert, NH_4 einen etwas höheren und Natrium den größten liefert.

Ferner untersuchte KURON (1934) den Sorptionsverlauf an Tonen mit Methylenblau. Hierbei ging er von der Voraussetzung aus, daß nach MATTSON die mit Methylenblau gesättigten Kolloide der Kataphorese nicht fähig seien; ihre Ladung müßte also gleich Null sein und das vom Kolloidton sorbierte Methylenblau müßte sich in einem nichtdissoziierten Zustand befinden. Außerdem könnte ein solches Kation wegen seines Umfangs kaum einen wesentlichen Hydratationsgrad zeigen.

Nach dem Untersuchungsergebnis verringert der Ersatz des Austauschkations durch Methylenblau wesentlich die Sorptionsgröße von Wasserdampf, wobei sich sowohl die Form der Sorptionskurve als auch die Konstanten der Gleichung verändern.

Die Verringerung der Sorption von Wasserdampf — wenn das austauschfähige Calcium durch Methylenblau ersetzt wird — führt KURON darauf zurück, daß Methylenblau nicht dissoziiert und kaum hydratisiert ist. Dieser Versuch ist anscheinend ein Beweis dafür, daß die Hydratation der Austauschkationen eine wesentliche Rolle bei den Sorptionserscheinungen spielt.

Es können jedoch folgende Einwände erhoben werden. Die Methylenblaumoleküle sind im Verhältnis zu den Kationen, die im Boden vorkommen, sehr groß. Deshalb verringert der Ersatz der Kationen durch Methylenblau rein physikalisch die wassersorbierende Oberfläche der Bodenpartikel. Außerdem ist völlig unbekannt, wie sich die Struktur des Bodens bei Sättigung mit Methylenblau verändert.

Deshalb erklären wir diese Versuche KURONS mit Methylenblau auf andere Weise. Wir sehen sie nicht als einen unanfechtbaren Beweis für die große Rolle an, die die Hydratation der Austauschkationen bei der Wassersorption durch den Boden spielt.

ANTIPOW-KARATAJEW und seine Mitarbeiter stellten 1935 fest, daß Tschernosjom und Lehm bei $\frac{P}{P_0} = 0{,}6$ folgende Wassermengen sorbieren:

Sättigendes Kation	Sorptionswert in Milligramm je 1g Boden	
	Tschernosjom	Lehm
Ca	68,1	29,0
Ba	64,4	—
H	61,2	29,6
Mg	60,7	27,7
K	54,3	20,3
Na	54,2	23,7

Wie wir sehen, ergeben die Sorptionswerte im Tschernosjom die Reihe

$$Ca > Ba > H > Mg > K > Na$$

und im Lehm, abweichend davon, die Reihe

$$H > Ca > Mg > Na > K .$$

Ohne zu untersuchen, weshalb die Übereinstimmung fehlt, wollen wir zunächst das Gemeinsame hervorheben: In allen Fällen sorbiert ein mit Calcium gesättigter Boden mehr Wasser als ein mit Natrium gesättigter. Der Vergleich gerade dieser beiden Böden ist deshalb besonders interessant, weil Calcium in allen Böden ohne Ausnahme vorhanden ist, während Natrium nur in ariden Böden vorkommt.

Der Hydratationsgrad des sorbierten Natriumions müßte eigentlich den des Calciums wesentlich übersteigen — (nach den Tab. 24 bis 27 um das 3,5 bis 5fache). Nach der Theorie von VAGELER, KÜHN und anderen müßten die mit Natrium gesättigten Böden eine wesentlich größere Wassermenge sorbieren als die Böden, die mit Calcium gesättigt sind. Tatsächlich wird jedoch für ein weites Intervall von $\frac{P}{P_0}$ gerade das umgekehrte Verhältnis beobachtet, obwohl wie zuzugeben ist, die absolute Differenz gering ist. Nur für Werte von $\frac{P}{P_0}$, die sich 100%-iger Sättigung nähern, d. h. für die Bereiche der relativen Spannung des Wasserdampfes, in denen bereits Kapillarkondensation eintritt, ordnen sich die Sorptionswerte des Wasserdampfes so, wie es die angenommene Hydratations-Reihe der sorbierten Kationen verlangt.

Mit diesem Versuch sind also die Theorien der deutschen Bodenforscher einwandfrei widerlegt.

Womit läßt sich nun die Tatsache erklären, daß die Sorption von Wasserdampf durch calciumgesättigte Böden höher liegt als die mit Natrium gesättigten Böden?

Diese Frage haben BAVER und HORNER 1933 gründlich untersucht; von ihnen stammt auch die oben aufgeführte Reihe:

$$H > Ca > Li \geq Mg > Na \geq Ba > K.$$

Die größere Sorptionsfähigkeit der mit zweiwertigen Kationen gesättigten Kolloide wird von diesen Forschern darauf zurückgeführt, daß zwei einwertige Kationen mehr Raum einnehmen als ein zweiwertiges, daß also im ersten Falle für das Wasser weniger Raum bleibt. BAVERS und HORNERS Zahlen sind in Tab. 28 aufgeführt.

TABELLE 28

Volumen der Austauschkationen nach BAVER und HORNER (1933)[1]

	H	Li	Na	K	Mg	Ca	Ba
Radius des Ions in Å	0,45	0,78	0,98	1,33	0,78	1,06	1,45
Volumen des Ions (. 10^{-24} cm³)	0,38	1,99	3,94	9,85	1,99	4,99	12,80
Volumen von 60-Millival (. 10^{-24} cm³)	1,38	7,24	14,33	25,81	3,62	9,09	23,37
Relatives Ionenvolumen (H = 1)	1,00	5,23	10,38	25,94	1,75	4,39	11,24

Aus der Abb. 27 die dem Aufsatz dieser Autoren entnommen wurde, ist zu ersehen, daß die Menge des sorbierten Wassers eine gut ausgeprägte umgekehrte lineare Abhängigkeit vom Gesamtvolumen der sorbierten Ionen zeigt.

Eine andere Erklärung für die Verringerung der Sorption von Wasserdampf durch einen mit Natrium gesättigten Boden, ist folgende: Wird ein Boden mit Natrium gesättigt, so schrumpft der Boden bei der Trocknung infolge der

[1] Die Berechnung wurde auf Putnam-Ton bezogen, der eine Austauschkapazität von 60 Millival je 100 g hat; und das Volumen der monovalenten Kationen wurde als Zylinder angesehen, der von zwei sich berührenden Ionen gebildet wird.

vorangegangenen stark peptisierenden Wirkung des Natriums, wodurch die sorbierende Oberfläche verringert wird. Diese Erklärung gibt auch KURON für die Sorption von CO_2, die sich auch dann als die niedrigste erwies, wenn der Boden mit alkalischen Kationen gesättigt war (vgl. Abb. 28). Mit SCHAROW (1937) sind wir der Meinung, daß diese Erklärung auch für die Sorption von Wasserdampf gelten müßte.

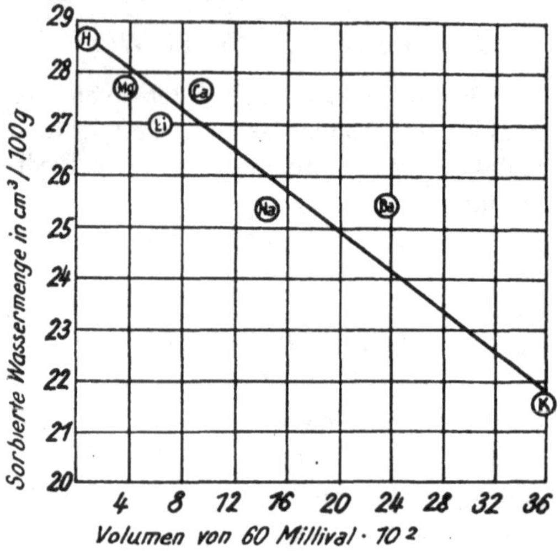

Abb. 27. Abhängigkeit der sorbierten Wassermenge vom Volumen der Austauschkationen nach BAVER und HORNER (vgl. Fußnote v. Tab. 28)

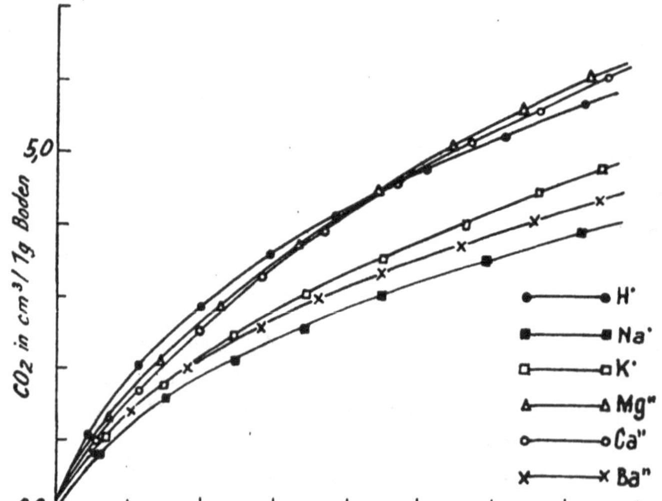

Abb. 28. CO_2-Sorption durch einen mit verschiedenen Kationen belegten Boden nach KURON

Die dritte Erklärung schließlich beruht auf den neuesten Messungen der Hydratationsgröße der Ionen. Wir sahen bereits, daß z. B. nach REMY die Hydratation von Natrium geringer als die Hydratation von Calcium ist. Es ist deshalb nur natürlich, daß ein mit Natrium gesättigtes Kolloid weniger Wasser sorbieren wird als ein mit Calcium gesättigtes.

Die bisherigen Ausführungen bezogen sich auf den Einfluß der Austauschkationen, den sie auf die Sorption von Wasserdampf ausüben. Bei hohen Sättigungswerten, 100% nahe, und bei denen bereits Kapillarkondensation eintritt, die zur Bildung von tropfbarflüssigem Wasser führt, ändert sich das Bild völlig. Die Menge des sorbierten Wassers nähert sich den Werten der theoretischen Hydratationsgrade der Kationen, weil kapillarkondensiertes, tropfbarflüssiges Wasser vorliegt. In der Arbeit von BAVER und HORNER finden wir eine Erläuterung zu diesem Vorgang. Sie untersuchten die Sorption von Wasserdampf über einer 30%igen $\left(\frac{P}{P_0} = 0{,}75\right)$ und über einer 3,3prozentigen Schwefelsäure $\left(\frac{P}{P_0} = 0{,}98\right)$. In Prozenten zum Gewicht der Trockensubstanz des Putnam-Tons betrugen die Sorptionswerte:

Austauschkation	bei $\frac{P}{P_0} = 0{,}75$	bei $\frac{P}{P} = 0{,}98$
H^+	18,13	44,76
Li^+	17,13	56,12
Na^+	16,53	49,22
K^+	12,75	31,12
Mg^{++}	17,08	39,32
Ca^{++}	17,37	40,91
Ba^{++}	16,29	41,95

Bei $\frac{P}{P_0} = 0{,}75$ erhalten wir daraus die Reihe

$$H^+ > Ca^{++} > Li^+ > Mg^{++} > Na^+ > Ba^{++} > K^+$$

und bei $\frac{P}{P_0} = 0{,}98$ die Reihe

$$Li^+ > Na^+ > H^+ > Ba^{++} > Ca^{++} > Mg^{++} > K^+ .$$

Obgleich die zweite Reihe mehrfach von der Reihe der scheinbaren theoretischen Hydratation abweicht, kommt sie ihr, insbesondere hinsichtlich der Stellung von Lithium und Natrium näher als die erste.

Ein weiterer Einwand, den man gegen die Ansichten von KÜHN, von VAGELER und anderen vorbringen kann, beruht auf dem Verhalten der mit Wasserstoffionen gesättigten Böden. Ihre geringfügige Hydratationsfähigkeit (1 Molekül Wasser auf 1 Wasserstoffion) müßte die Hygroskopizität eines mit diesem Kation gesättigten Bodens auf ein Minimum herabsetzen. Wir hörten bereits, daß nach KÜHN ein mit Säure ausgewaschener Boden seine Hygroskopizität praktisch einbüßen soll. Alle Angaben über die Sorption von Wasserdampf durch Böden, die mit Wasserstoff gesättigt sind, beweisen jedoch folgendes: Die Hygroskopizität dieser Böden kommt Böden, die mit zweiwertigen Kationen gesättigt sind, sehr nahe.

Damit ist wiederum bewiesen, daß die Ansicht der genannten Forscher nicht richtig sein kann.

Bedeutet das aber, daß die Hydratation der Austauschkationen überhaupt keinen Einfluß auf den Vorgang der Hygroskopizität hat?

Wenn wir die bereits angeführten Versuche analysieren, wie z. B. die Unterlagen von THOMAS (s. Tab. 27), von SUJEW und GAPON sowie die Sorptionskurven KURONS (Abb. 19 u. 20) und sie den neuesten Werten der Hydratation von Ionen (Tab. 6) gegenüberstellen, erkennen wir, daß bei niedrigen und mittleren $\frac{P}{P_0}$-Werten, bis einschließlich 0,7, die Hygroskopizität der mit verschiedenen Kationen gesättigten Böden im allgemeinen dem Hydrationsgrad der sie sättigenden Kationen folgt.

Die Hygroskopizität der mit zweiwertigen Kationen gesättigten Böden ist immer etwas höher als die der mit einwertigen Kationen gesättigten. Das stimmt völlig mit dem wahren Hydratationsgrad dieser beiden Gruppen überein. Gleichzeitig ändert sich innerhalb der Gruppe der einwertigen Kationen ebenfalls die Hygroskopizität der mit ihnen gesättigten Böden entsprechend dem Hydratationsgrad, sie nimmt also mit der Reihe

Li — Ca — K

ab.

Daraus folgt, daß die Hygroskopizität der Böden zum Teil durch die Hydratation der Austauschkationen verursacht wird. Dieser Anteil ist jedoch sehr gering, weil die Sorptionswerte in einem mit verschiedenen Kationen gesättigten Boden sehr nahe beieinander liegen.

Außerdem verhalten sich die Kationen verschiedener Valenz hinsichtlich ihres Einflusses auf die Hygroskopizität der Böden nicht so, wie deutsche Forscher behaupten.

Nur innerhalb der Kationen von gleicher Valenz entsprechen die Ansichten der deutschen Forscher der Wirklichkeit, obgleich die quantitativen Unterschiede nicht so bedeutend sind, wie behauptet wird.

Erst in dem Intervall, in welchem die Kapillarkondensation beginnt, erreicht der Einfluß der Austauschkationen auf die Sorption des Wasserdampfes das Ausmaß, das der Vorstellung der deutschen Forscher entspricht, obgleich auch hier die quantitativen Unterschiede gering sind. Diese Erscheinung läßt sich offenbar ebenfalls nur zum geringen Teil mit der Hydratation der Austauschkationen erklären, im IV. Kapitel werden wir noch darauf zurückkommen.

Fassen wir die bisherigen Ergebnisse zusammen: Die Sorption des Wasserdampfes geht vornehmlich auf der Oberfläche der Bodenpartikel selbst vor sich und stellt nur in geringem Maße eine Hydratation der Austauschkationen dar. Wir sind der Meinung, daß die Maximale Hygroskopizität (MH) direkt proportional der Gesamtoberfläche der Bodenpartikel ist, die vornehmlich vom Tongehalt abhängt.

Den Beweis dafür finden wir auf der Abbildung 29, in der die Beziehung zwischen der MH und dem Tongehalt dargestellt ist.

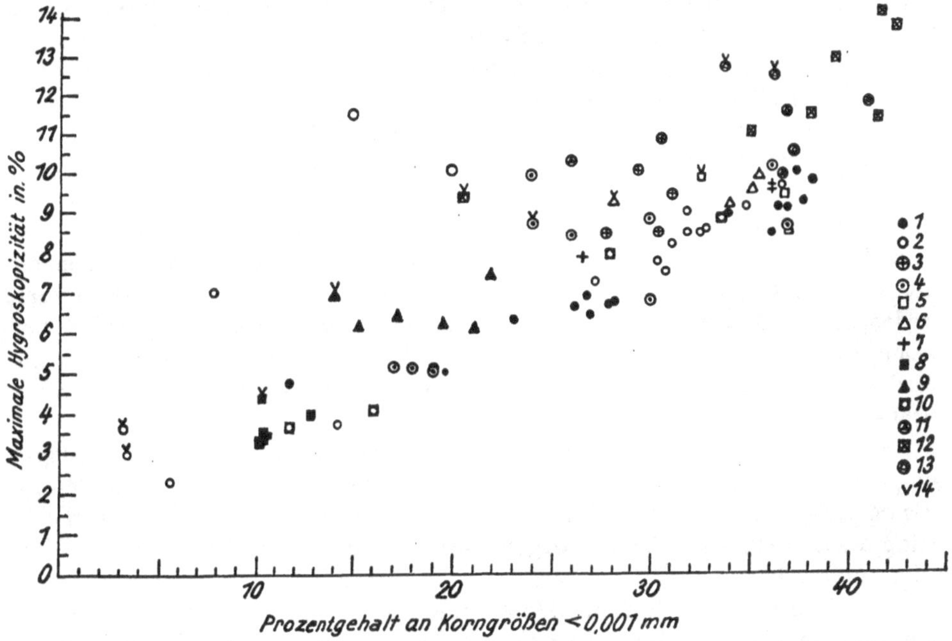

Abb. 29. Abhängigkeit der Maximalen Hygroskopizität (MH) vom Tongehalt (< 0,001 mm)
1 — Dunkelgrauer Waldboden aus Worxel (Afanasjewa); *2* — stark podsolierter Boden, Gebiet Moskau (Abramowa); *3* — tiefgründiger Tschernosjom, Gebiet Kursk (Dolgopolowa); *4* — tiefgründiger Tschernosjom, Gebiet Kursk (Afanasjewa); *5* — dunkelkastanienfarbiger Boden, Gebiet Saratow (Ussow); *6* — hellkastanienfarbiger Boden, Gebiet Saratow (Ussow); *7* — Solonez mit tiefer Säulenstruktur, Gebiet Saratow (Ussow); 8 — helle Grauerde (Gorbunow); *9* — ausgelaugter Tschernosjom (Gorbunow); *10* — mittelpodsolierter Boden, Gebiet Moskau (Dimo); *11* — gewöhnlicher Tschernosjom, Gebiet Stalingrad (Dimo); *12* — verkrusteter Solonez, Gebiet Stalingrad (Dimo); *13* — Roterde (Dimo); *14* — Zeichen für Humushorizonte.

Zwischen der Maximalen Hygroskopizität (MH) und dem Gehalt an Korngrößen kleiner als 0,001 mm besteht annähernd lineare Abhängigkeit. Alle herausfallenden Werte (mit dem Zeichen 14 versehen) gehören zu humusreichen Proben; das zeugt davon, daß die organischen Kolloide in ähnlicher Weise an der Sorption des Wassers beteiligt sind.

Im wesentlichen hängt die MH jedoch vom Tongehalt ab. Hierfür seien noch andere Zahlen angeführt. Nach Melnikow (1949) betrug z. B. die MH von verschiedenen Fraktionen eines Geschiebelehms aus dem Moskauer Gebiet:

Korngröße in mm	MH in %
0,01 —0,005	0,4
0,005—0,004	1,1
0,004—0,003	1,5
0,003—0,002	1,9
0,002—0,001	5,1
0,001—0,0005	25,4
<0,001	27,6

Einen erheblichen Wert erreicht die MH nach diesen Angaben erst bei einer Korngröße unter 0,002 mm.

Die letzte Frage, die wir in diesem Kapitel zu beantworten haben, lautet: Ist das hygroskopische Wasser im Boden beweglich und wenn ja, in welcher Weise?

Die Antwort hierauf ergibt sich aus der Beziehung zwischen der Bodenfeuchtigkeit — falls sie die Größe der MH nicht übersteigt — und der Tension des Wasserdampfes. Wir füllen zwei Proben ein und desselben Bodens mit verschiedenem, die MH jedoch nicht übersteigenden Wassergehalt in geschlossenem Gefäß. In beiden Fällen wird der relative Dampfdruck unter 100% liegen, weil der Feuchtigkeitsgehalt beider Bodenproben kleiner als die MH ist. Verbinden wir jetzt beide Gefäße miteinander, so wird sich der Wasserdampf vom Gefäß mit höherer Tension zum Gefäß mit geringerer Tension bewegen, d. h. von der feuchteren Bodenprobe zur trockneren. Das Wasser, das dampfförmig zum Boden mit geringerem Feuchtigkeitsgehalt strömt, wird hier sorbiert. Dieser Vorgang wird solange anhalten, bis sich die Tension des Wasserdampfes über beiden Proben ausgeglichen hat.

Wir sind deshalb durchaus der Meinung, daß das im Boden befindliche hygroskopische Wasser beweglich ist, wenn die Bedingungen zum Übergehen in dampfförmigen Zustand vorliegen. Kann sich aber das hygroskopische Wasser gleichzeitig auch in flüssiger Form bewegen? Diese Frage ist von LEBEDEW 1913 wie folgt untersucht worden:

Zwei Proben vom gleichen Boden aber mit verschiedenem Wassergehalt wurden in ein Rohr gefüllt. Nach einigen Tagen wurde der Feuchtigkeitsgehalt beider Proben bestimmt, um auf die Richtung der Wasserbewegung zu schließen. Um zu erfahren, in welcher Form die Bewegung der Wassermoleküle vor sich geht, wurden die Versuche in zwei Varianten durchgeführt: Im ersten Fall berührten sich der trockene und feuchte Boden unmittelbar; im zweiten Fall wurde ein paraffingetränktes Drahtnetz als trennendes Luftpolster dazwischengeschaltet. Im ersten Fall konnte sich das Wasser sowohl in flüssigem als auch in dampfförmigem Zustand bewegen, während bei der zweiten Versuchsanordnung wegen des Luftpolsters eine Bewegung nur in dampfförmigem Zustand möglich war.

Die Ergebnisse dieser Versuche sind folgende:

	in %
Maximale Hygroskopizität desBodens	7,69
Feuchtigkeitsgehalt der beiden Proben	
vor dem Versuch: untere Schicht	4,93
obere Schicht	2.08
Feuchtigkeitsgehalt nach dem Versuch:	
untere Schicht ohne Zwischenlage	3,60
obere Schicht ohne Zwischenlage	2,92
untere Schicht mit Zwischenlage	3,63
obere Schicht mit Zwischenlage	2,93

Das Wasser der feuchteren Schicht bewegt sich also in Richtung zur trockneren Schicht. Wenn der Wassergehalt des Bodens unter der Maximalen Hygroskopizität liegt, ist die Menge des bewegten Wassers unabhängig von der Zwischenlage. Hieraus schließt LEBEDEW vollkommen berechtigt, daß sich das Wasser bei einem Feuchtigkeitsgehalt unter der Maximalen Hygroskopizität nur in Dampfform bewegt.

Die Versuche fallen anders aus, wenn der Feuchtigkeitsgehalt des Bodens die Maximale Hygroskopizität übersteigt. So ergab z. B. der Versuch Nr. 17 mit Gartenerde von 8,97% Maximaler Hygroskopizität folgende Werte:

	in %
Feuchtigkeitsgehalt der beiden Proben	
vor dem Versuch: trockene Schicht	12,85
feuchte Schicht	17,23
Feuchtigkeitsgehalt nach dem Versuch:	
trockene Schicht ohne Zwischenlage	13,62
feuchte Schicht ohne Zwischenlage	15,94
trockene Schicht mit Zwischenlage	13,19
feuchte Schicht mit Zwischenlage	16,24

Somit erhöhte sich der Wassergehalt der trockenen Schicht bei Fehlen der Zwischenlage um 0,77%, mit Zwischenlage nur um 0,34%; die Menge des verlagerten Wassers wurde durch das Drahtnetz verringert. Nach diesem Versuch bewegt sich also das Wasser bei direktem Kontakt der Proben sowohl als Flüssigkeit als auch als Dampf.

6. Zusammenfassung

Der Boden hat die Fähigkeit, den in der Luft befindlichen Wasserdampf zu sorbieren. Diese Eigenschaft des Bodens wird „Hygroskopizität" und das auf diese Weise sorbierte Wasser h y g r o s k o p i s c h e s Wasser genannt.

Die Menge an hygroskopischem Wasser hängt unter sonst gleichen Bedingungen von der Korngrößenzusammensetzung des Bodens ab, die maßgebend für die Größe der sorbierenden Oberfläche ist. Je größer also die aktive Oberfläche des Bodens ist, desto höher ist seine Hygroskopizität.

Der hygroskopische Wassergehalt hängt von dem Sättigungsdruck des Wasserdampfes der Luft die mit dem Boden in Berührung steht, in der Weise ab, daß mit Erhöhung des Sättigungsdruckes auch die Menge an hygroskopischem Wasser zunimmt.

Unter der Maximalen Hygroskopizität MH verstehen wir die Wassermenge, die der Boden aus Luft sorbiert, die fast mit Wasserdampf gesättigt ist (bei einer relativen Feuchte von 94%). Die Maximale Hygroskopizität MH ist also eine relative Größe.

Innerhalb der relativen Luftfeuchte von 0 bis 100% ändert sich sowohl der Charakter des Sorptionsprozesses als auch die mathematische Beziehung zwischen der relativen Feuchte der Luft und dem sorbierten Wasser. Bei sehr niedrigen Werten der relativen Luftfeuchte wird nur eine Schicht infolge der elektrostatischen Anziehung der Dipole des Wassers durch die aktive Oberfläche der Bodenpartikel sorbiert. Nach Abschluß dieses Prozesses beginnt die mehrschichtige Wassersorption. Hieran sind wohl die VAN-DER-WAALSchen Kräfte der Oberfläche der Bodenpartikel und die elektrostatischen Anziehungskräfte, die von der Außenschicht der bereits sorbierten Wasserdipole ausgehen, beteiligt. Die Sorption gehorcht in diesem Intervall der Gleichung von FREUNDLICH. Erreicht die relative Feuchte etwa 40%, so ändert sich der Charakter des Sorptionsprozesses, dessen weiterer Verlauf ausschließlich durch die elektrostatische Anziehungskraft der Dipole beherrscht wird. In diesem Intervall folgt die Sorption der Gleichung von SPERANSKI. Erreicht die relative Luftfeuchte etwa 80%, so wird der Prozeß der mehrschichtigen Wassersorption von der Kapillarkondensation überlagert und darum die Sorption stark erhöht. Bei einer relativen Luftfeuchte von 100% steigt der Feuchtigkeitsgehalt des Bodens sehr langsam weiter an.

Aus Wasserdampf geht die Sorption hauptsächlich an der Oberfläche der Bodenpartikel vor sich. Die Bindung von Wassermolekülen durch die Austauschkationen spielt im Sorptionsprozeß selbst nur eine untergeordnete Rolle, während die Kapillarkondensation dagegen in größerem Maße von der Art der Austauschkationen abhängt, obgleich die Frage nach der Bedeutung der Hydratation der Austauschkationen in diesem Prozeß vorläufig noch ungeklärt ist.

Das hygroskopische Wasser ist im Boden nur dann beweglich, wenn es vorher in Dampfform übergegangen ist.

KAPITEL IV

DAS „GEBUNDENE WASSER"

1. Einführende Bemerkungen

Im vorangegangenen Kapitel haben wir die Eigenschaft des Bodens behandelt, Wasser zu sorbieren, das in der Bodenluft als Wasserdampf vorhanden ist. Wir nannten es hygroskopisches Wasser. Im vorliegenden Kapitel werden wir nun sehen, daß sich eine Schicht von genau so fest gebundenem Wasser infolge der Wechselwirkung zwischen trockenem Boden und flüssigem Wasser bilden kann. Die Bodenpartikel sind, selbst wenn sie bis zur Maximalen Hygroskopizität gesättigt sind, in der Lage, weitere Wassermengen zu binden. Dieses Wasser wird von jedoch bedeutend geringeren Kräften festgehalten als das hygroskopische Wasser; infolgedessen unterscheidet es sich weniger vom gewöhnlichen Wasser als letzteres. Wir nennen es auf Vorschlag von DUMANSKI „labil" gebundenes Wasser.

Ferner bildet sich auch während der Sorption von dampfförmigem Wasser eine gewisse Menge von labil gebundenem Wasser. Kommt der Boden jedoch mit flüssigem Wasser in Berührung, so wird die Menge an labil gebundenem Wasser wesentlich größer.

Im vorliegenden Kapitel behandeln wir die Eigenschaften des „gebundenen Wassers", zu dem auch das hygroskopische oder fest gebundene Wasser gehört, sowie die Unterschiede zwischen „fest" und „labil" gebundenem Wasser. Hierbei stoßen wir auf die bereits in der Einleitung erwähnte grundsätzliche Schwierigkeit, die darin besteht, daß die verschiedenen Wasserformen ineinander übergehen.

Dieser Schwierigkeit sind wir erstmalig bei der Untersuchung der Sorption des Wasserdampfes durch den Boden begegnet, als wir erkannten, daß dieser Prozeß in seiner Endphase von der Kapillarkondensation überdeckt wird, so daß wir diese beiden Vorgänge vorläufig nicht unterscheiden können.

Der gleichen Schwierigkeit stehen wir auch jetzt gegenüber. Das labil gebundene Wasser geht in den Bodenporen unmerklich in Kapillarwasser über, das im Boden durch die Differenz der Oberflächendrucke zurückgehalten wird, die sich aus der verschiedenen Oberflächenkrümmung an der Grenzfläche zwischen Wasser und Luft ergibt. Wir werden auch sehen, daß der Gehalt an gebundenem Wasser im Boden eine stark schwankende Größe darstellt. Infolgedessen und auch wegen der bereits erwähnten Mikroporen ist es sehr schwer, den Einfluß der kapillaren Kräfte von den Sorptionskräften zu trennen. Es ist deshalb nicht weiter verwunderlich, daß wir in der Literatur sehr unterschiedliche, sogar einander widersprechende Ansichten über die Natur der Erscheinungen über das Verhalten des Bodenwassers in dem Feuchtigkeitsgebiet finden, das die Maximale Hygroskopizität übersteigt. Wie wir bereits im Vorwort ausführten, lassen sich die vielen Ansichten in zwei Auffassungen zusammenfassen. Die erste von ihnen, deren eifrigster Vertreter der verstorbene A. F. LEBEDEW war, sieht die Hauptursache in den Sorptionskräften. Mit der Wirkung dieser Kräfte können die verschiedenen Erscheinungen, Bewegung und Festhalten des Wassers in Böden, vornehmlich in lehmigen und tonigen Böden, erklärt werden.

Die zweite Ansicht mißt den Sorptionskräften sekundäre Bedeutung bei und stellt die kapillaren Kräfte in den Vordergrund. Der überzeugteste Vertreter dieses Standpunktes ist S. I. DOLGOW.

Wir sind der Ansicht, daß weder der eine noch der andere Standpunkt in seiner reinen Form der Wirklichkeit entspricht; die richtige Beantwortung dieser Frage kann nur in der Kombination beider Ansichten gefunden werden. Nach unserer Ansicht läßt sich diese Frage nicht allgemein, sondern nur unter Würdigung der besonderen Bodenverhältnisse lösen.

2. Diskussion der Auffassungen LEBEDEWS

LEBEDEWS Arbeiten aus den Jahren 1912, 1913, 1919, 1927, 1929, 1930 und 1936 stellen zweifellos einen großen Fortschritt in der Entwicklung der Bodenhydrologie dar, doch können wir uns nicht völlig mit seinen Ansichten einverstanden erklären.

An das Problem des gebundenen Wassers oder, wie er es nannte, des „Filmwassers" ging LEBEDEW nach Erforschung des Verhaltens von dampfförmigem Wasser im Boden heran. Er erkannte, daß die relative Feuchtigkeit der Bodenluft dann 100% beträgt, wenn der Feuchtigkeitsgehalt des Bodens seine Maximale Hygroskopizität übersteigt (1913). LEBEDEW war übrigens der Auffassung, daß diese Schlußfolgerung „als eine erste Annäherung an die Wahrheit" aufzufassen sei.

LEBEDEW behandelt dann die Frage: „Ist das Wasser im Boden überhaupt und bejahendenfalls in welcher Form beweglich, wenn sein Wassergehalt die Maximale Hygroskopizität MH nicht übersteigt?" Dazu führt er folgendes aus: Wenn die Feuchtigkeit von einander berührenden Bodenschichten so verringert wird, daß sie der Maximalen Hygroskopizität nahekommt, verliert die Bewegung des Wassers in flüssiger Form von der einen zur anderen Schicht immer mehr an Bedeutung, während die Bewegung des Wassers in Dampfform andauert. LEBEDEW ist der Ansicht, daß diese Bewegung bis zu einer gewissen Grenze durch die molekularen Kräfte gesteuert wird. Er stützt sich hierbei auf RODEWALD, nach dem das hygroskopische Wasser an der Oberfläche der Bodenpartikel eine Schicht von der Stärke eines Moleküls bilde. Bei einem Feuchtigkeitsgehalt des Bodens, der der Maximalen Hygroskopizität entspricht, sei die gesamte Oberfläche aller Partikel von einer solchen monomolekularen Schicht bedeckt. Seine Versuche führten LEBEDEW zu der Schlußfolgerung, daß „. . . die Maximale Hygroskopizität diejenige unterste Feuchtigkeitsgrenze darstellt, bei der die

Bewegung des Wassers unter dem Einfluß der molekularen Kräfte unmöglich wird“ (1919, S. 58).

Aber wo liegt die oberste Grenze? Diese Frage beantwortet LEBEDEW wie folgt: „Offenbar muß diese Grenze dem Feuchtigkeitszustand des Bodens entsprechen, bei welchem die Wirkung der molekularen Kräfte zwischen den Wassermolekülen und dem Boden aufhört; selbst der geringste Überschuß an Wasser kann vom Boden nicht mehr zurückgehalten werden, weil dieses Wasser der Schwerkraft unterworfen ist und abfließt“ (1919, S. 59).

LEBEDEW beruft sich ferner dabei auf die Arbeiten von PLATO, DRUDE, QUINKE und VINCENT. Da der Wirkungsbereich der molekularen Kräfte sehr klein ist, aber diese Kräfte, nach der Höhe des Oberflächendruckes zu urteilen, sehr groß sind, liegt der Gradient ebenfalls sehr hoch. LEBEDEW fährt fort: „Man kann deshalb annehmen, daß das von den Bodenpartikeln zurückgehaltene Wasser eine sehr scharf ausgeprägte Grenze hat, d. h. daß die Wirkung der molekularen Kräfte gleichsam in der einen Richtung plötzlich abreißt, um mit außerordentlicher Schnelligkeit in der entgegengesetzten Richtung wieder anzusteigen ...“ (1919, S. 61).

Zur Bestimmung der Wassermenge, die vom Boden bei „maximaler Benetzung“ zurückgehalten wird, schlug LEBEDEW mehrere Methoden vor. Die erste davon ist die Methode der „Hohen Säulen“.

Das Prinzip dieser Methode besteht in folgendem: Wenn wir eine genügend hohe Bodensäule von oben übermäßig mit Wasser benetzen, so bleibt nach dem Abfluß des Wasserüberschusses im oberen Teil der Säule nur soviel Wasser zurück, wie an der Oberfläche der Partikel durch die molekularen Anziehungskräfte zurückgehalten wird. Die Säule muß ausreichend hoch sein, denn sonst sammelt sich an ihrem unteren Ende, an der Berührungsfläche zwischen Erde und Luft, kapillar getragenes Wasser an. Der Feuchtigkeitsgehalt dieser Zone wird dann bedeutend höher sein als derjenige, der der maximalen Benetzung entspricht. Bei seinen Versuchen benutzte LEBEDEW bis zu 3 m hohe Säulen. Er war allerdings der Meinung, daß diese Höhe nur für Böden von sandiger Beschaffenheit in Frage kommen kann, während für lehmige und tonige Böden höhere Säulen erforderlich sind. Wir werden später sehen, daß das nicht ganz zutrifft. Für Löß erhielt LEBEDEW z. B. bereits im oberen Teil einer 3 m hohen Säule eine Zone mit konstantem Feuchtigkeitsgehalt, der der maximalen Benetzung entsprach.

Die Methode der „Hohen Säulen“ beruht auf folgendem Prinzip: In ihrem oberen Teil ist die molekulare Anziehung der Bodenpartikel als einzige Kraft anzusehen, die das Wasser zurückhalten kann. Folglich kann bei freiem Abfluß des Wassers aus dem oberen Teil der Säule nur das Wasser zurückbleiben, welches von diesen Kräften zurückgehalten wird.

Wir werden noch sehen, daß diese Voraussetzung LEBEDEWS bestritten werden muß, da die begründete Annahme besteht, daß unter diesen Verhältnissen (d. h. in dem oberen Teil der hohen Säule) nicht das gesamte Wasser von den molekularen Anziehungskräften zurückgehalten wird.

Unter Berufung auf seine bereits dargelegte Meinung über die scharfe Grenze zwischen dem molekular gebundenen Wasser und dem großen Wert des Gradienten der molekularen Kräfte schlug LEBEDEW noch eine andere Methode für die Bestimmung der maximalen Wasserkapazität vor. Diese Methode besteht darin, daß man mittels einer Zentrifuge eine Probe des mit Wasser übersättigten Bodens in ein Kraftfeld bringt, das die Schwerkraft um ein Vielfaches übertrifft. Diese Methode hat LEBEDEW erstmalig im Jahre 1919 (S. 61 ff.) beschrieben. Er benutzte dabei eine Zentrifuge mit einer Beschleunigung von 400 g; später konstruierte er eine Zentrifuge, die die Schwerkraft auf das 70000fache steigerte. Die Beschreibung dieser Zentrifuge und die mit ihr erzielten Ergebnisse hat LEBEDEW 1927 veröffentlicht. Aus dieser Arbeit bringen wir die Ergebnisse in unserer Tab. 29. LEBEDEW zieht daraus folgenden Schluß:

1. Eine Beschleunigung von 18000 bis 20000 g genügt, um das Wasser aus den feinsten Kapillaren eines tonigen Bodens zu entfernen.

2. Das Filmwasser jedoch kann selbst bei 70000 g von den Bodenpartikeln nicht abgelöst werden. LEBEDEW fährt wörtlich fort: „Somit hat unsere Ansicht, daß das Filmwasser im Boden mit sehr großer Kraft zurückgehalten wird und eine scharf ausgeprägte Grenze hat, eine weitere experimentelle Bestätigung gefunden“ (1927, S. 12—13). Tatsächlich wird in der Methode der Hohen Säulen bei normaler Erdbeschleunigung genau so viel Filmwasser vom Boden zurückgehalten wie bei 70000 g.

TABELLE 29

Feuchtigkeitsgehalt des Bodens in Abhängigkeit von der Beschleunigung

Nr. des Bodens	Bodenart	Von der Zentrifuge erzeugte Beschleunigung									
		400 g	700 g	1100 g	4600 g	11800 g	18000 g	27000 g	35000 g	50000 g	70000 g
1	Unbekannt	54,1	50,9	50,4	43,3	38,6	32,0	30,9	31,1	31,7	31,7
2	Guaru-King River	50,8	46,1	41,5	37,8	35,2	33,4	32,1	32,6	32,4	32,4
3	Schlammiger Lehm vom Susquehanna	41,2	38,4	38,0	31,2	26,9	24,3	23,9	23,0	23,9	22,5
4	Ton aus Houston	40,5	38,1	35,1	27,5	25,0	23,6	24,6	23,2	23,4	23,4
5	Schlammiger Lehm aus Decatur	31,1	29,1	24,4	20,6	18,9	18,1	17,5	17,1	17,0	16,5
6	Lehmiger Schluff aus Marshall	34,2	32,2	31,4	23,1	17,0	14,1	14,8	14,6	14,0	13,5
7	Lehmiger Schluff aus Sassafras	21,7	21,5	20,9	13,5	8,2	6,9	6,4	6,2	6.1	5,9

Dieser Höchstbetrag an Filmwasser, der vom Boden zurückgehalten werden kann, wird von LEBEDEW „Maximale molekulare Wasserkapazität" des Bodens genannt (MMW).

Wir bringen ergänzend in Tab. 30 einige MMW-Bestimmungen mit verschiedenen Korngrößen.

TABELLE 30

„Maximale molekulare Wasserkapazität" verschiedener Fraktionen nach LEBEDEW

Korngröße in mm	Maximale molekulare Wasserkapazität
1 —0,5	1,57%
0,5 —0,25	1,60%
0,25—0,1	2,73%
0,1 —0,05	4,75%
0,05—0,005	10,18%
<0,005	44,85%

Da die Größe der „Maximalen molekularen Wasserkapazität" (MMW) von der Oberfläche der Partikel abhängt, muß sie die Eigenschaft der Additivität zeigen.[1] Folglich müßte die MMW eines Gemisches verschiedener Fraktionen der Summe der MMW gleich sein, die sich aus den Komponenten des Gemisches zusammensetzt. Ein solcher Versuch wurde von LEBEDEW durchgeführt; die Ergebnisse zeigt Tab. 31.

TABELLE 31

Maximale molekulare Wasserkapazität von Sand, Ton und Gemischen (nach Angaben LEBEDEWS, 1927)

Korngrößengemisch %		Maximale molekulare Wasserkapazität %	
Sand	Ton	gemessen	berechnet
100	0	1,60	—
0	100	44,85	—
20	80	36,50	36,20
40	60	26,84	27,55
60	40	18,92	18,90
80	20	9,46	10,25

Die gute Übereinstimmung ist ein überzeugender Beweis für die Richtigkeit der Ansichten LEBEDEWS.

[1] Wie wir noch sehen werden, bestehen begründete Zweifel, daß die nach dieser Methode ermittelte MMW sich proportional zum Oberflächenwert verhält.

Der Vergleich der beiden Bestimmungsmethoden der MMW zeigte, daß beide Methoden für Sandböden die gleichen Ergebnisse liefern.

Für einen Untergrund von schwerem Charakter führte Lebedew einen solchen Vergleich nicht durch, weil er annahm, daß die Höhe seiner Versuchssäule von 3 m nicht ausreichen würde, um im oberen Teil der Säule einen konstanten Feuchtigkeitsgehalt zu schaffen, die vom Einfluß kapillar getragenen Wassers frei ist.

Eine genaue Analyse der Angaben Lebedews zeigt jedoch, daß er sich in diesem Fall offenbar irrte. In seinen Arbeiten (1919, S. 96; 1936, S. 138) finden wir auch einen ähnlichen Versuch mit Löß. Bei diesem Versuch wurde eine 3 m hohe Lößsäule verwendet. Wie bei solchen Versuchen üblich, wurde von oben Wasser im Überschuß zugeführt, das aus dem unteren Ende der Säule abfloß. Nachdem der Abfluß aufgehört hatte, wurde die Säule auseinandergenommen und in Schichten von 10 cm Abstand der Wassergehalt bestimmt. Die Versuchsergebnisse bringen wir in Tab. 32.

TABELLE 32

Die schichtweise Verteilung der Feuchtigkeit in einer 3 m hohen Lößsäule nach Lebedew

Höhe in cm	Feuchtigkeitsgehalt %	Mittel aus 4 nebeneinander liegenden Bestimmungen	Höhe in cm	Feuchtigkeitsgehalt %	Mittel aus 4 nebeneinander liegenden Bestimmungen
300	26,5		140	24,3	
290	21,4		130	25,2	25,0
280	20,9	21,7	120	26,0	25,4
270	21,1	22,0	110	26,2	26,4
260	23,4	22,3	100	28,3	27,3
250	22,4	22,2	90	28,6	28,0
240	22,2	21,8	80	29,1	28,7
230	21,0	22,1	70	28,6	28,8
220	21,6	22,2	60	29,3	30,0
210	23,5	22,7	50	33,1	31,0
200	22,9	23,0	40	33,0	32,5
190	(25,3)	22,9	30	34,7	33,1
180	22,8	23,2	20	31,7	33,2
170	23,0	23,5	10	33,3	33,6
160	24,0	23,9	1	34,5	
		24,5			

Anmerkung: Die Werte wurden von uns auf Zehntel abgerundet und als Mittel errechnet — A. R.

Wie aus den Zahlen in Tab. 32 zu ersehen ist, bleibt der Wassergehalt bis zu einer Tiefe von 170 cm praktisch konstant. Um das noch anschaulicher zu machen, haben wir die zufälligen Abweichungen ausgeglichen und von je vier nebeneinanderliegenden Feuchtigkeitsbestimmungen den Durchschnitt genommen, ausgeschlossen wurden die Proben aus der Oberfläche und aus der Tiefe von 190 cm, weil hier offenbar Bestimmungsfehler vorliegen. Diese Bestimmung haben wir durch den Mittelwert der beiden benachbarten Tiefen (180 und 200 cm) ersetzt. Der mittlere Wassergehalt der oberen 120 cm starken Schicht beträgt 22,2%.

Zehn Jahre nach dieser Veröffentlichung erschien eine gemeinsame Arbeit von LEBEDEW und BAUKOWA, die zahlreiche Bestimmungen der Maximalen Molekularen Wasserkapazität für eine ganze Reihe von Bodenprofilen verschiedenster Herkunft enthält.

Unter diesen Profilen befindet sich eine ganze Reihe von Böden, die auf Löß und lößartigem Muttergestein entstanden sind. In Tab. 33 bringen wir die Werte für die MMW dieser Böden.

TABELLE 33
Maximale molekulare Wasserkapazität der südrussischen Lößablagerungen nach LEBEDEW und BAUKOWA (1930)

Nr. der Schürfung lt. Eintragung von LEBEDEW u. BAUKOWA	Bodenbezeichnung	Tiefe der entnommenen Proben in cm	Maximale molekulare Wasserkapazität % (von — bis)
16	Gewöhnlicher Tschernosjom	100—200	21,1—22,9
17	Gewöhnlicher Tschernosjom	50—100	22,3—23,4
19	Tschernosjom aus dem westlichen Vorkaukasus	200—300	21,4—23,1
22	Mittlerer von Maulwurfshügeln durchzogener Tschernosjom	50—100	20,2—22,0
41	Karbonathaltiger Tschernosjom aus dem Asowschen Gebiet	100—200	23,1—25,1
43	Strukturloser ausgelaugter Tschernosjom	100—200	23,5—23,8
47	Grauer Waldlehm	50—100	21,2—22,9
49	Grauer Waldlehm	100—500	18,7—21,5
55	Ausgelaugter Tschernosjom	50—100	22,0—23,0
60	Schwach degradierter Tschernosjom	100—200	19,1—21,0

Diese Bestimmungen zeigen, daß die MMW der lößartigen Sedimente eine konstante Größe von etwa 22 bis 23% hat. Stellen wir ihr den Wassergehalt des oberen Teiles der Lößsäule (vgl. Tab. 32) gegenüber, so sehen wir, daß diese beiden Größen übereinstimmen.

Die Bewegung des Filmwassers selbst stellte sich LEBEDEW folgendermaßen vor: Nehmen wir zwei sehr nahe beieinanderliegende Bodenpartikel A und B von gleichem Durchmesser, und nehmen wir an, daß auf der einen von ihnen die Hydrathülle etwas stärker ist als auf der anderen (Abb. 30). Da das Wasserteilchen C dem Bodenteilchen B näher ist als A, beginnt es sich in Richtung auf B zu bewegen, mit anderen Worten: Die stärkere Hydrathülle von A fließt auf B über. Dieser Vorgang wird solange anhalten, bis die Hydrathüllen beider Teilchen ausgeglichen sein werden. Wesentlich ist bei diesem Prozeß, daß das Wasser sich als Hydrathülle im Boden nicht als geschlossene Masse bewegt, sondern von Partikel zu Partikel fortschreitet. Diese Bewegungsform schließt aus, daß der hydrostatische Druck durch das Filmwasser übertragen wird, was auch von LEBEDEW in Sandsäulen bewiesen werden konnte. Sandsäulen verschiedener Höhe benetzte er mit viel Wasser, das nach einiger Zeit versickerte. Dann wurde die Wasserzuführung von oben unterbrochen. Nachdem der

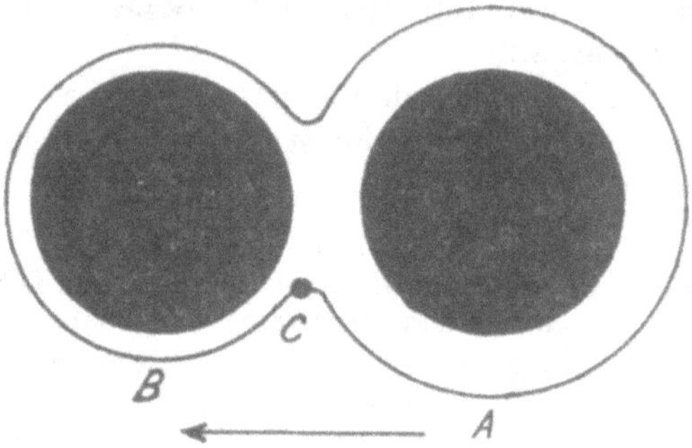

Abb. 30. Bewegung des Filmwassers von einem Teilchen zum anderen

Abfluß beendet war, wurde von oben aus wieder eine gewisse Wassermenge zugeführt. Hatte die Säule eine geringe Höhe (10 bis 20 cm), so floß das Wasser gleich nach der Zugabe unten wieder ab. Das in der Bodensäule befindliche Wasser konnte also den hydrostatischen Druck ungehindert weiterleiten. Hatte die Säule jedoch die beachtliche Höhe von 120 bis 200 cm, so begann der Abfluß aus dem unteren Ende erst nach Ablauf einer längeren Zeit. Nach LEBEDEW ist das darauf zurückzuführen, daß der Wasserabfluß aus dem oberen Teil, der nur Filmwasser enthielt, von Partikel zu Partikel ohne Übertragung des hydrostatischen Druckes vor sich ging. Erst in dem Moment, als das zugeführte Wasser die obere Grenze des kapillaren Randes erreicht hatte, setzte sich das hier befindliche Wasser durch die Wirkung des hydrostatischen Druckes in Bewegung. Diese Schlußfolgerung hat LEBEDEW dadurch erhärtet, daß er auf die feuchte Bodensäule eine schwache Lösung von Lithiumsalz gab. Die Verteilung des Lithiums in den Säulen zeigte, daß der Wasserabfluß aus dem unteren Teil der Säule erst dann begann, wenn das von neuem zugeführte Wasser die obere Grenze des kapillaren Randes erreicht hatte.

Die von LEBEDEW zuletzt festgestellte Eigenschaft des Filmwassers besteht darin, daß eine Bewegung löslicher Salze durch dieses Wassers unmöglich ist. LEBEDEW stellte 1930 fest, daß „erstens die Salze im Boden unbeweglich sind, wenn der Wassergehalt unter der Maximalen Hygroskopizität" liegt, zweitens, daß „das Salz, wenn der Boden Film- oder Gravitationswasser enthält, aus der Schicht mit hoher Konzentration auswandert, wobei sich die Salze in der gleichen oder auch entgegengesetzten Richtung des Wassers bewegen" (Vgl. S. 402).

Das Filmwasser des Bodens, das mit der „Maximalen Molekularen Wasserkapazität" bestimmt wird, spielt bei LEBEDEW eine große Rolle. Das geht aus dem bereits oben angeführten Zitat hervor: „... sogar ein geringfügiger Überschuß an Wasser ... über die maximale Benetzbarkeit des Bodens hinaus muß ... unter dem Einfluß der Schwerkraft abfließen". Die „Maximale molekulare Wasserkapazität" stellt demnach die Höchstmenge an Wasser dar, die längere Zeit vom Boden zurückgehalten werden kann. Eine größere Menge Wasser kann nur dann zurückgehalten werden, wenn eine „Kapillarwasserstütze" vorhanden ist, die entweder von einer freien Wasseroberfläche oder von der Oberfläche der Trennschicht zwischen Untergrund und Luft gebildet wird. Diese Erkenntnis, aus der man sehr wichtige Schlüsse ziehen kann, spielt eine Hauptrolle bei LEBEDEW. Zur Frage, inwieweit diese These richtig ist, kehren wir später zurück, wenn wir das Kapillarwasser im Boden behandeln.

Wir gehen jetzt zur kritischen Betrachtung der Ansichten LEBEDEWS über. Hierbei werden wir nur auf die Arbeiten eingehen, in denen die Ansichten LEBEDEWS durch Versuche bestätigt erscheint.

Vor allem müssen wir hervorheben, daß der Boden zweifellos Wasser in Mengen binden kann, die die „Maximale Hygroskopizität" wesentlich übersteigen; in dieser Hinsicht gebührt LEBEDEW zweifellos die Anerkennung, in die Bodenhydrologie folgerichtig den Begriff des Film-, d. h. des gebundenen Wassers eingeführt zu haben. Jedoch sind einige seiner Grundsätze sowie die von ihm vorgeschlagenen Bestimmungsmethoden für den Gehalt an Filmwasser anfechtbar.

Angaben, die den Ansichten LEBEDEWS widersprechen, finden wir in erster Linie in der Arbeit von TROIZKAJA (1936). Diese Forscherin führte vergleichende Bestimmungen der Größe MMW für Sand unter Anwendung aller drei von LEBEDEW vorgeschlagenen Bestimmungsmethoden durch.

Dabei erzielte sie folgende Ergebnisse:

Größe der MMW	in %	
Methode der hohen Säulen:		
1. Bestimmung	6,37	5,72
2. Bestimmung	5,07	
Methode des „Hüllengleichgewichtes"	2,55	
Methode des Zentrifugierens	2,28	

Die letzte Bestimmung erfolgte im Laboratorium LEBEDEWS mit einer Zentrifuge. Alle drei Methoden lieferten im Vergleich zu LEBEDEWS Resultaten unterschiedliche Ergebnisse.

Ähnliche Angaben finden wir in einer Arbeit von DOLGOW (1948). DOLGOW verwendete die gleiche Zentrifuge wie LEBEDEW und prüfte genau wie TROIZKAJA experimentell die Behauptung LEBEDEWS, daß die restliche Bodenfeuchtigkeit im oberen Teil der „hohen Säule" den Proben, die mit 18000 g zentrifugiert wurden, gleich sein soll. Die Ergebnisse dieses Versuches sind in Tab. 34 angeführt.

TABELLE 34

Feuchtigkeitsgehalt von Sand in Prozenten im oberen Teil einer „Hohen Säule“ und in den mit 18000 g zentrifugierten Proben nach LEBEDEW (1936 und DOLGOW (1948)

Bestimmungs-methode	Reihenfolge der Bestimmung	nach LEBEDEW		nach DOLGOW		
				Korngrößen des Sandes in mm		
		grober Sand	feiner Sand	1 bis 0,5	0,5 bis 0,25	0,25 bis 0,10
Zentrifugieren	1.	1,65	2,62	0,29	0,30	0,72
	2.	1,60	2,71	0,25	0,36	0,75
	3.	1,58	2,81	0,21	0,25	0,65
	4.	1,59	2,69	0,24	0,48	0,71
	Durchschnitt	1,63	2,71	0,25	0,35	0,71
„Hohe Säule“		1,68	2,96	1,76	2,31	2,74

Wir sehen aus dieser Tabelle, daß sowohl DOLGOW als auch TROIZKAJA zu ganz anderen Ergebnissen als LEBEDEW gelangten. Der von LEBEDEW nach der Methode der „Hohen Säulen“ bestimmte restliche Feuchtigkeitsgehalt übertraf nur ganz geringfügig denjenigen, der nach dem Zentrifugieren vorhanden war, während sowohl bei DOLGOW als auch bei TROIZKAJA dieser Unterschied den 4- bis 7fachen Wert ausmachte.

Ferner wies DOLGOW nach, daß bei einer Beschleunigung von 18000 g der Wasserentzug noch nicht aufhört, wie LEBEDEW annimmt. DOLGOW brachte die Beschleunigung auf 35000 bis 37000 g und zeigte, daß auch im Intervall von 18000 bis 37000 g der Feuchtigkeitsgehalt des Bodens noch dauernd abnimmt, wobei ein lineares umgekehrtes Verhältnis zur Höhe der Beschleunigung festzustellen ist.

OLMSTEAD (1937) hat eine Zentrifuge mit einer Beschleunigung bis zu 30000 g benutzt. Die Versuchsergebnisse OLMSTEADs sind graphisch auf Abb. 31 dargestellt. Hieraus ist zu ersehen, daß der Feuchtigkeitsgehalt der bis zu 30000 g zentrifugierten Proben ständig abnimmt. Auf der Feuchtigkeitskurve finden wir weder Überreste noch Knicke, die einer Beschleunigung von 18000 g entsprechen könnten. So gelang es OLMSTEAD, den Feuchtigkeitsgehalt der zentrifugierten Proben bis fast auf die „Maximale Hygroskopizität“ herabzusetzen.

Weiterhin muß noch ein wesentlicher Faktor berücksichtigt werden. LEBEDEW hatte drei Methoden zur Bestimmung der MMW vorgeschlagen. Zwei davon, die Methode der „Hohen Säulen“ und die des Zentrifugierens, haben wir bereits besprochen. Die dritte Methode wurde von ihm als die des „Hüllengleichgewichts“ bezeichnet. Sie besteht darin, daß eine kleine Probe feuchten Bodens, in Form einer feinen Oblate zwischen Filterpapier gebettet, einem bestimmten Druck während einer bestimmten Zeit ausgesetzt wird; anschließend ermittelt man den restlichen Feuchtigkeitsgehalt der Probe. LEBEDEW nahm an, daß die Höhe des angewendeten Druckes keinen Einfluß auf die Größe der MMW ausübt, da durch das Pressen ein möglichst enger Kontakt zwischen Boden und Filtrierpapier hergestellt werden soll. Das Abziehen des überschüssigen Wassers aus dem Boden durch das Filtrierpapier geht nicht durch Abpressen vor sich, sondern ist auf die Wirkung der kapillaren und molekularen Kräfte zwischen Boden und Filtrierpapier zurückzuführen (1936, S. 115).

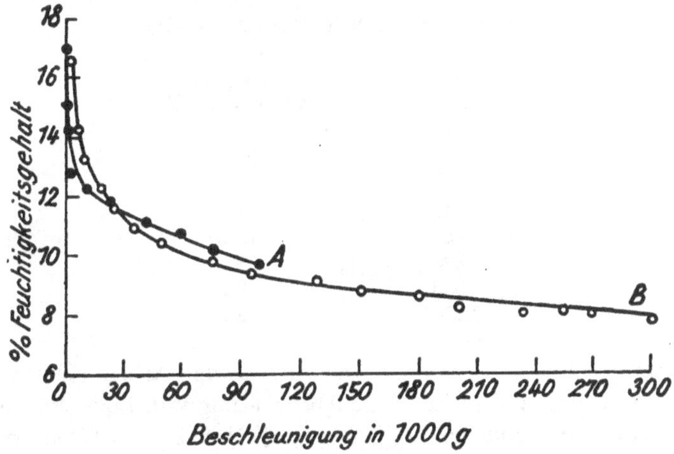

Abb. 31. Abhängigkeit des im Boden verbleibenden Wassers von der Beschleunigung nach OLMSTAED

Diese Auffassung, die LEBEDEW in seiner Arbeit durch eine Reihe experimenteller Unterlagen erhärtete, wurde später von anderen Autoren bestritten. Übrigens enthält die Untersuchung LEBEDEWS keine experimentellen Unterlagen für seine Annahme, daß die durch Pressung entwickelte Druckhöhe, die sich bei der Ermittlung der MMW nach der Methode des „Hüllengleichgewichtes" ergibt, keinen Einfluß auf die zu bestimmende Größe der MMW ausübe.

MARTYNOW (1936) untersuchte den Einfluß der Belastung und der Dauer des Pressens auf die Größe der MMW bei deren Bestimmung nach der Methode des „Hüllengleichgewichts". Er stellte fest, daß beide Faktoren einen wesentlichen Einfluß auf die Größe der MMW ausüben, besonders bei tonigen und lehmigen Böden. Daraus zieht MARTYNOW die wohl begründete Schlußfolgerung, daß die MMW eine relative Größe ist.

KOLJASSEW (1941) erzielte ähnliche Ergebnisse. Er bestimmte die MMW im „Boden aus Besentschuk"[1] nach der Methode des Hüllengleichgewichts und stellte fest, daß die Größe der MMW von der Höhe des angewendeten Druckes abhängt. Das zeigt Tab. 35, die wir seiner Arbeit entnahmen.

Aus diesen Unterlagen zieht KOLJASSEW die Schlußfolgerung, daß die Größe der MMW „. . . in starkem Maße von demjenigen Druck abhängt, mit dem das Filtrierpapier an den feuchten Boden gepreßt wird".

[1] Leider ist der Boden nicht näher beschrieben. Vermutlich handelt es sich um Tschernosjom.

Die Maximale Hygroskopizität des Bodens, mit dem KOLJASSEW arbeitete, betrug 8,4%; unter Anwendung eines Druckes von 2160 kg/cm² brachte er den Feuchtigkeitsgehalt des Bodens auf die MH.

TABELLE 35
Die Abhängigkeit der MMW vom Druck
Boden aus der Versuchsstation von
Besentschuk nach KOLJASSEW (1941)

Druck in kg/cm²	Wassergehalt des Bodens %
10	21,7
20	20,4
40	18,5
120	15,9
360	13,5
1080	9,3
2160	8,6

Angaben zur gleichen Frage finden wir auch in der Arbeit KRJUKOWS (1947). Dieser Forscher arbeitete Verfahren zur Abscheidung von Bodenlösungen mittels der Druckmethode aus und zeigte (1947, S. 5), daß in den Grenzen eines sehr großen Druckbereiches, der zwischen einigen Kilogramm und fast 10000 kg/cm² lag, der Feuchtigkeitsgehalt des Bodens in den Grenzen dieses gesamten Intervalles abnimmt. Hierbei ergab sich eine lineare Abhängigkeit vom Logarithmus der Druckhöhe. Durch Anwendung von mehreren Tausend Atmosphären erreichte KRJUKOW ein Absinken des Feuchtigkeitsgehaltes des Bodens unter die Größe der MH (vgl. Tab. 36).

TABELLE 36
Der restliche Feuchtigkeitsgehalt von Böden nach Anwendung eines Druckes von 6850 kg/cm² und die Hygroskopizität bei verschiedenem relativen Feuchtigkeitsgehalt der Luft nach KRJUKOW (1947)

Bodentyp	Restlicher Feuchtigkeitsgehalt unter einem Druck von 6850 kg/cm²	Die hygroskopische Feuchtigkeit bei einer relativen Spannung des Wasserdampfes von	
		0,94	0,75
Tschernosjom	7,82	13,98	9,38
Solonez	6,60	14,08	9,65
Grauerde	2,98	2,86	1,59
Bewässerter Kulturboden	3,04	39,56 (?)	10,97
Kaolin	2,25	4,38	3,06

Aus diesem Grunde weist KRJUKOW darauf hin, daß „. . . entgegen den Ansichten LEBEDEWS die „Maximale molekulare Wasserkapazität" noch nicht diejenige Grenze darstellt, unter die der Feuchtigkeitsgehalt durch die Anwendung einer äußeren Kraft sinken kann. Ein wesentlicher Teil dieses Feuchtigkeitsgehaltes kann durch Pressen entfernt werden".

Schließlich enthält das Buch DOLGOWS (1948) ebenfalls eine Reihe Unterlagen, wonach bei der Bestimmung der MMW nach der Methode des „Hüllengleichgewichtes“ die gesuchten Größen sich mit steigendem Druck verringern.

In neuester Zeit verglich TKATSCHUK (1949) die Werte für die MMW, die einmal nach der Methode der „Hohen Säulen“ und zum anderen nach der des „Hüllengleichgewichtes“ bestimmt wurden. Er fand, daß die erste Methode stets zwei- bis dreimal so hohe Werte erbrachte wie die zweite.

Somit kann die Meinung von LEBEDEW nicht bestätigt werden, daß die Druckhöhe keine Rolle spiele. Die Überlegungen KOLJASSEWS (1941), wonach die Druckhöhe nur insofern zum Ausdruck kommt, als von ihr der Kontakt zwischen Boden und Filtrierpapier abhängt, erscheinen auch im Lichte der Unterlagen KRJUKOWS, der den Boden unmittelbar einem Druck unterwarf, wenig überzeugend.

Gestützt auf die Unterlagen KOLJASSEWS und auf seine eigenen kommt DOLGOW (1948) zu der Schlußfolgerung, daß „. . . das Vorhandensein von Filmwasser im Boden in einer Menge, die über der Maximalen Hygroskopizität liegt und die an der Bodenoberfläche mit einem Druck von mehreren Tausend Atmosphären zurückgehalten wird, durch die Versuche LEBEDEWS als nicht bewiesen betrachtet werden kann . . .“ (1948, S. 35).

Mit dieser Schlußfolgerung kann man sich nur teilweise einverstanden erklären. Zweifellos zeigen die Versuche LEBEDEWS, daß sich im Boden mehr Filmwasser befindet, als der Feuchtigkeit der MH entspricht.

Dieses Wasser aber wird erstens von geringeren Kräften zurückgehalten, als LEBEDEW annahm. Zweitens sprechen alle Unterlagen dagegen, daß in der Größe der Kräfte, die das Filmwasser zurückhalten, irgendwelche scharf ausgeprägten Sprünge auftreten. Man kann nur soviel behaupten, daß diese Kräfte mit Abnahme der Bodenfeuchtigkeit zunehmen.

Aber auch in anderen Punkten weichen die Ansichten LEBEDEWS von den Tatsachen ab. Nach seiner Ansicht über die Natur des Filmwassers müßte die Größe der MMW direkt proportional der summarischen Oberfläche der Bodenpartikel sein. Versuchen wir, diesen Grundsatz an Hand experimenteller Unterlagen zu überprüfen.

In der Arbeit MELNIKOWS (1949) finden wir Unterlagen, die einige physikalische und physikalisch-chemische Eigenschaften gewisser Fraktionen charakterisieren. Diese Unterlagen sind in Tab. 37 und in Abb. 32 enthalten.

Aus diesen Angaben ersehen wir, daß die MMW mit Verringerung der Korngröße nur ganz geringfügig ansteigt. Während die Oberfläche der Partikel beim Übergang von der Fraktion 0,01 bis 0,005 mm zur Fraktion 0,001 bis 0,0005 mm auf das 10fache, die MH auf das 60fache und die Benetzungswärme sowie die Austauschkapazität etwa in gleichem Maße ansteigen, erhöht sich die MMW nur auf das 1,5fache. Diese Werte beweisen, daß die Oberfläche des Bodens keinesfalls durch die Größe der MMW charakterisiert werden kann. Diese Schlußfolgerung steht in direktem Widerspruch zu den oben angeführten Ansichten von LEBEDEW.

TABELLE 37

Einige Eigenschaften einzelner Korngrößen nach MELNIKOW (1949)

Korngröße in mm	Mittlerer Durchmesser in mm	Die Oberfläche von 100 g Boden in cm²·10³	MMW in %	MH in %	Austauschkapazität in mval je 100 g	In relativen Werten					
						Benetzungswärme in cal/100 g	Oberfläche	MMW	MH	Austauschkapazität	Benetzungswärme
0,01 —0,005	0,0075	302	26,2	0,40	0,7	16	100	100	100	100	100
0,005—0,004	0,0045	503	30,6	1,1	1,3	36	167	117	275	225	170
0,004—0,003	0,0035	647	31,2	1,5	3,8	68	214	119	375	425	540
0,003—0,002	0,0025	906	32,0	1,9	4,5	102	300	122	475	640	640
0,002—0,001	0,0015	1520	34,2	5,1	6,4	156	500	132	1270	975	910
0,001—0,0005	0,00075	3020	37,4	25,4	—	—	1000	143	6350	—	—
<0,001	—	—	40,0	27,6	55,0	1260	—	153	6900	7900	7900

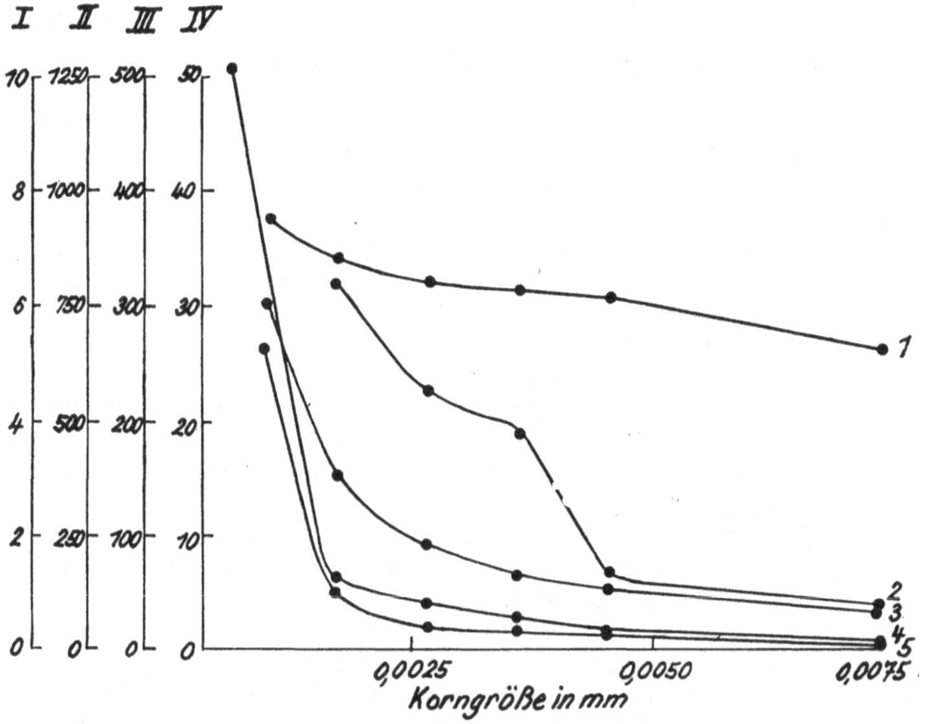

Abb. 32. Abhängigkeit der MMW, der Austauschkapazität, der Gesamtoberfläche, der Benetzungswärme und der MH von der Korngröße nach MELNIKOW

I — Austauschkapazität mval/ 100 g Boden
II — Benetzungswärme cal/ 100 g Boden
III — Oberfläche der Partikel cm² . 10³/ 100 g Boden
IV — Maximale Hygroskopizität und maximale molekulare Wasserkapazität in %

1 — Maximale molekulare Wasserkapazität
2 — Austauschkapazität
3 — Oberfläche
4 — Benetzungswärme
5 — Maximale Hygroskopizität

Tatsächlich wird bei einer Bodenfeuchtigkeit, die der MMW gleich ist, nur ein gewisser Teil des Wassers von den Oberflächenkräften zurückgehalten; der größte Teil des Wassers wird auf irgendeine andere Art festgehalten. Vermutlich stellt dieser Anteil das freie oder nur labil gebundene Wasser dar, das sich jedoch in Bodenporen befindet, deren verengte Ausgänge durch fest gebundenes Filmwasser verschlossen sind. Diese Frage behandeln wir in Kapitel VI.

Wenn wir die Ergebnisse unserer bisherigen Ausführungen zusammenfassen, erkennen wir, daß MARTYNOW recht hatte, als er die Größe der MMW für relativ erklärte, daß sie also von den Methoden abhängt.

Das schließt nicht aus, daß der Begriff MMW an sich beibehalten werden könnte, und zwar als diejenige maximale Wassermenge, die von den molekularen Anziehungskräften zurückgehalten werden kann. Bei einer solchen Auffassung des Begriffs „Maximale molekulare Wasserkapazität" stört jedoch die Tatsache, daß dieser Ausdruck in unserem Bewußtsein mit den Methoden seiner Bestimmung eng verknüpft ist, die von LEBEDEW vorgeschlagen worden sind. Es erscheint daher zweckmäßig, den von LEBEDEW eingeführten Begriff von diesen Methoden nicht zu trennen und die MMW als relative Größe zu betrachten.

Gleichzeitig ergibt sich die Notwendigkeit, irgendeine Bezeichnung für diejenige maximale Wassermenge einzuführen, die vom Boden f e s t gebunden wird. Hierfür schlägt DOLGOW den Ausdruck „Hydroadsorptionsfähigkeit" vor. Uns scheint diese Bezeichnung nicht ganz glücklich gewählt, weil sie die Benennung einer Erscheinung, aber nicht irgendeine quantitative Charakteristik darstellt.

Bedeutend passender erscheint uns der von KOLOSKOW (1938) vorgeschlagene Ausdruck „Maximale Adsorptionswasserkapazität" (1938, S. 74), den er als Synonym für LEBEDEWS „Maximale molekulare Wasserkapazität" verwendet. Der Terminus KOLOSKOWS kann aber nur unter der Bedingung als Synonym des LEBEDEWschen betrachtet werden, daß wir ihn in dem theoretischen Sinne gebrauchen, den ihm LEBEDEW gibt. Wie wir bereits sahen, entspricht dieser nicht der Größe der MMW, die nach den von LEBEDEW vorgeschlagenen Methoden bestimmt wird.

Wir verweisen hierbei auf den Vorschlag KOLOSKOWS (1938), außerdem noch eine M a x i m a l e m o n o m o l e k u l a r e W a s s e r k a p a z i t ä t zu unterscheiden. Das ist die Wassermenge, die vom Boden als Wasserhaut von der Stärke eines Moleküls sorbiert werden kann. Dieser Vorschlag ist zwar interessant, kann jedoch vorläufig praktisch nicht ausgewertet werden, weil zur Bestimmung dieser Größe die Methoden fehlen.

Wir werden nach KOLOSKOW diejenige Wassermenge, die vom Boden durch die Adsorptionskräfte zurückgehalten werden kann, d. h. also die Höchstmenge an fest gebundenem Wasser, als M a x i m a l e A d s o r p t i o n s - W a s s e r k a p a z i t ä t (MAW) bezeichnen.

Setzen wir nun die Diskussion der Ansichten LEBEDEWS fort.

DOLGOW äußert sich dahingehend, daß die Tatsachen, die von LEBEDEW als Eigenschaften der fest gebundenen Wasserhaut behandelt werden, „. . . auch vom Standpunkt der kapillaren Wasserhaltung leicht erklärt werden können".

Diese Auffassung erscheint uns überaus kategorisch. Es ist zweifellos richtig, daß am Zurückhalten des Wassers in den zentrifugierten Bodenproben in vielen Fällen Kapillarkräfte beteiligt sind, worauf erstmalig wohl Koloskow (1939) hingewiesen hat. Aber ebenso offensichtlich ist erstens, daß auch die Sorptionskräfte beteiligt sind und zweitens, daß diese in manchen Fällen nicht nur stark vorherrschen, sondern eine ausschlaggebende Rolle spielen können. Der letzte Fall kann unter anderem dann eintreten, wenn das gesamte Porenvolumen mit Wasser angefüllt ist und deshalb keine Menisken auftreten können. Einen solchen Fall hat Dolgow beschrieben. Als Probe Nr. 15 diente in seiner Arbeit ein schwerer diluvialer Ton aus Lenkoran, aus einer Tiefe von 40 bis 60 cm. Dolgow bemerkt dazu (1948, S. 27), daß dieser Ton die einzige Probe war, die beim Zentrifugieren eine MMW ergab, die bedeutend höher lag als nach der Methode des „Hüllengleichgewichtes“. Er erhielt folgende Werte der „Maximalen molekularen Wasserkapazität“ (in Prozenten):

Nach der Zentrifugiermethode		43,84%
Nach der Methode des Hüllengleichgewichts		
	bei 64 at	27,77%
	bei 165 at	24,13%
	bei 350 at	19,51%.

Durch Zentrifugieren dieses Tones konnte Dolgow das Wasser nicht ausschleudern, weil der Ton sich verdichtete und dadurch seine Wasserdurchlässigkeit verlor. Anstatt herausgeschleudert zu werden, sammelte sich das Wasser über der Tonschicht an.

Für die gleiche Probe finden wir in der Arbeit Dolgows den Wert für die Kapillare Wasserkapazität, die für eine Säule von 1 cm Höhe mit 43,8% bestimmt wurde und damit mit der Größe der Maximalen Wasserkapazität übereinstimmt. Die volle Wasserkapazität, die für den gleichen Ton berechnet wurde, lieferte fast denselben Wert von 41,1%.

Hiernach hatte derselbe Ton den gleichen Feuchtigkeitsgehalt, unabhängig davon, ob die Bestimmung durch „kapillares“ Aufsaugen erfolgte oder ob das Wasser von einem Kraftfeld zurückgehalten wurde, welches das 18000fache der Schwerkraft betrug. In beiden Fällen war das Porenvolumen vollkommen mit Wasser ausgefüllt. Deshalb ist schwerlich anzunehmen, daß in der zentrifugierten Probe Kapillarkräfte am Zurückhalten des Wassers beteiligt sind. Fraglos spielten hier die Sorptionskräfte eine wichtige oder sogar ausschlaggebende Rolle. Sie bedingten auch vornehmlich das Aufsaugen des Wassers bei der Bestimmung der „kapillaren Wasserkapazität“, obgleich an der Benetzungsgrenze auch die Kapillarkräfte beteiligt sein könnten.

Es muß festgestellt werden, daß der Ton beim Zentrifugieren entgegen der Behauptung Dolgows offenbar keine Verdichtung erfahren hat. Der Feuchtigkeitsgehalt hätte sonst unter 43,8% liegen müssen (diesen Wert erhält man beim freien Aufsaugen des Wassers), weil bei einer Verdichtung Wasser aufgesaugt wird. Hieraus kann ferner die Schlußfolgerung gezogen werden, daß dieses Wasser durch starke Kräfte zurückgehalten wird.

Der von DOLGOW für die Maximale molekulare Wasserkapazität dieses Tones gefundene Wert von 43,8% kann nicht als zufällig angesehen werden; ähnliche Werte wurden auch von anderen Forschern ermittelt.

LEBEDEW bestimmte die Maximale molekulare Wasserkapazität nach der Zentrifugenmethode für einzelne Fraktionen und fand für die kleinste Fraktion (< 0,005 mm) einen Wert von 44,85%.

FRANZESSON (1947) fand für Brocken, die er aus einem mit Calcium gesättigten Tschernosjom anfertigte (Teilchen < 0,001 mm), nach längerer Sättigung eine kapillare Wasserkapazität von 43,1%.

SCHAROW (1941) beobachtete die Synäresis bei Proben von Grosnensker Ton, der mit verschiedenen Kationen gesättigt war. Die weichgekneteten und ausreichend benetzten Proben wurden in Exsikkatoren mit reinem Wasser gebracht, Die Proben verloren ihr Wasser solange, bis der Feuchtigkeitsgehalt eine gewisse Grenze erreicht hatte. Die Versuchsergebnisse sind aus Tab. 38 zu ersehen.

TABELLE 38

Wasserentzug aus überschüssig angefeuchteten Proben Grosnensker Tones in reinem Wasserdampf nach SCHAROW (1941)

Sorbiertes Kation	Feuchtigkeitsgehalt der Proben in % vom Gewicht des trocknen Tons nach		
	1 Monat	8 Monaten	30 Monaten
Na	116,7	102,7	63,5
K	85,4	51,0	30,1
Mg	68,9	49,1	42,9
Ca	67,5	49,1	43,4
Al	78,6	54,2	43,3
Fe	77,4	55,4	43,4
H	79,2	57,8	44,1

Auch hier finden wir für die Proben, die mit Magnesium, Calcium, Aluminium, Eisen und Wasserstoff abgesättigt waren, die gleichen Werte von 43 bis 44%.

Alle diese Angaben mehrerer Autoren, die an den verschiedenen Fragen mit stets verschiedenen Bodenproben arbeiteten und vollkommen unterschiedliche Methoden anwendeten, können nicht zufällig übereinstimmen. Warum stimmen ihre Ergebnisse überein und was stellt der Feuchtigkeitswert von 43 bis 44% dar?

Alle Proben, die diese Unterlagen lieferten, haben gemeinsame Wesenszüge. Erstens waren sie entweder mit zweiwertigen Kationen oder mit den Kationen von Aluminium, Eisen und Wasserstoff gesättigt (in den Versuchen SCHAROWS); zweitens waren sie entweder strukturlos (Zerreiben des Tons zu Brei bei SCHAROW), oder sie stellten eine Schlammfraktion (bei LEBEDEW und bei FRANZESSON) dar. Der Lenkoransker Ton DOLGOWS bestand fast vollständig aus Partikeln unter 0,02 mm, wobei über 54% der Teilchen kleiner als 0,002 mm waren. Gerade dieser letzte Umstand — die Strukturlosigkeit der Proben — war offenbar von ausschlaggebender Bedeutung. Das Porenvolumen war so gering, daß das gesamte Wasser unter der Einflußsphäre der molekularen Kräfte stand, d. h. in gebundenes Wasser umgewandelt wurde. Deshalb kann man den ermittelten Feuchtigkeitswert von 43 bis 44% vermutlich als die Maximale Adsorptions-Wasserkapazität von tonigen strukturlosen Böden ansprechen, die mit zwei- oder dreiwertigen Kationen gesättigt sind. Diese Annahme bedarf übrigens einer weiteren experimentellen Nachprüfung.

Da in den Versuchen von Dolgow dieses Wasser auch beim Zentrifugieren mit einer Beschleunigung von 18000 g nicht entfernt werden konnte, so muß es von sehr großen Kräften zurückgehalten werden. Diese Kräfte verursachten offenbar nicht nur das Zurückhalten, sondern auch das Aufsaugen von Wasser in den Versuchen Franzessons und bei der Bestimmung der „kapillaren Wasserkapazität" in den Versuchen Dolgows.

Wir kommen somit zu der Schlußfolgerung, daß für strukturlose, feinporige tonige Böden, in denen Kapillarkräfte nicht auftreten können, die Ansichten Lebedews durchaus zutreffen. Für Böden von sandiger Textur und Lehme mit gut ausgeprägter Makro- oder Mikrostruktur gilt die Auffassung Lebedews in ihrer strengen Form nicht. Das Verhalten des Wassers wird in diesem Falle sowohl von den Sorptions- als auch von den Kapillarkräften bestimmt.

3. Die „salzfreie Wasserhaut"[1]

Wir wenden uns jetzt den Faktoren zu, die die Eigenschaften des gebundenen Wassers bestimmen. Eine der wichtigsten Eigenschaften besteht darin, daß das gebundene Wasser offensichtlich fast völlig die Fähigkeit verliert, Salze und andere Stoffe zu lösen. Hierauf beruht die weitverbreitete Methode zur Bestimmung des gebundenen Wassers.

Im Boden, wurden diese Erscheinungen wahrscheinlich erstmalig von Trofimow (1925 u. 1927) untersucht. Wenn wir den Boden mit der Lösung irgendeines Stoffes in Berührung bringen, der keine chemische oder sorptive Bindung mit dem Boden eingehen kann, und anschließend die Lösung vom Boden trennen, so ist die Konzentration der Lösung höher als vorher. Der Versuch kann sowohl mit trockenem als auch mit feuchtem Boden (z. B. lufttrockenem) durchgeführt werden; im letzten Falle muß jedoch das im Boden vorhandene Wasser bei der Berechnung der Ausgangskonzentration der Lösung berücksichtigt werden. Trofimow verfolgte die Veränderungen in der Konzentration der Chlor-Ionen, der gelösten Alkalie- und Erdalkaliesalze, die vom Boden nicht sorbiert werden können. Später verwendeten andere Forscher, z. B. Dumanski (1934), für diesen Zweck Rohrzucker. Es ist empfehlenswert, die Versuche bei einem möglichst engen Verhältnis von Lösung zu Boden durchzuführen, weil bei Verwendung großer Flüssigkeitsmengen die Erhöhung der Konzentration so gering ist, daß sie sich kaum bestimmen läßt.

[1] Im Russischen: „der nicht lösende Raum". (Anm. d. Herausgebers)

In der Tab. 39 bringen wir ein Versuchsergebnis von Trofimow, das er mit Tschernosjom aus Saratow erzielte.

TABELLE 39

Die Veränderung der Konzentration bei der Einwirkung des Bodens nach Trofimow

Wasser-gehalt in 100 g Boden	Volumen der zugegebenen $CaCl_2$-Lösung in cm^3	Während der Versuchsdauer verdunstete Wassermenge in g	Konzentration der Chloride in Bruchteilen der Normalen			Verhältnis der Konzentration (3):(2)	Erhöhung der Konzentration in %
			In der Wasserkontrolle (1)	In der Ausgangslösung (2)	In der Bodenlösung (3)		
4,26	35,41	0,33	0,00046	0,00592	0,00748	1,317	31,7
4,08	35,00	0,20	0,00032	0,01031	0,01252	1,314	31,4
4,08	35,00	0,30	0,00032	0,02506	0,02918	1,276	27,6
4,08	35,00	0,33	0,00032	0,05127	0,05743	1,233	23,3
4,08	34,95	0,27	0,00032	0,1036	0,1139	1,216	21,6
4,08	34,80	0,25	0,00032	0,1963	0,2091	1,181	18,1
4,26	35,75	0,30	0,00046	0,2600	0,2730	1,168	16,8
4,26	34,53	0,40	0,00046	0,5380	0,5640	1,164	16,4
4,08	33,95	0,30	0,0003	1,046	1,081	1,135	13,5
4,26	35,25	0,20	0,0003	4,352	4,720	1,081	8,1

Die in der Tabelle angeführten Werte zeigen deutlich, daß sich die Konzentration der Chlor-Ionen mit der Wechselwirkung zwischen der Chlorcalciumlösung und dem Boden erhöht. Hierbei ist die relative Erhöhung um so geringer, je größer die Konzentration selbst ist.

Die von Trofimow beobachtete Erscheinung bezeichnet man als „negative Adsorption“. Nach Trofimow liegt ihr die Inhomogenität der Bodenlösung zugrunde, die dadurch hervorgerufen wird, daß sich ein Teil in adsorbiertem und der andere in freiem Zustand befindet.

Trofimow (1925) bemühte sich, die Menge der adsorbierten Lösung oder „das Volumen des salzfreien Wasserfilms“ zu ermitteln: Er schreibt: Das kleinste Maß werden wir für das Häutchen dann finden, wenn wir von der schematischen Voraussetzung ausgehen, daß zwischen der adsorbierten und der freien Lösung eine scharfe Grenze besteht und daß der Stoff im Falle einer negativen Adsorption vollkommen aus der Oberfläche der Zone entfernt wird. Bezeichnen wir das Volumen der Lösung mit V mit der Anfangskonzentration C_1 und die nach Mischung mit der Einheit des Adsorbenten (Boden) entstehende höhere Konzentration C_2, so gilt folgende Gleichung:

$$C_1 V = C_2 (V - x),$$

woraus sich

$$x = \frac{C_2 - C_1}{C_2} V$$

ergibt; hierbei ist x gleich dem minimalen Volumen des salzfreien Wasserfilms.

Trofimow berechnete mit dieser Formel die Größe x für verschiedene Böden. Die x-Werte waren um so geringer, je höher die Konzentration der Chlorcalciumlösung war. Für die verschiedenen Konzentrationen dieser Lösung fand Trofimow folgende Werte:

	Hygroskopizität in %	Volumen x des salzfreien Films in cm^3/100 g Boden
Tschernosjom	10,5	von 4,10 bis 9,95
Lehm I	3,36	von 0,79 bis 4,50
Lehm II	3,50	von 2,60 bis 5,00
Podsol	1,45	von 0,70 bis 1,05

Die Reihenfolge, in der die Hygroskopizität und die x-Werte einander folgen, ist die gleiche; das Verhältnis zwischen ihnen ist jedoch für die verschiedenen Böden unterschiedlich. Nach diesen Versuchen Trofimows liegt im allgemeinen „... das Volumen des adsorbierten Teiles der Bodenlösung, die frei von Chloriden und Nitraten ist, für natürliche Konzentrationen der Bodenlösung zwischen dem einfachen und zweifachen Betrag der Maximalen Hygroskopizität“.

Weiter stellt Trofimow fest, daß die Abhängigkeit, die zwischen der Größe des salzfreien Films und der Konzentration des Elektrolyts besteht, der Adsorptionsgleichung von Freundlich gehorcht; er findet folgende Werte:

Für Tschernosjom $a = 4{,}95 \cdot C^{-0{,}15}$
Für Lehm I $a = 1{,}00 \cdot C^{-0{,}29}$
Für Lehm II $a = 1{,}45 \cdot C^{-0{,}24}$
Für Podsol $a = 0{,}75 \cdot C^{-0{,}11}$

wobei a das Volumen des salzfreien Wasserfilms und C die Gleichgewichtskonzentration der Cl-Ionen ist.

Zusammenfassend äußert sich Trofimow über die Ursachen dieser Erscheinung wie folgt: „Die untersuchten Elektrolyte (Chloride des Ca sowie der Alkalien und $Ca(NO_3)_2$) sind ungleichmäßig in der Bodenlösung verteilt; infolge ihrer negativen Adsorption durch den Boden ist ihre Konzentration in den Oberflächenschichten der Bodenlösung wenn auch nicht gleich Null, so doch in jedem Falle um ein Vielfaches geringer als in der restlichen Lösung“.

1927 schlägt Trofimow eine neue Methode zur Bestimmung des „Filmvolumens“ vor. Man läßt eine Salzlösung von bekannter Konzentration (es wurden 0,01 n $Ca(NO_3)_2$ und 0,01 n $CaCl_2$ verwendet) durch eine Bodensäule sickern, das Filtrat wird in Anteilen aufgefangen und darin die Konzentration der Anionen bestimmt. Es erweist sich, daß z. B. bei Verwendung eines lufttrokkenen Bodens die Konzentration der ersten Anteile des Filtrats wesentlich höher ist als die der Ausgangslösung, weil der Boden aus der Lösung Wasser aufnimmt. Wird der Versuch solange fortgeführt, bis die Konzentration des Filtrates derjenigen der Ausgangslösung gleich ist, so kann man, da Volumen und Konzentration der Anteile des Filtrates bekannt sind, berechnen, welche Wassermenge vom Boden festgehalten wurde. Führt man den gleichen Versuch mit einem Boden von hohem Wassergehalt durch, so kann man das Volumen des „Films“ ermitteln, wenn Volumen und Konzentration der Anteile des Filtrates wie auch Ausgangs- und Endfeuchtigkeitsgehalt des Bodens bekannt sind. Die Versuche TROFIMOWS mit Tschernosjom aus dem Kuban, bei denen 0,01 n $CaCl_2$-Lösung angewendet wurde, haben gezeigt, daß unabhängig vom ursprünglichen Wassergehalt des Bodens in beiden Fällen das Volumen des „Films“ das gleiche war: 11,45% im ersten und 11,9% im zweiten Fall. Sowohl hier als auch in den Versuchen mit Tschenosjom aus Saratow erwies es sich, daß das Volumen des „salzfreien Wasserfilms“ der Maximalen Hygroskopizität sehr nahe kommt.

TROFIMOW ergänzte diese Versuche durch nachträgliches Verdrängen der zurückgehaltenen Lösung. Er zeigte damit, daß diese Lösung bis zum Schluß die Chlorkonzentration der angewendeten Lösung beibehält. Nachdem TROFIMOW anschließend den restlichen Wassergehalt im Boden bestimmt hatte, stellte er fest, daß das maximale Volumen des „salzfreien Wasserfilms“ diese restliche Wassermenge nicht übersteigt. In den drei untersuchten Böden betrug diese Menge das 2,0- bis 2,7fache des minimalen Filmvolumens.

Ferner erkannte TROFIMOW, daß die „negative Adsorption“ bei Verwendung von Kohlehydraten wesentlich geringer ist als bei Verwendung von Salzen. Folglich muß in diesem Fall auch das Volumen des salzfreien Wasserfilms bedeutend kleiner sein.

TROFIMOW führt dazu aus, daß „. . . die Verringerung des Wasserfilms nur durch ionisierte Verbindungen hervorgerufen werden kann“. Weiter spricht er davon, daß „als Ergebnis der negativen Adsorption von Elektrolyten durch den Boden sich ein elektrisch geladener Wasserfilm an der Oberfläche der Partikel bildet: seine Größe steht in engstem Zusammenhang mit der Ladung der Bodenpartikel und wird in erster Linie durch die Konzentration der Salze in der umgebenden Lösung bestimmt; sie hängt nur ganz unbedeutend von dem Vorhandensein anderer elektrisch neutraler Moleküle ab“. Die Veränderung des Filmvolumens führt TROFIMOW auf den kolloidalen Zustand des Bodens, vornehmlich auf den Grad seiner Koagulation zurück, denn „. . . die Verringerung des Volumens des Wasserfilms im Boden . . . verläuft parallel mit der Entladung der Partikel und ihrer Dehydratation, während eine Vergrößerung des Volumens umgekehrt parallel mit der Ladung, Hydratation und Peptisation der Partikel auftritt“.

Das Wasser der „salzfreien Wasserhaut“ ist nach TROFIMOW gebundenes Wasser.

Wir haben uns bewußt mit der ausführlichen Beschreibung der Arbeiten und Ansichten TROFIMOWS beschäftigt, weil gerade von ihm die Frage nach dem gebundenen Wasser im Boden richtiggestellt und sorgfältig untersucht wurde. Die Anschauungen TROFIMOWS haben ihre Bedeutung bis auf den heutigen Tag behalten; sie bedürfen nur weniger Ergänzungen.

Bei Dumanski finden wir umfangreiches Material über das gebundene Wasser. Er hat eine bessere Bestimmungsmethode, die „Indikatormethode“, ausgearbeitet. Auch diese Methode ist bereits von Trofimow vorgeschlagen worden; sie beruht auf der „negativen Adsorption“ verschiedener Stoffe, die in das zu untersuchende System eingeführt werden. Mit anderen Worten: Die Menge an gebundenem Wasser wird als dasjenige Wasser bestimmt, das den eingeführten Stoff nicht löst. Wie wir bereits bei Trofimow sahen, ist das eine relative Methode. Als Indikator benutzt Dumanski in seinen Untersuchungen meistens Rohrzucker. Für die Bestimmung des gebundenen Wassers muß dieser Indikator als nicht ganz einwandfrei angesehen werden, weil er unter gewissen Voraussetzungen vom Boden sorbiert wird. Antipow-Karatajew und Antipowa-Karatajewa (1935) beobachteten die Sorption von Zucker durch den Boden bei hoher Konzentration der Zuckerlösung ohne Elektrolyte sowie bei wesentlich

TABELLE 40

Gehalt an gebundenem Wasser in Böden nach Dumanski und Dumanskaja (1934)

Lfd. Nr. der Schürfung	Bodentyp	Tiefe der entnommenen Probe in cm	Gehalt an hygroskopischem Wasser in %	Gehalt an gebundenem Wasser in %
1265	Südl. Tschernosjom	1—10	7,07	7,59
		20—30	6,66	7,13
2698	gewöhnl. Tschernosjom	0—10	6,65	7,08
		20—30	6,82	7,35
25	tiefgründ. Tschernosjom	0—10	6,85	7,03
		20—30	7,06	7,59
660	ausgelaugter Tschernosjom	0—10	5,84	6,92
		20—30	6,03	6,79
	stark ausgelaugter Tschernosjom	0—10	3,68	3,82
		20—30	3,19	3,24
753	gewöhnlicher Tschernosjom	0—10	7,22	7,84
		20—30	7,77	8,84
1217	Solonez	0—10	5,90	6,37
		20—30	5,99	6,37
112	dunkelgrauer Boden	0—10	3,50	3,64
		20—30	3,52	4,19
		60—70	3,28	4,12
1654	grauer Boden	0—10	2,88	2,96
		20—30	2,57	2,63
1143	hellgrauer Boden	0—10	2,85	2,93
		20—30	2,88	2,91
		60—70	5,53	5,85
111	schwach podsolierter Grasnarbeboden	12—25	2,70	3,30

geringerer Konzentration der Zuckerlösung mit Elektrolyten, beginnend mit 0,1 bis 0,2 n der letzteren. Deshalb können keine genauen Resultate erhalten werden, wenn man als Indikator Zucker verwendet.

Unter diesem Vorbehalt wollen wir einige Angaben von DUMANSKI und seinen Mitarbeitern betrachten soweit, sie sich auf Böden erstrecken. Der größte Teil der Untersuchungen DUMANSKIS bezieht sich auf anderes Material (vgl. Tab. 40). Als Indikator verwendeten die Verfasser eine 20- bis 25%ige Zuckerlösung. In ihren Schlußfolgerungen unterstreichen sie, daß der Gehalt an gebundenem Wasser der Hygroskopizität (in lufttrockenen Proben) sehr nahe kommt.

DOLGOW (1948) wendete bei der Bestimmung des gebundenen Wassers in einigen Böden die Methode DUMANSKIS an. Einige seiner Versuchsergebnisse sind in der Tab. 41 und in graphischer Form in Abb. 33 angeführt.

TABELLE 41

Gebundenes Wasser, Maximale Hygroskopizität und Maximale molekulare Wasserkapazität nach DOLGOW (1948)

Zuckerlösung		Menge an gebundenem Wasser in Prozenten zum Gewicht des trockenen Bodens					
Konzentration in %	Osmotischer Druck in atm	Schluffiger Lehm	Löß	Tschernosjom	dunkelkastanienfarbiger Boden	Podsolboden Horizont A_2	Grauerde
2,2	1,6	7,30	10,10	24,56	11,37	9,57	12,54
5,4	4,3	2,98	6,00	11,87	7,78	3,21	5,44
8,4	6,3	1,58	4,32	11,08	6,73	2,68	4,60
20,6	19,0	1,27	3,86	11,06	6,53	2,02	3,59
30,5	33,5	1,52	3,00	8,16	6,71	2,36	2,69
40,7	56,8	2,15	2,80	9,65	7,18	3,14	3,43
MMW (Zentrifugenmethode)		7,09	10,11	28,68	21,28	7,48	15,54
MH		2,04	3,96	12,95	9,49	2,16	3,26

Bei hohen Zuckerkonzentrationen nimmt wider Erwarten das gebundene Wasser zu.

DOLGOW diskutiert diese Werte und stellt fest, daß das Volumen des gebundenen Wassers zwischen 8 bis 40% — einem Intervall von 7 bis 50 at entsprechend — praktisch konstant bleibt. In Anlehnung an andere Forscher bezeichnet DOLGOW dieses Wasser als „fest gebunden“. Diese Herausstellung als besondere Wasserform wird durch die auf der Abb, 31 fast vertikal verlaufenden Kurvenabschnitte gerechtfertigt. Aus den Angaben der Tab. 41 kann man schließen, daß der Gehalt an „fest gebundenem Wasser“ fast in allen Fällen etwas geringer als die Maximale Hygroskopizität ist. Wenn man davon ausgeht, daß der Gehalt an „fest gebundenem Wasser“, beginnend mit einer gewissen minimalen Konzentration der verwendeten Lösung, eine konstante Größe ist, kann dieser Gehalt als Maß für die Höchstmenge an fest gebundenem Wasser angenommen werden, also für die Maximale Adsorptions-Wasserkapazität. Somit erweist sich die Bestimmungsmethode des salzfreien Wasserfilms zugleich als maßgeblich für die Bestimmung des Wertes MAW.

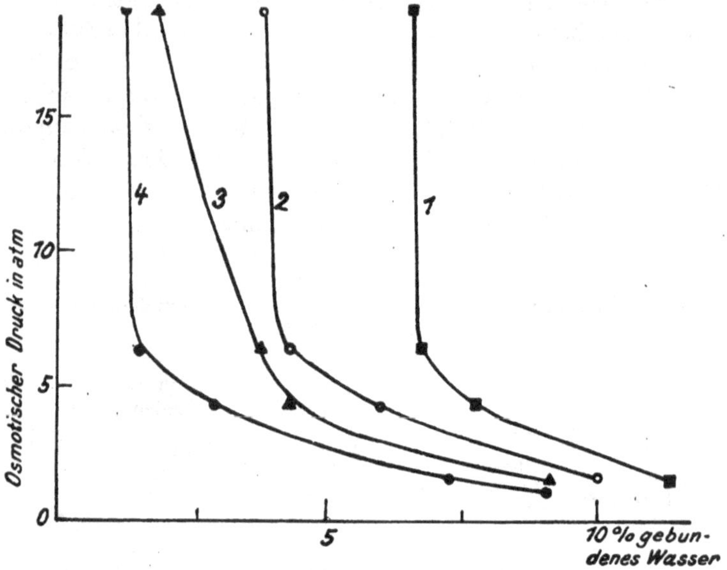

Abb. 33. Abhängigkeit des Gehaltes an gebundenem Wasser vom osmotischen Druck einer Zuckerlösung in verschiedenen Bodentypen

1 — Dunkel kastanienfarbiger Boden; *2* — Löß; *3* — Grauerde aus Pachta-Aral; *4* — schluffiger Lehm

In dem Konzentrationsintervall von 8 bis 2%, das dem Intervall des osmotischen Druckes von 6,9 bis 1,5 atm entspricht, steigt die Menge an fest gebundenem Wasser rasch an, und zwar bei einer 2%igen Konzentration der Lösung auf das 2- bis 4fache der Größe MH. Da dieser Teil des gebundenen Wassers sich leicht bei geringfügiger Erhöhung des osmotischen Druckes von den Bodenpartikeln lösen läßt, ist es zweckmäßig, dieses Wasser als „labil gebundenes" Wasser zu bezeichnen.

In der Mehrzahl der nicht versalzten Böden beträgt der osmotische Druck der Bodenlösung gewöhnlich 1 bis 1,5 at. Nach TROFIMOW (1924), der den Podsol des Versuchsfeldes der Timirjasew-Landwirtschaftsakademie untersuchte, schwankte der osmotische Druck der Bodenlösung im Laufe des Sommers von 0,35 bis 1,60 at. Nach MAGISTAD und REITMEYER (1943) liegt der osmotische Druck schwach salziger Böden bei einem Feuchtigkeitsgehalt des Bodens, der dem Welkepunkt entspricht, nicht über 1,8 at.

Bei diesem niedrigen osmotischen Druck kann der Gesamtgehalt an gebundenem Wasser in den Böden das 2- bis 4fache der MH und sogar mehr betragen. Erhöht sich der osmotische Druck, z. B. infolge verringerter Feuchtigkeit des Bodens, so geht der Gehalt an gebundenem Wasser zurück.

Auf diesen Gehalt wirken sich auch Benetzen und Austrocknen des Bodens aus. Nach den Angaben FRANZESSONS (1947) betrug der Gehalt an gebundenem Wasser in einem Tschernosjom aus Kusnesk:

bei natürlicher Feuchtigkeit	17,4%
im lufttrockenen Boden	15,7%
bei 45° getrocknet	14,2%
bei 105° getrocknet	10,8%
lufttrockener Boden, der anschließend mit Wasser bis zu 44% benetzt wurde, nach 48 Std.	16,6%.

Offenbar ruft Austrocknen eine Verringerung der Oberfläche und eine starke Dehydratation eines Teiles der Kolloide hervor. Ihre erneute Quellung stellt einen langwierigen Vorgang dar.

Die Zerstörung der natürlichen Struktur verzögert wesentlich den Bewegungsprozeß von Wasser und Salzen. Nach FRANZESSON (1947) betrug der Gehalt an gebundenem Wasser:

im Rohboden mit natürlicher Struktur	nach	1 Std.	17,4%
	nach	24 Std.	17,4%
im durchkneteten Boden	nach	1 Std.	24,3%
	nach	24 Std.	19,6%.

Diese Angaben lassen erkennen, daß in einem Boden mit natürlicher Struktur die Wassermenge, die „von der Diffusion der Cl-Ionen nicht berührt wird“, eine konstante Größe darstellt, die mit dem Gehalt an „gebundenem Wasser“ übereinstimmt. In einem durchgekneteten Boden wird das Gleichgewicht im Laufe einer Stunde nicht wiederhergestellt, d. h. die Diffusion dauert an; es ist richtiger, diesen Wassergehalt als „nicht von der Diffusion berührt“ zu bezeichnen. Diese Tatsache weist darauf hin, daß die Struktur der Hohlräume im durchgekneteten Boden eine ganz andere ist als im natürlichen. FRANZESSON schreibt: „In den natürlichen Bodenaggregaten besteht eine scharfe Grenze zwischen den Poren, die mit freiem Wasser angefüllt sind und in denen die Diffusion der Elektrolyte ungehindert und verhältnismäßig rasch vor sich geht, sowie zwischen den mit gebundenem Wasser angefüllten Poren, in die die Elektrolyte nur langsam und schwer eindringen. In den Aggregaten der durchgekneteten Bodenmasse ist diese Grenze zwischen den beiden Bodentypen verwischt, da infolge der Dispergierung, die beim Durchkneten des Bodens vor sich geht, die das freie Wasser enthaltenen größeren Poren mit feindispersen Teilchen angefüllt werden. Dadurch entstehen in der Bodenmasse viele neue, mit labil gebundenem Wasser angefüllte feine Poren, worauf KATSCHINSKI (1945) hinwies. Die mit freiem Wasser angefüllten Poren verringern sich jedoch stark. Daraus resultiert, daß ein wesentlicher Teil des freien Wassers im Boden in „labil gebundenes“ übergeht.

Auch ALTEN und KURMIES (1935) bestimmten den Gehalt an gebundenem Wasser für Bentonit, gesättigt mit verschiedenen Kationen, nach der Methode der negativen Sorption von TROFIMOW. Leider geben die Verfasser nicht die

Maximale Hygroskopizität für diesen Bentonit, sondern nur seine Austauschkapazität an. Diese beträgt 95 Milliäquivalent je 100 g. Berücksichtigt man, daß auf 1 Milliäquivalent für gewöhnlich 20 Millimol Wasser entfallen, und zwar bei einem Feuchtigkeitsgehalt, der der MH (s. Tab. 20 u. 21) entspricht, so kann man die MH für den gegebenen Bentonit folgendermaßen annähernd berechnen:

$$20 \times 95 \times 0{,}018 = 34\%.$$

Die Ergebnisse der Bestimmungen von ALTEN und KURMIES bringen wir in Tab. 42.

TABELLE 42

Gehalt des Bentonits an gebundenem Wasser nach ALTEN und KURMIES (1935)

Sorbiertes Kation	Salzlösung	Berechnung erfolgte für	Gehalt an gebundenem Wasser in cm^3/100 g bei einer Konzentration der Salzlösung von				
			0,1 n	0,2 n	0,5 n	1,0 n	2,0 n
Na	NaCl	Anion	89	70	48	36	26
		Kation	90	68	46	38	25
Na	Na_2SO_4	Anion	106	76	50	37	32
		Kation	108	76	50	39	32
K	KCl	Anion	34	27	18	14	11
		Kation	35	24	19	14	11
Mg	$MgCl_2$	Anion	34	32	29	27	23
		Kation	37	30	26	26	22
Mg	$MgSO_4$	Anion	16	19	22	26	29
		Kation	16	19	22	26	29
Ca	$CaCl_2$	Anion	33	30	27	26	22
		Kation	38	29	27	25	22

Aus diesen Angaben geht hervor, daß im Bentonit, der mit Kalium, Magnesium und Calcium gesättigt ist, der Gehalt an gebundenem Wasser bei einer Salzkonzentration von 0,1 n nicht höher ist als die Maximale Hygroskopizität. Bei Erhöhung der Konzentration auf 2 n wird der Gehalt an gebundenem Wasser wesentlich herabgesetzt, besonders stark für einen mit Kalium gesättigten Bentonit. Eigenartig ist das Verhalten des aus einer $MgSO_4$-Lösung mit Magnesium gesättigten Bentonits, in dem der Gehalt an gebundenem Wasser mit Erhöhung der Konzentration zunimmt. Bei einem mit Natrium belegten Bentonit ist der Gehalt an gebundenem Wasser bei niedriger Konzentration der Salzlösung etwa dreimal so hoch wie die MH. Wir sind der Meinung, daß der höhere Gehalt an gebundenem Wasser bei Sättigung des Bentonits mit Natrium-Ionen hauptsächlich auf den Zerfall der Aggregate in primäre Teilchen zurückzuführen ist.

4. Die physikalischen Eigenschaften des „gebundenen Wassers“

Das „gebundene Wasser“ weist eine Reihe von Eigenschaften auf, die sich wesentlich von denen des gewöhnlichen Wassers unterscheiden. Eine dieser Eigenschaften, das Unvermögen, Elektrolyte oder andere wasserlösliche Stoffe aufzulösen, haben wir bereits besprochen. Wir wenden uns jetzt den mechanischen Eigenschaften des fest gebundenen Wassers zu.

In den Untersuchungen DERJAGINS (1932, 1934 u. 1935) finden wir wertvolles Material, insbesondere über die Stärke des salzfreien Wasserfilms. DERJAGIN wandte bei der ersten Arbeit (1932) eine originelle Methode an. Es gelang ihm nachzuweisen, daß sich auf einer flachen Glasoberfläche ein Film von „gebundenem Wasser“ bildet, der von einer Stärke von 0,075 μ an die Merkmale eines elastischen festen Körpers zeigt. DERJAGIN (1934) nimmt folgendes an: Während die erste Schicht der Flüssigkeitsmoleküle durch die Anziehungskraft festgehalten wird, die von der Oberfläche des festen Körpers ausgeht, wird die zweite Molekülschicht der Flüssigkeit bereits von der Anziehungskraft zurückgehalten, die von der ersten Schicht ausgeht. In diesen Versuchen DERJAGINS hatte der Film eine Stärke von $\frac{75 \cdot 10^{-7}}{2,76 \cdot 10^{-8}} = 270$ Wassermolekülen.

In einer anderen Arbeit (1935) zeigte DERJAGIN, daß beim Eintauchen von zwei sich berührenden Lamellen fester Stoffe (in den Versuchen wurde Glimmer und Stahl benutzt) in eine Flüssigkeit, diese langsam zwischen die Lamellen eindringt, wobei auf den inneren Oberflächen Filme gebildet werden, die die Lamellen auseinanderdrücken. Die Stärke der sich zwischen den Lamellen bildenden Flüssigkeitsschicht ist umgekehrt proportional dem Druck, der auf die Lamellen ausgeübt wird. In den Versuchen DERJAGINS mit Glimmer betrug der Druck 4,4 g/cm^2; das Wasser bildete einen Film von 1,2 bis 2,1 μ. Diese Schichtstärke entspricht 4300 bis 7500 Wassermolekülen.

Aus den Versuchen DERJAGINS geht also hervor, daß der Film aus Hunderten und Tausenden von Molekularschichten bestehen kann.

Kann man diese Versuchsergebnisse unmittelbar auf die Erscheinungen des gebundenen Wassers im Boden übertragen? Ein wesentlicher Einwand besteht in der Tatsache, daß diese Versuche mit großen flachen Oberflächen durchgeführt wurden, während der Boden aus kleinen Partikeln der verschiedensten Formen besteht. Wir können die Bodenteilchen grob in zwei Gruppen einteilen. Die erste Gruppe ist dadurch gekennzeichnet, daß die Teilchen eine dreidimensionale Form — im Idealfall eine Kugel — aufweisen, die oft auch abgeschliffen ist. Zu dieser Gruppe gehören die Partikel von Quarz, Feldspat und auch von anderen weniger verbreiteten Primärmineralien, die vornehmlich in den Fraktionen über 0,001 mm enthalten sind. Die zweite Gruppe ist durch lamellenartige Form gekennzeichnet. Hierzu gehören die verbreiteten Tonmineralien (Montmorillonit, Kaolinit u. a.).

Bei der Beantwortung der Frage, ob die Schlußfolgerungen DERJAGINS auf diese beiden Gruppen angewendet werden können, treten hauptsächlich bei der ersten Gruppe Zweifel auf. Als wir über die Stärke der hygroskopischen Wasserhülle sprachen, wiesen wir bereits darauf hin, daß mit Abnahme der Teilchengröße und demzufolge mit Erhöhung ihrer Oberfläche die Dicke der Schicht abnimmt. Das ist darauf zurückzuführen, daß bei vergrößerter Oberfläche der negative Gradient des Kraftfeldes zunimmt. Es scheint so, als ob an den Partikeloberflächen mit stärkerer Krümmung die Dicke des Films geringer sein müßte als die von DERJAGIN gefundene.

Zur Prüfung dieser Schlußfolgerung, gibt es in der Literatur sehr wenig Tatsachenmaterial weil die Experimente mit großen Schwierigkeiten verbunden sind. Einige Angaben liegen jedoch vor, wenn auch die Methodik als nicht ganz einwandfrei bezeichnet werden muß.

PETTIJOHN (1919) führte seine Versuche mit Sand verschiedener Korngröße und mit Glaskugeln durch. Proben aus trockenem Sand oder aus Glaskugeln wurden in einem Kolben solange unter stetigem Schütteln mit Wasser vorsichtig angefeuchtet, bis die Kugeln oder Sandkörnchen an den Wänden des Kolbens hafteten. Nach Meinung des Verfassers erreicht in diesem Moment der Film des gebundenen Wassers seine größte Stärke, während ein weiterer Überschuß an Wasser bereits Kapillarerscheinungen hervorruft. Die Oberfläche des Sandes oder der Kugeln ermittelte PETTIJOHN durch Berechnung.

Auf den Glaskugeln erhielt PETTIJOHN einen Film von 0,11 bis 0,13 μ Dicke, wobei nach seiner Meinung dieses Maß unabhängig von der Größe der Kugeln war. Auf Sandfraktionen, die durch Maschensiebe verschiedener Weiten gewonnen wurden, bildeten sich Filme folgender Stärke:

Siebmaschenweite	Dicke des Wasserfilms
10 mash[1]	0,285 μ
20 ,,	0,214 μ
40 ,,	0,135 μ
60 ,,	0,114 μ

In einer besonderen Berechnung weist der Verfasser nach, daß auch dann, wenn sich kapillare „Manschetten“ bildeten, der Wasserverbrauch für ihre Bildung unbedeutend war. Die Tatsache, daß verschiedene Flüssigkeiten wie Nitrobenzol, Anilin, Toluol, Pyridin einen dem Wasser gleich starken Film bildeten, kann nach PETTIJOHN als Beweis dafür angesehen werden, daß lediglich Adhäsion im Spiel ist, die durch keine Kapillarerscheinungen kompliziert wird.

WOODRUFF (1940) bestimmte die Stärke des Films nach einer anderen Methode. Er stellte eine Suspension eines elektrodialysierten Tones her und fügte Sand hinzu. Die Konzentration der Tonsuspension erhöhte sich infolge der Sorption des Wassers durch den Sand. Daraus errechnete er die Stärke der Hydrathülle, die vom Sand sorbiert worden war. Bei den Sandkörnern mit einem Durchmesser von 0,8 mm war sie gleich 0,7 bis 1,0 μ.

ISTOMINA (1950) untersuchte die Quellung eines Untergrundes verschiedener mechanischer Zusammensetzung und bestimmte die Stärke der Hydrathülle, die die Partikel des Untergrundes bei unterschiedlichem äußeren Druck dispergierte. Je nach der Höhe des Druckes wurde die Dicke des Films zu 0,4 bis 1,8 μ gefunden.

[1] Zahl der Maschen auf 1 engl. Zoll (25,4 mm).

Die Versuche PETTIJOHS, WOODRUFFS und ISTOMINAS lieferten somit ähnliche Werte für die Stärke des Films, wie sie DERJAGIN auf glatten Oberflächen gefunden hatte.

Umso mehr können wir ähnliche Ergebnisse bei den Teilchen der zweiten Gruppe erwarten. Infolge der lamellenartigen Form dieser Partikel kann die Stärke der Schicht des gebundenen Wassers auf ihnen größer sein. DERJAGIN (1934) machte sich die Beobachtungen TERZAGIS bei der Filtration des Wassers durch Ton zu nutze und errechnete, daß Viskosität des filtrierten Wassers bei Schichtdicken von etwa 0,15 μ plötzlich ansteigt, d. h. bei dem gleichen Wert, bei dem nach DERJAGIN das Wasser Elastizität zeigt ($0{,}075 \times 2 = 0{,}15\ \mu$).

In den Arbeiten WOLAROWITSCHS und JEROCHINS stoßen wir auf Angaben über die uns hier interessierende Frage. Beide Forscher bestimmten den Elastizitätsmodul steifer Suspensionen aus 20 bis 40% fein gemahlenem Glimmer in Vaselinöl und fanden, daß die Stärke der Ölschicht, bei der das System elastisch wurde, 5 bis 6 μ betrug.

Somit sind die Angaben DERJAGINS zuverlässig, um die Stärke der Schicht an gebundenem Wasser zu beurteilen, die in den beschriebenen Fällen mindestens Hunderte von Wassermolekülen beträgt. Die gleichen Unterlagen beweisen die große Festigkeit des Films und das Auftreten starker Kräfte.

Von den weiteren Eigenschaften des „fest gebundenen Wassers" ist seine erhöhte Dichte hervorzuheben. Die Dichte, die das gebundene Wasser im Tschernosjom aus der Versuchsstation in der Kamennaja-Steppe und im alluvialen Lehm aus dem Gebiet Moskau bei verschiedenem Feuchtigkeitsgehalt aufweist, ist in Tab. 43 angeführt.

TABELLE 43
Die Dichte des „gebundenen Wassers"

Tschernosjom		Alluvialer Lehm	
Feuchtigkeitsgehalt in Gew.-%	Dichte	Feuchtigkeitsgehalt in Gew.-%	Dichte
1,64	1,74	1,94	1,37
1,64	1,70	3,20	1,22
3,18	1,56	4,43	1,15
5,09	1,38	5,31	1,13
7,47	1,27		
7,52	1,26		
11,63	1,15		
13,87	1,13		

Da das „gebundene Wasser" diese hohe Dichte aufweist, muß es unter dem Druck von einigen Zehntausenden Atmosphären stehen.

An dieser Stelle sei daran erinnert, was über die Struktur des Wassers in Kapitel II gesagt wurde. Wir haben gesehen, daß Wasser durch eine sehr lockere Anordnung seiner Moleküle gekennzeichnet ist. Deshalb ist es verständlich, wenn Wasser unter dem Einfluß sehr großer adsorptiver Kräfte verdichtet wird.

Nitzsch (1940) wie auch Nitzsch und Czeratzki (1940) bestreiten Verdichtungserscheinungen beim gebundenen Wasser. Diese Forscher bestimmten die Dichte des im Boden befindlichen Wassers bei geringem Feuchtigkeitsgehalt mit Hilfe eines Luftpyknometers. Nach ihren Versuchen ist die Dichte des Wassers, das offensichtlich gebundenes Wasser darstellt, wesentlich kleiner als Eins. So betrug die Dichte des ersten Wasserfilms, der Bentonit aus Wasserdampf sorbierte, 0,2. Die Dichte des Wassers der folgenden Schichten stieg allmählich bis auf Eins an.

Die Verfasser erklären das von ihnen erzielte Ergebnis damit, daß sich das Wasser bei der Sorption orientiert und ein Raumgitter bildet, in dem die dipoligen Wassermoleküle lockerer angeordnet sind als im chaotischen Zustand.

Diesen Forschern haben schon 1943 Alten und Loofmann widersprochen. Sie wiesen darauf hin, daß Nitzsch und Czeratzki ein wesentlicher Irrtum insofern unterlaufen war, als die Adsorption von Luft im Luftpyknometer unberücksichtigt blieb und dadurch das Volumen des Bentonits mit einer großen, sich negativ auswirkenden Fehlerquelle bestimmt wurde.

Außer diesem Einwand verweisen wir noch darauf, daß die Schlußfolgerungen Nitzschs und Czeratzkis von niemandem sonst experimentell überprüft worden sind und sehr stark von anderen Bestimmungen abweichen. Deshalb werden wir die Ansicht dieser Forscher nicht mehr berücksichtigen.

Als Folge der erhöhten Dichte des gebundenen Wassers ergibt sich die Tatsache, daß wir bei Bestimmung des spezifischen Bodengewichtes nach der Pyknometermethode, wobei als Flüssigkeit Wasser verwendet wird, ein spezifisches Gewicht mit nicht unerheblichen Fehlern erhalten, die um so größer sind, je mehr Wasser vom Boden gebunden wird. Meistens wird die Größe des spezifischen Gewichts nach folgender Formel bestimmt:

$$D = \frac{P_0}{P_1 - P_2 + P_0},$$

in der

D das spezifische Gewicht,
P_0 das Gewicht des trockenen Bodens,
P_1 das Gewicht des Pyknometers mit Wasser,
P_2 das Gewicht des Pyknometers mit Wasser und Boden ist.

Diese Formel ist unter der Voraussetzung aufgestellt, daß das Wasser eine Dichte von Eins hat.

Es ist leicht nachzuweisen, daß, falls der im Pyknometer befindliche Boden m % an gebundenem Wasser bei einer Dichte gleich Δ enthält, das spezifische Gewicht nach einer anderen Formel zu ermitteln ist, und zwar nach

$$D^1 = \frac{P_0}{P_1 - P_2 + P_0 + m\,P_0\left(\frac{\Delta - 1}{100\,\Delta}\right)},$$

in der D^1 das echte spezifische Gewicht des Bodens ist, während die übrigen Bezeichnungen unverändert bleiben.

Aus dem Vergleich der beiden Formeln folgt, daß bei der gewöhnlichen Bestimmungsmethode stets ein positiver Fehler auftritt; wir erhalten ein überhöhtes spezifisches Gewicht, das um so größer ist, je mehr gebundenes Wasser der Boden enthält, je feiner also seine mechanische Zusammensetzung ist.

Um das wahre spezifische Gewicht zu erhalten, muß man eine Flüssigkeit verwenden, die vom Boden bedeutend schwächer sorbiert wird als Wasser, z. B. Benzol. In Tab. 44 führen wir die Werte des spezifischen Gewichts von südlichem Tschernosjom an, die POLSKI mit Wasser und Benzol erhalten hat.

TABELLE 44

Spezifisches Gewicht des südrussischen Tschernosjom bei Verwendung von Wasser und Benzol nach POLSKI

Tiefe der entnommenen Probe in cm	Spezifisches Gewicht		
	in Wasser	in Benzol	Differenz
0—10	2,64	2,47	0,17
10—20	2,63	2,49	0,14
20—30	2,67	2,48	0,19
30—40	2,68	2,44	0,24
40—50	2,72	2,48	0,24
60—70	2,73	2,66	0,07
90—100	2,75	2,67	0,08
110—120	2,74	2,67	0,07
140—150	2,76	2,64	0,12
190—200	2,76	2,63	0,13
240—250	2,77	2,66	0,11
290—300	2,75	2,64	0,11

Wie wir aus diesen Angaben ersehen, ist die Differenz beachtlich. Infolgedessen enthält auch die Berechnung des Porenvolumens eine Fehlerquelle.

Hinsichtlich der Wärmekapazität unterscheidet sich das gebundene Wasser wesentlich vom freien Wasser. ANDRIANOW (1936) fand, daß die Wärmekapazität des hygroskopischen Wassers in Sand, Ton, Torf und ihren Gemischen zwischen 0,5 beim Torf und 0,79 beim Quarzsand liegt, im Durchschnitt also 0,70 beträgt. Diese Werte vergleicht er mit der Wärmekapazität des Kristallhydratwassers, das in den Sulfaten von Magnesium, Kupfer, Calcium und Natrium enthalten ist. Diese Werte sind 0,42 bis 0,84 und erweisen sich damit von gleicher Größenordnung.

Erinnern wir uns, daß die Wärmekapazität des festen Wassers etwa 0,5 beträgt.

Das gebundene Wasser zeichnet sich noch dadurch aus, daß es erst bei einer Temperatur gefriert, die wesentlich unter 0° liegt. Ein Teil des gebundenen Wassers gefriert selbst dann nicht, wenn die Temperatur bis auf —78° C absinkt. Das haben BOUYOUCOS und MC COOL (1916) festgestellt, die sich mit der Untersuchung der Abhängigkeit zwischen der Konzentration der Bodenlösung und der Gefrierpunkterniedrigung beschäftigten. Das nicht gefrierende Wasser bezeichnete BOUYOUCOS als „nicht freies“ Wasser. Bei Bestimmung der Wassermenge, die bei den verschiedenen Temperaturen nicht gefriert, fand BOUYOUCOS, daß das „nicht freie" Wasser in zwei Kategorien eingeteilt werden kann: „gebundenes Wasser", das sogar bei Unterkühlung auf —78° C nicht gefriert und „kapillar-adsorbiertes" Wasser, das in dem Intervall von —4° und —78° C gefriert. Es zeigte sich ferner, daß der Gesamtgehalt an „nicht freiem" Wasser die hygroskopische Feuchtigkeit des Bodens wesentlich überstieg (vgl. Tab. 45).

Von dem relativen Gehalt an „nicht freiem" und gebundenem Wasser gibt die Tab. 46 eine Vorstellung, die wir mit einigen Kürzungen einer anderen Arbeit des gleichen Verfassers (Bouyoucos, 1921) entnommen haben.

TABELLE 45

Gehalt an hygroskopischem und „nicht freiem" Wasser nach Bouyoucos (1917)

Boden	Hygroskopische Feuchtigkeit %	Gehalt an „nicht freiem" Wasser %
Grober Sand	0,49	1,20
Sand aus Plenfield	0,74	3,00
Feinsandiger Lehm	1,02	4,24
Sandiger Lehm aus La Crosse	1,29	3,90
Feinsandiger Lehm aus Yolo	1,11	3,11
Lehm aus Holland	1,56	5,28
Schluffiger Lehm aus White	1,25	3,63
Schluffiger Lehm aus Brown	2,85	7,47
Schluffiger Lehm aus Kerrington	2,73	9,85
Schluffiger Lehm aus Marshall	2,77	9,95
Schwerer brauner schluffiger Lehm	3,12	10,75
Toniger Lehm aus Kerrington	3,80	11,24
Toniger Lehm aus Ramona	4,00	11,25
Schluffig toniger Lehm aus China	5,32	14,59
Ton	4,25	12,78
Ton aus Superior	4,24	12,32
Ton aus Superior	4,93	12,54

TABELLE 46

Gehalt an „nicht freiem" und „gebundenem Wasser" in Böden nach Bouyoucos (1921)

Boden	„Nicht freies" Wasser %	Davon gebundenes Wasser %
Grober Sand	1,56	0,98
Mittlerer Sand	1,67	1,36
Feinsandiger Lehm	4,39	2,44
Lehm	8,73	4,58
Schluffiger Lehm	9,65	5,43
Schluffig-schlammiger Lehm	13,94	7,62
Schlammiger Lehm	13,14	7,30
Schlammiger humoser Lehm	15,66	8,60
Ton	15,16	9,30
Ton	15,47	10,55

Der Gehalt an „gebundenem“ Wasser steht in engster Beziehung zur Benetzungswärme[1], wie aus der Tab. 47 aus einer der Arbeiten von BOUYOUCOS (1918) hervorgeht.

TABELLE 47

Gehalt an „gebundenem Wasser“ und die Benetzungswärme einiger Böden nach BOUYOUCOS (1918)

Bezeichnung der Böden	Benetzungswärme cal/g	Gebundenes Wasser %
Quarzsand	0	0
Sand aus Norfolk	21,6	1,59
Feinsandiger Lehm aus Norfolk	31,2	2,34
Feinkörniger Sand aus Michigan	31,3	1,85
Feinkörniger Sand aus Plenfield	94,5	2,94
Feinsandiger Lehm aus Michigan	135,0	4,24
Feinsandiger Lehm aus Jolo	135,0	4,25
Feinsandiger Lehm aus Hanford	135,0	4,67
Schluffiger Lehm aus White	159,0	4,70
Lehm aus Hagerstown	162,0	4,80
Feinsandiger Lehm aus Vernon	167,4	5,90
Schluffiger Lehm aus Miami	174,2	5,28
Lehm aus Holland	186,3	5,28
Sandiger Lehm aus La Crosse	205,2	3,90
Schluffiger Lehm aus Miami	24,47	7.20
Schluffiger Lehm aus Kirkland	221,4	4,62
Ton aus Lefkin	197,6	7,45
Ton aus Cecil	337,6	9,60
Lehm aus Kerrington	345,6	7,29
Schluffiger Lehm aus Semmit	348,4	7,63
Schluffiger Lehm aus Vernon	359,2	8,34
Schluffiger Lehm aus Marshal	370,0	9,95
Schluffiger Lehm aus Kolbi	386,2	8,23
Schluffiger Lehm aus Marshal	410,4	10,43
Schluffiger Lehm aus Michigan	437,4	10,51
Ton aus Houston	464,4	10,21
Lehm aus Kerrington	478,0	11,29
Toniger Lehm aus Ramona	507,6	11,24
Ton aus Superior	515,8	12,32
Schluffig-schlammiger Lehm aus China	696,6	14,59
Schwarzer toniger Lehm	804,6	13,85

DOLGOW (1948) stellte als wesentlichste Besonderheit des „gebundenen“ Wassers fest, daß ihm die elektrische Leitfähigkeit fehlt. Er ermittelte die elektrische Leitfähigkeit der Böden bei verschiedenem Feuchtigkeitsgehalt, aber bei gleichem Verdichtungszustand. Mit der Verringerung der Feuchtigkeit ging auch die elektrische Leitfähigkeit zurück, jedoch nicht mit der gesamten Feuchtigkeit, sondern nur mit einem gewissen Teil davon. Die Ergebnisse dieses Versuches sind für drei

[1] Über die Benetzungswärme siehe weiter unten.

Böden in der Abb. 34 dargestellt. Auf der Abszisse ist der Wassergehalt des Bodens und auf der Ordinatenachse die Leitfähigkeit bei gleichem Verdichtungszustand in reziproken Ohm angezeigt. Es besteht eine gradlinige Abhängigkeit der Leitfähigkeit der Böden von ihrem Wassergehalt. DOLGOW verlängerte die

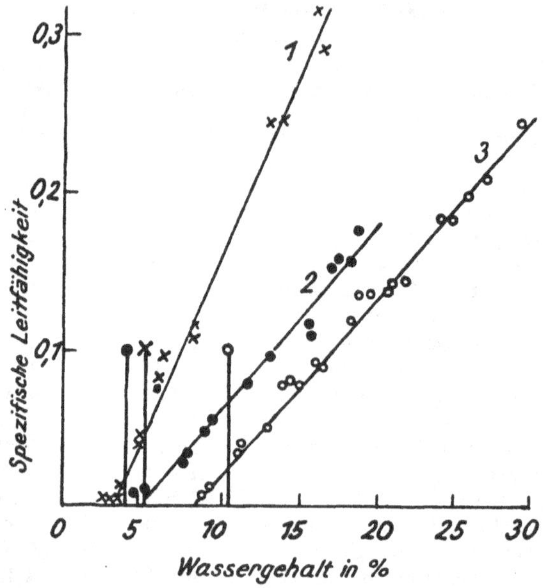

Abb. 34. Abhängigkeit der elektrischen Leitfähigkeit des Bodens von seiner Feuchtigkeit. Die vertikalen Linien geben die MH nach DOLGOW an
1 — Grauerde; *2* — Podsolboden; *3* — Tschernosjom

Geraden bis zum Schnitt mit der Abszisse und ermittelte so den Feuchtigkeitsgrenzwert, bei dem die Leitfähigkeit auf Null sinkt. Bei dem Vergleich dieser Werte mit der Maximalen Hygroskopizität zeigte es sich, daß in zwei Fällen die ersten etwas kleiner waren als die zweiten und in einem Falle etwas größer. Daraus folgt, daß ein bestimmter Teil des Wassers keine Leitfähigkeit besitzt und daß der Gehalt an diesem Wasser nahe an die MH herankommt. Da uns bekannt ist, daß der Gehalt an „fest gebundenem“ Wasser in keinem Falle die MH übersteigt, so kann daraus geschlossen werden, daß das „fest gebundene“ Wasser keine Leitfähigkeit hat. Diese Schlußfolgerung erscheint ganz natürlich, wenn wir daran denken, daß die Leitfähigkeit eines elektrolytfreien Wassers unbedeutend ist.

5. Die Benetzungswärme des Bodens

In diesem Abschnitt wird eine weitere wichtige und charakteristische Eigenschaft des „gebundenen“ Wassers besprochen, die darin besteht, daß bei der Wasserbindung Energie als Wärme frei wird. Diese Erscheinung wird als Benetzungswärme bezeichnet. Anfang des vorigen Jahrhunderts wurde sie von dem französischen Physiker POUILLET entdeckt.

Bekanntlich verfügt jeder Körper über eine Oberflächenenergie. Unter sonst gleichen Verhältnissen ist sie um so größer, je größer die Oberfläche des Körpers, also seine Dispersion ist. Die Oberflächenenergie eines Stoffes ist dann am größten, wenn er sich im Vacuum befindet. Bei Berührung mit Luft nimmt seine Oberflächenenergie meistens geringfügig ab, weil von seiner Oberfläche Luftmoleküle adsorbiert werden. Kommt der Stoff anschließend mit einer Flüssigkeit in Berührung, so verringert sich seine Oberflächenenergie durch die Adsorption von Wassermolekülen ebenfalls. Die Verringerung der Oberflächenenergie des Stoffes bei seiner Berührung mit der Flüssigkeit kommt als Wärme zum Ausdruck.

Benetzungswärme tritt auch bei Böden auf, wenn sie Wasser aufnehmen.

Der Teil der Flüssigkeit, der bei Benetzung eines festen Körpers in den fest gebundenen Zustand übergeht, verliert nach DUMANSKI seine molekulare Beweglichkeit. DUMANSKI bestimmte die Benetzungswärme von Stärke zu $10{,}4 \cdot 10^{-14}$ erg je Molekül adsorbiertes Wasser. Diesen Wert verglich er mit der kinetischen Energie von einem Molekül Wasser, die nach seinen Berechnungen $10{,}04 \cdot 10^{-14}$ erg beträgt. Die Übereinstimmung dieser beiden Werte zeigt, daß die Benetzungswärme auftritt, wenn die Bewegung einer gewissen Menge von Wassermolekülen aufhört, die sich bis dahin im Zustand der Wärmebewegung befanden.

DUMANSKI (1950) wies nach, daß die Benetzungswärmen verschiedener Stoffe, wenn sie auf 1 g gebundenes Wasser bezogen werden, die gleichen sind (vgl. Tab. 48).

TABELLE 48

Die Benetzungswärme verschiedener Stoffe nach DUMANSKI

Stoff	Benetzungswärme	
	cal/g Stoff	cal/g gebundenes Wasser
Gallertartige, unlösliche Agar	32,5	80
Agar	44,8	73
Kartoffelstärke	28,1	80
Silika-Gel	22,7	79
Spondilower Ton	6,17	79
Gluchowsker Kaolin	1,05	79
Natrium stearat	4,2	72

Daß die Benetzungswärme, bezogen auf 1 g gebundenes Wasser, von der Natur des Sorbenten unabhängig ist, zeigt ebenfalls, daß die Quelle der Benetzungswärme im Aufhören der Wärmebewegung der Wassermoleküle zu sehen ist.

DUMANSKI hebt hervor, daß der ermittelte Wert von durchschnittlich 80 cal/g Wasser der Schmelzwärme des Eises von 76,69 cal sehr nahekommt, und schließt hieraus, daß die Bildung der Eiskristalle physikalisch in struktureller Hinsicht dem Vorgang der Wasserbindung im Boden ähnlich sein könnte.

Nach den Berechnungen, die DUMANSKI (1950) anstellte, bildet das Wasser auf der Oberfläche der Stärkemoleküle eine Schicht von der Größe eines Moleküls.

Aus der Beziehung zwischen Benetzungswärme und der Oberfläche folgt, daß die Benetzungswärme mit der Dispersität wächst. Das gilt auch in vollem Umfange für den Boden, wie KAPP 1930 gezeigt hat. In der Tab. 48a führen wir seine Angaben über die Bestimmung der Benetzungswärme verschiedener Korngrößen von 12 Böden an.

TABELLE 48a

Benetzungswärme verschiedener Fraktionen in Kalorien je g Boden nach KAPP

Boden	Korngröße in mm							
	< 0,00125	0,00125-0,005	0,005-0,01	0,005-0,02	0,01-0,02	0,02-0,035	0,035-0,05	0,05-1,0
Eisenberg	6,56	2,44	0,65	0,65	0,45	0,25	0,00	0,00
Napanee	4,12	1,32	0,43	0,33	0,00	0,00	0,00	0,00
Ontonag.	6,50	2,57	0,43	0,22	0,20	0,00	0,00	0,00
Florida	15,42	8,43	—	3,85	—	—	0,00	0,00
Miami	5,61	3,16	0,42	0,32	—	0,15	0,00	0,00
Missouri	18,22	6,02	—	1,11	—	0,54	0,36	0,36
Grauerde	5,45	—	—	0,32	—	0,00	0,00	0,00
Bruxton	5,32	1,40	0,74	—	0,17	0,00	—	—
Isabella	2,13	1,40	0,44	—	0,22	0,00	—	—
College Farm	5,63	2,83	0,32	—	0,26	0,00	—	—
Hillsdel	6,48	4,05	0,85	—	0,40	0,00	—	—
Chippewa	5,63	—	0,65	—	0,00	0,00	—	—

Nach KAPP können noch Korngrößen von 0,02 mm Benetzungswärme zeigen. Deutlicher wird diese Erscheinung jedoch erst bei einer Korngröße von 0,001 mm. Die Tatsache, daß in einigen Fällen die Benetzungswärme auch bei Teilchen über 0,02 mm auftrat, ist darauf zurückzuführen, daß auf ihrer Oberfläche kolloidale Überzüge vorhanden waren.

KAPPS Angaben beziehen sich auf Mineralböden. Auch der organische Anteil des Bodens kann natürlich Benetzungswärme entwickeln, wie folgende Zahlen zeigen:

	Benetzungswärme in cal/g
Mit Ca gesättigter Tschernosjom	8,18
Humus mit H_2O_2 zerstört	6,55
Mit Ca gesättigter alluvialer Lehm	4,00
Humus mit H_2O_2 zerstört	3,45

Daß Humus an der Entwicklung der Benetzungswärme beteiligt ist, zeigen auch die Untersuchungen von DIMO (1946), die wir in Tab. 49 bringen.

TABELLE 49

Benetzungswärme, Maximale Hygroskopizität, Gehalt an Ton und Humus nach Dimo (1946)

Boden	Horizont	Tiefe der Entnahme in cm	Benetzungswärme in cal/100 g	Tongehalt in % (<0,001mm)	Verhältnis der Benetzungswärme zum Tongehalt	Maximale Hygroskopizität in %	Verhältnis der Benetzungswärme zur Maximalen Hygroskopizität	Humusgehalt in %
Mittel-	A_1	4—11	212	15,88	13	4,09	53	2,23
podsolierter	A_2	17—24	190	11,57	16	3,64	52	0,65
Schwerer	B_1	33—40	361	27,91	13	7,83	46	0,25
Lehm	B_3	90—100	447	33,62	13	8,72	41	0,19
Tonige	A_1	0,20	594	26,03	23	10,16	58	5,82
Roterde	A_2	25,35	464	36,35	13	10,06	46	4,48
	B_1	50—60	471	41,09	11	11,58	41	2,21
	B_2	95—100	587	50,12	12	15,79	37	1,44
Gewöhnlicher	A_0	0—10	851	33,89	25	12,50	68	10,11
toniger	A_1	25—35	799	36,46	26	12,32	65	6,25
Tschernos-	B_1	60—70	756	37,00	20	11,34	67	2,83
jom	B_2	80—90	623	37,43	17	10,39	60	1,16
	C_1	130—140	576	36,82	16	9,87	58	0,47
Verkrusteter	A_1+							
toniger	A_2	0—2	623	20,37	33	9,37	67	4,08
Solonez	B_1	4—10	654	35,10	19	10,84	60	4,98
	B_2	17—25	791	42,55	19	13,41	59	3,27
	B_3	32—42	797	41,73	19	13,82	58	1,86
	B/C	50—60	570	39,36	14	12,60	45	0,77
	C_1	90—100	493	37,97	13	11,27	44	0,52
	C_2	112—122	609	41,43	15	11,17	55	0,55

In den vier unteren Horizonten des Schwarzerdeprofils geht bei praktisch gleichbleibendem Tongehalt die Benetzungswärme allmählich von 799 cal auf 576 cal/100 g zurück, entsprechend der Abnahme des Humusgehaltes von 6,25% auf 0,47%.

Um zu untersuchen, in welcher Weise die Wasserbindung verläuft, ist die Entwicklung der Benetzungswärme bei stufenweiser Erhöhung der Wassergaben zu verfolgen. Entsprechendes experimentelles Material finden wir bei Mitscherlich (1901). Nach seinen Unterlagen haben wir die graphischen Darstellungen (Abb. 35 u. 36) entworfen, ohne die von ihm ermittelten Zahlen anzugeben. Auf der Ordinate ist die prozentuale Wasserzugabe eingezeichnet und auf der Abszisse der Quotient $\frac{dr}{dW}$, in dem dr den Zuwachs an Benetzungswärme darstellt, der durch Zugabe der Wassermenge dW erzielt wurde. Aus den Abbildungen geht hervor, daß der Quotient $\frac{dr}{dW}$ mit Ansteigen der Bodenfeuchtigkeit abnimmt; bei der Sorption der ersten Wassergabe wird mehr Wärme abgegeben als bei der Bindung der folgenden Gaben. Daraus kann der Schluß gezogen werden, daß sich die Art und die Festigkeit der Bindung zwischen dem adsorbierten Wasser und den Bodenpartikeln im Sorptionsprozeß in dem Sinne ändert, daß die Festigkeit dieser Bindung allmählich abnimmt. Das kann wiederum als Hinweis dafür dienen, daß die sorbierte Hülle mehrschichtig ist. Jede der folgenden (mehr nach außen liegenden) Schichten wird von geringeren Kräften zurückgehalten als die vorher sorbierten.

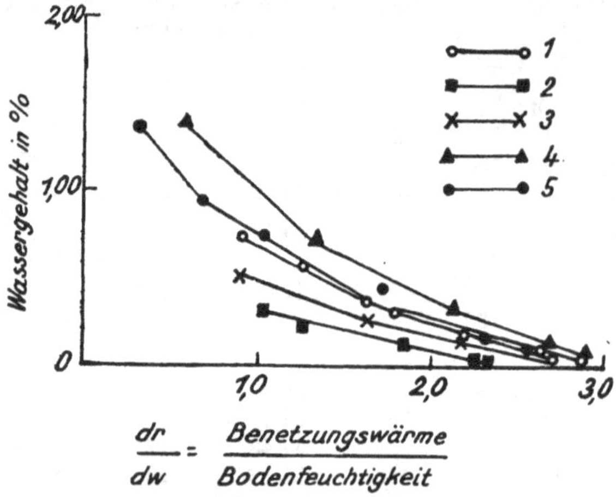

Abb. 35. Abhängigkeit des Quotienten $\frac{dr}{dW}$ vom Wassergehalt des Bodens nach MITSCHERLICH

1 — Humoser Sandboden; *2* — Sandboden; *3* — lehmig-sandiger Boden; *4* und *5* — sandig-lehmiger Boden

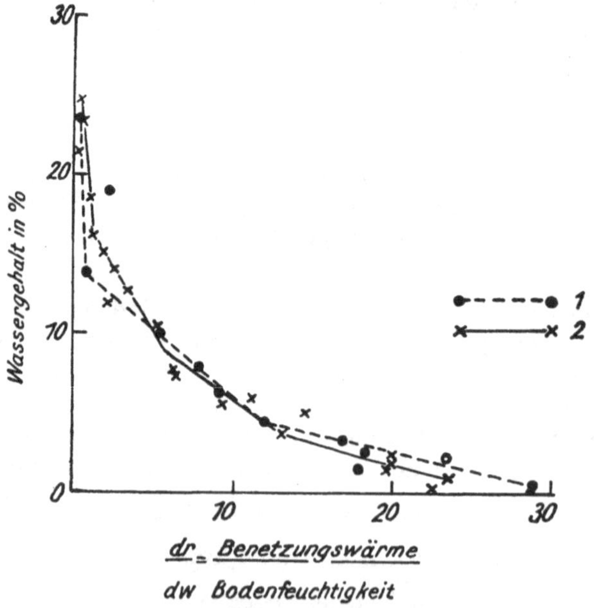

Abb. 36. Abhängigkeit des Quotienten $\frac{dr}{dW}$ vom Wassergehalt des Bodens nach MITSCHERLICH

1 — Moorboden; 2 — schwerer Tonboden

ANDRIANOW (1937) fand bei 26 von ihm untersuchten Böden, daß die Dicke des Wasserfilms zwischen 1,68 und 4,89 Wassermolekülen liegt. BEHRENS (1935) schätzt die Dicke dieser Schicht ebenfalls auf 1,2 Wassermoleküle. Gleiche Werte fanden DUMANSKI und WOIZECHOWSKI (1948) für Stärke.

ZUJEW und GAPON (1948) sind der Ansicht, daß die durch die Benetzung freiwerdende Energie mit steigendem Wassergehalt abnimmt. Sie stellten fest, daß in manchen Intervallen die Benetzungswärme auch linear proportional dem Wassergehalt sein kann.

Die Mehrzahl der Forscher, die die Abhängigkeit zwischen Bodenfeuchtigkeit und Benetzungswärme untersucht haben, bereiteten den Boden entweder durch Trocknung bei 105° C vor oder setzten ihn längere Zeit der Einwirkung einer Schwefelsäurelösung verschiedener Konzentration aus, bis ein Gleichgewichtszustand erreicht wurde. Nur in zwei Arbeiten — von BOUYOUCOS (1925) und HOSE-MORDECAI (1937) — wurde der Einfluß untersucht, den Temperaturen über 105° auf die Benetzungswärme ausüben.

HOSE-MORDECAI arbeitete mit Kolloid-Fraktionen aus vier verschiedenen Böden, deren Größe nicht angegeben wird. In den Tonproben hatte man die organischen Stoffe zerstört und mit Wasserstoff abgesättigt. Die Kolloide wurden auf verschiedene Temperaturen erhitzt und Gewichtsverlust und Benetzungswärme bestimmt (vgl. Tab. 50).

TABELLE 50

Wassergehalt und Benetzungswärme von Kolloidton bei Erhitzung auf verschiedene Temperaturen nach Angaben von HOSE-MORDECAI

Temperatur in °C	Kolloide aus dem Boden von							
	Altamont		Ymolo		Wina		Aiken	
	Wasser-gehalt in % des urspr. Gehalts	Benetzungs-wärme in cal/g	Wasser-gehalt in %	Benetzungs-wärme in cal/g	Wasser-gehalt in %	Benetzungs-wärme in cal/g	Wasser-gehalt in %	Benet-zungs-wärme in cal/g
Zimmer-temperat.	100,00	2,45	100,00	1,45	100,00	—	100,00	0,99
47	57,93	3,88	56,43	1,94	67,00	2,81	54,15	1,09
70	29,03	5,53	27,07	4,39	33,49	6,33	35,77	6,36
110	23,75	10,59	21,88	9,10	28,59	15,45	33,94	10,96
200	18,42	11,01	18,35	18,03	25,24	15,19	30,43	8,32
340	9,83	—	10,86	65,13	16,70	41,00	8,84	43,89
400	4,89	34,23	2,33	61.13	8,57	45,49	3,60	55,60
500	0,0	7,34	0,0	0,0	0,0	3,50	0,0	0,0

Wie aus Tab. 50 hervorgeht, werden bei Erwärmung bis zu 110° C 70 bis 80% der Wassermenge ausgetrieben, die bei 500° C entfernt werden kann. Die Benetzungswärme betrug bei 110° C 9 bis 15 cal/g; das sind die gewöhnlichen Werte, mit denen wir es auch in der Regel zu tun haben. Die Steigerung der Trocknungstemperatur auf 200° erhöhte in den meisten Fällen die Benetzungswärme nur wenig. Bei weiterer Steigerung der Temperatur auf 340° C trat eine sehr starke Erhöhung der Benetzungswärme auf 40 bis 65 cal/g ein, die unseres Wissens andere

Forscher nicht beobachtet haben. Wird der Boden bei 400° getrocknet, so traten unregelmäßige Veränderungen auf. Bei Temperaturen von 500° C sank die Benetzungswärme auf Null, sie erreichte also ihren höchsten Wert bei Erhitzen der Tonkolloide auf 340 bis 400°, wenn im Kolloidton nicht mehr als 10% des ursprünglichen Wassergehalts enthalten sind.

Das Verschwinden der Benetzungswärme durch Trocknen bei 400 bis 500° führt Hose-Mordecai auf Zerstörung des Kristallgitters zurück. Nach unserer Ansicht müßte diese Zerstörung von einem Zusammenfallen der Partikel begleitet sein, wodurch ihre Oberfläche stark verringert wird.

Für die Kenntnis der Natur der Benetzungswärme sind diejenigen Versuche von Interesse, die den Einfluß der Austauschkationen auf die Größe der Benetzungswärme prüfen.

Diesen Versuchen liegt die Ansicht zugrunde, daß die Benetzungswärme nichts anderes als die Hydratationswärme der Austauschkationen darstellt. Diese Auffassung kommt dem Standpunkt Vagelers sehr nahe, der über die Natur des Bodenwassers sowie die Gesetze und Ursachen seiner Bewegung Meinungen äußerte, die wir bereits besprochen haben.

Vagelers Standpunkt wurde von Janert 1934 wesentlich korrigiert; Vageler irre sich insofern, als er in seinen Berechnungen und Überlegungen die Austauschkationen als freie Kationen betrachtet habe. Deshalb seien die Formeln Vagelers für die Berechnung der Maximalen Hygroskopizität aus dem Wert der Ionenhydratation und der aus der Wärme der Hydratation falsch. Janert bestimmte das Verhältnis zwischen Hydratationswärme der Austauschkationen und der freien Ionen für einige Tone wie folgt:

Ionen	Kalorien/mval
H	247
Na	94
K	75
Mg	229,5
Ca	174,5

Die von Janert gefundenen Verhältniszahlen bringen wir in der Tab. 51.

Die Tab. zeigt, daß für die einzelnen Kationen verschiedene Werte gefunden wurden; da für jedes Kation diese Werte nur innerhalb der Fehlergrenzen schwanken, kann der gefundene Wert als charakteristisch für das sorbierte Kation angesehen werden. Nach Janert kennzeichnet dieser Wert den „Grad der Festlegung“ des gegebenen Kations. Der am festesten gebundene Wasserstoff liefert im Austauschstadium nur $\frac{1}{11}$ der ihm im freien Zustand eigenen Hydratationswärme. Umgekehrt weist das am lockersten gebundene Natrium $\frac{1}{5}$ der Hydratationswärme auf, die es im freien Zustand entwickelt.

Janert nimmt also an, daß die Benetzungswärme des Bodens nur einen Teil der Hydratationswärme der Austauschkationen darstellt. Wenn der Anteil der

TABELLE 51

Quotient aus Hydratationswärme eines Kations in freiem Zustand und Benetzungswärme von Ton, belegt mit dem gleichen Kation nach JANERT

Ton aus	Verhältnis für die Kationen					Austauschkapazität in mval je 100 g Boden
	H	Mg	Ca	K	Na	
Trias	11,5	9,1	6,7	5,0	4,9	25
Barnfield	11,8	—	7,5	5,2	4,9	26
Kers	11,5	—	7,0	—	—	40
Rothamsted	11,3	—	6,8	5,3	5,1	41
Unterer Lias	11,5	9,0	7,0	5,0	4,9	42
Oolith	—	—	7,0	—	4,7	45
Durchschnitt	11,5	9,0	7,0	5,1	4,9	—

sorbierten Austauschkationen bekannt ist, kann nach JANERT die Benetzungswärme wie folgt berechnet werden:

$$B_w = \frac{1}{100} \cdot \left(\frac{\mathrm{H} \cdot 247}{11,5} + \frac{\mathrm{Mg}}{2} \cdot \frac{229,5}{9,0} + \frac{\mathrm{Ca}}{2} \cdot \frac{174,5}{7,0} + \frac{\mathrm{K} \cdot 75}{5,1} + \frac{\mathrm{Na} \cdot 94}{4,9}\right),$$

wenn B_w die Benetzungswärme in cal/g,

$\frac{\mathrm{Mg}}{2}$ der Gehalt an den entsprechenden Austauschkationen in Millival je 100 g Boden ist.

Für Böden, die kein austauschbares Natrium oder Kalium enthalten, schlägt JANERT die vereinfachte Formel vor:

$$B_w = \frac{1}{100} T \cdot \frac{217}{9,17},$$

in der T die Summe der Austauschkationen ist.

Aus dieser Formel folgt, daß

$$T = 4,2\, B_w \text{ ist.}$$

JANERT berechnete den T-Wert aus der Benetzungswärme und fand eine befriedigende Übereinstimmung mit den T-Werten, die unmittelbar bestimmt wurden.

Die in Tab. 51 angeführten Quotienten wurden von ANTIPOW-KARATAJEW an Tschernosjom aus dem Transwolgagebiet bestätigt:

	Li	Na	K	Mg	Ca	H
ANTIPOW-KARATAJEW und Mitarbeiter	5,92	5,00	5,97	9,42	7,32	10,83
Nach JANERT	—	4,9	5,1	9,0	7,0	11,5

TABELLE 52

Quotient aus Benetzungswärme und Austauschkapazität

Boden	Die sättigenden Kationen								Beobachter
	H	Li	NH_4	Na	K	Mg	Ca	Ba	
Trias-Ton	21,4	—	—	19,2	15,0	25,3	26,0	—	JANERT (1934)
Ton aus Barnfield	20,9	—	—	19,2	14,4	—	23,3	—	
Ton aus Kers	21,4	—	—	—	—	—	25,0	—	
Ton aus Rothamsted	21,9	—	—	18,4	14,1	—	25,6	—	
Ton aus Unterem Lias	21,9	—	—	19,2	15,0	25,5	25,0	—	
Oolith	21,4	—	—	20,0	—	—	25,0	—	
Südrussischer Tschernosjom	23,6	22,1	—	19,4	12,9	24,4	23,7	21,6	ANTIPOW-KARATAJEW (1935)
Kastanienfarbiger Boden	21,4	13,4	—	14,1	—	18,9	21,7	15,9	SCHAWRYGIN (1936)
Tschernosjom	16,9	—	—	14,3	—	18,4	17,7	—	GAPON und ZUJEW (1948)
Boden aus Putnam	20,9	18,5	—	18,5	14,6	—	23,1	21,4	BAVER und WINTERKORN (1935)
Boden aus Uebesch	17,8	14,6	—	14,9	—	—	19,6	19,1	
Boden aus Lefkin	18,3	—	—	—	—	—	—	—	
Boden aus Susquehanna	24,9	—	—	—	—	—	—	—	
Boden aus Cecil	45,4	—	—	—	—	—	—	—	
Boden aus Norfolk	31,2	—	34,7	33,0	30,6	29,4	36,0	32,4	PATE (1925)
Boden aus Clarkfield	32,5	—	29,2	35,8	30,7	36,9	38,0	32,5	PATE (1925)
Boden aus Holston	35,2	—	38,9	48,6	41,0	44,0	49,2	47,7	
Boden aus Greenville	48,3	—	45,7	50,4	51,2	50,9	53,5	51,5	
Boden aus Hollywood	24,4	—	18,9	25,1	18,4	33,6	33,4	27,8	
Boden aus Oktibbega	33,8	—	23,6	26,4	20,4	36,0	36,0	34,1	
Bentonit	17,8	—	—	16,8	8,8	19,4	22,0	—	ALTEN und KURMIES (1935)

Diese Übereinstimmung erscheint um so auffallender, als JANERT mit Tonen gearbeitet hat, während ANTIPOW-KARATAJEW und seine Mitarbeiter die Versuche mit Tschernosjom durchgeführt haben, einem Boden also, der reich an Humus ist.

Die vorliegenden Unterlagen sind natürlich noch nicht ausreichend, um die Schlußfolgerungen JANERTS zu bestätigen. Sie müssen noch auf der Grundlage eines umfangreicheren Versuchsmaterials geprüft werden, das leider in der Literatur nicht eben zahlreich ist. In Tab. 52 bringen wir alle Unterlagen, die wir darüber finden konnten.

Aus dieser Tab. ersehen wir, daß die Quotienten durchaus nicht so konstant sind, wie das der Fall sein müßte, wenn die Ansichten von JANERT und ANTIPOW-KARATAJEW der Wirklichkeit entsprächen. Besonders stark ist die Abweichung bei PATE (1925). Hier liegen die Quotienten 1,5 bis 2,5 mal so hoch wie bei andern Forschern. Selbst wenn wir die Angaben von PATE ausschließen (möglicherweise sind sie ungenau, da von sechs untersuchten Böden vier eine sehr niedrige Austauschkapazität unter 3,5 Millival hatten, was eine wesentliche Fehlerquelle sein könnte), erscheinen die Schwankungen doch so groß, daß sie offensichtlich weit über die vertretbare Fehlergrenze hinausgehen. Für das Wasserstoff-Ion schwanken sie (ohne die Angaben von PATE) zwischen 18,3 und 45,4, für Calcium zwischen 17,7 und 26,0. Die von JANERT gefundenen Werte können demnach als nicht allgemein gültig betrachtet werden. Wenn wir indessen für jeden der in der Tab. 52 angeführten Fall eine auf- oder absteigende Kationenreihe zusammenstellen, sind in allen Reihen die Kationen in ein und derselben Reihenfolge angeordnet.

Für fünf Kationen, über die genügend Unterlagen vorliegen, sieht diese Reihe wie folgt aus:

$$Mg > Ca > H > Na > K$$

Die gleiche Anordnung (mit Ausnahme von Kalium) finden wir auch in der Arbeit von ZUJEW und GAPON (1948).

Calcium und Magnesium tauschen zuweilen ihre Plätze. Die restlichen Kationen lassen sich jedoch in allen untersuchten Fällen wie angeführt einordnen.

Aus der Gegenüberstellung dieser Reihe mit der Hydratationswärme der freien Kationen

Mg	Ca	H	Na	K
229,5	174	247	94	75

ersehen wir folgendes: Im Bereich der gleichwertigen Ionen folgen die Kationen der ihnen eigenen Hydratationswärme.

Die Ansichten JANERTS stehen im Widerspruch zu den Versuchsergebnissen ALTENS und KURMIES (1935), obwohl diese Forscher der gleichen Anschauung wie JANERT sind. Sie ermittelten die Benetzungswärme eines mit verschiedenen Kationen belegten Bentonits (vgl. Tab. 53).

TABELLE 53

Benetzungswärme eines mit verschiedenen Kationen gesättigten Bentonits nach ALTEN und KURMIES

Benetzende Flüssigkeit	Benetzungswärme eines mit Kationen gesättigten Bentonits (in cal/g)				
	Na	K	Mg	Ca	H
Wasser	10,0	8,4	18,4	20,9	16,9
0,1 n Chloridlösung	14,9	8,0	18,4	21,1	—
0,2 n Chloridlösung	14,9	8,2	18,4	21,3	—
0,5 n Chloridlösung	14,5	8,2	18,3	21,2	—
1,0 n Chloridlösung	14,7	8,0	18,9	20,9	—
2 n Chloridlösung	14,6	7,7	17,8	20,0	—

Aus diesen Zahlen ist ersichtlich, daß die Konzentration der Salzlösung keinen Einfluß auf den Grad der Benetzungswärme ausübt. Die Verfasser betonen, daß dieses Ergebnis ihren Ansichten widerspricht, weil der Hydratationsgrad der Austauschkationen und folglich auch die Wärmemenge, die bei dieser Hydratation frei wird, sich mit erhöhter Konzentration der Salzlösung verringern müßten.

Bevor wir unsere endgültige Ansicht über die mögliche Natur der Benetzungswärme des Bodens äußern, betrachten wir noch zwei Serien von Zahlen, die von ANDERSON und BAVER und WINTERKORN veröffentlicht wurden.

Bei ANDERSON (1929) finden wir Unterlagen, die einige Eigenschaften einer kleinen Serie von Bodenkolloiden charakterisieren, die sich ihrer Zusammensetzung nach unterscheiden und die durch das Molekularverhältnis $SiO_2 : R_2O_3$ gekennzeichnet werden. (vgl. Tab. 54).

TABELLE 54

Einige Eigenschaften von Bodenkolloiden (alle Kolloide mit Ca gesättigt) nach ANDERSON

Eigenschaften	Kolloid-Ton aus						
	Fallu	Scharkey	Marschal	Sassafras	Norfolk	Cecil	Nipe
Molekular-Verhältnis $SiO_2:R_2O_3$	3,62	3,11	2,73	1,85	1,60	1,20	0,31
Benetzungswärme in cal/g	18,4	17,8	14,4	10,3	8,1	5,7	6,6
Austauschkapazität in Milliäquivalent	1,13	0,77	0,61	0,24	0,15	0,10	0,04
Verhältnis der Benetzungswärme zur Austauschkapazität	16,3	23,1	23,6	42,9	54,0	57,0	165,0
Verhältnis der Hydratationswärme von Ca zur Benetzungswärme, je 1 Milliäquivalent berechnet	10,7	7,6	7,4	4,1	3,2	3,1	1,06

(vgl. Tab. 55)

Ähnliche Unterlagen finden wir auch bei BAVER und WINTERKORN (1935), nur mit dem Unterschied, daß ihre Versuche mit Tonen angestellt wurden, die mit Wasserstoff gesättigt waren.

TABELLE 55

Eigenschaften von Kolloidton, der mit H gesättigt war (Angaben von BAVER und WINTERKORN, 1935)

Eigenschaften	Kolloidton aus				
	Lufkin	Wabash	Putnam	Susquehanna	Cecil
Molekular-Verhältnis $SiO_2:R_2O_3$	3,8	3,2	3,2	2,3	1,3
Benetzungswärme in cal/g	15,0	13,9	13,8	11,7	5,9
Austauschkapazität in Milliäquivalent/g	0,82	0,78	0,65	0,47	0,13
Verhältnis der Benetzungswärme zur Austauschkapazität	18,3	17,8	21,2	24,9	45,4
Verhältnis der Hydratationswärme zur Benetzungswärme für 1 Milliäquivalent	13,5	13,9	11,6	10,0	5,4

Aus den Zahlen der Tab. 54 und 55 ist zu ersehen, daß zwischen dem Verhältnis $SiO_2 : R_2O_3$ einerseits und den restlichen Werten sowie den daraus hervorgehenden Verhältnissen andererseits folgende Beziehung besteht:

Austauschkapazität, Benetzungswärme und der JANERTsche Quotient

$$\frac{\text{Hydratationswärme des Ions}}{\text{Benetzungswärme des Bodens}}$$

nehmen mit fallendem Molekularverhältnis ab, während das Verhältnis

$$\frac{\text{Benetzungswärme}}{\text{Austauschkapazität}}$$

zunimmt. Wir können daraus folgenden Schluß ziehen: Der von JANERT ermittelte Quotient stellt in Wirklichkeit keine Konstante dar; er verändert sich in erster Linie mit dem Molekularverhältnis von $SiO_2 : R_2O_3$ des Tons.

Worin besteht der Einfluß dieser Größe? Nach allem, was wir z. Z. über die Bodenkolloide wissen, können wir mit guten Gründen annehmen, daß die Veränderung des Molekularverhältnisses eine Veränderung der mineralogischen Natur des Kolloidtons anzeigt. Während wahrscheinlich in den Kolloidtonen aus Fallu, Sharkey, Marschal, Lufkin, Wabash und Putnam sekundäre Aluminiumsilikate vom Montmorillonit- oder Serizittypus vorherrschen, bestehen die Kolloidtone aus Sassafras, Norfolk und Susquehanna aus Kaolinit oder Halloysit, wobei der Kolloidton aus Cecil auch wesentliche Mengen von kristallinem Hydrargillit oder Limonit zu enthalten scheint. Im Kolloidton aus Nipe herrschen letztere stark vor.

Mit der Veränderung der mineralogischen Natur des Kolloidtons ändern sich folglich auch viele andere seiner Eigenschaften darunter auch die Benetzungswärme. Der von JANERT beobachtete Quotient gilt nur für eine bestimmte Gruppe von Kolloidton, und zwar offenbar für eine Mischung von Montmorillonit und Serizit.

Aus obigen Ausführungen können wir folgende Schlußfolgerung ziehen:

Erstens ist eine solche Wirkung zweifellos vorhanden. Das beweist die Reihenfolge von Kationen, die wir auf Seite 141 anführten. Zweitens liegt dieser Beziehung die Hydratationswärme der Austauschkationen zugrunde. Das geht aus der Konstanz der Quotienten

$$\frac{\text{Hydratationswärme der Kationen}}{\text{Benetzungswärme der Böden}} \quad \text{und} \quad \frac{\text{Benetzungswärme}}{\text{Austauschkapazität}}$$

hervor, die für Kolloidtone mit ähnlicher mineralogischer Zusammensetzung beobachtet wird.

Kann man jedoch die Schlußfolgerung JANERTS anerkennen, daß die Benetzungswärme der Böden gleich der Summe der Hydratationswärmen der Austauschkationen ist?

Wir halten nach den vorliegenden Unterlagen diese Schlußfolgerung für zu weitgehend. Der Anteil der Hydratationswärme von Austauschkationen an dem Gesamtwert der Benetzungswärme kann unterschiedlich sein, und es ist durchaus wahrscheinlich, daß sie sowohl von der Natur der Austauschkationen als auch von der mineralogischen Natur der Kolloide abhängt. Die Angaben ANDERSONS und BAVERS und WINTERKORNS weisen darauf hin, daß dieser Anteil sich mit abnehmendem Molekularverhältnis $SiO_2 : R_2O_3$ verringert.

Kann man den Quotienten $\frac{\text{Hydratationswärme des Kations}}{\text{Benetzungswärme}}$ als Maß für den „Grad der Adsorbiertheit“ von Kationen, wie JANERT vorschlägt, oder als Maß für die Dissoziation der Austauschkationen, wie ANTIPOW-KARATAJEW meinen, ansehen? Aller Wahrscheinlichkeit nach besteht irgendeine Abhängigkeit zwischen diesem Quotienten auf der einen Seite und den Eigenschaften des Tons auf der anderen. Vorläufig fehlt jedoch jegliche Begründung, diese Abhängigkeit als gegeben anzusehen. Auf das Fehlen einer solchen Abhängigkeit weisen auch ZUJEW und GAPON hin, die von rein theoretischen Erwägungen ausgehen (1948).

Wir erinnern an DUMANSKI (1935), der auf Grund seiner Untersuchungen ebenfalls zu der Schlußfolgerung kam, daß die Hydratationswärme der Austauschkationen nur einen Teil der Benetzungswärme ausmachen kann.

Aus obigen Ausführungen geht hervor, daß der Adsorptionsprozeß des Wassers, sowohl flüssigen als auch dampfförmigen, als Hydratation der Austauschkationen aufzufassen ist. Wir haben jedoch keinen Grund, beide Prozesse zu identifizieren. Es wird die Aufgabe künftiger Forschung sein, genau zu klären, welchen Anteil an der Sorption die Hydratation der Austauschkationen und welchen Anteil die Wassermoleküle durch die unmittelbare Bindung an die Oberfläche der Bodenpartikel haben.

Unter Berücksichtigung des Einflusses der Austauschkationen auf die Sorption des dampfförmigen Wassers und den Quotienten von JANERT können wir mit einiger Bestimmtheit folgendes aussagen: Als Ursache der Benetzungswärme ist die Hydratation der Austauschkationen von untergeordneter Bedeutung gegenüber der Bindung von Wasser durch die Oberfläche der Partikel. Zu dieser Ansicht gelangten auch WINTERKORN und ECKERT (1940). Sie berufen sich darauf, daß erstens die absoluten Werte der Benetzungswärme von der Zusammensetzung der Austauschkationen wenig beeinflußt sind, daß zweitens der größte Teil der Benetzungswärme aus der Hydratation der Teilchen stammt.

Wenn das so ist, müßte der Gehalt an „gebundenem Wasser" in irgendeinem einfachen Verhältnis zu den Werten der maximalen und einfachen Hygroskopizität stehen. Deshalb ist es verständlich, daß eine Reihe von Forschern versuchte, dieses Verhältnis zu bestimmen.

In Anlehnung an RODEWALD nahm auch MITSCHERLICH 1901 an, daß die Hygroskopizität diejenige Wassermenge darstellt, bei der keine Benetzungswärme mehr auftritt. Nach seiner Meinung ist in diesem Moment die Bedeckung der Bodenpartikel mit einer Wasserschicht von einem Molekül Dicke abgeschlossen.

Die Arbeiten ZUJEWS und GAPONS sowie die Kritik der Versuche MITSCHERLICHS haben bereits gezeigt, daß die ursprüngliche Vorstellung des letzteren insofern der Wirklichkeit nicht entspricht, als das Auftreten der Benetzungswärme nicht bei der Bildung einer einschichtigen, sondern erst bei einer mehrschichtigen Wasserhülle abgeschlossen wird.

Infolge der Einwände EHRENBERGS gelangte MITSCHERLICH später zu der Auffassung, daß die Partikel bei Maximaler Hygroskopizität mit einer Wasserschicht von zehn Molekülen bedeckt sind.

MITSCHERLICH hatte bereits 1910 festgestellt, daß die Wassermenge, die vom Boden aus einer Luft sorbiert wird, deren Dampfspannung 0,942 beträgt (die der Wasserdampftension über einer 10prozentigen Schwefelsäure entspricht), genau der Maximalen Hygroskopizität des Bodens im obigen Sinne gleichkommt.

ADRIANOW untersuchte die Frage nach dem Vorhandensein einer bestimmten Abhängigkeit zwischen Benetzungswärme und Hygroskopizität des Bodens. Er wies 1940 darauf hin, daß Benetzungswärme und Hygroskopizität des Bodens in einem direkten Verhältnis zu zwei Größen stehen: erstens zum Umfang der spezifischen Oberfläche und zweitens zu der Hydrophilität des Bodens. Diese Abhängigkeit können wir mathematisch wie folgt ausdrücken:

$$Q = K \cdot S F$$

und

$$W = K_1 S F ,$$

wenn
Q die Benetzungswärme in cal/g,
S die spezifische Oberfläche,
F die Hygrophilität,
W die hygroskopische Feuchtigkeit,
K und K_1 Koeffizienten

darstellen.

Durch Division der ersten Gleichung durch die zweite erhalten wir

$$\frac{Q}{W} = \frac{K}{K_1} = \text{const};$$

das Verhältnis der Benetzungswärme zum Gehalt an hygroskopischem Wasser muß also unter den gegebenen Bedingungen konstant sein.

Dieses Verhältnis ermittelte ANDRIANOW in zwei Fällen experimentell: für lufttrockene Böden und für einen Feuchtigkeitsgehalt von maximaler Hygroskopizität.

Nach seinen Angaben lag das Verhältnis zwischen Benetzungswärme und lufttrockener Hygroskopizität von 0,78 bis 1,25 und betrug im Durchschnitt 0,97. Auf gleiche Art bearbeitete ANDRIANOW die Unterlagen von PURI und HOON (1939) und stellte fest, daß die gesuchte Größe zwischen 0,46 und 3,35, also wesentlich stärker als nach seinen eigenen Bestimmungen, schwankte. Der Durchschnittswert betrug im letzten Fall 1,21. Aus den Angaben von ANDRIANOW und PURI

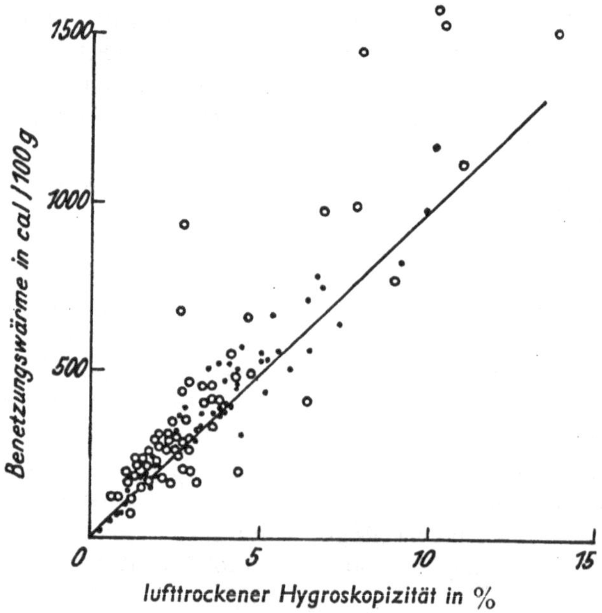

Abb. 37. Abhängigkeit der Benetzungswärme von der Hygroskopizität des lufttrockenen Bodens nach ANDRIANOW, PURI u. HOON

Die Zahlen ANDRIANOWS sind mit Punkten, die von PURI und HOON mit Kreisen dargestellt

und HOON (Abb. 37) ist zu ersehen, daß man eine ziemlich große Streubreite, insbesondere für die Zahlen von PURI und HOON, erhält. ANDRIANOW weist jedoch mit Recht darauf hin, daß eine solche Streuung ganz natürlich ist, weil die Luft-Hygroskopizität je nach der Luftfeuchtigkeit des Raumes, in dem die Bodenprobe aufbewahrt wird, stark schwanken kann.

Deshalb ist das Verhältnis der Benetzungswärme zur Maximalen Hygroskopizität von großem Interesse. ANDRIANOW (1931 u. 1937) fand hierfür einen Wert von 0,517.[1]

Unter Auswertung der von ZUNKER 1928 mitgeteilten Zahlen gibt JANERT (1931) den ähnlichen Wert von 0,5 an. Die Schlußfolgerungen der beiden Verfasser werden von DIMO (1946) bestritten; er fand für das Verhältnis der von ihm untersuchten 20 Bodenproben einen zwischen 0,37 und 0,68 [1] liegenden Wert (vgl. Tab. 49). Die Angaben ANDRIANOWS, JANERTS und DIMOS bringen wir in Abb. 38 als Punktdiagramme.

Hier ist die Streuung bedeutend geringer als auf Abb. 37; aus der Schwankungsbreite läßt sich jedoch ableiten, daß ihr natürliche Ursachen zugrundeliegen und

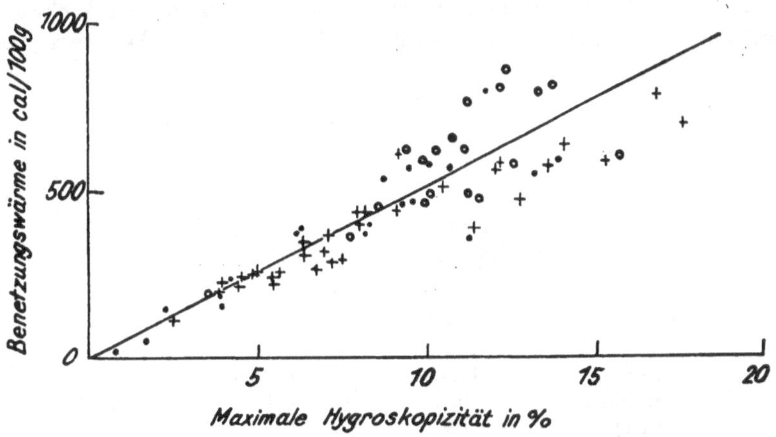

Abb. 38. Abhängigkeit der Benetzungswärme der Böden von der MH nach ANDRIANOW, DIMO und ZUNKER

Mit Punkten sind die Angaben ANDRIANOWS, mit Kreisen die von DIMO und mit Kreuzen die von ZUNKER bezeichnet

daß keine Bestimmungsfehler vorliegen. Dafür sprechen auch die Angaben von DIMO. In allen von ihm untersuchten Proben nehmen die uns interessierenden Werte vollkommen gesetzmäßig von den oberen zu den unteren ab. Ohne zusätzliche Untersuchungen ist diese Gesetzmäßigkeit nicht erklärbar, ihr Vorhandensein ist jedoch offensichtlich und zeugt davon, daß die Koeffizienten in den oben angeführten Formeln von ANDRIANOW keine konstanten Größen sind. Benetzungswärme und Maximale Hygroskopizität hängen also nicht nur von der spezifischen Oberfläche und der Hydrophilität, sondern auch von anderen Eigenschaften der Bodenkolloide ab. Als Beispiel sind die Quellungserscheinungen zu nennen, die ebenfalls Benetzungswärme hervorrufen können, worauf bereits 1900 RODEWALD hingewiesen hat. Gerade die Tatsache, daß nach DIMO die Benetzungswärme in den oberen humusreichen Horizonten höher ist als in den unteren, weist auf Quellung des Humus hin.

[1] Diese Berechnung des Quotienten ist nicht korrekt, weil die Werte der Benetzungswärme in Kalorien je 1 g Boden angegeben werden, die Hygroskopizität aber in g je 100 g Boden. Beide Werte muß man deshalb entweder auf 1 g oder auf 100 g Boden beziehen.

Im Zusammenhang mit den Fragen nach der Abhängigkeit der Benetzungswärme von der Maximalen Hygroskopizität ist es interessant, MITSCHERLICHS Ansicht zu diskutieren, nach der keine Benetzungswärme mehr auftritt, wenn der Boden die Maximale Hygroskopizität hat. Wir wissen, daß bei Bestimmung der Maximalen Hygroskopizität auch Kapillarkondensation auftritt, also ein Vorgang, der nicht mit dem Auftreten der Benetzungswärme verbunden ist. Deshalb dürfen wir von vornherein mit Recht daran zweifeln, daß MITSCHERLICH recht hat. Nach ANDRIANOW ist anzunehmen, daß die Bindung der Wassermenge, die Benetzungswärme hervorruft, kleiner sein muß als die Maximale Hygroskopizität, die nach den üblichen Methoden, darunter auch der von MITSCHERLICH, bestimmt wird.

ANDRIANOW gibt Werte für die Benetzungswärme (r_0) und für den Wassergehalt (WH) an, bei denen die Benetzungswärme gleich Null ist. Wir berechnen den

TABELLE 56

$\frac{r_0}{WH}$ für einige Böden nach ANDRIANOW (1937)

Boden	Benetzungswärme r_0 in Kalorien je 1 g Boden	Wassergehalt WH in Gramm je 1 g Boden	$\frac{r_0}{WH}$
Moor	17,86	0,1955	90
Moor	15,27	0,1781	86
Schwerer Ton	15,10	0,2191	69
Tschernosjom	9,62	0,1513	64
Tschernosjom	6,92	0,1046	66
Grauerde	3,62	0,053	68
Lehm	2,43	0,027	90
Lehm	2,19	0,0243	90
Lehm	1,93	0,0222	88
Lehmiger Sand	1,75	0,0162	108
Lehmiger Sand	1,70	0,0162	105
Lehmiger Sand	1,56	0,0178	88
Lehmiger Sand	1,61	0,0141	114
Podsol	1,45	0,028	52
Lehmiger Sand	1,43	0,0172	83
Podsol	1,40	0,029	48
Podsol	1,32	0,037	36
Lehmiger Sand	1,27	0,0134	95
Podsol	1,26	0,027	47
Lehmiger Sand	1,16	0,011	104
Lehmiger Sand	1,12	0,0115	108
Lehmiger Sand	1,09	0,0168	65
Sand	1,03	0,0100	103
Sand	0,91	0,0136	67
Sand	0,90	0,013	69
Sand	0,81	0,0106	76
Mittel	—	—	80

Quotienten $\frac{r_0}{WH}$, indem wir r_0 in cal/g und WH in g/1 g trockenen Boden ausdrücken. Der Quotient liegt für 26 Böden zwischen 36 und 114 mit einem Mittel von 80, wie aus der Tab. 56 zu ersehen ist.

Die starken Schwankungen lassen sich daraus erklären, daß ANDRIANOW vorwiegend mit leichten Böden arbeitete, die sehr kleine Werte lieferten.

Für Stärke fanden DUMANSKI und WOIZECHOWSKI (1948) einen Wert von 84 cal/g, der Mittelwert für verschiedene Stoffe ist gleich 80 cal/g (DUMANSKI, 1950).

Ähnliche Werte für $\frac{r_0}{WH}$ kann man auch in den Arbeiten anderer Forscher finden. U. BEHRENS machte hierüber folgende Angaben:

	$\frac{r_0}{WH}$
Nach MITSCHERLICH	88
Nach JANERT	57
Nach MIRTSCH	81
Nach ROEMER	80
Nach BEHRENS	75
Nach ANDRIANOW	80

Vergleichen wir diesen Quotienten mit dem von $\frac{r_0}{MH}$, in dem MH die Maximale Hygroskopizität ist. Wie uns bereits aus den Arbeiten von ANDRIANOW und JANERT bekannt ist, beträgt dieser Quotient 0,5, wenn die Größe MH in Prozenten zum Trockengewicht des Bodens ausgedrückt wird. Wird auch die Maximale Hygroskopizität in Gramm je 1 g Trockenboden ausgedrückt, so erhalten wir für $\frac{r_0}{MH}$ den Wert von 50. Dividieren wir den ersten Quotienten durch den zweiten, so erhalten wir:

$$\frac{r_0}{WH} : \frac{r_0}{MH} = \frac{MH}{WH} = \frac{80}{50} = 1{,}6\,.$$

Folglich ist die Maximale Hygroskopizität MH durchschnittlich 1,6 mal größer als die WH, d. h. als diejenige Wassermenge, deren Sorption mit dem Auftreten der Benetzungswärme verbunden ist. Wie wir sehen, stimmen die Werte der MH und WH nicht überein. Das kann damit erklärt werden, daß zur MH auch eine gewisse Menge von kapillar kondensiertem Wasser gehört, das keine Benetzungswärme hervorruft.

Das gefundene Verhältnis 1,6 läßt eine grobe Schätzung zu, welchen Anteil das „gebundene" Wasser an der MH und welchen das „kondensierte" hat. Offensichtlich beträgt der Anteil des ersteren $\frac{1}{1{,}6} \approx 60\%$, während der des zweiten $\frac{0{,}6}{1{,}6} \approx 40\%$ ausmacht.

Gehen wir von rein theoretischen Vortellungen über die Natur der Hygroskopizität aus, so behält der Grundsatz MITSCHERLICHS seine volle Gültigkeit, wonach die Wassermenge, deren Sorption vom Auftreten der Benetzungswärme begleitet wird, mit der Maximalen Hygroskopizität identisch ist.

Dann kann man jedoch die Maximale Hygroskopizität praktisch — wie das oft getan wird — nicht mehr bestimmen, sondern man muß sie als Größe W_H charakterisieren.

Offensichtlich stellt die Größe W_H nichts anderes dar als die Höchstmenge an Wasser, die vom Boden fest gebunden werden kann; also ist die Größe W_H die Maximale Adsorptions-Wasserkapazität des Bodens (MAW).

Einen originellen Versuch, die Höchstmenge an festgebundenem Wasser, also die Größe MAW, nach einer biologischen Methode zu bestimmen, finden wir in der neuesten Arbeit KATSCHINSKIS und seiner Mitarbeiter WADJUNINA und KORTSCHAGINA (1950). In dieser Untersuchung wurde die angegebene Größe als diejenige Feuchtigkeit bestimmt, bei der die Pflanzen verwelken und nach dem Begießen nicht wieder aufleben. In verschiedenen Böden des Vorurals und Transurals variierte diese Größe zwischen 0,63 und 0,93 der *MH*, meistens betrug sie 0,8 MH. Bedauerlicherweise wurde in dieser Arbeit nicht der Versuch unternommen, den nach dieser Methode ermittelten Höchstgehalt an fest gebundenem Wasser mit den Werten zu vergleichen, die durch andere Methoden bestimmt werden können, wie z. B. durch die Indikationsmethode (TROFIMOW-DUMANSKI) oder die Methode der Benetzungswärme.

6. Der Einfluß der Austauschkationen auf die Peptisation der Bodenteilchen und auf die Bindung des Wassers

Im dritten Kapitel haben wir bereits den Einfluß besprochen, den die Austauschkationen auf die Bindung des Wassers durch den Boden ausüben. Wir wiesen dabei auf die oft vertretene Ansicht hin, daß die Art der sorbierten Austauschkationen von größtem Einfluß auf die Bindung des flüssigen Wassers ist. Im Jahre 1914 zeigte GEDROIZ in seiner bekannten Arbeit „Die Kolloid-Chemie in Fragen der Bodenkunde“ (vgl. S. 18 u. 19), daß die Sättigung mit alkalischen Kationen zur Steigerung der Dispersion des Bodens führt. Später untersuchte GEDROIZ die Frage, welchen Einfluß die Zusammensetzung der Austauschkationen auf die Dispersion der Bodensuspension ausübt. Diese Versuche sind in seinem 1922 erschienenen Buch „Die ultramechanische Bodenzusammensetzung in Abhängigkeit von der Art des Kations, das sich im Boden in sorbiertem Zustand befindet“, dargelegt.

GEDROIZ sättigte einen strukturlosen kubanischen Tschernosjom aus 80 bis 100 cm Tiefe mit verschiedenen Kationen. Nachdem die überschüssigen Chloride durch Dekantieren mit Wasser ausgewaschen waren, wiesen die Böden einen unterschiedlichen Peptisationsgrad auf. Den Zylindern mit den Bodensuspensionen entnahm GEDROIZ in einer bestimmten Tiefe mit einer Pipette 10 cm^3 Flüssigkeit und dampfte das Wasser ein; er stellte folgende Trockensubstanzen in 10 cm³ fest:

Bodensuspension, gesättigt mit	
Na	1,980 g
NH_4	0,716 g
K	0,319 g
Mg	0,365 g
Ca	0,195 g
Ba	0,011 g
H	0,232 g
Ca+Mg	0,190 g (Ausgangsboden)

Einwertige Kationen erhöhen also die Bodendispersität, und zwar umso mehr, je niedriger das Atomgewicht des Kations ist. Die Dispersität von Böden, die mit zweiwertigen Kationen gesättigt sind, ist bedeutend geringer, wobei auch hier der Einfluß des Atomgewichtes bestehen bleibt.

Wie GEDROIZ selbst auf Seite 39 betont, müssen die von ihm beobachteten Erscheinungen am strukturlosen kubanischen Tschernosjom, dessen wasserhaltende Kraft durch Sättigung mit Natrium-Ionen auf das Zehnfache des Bodengewichtes gesteigert werden konnte, wobei die Bodensuspension in ein Gel verwandelt wurde, zu den Ausnahmen gezählt werden. Diese Ausnahme wird durch den hohen Kolloidtongehalt des verwendeten Bodens hervorgerufen. Abgesehen von der quantitativen Seite hat sich diese Erscheinung als von allgemeiner Bedeutung erwiesen.

Gleich nach Veröffentlichung der Arbeit von GEDROIZ erschienen in verschiedenen Ländern Hunderte von Forschungsarbeiten zum gleichen Thema, die alle die von GEDROIZ festgestellten Erscheinungen bestätigten. In diesen Arbeiten wurde nicht nur die Veränderung der Bodendispersität festgestellt, sondern auch die von ihr bedingte Veränderung der anderen Bodeneigenschaften wie Durchlässigkeit und Quellungsvermögen.

Es erhob sich die Frage nach den Ursachen dieser Erscheinung.

In der bereits zitierten Arbeit führt GEDROIZ aus, daß die Peptisation eines Bodens durch Natrium-Ionen auf zweierlei Art erklärt werden kann. Infolge Hydrolyse der austauschbaren Kationen treten freie Hydroxylionen auf, die aber gerade die Bodendispersität, wie wohl bekannt, erhöhen. Nach der zweiten Erklärung kann die erhöhte Dispersität des Bodens auch durch Zerfall der Bodenteilchen in die Hydroxyde des Siliciums, Eisens und Aluminiums bewirkt werden.

Wenn wir die Ansichten von GEDROIZ vom heutigen Standpunkt aus beurteilen, müssen wir feststellen, daß sie offenbar nicht die Natur der Erscheinung charakterisieren. Die zweite der angeführten Erklärungen dürfte kaum der Wirklichkeit entsprechen; denn wenn wir auch einen gewissen Zerfall des mineralischen Anteils bei Sättigung des Bodens mit Natrium beobachten, so ist er doch so gering, daß er sich kaum auf die Steigerung der Konzentration der Bodensuspension auswirken kann.

Die Bodensuspensionen, die mit einwertigen Kationen gesättigt sind, weisen fraglos eine stark ausgeprägte alkalische Reaktion auf. Damit wird der Standpunkt von GEDROIZ bestätigt, wonach ein energischer Austausch zwischen den Austauschkationen und dem Wasser mit der darin gelösten Kohlensäure vor sich geht. Das Auftreten der Hydroxylionen in der Lösung kann jedoch nicht die Ursache für eine verstärkte Peptisation des Bodenkörpers sein.

Die Ansicht WIEGNERS (1925) über die bestehende Abhängigkeit zwischen dem Peptisationsgrad des Bodenkörpers und der Zusammensetzung der Austauschkationen ist weit verbreitet. Seiner Erklärung legte WIEGNER die Hydratation der Austauschkationen zugrunde. Über die Hydratation der Ionen sprachen wir bereits im Kapitel II. Wir wissen, daß infolge der Anziehung zwischen den elektrisch geladenen Ionen auf der einen und den dipoligen Wassermolekülen auf der anderen Seite sich um die Ionen eine Hülle aus Wassermolekülen bildet. Das Volumen dieser Hülle hängt von der Ionenart ab, wobei man die Anzahl Wassermoleküle, die von einem Ion angezogen wird, als seine Hydratationszahl bezeichnet. Die Ionenhydratation erfolgt in der freien Lösung. Allerdings können die Austauschkationen ebenfalls hydratisiert werden. Die Hydrathüllen der Kationen, soweit sie mit den Kolloidpartikeln verbunden sind, fließen zusammen und bilden eine gemeinsame Hydrathülle um die Kolloidpartikel. Dadurch wird ihre Trennung herbeigeführt und folglich auch der Peptisationsgrad des Bodenkörpers erhöht.

Bei seinen Überlegungen ging WIEGNER von den Hydratationszahlen aus, die von RIESENFELD und REINHOLZ ermittelt wurden und die wir im zweiten Kapitel anführten.

Dabei nahm WIEGNER an, daß die mit Natrium gesättigten Kolloidpartikel eine weitaus stärkere Hydrathülle haben müssen als die mit Calcium gesättigten. Wenn also ein mit Natrium-Ionen gesättigter Boden mit Wasser in Berührung kommt, bilden sich nicht nur um die Bodenpartikel Wasserhüllen, sondern diese Hüllen überwinden außerdem die Kohäsion, die zwischen den primären Bodenpartikeln wirksam ist, und rufen die Peptisation des Bodens hervor, also den Zerfall seiner Aggregate in Primärteilchen. Ist der Boden dagegen mit Calcium-Ionen belegt, so sind die sich um die Primärteilchen bildenden dünnen Hydrathüllen nicht fähig, die Kohäsion zu lösen, so daß Peptisation nicht eintritt.

Als Beweis für die Richtigkeit seiner Ansichten führt WIEGNER den Einfluß der Austauschkationen auf die Viskosität der Tonsuspensionen an. In einer seiner Arbeiten (1924) ist die relative Viskosität einer Tonsuspension von 89,97 g/l wie folgt angegeben:

Ton	Relative Viskosität
Ca-Ton	1,131
K-Ton	1,134
NH_4-Ton	1,137
Na-Ton	1,156

Aus der Tatsache, daß die Viskosität der Suspension in der angeführten Reihe ansteigt, schließt WIEGNER auf ihre Lyophilität, die die Zunahme der Hydrathüllen bewirkt.

Bei genauer Betrachtung der vorstehenden Zahlen ist ein solcher Schluß jedoch nicht überzeugend. Zwar nimmt die Viskosität in dieser Reihe von Ca-Ton zum Na-Ton zu, jedoch ist diese Erhöhung so geringfügig, daß man eher das Umgekehrte folgern könnte, daß nämlich das Volumen der Hydrathüllen der Tonpartikel, die mit verschiedenen Kationen gesättigt sind, gleich sei.

Diese Ansichten WIEGNERS haben sich seit langer Zeit in der Bodenkunde eingebürgert, obgleich bereits 1925 Arbeiten erschienen waren, die ihnen widersprachen. Sein Standpunkt konnte auch dann nicht erschüttert werden, als sich die Hydratationszahlen von RIESENFELD und REINHOLZ als falsch erwiesen und durch andere Werte ersetzt wurden. Hiernach lag die Hydratationszahl des Natrium-Ions nur ganz geringfügig über der des Calcium-Ions oder sogar noch darunter. Ebenso sehen die Hydratationszahlen von REMY aus, die wir bereits im Kapitel II kennenlernten.

Nach diesen Angaben ist der Hydratationsgrad von Natrium geringer als der von Calcium. Da die Calcium-Ionen aber zweiwertig sind, ist ihre Zahl bei der gegebenen Austauschkapazität doppelt so klein; die Wasserhülle muß bei einer Sättigung des Bodens mit Natrium-Ionen in jedem Falle größer sein als bei einer solchen mit Calcium-Ionen.

Von sonstigen Angaben, die den Hydratationsgrad verschiedener Kationen kennzeichnen, verweisen wir auf die Untersuchungen von RUSSEL (1934), nach denen die Austausch-Ionen von Magnesium etwa 7 Moleküle und die von Calcium etwa 3 Moleküle mehr Hydratationswasser aufweisen als die Ionen von Kalium oder Natrium.

Werden die Hydratationszahlen verschiedener Kationen verwendet, so muß man außerdem daran denken, die Hydratationszahlen für die in freier Lösung befindlichen Ionen zu ermitteln; sie können nicht vorbehaltlos auf Ionen übertragen werden, die mit der Oberfläche der Kolloidpartikel verbunden sind.

Ansichten, die dem WIEGNERschen Standpunkt nahekommen, finden wir auch bei MATTSON. Die Abb. 16 in seiner Arbeit (1938, S. 233) läßt keinen Zweifel darüber, daß nach seiner Vorstellung die Bodenpartikel, die mit Natriumionen gesättigt sind, über eine weitaus stärkere Wasserhülle verfügen als die mit Calcium-Ionen gesättigten Partikel.

Bereits 1902 war eine Arbeit NEFEDOWS (1902, S. 435) erschienen, in der der Verfasser, gestützt auf seine Versuchsergebnisse, geschrieben hatte: „Somit steht es zweifellos fest, daß durch Zerreibung nach der oben beschriebenen Methode (das Zerreiben von Brei — A. R.) eine völlige Trennung der Partikel erreicht wird“.

Auch in der zitierten Arbeit von GEDROIZ über die ultramechanische Zusammensetzung des Bodens (1922) finden wir den Hinweis, daß im Horizont von 80 bis 100 cm eines strukturlosen kubanischen Tschernosjoms eine Sättigung mit Natrium-Ionen 59,8% gefunden wurde. In der natürlichen Probe des mit

Calcium- und Magnesium-Ionen gesättigten Tschernosjom (nur mittels mechanischer Zerreibung des Bodenbreies) war der Tongehalt wohl geringer, betrug aber immer noch 39,9%.

Im Jahre 1925 erschien die Arbeit von PURI und KEEN (1925). Diese Forscher erzielten bei Zerreibung des Bodens mit einem Gummipistill und durch Sättigung mit Natrium-Ionen die gleiche Peptisation.

Auch FILLIPPOWA fand 1931, daß die Vorbereitung des Bodens zur mechanischen Analyse nach SABANIN (das Kochen der Bodensuspension mit nachfolgender Zerreibung durch Gummipistill) einerseits und nach GEDROIZ (Sättigung mit Natrium-Ionen) andererseits zu sehr ähnlichen Korngrößen unter 0,002 mm führte, wie aus Tab. 57 zu ersehen ist.

TABELLE 57

Gehalt an Teilchen unter 0,002 mm nach Vorbereitung zur mechanischen Analyse nach der Methode von SABANIN und der von GEDROIZ nach FILLIPPOWA

Boden	0,002 mm	
	Vorbereitet nach SABANIN	Vorbereitet nach GEDROIZ
Nr. 1	80,2	83,7
Nr. 4 Zagreb	46,9	42,8
Nr. 6 Sudan	69,7	69,6
Nr. 5 Sudan	78,9	83,3
Nr. 1 Sotschi	27,7	33,8

Im Jahre 1940 erschien ein Sammelwerk unter der Redaktion von ZURINOW (1940), in dem die Fragen der Dispersität von Tonsuspensionen unter einem neuen Gesichtspunkt betrachtet wurden.

Im gleichen Jahr stellten SCHAROW und BUTOWSKAJA fest, daß durch Zerreiben eines Tonbreies, der mit Calcium (untersucht wurde Kudinowsker Ton mit einer Austauschkapazität von 28 Milliäquivalent je 100 g) gesättigt wurde, die gleiche Dispersität erreicht werden kann wie bei Sättigung des Tones mit Natrium-Ionen. Das zeigen die ersten beiden Ziffernpaare der folgenden Tab., die nach den Angaben SCHAROWS und BUTOWSKAJAS zusammengestellt wurde.

TABELLE 58

	Gehalt an Partikeln < 0,001 mm			
	Aus Trockenpulver hergestellte Suspension nach 24 Std.	Aus Brei hergestellte Suspension nach 24 Std.	Aus Brei hergestellte Suspension nach 10 Tg.	Nach 10tägigem Abstehen von neuem durchgeschüttelte Suspension nach 24 Std.
Na-Ton	60,3	61,4	59,9	64,6
Ca-Ton	9,2	56,2	6,3	58,5

Das dritte Zahlenpaar zeigt, daß die durch Zerreiben zu einem Brei entstandene Ca-Tonsuspension sich rasch absetzt, während die Na-Tonsuspension sich als beständig erweist. Die Verfasser weisen darauf hin, daß der Unterschied in dem Verhalten dieser beiden Tone gewöhnlich damit erklärt werden kann, daß die Ca-Tone sich leicht zu größeren Aggregaten zusammenschließen. Ein Schütteln der Suspension nach Ablauf von 10 Tagen (vgl. das vierte Zahlenpaar) stellte die Ausgangskonzentration der Ca-Tonsuspension wieder her. Daraus schlossen die Autoren, daß eine Aggregatbildung der Ca-Tonpartikel während des Stehens nicht erfolgt, weil die Dispersität nach dem Schütteln wiederhergestellt wird und der Unterschied im Verhalten der Na- und Ca-Tone während des Absetzens nur von der Hydratation der Partikel abhängt.

Eine solche Schlußfolgerung kann nicht als völlig begründet angesehen werden. Sie wäre nur dann richtig, wenn man sowohl bei Sättigung mit Natrium-Ionen als auch beim Zerreiben eines mit Calciums gesättigten Tons zu Brei Suspensionen von gleichem Dispersionsgrad erhalten würde. Trifft das nicht zu, dann kann die unterschiedliche Konzentration dieser beiden Suspensionen nach Ablauf von 10 Tagen niemals darauf zurückgeführt werden, daß ihre Partikel die gleiche Größe aufweisen und nur in verschiedenem Grad dispergiert sind. Vielmehr hängt sie davon ab, daß in der Natrium-Ton-Suspension alle abschlämmbaren Teilchen oder zum mindesten der größte Teil von ihnen zu weitaus feineren Korngrößen peptisiert sind, während beim Calcium-Ton so gut wie keine Peptisation vor sich gegangen ist.

Tatsächlich hat auch Scharow seine Ansichten wesentlich modifiziert. Als Ergebnis von Versuchen mit Latninsker Ton stellten Scharow und Ismailowitsch (1941) fest, daß das Anrühren zu Brei die gleiche Dispersität ergeben kann wie die Sättigung von Ton mit Natrium-Ionen, bei einer Korngröße von 0,001 mm.

TABELLE 59

	Korngröße							
	< 0,001 mm		0,001–0,0005 mm		0,0005–0,0003 mm		< 0,0003 mm	
	Suspensionen							
	aus Pulver	aus Brei	aus Pulver	aus Brei	aus Pulver	aus Brei	aus Pulver	aus Brei
Na-Ton	80,8	83,8	12,0	—	11,7	—	57,1	—
Ca-Ton	13,0	80,4	—	22,0	—	37,5	—	21,0

Jedoch erhielten Scharow und Ismailowitsch in ihren Versuchen durch Zerreiben von Calcium-Ton zu Brei einen bedeutend geringeren Peptisationsgrad als bei der Herstellung einer Suspension aus Ton, der mit Natrium gesättigt wurde.

Die Verfasser machen allerdings die Einschränkung, daß bei ihren Versuchen der Gehalt an Kolloid-Partikeln bei Sättigung des Tones mit Natrium-Ionen deshalb erhöht sein könnte, weil die mit Natrium gesättigten Kolloid-Partikel stärkere Wasserhüllen aufweisen, wodurch ihr spezifisches Gewicht sinkt. Dieses Absinken wird jedoch bei der Berechnung der Fallgeschwindigkeit nach der Formel STOKES nicht berücksichtigt, d. h. das spezifische Gewicht der mit Calcium und Natrium gesättigten Partikel wird als gleich angenommen. Inwieweit diese Fehler der Wirklichkeit entspricht, werden wir später untersuchen.

Nach SCHAROW bilden sich die Wasserhüllen um die tonigen Partikel gleich nach der Benetzung des trockenen Tones mit Wasser. Die Wirkung des Zerreibens zu Brei bestehe darin, daß dadurch „. . . der orientierte Zustand der Oberflächenschichten der Wasserhüllen zerstört und die einzelnen Partikel, die durch die Wasserhüllen zu einer homogenen Gelmasse verbunden werden; wird der Brei anschließend mit Wasser verdünnt, suspendieren sie nicht mehr als Aggregate, sondern in Form von einzelnen Mizellen“. Diese Erklärung erscheint uns nicht überzeugend. Man kann zugeben, daß durch das Zerreiben des Breies die Orientierung der Wassermoleküle, aus denen sich die obere Schicht der Wasserhüllen zusammensetzt, verloren geht. Es fragt sich jedoch, was der Wiederherstellung dieser Orientierung im Wege steht, nachdem das Zerreiben beendet ist und der Brei wieder zur Ruhe kommt. Wenn wir das nicht beobachten, muß man eher annehmen, daß bei Benetzung des Bodens nur die Bildung sehr feiner und vielleicht sogar nicht einmal durchgehender Wasserhüllen erfolgt; es ist auch möglich, daß erst durch den Zerreibungsprozeß ihre Dicke zunimmt und dadurch ein Zusammenschluß eintritt.

Wie aus den Arbeiten von DERJAGIN und anderen Forschern bekannt ist (s. oben), kann das Wasser während seiner Sorption einen zerteilenden Einfluß auf die Partikel ausüben. Deshalb liegt überhaupt kein Grund vor, den Hüllen einen bindenden Einfluß auf die Tonpartikel zuzuschreiben, weil sie gerade die entgegengesetzte Wirkung haben. Wenn wir keine Peptisation von Ton nach erfolgter Benetzung beobachten, so bedeutet das, daß die Benetzung allein noch keine Bildung von Wasserhüllen um die Elementarteilchen hervorruft.

Sowohl sämtliche angeführten Literaturangaben als auch die eigenen Versuche führten ANTIPOW-KARATAJEW (1943) zu der Feststellung, daß nicht nur die Sättigung eines Bodens mit Natrium- oder Lithium-Ionen primär die Dispersion erhöht, sondern auch die mechanische Zerreibung des Bodenbreies.

Zu dieser Frage äußerte sich auch AIDINJAN in seiner 1947 erschienenen Arbeit. Nachdem er sich davon überzeugt hatte, daß eine Zerreibung des Breies einerseits und die Vorbereitung des Bodens durch Sättigung mit Natrium-Ionen andererseits zu etwa der gleichen Fraktion von unter 0,001 mm führte, stellt AIDINJAN die Frage nach der Beständigkeit der erhaltenen Suspensionen. Die Versuchsergebnisse sind in der Tab. 60 enthalten.

Wie aus diesen Zahlen hervorgeht, blieb die Konzentration der Suspensionen 12 Tage lang konstant, eine Koagulation trat also nicht ein. Folglich liefert die Dispergierung durch Zerreiben von Böden, die mit Calcium und Magnesium gesättigt wurden, eine stabile Suspension.

AIDINJAN klärte auch die Frage, ob durch Zerreiben des Breies eine volle Peptisation des Bodens nicht nur bis zur Korngröße unter 0,001 mm, sondern auch bis zur Kolloidton-Fraktion erreicht werden könne. Dazu wurden mit Natrium-, Calcium-, Aluminium- und Wasserstoff-Ionen gesättigte Bodenproben angefertigt. Die Proben wurden getrocknet, und durch Zerreiben wurden aus ihnen Suspensionen hergestellt, aus denen durch Zentrifugieren die Kolloid- und Subkolloidfraktionen abgetrennt wurden. Die Ergebnisse sind in der Tab. 61 enthalten.

TABELLE 60

Gehalt an Teilchen unter 0,001 mm in Suspensionen eines dunkelgrauen Bodens nach AIDINJAN

Boden	Gehalt an Korngrößen 0,001 mm in % nach Ablauf von Tagen				
	0	3	6	9	12
Dunkelgrauer, Horizont 0 bis 4 cm	25,2	25,2	25,0	25,8	25,2
Dunkelgrauer, Horizont 15 bis 20 cm	25,2	25,9	25,6	25,5	25,3
Dunkelgrauer, Horizont 27 bis 32 cm	24,9	24,6	24,5	24,8	24,9

TABELLE 61

Gehalt an Kolloid- (< 0,2 μ) und Subkolloid- Ton (1 bis 0,2 μ) Fraktionen nach AIDINJAN

Sättigendes Kation	Ausbeute an Fraktionen in % zum Boden-Trockengewicht							
	Typischer Tschernosjom 0 bis 15 cm		Dunkelgrauer Boden		Roterde 0 bis 5 cm		Stark podsoliert 3 bis 7 cm	
	Subkolloide	Kolloide	Subkolloide	Kolloide	Subkolloide	Kolloide	Subkolloide	Kolloide
Na	9,9	18,4	8,2	16,3	9,3	9,7	4,9	3,3
Ca	10,2	15,5	9,4	12,9	10,1	10,2	4,7	3,4
Al	5,9	1,2	7,5	2,2	7,8	3,4	3,2	0,9
H	9,2	13,4	9,8	12,5	9,0	9,2	3,9	3,0
Ausgangsboden	9,3	14,8	9,5	13,2	9,7	9,2	4,2	3,5

Die Ausbeute an feinen Fraktionen ist sowohl bei Sättigung mit Calcium oder Wasserstoff als auch bei Sättigung mit Natrium nahezu gleich. Nur von Aluminium-Ionen wird die Dispersität stark beeinflußt.[1]

Die Behauptung SCHAROWS, daß die Peptisation eines durch Zerreiben des zähen Breies mit Calcium-Ionen gesättigten Bodens bei der Schlufffraktion (< 0,001 mm) endet, findet damit keine Bestätigung. Es ist anzunehmen, daß in den Versuchen SCHAROWS das Zerreiben nicht fein genug durchgeführt wurde.

[1] Beachtung verdient die Tatsache, daß ein mit Wasserstoff- und Aluminium-Ionen gesättigter Boden zu vollkommen unterschiedlicher Dispersität führt. Das spricht gegen die Annahme der Vertreter der „Aluminium"-Theorie bezüglich der sauren Böden, wonach die Sättigung eines Bodens mit Wasserstoff mit seiner Aluminiumsättigung identisch sein soll.

Mit vollem Recht bemerkt AIDINJAN, daß seine Ergebnisse sich schlecht mit der „Hydratations“-Theorie der Bodenpeptisation vereinbaren lassen. Man kann nur bedauern, daß AIDINJAN die Frage nach der Stabilität der Suspensionen hinsichtlich des Kolloidtons (< 0,0002 mm) nicht näher untersucht hat.

Die Versuchsergebnisse SCHAROWS und AIDINJANS wurden durch die Arbeiten von PURI und RAI (1944) bestätigt. Als Ausgangsmaterial diente ein Boden,

Sättigung mit	Gehalt an Korngrößen < 0,002 mm in % zum Gewicht des trockenen Bodens
Li	55,3
Na	55,0
K	6,8
NH_4	14,5
Ca	4,8
Mg	6,0

aus dem durch Elektrodialyse die Austauschbasen entfernt worden waren. Im ersten Versuch wurden die Bodenproben mit äquivalenten Hydroxyden verschiedener Basen belegt. Die Suspensionen so vorbereiteter Präparate ließ man drei Wochen stehen und bestimmte dann die Partikel unter 0,002 mm.
Wie wir sehen, wurden die üblichen Ergebnisse erzielt: Die einwertigen Kationen, insbesondere Natrium und Lithium liefern eine bedeutend stärkere Peptisation als die zweiwertigen Calcium- und Magnesium-Ionen.

Mit dem gleichen Boden wurde noch ein zweiter Versuch angestellt. Die Bodenpräparate sättigte man zuerst mit Lithium-Ionen, weil diese den höchsten Peptisationsgrad liefern. Anschließend behandelt man sie bis zur völligen Verdrängung des Lithiums mit einer 0,05 n Salzsäure. Nach Auswaschen des Überschusses an Salzsäure behandelt man diese Präparate, *ohne sie vorher zu trocknen*, mit äquivalenten Mengen von Hydroxyden verschiedener Basen. Die auf diese Art mit verschiedenen Kationen gesättigten Bodenproben wurden *ebenfalls ohne vorherige Trocknung* in Wasser suspendiert und der mechanischen Analyse unterzogen. Die Ergebnisse sind in Tab. 62 enthalten.

Aus der Tabelle ist zu ersehen, daß alle untersuchten Suspensionen bis zur Korngröße einschließlich 0,00043 mm den gleichen Dispersionsgrad aufwiesen, ausgenommen die mit Bariumionen gesättigten Proben. Nur unterhalb dieser Grenze wiesen die Suspensionen, die mit Wasserstoff-Ionen und mit zweiwertigen Kationen gesättigt waren, eine bedeutend geringere Dispersität auf als die mit einwertigen Kationen gesättigten. Hierbei neigten die mit Wasserstoff-Ionen und mit zweiwertigen Basen gesättigten Suspensionen zur Koagulation. Mit anderen Worten: Vollkommen stabile Suspensionen liefern nur Böden, die mit Alkalimetallen gesättigt sind.

Die Verfasser betonen, daß der Dispersionsgrad, der von allen vier untersuchten einwertigen Alkalikationen verursacht wurde, gleich war, ungeachtet

TABELLE 62

Dispersität von Bodensuspensionen, die zuerst mit Li-, dann mit H-Ionen und schließlich mit Kationen verschiedener anderer Basen, ohne getrocknet zu werden, gesättigt wurden. Nach PURI und RAI (1944)

Sättigendes Kation	Gehalt an Korngrößen				
	< 0,002 mm	< 0,001 mm	< 0,00043 mm	< 0,00029 mm	< 0,000177 mm
Ca	56,5	52,8	40,7	27,7 (K)	—
Ba	55,7	38,4 (K)	—	—	—
Sr	53,7	51,5	43,5	37,9	28,1 (K)
Mg	52,7	50,0	40,1	38,7	24,7 (K)
H	53,4	49,8	43,6	38,2	28,4 (K)
NH_4	54,1	50,7	44,2	42,7	42,6
Na	54,2	53,6	46,5	46,3	44,9
K	53,9	53,3	42,9	43,7	40,6
Li	54,1	53,8	46,3	43,6	42,5

Anmerkung: (K) bedeutet Koagulation der Suspensionen

dessen, daß diese Kationen einen verschiedenen Hydratationsgrad haben. Daraus folgt, daß die Hydratation der Austauschkationen keinen Einfluß auf die Schnelligkeit des Absetzens der Partikel ausübt, d. h., daß die mit verschiedenen Kationen gesättigten Teilchen sich nicht durch die Dicke ihrer Wasserhüllen voneinander unterscheiden, so wie das von WIEGNER, MATTSON und anderen Forschern, darunter auch vom Autor der vorliegenden Monographie früher angenommen worden ist.

Die Versuche von PURI und RAI zeigen, daß ein der äußersten Peptisation ausgesetzter Boden (im gegebenen Falle wurde das durch Sättigung mit Lithium-Ionen erreicht), den man anschließend nicht trocknete, aus dem also die sich bei der Peptisation um die primären Partikel bildenden Wasserhüllen nicht entfernt wurden, keine Aggregate entstehen läßt, falls danach Lithium durch Wasserstoff-Ionen oder Ionen zweiwertiger Basen (Barium ausgenommen) ersetzt wird. Die Korngröße der sich bildenden Aggregate beträgt nur 0,001 mm, seltener 0,001 bis 0,0003 mm. Erst unterhalb dieser Grenzen nimmt die Bildung von Aggregaten an Intensität zu.

Im Zusammenhang mit den Versuchen von PURI und RAI muß an die Arbeiten MATTSONS (1938, S. 343) erinnert werden, wonach ein elektrodialysierter, nicht getrockneter Bentonit bei sonst gleichen Verhältnissen 2,5mal mehr Wasser zurückhalten konnte als der gleiche, jedoch vorher getrocknete Bentonit. Aus diesem Anlaß spricht MATTSON davon, daß „der elektrodialysierte Bentonit in gewissem Maße die hohe Dispersität des Ausgangsmaterials (mit Natrium gesättigt — A. R.) „geerbt" hat und diesen anomalen, für ihn neuen Zustand des Dispersionsgrades, solange er feucht ist, beibehält". Aus dieser Tatsache zieht MATTSON keine weiteren Schlußfolgerungen, obgleich der Schluß sehr nahelag, daß die „anomale" Feuchtigkeit durch nichts anderes hervorgerufen wird als durch unmittelbares Festhalten des Wassers durch die Oberfläche der Partikel ohne Beteiligung der Kationenbelegung.

Die Schlußfolgerung von PURI und RAI, daß die Sättigung des Bodens mit verschiedenen Kationen zu keiner merklichen Veränderung der Dicke der sich um die Bodenpartikel bildenden Wasserhüllen führt, wird auch durch die Ergebnisse einer älteren Arbeit von BAVER und WINTERKORN (1935) bestätigt. Diese Forscher untersuchten den Einfluß der Austauschkationen auf einige physikalische und physikalisch-chemische Eigenschaften von Tonkolloiden, darunter auch auf Quellung und Hydratation von Kolloiden, die sie aus dem Viskositätswert von Suspensionen nach der Formel EINSTEINS berechneten. Einige der gemessenen Zahlen führen wir in Tab. 63 an.

TABELLE 63

Quellung und Hydratation von mit verschiedenen Kationen gesättigten Tonkolloiden nach BAVER und WINTERKORN (1935)

Sättigendes Kation	Ton aus Putnam		Ton aus Wabash	
	Hydratation in cm^3/g	Quellung in cm^3/g	Hydratation in cm^3/g	Quellung in cm^3/g
H	5,20	0,81	Koag.	0,94
Li	5,25	4,97	7,39	3,10
Na	5,25	4,02	7,45	3,73
K	4,07	0,50	7,03	0,55
Ca	5,20	0,91	6,74	0,79
Ba	5,20	0,85	6,67	0,74

Aus diesen Zahlen geht hervor, daß die Hydratationswerte praktisch gleich bleiben, während die Quellung von trockenen Kolloiden je nach der Art des sättigenden Kations sehr unterschiedlich ist. Abgesehen davon, daß diese Tatsache vollkommen mit den von PURI und RAI mitgeteilten übereinstimmt, beweist sie, daß die Dicke der Hydrathüllen nicht nur bei Partikeln, die mit einwertigen Kationen gesättigt sind, gleich bleibt, sondern auch bei Sättigung mit zweiwertigen Kationen.

Wir erinnern daran, daß WIEGNER ebenfalls völlig gleiche Werte für die Viskosität von Suspensionen fand, die mit verschiedenen Kationen gesättigt waren, obgleich er bestrebt war, wesentliche Unterschiede zu erzielen.

BAVER und WINTERKORN äußern die Meinung, daß das Wasser von den Kolloidpartikeln hauptsächlich auf zweierlei Art gebunden wird. An der Oberfläche der Partikel können die Wassermoleküle nach den elektrischen Eigenschaften des Wassers und der Oberfläche orientiert sein. Diesen Prozeß bezeichnen BAVER und WINTERKORN als Hydratation. Die auf solche Art und Weise vollzogene Bindung des Wassers ist exotherm. Die zweite Art, die die Verfasser als osmotisch bezeichnen, besteht darin, daß das Wasser durch die Austauschkationen der Diffusionsschicht gebunden wird, die über der hydratisierten Oberfläche der Partikel liegt. Die hydratisierten Ionen sind von der Oberfläche soweit entfernt, daß die mittlere osmotische Kraft durch die durchschnittliche elektrische Spannung der Ionen der Diffusionsschicht durch die Kolloidpartikel ausgeglichen wird.[1]

Nach BAVER und WINTERKORN ist für gewöhnliche Tone die Hydratation von erstrangiger Bedeutung. Für die Tone vom Bentonittyp und für die organischen Kolloide haben außer der Hydratation auch die osmotischen Erscheinungen wesentliche Bedeutung[2].

Die Rolle, die die osmotischen Erscheinungen bei der Bindung von Wasser durch Tonpartikel spielen, kann auch nach dem Dissoziationsgrad der Austauschkationen beurteilt werden, der als Folge ihrer Hydratation auftritt. Die Messung des Dissoziationsgrades der Austauschkationen stützt sich auf verschiedene Verfahren, und die ermittelten Werte können nur als relative betrachtet werden. Die Zusammenfassung der entsprechenden Zahlen, die von verschiedenen Autoren ermittelt wurden, finden wir in dem Werke von GORBUNOW (1948), dem wir die Tab. 64 entnehmen.

Aus dieser Tabelle folgt, daß der Dissoziationsgrad der Austauschkationen in den meisten Fällen 10% nicht übersteigt. Wieviel Wasser kann durch ein dissoziiertes Kation gebunden werden? Nehmen wir an, daß der Boden eine Austauschkapazität von 50 Milliäquivalent je 100 g besitzt. Beträgt der Dissoziationsgrad 10%, so befinden sich 5 Milliäquivalent in dissoziiertem Zustand. Wenn wir die zu hohen Hydratationswerte von RIESENFELD und REINHOLZ anwenden, haben wir für Natrium 66 einzusetzen. Folglich binden die im dissoziierten Zustand befindlichen 5 Milliäquivalent austauschbares Natrium $5 \cdot 66 = 330$ Millimol Wasser oder $330 \cdot 0{,}018 = 5{,}94$ g Wasser je 100 g Boden. Die

---

[1] „Osmotisches Wasser" nennt KATSCHINSKI eine völlig andere Kategorie (1947), und zwar das in den Zellen der Pflanzen befindliche Wasser. Nach KATSCHINSKI ist „mit dem Auftreten dieser Wasserform in den oberen vertorften Schichten mit hohem Rohhumusgehalt, ferner auf tiefgründigen Böden mit Grasnarbe aus abgestorbenen, jedoch noch nicht zerstörten Wurzeln zu rechnen".

Aus diesem Zitat geht hervor, daß KATSCHINSKI mit „osmotisch" oder „innerhalb der Zellen befindlich" solches Wasser bezeichnet, das sich in den toten pflanzlichen Zellen befindet. Die Bezeichnung „innerhalb der Zellen" ist für dieses Wasser sehr richtig gewählt. Den Ausdruck „osmotisches" Wasser aber hier anzuwenden, ist unbegründet, weil osmotische Erscheinungen nur lebende Zellen zeigen. Das Akademiemitglied MAXIMOW (1932, S. 110) äußert sich hierüber wie folgt: „... Alle osmotischen Eigenschaften der Zelle hängen mit dem unzerstörten Aufbau der Zellmembranen zusammen ... beim Absterben der Zelle ändert sich dieser Aufbau sehr stark, und die Zelle verliert ihre Undurchlässigkeit ...". Nach KOSTYTSCHEW (1933, S. 75) ist die Zellmembran meistens eine poröse Scheidewand, die dem Wassereintritt nicht den geringsten Widerstand entgegensetzt. Also kann sich das in den toten Zellen befindliche Wasser nur rein physikalisch halten; osmotische Kräfte haben hiermit nichts zu tun, und die Bezeichnung dieser Wasserform als „osmotisch" ist irreführend. Der in der Kolloidchemie von DUMANSKI (1940, S. 50 bis 52) eingeführte Ausdruck „osmotisches Wasser" bedeutet etwas ganz anderes; es handelt sich hier um Wasser, das von den Kationen der Mizelle gebunden wird, ohne daß sich seine Moleküle nach der Oberfläche der Partikel orientieren.

[2] Daraus muß unter anderem auch gefolgert werden, daß Bentonittone durchaus nicht als universale Modelle für mineralische Bodenkolloide gelten können.

TABELLE 64

Dissoziationsgrad der Austauschkationen nach Angaben verschiedener Forscher

Bodentyp	Austausch-kation	Dissozia-tionsgrad %	Autor
Südlicher Tschernosjom, mit verschiedenen Kationen voll gesättigt	K	14,7	Gorbunow (1948)
	Ca	3,3	
	Mg	2,7	
	Ba	2,1	
Südlicher Tschernosjom in natürlichem Zustand; Austausch-Calcium 38,0 Milliäqu., Austausch-Magnesium 9,8 Milliäqu. je 100 g	Ca	2,4	Gorbunow (1948)
	Mg	6,2	
Tiefgründiger Tschernosjom in natürlichem Zustand; Austausch-Calcium 30,0 Milliäqu., Austausch-Magnesium 3,5 Milliäqu. je 100 g	Ca	2,1	Gorbunow (1948)
	Mg	9,4	
Dunkelkastanienfarbiger Boden	K	5,7	Gorbunow (1948)
	Ca	1,2	
	Mg	1,4	
Mit verschiedenen Kationen gesättigter Tschernosjom	Ca	11,0	Antipow-Karatajew und Mitarbeiter (1935)
	Ba	10,0	
	Mg	9,6	
	H	2,0	
Mit verschiedenen Kationen gesättigter Tschernosjom	Na	6,7	Trofimow (1927)
	K	6,2	
	Mg	0,8	
	Ba	0,8	
	Ca	0,5	
Ton aus Sharkey mit verschiedenen Kationen gesättigt	Na	6,2	Mattson (1938)
	Mg	3,2	
	K	2,0	
	Ca	1,8	
	Ba	1,4	
		0,8	

Höchstmenge an Wasser, die durch die Hydratation der Austauschkationen gebunden werden kann, liegt somit in keinem Falle über 6% des Bodengewichts. Gehen wir jedoch von den der Wirklichkeit offenbar bedeutend näherkommenden Hydratationszahlen von Remy aus, so verringert sich dieser Wert auf 1/8 und liegt nicht über 1% des Bodengewichtes. Die Gesamtmenge an Wasser, das von einem mit Natrium gesättigten Boden gebunden wird, ist erheblich größer.

Diese Unterlagen zeigen also, daß durch die Hydratation der Austauschkationen nur eine sehr geringfügige Menge Wasser gebunden werden kann.

Die angeführten Tatsachen beweisen, daß alle Veränderungen, die sich aus den Wechselbeziehungen zwischen Boden und Wasser ergeben und die durch die Verdrängung des Austauschcalciums durch das Austauschnatrium hervorgerufen werden, durchaus nicht auf angeblich höhere Hydratation zurückzuführen sind.

Durch Sättigung des Bodens mit Natrium-Ionen geht der Zusammenhang der primären Bodenpartikel untereinander verloren; deshalb wird nunmehr das flüssige Wasser von der gesamten Oberfläche sorbiert, das dadurch die Partikel mit Leichtigkeit auseinanderdrückt.

Der Peptisationsgrenzwert eines Bodens, der mit Calcium, Magnesium oder einem beliebigen einwertigen Kation belegt ist, kann also sowohl durch Verdrängung der Austauschkationen durch Natrium oder Lithium erreicht werden als auch durch mechanisches Zerreiben. (Da wir in allen Fällen den gleichen Gehalt an Ton und feinen Fraktionen erhalten, so bezeichnen wir sie als Grenzpeptisation).

Daraus muß die Schlußfolgerung gezogen werden, daß die Bildung dieser Hydrathüllen durchaus nicht mit dem Hydratationsgrad der Austauschkationen zusammenhängt. Mit anderen Worten: Der trotz verschiedener Kationen erzielte gleiche Dispersionsgrad läßt die Vermutung zu, daß die Hydratation verschiedener Austauschkationen für die Bildung der Hydrathüllen keine maßgebende Rolle spielt.

Zur gleichen Schlußfolgerung gelangt auch Ochotin (1946). Nach seiner Ansicht hängen die physikalisch-mechanischen Eigenschaften des Untergrundes und der Tonpartikel weniger von der Natur der Austauschbasen, als von der Dispersität des Untergrundes ab: „Die Austauschbasen wirken nur deshalb auf die physikalisch-mechanischen Eigenschaften des Tons ein, weil sich mit der Veränderung ihrer Zusammensetzung auch der Dispersionsgrad des Untergrundes verändert".

Werden die Hydrathüllen durch Austrocknung entfernt, dann kommen die primären Partikel miteinander in Berührung und haben so die Möglichkeit, sich zu Mikroaggregaten zu „verkitten". Diese „Verkittung" ist ausreichend fest und irreversibel, wenn als sättigendes Kation Wasserstoff[1] oder zwei- und dreiwertige Kationen auftreten. Der aufteilende Einfluß des Wassers, das von der Oberfläche der Partikel bei Benetzung des trockenen Bodens sorbiert wird, ist hierbei zu gering, um die „verkittende" Kraft dieser Kationen zu überwinden. Umgekehrt erweist sich die „Verkittung" dann als unbeständig, wenn Natrium oder Lithium als Austauschkationen auftreten. Die aufteilende Wirkung des sorbierten Wassers überwindet die „verkittende" Kraft dieser Kationen.

Die anderen einwertigen Kationen nehmen eine Mittelstellung bei diesen Erscheinungen ein.

Hier ist noch die Arbeit von Popow (1949) zu erwähnen, nach dem die heteropolaren Bindungen zwischen den Elementarschichten der Tone durch metallische Kationen zustandekommen. Feste Bindungen entstehen nur dann, wenn zwei- oder mehrwertige Kationen daran beteiligt sind, während die einwertigen Kationen eine nur schwache Bindung eingehen.

---

[1] Sofern es sich um Böden handelt, die mit Wasserstoff-Ionen gesättigt sind, ist es möglich, daß bei den Vorgängen der Bindung von Wasser und der Aggregatbildung die Aluminium-Ionen eine gewisse Rolle spielen.

Zu ähnlichen Ergebnissen gelangt auch Russell (1934), obgleich er von ganz anderen Tatsachen ausgeht.

Wir wollen damit durchaus nicht behaupten, daß die Hydratation sowie die sonstigen spezifischen Eigenschaften der Austauschkationen überhaupt keine Rolle bei der Bindung von Wasser und bei den übrigen besprochenen Erscheinungen spielen. Soweit es sich um Böden handelt, dürfen wir nicht vergessen, daß die einwertigen Basen mit den Huminsäuren, obgleich keine molekularen Lösungen, so doch in jedem Falle Sole von sehr hohem Dispersionsgrad bilden, während mit Wasserstoff-Ionen und zweiwertigen Kationen unlösliche oder sehr schwer lösliche Verbindungen entstehen. Das müßte die peptisierende Wirkung einwertiger metallischer Kationen erhöhen. Nach Aidinjan, Puri, Rai und anderen spielt dieser Einfluß jedoch keine wesentliche Rolle, weil auch in Böden mit hohem Humusgehalt die gleiche Peptisation erzielt wird; unabhängig davon, ob der Boden mit Alkalien gesättigt oder bei Sättigung mit Calcium- und Wasserstoff-Ionen zu Brei zerrieben wird.

Die Hydratation der Austauschkationen, die von ihrem unterschiedlichen Dissoziationsgrad und damit auch von der verschiedenen Ladung der Kolloidpartikel herrührt, muß auch auf die Beständigkeit der Suspensionen Einfluß haben. Es ist durchaus möglich, daß in den Versuchen von Puri und Rai der Benetzungsgrad der mit verschiedenen Kationen belegten Partikel trotz ungleicher elektrokinetischer Potentiale derselbe war. Also ist der Faktor, der die Beständigkeit der Suspensionen bestimmt, nicht die Hydrathülle, sondern die Höhe des elektrokinetischen Potentials, die vom Hydratationsgrad und folglich auch vom Dissoziationsgrad der Austauschkationen abhängt.

In einigen Fällen geht die Peptisation organischer sowie mineralischer Kolloide unter Beteiligung von Natrium- und Lithium-Kationen wahrscheinlich anders vor sich als bei Sättigung mit Calcium- oder Wasserstoff-Ionen. Erinnern wir uns des Versuches von Gedroiz, der aus einem Lehm ein echtes gallertartiges Gel mit einem Wassergehalt von fast 1000% dadurch erzeugte, daß der Boden eines strukturlosen kubanischen Tschernosjom mit Natrium gesättigt wurde. Man darf allerdings nicht vergessen, daß die Konzentration der Suspension in diesem Versuch 20% (20 g Boden auf 100 ml Wasser) betrug. Leider liegt für diese Probe kein Versuch mit Zerreiben zu Brei bei Sättigung mit Calcium vor. Man kann sich jedoch durchaus vorstellen, daß der hohe Wassergehalt mit osmotischen Erscheinungen verbunden war und daß die Dissoziation des Austauschnatriums in diesem Falle eine sehr große Rolle spielte.

In der bereits zitierten Arbeit (1935) weisen Baver und Winterkorn darauf hin, daß die mit Lithium, Natrium, Kalium, Barium, Calcium und Wasserstoff gesättigten Bentonittone durch die Aufnahme von Wasser einen gallertartigen Charakter erhielten; die Kolloide der gewöhnlichen Tone hingegen bildeten bei ihrer Sättigung mit Natrium oder Lithium eine dichte Masse und wurden bei Sättigung mit Kalium, Calcium, Barium oder Wasserstoff ausgesprochen körnig.

Das alles weist darauf hin, daß die Frage nach der unmittelbaren Rolle, die die Austauschkationen bei der Bindung von Wasser durch die Bodenpartikel spielen, nicht als endgültig gelöst betrachtet werden kann. Im allgemeinen sind viele (offenbar die meisten) Boden- und Tonkolloide, die aus gewöhnlichen kieselsäurereichen Verwitterungsprodukten bestehen, dadurch charakterisiert, daß sie bei Benetzung an der Oberfläche ihrer Kolloidpartikel Wasser binden, während die Austauschkationen nur sehr schwach daran beteiligt sind. Mineralische Kolloide mit hohem Verhältnis von $SiO_2:R_2O_3$, von annähernd 5, wie zum Beispiel Bentonit, binden weitaus größere Wassermengen. Außerdem können in diesem Falle die Austauschkationen viel stärker an der Bindung des Wassers beteiligt sein.

Abschließend betrachten wir die Versuche von Whitt und Baver (1937), die unsere Schlußfolgerungen bestätigen. Diese Forscher isolierten aus Putnam-Ton mehrere Fraktionen, für die sie Austauschkapazität, Wasserkapazität, Quellung und Feuchtigkeitsäquivalent bestimmten. Die entsprechenden Angaben sind in der Tab. 65 enthalten. Die Zahlen der letzten Rubrik dieser Tab. wurden aus den entsprechenden Werten der zweiten und dritten Rubrik von uns errechnet.

TABELLE 65

Wasserbindung, Tonteilchen verschiedener Korngröße nach Whitt und Baver (1937)

Korngröße in μ	Austausch-kapazität in Milliäquiv. auf 100 g	Sorption in cm^3/g		Quellung in cm^3/g	Feuchtigkeitsäquiv. in cm^3/g	Wassersorption in Millimol je Milliäquiv. d. Austausch-Kapazität
		Wasser	Toluol			
20—5	2,9	0,499	0,593	—0,094	0,327	956
5—2	6,6	0,830	1,009	—0,179	0,609	699
2—1	21,7	1,197	1,518	—0,321	0,798	306
1—0,5	35,0	1,620	1,470	+0,150	0,777	257
0,5—0,1	52,5	1,876	1,272	+0,604	0,904	199
0,1—0,05	56,5	1,874	1,067	+0,807	1,86	184
$<$0,05	62,2	1,956	0,976	+0,980	—	175

Bis einschließlich der Fraktionen von 1 bis 2 μ ist die Quellung negativ. Damit ist natürlich nicht gesagt, daß sie vollkommen fehlt; die Quellung ist jedoch so gering und das von den kapillaren Kräften verursachte Zusammenpressen so groß, daß im Endergebnis eine Verringerung des Volumens eintritt. Erst bei den Partikeln unter 1 μ macht sich eine Quellung bemerkbar. Diese Grenze hängt offenbar mit Veränderungen im mineralogischen Aufbau zusammen. Wie wir oben ausführten, werden die Fraktionen über 1 μ durch Vorherrschen von primären Mineralien gekennzeichnet, die keine Quellfähigkeit besitzen, während in den Fraktionen unter 1 μ sekundär gebildete Mineralien, die zur Quellung neigen, vorherrschen.

Die von uns errechneten Werte der letzten Spalte beweisen erneut, daß bei der Wasserbindung keinesfalls die Hydratation der Austauschkationen vorherrscht, denn die Anzahl der Millimol Wasser je 1 Milliäquivalent Austausch-

Kapazität übersteigt sehr erheblich alle bekannten, ja sogar die höchsten Hydratationswerte der Ionen.

7. Die Ansichten Vagelers und Mattsons über die Bedeutung der Austauschkationen für die Wasserbindung

Im vorigen Abschnitt dieses Kapitels wurde gezeigt, daß die Austauschkationen für die Wasserbindung durch den Boden offenbar keine große Rolle spielen. Diese Schlußfolgerung entspricht in vollem Umfange den Anschauungen von Lebedew, Trofimow, Katschinski und Dolgow. Dieser Ansicht schlossen sich auch die meisten Forscher in England und Amerika an.

Eine andere Auffassung vertreten jedoch Vageler, Alten, Kurmies, Kühn und Janert. Diese Forscher sehen in der Hydratation der sorbierten Austauschkationen die entscheidende Ursache für die Sorption des Wassers. Die Oberflächengröße der Teilchen wird für diesen Vorgang entweder überhaupt für bedeutungslos angesehen, oder es wird ihr nur eine untergeordnete Rolle zuerkannt. Dieser Auffassung ist auch Mattson.

Da die Ansichten der deutschen Forscher und die ganz ähnlichen von Mattson von vielen Forschern anerkannt sind, wollen wir sie ebenfalls kritisch näher untersuchen, wie das bereits in den Aufsätzen von Scharow (1939) und Rode (1943) geschehen ist.

Vageler wie auch Alten und Kurmies (1935, 1939) versuchten, eine strenge Theorie über das quantitative Verhalten des Wassers im Boden zu schaffen, die vollkommen auf den osmotischen Erscheinungen beruht.

Vageler geht von folgenden Voraussetzungen aus: „Jedes sorbierende Teilchen ist letzten Endes ein System für sich, in welchem die Schwarmionen, die als recht freibeweglich innerhalb des Schwarmwassers anzunehmen sind, ihre eigenen osmotischen Drucke örtlich ausüben . . . .“[1] Diesen osmotischen Druck, der von den Austauschkationen entwickelt wird, nimmt Vageler zur Grundlage seiner Konzeption und charakterisiert ihn durch folgende Bedingungen: „Der osmotische Druck nimmt mit der Annäherung an die Mizelle im Schwarmwasser mit einer Potentialfunktion zu bzw. mit der Entfernung davon ab. Die mizellennahen Wasserschichten müssen mit ungeheurer Kraft gehalten werden, während sich die Grenze zwischen Schwarmwasser und Lösung als Grenze des Trofimowschen „salzfreien Wasserfilms“ da befinden muß, wo der osmotische Druck des Schwarmwassers dem osmotischen Druck der Lösung gleich ist“.[2]

Da zwei Lösungen mit gleichem osmotischen Druck auch gleiche Dampfspannung haben, „. . . läßt sich der osmotische Druck und damit der Dampfdruck des Schwarmwassers sehr einfach dadurch bestimmen, daß man ein trockenes

---

[1] Wörtlich zitiert nach Dr. P. Vageler „Der Kationen- und Wasserhaushalt des Mineralbodens vom Standpunkt der physikalischen Chemie und seine Bedeutung für die land- und forstwirtschaftliche Praxis“. Verlag von. Jul. Springer, Berlin 1932, S. 87. Für den im obigen Zitat verwendeten Ausdruck Schwarmwasser erscheint in der russischen Übersetzung (1938, S. 99) der Begriff „Diffusionsschicht“. Anm. d. Herausgebers

[2] Ebenda, S. 88/89. Hier wird in der russischen Übersetzung für den Begriff „Schwarmwasser“ der Ausdruck „gebundenes Wasser“ verwendet. Anm. d. Red.

Kolloidsalz in den Dampfraum einer Lösung von bekanntem Dampfdruck und osmotischem Druck bringt. Sobald der Ausgleich eingetreten ist, müssen die Drucke in dem Schwarmwasser und der Lösung gleich sein, so daß man nur noch festzustellen hat, wieviel Wasser das Kolloidsalz aufgenommen hat . . .".[1]

Hierbei geht VAGELER von der Meinung aus: „Bei der Schwäche der in Gitternetzebenen zur Verfügung stehenden elektrischen Kräfte beschränkt sich bei kristallinen Substanzen, wenn man nur Flächen betrachtet, die Anlagerung von Molekülen aus dem Dampfraum in der Regel auf eine Molekülschicht, wobei sich die Moleküle gemäß ihren Richtkräften aneinander ordnen".[2] Für Kolloide gilt nach VAGELER: „Hier müssen die apolaren Kräfte der restlichen Netzgitterfläche um so stärker zurücktreten, je mehr exponierte Ionen überwiegen, d. h. je feiner die Substanz zerteilt ist. Die schwache apolare Wassersorption der Gitternetzflächen muß weit hinter der Hydratation der Schwarmionen zurücktreten, die das Bild vollständig beherrschen muß."[3]

Nach VAGELER kann deshalb die Wassermenge in g, die von 100 g Kolloidsalz gebunden wird, nach folgender Formel berechnet werden:

$$g = \frac{\text{Normaldruck bei } t^0 \cdot \Sigma \text{ osmotisch aktive Korpuskeln}}{\pi}.$$

Hierzu bemerkt VAGELER: „Diese Ableitung gilt, wie bereits betont ist, für den Fall, daß man berechtigt ist, die angelagerten Ionen als vollkommen freibeweglich zu betrachten. Sie sind aber durchaus nicht unbeschränkt, sondern die Freibeweglichkeit gilt nur innerhalb des Schwarmwassers".[4]

Die experimentelle Nachprüfung der Richtigkeit dieser Gleichung führt VAGELER zu der Feststellung: „Tatsächlich steht diese Gleichung mit den mit der Anlagerung von Wasser an sorbierende Substanzen gemachten experimentellen Erfahrungen in unvereinbarem Widerspruche, was jede mit Kolloidsalzen angestellte Versuchsserie beweist".[5] Übereinstimmung der berechneten mit den beobachteten Werten konnte nur für einen osmotischen Druck von 49,92 at festgestellt werden, was einer molaren Konzentration der Korpuskeln entspricht. Nach VAGELER entspricht dieser Wert dem einer 10prozentigen Schwefelsäure, die von MITSCHERLICH für die Bestimmung der Maximalen Hygroskopizität benutzt wird.

Nach VAGELER läßt sich für den singulären Punkt die Wasseranlagerung von Kolloidsalzen aus ΣK berechnen. Diese Wasseranlagerung ist die MITSCHERLICHsche Hygroskopizität, in Zukunft als *Hy* bezeichnet. Die obige Gleichung für das von 100 g Kolloidsalz angelagerte Wasser $= \frac{\text{Normaldruck bei } t^0 \cdot \Sigma K}{\pi}$ geht

[1] Ebenda, S. 91/92.
[2] Ebenda, S. 90.
[3] Ebenda, S. 91.
[4] Ebenda, S. 92.
[5] Ebenda, S. 92.

dementsprechend für die Temperatur $t^0 = 20^\circ$ C in die Gleichung über:

$$Hy = \frac{24{,}0 \cdot \Sigma K}{49{,}92 \pm 0{,}8} \approx 0{,}48\, \Sigma K\,.$$ [1 u. 2]

Ferner stellt VAGELER die Frage, wie der osmotische Druck von dem Gehalt des gebundenen Wassers abhängt. Hierbei bezieht er sich auf eine frühere, gemeinsam mit ALTEN verfaßte Arbeit und führt aus, daß „der Druckabfall und die Druckzunahme jenseits und diesseits der singulären Zone mit der zweiten Potenz des in Hy als Einheit ausgedrückten Abstandes erfolgt, also der osmotische Druck des Schwarmwassers $\pi \approx 50{,}0 \cdot \left(\frac{Hy}{W}\right)^2$ bei viel einwertige Kationen enthaltenden Böden sei, worin W die im System enthaltene Wassermenge in Gramm je 100 g Trockensubstanz bedeutet“.[3]

Weiter unten führt VAGELER aus, daß bei Sättigung mit zweiwertigen Kationen eine bessere Übereinstimmung dann erzielt wird, wenn in der letzten Formel die zweite Potenz durch die dritte ersetzt wird, also

$$\pi = 50 \left(\frac{Hy}{W}\right)^3.$$

Setzt man in diese Formel[3] den Wert für Hy ein, so kann für die Berechnung des osmotischen Druckes von Kolloidsalzen, die vornehmlich mit Calcium und Magnesium gesättigt wurden, bei verschiedenem Wassergehalt folgende Gleichung aufgestellt werden:

$$\pi = 5 \frac{\Sigma K^3}{W^3}.$$

Für die Berechnung des Wassergehaltes von W_j, der dem gegebenen osmotischen Druck von π des untersuchten Systems (soweit die Höhe des osmotischen Druckes von der Zusammensetzung der Gegenionen abhängt) entspricht, erhalten wir die Formel:

$$W_j = \sqrt[3]{5{,}5\, (\Sigma K)^3} = 1{,}767\, \Sigma K\, \pi^{-\frac{1}{3}}.$$

VAGELER verallgemeinert letztere Formel und sagt: „Zieht man in Rechnung, daß die stark hydratisierten Ionen sich zum großen Teil in weiten Abständen von den Korpuskeln befinden, also relativ gleichmäßig im Schwarmwasser verteilt sind, so scheinen die folgenden Näherungsansätze den tatsächlichen Verhältnissen zu entsprechen:

Kationen	
Na, Li	Potenz 1,5
K, NH_4	Potenz 2
H	Potenz 2,5
Ca, Mg	Potenz 3
Al, Fe	Potenz 4

[1] Ebenda, S. 93.

[2] In der Formel ist 24,0 der „Normaldruck“ — Grammolekül — und K die Konzentration der Korpuskeln, die der Summe der Austauschkationen, also den Milliäquivalenten einwertiger Austauschkationen plus ½ Milliäquivalent zweiwertiger plus ⅓ dreiwertiger Austauschkationen proportional ist.

[3] Ebenda, S. 95.

Die allgemeine Gleichung der Wasseranlagerung der Schwarmionen (W_j) bei dem Vergleichsdruck π ergibt sich damit zu:

$$W_j = 6{,}51 \sum (\mathrm{Li, Na})\, \pi^{-1{,}5} + 3{,}39 \sum (\mathrm{K, NH_4})\, \pi^{-0{,}5}$$
$$+ 1{,}77 \sum \left(\frac{\mathrm{Mg}}{2}, \frac{\mathrm{Ca}}{2}\right) \pi^{-1/3} + 1{,}27 \sum \left(\frac{\mathrm{Al}}{3}, \frac{\mathrm{Fe}}{3}\right) \pi^{-1/4} + 2{,}30\, \mathrm{H}\, \pi^{-\frac{1}{2{,}5}}.$$

Einerseits setzt VAGELER für die Anwendbarkeit seiner Grundgleichung die unbegrenzte Beweglichkeit der Ionen (und sei es auch nur in den Grenzen der Wasserhülle) voraus, andererseits weist er ganz richtig darauf hin, daß die Ionen in der Diffusionsschicht unregelmäßig verteilt sind, daß sie also über keine freie Beweglichkeit in den Grenzen dieser Schicht verfügen.

Trotz Ungleichmäßigkeit des osmotischen Druckes in den Grenzen der Diffusionsschicht schlägt er vor, einerseits die Bestimmung dieses Druckes durch eine Ausrichtung der hydratisierten Partikel und andererseits die Bestimmung der Lösung mit einer gewissen Dampfspannung und einem gewissen osmotischen Druck vorzunehmen. Es taucht die Frage auf, welche Teile der Diffusionsschicht den ermittelten Werten des osmotischen Druckes entsprechen und welchen physikalischen Sinn überhaupt der Wert des osmotischen Druckes in den Formeln hat. Obwohl er selbst festgestellt hat, daß sich die Gleichung, die den osmotischen Druck des Systems mit der Menge der Austauschkationen und dem gebundenen Wasser in Beziehung setzt, in vollkommenem Widerspruch zu den experimentellen Versuchsergebnissen befindet, mißt er dieser Erscheinung universelle Bedeutung bei. Alle Kennziffern insbesondere die der letzten der angeführten Formeln, sind aus der Luft gegriffen. Die uns bekannten Tatsachen widerlegen diese Anschauungen VAGELERS. Im vorangegangenen Kapitel haben wir bereits darauf hingewiesen, daß der Einfluß der Austauschkationen auf die Sorption von Wasserdampf durch die Böden im Gegensatz zu dem steht, was VAGELER behauptet. Die Sorption von Wasserdampf durch Böden, die stark mit hydratisierten einwertigen Kationen (Natrium, Lithium) gesättigt sind, ist geringer als die Sorption der mit Calcium und Magnesium gesättigten Böden. Die direkten Versuche MATTSONS zur Bestimmung der Abhängigkeit des Druckes von dem osmotisch aufgenommenen Wasser haben gezeigt, daß die Natur des Austauschkations keinen Einfluß auf die Kennziffer der Potenz der Druckhöhe ausübt, die in allen Fällen gleich $^1/_3$ war. Das alles gebietet, VAGELERS Formel kritisch zu betrachten, weil sie nicht auf Tatsachen beruht, sondern häufig den festgestellten Tatsachen widerspricht. In ihrer allgemeinen Form kann sei nur in einigen wenigen Fällen angewendet werden, auf die wir später eingehen werden.

Die Ansichten VAGELERS werden von ALTEN und KURMIES geteilt, die die Fragen über das Verhalten des Wassers im Boden zusammengefaßt dargestellt haben.[1]

Nach ALTEN und KURMIES stellen „die austauschbaren, zur Hydratation fähigen Kationen den wichtigsten Faktor dar, der die Menge des adsorbierten Wassers

[1] BLANK, Handbuch der Bodenlehre, 1939, Ergänzungsband.

und damit das gesamte Verhalten des Wassers im Boden bestimmt. Bei den austauschfähigen Böden muß die apolare Wassersorption der Oberfläche der Bodenteilchen weit hinter die Hydratation von Schwarmionen zurücktreten“ (S. 152). Wie aus den weiteren Ausführungen hervorgeht, unterscheiden ALTEN und KURMIES nicht die Sorption von Wasser aus Dampf und aus einer Lösung, da sie ebenso wie VAGELER bei sonst gleichen Bedingungen als einzigen Faktor, der die Höhe der Sorption bestimmt, den osmotischen Druck der Lösung ansehen, unabhängig davon, ob mit dem Sorbenten eine unmittelbare Berührung oder nur Verbindung über die Gasphase besteht.

Während jedoch VAGELER seine Konstruktionen und mathematischen Beziehungen vornehmlich deduktiv ableitet, liegen den Schlußfolgerungen von ALTEN und KURMIES Versuche zugrunde. ALTEN und KURMIES untersuchten an einem mit verschiedenen Kationen gesättigten Bentonit den Gehalt an gebundenem Wasser aus der Erhöhung der Salzkonzentration nach der Methode von TROFIMOW; sie verwendeten die Chloride der Kationen, mit denen die entsprechenden Bodenproben gesättigt waren und vermieden dadurch Komplikationen, die durch das gegenseitige Verdrängen der verschiedenen Kationen auftreten. Die Versuchsergebnisse von ALTEN und KURMIES sind auf der Abb. 39 dargestellt.[1] Die Formeln lauten wie folgt:

$$W_j = 2{,}21\ \mathrm{Na} \cdot \pi^{-1/2}; \quad W_j = 0{,}87\ K\,\pi^{-1/2};$$
$$W_j = 0{,}46\ \mathrm{Mg} \cdot \pi^{-1/6}; \quad W_j = 0{,}45\ \mathrm{Ca}\,\pi^{-1/6},$$

Für gemischte Kationenbelegung gilt nach ALTEN folgende Formel:

$$W_j = 2{,}21\ \mathrm{Na}\,\pi^{-1/2} + 0{,}87\ \mathrm{K}\,\pi^{-1/2} + 0{,}46\ \mathrm{Mg}\,\pi^{-1/6} + 0{,}45\ \mathrm{Ca}\,\pi^{-1/6}$$

Nach MITSCHERLICH wird die Maximale Hygroskopizität über 10prozentiger Schwefelsäure von 50,6 at osmotischem Druck bestimmt; diesen Wert setzen ALTEN und KURMIES in die letzte Gleichung ein und erhalten nun folgende Formel für die Berechnung der Maximalen Hygroskopizität *Hy*:

$$Hy\ \% = 0{,}311\ \mathrm{Na} + 0{,}122\ \mathrm{K} + 0{,}240\ \mathrm{Mg} + 0{,}234\ \mathrm{Ca},$$

die bei Nachprüfung an einigen Böden eine gute Übereinstimmung zwischen gefundenen und berechneten Werten ergab.

Die oben angeführten Formeln bestätigen die Abhängigkeit des gebundenen Wassers von der Höhe des osmotischen Druckes. Obwohl sie empirisch gefunden sind, haben wir keinen Grund, ihre Richtigkeit anzuzweifeln. Eine Bemerkung dazu muß allerdings gemacht werden: Die Bestimmung des Gehaltes an gebundenem Wasser beruht auf der Annahme, daß eine scharfe Grenze zwischen „lösendem“ und „nichtlösendem“ Volumen besteht. Eine solche scharfe Trennung besteht jedoch nicht. Die Eigenschaften des gebundenen Wassers treten allmählich auf und verstärken sich sukzessive, wenn sie sich der Oberfläche des Teilchens nähern, das die Orientierung der Wassermoleküle hervorruft.

[1] ALTEN und KURMIES beziehen den Wassergehalt auf 100 g Ton; die $MgSO_4$-Kurve ist bei ALTEN nicht angegeben. Anm. d. Herausg.

Im Kapitel III stellten wir verschiedene Angaben einander gegenüber und kamen zu einem Verhältnis von etwa 100 : 450. Die Formeln von ALTEN und KURMIES ergeben ein Verhältnis $\frac{0{,}45}{2{,}21}$, das 100 : 490 entspricht. Da in den entsprechenden Gleichungen der osmotische Druck mit verschiedenen Potenzen erscheint: $-{}^1/_2$ für Natrium und $-{}^1/_6$ für Calcium, so hat das angeführte Verhältnis nur dann Gültigkeit, wenn der osmotische Druck gleich Eins ist, wenn also als „Vergleichssystem" eine schwache Salzlösung verwendet wurde, deren Konzentration 0,01 n ist. Eine solche Sachlage wird verständlich, wenn wir uns erinnern, daß andere Forscher die Wassersorption auf reines Wasser und nicht auf eine Salzlösung bezogen haben. Je nach Erhöhung der Konzentration der Salzlösung verringert sich die Menge des gebundenen Wassers in den Versuchen von ALTEN und KURMIES sowohl bei einem mit Natrium als auch bei einem mit Calcium gesättigten Boden. Im ersten Fall geht diese Verminderung jedoch unvergleichlich rascher vor sich als im zweiten. Dadurch verringert sich auch die Differenz zwischen den Wassermengen, die von einem mit Natrium und mit Calcium gesättigten Boden gebunden wurden, wobei sie sehr schnell abnimmt und allmählich verschwindet. Das ist unter anderem ein Beweis dafür, daß das gebundene Wasser größtenteils durch den Na-Boden verhältnismäßig schwach und nur zum kleineren Teil fest gebunden ist. In einem mit Calcium gesättigten Boden ist der Anteil der schwach gebundenen Wassers bedeutend geringer und übersteigt nicht den Gehalt an fest gebundenem Wasser.

Diese Tatsachen kommen besonders deutlich auf der rechten Hälfte der Abb. 39 zum Ausdruck; die aufmerksame Betrachtung lehrt, daß die Art der Wasserbindung bei kleinem osmotischen Druck sowohl beim Na- als auch beim Ca-Boden verschieden ist. Je nach der Konzentration der Salzlösung geht die Menge des am Na-Boden haftenden Wassers schnell zurück, während sie beim Ca-Boden verhältnismäßig langsam abnimmt. Bei hohem osmotischen Druck haben die Kurven dagegen bei beiden Böden die Tendenz, sich zu vereinigen und sich der vertikalen Achse asymptotisch zu nähern. Wie die Extrapolation ergibt, liegt die Grenze des fest gebundenen Wassers bei etwa 20%, während die Maximale Hygroskopizität etwa 22% beträgt. Somit bestätigen die Versuche von ALTEN und KURMIES die bereits von TROFIMOW (1925) gefundene Tatsache, daß der Grenzwert des „salzlosen Wasserfilms", also des fest gebundenen Wassers, etwa der Maximalen Hygroskopizität entspricht. Berücksichtigen wir, was im vorangegangenen Kapitel über den Einfluß der Austauschkationen auf die Sorption des dampfförmigen Wassers gesagt wurde, so kommen wir zu der Schlußfolgerung, daß das „fest gebundene" Wasser hauptsächlich durch die Bodenteilchen sorbiert wird, ohne daß dabei die Austauschkationen nennenswert beteiligt sind.

Bezüglich des „labil gebundenen" Wassers kamen wir zu der Schlußfolgerung, daß die scheinbare bedeutende Sorption von Wasser durch Böden, die mit einwertigen Kationen, insbesondere Lithium- und Natrium-Kationen, gesättigt sind, weniger durch die Hydratation der Austauschkationen als durch den Zerfall der Boden- und der Mikroaggregate in Primärteilchen bedingt ist; dadurch wird nunmehr die Sorption von Wasser durch die Oberfläche der einzelnen Teilchen möglich.

Bei der Ableitung ihrer Formeln haben also ALTEN und KURMIES den Aggregatzustand der Tonteilchen übersehen und auch die Tatsache, daß die erhebliche Wasserbindung der mit einwertigen Kationen belegten Ionen nicht die Folge ihrer hohen Hydratation, sondern des mechanischen Zerfalls der Sekundärteilchen ist.

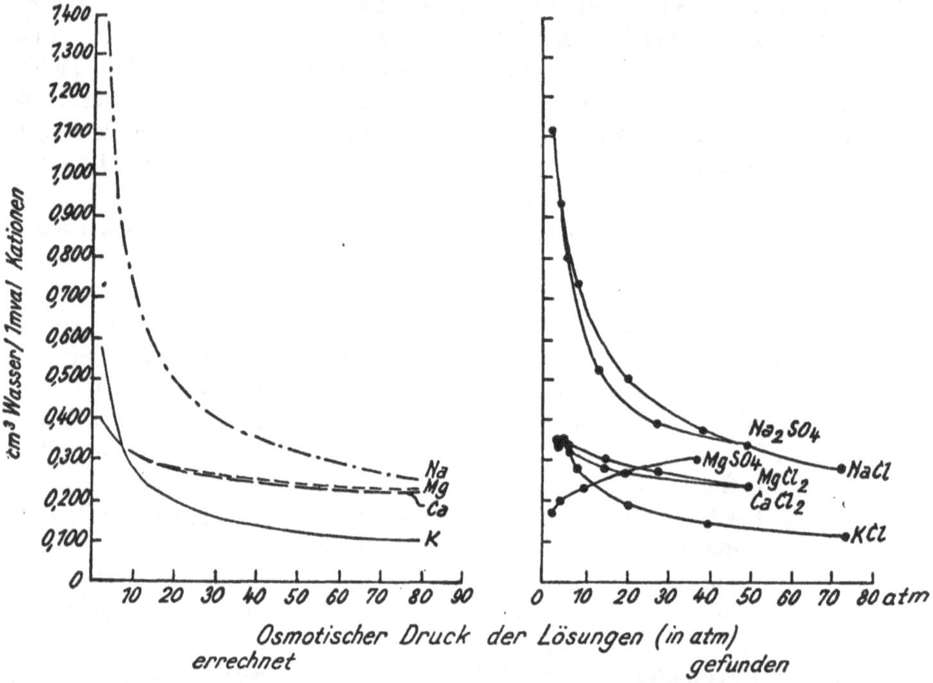

Abb. 39. Abhängigkeit des Gehaltes an gebundenem Wasser in einem mit verschiedenen Kationen gesättigten Bentonit nach ALTEN und KURMIES

Es ist hier festzustellen, daß die Berichte anderer Forscher den Versuchsergebnissen von ALTEN und KURMIES widersprechen. So erzielte z. B. SZIGETTI (1933) bei der Bestimmung des Gehaltes des gebundenen Wassers nach der Methode der „negativen Adsorption“ die in der Tab. 66 enthaltenen Ergebnisse.

Aus der Tabelle geht hervor, daß nach SZIGETTI die Menge an gebundenem Wasser bei Anwendung von Zuckerlösung sowohl in einem mit Calcium und Magnesium als auch mit Wasserstoff gesättigten Ton bei allen Konzentrationen wesentlich höher lag als bei einem mit einwertigen Kationen gesättigten Ton. Wurden Chloride verwendet, so konnte bei hohen Konzentrationen das gleiche beobachtet werden. Bei niedriger Konzentration liegt der Wassergehalt eines Tones, belegt mit einwertigen Kationen — in diesem Falle auch mit Wasserstoff-Ionen etwas höher als bei einem mit zweiwertigen Kationen gesättigten Boden.

Somit ergaben die Versuche SZIGETTIS gerade das Gegenteil der Versuche von ALTEN und KURMIES, auch von OAKLEY und SMOLIK. Gleichwohl nimmt SZI-

TABELLE 66

Gehalt an gebundenem Wasser in einem Ton aus Großalmerode in Gramm je 100 g Boden nach SZIGETTI (1933, Tab. 14 u. 18)

Art und Konzentration der Lösung	Kationenbelegung							
	H	Li	Na	NH_4	K	Mg	Ca	Ba
Chloridlösungen								
1,0 n	2,6	1,8	1,5	0,9	1,2	5,6	2,3	1,5
0,1 n	9,7	8,2	6,7	5,3	5,5	6,4	5,8	3,2
Zuckerlösung								
2,0 n	9,8	9,2	8,9	4,9	6,0	12,2	11,3	9,1
1,0 n	12,2	11,1	10,2	7,5	7,8	16,3	14,7	13,4
0,5 n	15,1	13,3	11,4	11,6	10,0	21,2	18,7	17,3

GETTI an, daß die Bindung des Wassers durch die Hydratation der Austauschkationen hervorgerufen wird.

Die Ursachen der Abweichung in beiden Versuchsreihen sind unklar. Sie können unter anderem in der Natur der Kolloide selbst liegen. Hierzu ist zu sagen, daß in den Versuchen von SZIGETTI ein schwer erklärbarer Umstand auftritt, der die Vergleichsmöglichkeit in Frage stellt. In der Tab. 6 seiner Untersuchung gibt SZIGETTI auf der Grundlage der Totalanalyse das Molekularverhältnis der mit verschiedenen Kationen belegten Tonproben an (vgl. Tab. 67).

TABELLE 67

Molekularverhältnis der mit verschiedenen Kationen gesättigten Tonproben nach SZIGETTI (1933, Tab. 6)

	$SiO_2 : R_2O_3$		$SiO_2 : R_2O_3$
H-Ton	1,78	K-Ton	3,54
Li-Ton	3,83	Mg-Ton	5,06
Na-Ton	3,93	Ca-Ton	4,17
NH_4-Ton	3,77	Ba-Ton	4,26

Die großen Schwankungen im Molekularverhältnis $SiO_2 : R_2O_3$ zwischen 1,78 und 5,06 sind vollkommen unerklärlich und müssen ernste Zweifel an der Vergleichbarkeit der Zahlen hervorrufen, weil wohlbekannt ist, daß die Sorptionseigenschaften von Tonmineralien von dem Verhältnis $SiO_2 : R_2O_3$ abhängen. In Anbetracht dessen sind die Versuche SZIGETTIS mit großer Vorsicht aufzunehmen.

Kehren wir wieder zu der Arbeit von ALTEN und KURMIES zurück. In der Formel für die Berechnung der Maximalen Hygroskopizität beträgt der Koeffizient für Natrium 0,311 und für Calcium 0,234. Nach dieser Formel muß der gleiche Boden somit, wenn er mit Natrium gesättigt ist, eine um ein Drittel höhere Maximale Hygroskopizität aufweisen als ein mit Calcium gesättigter. Aus Kapitel III wissen wir, daß das im allgemeinen zutrifft. Die höhere Maximale Hygroskopizität der mit einwertigen Kationen gesättigten Böden wird aber durch

Kapillarkondensation bedingt, während die eigentliche Hygroskopizität dieser Böden niedriger ist als die der mit zweiwertigen Kationen gesättigten Böden. Was jedoch die Proportionalität zwischen der Hygroskopizität und der Austauschkapazität betrifft, so entspricht auch in diesem Punkte die Formel von ALTEN und KURMIES nicht den Ergebnissen, die andere Autoren erhielten. Das geht aus dem Vergleich der Formel mit den Angaben in den Tab. 20, 21, 22 und 23 hervor. Nach der Formel von ALTEN und KURMIES erhält man bei der Maximalen Hygroskopizität eines Calcium-Bodens 0,234 Gramm Wasser je Milliäquivalent Kapazität, d. h. 13 Millimol Wasser. Nach den experimentellen Unterlagen schwankt dieser Wert in den meisten Fällen zwischen 18 und 22 Milliomol je Milliäquivalent bei nicht humushaltigen Horizonten. Es ist möglich, daß der Bentonit, mit dem ALTEN arbeitete, sich anders verhält als Böden und gewöhnliche Tone.

Bei den aus dem osmotischen Druck der Lösung abgeleiteten Formeln haben wir offenbar mit einer zufälligen zahlenmäßigen Übereinstimmung zu tun. Um sich davon zu überzeugen, genügt es, die beiden Formeln für die Berechnung der Maximalen Hygroskopizität eines mit Calcium gesättigten Bodens zu vergleichen. VAGELER und ALTEN leiteten folgende Formel ab:

$$Hy = 0{,}5\ \mathrm{Ca} : \frac{50{,}6}{22{,}41} = 0{,}222\ \mathrm{Ca}\,,$$

in der

Hy die Maximale Hygroskopizität,

Ca der Gehalt an Austauschcalcium in Milliäquivalent je 100 g Boden,

50,6 at der osmotische Druck einer 10prozentigen Schwefelsäurelösung,

22,41 der osmotische Druck einer idealen molaren Lösung ist.

Nach ALTEN und KURMIES soll folgende Formel gelten:

$$Hy = \frac{0{,}45\ \mathrm{Ca}}{\sqrt{50{,}6}} = 0{,}237\ \mathrm{Ca}\,,$$

wobei 0,45 ein empirisch gefundener Koeffizient ist, während die übrigen Werte die gleichen sind.

Beide Formeln führen überraschend fast zu dem gleichen Zahlenergebnis, obwohl der osmotische Druck in beiden Formeln in völlig verschiedenen Größenordnungen eingesetzt ist (Potenzen -1 und $-{}^{1}/_{6}$). Während ALTEN und KURMIES daraus die Übereinstimmung des Einflusses von osmotischem Druck und Dampfdruck für die Bindung des hygroskopischen Wassers ableiten, ist nach unserer Auffassung vielmehr der umgekehrte Schluß richtig, daß keine mathematische Beziehung zwischen osmotischem Druck und der Hygroskopizität besteht.

Nunmehr wollen wir uns mit MATTSON beschäftigen. Der Standpunkt, den er bei der uns interessierenden Erscheinung vertritt, kann folgendermaßen umrissen werden:

Wie andere Forscher, z. B. GUI, stellt sich auch MATTSON die Bodenkolloide als Kern vor, der von Schwarm-Ionen umgeben ist. In den Bodenkolloiden sind letztere hauptsächlich durch Kationen dargestellt, da das Teilchen selbst meistens eine negative Ladung trägt. Die Kationen, die die Diffusionsschicht bilden, sind ein Teil der Austauschkationen und gerade diejenigen, der sich im dissoziierten Zustand („abdissoziierte Kationen") befinden. Auf diese Kationen wirken zwei entgegengesetzte Kräfte ein: der ihnen eigene „osmotische Druck" und die elektrostatische Anziehung der inneren Schicht des Teilchens. Ein Gleichgewicht tritt dann ein, wenn sich diese beiden Kräfte ausgleichen (MATTSON, 1938, S. 14). An anderer Stelle (1938, S. 242) erläutert MATTSON, daß die Ionen der Diffusionsschicht" das Bestreben haben, nach allen Seiten hin auszuschwärmen, jedoch von der elektrostatischen Anziehung des entgegengesetzt geladenen komplexen Kolloidions, das den Kern der Ionen-Atmosphäre bildet, zurückgehalten werden". Die von den Teilchen abdissoziierten Ionen rufen „die osmotische Kraft" hervor. Aus diesen Ausführungen MATTSONS ist zu ersehen, daß die Dissoziation der Kationen unter dem Einfluß von Kräften vor sich geht, deren Wesen im Grunde genommen unklar bleibt. Dieser Eindruck wird durch die hier wörtlich angeführte Begründung verstärkt: „Die Hydratation der sorbierten Kationen, mit der viele Forscher das lyophile Verhalten der Kolloide erklären, wird von uns jedoch als ein indirekter Einfluß betrachtet, weil die am stärksten hydratisierten Ionen auch am stärksten dissoziieren (1938, S. 243).

Die Dissoziation, die nach MATTSON die Ursache für das Auftreten der osmotischen Kräfte ist, hat die osmotische Quellung der Teilchen zur Folge. So spricht MATTSON z. B. auf S. 233 davon, daß „die stärkere Aufsaugung von Wasser durch Kolloide, die mit Natrium gesättigt sind, im Vergleich zu solchen, die mit Calcium belegt sind, durch die höhere Dissoziation der Natriumionen erklärt werden kann. Dadurch wird ein höherer osmotischer Druck um die Teilchen hervorgerufen, die infolge dieses stärkeren osmotischen Zuflusses von Wasser weiter voneinander abgestoßen werden". Auf S. 247 wird diese Behauptung wie folgt bestätigt: „Die osmotische Aufsaugung geht infolge der Dissoziation der Kolloidteilchen vor sich, die zu einer Diffusion der Ionen fähig sind".

MATTSON sieht die Quellung der Bodenkolloide also als Folge der „osmotischen Kraft" an, die durch die Dissoziation der Austauschkationen, aus denen sich die Diffusionsschicht zusammensetzt, hervorgerufen wird. Die Ursache der Dissoziation selbst bleibt jedoch ungeklärt. In der Arbeit MATTSONS werden auch andere Ursachen diskutiert. So finden wir auf S. 13 den Hinweis, daß die Dissoziation der Kationen nicht nur von der Wertigkeit, sondern auch von anderen Ursachen abhängt, von denen nach WIEGENER die wichtigsten das Atomvolumen und der Hydratationsgrad sind. „Je geringer das Volumen des Kations, desto höher der Hydratationsgrad und die Menge der Wassermoleküle, die an das Ion herangezogen werden; je niedriger das Potential, desto geringer die elektrostatische Anziehung der Teilchen untereinander".

Auf S. 73 führt MATTSON aus: „Falls die Ionen sehr klein sind und ihr Eigenpotential hoch ist, so erhöht sich die Stabilität der Ionen bei der Vereinigung mit den Molekülen der Lösungsmittels". Auf S. 79 schreibt MATTSON über die Rolle des Lithiumions folgendes: „Das Lithiumion stellt das am stärksten zerteilende Kation deshalb dar, weil es am leichtesten austauschbar ist. Infolge seiner starken Hydratation neigt es daher zu einer hohen Dissoziation, wodurch die Stabilität der Mizelle erhöht wird."

Aber er ist durchaus nicht der Ansicht, daß das gesamte osmotisch aufgenommene Wasser das Hydratationswasser der Austauschkationen darstellt, wie VAGELER behauptet. So schreibt MATTSON auf den S. 231 bis 232 (1938): „Es wurde vermutet, daß das aufgenommene Wasser das Hydratationswasser der Ionenhüllen darstellt. Abgesehen davon, daß die Menge des sorbierten Wassers oft viel zu groß für diese Erklärung ist, liegen auch noch andere Gründe vor, um sie abzulehnen". MATTSON hat darin unzweifelhaft recht, was eine einfache Berechnung bestätigt. Bei einem seiner Versuche, die wir noch genauer betrachten werden, fand er, daß 1 g Natrium-Bentonit mit etwa 0,8 Milliäquivalent Austauschkapazität etwa 10 g Wasser aufnimmt. Nehmen wir volle Dissoziation des austauschbaren Natriums an, die tatsächlich niemals vorkommt, und benutzen wir den angegebenen Höchstwert von 66 nach RIESENFELD und REINHOLZ, so finden wir, daß das vom Bentonit sorbierte Natrium

$$0{,}8 \times 66 = 53 \text{ Millimol Wasser}$$

binden kann = 0,95 g Wasser.

Folglich ist höchstens der zehnte Teil der aufgenommenen Wassermenge auf Hydratation der Natrium-Ionen zurückzuführen. Wenn wir jedoch berücksichtigen, daß wir die Hydratation von Natrium-Ionen einsetzten und von der Voraussetzung einer vollen Dissoziation dieser Ionen ausgingen, so wird der tatsächliche Anteil an Hydratwasser noch bedeutend geringer sein als der von uns errechnete.

Nach den Vorstellungen MATTSONS über Natur und Bedeutung des osmotischen Wassers im Boden können wir somit eine bestimmte Entwicklung feststellen, die er selbst allerdings nicht bemerkt, so daß in seinen zu verschiedenen Zeiten geäußerten Ansichten leicht Widersprüche festgestellt werden können. Worin liegt die Ursache dafür, wie soll man sich letztlich das „osmotische Aufsaugen" vorstellen, von dem MATTSON spricht, und worin besteht diese Erscheinung, die zweifellos in der Natur auftritt?

Uns scheint, daß die Hauptursache des Widerspruches in erster Linie im Mechanismus der Dissoziation der Austauschkationen zu suchen ist. Damit kommen wir zur Frage nach den Ursachen der elektrolytischen Dissoziation überhaupt. Der Zusammenhang zwischen den Austauschkationen und Anionen, die die Oberfläche der Kolloidteilchen bilden und mit denen die Austauschkationen solange zusammenhängen, bis sie in einen dissoziierten Zustand übergegangen sind (unabhängig davon, welcher Natur diese Anionen sind), ist unweigerlich eine elektrovalente Bindung. Die Anziehungskräfte, die zwischen den Ionen mit entgegengesetzter Ladung stehen, sind sehr groß. Damit die Austauschkationen in einen dissoziierten Zustand übergehen können, müssen genügend große Kräfte aufgewendet werden, die ihre Dissoziation hervorrufen. Uns scheint, daß diese Kraft in den Wassermolekülen selbst liegt. Die Wassermoleküle stellen permanente Dipole dar und werden mit ihren negativ geladene Enden von den Austauschkationen angezogen, d. h. sie hydratisieren diese Kationen und entwickeln dabei die notwendige Kraft, um die Austauschkationen von den Anionen zu lösen, die sich an der Oberfläche der Kolloidpartikel befinden. Der Dissoziationsgrad hängt vollständig von den Eigenschaften des Kations ab. Je geringer der Radius des Kations, desto größer ist unter sonst gleichen Verhältnissen sein Hydratationsgrad; desto größer ist die Kraft, die die Kationen von den Anionen zu lösen bestrebt ist. Diese Gesetzmäßigkeit gilt jedoch nur in den Grenzen der gleichen Wertigkeit und kommt am deutlichsten bei den einwertigen Kationen zum Ausdruck. Sobald wir zu den zweiwertigen Kationen übergehen, trägt die gesamte Erscheinung sofort den Stempel der Wertigkeit. Das Vorhandensein von zwei (oder einer größeren Anzahl) Ladungen bei den Ionen senkt ihre Dissoziation stark; denn die Kräfte, die infolge der Hydratation auftreten, reichen nicht aus, um eine wesentliche Dissoziation der zweiwertigen Austauschkationen hervorzurufen.

Unserer Meinung nach muß die primäre Ursache der Dissoziation der Austauschkationen in ihrer Hydratation gesucht werden. Die Hydratation selbst stellt aber nach MATTSON ein Element des „osmotischen Aufsaugens“ dar, was aber nicht alles erklärt. Danach ist das „osmotische Aufsaugen“ nicht die Folge der Dissoziation und des Auftretens irgendeiner geheimnisvollen „osmotischen Kraft“, sondern selbst die Ursache der Dissoziation der Austauschkationen.

Dieser Vorstellung entspringt eine wesentliche Folgerung. Auf die Erscheinungen des „osmotischen Aufsaugens“ kann man offenbar nicht die mathematischen Beziehungen anwenden, die sich auf die klassischen Fälle des osmotischen Druckes beziehen. Das Vorhandensein einer semipermeablen Scheidewand ist Vorbedingung für die Entstehung des osmotischen Druckes in der Lösung. Es besteht keinerlei Veranlassung, den Mechanismus der semipermeablen Scheidewand einerseits mit dem Kraftfeld des Kolloidteilchens andererseits zu identifizieren. Eine solche Analogie ist nur in einem gewissen Maße möglich, wenn man die Ursache des osmotischen Druckes in der Wechselwirkung zwischen den Partikeln des gelösten Stoffes und den Molekülen des Lösungsmittels sieht, eine Ansicht, auf deren Wahrscheinlichkeit KABLUKOW (s. oben) hingewiesen hat.

Nehmen wir an, daß diese Ursache nach der „klassischen“ Theorie über den osmotischen Druck nur in den kinetischen Erscheinungen zu suchen ist. Wenn wir dann diese Annahme auf unseren Fall anwenden, d. h. auf die Kolloidpartikel, an die die Austauschkationen der Diffusionsschicht gebunden sind, wo keine semipermeable Scheidewand vorhanden ist, die die Austauschkationen vom Lösungsmittel trennt, so müßten wir die Ursache der Dissoziation der Austauschkationen in der Konkurrenz zwischen der kinetischen Energie der Wassermoleküle und den Anziehungskräften zwischen den Austauschkationen und Kolloidpartikeln sehen. Somit könnten die Wassermoleküle die Dissoziation der Austauschkationen und die osmotische Quellung nur dadurch hervorrufen, daß sie aus der an die Oberfläche der Kolloidpartikel anliegenden Schicht eine gewisse Menge Austauschkationen verdrängen. Die Energie der Wärmebewegung der Wassermoleküle ist jedoch völlig ungenügend, um die großen Anziehungskräfte zwischen Austauschkationen und Anionen zu überwinden, aus denen sich die Oberflächenschicht der Kolloidteilchen zusammensetzt. Deshalb ist es richtiger, die „osmotische Quellung“ der Bodenkolloide zum Teil mit der Hydratation der Austauschkationen zu erklären, in der Hauptsache jedoch durch die Bodenteilchen selbst. Da wir bisher aber noch über keine direkten Beweise für die Richtigkeit einer solchen Anschauung über die Natur des osmotischen Druckes und der Osmose (unter klassischen Verhältnissen) verfügen, so muß man von der Anwendung der mathematischen Beziehungen, die für die „klassischen“ Fälle ausgearbeitet wurden, auf die Erscheinungen des osmotischen Aufsaugens durch die Bodenkolloide absehen. Das ist auch deshalb richtig, weil von einer „Konzentration“ der dissoziierten Austauschkationen in der Diffusionsschicht nicht gesprochen werden kann, weil diese Konzentration, die sich mit der Entfernung von der Oberfläche der Teilchen in mikroskopischem Umfang ändert, in Wirklichkeit einen fiktiven Wert darstellt.

Gehen wir jetzt zur Betrachtung der experimentellen Unterlagen Mattsons über. Durch eine Serie von Versuchen (1938, VIII. u. XIII. Kapitel) wurde von ihm eine interessante quantitative Gesetzmäßigkeit festgestellt, die sich auf die Abhängigkeit der Menge des osmotisch aufgesaugten Wassers von dem äußeren Druck, der auf das System ausgeübt wird, bezieht. Seine Versuche stellte Mattson mit einem mit verschiedenen Kationen belegten Bentonit an. Er brachte eine dicke Paste von so präparierten Bentonitproben auf einen Büchner-Trichter und unterwarf diese Proben einem Vakuum von einigen Millimetern bis zu 60 bis 70 cm Hg, bis kein Wasser aus dem Bentonit mehr abfloß. Anschließend wurde der Gehalt an Wasser im Bentonit festgestellt und dem Druck gegenübergestellt.

Er erhielt folgende quantitative Beziehung:

$$W \sqrt[3]{P} = K \text{ , wenn}$$

W die Menge des zurückgehaltenen Wassers

P der angewendete Druck,

K eine Konstante ist, die von der Natur des Austauschkations abhängt, mit dem der Bentonit gesättigt wurde.

Wird P in cm Hg und W in g Wasser je 1 g Bentonit ausgedrückt, so erhielt Mattson für $W \sqrt[3]{P}$ folgende Werte:

1. natürlicher Bentonit (überwiegend mit Natrium gesättigt)	13,54
2. elektrodialysierter Bentonit, nicht getrocknet	7,55
3. elektrodialysierter Bentonit, lufttrocken	3,02
4. mit Magnesium gesättigter Bentonit, lufttrocken	3,01
5. mit Calcium gesättigter Bentonit, lufttrocken	2,99
6. Mit Kalium gesättigter Bentonit, lufttrocken	5,31
7. Mit Lithium gesättigter Bentonit, lufttrocken	10,54

Bei der Auswertung dieser Zahlen muß vor allem der einheitliche Charakter der mathematischen Beziehung hervorgehoben werden, der darin zum Ausdruck kam, daß bei allen Proben und bei allen angewendeten Drucken (außer sehr niedrigen von nur einigen mm Hg) ein strenger Zusammenhang mit der Kubikwurzel aus dem Druck ermittelt werden konnte.

Es soll hier ferner bemerkt werden, daß die Gleichung MATTSONS mit der bereits erwähnten Gleichung von VAGELER identisch ist. VAGELER fand, daß

$$W_J = 1{,}767 \cdot \Sigma K \cdot \pi^{-1/3} \quad \text{ist.}$$

Wir formen diese Gleichung um, indem wir die Dimensionen der Gleichung MATTSONS einsetzen.

Offenbar wird dann $$\pi = \frac{P}{76}.$$

Die Austauschkapazität des Bentonits betrug 0,8 Milliäquivalent je 1 g Boden, d. h. 0,4 Millimol bei zweiwertigen Kationen. Dann lautet die Formel von VAGELER:

$$W_J = 1{,}767 \cdot 0{,}4 \cdot \left(\frac{P}{76}\right)^{-1/3},$$

woraus

$$W_J \cdot P^{1/3} = 1{,}767 \cdot 0{,}4 \cdot (76)^{1/3}$$

und

$$W_J \cdot \sqrt[3]{P} = 2{,}99$$

ist, d. h. wir erhalten den gleichen Wert, der sich aus der Formel von MATTSON für einen mit Calcium, Magnesium und Wasserstoff gesättigten Bentonit ergibt.

Eine ähnliche quantitative Beziehung kann man aus den Versuchen WOODRUFFS (1940) ableiten. Er untersuchte die Veränderungen des Wassergehaltes in den Bodenkolloiden entsprechend dem auf das Kolloid ausgeübten Druck. Bei hohen Feuchtigkeitswerten bis einschließlich pF 4,34 benutzte er die Methode der Ultrafiltration, bei niedrigeren die Meßmethode der Dampfspannung. Der Wassergehalt der Kolloide betrug 800 bis 1000%. Die Ergebnisse der Beobachtungen sind in der Arbeit WOODRUFFS in graphischer Form dargestellt, die die Beziehung zwischen Druck und Feuchtigkeit logarithmisch darstellt. Die logarithmische Funktion erwies sich als linear. Aus der graphischen Darstellung erhält man folgende Gleichung:

$$\lg P = 3{,}18 - 3{,}18 \lg W,$$

$$W \cdot P^{0{,}314} = 10$$

oder

$$W \cdot \sqrt[3]{P} = 10,$$

also der Gleichung MATTSONS sehr nahekommende Werte. Wir können also mit Recht die gefundene Beziehung als allgemein gültig betrachten.

Die zweite interessante Schlußfolgerung, die sich aus der Gegenüberstellung der Konstanten für Bentonit, gesättigt mit Calcium, Magnesium, elektrodialysiert und lufttrocken, ergibt, stellt die Frage nach dem Dissoziationsgrad dieser Kationen. In allen drei Fällen wurden vollkommen gleiche Konstanten erhalten. Indessen sind die Eigenschaften solcher Ionen, wie die von Calcium und Magnesium auf der einen Seite und von Wasserstoff auf der anderen, bekanntlich sehr verschieden. Insbesondere muß hier die Frage nach dem Wasserstoffion gestellt werden. Es ist bekannt, daß bei der Behandlung elektrodialysierter Kolloide mit neutralen Salzlösungen in das Filtrat nicht das Wasserstoffion, sondern das Aluminium übergeht. Da aber bei der Elektrodialyse das Wasserstoffion zweifellos in den Kolloidkomplex eintritt, so kann man von einer „Umwandlung“ des Wasserstoffions sprechen, das bei der Dialyse die Kationen der Austauschbasen im Kolloidkomplex ersetzt. Wie kann diese Erscheinung erklärt werden?

Eine mögliche Erklärung wäre folgende:

Nach der Meinung vieler Forscher, wie z. B. von Bär und Tendeloo (1936), befinden sich an der Oberfläche der Kolloidpartikel eine große Anzahl Hydroxylionen, aus denen sich vornehmlich die innere, das Potential bestimmende Schicht zusammensetzt. Beim Ersatz der Austauschbasen durch Wasserstoffionen — entweder in der Elektrodialyse oder bei der Behandlung mit Säurelösung — verbinden sich die Wasserstoffionen mit den Hydroxylionen, aus denen sich die das Potential bestimmende Schicht zusammensetzt, zu Wassermolekülen. Infolgedessen verlieren die Kolloidteilchen gleichsam ihre Doppelschicht, die sich in Wasser verwandelt. Dieses Verschwinden der Doppelschicht kann sich auf die gesamte Oberfläche der Teilchen ausdehnen, wenn die das Potential bestimmende Schicht ausschließlich aus Hydroxylionen besteht, oder nur auf einzelne Abschnitte der Partikel, wenn sich im Bestande dieser Schicht auch andere Anionen befinden. Anstelle der örtlich verschwundenen Doppelschicht entsteht sofort eine neue, und zwar offenbar durch die Zerstörung des Kernes der Kolloidteilchen; im Austausch tritt deshalb Aluminium auf.

Im elektrodialysierten Boden treten also als Austauschkationen entweder Aluminiumionen oder Wasserstoffionen auf. In den Versuchen Mattsons war die Konstante der Gleichung bei der Quellung dieselbe sowohl für einen Bentonit, der mit Calcium oder Magnesium gesättigt war, als auch für einen elektrodialysierten Bentonit, der als Austauschionen entweder Wasserstoff oder Aluminium aufwies. Die Übereinstimmung der Konstanten läßt die Schlußfolgerung zu, daß auch der Dissoziationsgrad dieser Kationen gleich war; denn wäre dem nicht so, hätte auch der Gehalt an „osmotisch“ aufgenommenem Wasser unterschiedlich sein müssen, was in verschiedenen Konstanten zum Ausdruck gekommen wäre. Die Ionen von Calcium, Magnesium, Wasserstoff und Aluminium sind ihrem Verhalten nach so verschieden, daß man sie anscheinend nur in einem Falle als gleich dissoziiert ansehen kann, und zwar dann, wenn ihr Dissoziationsgrad Null oder nahezu Null ist. Diese Annahme wird durch Bestimmung der Leitfähigkeit von mit Austauschkationen belegtem Ton bestätigt, die wir in der Literatur finden. So fanden Antipow-Karatajew und seine Mitarbeiter (1935) folgende

Werte für die Leitfähigkeit von Suspensionen aus Lehm, der mit verschiedenen Kationen gesättigt war:

Sättigendes Kation	Spezifische Leitfähigkeit in reziprok. Ohm	Sättigendes Kation	Spezifische Leitfähigkeit in reziprok. Ohm
Li	$13{,}59 \cdot 10^{-5}$	Ca	$5{,}60 \cdot 10^{-5}$
Na	$12{,}45 \cdot 10^{-5}$	Ba	$5{,}00 \cdot 10^{-5}$
K	$8{,}82 \cdot 10^{-5}$	H	$5{,}00 \cdot 10^{-5}$
Mg	$5{,}66 \cdot 10^{-5}$		

Anmerkung: Wir führen die Leitfähigkeit an, ohne den aus ihr errechneten Dissoziationsgrad zu erwähnen, weil in die Formel für seine Berechnung „die Beweglichkeit des Kolloidanions“ eingeführt werden muß.

Die Messung der Leitfähigkeit ergibt für die mit Calcium, Magnesium und Wasserstoff (oder Aluminium) gesättigten Lehmproben vollkommen gleiche Werte.

Nachdem wir also erfahren haben, daß in den Bodenkolloiden, die mit Calcium, Magnesium und Wasserstoff (oder Aluminium) belegt sind, der Dissoziationsgrad der Austauschkationen etwa bei Null liegt, stehen wir vor der Frage: Wodurch wird die osmotische Quellung dieser Kolloide hervorgerufen, wenn die Dissoziation der Austauschkationen und folglich auch die Hydratation unterdrückt ist?

Die Antwort auf diese Frage besteht in der gleichen Schlußfolgerung, zu der wir bereits im vorhergehenden Abschnitt gekommen sind. Das sogenannte „osmotische Aufsaugen“ wird weniger durch die Hydratation der Austauschkationen hervorgerufen als vielmehr durch die unmittelbare Bindung des Wassers durch die Oberfläche der Bodenteilchen selbst[1].

Da die Versuche MATTSONS mit Kolloiden vom Montmorillonittyp angestellt wurden, können wir die teilweise Quellung durch das Eindringen der Wassermoleküle in die zwischen den Schichtpaketen liegenden Hohlräume erklären. Durch welche Kräfte wird hierbei das Wasser festgehalten? Unterlagen für die Beantwortung dieser Frage finden wir in den Arbeiten von HOFFMANN und GIESE (1939). Diese Autoren untersuchten röntgenospektroskopisch Suspensionen von Bentonit in Wasser und Salzlösungen verschiedener Konzentration. Sie erzielten folgende Ergebnisse (s. S. 182).

Gleichzeitig war das „nichtlösende Wasservolumen“ oder die „salzfreie Wasserhaut“ je nach der Konzentration der Salzlösung wesentlichen Veränderungen unterworfen.

Die Autoren betonen, daß in einem mit Calcium gesättigten Bentonit die Menge des „gebundenen“ Wassers, nach der Höhe der inneren Quellung zu

[1] Zur Erläuterung: Wenn hier von Kolloidteilchen des Bodens die Rede ist, so ist immer die Tonfraktion, also die Korngröße $< 0{,}001$ mm gemeint, weil gerade bei dieser Grenze die Kolloideigenschaften der Bodenteilchen scharf ausgeprägt sind. Wie bekannt, wird in der Kolloidchemie die obere Grenze für die Kolloide mit 0,0002 mm angenommen.

urteilen, viel größer ist als in einem mit Ammonium gesättigten Bentonit. Die Veränderung der Konzentration der Salzlösung übte keinen merkbaren Einfluß auf die Höhe der Quellung aus.

Konzentration und Zusammensetzung der Suspension		Abstand der Lamellen
Calcium-Bentonit		
$CaCl_2$	2 n	18,97 Å
	0,15 n	19,2 Å
	0,005 n	19,9 Å
Wasser		20,05 Å
Ammonium-Bentonit		
NH_4Cl	3,0 n	14,35 Å
	0,005 n	14,7 Å
Wasser		15,0 Å

Wir halten uns für berechtigt, daraus die Schlußfolgerung zu ziehen, daß die innere Quellung in diesem Falle nicht mit dem Verhalten der Austauschkationen zusammenhängt. Die Wassermoleküle werden nicht durch Austauschkationen, sondern an der inneren Oberfläche der Schichtpakete sorbiert, aus denen sich der Montmorillonit zusammensetzt.

Bei der Betrachtung der Versuche von MATTSON muß man auf den großen Unterschied zwischen den Quellungswerten des getrockneten und des nichtgetrockneten elektrodialysierten Bentonits hinweisen. Der elektrodialysierte Bentonit, der keiner Trocknung unterworfen worden war, verfügte über eine weitaus höhere Quellfähigkeit als der nach der Elektrodialyse getrocknete, wie die Abb. 40 zeigt.

Dieser Versuch erinnert an den bereits erwähnten von PURI und RAI. Ein wesentlicher Anteil des Wassers aus der Wasserhülle des natürlichen mit Natrium gesättigten Bentonits war beim Ersatz des Austausch-Natriums durch Wasserstoff oder Aluminium erhalten geblieben. Also kann dieser Anteil nicht als Hydratationswasser der Natriumionen angesehen werden; erst die anschließende Trocknung entfernte irreversibel dieses Wasser. Wir kommen deshalb zu folgendem Ergebnis: In den Versuchen MATTSONS bestand die Bedeutung von Lithium und Natrium nicht darin bzw. nicht nur darin, daß sie durch den Zusammenfluß ihrer Wasserhüllen Wassermäntel um die Bodenteilchen bildeten, sondern darin, daß sie den festen Zusammenhalt (die „Verkittung“) der Teilchen untereinander bei Trocknung des Bentonits nicht gewährleisteten. Nach anschließender Benetzung des Bentonits konnte das Wasser, das unmittelbar von der Oberfläche der Teilchen (also nicht von den Austauschkationen) gebunden wurde, zwischen die Teilchen dringen, sie auseinanderdrängen und so die Quellung hervorrufen. Zur gleichen Zeit erfolgt aber bei dem mit mehrwertigen Kationen belegten Bentonit bei der Trocknung ein so fester Zusammenschluß der Teilchen, daß bei erneuter Benetzung die Kraft, mit der die Teilchen die Wassermoleküle anzogen, nicht groß genug war, um die Primärteilchen auseinanderzudrücken. So konnte nur eine sehr geringfügige Quellung eintreten.

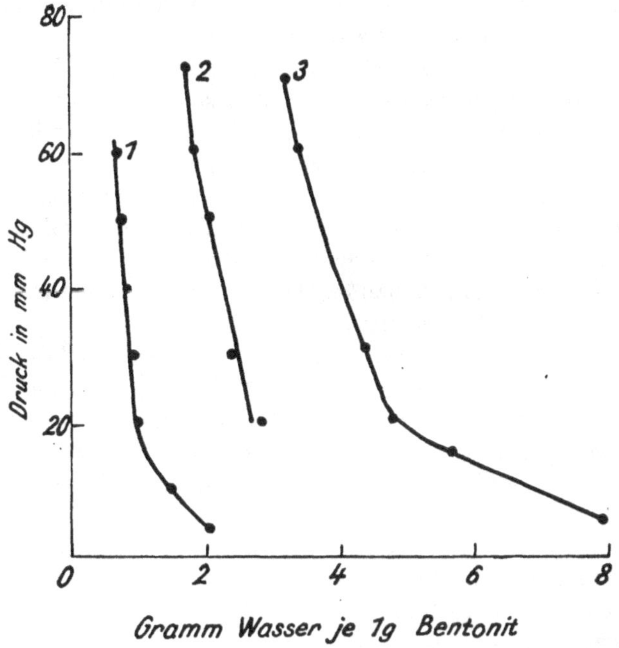

Abb. 40. Abhängigkeit des Wassergehalts im Bentonit vom Saugdruck nach MATTSON

1 — Elektrodialysierter getrockneter Bentonit; *2* — Elektrodialysierter nicht getrockneter Bentonit; *3* — Natürlicher Bentonit

Übrigens hat Bentonit einen sehr großen Kolloidanteil und besteht nicht ausschließlich aus Montmorillonit. Es ist bekannt, daß die Tonfraktion auch andere Mineralien enthalten kann: Hydroglimmer, Sericit, Kaolinit, Quarz u. a. Außerdem ist es leicht möglich, daß in vielen Fällen der Kern der Tonteilchen aus einem dieser Mineralien besteht, während seine Oberfläche infolge Verwitterung so stark verändert ist, daß die Eigenschaften des Kerns nicht mehr bestehen. Deshalb haben die Versuche MATTSONS und alle daraus resultierenden Schlußfolgerungen vorläufig nur einen begrenzten Wert und sind durch weitere Untersuchung von Proben aus Böden mit verschiedener Genesis, zu ergänzen.

Daß der Bentonit nicht als Modell für Bodenkolloide dienen kann, haben bereits BAVER und WINTERKORN (1935) bestätigt. Sie wiesen darauf hin, daß die Bentonite um ein Mehrfaches stärker hydratisiert sind als die Bodenkolloide.

Fassen wir das in vorliegendem Abschnitt Gesagte zusammen: Die diskutierten Ansichten von VAGELER, ALTEN und KURMIES sowie von MATTSON lassen sich schlecht mit den gesamten uns bekannten Tatsachen vereinbaren. Die Bindung von Wasser durch die Austauschkationen, denen die genannten Forscher die führende Rolle zuschreiben, ist in Wirklichkeit von untergeordneter Bedeutung und zwar nicht nur für die Fähigkeit des Bodens, Wasser festzuhalten, sondern auch bei fast allen Vorgängen seines Wasserhaushaltes. Die entscheidende Ursache für die Wasserbindung durch den Boden liegt in der Hydratation der Oberfläche der Bodenteilchen selbst und nicht in der der Austauschkationen, die nur geringen Anteil an der Wasserbindung haben.

Durch die Wechselwirkung zwischen Boden und flüssigem Wasser erhält das Wasser also besondere Eigenschaften. Ein Teil dieses Wassers ist nicht mehr in der Lage, Substanzen, wie z. B. Salze, Zucker, zu lösen, so daß es keine elektrische Leitfähigkeit hat. Bei der Benetzung von trockenem Boden tritt Wärme auf. Seine Dichte ist größer als 1. Seine Wärmekapazität nähert sich der des Eises (0,5); es gefriert selbst nicht bei —78° C. Seine Dielektrizitätskonstante ist 2,2.

Die Wassermenge, die dieses Verhalten bei der Sorption zeigt, liegt etwas unter der Maximalen Hygroskopizität. Diese Größe nennen wir die Maximale Adsorptions-Wasserkapazität des Bodens (MAW).

Die angeführten Tatsachen dürften genügen, um diesen Teil des Bodenwassers als das eigentliche hygroskopische Wasser anzusehen, jedoch mit dem Unterschied, daß die Aufnahme dieses Wassers durch Adsorption aus Dampf erfolgt, während die von uns betrachtete Wasserform durch die Berührung mit flüssigem Wasser entsteht. Wir wiederholen, daß im übrigen beide Wasserformen identisch sind.

Diesen Teil des Bodenwassers betrachten wir als von der Oberfläche der Bodenteilchen fest gebunden. Die Bindung erfolgt als Wechselwirkung der elektrischen Eigenschaften einerseits der Oberfläche der Teilchen und andererseits der dipoligen Wassermoleküle.

Wir brauchen uns dadurch nicht verwirren zu lassen, daß die Maximale Adsorptions-Wasserkapazität MAW nach vielen Bestimmungen etwas kleiner ist als die Maximale Hygroskopizität MH. Wir wissen jetzt, daß sich dieser Wert aus dem sorbierten Wasser, also dem eigentlichen hygroskopischen, und aus dem kapillarkondensierten zusammensetzt.

Außer dem fest gebundenen Wasser kann im Boden auch labil gebundenes Wasser vorkommen, das sich in vielen Punkten vom „fest" gebundenen unterscheidet, wie der Knick im Kurvenverlauf zeigt (vgl. Abb. 33). Von den besonderen Eigenschaften des fest gebundenen Wassers weist das labil gebundene Wasser unzweifelhaft nur eine auf, und zwar die abgeschwächte Fähigkeit, wasserlösliche Stoffe aufzulösen.[1] Nach diesem Merkmal ist es leicht, das „labil" gebundene vom „fest" gebundenen Wasser zu unterscheiden (vgl. die Versuche von Trofimow und Dolgow).

Wir sahen bereits, daß die elektrische Leitfähigkeit bei einem Wassergehalt des Bodens beginnt, der nur unwesentlich die Maximale Hygroskopizität übersteigt. Außerdem erinnern wir daran, daß die Berechnung der salzfreien Wasserhaut auf der Voraussetzung beruht, daß zwischen dieser und der angrenzenden Lösung eine scharfe Grenze besteht.

---

[1] Es ist auch möglich, daß labil gebundenes Wasser bei einer Temperatur erst unter 0° gefriert; das steht jedoch noch nicht fest.

Wir haben keine Unterlagen für die Richtigkeit dieser Ansicht. Es ist viel wahrscheinlicher, daß zwischen der Schicht des „fest“ gebundenen Wassers und der frei beweglichen Wassermoleküle eine Übergangsschicht besteht, in der die Konzentration der gelösten Salze allmählich in Richtung der Teilchenoberfläche ansteigt. Die Stärke einer solchen Übergangsschicht, die vom labil gebundenen Wasser gebildet wird, muß natürlich viel größer sein als die Schicht der salzfreien Wasserhaut.

Den Mindestgehalt des labil gebundenen Wassers kann man in salzfreien Böden, wie wir bereits sahen, auf den zwei- bis vierfachen Wert der Maximalen Hygroskopizität schätzen.

Die physikalischen Eigenschaften der aktiven Oberfläche kommen in einer verringerten Beweglichkeit des locker gebundenen Wassers zum Ausdruck.

Wenden wir uns jetzt der Frage zu, worin der Mechanismus der Wasserbindung durch die Bodensubstanz besteht.

Im System „Bodenteilchen-Bodenwasser“ erscheinen die dipoligen Wassermoleküle — man kann vielleicht sagen — als „Konkurrenzobjekte“ zwischen den Kolloidteilchen und den Austauschkationen, die beide bestrebt sind, sie an sich zu ziehen, und den freien Ionen der Bodenlösung, die ebenfalls nach Hydratation streben. Die ersten beiden Faktoren versuchen die Beweglichkeit des Wassers zu verringern, also die Menge an gebundenem Wasser zu erhöhen. Der dritte Faktor übt eine entgegengesetzte Wirkung aus: Er ist bestrebt, die Menge an gebundenem Wasser zu verringern. Schließlich übt die Wärmebewegung der Moleküle auf Verhalten und Zustand des Wassers einen wesentlichen Einfluß aus, die der Aggregation der Wassermoleküle entgegenwirkt.

Die Verringerung der Fähigkeit, Salze und andere Stoffe zu lösen, kann bei gebundenem Wasser wie folgt erklärt werden. Der Lösungsprozeß der Elektrolyte ist eng mit der Hydratation der Ionen dieser Elektrolyte verbunden und höchstwahrscheinlich im wesentlichen als ihre Folge zu betrachten. Die Hydratation der Ionen besteht bekanntlich in der Anziehung der Ionen und in der Orientierung der Dipole der Wassermoleküle. Einer solchen Orientierung sind nur die freien Dipole fähig. Diejenigen, die entweder um andere Ionen oder um Kolloidpartikel bereits orientiert sind, können von Ionen nur dann angezogen werden, wenn sie über eine größere Anziehungskraft verfügen als die übrigen Ionen und Kolloidteilchen. Wenn wir nach TROFIMOW einem lufttrockenen Boden die Lösung irgendeines Elektrolyts zuführen, so ziehen sowohl die Bodenteilchen als auch die mit ihnen verbundenen Austauschkationen einen Teil der Wassermoleküle aus der Lösung an. Das ist deshalb möglich, weil ein Teil der Wassermoleküle in dieser Lösung entweder vollkommen frei ist (und solche Moleküle sind um so mehr vorhanden, je schwächer die Lösung ist) oder so schwach mit den Ionen des Elektrolyts verbunden ist, daß die von den Bodenpartikeln (und Austauschkationen) ausgehenden Anziehungskräfte diejenigen Kräfte übersteigen, die die Wassermoleküle mit den Ionen des Elektrolyts verbinden. Mit anderen Worten: Erfährt ein Teil der Wassermoleküle der Lösung eine Umorientierung, so verlieren sie die Bindung mit den Ionen des Salzes und gehen eine solche mit den Bodenteilchen oder ihrer Austauschkationen ein. Demzufolge verringert sich die Konzentration der Wassermoleküle in der Lösung, und diese Verringerung wiederum ruft die Konzentrationserhöhung der Lösung hervor. Je höher die Konzentration der Salzlösung ist, um so weniger Wassermoleküle entfallen auf jedes Ion, die Hydrathülle der Ionen ist dünner, die Wassermoleküle sind mit den Ionen des Elektrolyts fester verbunden. Damit kann eine geringere Zahl dieser Moleküle von den Bodenpartikeln oder Austauschkationen abgespalten werden; die Senkung der Konzentration des Wassers in der Lösung und die zu beobachtende Erhöhung der Salzkonzentration werden geringer sein. Bei hoher Feuchtigkeit des Bodens kann außer der möglichen mechanischen Verdrängung der vorhandenen Bodenlösung durch die Salzlösung eine Erscheinung auftreten, die dem eben Betrachteten entgegengesetzt ist. Ein Teil des gebundenen Wassers, das sich im Boden befindet, kann so schwach mit den Bodenpartikeln (und Austauschkationen) verbunden sein, daß die Ionen des Elektrolyts dieses Wasser abspalten können, worauf die Konzentration an freiem Wasser im Boden ansteigt und die Konzentration des Elektrolyts gesenkt wird.

Somit darf man die sich bildende Hülle, die aus dem gebundenen Wasser besteht, in Übereinstimmung mit den obigen Ausführungen durchaus nicht als scharf abgegrenzt von den Wassermolekülen der Lösung ansehen. Das Fehlen einer scharfen Abgrenzung kann erstens damit erklärt werden, daß die von den Bodenpartikeln, den Austauschkationen und den freien Kationen der Bodenlösung ausgehenden Anziehungskräfte sich allmählich verändern und einander überdecken. Zweitens befinden sich die Wassermoleküle und Ionen des Elektrolyts in ständiger Wärmebewegung; deshalb können die in der Bodenlösung gelösten Stoffe in die Hülle des gebundenen Wassers, die die Bodenteilchen umgibt, eindringen. Auf diese Weise ändert sich die Konzentration der in der Bodenlösung gelösten Stoffe beim Übergang von der Bodenlösung zur Hülle des gebundenen Wassers nur allmählich. Aus diesen Gründen ist die Berechnung der salzfreien Wasserhaut aus „der negativen Adsorption“ als relativ zu betrachten. Sie stützt sich auf die unbestimmte Annahme, daß eine Hülle von gebundenem Wasser besteht, in der die Konzentration des gelösten Stoffes gleich Null ist, und daß daneben eine äußere Bodenlösung mit einer Konzentration vorhanden ist, die einer gewissen experimentell bestimmten Größe entspricht, welche in allen Punkten des von der Lösung eingenommenen Volumens konstant ist. Tatsächlich ist aber der Wirkungsradius des Bodenteilchens, der die Orientierung der Wassermoleküle hervorruft, bedeutend größer; je größer der Abstand von der Oberfläche der Bodenteilchen wird, desto weniger fest sind die Wassermoleküle gebunden und um so stärker und in immer größerem Maße sind sie der Anziehungskraft der Ionen und Moleküle ausgesetzt, die sich in der „frei“ beweglichen Bodenlösung befinden.

Wenn der Boden, dessen Wassergehalt zwischen Null und der MAW liegt, mit den Wassermolekülen der Salzlösung oder einfach mit Wasser in Wechselwirkung tritt, so wird die Orientierung der um die Bodenpartikel gruppierten Wassermoleküle vom Verlust der ihnen eigenen kinetischen Energie begleitet, was in der

Benetzungswärme zum Ausdruck kommt. Bildet sich eine Hülle aus labil gebundenem Wasser, so wird keine Wärme frei, woraus wir mit vollem Recht schließen, daß die Wassermoleküle, aus denen sich diese Hülle zusammensetzt, die ihnen eigene kinetische Energie der Wärmebewegung nicht verlieren.

Das sind die allgemeinen Vorstellungen über den Mechanismus der Wasserbindung, die aus der Summe aller uns bekannten Faktoren resultieren. Neben diesen Erklärungen finden wir auch in der Literatur Versuche, diese Erscheiuungen noch genauer zu beschreiben.

In erster Linie müssen wir DUMANSKI (1934) und WINTERKORN (1943) erwähnen, die Analogien zwischen den Eigenschaften des fest gebundenen Wassers und dem Eis feststellen.

Eine originelle Vorstellung von der Natur der Wasserbindung finden wir bei HENDRICKS und JEFFERSON (1938). Diese Forscher nehmen an, daß über den Teilchen von Schichtmineralien das adsorbierte Wasser in Schichten angeordnet ist, die parallel zur Oberfläche der Lamellen verlaufen. An den Grenzen jeder Schicht sollen die Wassermoleküle ein sechseckiges flaches Gitter bilden. Der Aufbau eines solchen Gitters ist aus Abb. 41 und die Anordnung des Gitters über dem Strukturgitter des Tons aus der Abb. 42 zu ersehen.

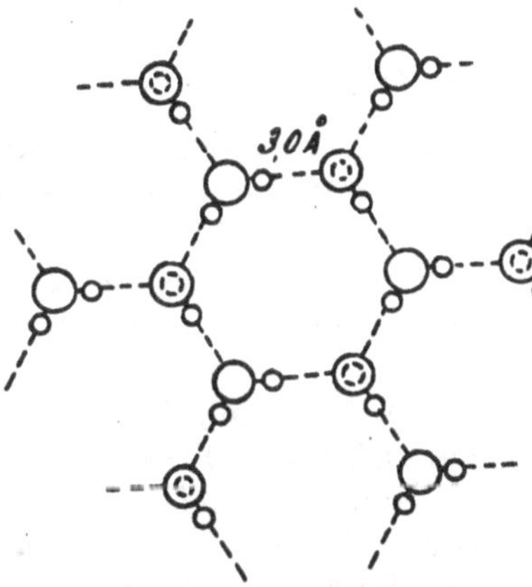

Abb. 41. Schichtebene von sorbierten Wassermolekülen, die miteinander zu einem hexagonalen Netz verbunden sind, nach HENDRICKS und JEFFERSON
Große Kreise — Sauerstoff-Ionen; kleine Kreise — Wasserstoff-Ionen

Die Vorstellungen von HENDRICKS und JEFFERSON sind zweifellos interessant, tragen jedoch nur spekulativen Charakter.

BRADLEY, GRIMM und CLARK (1937) untersuchten röntgenspektroskopisch den Sorptionsprozeß von Wasserdampf durch Montmorillonit und stellten fest, daß in den Beugungsspektren der Abstand der Montmorillonitlamellen nicht allmählich, sondern sprungweise mit dem Ansteigen der Feuchtigkeit zunimmt. Sie erklären das dadurch, daß die Benetzung des Montmorillonits allmählich durch das Eindringen von Wasserschichten, deren Moleküle hexagonal angeordnet sind zum Ausdruck kommt. Jede neue Schicht entspricht sechs Wassermolekülen je Elementarlamelle. Insgesamt konnten sie die Bildung von 4 Wasserschichten, die schichtweise sorbiert wurden, beobachten.

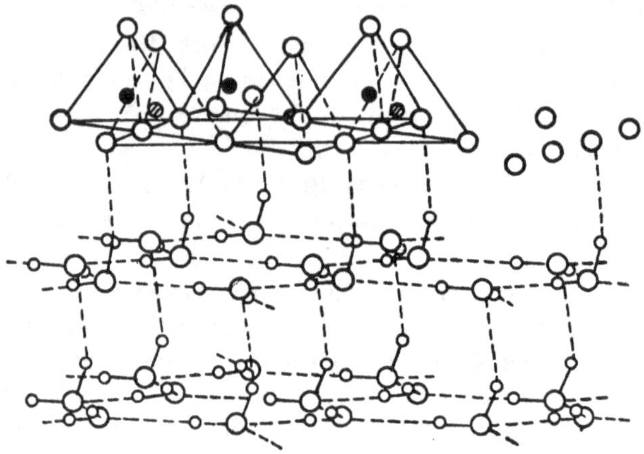

Abb. 42. Schichten aus sorbierten Wassermolekülen im Strukturgitter von Tonmineralien
Große weiße Kreise — Sauerstoff-Ionen; kleine Kreise — Wasserstoff-Ionen; schwarze Kreise — Silicium-Ionen in Kieselsäuretetraedern nach HENDRICKS und JEFFERSON

8. Zusammenfassung

1. Das kolloide Bodenteilchen hat die Fähigkeit, Wassermoleküle zu binden. Dabei bilden sich Wasserfilme, deren Moleküle besondere Eigenschaften annehmen, die von denen des frei beweglichen Wassers abweichen.

2. Das gebundene Wasser kann in zwei Kategorien eingeteilt werden, die sich scharf voneinander unterscheiden: in fest gebundenes und labil gebundenes Wasser.

3. Das „fest“ gebundene Wasser hat eine größere Dichte als 1, eine Wärmekapazität von 0,5, zeigt keine elektrische Leitfähigkeit, gefriert bis zu einer Temperatur von —78° C nicht, enthält keine löslichen Stoffe und zeigt physikalische Eigenschaften, die es einem festen Körper ähnlich werden lassen. Bei der Bindung dieses Wassers wird Energie als Benetzungswärme frei.

4. Die Höchstmenge an fest gebundenem Wasser, die wir mit Maximaler Adsorptions-Wasserkapazität bezeichnen, ist etwas kleiner als die Maximale Hygroskopizität.

5. Das „fest gebundene“ Wasser ist mit dem eigentlichen hygroskopischen Wasser identisch.

6. Das „fest gebundene“ oder hygroskopische Wasser wird von Anziehungskräften zurückgehalten, die von der Oberfläche der Bodenteilchen ausgehen. Sofern Austauschkationen an der Bindung beteiligt sind, haben sie geringe Bedeutung.

7. Das labil gebundene Wasser unterscheidet sich vom fest gebundenen dadurch, daß es eine geringere Fähigkeit hat, lösliche Stoffe zu lösen, außerdem einen

wahrscheinlich tieferen Gefrierpunkt besitzt und besondere physikalische Eigenschaften.

8. Der Höchstgehalt an labil gebundenem Wasser beträgt etwas mehr als das Zwei- bis Vierfache der Maximalen Hygroskopizität, die von der Konzentration der in ihm gelösten Stoffe abhängt.

9. Die Sorption sowohl von fest- als auch von labil gebundenem Wasser wird von den russischen Forschern (LEBEDEW, TROFIMOW u. a.) ausschließlich oder vornehmlich aus dem Einfluß der Kräfte erklärt, die von der Oberfläche der Bodenteilchen ausgehen. Andere Forscher, wie VAGELER, ALTEN und KURMIES u. a., betrachten das labil gebundene Wasser hauptsächlich als Hydratationswasser der Austauschkationen.

10. Aus den neuesten Arbeiten von SCHAROW, AIDINJAN, PURI und RAI geht hervor, daß die Dicke der Wasserhüllen, die sich um die Bodenpartikel bilden, nicht oder kaum von der Art der Austauschkationen abhängt.

11. Aus den gleichen Arbeiten ist zu ersehen, daß die mit Wasserstoff, Natrium, Lithium, Kalium, Calcium und Magnesium gesättigten Bodenkolloide den gleichen Peptisationsgrad aufweisen. Der Unterschied zwischen diesen Kolloiden besteht nur darin, daß bei einer Austrocknung die H-, Ca- und Mg-Kolloide bei nachfolgender erneuter Benetzung irreversible, während die Na- und Li-Kolloide reversible Aggregate bilden.

12. Der Dissoziationsgrad der Austauschkationen ist sehr klein und beträgt nur wenige Prozent. Bei einwertigen Kationen ist er etwas höher als bei mehrwertigen.

KAPITEL V

DAS „HÄNGENDE WASSER“ IM BODEN

1. Einleitung

Der Ausdruck „hängendes Wasser“ stammt von LEBEDEW, der bereits im Jahre 1911 erkannte, daß „unter den Verhältnissen der südlichen UdSSR über einem sogenannten ‚toten Horizont‘ das Wasser der oberen Bodenhorizonte in Kapillaren hängt, weil es keine Verbindung mit dem Grundwasser hat“ (1936, S. 248).

Auch KATSCHINSKI (1934, S. 10, 42 ff.) wendet diesen Ausdruck oft an; er schlug vor, im Boden „kapillar-getragenes“ und „kapillar-hängendes“ Wasser zu unterscheiden. In der deutschen Literatur wird ebenfalls von „hängendem Kapillarwasser“ (ZUNKER 1930, S. 23) gesprochen.

Bekanntlich ist je nach der mechanischen Zusammensetzung des Bodens der Gehalt an „hängendem Wasser“ verschieden.

Das Wesen der Erscheinung besteht darin, daß in den oberen Schichten des Bodenprofils Wasser zurückgehalten wird, ohne daß es versickert; deshalb haben die tieferliegenden Bodenschichten oft einen bedeutend geringeren Wassergehalt. Die oberen Schichten können also Wasser enthalten, das weder kapillar noch hydrostatisch mit dem Grundwasser in Verbindung steht.

Das „hängende Wasser“ kann man experimentell sehr leicht nachweisen. Man füllt eine Glasröhre mit einem beliebigen lufttrockenen Boden und gießt auf den Boden eine Wassermenge, die so bemessen ist, daß sie nicht die gesamte Säule durchfeuchten kann. Die oberen Schichten werden rasch durchfeuchtet, das Versickern hört dann auf oder geht so langsam vor sich, daß man es kaum verfolgen kann. Die Grenze zwischen dem benetzten und dem unbenetzten Teil der Bodensäule ist in der Regel scharf ausgeprägt. Das im oberen Säulenteil befindliche Wasser ist „hängendes Wasser“. Ähnliche Versuche kann man auch mit Monolithen in lufttrockenem Zustand oder unmittelbar auf dem Felde anstellen.

Das „hängende Wasser“ bildet sich nicht nur in Böden mit einheitlicher mechanischer Zusammensetzung, sondern auch in Schichten von verschiedener Korngröße sowie an der Grenze zwischen Untergrund und Luft, z. B. in den oberen Teilen von Rohren, die mit Boden gefüllt sind, unter natürlichen Verhältnissen in der Masse des Untergrundes über größeren Hohlräumen und horizontal verlaufenden Rissen.

Unter „hängendem Wasser“ verstehen wir somit verschiedene Wasserformen, die einander äußerlich ähnlich sind, jedoch ihrem Wesen nach unterschiedlich.

Wir werden später sehen, worin der Unterschied zwischen diesen Erscheinungen besteht; zunächst wollen wir nur den allgemein verbreiteten Fall betrachten, und zwar das Verhalten des „hängenden Wassers“ im homogenen Bodenmaterial.

Ismailski hat wohl als erster Versuche beschrieben, die das Auftreten von „hängendem Wasser“ nachwiesen.

Sein erster Versuch (1894) bestand in folgendem: Ein 18 cm hoher Zinkzylinder wurde mit Löß gefüllt (offenbar ohne die natürliche Struktur zu bewahren. — A. R.). Auf die Oberfläche des Löß wurden 30 cm³ Wasser gegeben, worauf der Zylinder so aufbewahrt wurde, daß Verdunstung ausgeschlossen war. Nach 10 Tagen bestimmte man die schichtweise Verteilung des Wassers wie folgt:

Schicht	in % vom Gewicht des trockenen Bodens
0 — 4,5 cm	12,4
4,5— 9,0 cm	11,7
9,0—13,5 cm	4,1
13,5—18,0 cm	2,6

Aus diesem Versuch schließt Ismailski, daß die Bewegung des Wassers in einem Boden, der nur 10% Wasser enthält, zu den benachbarten trockeneren Schichten im allgemeinen sehr langsam vor sich geht, daß also Wasser in den oberen Schichten, die von trockeneren unterlagert werden, längere Zeit festgehalten wird. Die Höchstmenge an Wasser, die im Löß in diesem Zustand verbleibt, übertrifft wesentlich die von Ismailski angeführte Größe, wie aus seinem zweiten Versuch (1894) hervorgeht. Aus Löß wurden zwei zusammengesetzte zylinderförmige Monolithe von 36 cm Höhe hergestellt, ohne ihre natürliche Struktur zu ändern. Einer davon wurde im Laufe von 7 Tagen von unten aus durch Eintauchen mit Wasser kapillar gesättigt. Hierbei nahm er 96 g Wasser auf. Nach Ablauf dieser Frist goß man auf die Oberfläche des zweiten Monoliths 99 g Wasser zu. Beide Monolithe wurden unter einer Glasglocke aufbewahrt, um die Verdunstung zu verhindern. Nach 12 Tagen bestimmte man in beiden den Wassergehalt, und zwar in Schichten von je 4,5 cm. Die Ergebnisse sind in Tab. 68 enthalten.

Die volle Wasserkapazität dieses Lößes beträgt 28,7% vom Gewicht des naturfeuchten Bodens, das sind 39,1% vom Gewicht des trockenen Bodens.

Durch Ismailski, der mehrere Jahre die Wasserführung von Tschernosjom unter Steppenvegetation und unter Kulturpflanzen untersuchte, wurde ebenfalls erstmalig festgestellt, daß diese Erscheinung häufig unter natürlichen Verhältnissen auftritt.

Die Untersuchungen ISMAILSKIS setzte WYSOZKI fort, der durch seine klassischen Arbeiten über den Wasserhaushalt der Schwarzerde in Weliko-Anadol bekannt geworden ist. Er erkannte und formulierte als erster das Charakteristische des Wasserhaushaltes der Schwarzerde. Nach WYSOZKI wird der Tschernosjom im Laufe des Jahres stets nur in seinen oberen Schichten durchfeuchtet, deren Mächtigkeit sich von Jahr zu Jahr je nach der Witterung verändert. Die von WYSOZKI beobachtete Benetzungstiefe beträgt maximal 4 m.

TABELLE 68

Wassergehalt der Löß-Monolithe

Lfd. Nr.	Wassergehalt in Gew.-%	
	Bei Sättigung mit Wasser von unten, Reihenfolge der Schichten von unten gezählt	Bei Sättigung mit Wasser von oben, Reihenfolge von oben gezählt
1	21,0	22,9
2	19,0	22,1
3	18,7	21,8
4	16,0	17,5
5	7,1	6,5
6	3,1	3,2
7	2,6	2,5
8	1,7	2,1

Anmerkung: Im Original ist der Wassergehalt in Gewichtsprozenten des feuchten Bodens angegeben; die Umrechnung auf trockenen Boden wurde von uns vorgenommen. — A. R.

Unter der Schicht, die jährlich durchfeuchtet wird, liegt eine Zone, deren Wassergehalt praktisch konstant, jedoch ziemlich niedrig ist. Diese Schicht bezeichnet WYSOZKI als „toten“ Horizont oder als „Horizont der Austrocknung“ (1898, S. 23); später nannte er ihn „dispulsiven“ Horizont (1928). Die Mächtigkeit dieses „toten“ Horizontes kann mehrere Meter betragen. In der Tiefe geht er allmählich in den „Kapillarsaum“ des Grundwassers über.

Diese charakteristische Wasserverteilung konnte anschließend sowohl für Tschernosjom, für kastanienfarbige Böden, für Grauerden und andere Böden der Steppen- und Trockenzone als auch für die Böden der Waldsteppe bestätigt werden.

Die erste ausführliche Arbeit über die Natur des hängenden Wassers stammt von KOSSOWITSCH (1904). Nach ihm hängt der Wassergehalt des Bodens von einer gewissen Höhe an — je größer die Bodenkörner, desto niedriger — nicht von der Mächtigkeit der Schicht ab: „Beginnend mit dieser Höhe entspricht der Wassergehalt des Bodens seiner Minimalen Wasserkapazität“. Nach KOSSOWITSCH ist die Minimale Wasserkapazität in der Schicht vorhanden, die den Kapillarsaum des Grundwassers nicht mehr berührt.

Das Wesen der Minimalen Wasserkapazität erklärt KOSSOWITSCH vom rein kapillaren Standpunkt aus. Als Modell benutzte KOSSOWITSCH die in der Abb. 43 dargestellte JAMINsche Paternoster-Kapillare. Führt man von oben Wasser zu, so wird der Hohlraum nach Abfluß des überschüssigen Wassers im unteren Teil vollkommen mit Wasser ausgefüllt, was der Sättigung bis zur vollen Wasserkapazität entspräche. Im oberen Teil des Hohlraumes wird das Wasser nur „in Form von losgelösten Tropfen in den verengten Teilen der Kugelröhre zurückbleiben". In diesen Rohrabschnitten wird die Wassermenge etwa gleich sein; gerade dieser Zustand wird von KOSSOWITSCH als charakteristisch für die Minimale Wasserkapazität angesehen.

Nach den Beobachtungen ISMAILSKIS in Dowbischtschew beträgt die Minimale Wasserkapazität in einer Tiefe von 8—9 Arschin[1] 11,8 bis 11,9% vom Trockengewicht des Bodens. Nach KOSSOWITSCH liegt sie im „toten Horizont" von Weliko-Anadol unter Wald bei 14 bis 16% vom Gewicht des trockenen Bodens. Unter Brachland, in dem WYSOZKI einen Wassergehalt von 18,5% feststellte, ist nach KOSSOWITSCH ein „toter" Horizont überhaupt nicht vorhanden, sondern es tritt sehr langsames Versickern ein, sobald die Minimale Wasserkapazität erreicht ist.

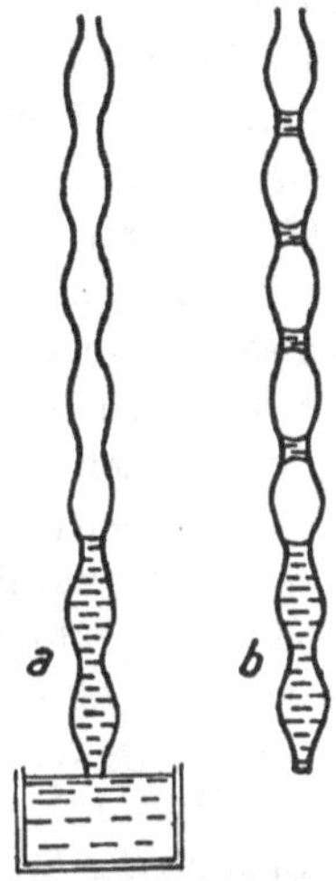

Abb. 43. Anordnung des Wassers in der Jaminschen Paternosterkapillare nach KOSSOWITSCH
a) beim Aufsteigen des Wassers von unten, b) beim Einfüllen von oben

Die Vorstellung KOSSOWITSCHS über die Minimale Wasserkapazität in Form einzelner voneinander abgesonderter kleiner Wasseransammlungen trifft nur für mehr oder weniger grobkörnige Böden, wie z. B. Sand, zu. In diesem Falle haben wir es in den oberen Teilen hoher Säulen tatsächlich mit Fugenwasser zu tun, das seinem Wesen nach den Vorstellungen von KOSSOWITSCH entspricht. Im Untergrund von lehmigen und tonigen Böden verlaufen jedoch die Erscheinungen anders. Insbesondere im Löß und lößartigen Untergrund des Südens und Südostens Rußlands beträgt die Höchstmenge an Wasser, das vom Boden ohne merklichen Abfluß zurückgehalten werden kann, nach zahlreichen Untersuchungen etwa 22 bis 23% des Trockengewichts des Bodens. Dieses Wasser befindet sich im Boden zweifellos als geschlossener Wasserkörper und nicht in Form von abgesonderten Ansammlungen; die Beweise dafür sollen anschließend erbracht werden. Der Feuchtigkeitsgehalt von 11 und 15%, den KOSSOWITSCH den Arbeiten ISMAILSKIS und WYSOZKIS entnimmt, entspricht vielleicht tatsächlich der Aufteilung eines Wasserkörpers im Boden in einzelne Ansammlungen; er stellt jedoch durchaus nicht die Minimale Wasserkapazität im Sinne von KOSSOWITSCH dar.

[1] 1 Arschin = 0,71 m.

Im Jahre 1912 wurde diese Erscheinung von amerikanischen Forschern untersucht, die vorschlugen, sie mit „field moisture capacity“ zu bezeichnen.

Leider hat dieser Ausdruck in der sowjetischen Literatur eine sehr verbreitete Anwendung gefunden. Man kann die Initiative von Dolgow (1948 a) nur begrüßen, der vorschlug, die Bezeichnung von Kossowitsch wieder einzuführen. Wir schließen uns diesem Vorschlag an und werden in Zukunft diejenige Höchstmenge an „hängendem“ Wasser, die von einer einheitlichen Boden-Untergrundmasse zurückgehalten werden kann, als Minimale Wasserkapazität, abgekürzt GW, bezeichnen, wobei wir den amerikanischen Ausdruck als Synonym gelten lassen.

Um die terminologische Seite dieser Frage abzuschließen, weisen wir noch darauf hin, daß Katschinski (1934, S. 11 u. 47) die geringste Wasserkapazität als Synonym der „Maximalen molekularen Wasserkapazität“ Lebedews ansah. Damit können wir uns ganz allgemein nicht einverstanden erklären, obgleich nicht bestritten werden soll, daß in einigen Fällen die Werte GW und MMW identisch sein können.

In der gleichen Arbeit (1934) schlägt Katschinski vor, die Höchstmenge an Wasser, die der Boden in hängendem Zustand zurückhalten kann, als seine „kapillaraufgehängte Wasserkapazität“ zu bezeichnen. Wie wir noch sehen werden, trifft das Wort „kapillar“ wohl nicht ganz oder zumindest nicht immer das Wesen der Erscheinung; außerdem ist der Terminus zu schwerfällig.

1947 prägte Katschinski einen neuen Ausdruck „Allgemeine Wasserkapazität“, mit der die Fähigkeit des Bodens, Wasser zurückzuhalten, bezeichnet werden soll, „bei Zuführung des Wassers von oben, wenn der Grundwasserspiegel tief liegt und bei Zugabe des Wassers von unten, falls der Grundwasserspiegel hoch steht“ (1947, S. 339). Mit diesem Terminus vereinigt Katschinski jetzt zwei völlig verschiedene Erscheinungen, die er früher (1934, S. 10) richtig unterschieden hatte. Uns scheint diese Zusammenfassung unzweckmäßig und unnötig, weil der Begriff „allgemeine Wasserkapazität“ sinngemäß dem Begriffe „volle Wasserkapazität“ so nahekommt, daß beide Begriffe leicht verwechselt werden können.

Aus den gleichen Überlegungen halten wir auch den Vorschlag Dolgows (1948a, S. 193) für unannehmbar, weil die „Feld-Wasserkapazität“ sinngemäß der von Katschinski vorgeschlagenen „allgemeinen Wasserkapazität“ entspricht. Dolgow schreibt: „Die Feld-Wasserkapazität der verschiedenen Horizonte des Bodenprofils, unter der man die Fähigkeit des Bodens versteht, unter natürlichen Bedingungen nach reichlicher Benetzung eine gewisse Wassermenge in unbeweglichem oder praktisch unbeweglichem Zustand je nach der Lage des Grundwassers zurückzuhalten, kann entweder durch die kapillare Wasserkapazität dieses Horizontes (bei hohem Stand des Grundwassers) oder durch die Minimale Wasserkapazität (bei tiefem, nicht stützendem Stand des Grundwassers) bestimmt werden“.

Nach unserer Auffassung ist die Vermengung verschiedener Erscheinungen und die Zusammenfassung verschiedener Begriffe zu einem Ausdruck durch nichts gerechtfertigt; sie kann nur Verwirrung anrichten, umsomehr, als der Umfang des amerikanischen Ausdrucks bedeutend enger umrissen ist und nahezu der „Minimalen Wasserkapazität“ entspricht. Um die Vorgänge im Boden richtig zu verstehen, müssen wir uns in jedem Fall darüber klar werden, mit welchem Wasser — kapillar-getragenem oder kapillar-hängendem — wir es zu tun haben.

Hierbei darf man nicht vergessen, daß die verschiedenen Arten der Wasserkapazität in dem gleichen Bodenprofil zeitlich einander ablösen können. Wenn es sich z. B. um ein Bodenprofil handelt, in dem in einigen Metern Tiefe ein wasserundurchlässiger Horizont vorhanden ist, so kann in dem darüberliegenden Horizont periodisch ein Grundwasserhorizont erscheinen; die Fähigkeit des Bodens, Wasser zurückzuhalten, wird dann seine kapillare Wasserkapazität darstellen. Aus diesem Horizont kann sein Feuchtigkeitsgehalt soweit zurückgehen, daß man von Minimaler Wasserkapazität sprechen kann.

Für den Begriff „allgemeine Wasserkapazität“ bzw. „Feld-Wasserkapazität“ im Sinne Dolgows schlagen wir den Ausdruck „wasserhaltende Fähigkeit des Bodens“ vor, die uns treffender erscheint.

Betrachten wir nun das „hängende“ Wasser und seine quantitativen Eigenschaften.

Vor allem müssen wir darauf hinweisen, daß Bildung und Zurückhalten des „getragenen“ Wassers von der mechanischen Zusammensetzung des Bodens abhängen.

Hier stoßen wir erstmalig auf die Tatsache, daß Bodentypen verschiedener Textur auch wesentliche qualitative Unterschiede in ihren Eigenschaften aufweisen. Bisher wurde diese Tatsache von einigen Forschern nicht genügend beachtet, von anderen überhaupt ignoriert. Erstmalig schenkte ihr Welikanow Beachtung und leitete hieraus einige Gesetzmäßigkeiten ab.

2. Das „hängende“ Wasser in sandigen Böden

Um die Bildung und die Eigenschaften des „hängenden“ Wassers kennenzulernen, betrachten wir zunächst die grobkörnigen Böden, in denen diese Erscheinungen allerdings noch ungenügend erforscht sind.

Nach Wassiljews (1949) können Sandböden mit Korngrößen über 1 mm, falls sie sorgfältig ausgewählt sind, unter keinen Umständen hängendes Wasser enthalten, das die Bodenporen voll ausfüllt. Das gesamte Wasser, das von oben auf die Oberfläche eines solchen Bodens gegossen wird, versickert sofort fast vollständig, bis auf eine Restfeuchtigkeit von 3 bis 4% (Tab. 69).

Beide Forscher erhielten nahe beieinanderliegende Wassergehalte. Bei fast gleichem Volumengewicht ist keine deutliche Abhängigkeit der Restfeuchtigkeit von der Korngröße festzustellen.

Gestützt auf die Angaben über die Wasserfüllung der Bodenporen sowie auf die Beobachtungen der Durchfeuchtung der Bodensäule können wir den Schluß ziehen, daß die Poren unausgefüllt bleiben.

Auf welche Art und Weise wird das Wasser in groben Sanden zurückgehalten? Soweit uns bekannt ist, gibt es in der Literatur keine Unterlagen, die eine befriedigende Beantwortung dieser Frage erlauben. Zweifellos kann ein gewisser Teil des

Wassers einen Film auf der Oberfläche der Bodenpartikel bilden. Der andere Teil des Wassers, wahrscheinlich sogar der größere, sammelt sich an den Berührungspunkten der Teilchen in Form der bereits beschriebenen „Mäntel“. Diese Erscheinungsform des Bodenwassers wird von VERSLUYS (1917) als Fugen- oder penduläres Wasser bezeichnet. Gerade in dieser Form stellte sich KOSSOWITSCH, wie bereits erwähnt, den Zustand des Wassers bei einem Wassergehalt vor, der im allgemeinen der Minimalen Wasserkapazität entspricht.

TABELLE 69

Restlicher Wassergehalt in Säulen verschiedener Korngröße nach Abfluß des überschüssigen Wassers nach PROSKURNIKOW (1948) und WASSILJEW (1949)

Korngröße in mm	Volumengewicht in g/cm³	Restlicher Wassergehalt	
		% des Trockengewichts	% der vollen Wasserkapazität
	Nach PROSKURNIKOW		
5—2	1,68	2,9	11,5
2—1	1,66	2,8	12,4
1—0,5	1,66	2,8	12,7
0,5—0,25	1,68	3,0	13,5
	Nach WASSILJEW		
5—3	1,62	3,41	14,4
3—2	1,64	3,65	16,0
2—1	1,65	3,39	15,1
1,0—0,5	1,68	2,67	12,3
0,5—0,25	1,67	2,50	11,8
0,25—0,10	1,59	3,67	15,2

Wie uns aus Kapitel II bereits bekannt ist, wird auch das Fugenwasser durch Kapillarkräfte zurückgehalten.

Nach WASSILJEW kann somit das „hängende“ Wasser bei Korngrößen über 1 mm nur als Fugenwasser vorliegen. Folglich wird diejenige Höchstmenge an Fugenwasser der Minimalen Wasserkapazität entsprechen, die sich in einem solchen Boden halten kann. Diese Wassermenge werden wir abgekürzt mit GW_F bezeichnen.

Die Entstehung von Fugenwasser in grobkörnigen Böden wurde s. Z. von LEBEDEW (1936, S. 249 bis 256) bestritten. Sein Einwand ist folgender: Ausgehend von dem Modell, das von VERSLUYS (1917) vorgeschlagen wurde und das zwei mit ihren konvexen Flächen aneinander gelegte Uhrgläser darstellt, ist LEBEDEW damit einverstanden, daß an den Berührungspunkten eine gewisse Wassermenge „in pendulärem, d. h. in getragenem Zustand“ zurückgehalten werden kann. Nehmen wir jedoch 500 Paar solcher Gläser an, so wird nach LEBEDEW penduläres Wasser nur solange gehalten werden können, als sich diese

500 Paar übereinandergeschichteter Uhrgläser nicht berühren. Bringen wir sie jedoch miteinander in Berührung, so bildet sich nach LEBEDEW „zwischen den Gläsern eine vertikale Wassersäule von der Höhe dieser 500 Gläser, und das Wasser beginnt abzufließen, wobei die oberen Gläser ihr Wasser verlieren“.

Uns scheint dieser Gedankenversuch LEBEDEWs zwei Fehler zu enthalten. Wenn wir die einzelnen Uhrgläser miteinander in Berührung bringen, so bedeutet das erstens noch nicht, daß auch die pendulären Wasseransammlungen miteinander in Verbindung treten, die an den Kontaktstellen jedes Gläserpaares zurückgehalten werden. Der Radius dieser Ansammlungen, also der „Wassermanschetten“, kann kleiner sein als der Radius der Gläser, so daß sich bei ihrer Berührung nicht auch die Manschetten berühren müssen. Tritt dieser Fall nicht ein, so kann auch das Wasser nicht abfließen, und das gesamte Wasser, das von den Gläserpaaren bis zu ihrer Berührung untereinander zurückgehalten wird, wird auch weiterhin an seiner Stelle verbleiben.

Der zweite Fehler LEBEDEWs besteht in folgendem: Nehmen wir an, der Radius der Wassermanschetten wäre so groß, daß bei einer Berührung der Gläserpaare untereinander auch die Manschetten in Verbindung treten. Fraglos wird dann ein Abfließen des Wassers eintreten. Es besteht jedoch keinerlei Begründung für die Annahme, daß das gesamte Wasser abfließt. Je nach dem Ausmaß ihres Abfließens werden, von oben beginnend, nach wie vor Wasseransammlungen in Form von Mänteln an den Kontaktstellen der Uhrgläser zurückbleiben, jedoch in geringerem Maße. Selbst LEBEDEW ließ diese Möglichkeit für einen relativ grobkörnigen Untergrund offen. Auf Seite 256 schreibt er: „Ich nehme an, daß in wirklich feinkörnigen Böden, ausgenommen ausgewaschener Kies und Schotter, kein pendulärer Zustand des Wassers vorkommt“. Diese Aussage widerspricht dem ganzen Aufbau seiner Überlegungen und läßt die Frage nach der untersten Grenze für die Korngröße, bei der noch Fugenwasser auftreten kann, auftauchen.

TABELLE 70

Versuche ATTERBERGs zur Bestimmung der wasserhaltenden Kraft von sandigen und schluffigen Böden

I. Korngröße 5—2 mm

Wassergabe 2,5 mm	Wassergabe 5,0 mm
Tiefe der Versickerung in mm: sofort nach der Wassergabe 5—30	Rasches Versickern
nach 10 Minuten 5—45	
nach 60 Minuten 13—53	
nach 24 Stunden 50—53	
Endfeuchtigkeit 4,8 Vol.-%	

Fortsetzung TABELLE 70

II. Korngröße 2—1 mm

Wassergabe 2,5 mm	Wassergabe 5,0 mm	Wassergabe 10 mm
Tiefe der Versickerung in mm:		
sofort 2—10 nach 30 Min. 3—20 nach 60 Min. 6—24 nach 24 Std. 24—27 Endfeuchtigkeit 9,6 Vol.-%	sofort 0—40 nach 30 Min. 20—40 nach 4 Std. 23—43 nach 24 Std. 48—50 nach 72 Std. 40—51 Endfeuchtigkeit 9,9 Vol.-%	sofort 10— 80 nach 5 Min. 12—102 nach $4^1/_2$ Std. 275—278 Endfeuchtigkeit 3,3 Vol.-%

III. Korngröße 1—0,5 mm

Wassergabe 5 mm	Wassergabe 10 mm	Wassergabe 20 mm	Wassergabe 50 mm
Tiefe der Versickerung in mm:			
sofort 8—15 nach 4 Std. 35—46 nach 3 Tg. 57—58 Endfeuchtigkeit 8,7 Vol.-%	sofort 17—29 nach 15 Min. 35—37 nach 4 Std. 87—95 nach 1 Tag 144 nach 3 Tg. 160 Endfeuchtigkeit 6,2 Vol.-%	nach 2 Std 170 nach 1 Tag 450 Endfeuchtigkeit 4,4 Vol.-%	nach 75 Sek. 400

IV. Korngröße 0,5—0,2 mm

Wassergabe 5 mm	Wassergabe 10 mm	Wassergabe 20 mm	Wassergabe 30 mm	Wassergabe 40 mm
Tiefe der Versickerung in mm:				
sofort 11 nach 5 Std. 26 nach 3 Tagen 40 Endfeuchtigkeit 12,5 Vol.-%	sofort 22—31 nach 40 Min. 29—35 nach 16 Std. 41 nach 2 Tg. 43 nach 3 Tg. 46 nach 6 Tg 47 Endfeuchtigkeit 21,3 Vol.-%	sofort 54 nach 40 Min. 60 nach 16 Std. 67 nach 2 Tg. 75 nach 4 Tg. 77 nach 7 Tg. 80 Endfeuchtigkeit 24,4 Vol.-%	sofort 80 nach 1 Tag 127 nach 2 Tg. 135 nach 3 Tg. 145 nach 6 Tg. 169 Endfeuchtigkeit 18,4 Vol.-%	sofort 104 nach 1 Tag >500

Fortsetzung TABELLE 70

V. Korngröße 0,2—0,1 mm

Wassergabe 10 mm	Wassergabe mm	Tiefe der Versickerung ohne weiteres Eindringen mm	Endfeuchtigkeit in Vol.-%	Wassergabe 90 mm	Wassergabe 100 mm	Wassergabe 110 mm	Wassergabe 120 mm
Tiefe der Versickerung in mm	20	51	40	Tiefe der Versickerung in mm	Tiefe der Versickerung in mm	Tiefe der Versickerung in mm	Tiefe der Versickerung in mm
sofort 24	30	77	40	sofort 223	sofort 260	sofort 227	sofort 332
nach 1 Std 24	40	102	40	nach 1 Std. 228	nach 1 Std. 276	nach 1 Std. 326	nach $4^1/_2$ Std. 403
nach 1 Tag 24	50	124	40	nach $4^1/_2$ Std. 230	nach $4^1/_2$ Std. 277	nach $4^1/_2$ Std. 450	nach 1 Tag 403
	60	149	40	nach 1 Tag 234	nach 1 Tag 283		nach 2 Tg. 436
	70	175	40	nach 2 Tg. 240	nach 2 Tg. 290		nach 3 Tg. 455
				nach 5 Tg. 250	nach 5 Tg. 308		
Endfeuchtigkeit 40,0 Vol.-%				Endfeuchtigkeit 36,0 Vol.-%	Endfeuchtigkeit 33,4 Vol.-%	Endfeuchtigkeit 24,4 Vol.-%	Endfeuchtigkeit 26,6 Vol.-%

VI. Korngröße 0,10—0,05 mm

Wassergabe 10 mm		Wassergabe 20 mm		Wassergabe 50 mm	
Tiefe der Versickerung in mm	Feuchtigkeit	Tiefe der Versickerung in mm	Feuchtigkeit	Tiefe der Versickerung in mm	Feuchtigkeit
sofort 27	40 Vol.-%	sofort 56	36 Vol.-%	sofort 132	38 Vol.-%
nach $1^1/_2$ Std. 34		nach 4 Std. 66		nach 1 Tag 174	
nach 5 Std. 37		nach 3 Tg. 83	25 Vol.-%	nach 2 Tg. 180	
nach 24 Std. 39	26 Vol.-%			nach 3 Tg. 185	27 Vol.-%
		Am Ende des Versuches die oberen 53 mm stark, die übrigen 30 mm schwach durchfeuchtet			

Fortsetzung TABELLE 70

VII. Korngröße 0,05—0,02 mm

Wassergabe 10 mm			Wassergabe 30 mm			Wassergabe 50 mm		
Tiefe der Versickerung in mm		Feuchtigkeit	Tiefe der Versickerung in mm		Feuchtigkeit	Tiefe der Versickerung in mm		Feuchtigkeit
sofort	28	36 Vol.-%	sofort	79	38 Vol.-%	sofort	123	40 Vol.-%
nach 2 Std.	38		nach 3 Std.	98		nach 1 Tag	192	
nach $5^1/_2$ Std.	40		nach 3 Tg.	120	25 Vol.-%	nach 2 Tg.	205	
nach 1 Tag	42	24 Vol.-%	Nach Abschluß die oberen 80 mm stark, die übrigen 40 mm schwach durchfeuchtet			nach 3 Tg.	217	
						nach 4 Tg.	224	22 Vol.-%

VIII. Korngröße 0,02—0,01 mm

Wassergabe 50 mm		
Tiefe der Versickerung in mm		Feuchtigkeit
sofort	120	42 Vol.-%
nach 1 Tag	172	
nach 2 Tg.	180	
nach 3 Tg.	182	
nach 4 Tg.	185	27 Vol.-%

Da Unterlagen fehlen, kann auf diese Frage z. Z. keine Antwort gegeben werden. Wir bemerken dazu vorläufig, daß diese unterste Grenze in jedem Falle wesentlich unter der Korngröße des Schotters liegt.

Gehen wir jetzt zu den Böden von feinerer Textur über und betrachten wir in erster Linie die Versuche ATTERBERGS (1908). Auf aus Sand oder Schluff bestehenden Bodensäulen wurde von oben Wasser aufgegeben. In verschiedenen Zeitabständen wurde dann die Tiefe der Benetzung gemessen und der Endgehalt an Wasser, ausgedrückt in Volumen, ermittelt. Die Ergebnisse ATTERBERGS sind in Tab. 70 angeführt.

ATTERBERGS Versuche wurden von IWANOW (1930) nachgeprüft. In Tab. 71 führen wir die Ergebnisse seiner Laboratoriumsversuche zur Erzeugung von kapillar aufgehängtem Wasser an. Der Versuch wurde in 100 cm hohen Säulen mit Sand Nr. 1 und in 150 cm hohen mit Sand Nr. 2 durchgeführt. In bestimmten Zeitabständen wurde die Tiefe der durchfeuchteten Schicht und ihr Wassergehalt gemessen.

TABELLE 71

Die Versuchsergebnisse IWANOWS (1930) mit Sand

	Wassergaben in mm										Durchfeuchtung der gesamten Säule
	25			50		75		100			
	sofort	Nach 48 Std.	Nach 96 Std.	Sofort	Nach 48 Std.	Sofort	Nach 24 Std.	Sofort	Nach 34 Std.	Nach 120 Std.	
	Sand Nr. 1, 0,5 mm Sieb und Rückstand im Sieb Nr. 6										
Tiefe der Versickerung	6	—	—	12	—	18	—	24	—	—	100 cm
Mittlerer Wassergehalt	22,8	22,7	22,9	23,0	2,7	21,8	2,7	23,1	2,7	2,7	2,7
	Sand Nr. 2, Sieb Nr. 100 und Rückstand im Sieb Nr. 140										
Tiefe der Versickerung	6	—	—	11,5	—	16,5	—	25	—	—	150 cm
Mittlerer Wassergehalt	26,1	25,4	—	24,1	24,4	24,6	24,8	24,8	—	4,5	4,3

Höhe des kapillaren Aufstieges nach 23 Tagen: Sand Nr. 1 6,8 cm, Sand Nr. 2 15,5 cm.
Kapillare Wasserkapazität: Sand Nr. 1 21,7%, Sand Nr. 2 24,7%.

Aus Tab. 71 ist zu ersehen, daß auch in diesem Falle, genauso wie in den Versuchen ATTERBERGS, im oberen Horizont des Sandes bei kleinen Wassergaben erhebliche Mengen Wasser „hängen“ bleiben, so daß der Wassergehalt der durchnäßten Schicht den erheblichen Wert von 22 bis 25% hat, der etwa der vollen Wasserkapazität des Sandes entspricht. Dieses Wasser wird jedoch nur dann mehr oder weniger fest zurückgehalten, wenn die Mächtigkeit der durchfeuchteten Schicht und folglich auch die Höhe der Wassergaben einen bestimmten Betrag nicht übersteigen. Der Grenzbetrag für den Sand Nr. 1 betrug 25 mm Wasser, der eine Durchfeuchtung des Sandes von 6 cm Tiefe hervorrief. Für den Sand Nr. 2 betrug dieser Betrag 75 mm Wasser, wodurch eine Säule von 16,5 cm Länge durchfeuchtet wurde. Eine Benetzung über die soeben erwähnten Grenzwerte hinaus rief in beiden Fällen sofortiges Abfließen fast des gesamten Wassers hervor, wobei ein Wassergehalt von etwa 2,7% im ersten Falle und von etwa 4,5% im zweiten zurückblieb.

Die Versuchsergebnisse Iwanows werden von Wassiljew (1949) bestätigt; sie sind in der Tab. 72 angeführt und auf der Abb. 44 graphisch dargestellt.

TABELLE 72

Die Versuchsergebnisse Wassiljews zur Bestimmung des Wasserhaltevermögens von Sand

Wassergabe in mm	Sofort nach der Versickerung: Tiefe der durchnäßten Schicht in cm	Sofort nach der Versickerung: Durchschn. Wassergehalt der durchnäßten Schicht in %	Nach 24 Std.: Tiefe der durchnäßten Schicht in cm	Nach 24 Std.: Durchschn. Wassergehalt der durchnäßten Schicht in %	Nach 120 Std.: Tiefe der durchnäßten Schicht in cm	Nach 120 Std.: Durchschn. Wassergehalt der durchnäßten Schicht in %	Mittl. Volumengewicht	Mittl. Poren-Vol. in Vol.-%	Wasserkapazität in %
	Fraktion 1 — 0,5 mm								
20	5,6	20,5	6,0	20,1	6,2	20,0	1,68	36,3	21,7
30	9,0	19,7	9,8	18,5	9,8	17,7			
35	Durchgehende Versickerung bis zum Boden der Säule								
	Fraktion 0,5 — 0,25 mm								
20	5,6	21,4	5,8	20,9	6,1	19,7	1,67	35,8	21,2
40	10,9	21,7	11,4	20,9	11,6	20,0			
60	15,9	21,7	17,2	21,0	17,5	19,9			
65	Durchgehende Versickerung bis zum Boden der Säule								
	Fraktion 0,25 — 0,10 mm								
20	5,4	23,4	5,9	21,5	6,2	21,0	1,59	38,8	24,0
40	10,8	23,7	11,0	22,5	11,4	21,3			
70	17,7	24,2	18,6	23,9	19,8	21,5			
72	Durchgehende Versickerung bis zum Boden der Säule								

Aus diesen Versuchen Atterbergs geht also hervor, daß bei den letzten drei Fraktionen VI, VII, VIII, beginnend mit der Korngröße 0,1 mm, das Porenvolumen durch die Aufgabe von Wasser zunächst voll oder doch nahezu voll ausgefüllt war. Der Gehalt an zurückgehaltenem Wasser lag bei den genannten Fraktionen zwischen 36 und 42%. Obgleich anschließend die kapillaren Kräfte begannen, das Wasser tiefer zu führen, verblieb der Hauptanteil des Wassers in den oberen Schichten.

Auch aus Abb. 44 geht hervor, daß in den Versuchen von Wassiljew der Gehalt an „hängendem“ Wasser anfänglich der vollen Wasserkapazität entspricht. Erst wenn die Mächtigkeit der durchfeuchteten Schicht überschritten wird, fließt der größte Teil des Wassers ab, so daß nur eine unbedeutende Menge zurückbleibt.

Als Gesamtresultat stellen wir auf Grund der Versuche ATTERBERGS, IWANOWS und WASSILJEWS folgendes fest:

In den oberen Schichten einer Bodenmasse, die aus Sand oder Schluff besteht, kann sich „hängendes“ Kapillarwasser halten. Unbedingte Voraussetzung dafür ist, daß das sandige oder schluffige Material trocken ist.

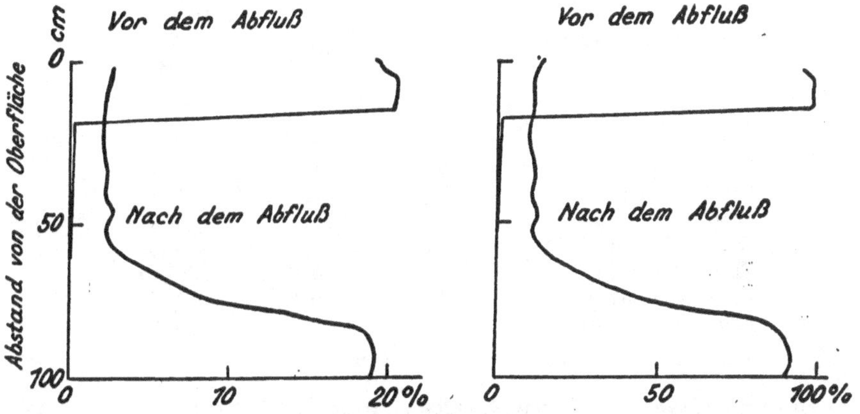

Abb. 44. Verteilung des „hängenden“ Kapillarwassers in der oberen Schicht der Sandfraktion 0,25 bis 0,10 mm nach WASSILJEW

Links in Gew.-% vom Bodengewicht, rechts in % der vollen Wasserkapazität

Die oberste Grenze der Korngröße, bei der die Bildung von hängendem Wasser noch möglich ist, liegt nach ATTERBERG bei 2 mm, nach WASSILJEW jedoch bei 1 mm.

Zunächst füllt also das hängende Wasser das Porenvolumen voll aus, der Wassergehalt entspricht der vollen Wasserkapazität. Das ist besonders klar aus den Versuchen von IWANOW und WASSILJEW (vgl. Tab. 71, 72 u. Abb. 44) zu ersehen, weniger deutlich aus den Versuchen ATTERBERGS, in denen der Zustand der vollen Wassersättigung sehr kurze Zeit bestand und sich allein bei der Korngröße kleiner als 0,2 mm für längere Zeit einstellte.

Wie ferner aus den Versuchen von ATTERBERG, IWANOW und WASSILJEW hervorgeht, nimmt die Mächtigkeit der wassertragenden Schicht mit steigenden Wassergaben zu. Diese Proportionalität ist durchaus erklärlich, weil die Poren des Sandes mit Wasser vollkommen ausgefüllt werden. Sobald jedoch die Menge des aufgegossenen Wassers und dadurch auch die Mächtigkeit der durchfeuchteten Schicht eine bestimmte Grenze erreicht, fließt das vom Boden kapillar zurückgehaltene Wasser sofort rasch ab. In den oberen Schichten der Bodensäule bleibt nur ein Fünftel bis ein Zehntel der vollen Wasserkapazität zurück.

Wie aus den Versuchen von IWANOW und WASSILJEW hervorgeht, ist die Mächtigkeit der durchfeuchteten Schicht um so größer, je feinkörniger das Bodenmaterial ist.

Der zweite wesentliche Zug besteht in der scharf ausgeprägten unteren Grenze der durchfeuchteten Masse. Diese scharfe Grenze kann entweder beobachtet oder durch Bestimmung der Verteilung der Feuchtigkeit nachgewiesen werden, wie Tab. 73 zeigt.

TABELLE 73

Die schichtweise Verteilung des Wassers in den Versuchen WASSILJEWS nach verschiedenen Zeitabständen. Fraktion 0,25—0,10 mm. Höhe der Wassergabe 70 mm.

Tiefe der Entnahme in cm	Wassergehalt in Vol.-%		
	Sofort	Nach 24 Stunden	Nach 120 Stunden
Etwa 0,0— 4,5	23,10	23,10	20,00
Etwa 4,6—10,0	25,2	24,8	22,45
Etwa 10,1—15,0	24,7	24,2	23,7
Etwa 15,1—20,0	22,8	22,4	18,9
Etwa 17,7—20,4	0,37	0,70	0,84
Etwa 20,5—26,8	0,37	0,43	0,45
Etwa 26,0—32,0	0,33	0,37	0,38
Etwa 32,0—37,0	—	—	0,30

Tiefe der Durchfeuchtung 17,7—19,8 cm

In den drei letzten Fraktionen ATTERBERGS erfolgt der Abfluß weniger schnell; er hat eher den Charakter des Aufsaugens, wobei ein großer Teil der Feuchtigkeit in der oberen Schicht verbleibt.

Der Wasserkörper, der sich in der oberen Schicht des sandigen oder schluffigen Materials bildet, wird oben und unten von den Oberflächen zahlreicher Menisken mit verschiedener Krümmung begrenzt. Die Oberfläche der Wassersäule wird durch Menisken größerer Krümmung abgeschlossen. Folglich ist hier der Oberflächendruck geringer als an der unteren Fläche mit Menisken von geringerer Krümmung. Die Resultante der Kräfte ist daher nach oben gerichtet. Sie hebt den Druck der Wassersäule auf und verhindert den Abfluß.

In Kapitel I wurde bereits ausgeführt, daß der Differenz der Oberflächendrucke eine gewisse Grenze gesetzt ist, die maximal wird, wenn sich die oberen Menisken an den engsten Stellen der Bodenporen befinden, während umgekehrt die unteren Menisken an den breitesten Punkten stehen. Sobald die durchfeuchtete Schicht so groß wird, daß das Gewicht des „hängenden“ Wassers die maximale Differenz der Oberflächendrucke übersteigt, beginnt der größte Teil dieses Wassers unmittelbar und rasch abzufließen.

Wie die Beobachtungen zeigen, geht dieser Abfluß von der gesamten durchnäßten Fläche weder gleichzeitig noch gleichmäßig vor sich, sondern erfolgt „zungenförmig“. An der Stelle, an der sich eine Zunge gebildet hat, nimmt das Gewicht des „hängenden“ Wassers mit der Vergrößerung der Zunge rasch zu, wodurch der Abfluß beschleunigt wird. Das von ZUNKER entworfene Bild, wonach der Abfluß allmählich erfolgt und aufhört, sobald sich der Druck des hängenden Wassers verringert, ist unrichtig.

Nach ZUNKER ist die mögliche Mächtigkeit einer Schicht von hängendem Wasser gleich der Hälfte der kapillaren Steigfähigkeit. WASSILJEW zeigte 1949, daß die

Mächtigkeit des hängenden Wassers ebenso groß wie die kapillare Steighöhe ist, wie aus folgenden Angaben hervorgeht:

Korngröße in mm	Mächtigkeit der Schicht an hängendem Wasser in cm	Maximale kapillare Steighöhe in cm	Verhältnis
1,0 —0,5	9,0	8,2	1,10
0,5 —0,25	15,9	14,4	1,10
0,25—0,10	17,7	31,3	0,56

Notwendige Voraussetzung für die Bildung einer Schicht von kapillar hängendem Wasser ist, daß der Sand vor der Benetzung trocken war.

Ist ein solcher Boden aber feucht, so fließt das aufgegebene Wasser sofort ab. Deshalb gelingt es nicht, den Gehalt über den Betrag an Fugenwasser zu erhöhen. Daraus muß der Schluß gezogen werden, daß der wesentliche Faktor, von dem die Bildung einer Schicht an kapillar hängendem Wasser abhängt, die Hysterese der Benetzung ist. Wie in Kapitel II bereits ausgeführt wurde, versteht man darunter folgendes: Kommt Wasser oder eine andere Flüssigkeit unmittelbar mit der Oberfläche eines Stoffes in Berührung, der sich gut benetzen läßt, so wird anfänglich eine schlechte Benetzung erzielt, weil der Benetzungswinkel viel größer ist, als der Substanz normalerweise eigen ist. Erst nachdem alle Oberflächen des festen Körpers befeuchtet worden sind, stellt sich normale Benetzung ein, und der Benetzungswinkel geht auf das ihm eigene Maß zurück.

Abb. 45
Die Hysterese der Benetzung. Ein Wassertropfen auf einer Glasfläche

Die Hysterese der Benetzung kann auch bei einsetzendem Regen beobachtet werden, wenn auf das trockene Fensterglas die ersten Tropfen fallen. Diese Tropfen erhalten eine Form, wie sie auf der Abb. 45 dargestellt ist. Der untere Teil des Tropfens hebt sich vom Glas unter einem sehr großen Winkel ab, der den Benetzungswinkel darstellt. Der Kosinus dieses Winkels, der als Maßstab für den Benetzungsgrad dient, ist nahezu Null, obwohl das Glas sehr gut vom Wasser benetzt wird und der Kosinus des Benetzungswinkels unter normalen Verhältnissen beinahe 1 ist. Erst nachdem die Glasscheibe durch den Regen gut angefeuchtet ist, bilden weitere Tropfen einen dünnen Wasserfilm entsprechend der normalen Benetzbarkeit.

Die Natur der Hysterese der Benetzung ist nicht ganz klar. Möglicherweise wird die schlechte Benetzbarkeit der Oberfläche eines festen Körpers dadurch hervorgerufen, daß sich dort eine Schicht von adsorbierter Luft befindet, die nur allmählich vom Wasser verdrängt wird.

Auch durch Verschmutzung kann sich ein Film auf einem schlecht benetzbaren Stoff bilden, der jedoch von langsam abfließendem Wasser abgewaschen wird.

Die Tatsache, daß das hängende Kapillarwasser nur sehr langsam abfließt, wird von uns als weiterer Beweis dafür gewertet, daß die Benetzungshysterese eine wesentliche Rolle für das Auftreten des hängenden Wassers spielt.

Alle Erscheinungen, die die Möglichkeit der Ansammlung von hängendem Kapillarwasser in sandigen Böden erläuterten, wurden an Fraktionen von 1 bis 0,5, 0,5 bis 0,25 und 0,25 bis 0,10 mm erforscht. Einigen wir uns darauf, dieses Material als mittlere Korngröße zu bezeichnen. Bekanntlich ist 1 mm die oberste Grenze für die Korngröße der Partikel, aus denen sich diese Gruppe von Böden und Untergrund zusammensetzt. Es fragt sich nunmehr, wo dann die unterste Grenze liegt?

Wir betrachten nun die Erscheinungen, die mit der Bildung von hängendem Wasser zusammenhängen, in feinkörnigem Bodenmaterial.

3. Das „hängende“ Wasser in lehmigen und tonigen Bodenprofilen

Genau wie im vorher beschriebenen Fall besteht die Erscheinung darin, daß in einem von der Oberfläche aus befeuchteten Bodenprofil Wasser dann längere Zeit praktisch unbeweglich ist, wenn unter der feuchten eine trockene Schicht liegt, das Wasser der durchfeuchteten Schicht also keine Verbindung mit dem Kapillarsaum des Grundwassers hat.

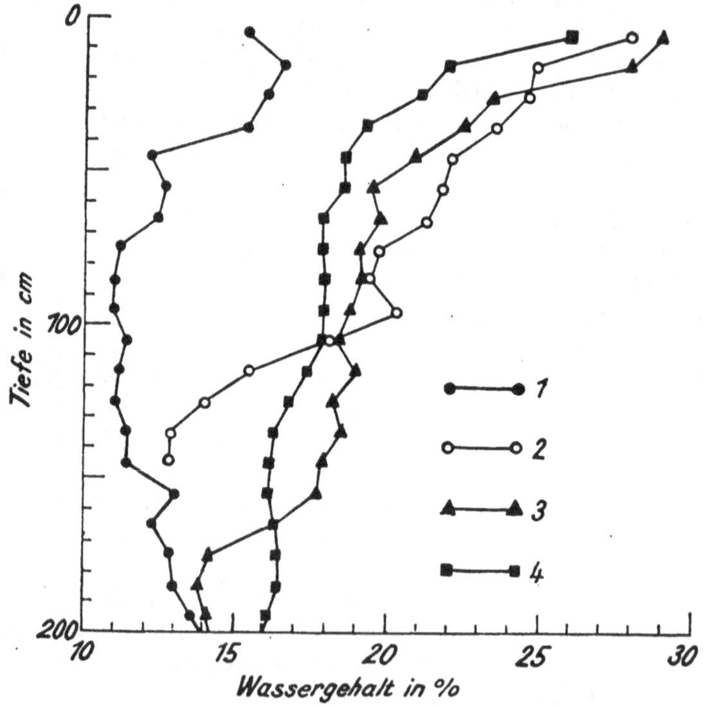

Abb. 46. Die Verteilung des hängenden Wassers im Boden nach Bewässerung (Ulassewitsch)
1 — vorher; *2* — ein Tag nach der Bewässerung; *3* — zehn Tage; *4* — sechzig Tage später

Um die Nachhaltigkeit zu zeigen, mit der „hängendes Wasser" festgehalten werden kann, führen wir hier ferner die Versuche ULASSEWITSCHS (1948) an, der die Minimale Wasserkapazität eines dunkelkastanienfarbenen Tonbodens (Jerschowsker Bezirk, Gebiet Saratow) untersuchte.

Die Oberfläche der Parzelle erhielt eine Wassergabe von 428 mm. Anschließend schützte man die überstaute Parzelle vor der Verdunstung und bestimmte schichtweise den Wassergehalt in verschiedenen Zeiten nach der Bewässerung. Die Versuchsergebnisse sind in Abb. 46 und Tab. 74 enthalten.

TABELLE 74

Wassergehalt eines dunkelkastanienfarbigen Tonbodens. Bewässerung am 4. Juli bis zum 1,5fachen der vollen Wasserkapazität (428 mm) nach ULASSEWITSCH (1948)

Tiefe der Entnahme in cm	Vol.-Gewicht	Ursprünglicher Wassergehalt	% Wassergehalt nach Tagen						
			1	2	3	5	10	15	60
0— 10		15,5	28,0	32,6	30,2	28,7	29,0	25,6	26,0
10— 20	1,23	16,7	24,8	28,7	30,1	26,0	28,0	23,0	22,0
20— 30		10,6	24,6	25,0	24,0	23,4	23,4	21,3	21,1
30— 40	1,34	15,5	23,5	22,6	23,5	22,2	22,5	20,6	19,3
40— 50		12,3	22,1	22,3	22,2	20,6	20,9	20,0	18,6
50— 60	1,50	12,8	21,8	21,9	21,0	19,5	19,5	19,9	18,6
60— 70		12,5	21,3	20,5	20,7	19,5	19,7	19,0	17,9
70— 80	1,56	11,3	19,7	20,3	20,2	18,4	19,1	18,6	17,9
80— 90		11,1	19,5	19,9	19,7	18,7	19,2	18,6	18,0
90—100	1,54	11,1	20,3	20,2	20,1	19,2	18,8	19,0	17,9
100—110		11,5	18,2	20,5	20,0	19,1	18,3	19,0	17,9
110—120		11,3	15,5	19,4	19,6	18,6	19,0	18,8	17,4
120—130	1,55	11,1	14,0	16,8	18,6	16,2	18,2	18,7	16,8
130—140		11,5	12,9	15,4	11,0	14,2	18,5	17,3	16,3
140—150		11,5	12,9	14,9	12,3	12,2	17,9	17,6	16,2
150—160		13,1	—	14,1	12,3	12,6	17,7	16,0	16,1
160—170		12,4	—	13,9	13,0	13,0	16,3	15,9	16,3
170—180		13,0	—	13,8	13,4	13,2	14,1	15,2	16,4
180—190		13,1	—	14,1	13,5	13,5	13,8	15,0	16,4
190—200		13,7	—	14,4	14,3	13,3	14,0	13,9	16,1
Mittl. Wert									
für 0—100 cm		13,6	22,7	23,2	23,3	21,6	22,0	20,6	19,7
für 100—150 cm		11,4	14,7	17,4	16,3	16,1	18,4	18,3	16,9
für 150—200 cm		13,1	—	14,1	13,3	13,1	15,2	15,2	16,2

Aus diesen Zahlen entnehmen wir, erstens daß der Wassergehalt des ursprünglich trockenen Bodens nach der Bewässerung stark anstieg, zweitens daß das Wasser im allgemeinen nachhaltig im Boden festgehalten wurde, so daß im Laufe der ersten 10 Tage keine wesentlichen Veränderungen im Wassergehalt der einzelnen Schichten eintraten, drittens daß diese Versickerung sehr langsam vor sich ging. Das wird sowohl durch die geringfügige, jedoch deutlich nachweisbare schichtweise Abnahme des Wassergehaltes vom zehnten bis zum sechzigsten Tage als auch durch die mittleren Feuchtigkeitswerte der Schichten von 0 bis 100, 100 bis 150 und 150 bis 200 cm bewiesen. Während in der Schicht von 0 bis 150 cm die Feuchtigkeit allmählich abnahm, erhöht sie sich um ein Weniges in der Schicht von 150 bis 200 cm.

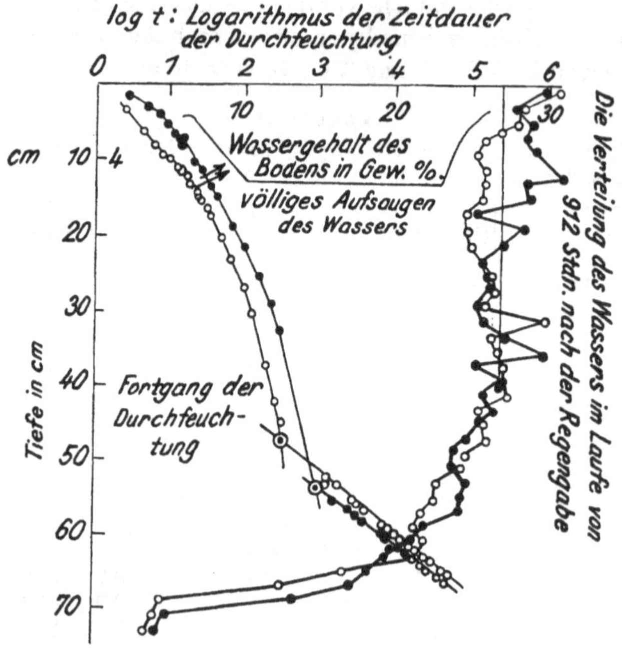

Abb. 47. Verlauf der Versickerung in einem schwach podsolierten kultivierten lehmigen Sandboden und Verteilung des Wassers nach Beendigung des Versuches (Dolgow)

Der Versickerungsvorgang wurde von Dolgow (1948a, S. 65) an Bodensäulen untersucht. Ein Versuch, den wir einer Arbeit von Dolgow entnehmen, ist auf Abb. 47 dargestellt. Hieraus geht hervor, daß sich im Laufe der Durchfeuchtung zwei Perioden deutlich abzeichnen, die auf der Abb. 47 durch einen von einem Kreis umgebenen großen Punkt kenntlich gemacht wurden. In der ersten Periode, die etwa 8 Stunden dauerte, ging die Durchfeuchtung sehr rasch vor sich, worauf sich die Geschwindigkeit der Versickerung verminderte. Von diesem Augenblick an nahm die Benetzungstiefe proportional dem Logarithmus der Zeit zu.

Aus diesen Unterlagen geht hervor, daß sich das hängende Kapillarwasser gewissermaßen in einem Gleichgewichtszustand befindet, in dem es nur eine ganz geringfügige Beweglichkeit hat. Deshalb kann man dieses Wasser nur als bedingt beweglich betrachten.

In diesem Zusammenhang ist hervorzuheben, daß es im allgemeinen eine absolut beständige Verteilung von Wasser im natürlichen Boden nicht geben kann. Bei unterschiedlichen Wassergehalten in den verschiedenen Schichten wird eine Bewegung des Wassers stets durch den THOMSON-Effekt hervorgerufen, weil in der feuchteren Bodenschicht die Menisken in der Regel eine geringere Krümmung aufweisen. Dadurch wird auch der Dampfdruck, mit dem der Raum über ihnen gesättigt ist, sogar bei der gleichen Temperatur höherliegen als in der Schicht mit geringerer Feuchtigkeit. Außerdem wird eine Wasserbewegung stets durch die vorhandenen Temperaturunterschiede und ihre Veränderungen nach Größe und Zeit ausgelöst werden.

Sammelt sich hängendes Wasser im Boden an der unteren Grenze der durchfeuchteten Masse an, so entsteht ein bedeutender Feuchtigkeitsgradient; die Grenze der durchfeuchteten Schicht ist demzufolge sehr scharf ausgeprägt. Auf Abb. 48 sind drei Beispiele für die Verteilung von hängendem Wasser in einem Lehmprofil angeführt: unbewässerte Grauerde, natürlich gewachsener kastanienfarbiger Boden in ungestörter Lagerung und in Glasrohr eingefüllter Geschiebelehm.

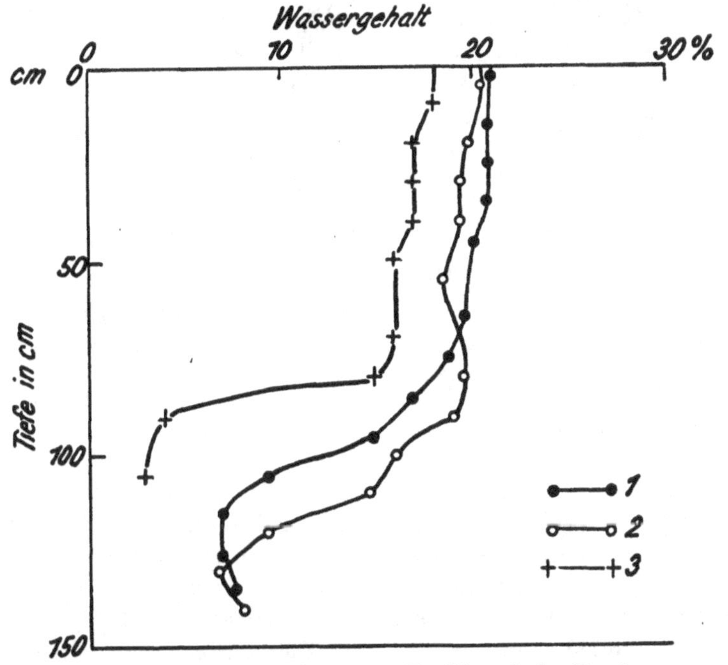

Abb. 48. Verteilung des Wassers im Profil nach der Bewässerung

1 — Grauerde,; Aprilbrache (1. April 1948); natürlicher Wassergehalt (BOLSCHAKOW)
2 — kastanienfarbiger schwerer Lehmboden; Feuchtigkeitsgehalt 144 Stunden nach der Bewässerung (DOLGOW)
3 — Säule aus sandigem Geschiebelehm in einem Glasrohr; Wassergehalt 480 Stunden nach der Wassergabe (ABRAMOWA)

Die auf Abb. 48 dargestellten Feuchtigkeitskurven zeigen eindeutig, daß unter der durchfeuchteten Bodenmasse, deren Wassergehalt der Minimalen Wasserkapazität entspricht, ein Übergangshorizont entsteht, in dem die Feuchtigkeit mit der Tiefe abnimmt und der Feuchtigkeitsgradient deshalb sehr groß ist.

Besonders deutlich kommt das auf der Kurve zum Ausdruck, die sich auf den lufttrockenen Lehm bezieht.

Um zu zeigen, daß die Minimale Wasserkapazität ein Grenzwert ist, stellen wir auf Abb. 49 nach IWANOW (1930) die Wasserverteilung in einem bewässerten Wiesenboden auf lößartigem Lehm graphisch dar (M. KABARDA).

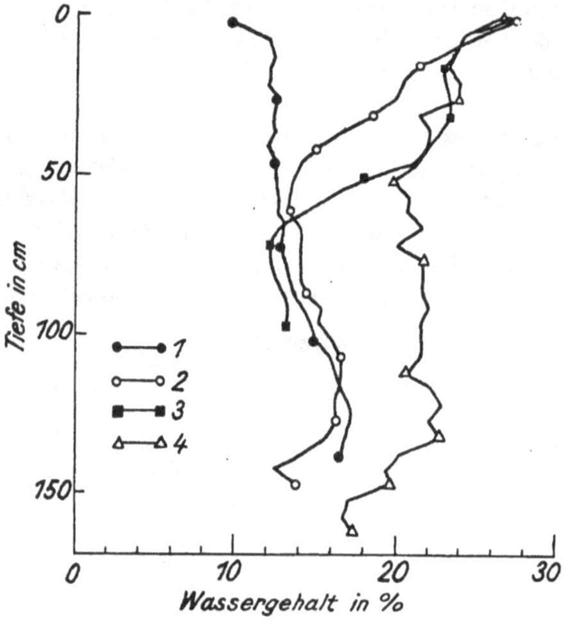

Abb. 49. Verteilung des Wassers im Boden bei verschiedenen Wassergaben nach IWANOW
1 — vor der Wassergabe; *2* — Wassergabe 50 mm; *3* — Wassergabe 100 mm; *4* — Wassergabe 200 mm

Aus dieser Zeichnung ist ersichtlich, daß in einer Schicht von 0 bis 15 cm bei Wassergaben von 50, 100 und 200 mm der gleiche Wassergehalt vorliegt. In der Schicht von 0 bis 50 cm beobachtete man nach der zweiten und dritten Wassergabe den gleichen Feuchtigkeitsgehalt. Eine Erhöhung der Wassergabe führt somit nicht zu einem höheren Wassergehalt des durchfeuchteten Profils über die Minimale Wasserkapazität des Bodens hinaus. Um jedoch den Wassergehalt bis auf diesen Betrag zu bringen, ist eine Wassergabe erforderlich, deren Höhe von der Tiefenlage der gegebenen Schicht, von dem ursprünglichen Wassergehalt und dem des gesamten Bodenprofils abhängt. Durch Steigerung der Wassergaben kann man also nicht den Wassergehalt, sondern nur die Mächtigkeit der durchfeuchteten Schicht erhöhen.

Die Minimale Wasserkapazität des Wiesenbodens betrug etwa 22 bis 23%.

Der durchschnittliche Feuchtigkeitsgehalt der oberen 50 cm dicken Schicht betrug

vor der Beregnung	12,0%
nach der Beregnung	
mit 50 mm	20,1%
mit 100 mm	23,3%
mit 200 mm	23,1%.

Die Wassergabe von 50 mm erwies sich noch nicht als ausreichend, um die gesamte 50 cm dicke Schicht auf die Minimale Wasserkapazität zu bringen. Mengen von 100 und 200 mm ergaben den gleichen Wassergehalt, woraus hervorgeht, daß dieser als Grenzwert aufzufassen ist.

Wir wenden uns jetzt der nächsten Frage zu: Übt die Tiefe der Durchfeuchtung auf den Wassergehalt der durchfeuchteten Schicht irgendeinen Einfluß aus? Oder besteht eine Grenze für die Tiefe der Durchfeuchtung, bei deren Überschreitung der Gehalt an hängendem Wasser wie bei den mittelkörnigen Böden zurückgeht?

Versuche, die unter natürlichen Verhältnissen durchgeführt wurden, gibt es unseres Wissens in der Literatur nicht. In allen Versuchen mit verschiedenen Wassergaben war die Benetzungstiefe sehr unbedeutend und betrug nur einige Meter. Um eine Antwort auf die soeben gestellte Frage zu erhalten, wollen wir Beobachtungen über die Verteilung der Feuchtigkeit in natürlichen Aufschlüssen auswerten, die in der Literatur zu finden sind.

Berichte darüber sind von uns in Tab. 75 zusammengestellt worden. Leider liegen sie nicht so zahlreich vor, wie es wünschenswert wäre. Außerdem haben nur zwei Aufschlüsse eine größere Tiefe (10 bis 20 m). Gleichwohl lassen sich aus diesen Unterlagen wichtige Erkenntnisse ableiten.

Wir ersehen aus diesen Unterlagen, daß die Minimale Wasserkapazität in Böden, die aus klimatisch völlig verschiedenen Zonen stammen, gleichwohl sehr ähnlich ist. Oberhalb des Kapillarsaumes, in den die unteren Teile einiger Bohrlöcher hineinragen, liegt dieser Wert zwischen 20 und 24%, meistens jedoch zwischen 21 und 23%. Diese Übereinstimmung hinsichtlich der Minimalen Wasserkapazität im Süden und Südosten des europäischen Teiles der UdSSR werden wir noch in weiteren Unterlagen bestätigt finden; außerdem wird sie uns bei der Besprechung der Natur der Minimalen Wasserkapazität von Nutzen sein. Die zweite wesentliche Tatsache, die sich aus Tab. 75 ergibt, ist darin zu sehen, daß von der Tiefe der Durchfeuchtung die Höhe der Minimalen Wasserkapazität kaum beeinflußt wird.

Sowohl in dem 27 m tiefen Bohrloch 2 Wysozkis, das bis zum Grundwasser reicht, als auch in der 5,5 m tiefen Spalte 5 Adamows, die das Grundwasser beinahe erreicht, und endlich im Bohrloch 10 der Neskutschansker Forstlichen-Versuchsanstalt, der auf einen trockenen („toten“) Horizont stößt, in dem das hängende Wasser keine Verbindung mit dem Kapillarsaum hat, finden wir den gleichen Wassergehalt von 21 bis 22%; diese Werte treten auch in den außerhalb des Kapillarsaumes liegenden Aufschlüssen Nr. 2 und Nr. 5 auf.

Aus diesen Tatsachen ergeben sich zwei Schlußfolgerungen:

1. Der Gehalt an hängendem Wasser steht in keinem Zusammenhang mit der Mächtigkeit der durchfeuchteten Schicht.

2. Der Gehalt an hängendem Wasser in der durchfeuchteten Masse wird nicht davon beeinflußt, ob eine Verbindung zwischen diesem Wasser und dem durch das Grundwasser gestützten oder getragenen Kapillarsaum besteht.

TABELLE 75

Verteilung des Wassers in Bohrlöchern

1		2		3		4		5	
Gouvern. Poltawa, Brunnen im Trichter, 1893 (ISMAILSKI, 1894)		Weliko-Anadol, Brunnen bei der Meteorolog. Station Nr 6, Februar 1893 (WYSOZKI, 1902)		Weliko-Anadol, April 1893 (WYSOZKI, 1902)		Weliko-Anadol, Mit Quecke bestandene Mulde, April 1899 (WYSOZKI, 1902)		Stein-Steppe, Schwarzbrache, Juni 1901 (ADAMOW 1904, S. 709)	
Tiefe der Entnahme cm	Wassergehalt in Gew.-%	Tiefe der Entnahme cm	Wassergehalt in Gew.-%	Tiefe der Entnahme cm	Wassergehalt in Gew.-%	Tiefe der Entnahme cm	Wassergehalt in Gew.-%	Tiefe der Entnahme cm	Wassergehalt in Gew.-%
71	26,7	100	19,7	0	36,6	0	17,4	10	19,6
142	27,0	200	—	100	23,0	100	27,6	100	24,8
213	23,9	300	21,7	200	23,3	200	22,2	200	21,7
284	29,0	400	21,1	300	24,1	300	24,5	300	21,5
355	29,2	500	20,5	—	—	400	23,0	400	24,4
427	26,0	600	20,7	—	—	500	23,9	500	24,7
498	22,7	700	21,8	—	—	—	—	550	24,3
569	20,2	800	24,1	—	—	—	—	Wassernähe	
640	22,4	900	20,0	—	—	—	—	—	—
711	22,6	1000	21,0	—	—	—	—	—	—
782	27,0	1100	22,0	—	—	—	—	—	—
853	23,9	1200	24,1	—	—	—	—	—	—
924	23,9	1300	23,2	—	—	—	—	—	—
1095	24,7	1400	21,1	—	—	—	—	—	—
1166	25,0	1500	21,7	—	—	—	—	—	—
1238	25,6	1600	20,8	—	—	—	—	—	—
1309	24,5	1700	21,4	—	—	—	—	—	—
1380	25,4	1800	21,8	—	—	—	—	—	—
1451	25,6	1900	24,8	—	—	—	—	—	—
1522	26,7	2000	24,7	—	—	—	—	—	—
1593	25,0	2100	23,5	—	—	—	—	—	—
—	—	2200	24,4	—	—	—	—	—	—
—	—	2300	25,0	—	—	—	—	—	—
—	—	2400	23,8	—	—	—	—	—	—
—	—	2500	25,1	—	—	—	—	—	—
—	—	2600	19,0	—	—	—	—	—	—
—	—	2700	28,0	—	—	—	—	—	—
		(Grundwasser)							

mit durchgehender Durchfeuchtung

6		7		8		9		10	
Weliko-Anadol, Feldschützender Waldstreifen Nr. 3, 6 Jahre alt, April 1899 (Wysozki, 1902)		Weliko-Anadol, 4 km südlich vom Massiv der Wasserscheide, Ackerland, August 1947 (Afanasjewa)		Weliko-Anadol, Längs einer Spalte, die den Platzregen aufgenommen hat (Labunski 1948)		Versuchsfeld des Kubansker Landw. Institutes, Ödland, Juli 1923 (Tjuremnow, 1923)		Neskutschansker Forstrevier (Kreis Trostjanez), Sumsker Gebiet, Schwarzbrache, Juni 1948	
Tiefe der Entnahme cm	Wassergehalt in Gew.-%	Tiefe der Entnahme cm	Wassergehalt in Gew.-%	Tiefe der Entnahme cm	Wassergehalt in Gew.-%	Tiefe der Entnahme cm	Wassergehalt in Gew.-%	Tiefe der Entnahme cm	Wassergehalt in Gew.-%
0	20,0	0	34,7	50	25,0	250	21,3	0	20,2
100	22,5	100	21,0	100	23,6	350	22,8	100	22,2
200	22,3	200	20,9	200	21,3	450	21,0	200	20,7
300	23,7	300	22,3	300	23,9	—	—	300	22,6
400	24,5	400	23,7	400	22,6	—	—	400	21,3
500	21,2	500	22,7	500	20,6	—	—	500	11,5
600	18,3	Im nahe gelegenen Brunnen Wasser von 7 m		600	22,1	—	—	—	—
—	—			700	21,2	—	—	—	—
—	—			800	22,4	—	—	—	—
—	—	—	—	—	—	—	—	—	—
—	—	—	—	—	—	—	—	—	—
—	—	—	—	—	—	—	—	—	—
—	—	—	—	—	—	—	—	—	—
—	—	—	—	—	—	—	—	—	—
—	—	—	—	—	—	—	—	—	—
—	—	—	—	—	—	—	—	—	—
—	—	—	—	—	—	—	—	—	—
—	—	—	—	—	—	—	—	—	—
—	—	—	—	—	—	—	—	—	—
—	—	—	—	—	—	—	—	—	—
—	—	—	—	—	—	—	—	—	—
—	—	—	—	—	—	—	—	—	—
—	—	—	—	—	—	—	—	—	—
—	—	—	—	—	—	—	—	—	—
—	—	—	—	—	—	—	—	—	—
—	—	—	—	—	—	—	—	—	—
—	—	—	—	—	—	—	—	—	—

Die zweite Schlußfolgerung steht im Einklang mit den Beobachtungen LEBEDEWS, über die wir bereits berichtet haben (Tab. 32). In einer Höhe über 180 cm konnte in einer Lößsäule von 3 m Länge kein beständiger Wassergehalt mehr festgestellt werden; der stützende oder tragende Einfluß des Grundwassers erstreckte sich nur auf den unteren Teil dieser Säule.

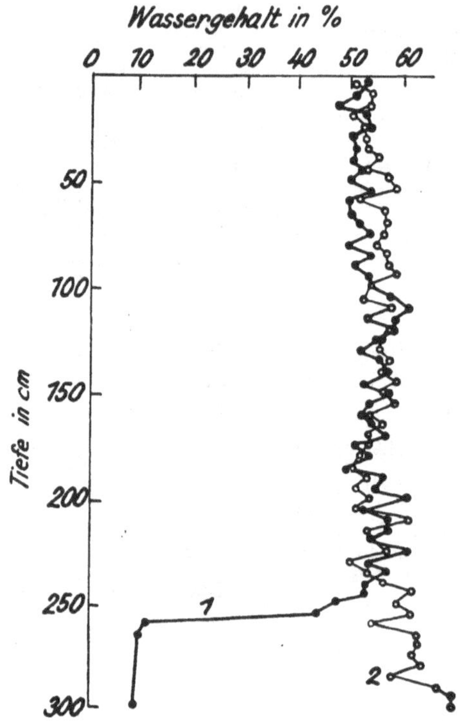

Abb. 50. Verteilung des Wassers in Säulen aus Roterde nach DOLGOW
1 — ohne völlige Benetzung; *2* — bei völliger Wassersättigung

Ein ähnlicher Versuch wurde von DOLGOW (1948 a, S. 63) unternommen. Er füllte zwei 3 m lange Röhren mit trockener, gepulverter Roterde an, die von oben mit Wasser begossen wurden. Die erste Säule erhielt eine Wassergabe, die nicht ausreichte, um sie vollkommen zu befeuchten. Auf die zweite wurde soviel Wasser gegossen, bis der Überschuß aus dem unteren Ende der Röhre abfloß. Nachdem sich in den Bodensäulen das Gleichgewicht eingestellt hatte, wurden diese auseinandergenommen, um den Wassergehalt schichtweise festzustellen. Die Ergebnisse sind graphisch in der Abb. 50 dargestellt. Wie aus den Kurven hervorgeht, ist das Wasser in beiden Säulen, die untersten 70 cm ausgenommen, vollkommen gleichmäßig verteilt. Der stützende oder tragende Einfluß der Kapillaren erstreckte sich nur bis in 70 cm Höhe.

DOLGOW stellt deshalb fest, daß die Minimale Wasserkapazität die wasserhaltende Fähigkeit des Bodens kennzeichnet, sowohl bei Anschluß der oberen nassen Schichten an den Kapillarsaum des Grundwassers als auch ohne eine solche Berührung (1948, S. 61).

Wie wir sehen, ist das eine sehr wichtige Erkenntnis, weil sie durch die Beobachtungen an natürlichen Bodenprofilen bestätigt wird.

Die in der Tab. 75 angeführten Zahlen zeigen eine weitere beachtenswerte Tatsache.

Aus den Zahlen der Spalte Nr. 2 läßt sich die Mächtigkeit des Kapillarsaumes ermitteln. In der sprunghaften Erhöhung des Wassergehaltes hebt sich hier die obere Grenze in einer Tiefe von 18 bis 19 m scharf ab; der Kapillarsaum ist also etwa 8 m mächtig. In der Spalte Nr. 1 läßt sich ein solcher Sprung nicht beobachten, obgleich in Tiefen von 7 bis 9 m beginnend der Wassergehalt nach unten zu etwas ansteigt. Hier könnte die Mächtigkeit des Kapillarsaumes auf etwa 7 bis 8 m geschätzt werden.

Somit liegt in beiden Fällen ein Kapillarsaum vor, dessen Mächtigkeit die von uns früher abgeleiteten Grenzwerte übersteigt. Wie ist der Widerspruch zu erklären?

Uns scheint, daß kein Widerspruch vorliegt, sondern daß es sich hier nur um zwei Seiten ein und derselben Erscheinung handelt, wie aus folgendem hervorgeht:

Als wir die allgemeine Theorie der Kapillar-Erscheinungen besprachen, wiesen wir bereits darauf hin, daß in „Paternoster-Kapillaren" der Gleichgewichtszustand des Wassers bei zwei Stellungen des oberen Meniskus über dem freien Wasserspiegel eintreten kann. Diesen Zustand bezeichneten wir als kapillare Hysterese.

Es ist nur natürlich, daß eine ähnliche Erscheinung auch in natürlichen Profilen auftritt, wenn es sich um poröse Böden handelt. Wird die Feuchtigkeit in einem trockenen Untergrund erhöht, so erreicht die obere Grenze des Kapillarsaumes ein bestimmtes Niveau, über welches das Wasser nicht emporgehoben werden kann. Sickert dagegen das Wasser von oben ein, so stellt sich die obere Grenze des Kapillarsaumes auf einen höher gelegenen Punkt ein.

In der Natur versickert das Wasser stets von oben, deshalb müßte die obere Grenze des Kapillarsaumes immer den höchsten Stand einnehmen. Das ist jedoch nur dann möglich, wenn das in den Bodenkörper eingedrungene Wasser im statischen Zustand verbleibt. Liegt der Kapillarsaum genügend nahe der Oberfläche, so daß Verluste durch Verdunstung eintreten, stellt sich eine rasche Abnahme in der Höhe des Kapillarsaumes ein, die durch aufsteigendes Wasser von unten nicht ersetzt werden kann. Die oberste Grenze des Kapillarsaumes wird dabei bis auf den untersten Stand absinken, der dem Wasseraufstieg von unten entspricht (vgl. Abb. 14).

Man kann annehmen, daß in dem oben untersuchten Fall in dem der Kapillarsaum sehr tief liegt, so daß Wasser weder verdunstet noch versickert, die Stärke dieses Saumes bzw. die Höhe des kapillaren Aufstieges den höchstmöglichen Wert von 7 bis 8 m erreicht. Ähnliche Werte beobachtete auch KATSCHINSKI, der die Höhe des kapillaren Aufstieges mit 6 m bestimmte. In den übrigen Fällen der Tab. 75, in denen der Kapillarsaum nahe an die Oberfläche heranreicht, finden wir, den obigen Ausführungen entsprechend, einen kleineren Wert.

TABELLE 76
Minimale Wasserkapazität

Mittlerer Rasenpodsol auf Decklehm, Eichwald nach WASSILJEW				Mittlerer Rasenpodsol Nr. 42 auf Decklehm, Fichte mit Oxalis nach SOSYKINS (1939)				Stark gebleichter Nr. 21 Fichte mit Oxalis Heidelbeeren nach	
Tiefe in cm	Horizont	Gew.-%	% der vollen Wasserkapazität	Tiefe in cm	Horizont	Gew.-%	% der vollen Wasserkapazität	Tiefe in cm	Horizont
0—6	A_1'	36,0	61	2—10	A_1A_2	33	64	5—13	A_1A_2
8—15	A_1'	27,4	71	10—22	A_1A_2	27	60	13—30	A_2
17—25	A_2	23,9	72	22—30	A_2	21	68	30—55	B_1
25—30	A_2	21,3	71	30—53	B_1	21	72	55—80	B_2
30—40	A_2B	21,7	78	53—88	B_2	22	76	80—110	BC
40—50	A_2B	21,3	76	88—105	BC	24	104(?)	—	—
50—60	A_2B	21,2	78	—	—	—	—	—	—
60—70	B	21,2	87	—	—	—	—	—	—
70—80	B	20,5	84	—	—	—	—	—	—
80—90	BC	20,4	86	—	—	—	—	—	—
90—100	BC	20,9	95	—	—	—	—	—	—

Betrachten wir nun die Beziehung zwischen der Minimalen und der Vollen Wasserkapazität. Dabei müssen wir uns die Frage vorlegen: Welcher Teil des gesamten Porenvolumens ist mit Wasser ausgefüllt, wenn Minimale Wasserkapazität vorliegt?

Wir erinnern daran, daß wir mit Voller Wasserkapazität (oder voller Wassersättigung) die Wassermenge in Prozenten des Trockengewichtes bezeichnen, die sich im Boden befinden kann, wenn das gesamte Porenvolumen mit Wasser ausgefüllt ist.

Die volle Wasserkapazität VW wird in der Regel aus dem Volumengewicht des trockenen Bodens und dem Spezifischen Gewicht der Primärteilchen errechnet. Wenn wir diese Größen entsprechend mit VG (g/cm³) und sG bezeichnen, so ist das Porenvolumen in Prozenten zum Volumen des Bodens:

$$P = \left(1 - \frac{VG}{sG}\right) 100\% .$$

Bei voller Sättigung mit Wasser werden 100 cm³ Boden P cm³ Wasser enthalten. Hieraus folgt

$$VW = \frac{P}{100\,VG} \cdot 100$$

oder

$$VW = \left(1 - \frac{VG}{sG}\right) 100 : VG = 100\,\frac{sG - VG}{sG \cdot VG} .$$

In den Tab. 76 bis 81 bringen wir Zahlen, über die Beziehung zwischen den Werten der Minimalen und Vollen Wasserkapazität. Die letzten Spalten dieser podsolierter Waldböden

Rasenpodsol auf Decklehm, und Übergang zu SOSYKINS (1939)		Stark gebleichter Rasenpodsol Nr. 75 auf Decklehm, Fichte mit Oxalis nach SOSYKINS, 1939)				Gepflügter mäßig gebleichter Rasenpodsol auf leichtem Decklehm nach WASSILJEW (1950)			
Gew.-%	% der vollen Wasser-kapazität	Tiefe in cm	Hori-zont	Gew.-%	% der vollen Wasser-kapazität	Tiefe in cm	Hori-zont	Gew.-%	% der vollen Wasser-kapazität
28	70	—	A_1A_2	36	77	0—5	A_1A_2	36,4	47
22	69	—	A_2	22	71	5—18	A_1A_2	35,4	46
21	72	—	B_1	23	85	18—25	$A_2(+A_1)$	20,9	54
21	79	—	B_2	23	90	30—40	A_2	20,8	62
20	88	—	BC	23	86	40—50	A_2B	20,0	67
—	—	—	—	—	—	50—60	B	19,6	69
—	—	—	—	—	—	60—70	BC_1	18,1	71
—	—	—	—	—	—	70—80	C_1	16,4	67
—	—	—	—	—	—	80—90	C_1	14,7	70
—	—	—	—	—	—	90—100	C_1	15,1	69
—	—	—	—	—	—	—	—	—	—

Tab. enthalten die Werte für die Minimale Wasserkapazität in Prozenten der Vollen Wasserkapazität. Die Tab. 76 bis 80 beziehen sich auf natürlich gegewachsene Böden und die Tab. 81 auf in Glasröhren eingefülltes Bodenmaterial.

Die erste Schlußfolgerung, die sich aus der Statistik der Tab. 82 ergibt, ist die, daß bei Minimaler Wasserkapazität der Ausfüllungsgrad sehr stark zwischen 30 und 100% schwankt, jedoch liegt er in den untersuchten Fällen zwischen 55 und 75%. Im allgemeinen also entspricht die Minimale Wasserkapazität etwa ²/₃ der Vollen.

Zweitens scheinen die Poren in leichten Böden weniger mit Wasser ausgefüllt zu sein als in schweren. Drittens wird aber durchAlkalität der Auffüllungsgrad erhöht.

Auch nach DOLGOW (1948a) hängt die Minimale Wasserkapazität von der mechanischen Zusammensetzung des Bodens, aber auch von der Lagerung der Primärteilchen in den Bodenaggregaten ab. Der sehr schwere Lenkoransker Ton zeigte bei relativ niedriger Minimaler Wasserkapazität einen hohen Ausfüllungsgrad des Porenvolumens.

Es ist jedoch hervorzuheben, daß die von DOLGOW behauptete Beziehung zwischen der Minimalen Wasserkapazität und dem Tongehalt schlecht zum Ausdruck kommt. Der Podsol mit 7,9% an Teilchen $<$ 0,002 mm hat eine höhere Minimale Wasserkapazität (23,6%) als der B-Horizont eines Podsols mit 20,7% bei einem Gehalt an Teilchen $<$ 0,002 mm von 28,1%. Daraus geht hervor, daß dieses Wasser, auch fest gebunden sein kann, weil der Gehalt an gebundenem Wasser i. A. dem Tongehalt proportional ist.

TABELLE 77

Minimale Wasserkapazität von Tschernosjom nach MARTYNOW (1936); FRANZESSON (1939) und ULASSEWITSCH (1938)

Boden		Tiefe in cm	Minimale Wasserkapazität	
			Gew.-%	% der Vollen Wasserkapazität
Südruss. leicht lehmiger Tschernosjom (MARTYNOW, 1936)		0— 10	26,6	62
		30— 40	21,3	55
		60— 70	20,2	63
		100—120	16,1	48
Südruss. mittelschwerer lehmiger Tschernosjom (MARTYNOW, 1936)		0— 10	27,0	57
		20— 30	23,2	54
		30— 40	21,4	59
		100—110	20,8	53
Südruss, schwerer lehmiger Tschernosjom großer Mächtigkeit (MARTYNOW, 1936)		0— 10	41,8	65
		25— 35	27,9	51
		60— 70	21,2	54
		100—110	20,7	50
Südruss. schwerer lehmiger Tschernosjom (MARTYNOW, 1936)		0— 10	30,9	70
		25— 35	24,8	56
		40— 50	21,5	59
		100—110	20,5	72
Mächtiger Tschernosjom (FRANZESSON, 1939)		0— 10	33,5	78
		10— 20	33,2	77
		20— 30	33,2	70
		30— 40	29,6	57
		40— 50	29,7	58
		50— 60	31,1	69
		60— 70	30,8	66
		70— 80	29,6	63
		80— 90	30,5	71
		90—100	28,7	64
Toniger gewöhnlicher Tschernosjom (ULASSEWITSCH, 1938)	A_1	0— 25	33,6	58
	A_2	25— 65	26,9	60
	B_1	65— 85	22,7	61
	B_2	85—100	21,4	70

Aus Abb. 51 ist die Streuung zu ersehen, die in der Beziehung zwischen Minimaler Hygroskopizität bzw. Minimaler Wasserkapazität und dem Tongehalt herrscht. Wir erkennen erstens, daß zwischen Tongehalt und Maximaler Hygroskopizität eine klare Abhängigkeit besteht, die fast linear ist, zweitens, daß die Beziehung zur Minimalen Wasserkapazität dagegen sehr stark streut.

Ähnliche Ergebnisse liefert die Abb. 52, auf der nach Unterlagen von WILCOX und SPILLSBURY (1941) die Abhängigkeit zwischen dem Gehalt an Teilchen $< 0{,}005$ mm zuzüglich Schluff und der Minimalen Wasserkapazität einerseits und dem Welkepunkt andererseits dargestellt ist. Die Zahlen beziehen sich auf nördliche Braunerden. Wir erkennen, daß zwischen Tongehalt und Welkepunkt

TABELLE 78

Minimale Wasserkapazität von ukrainischem Tschernosjom nach FEDOSSEJEW (1940)

Boden	Tiefe in cm	Horizont	% der Vollen Wasserkapazität
Südruss. lehmiger Tschernosjom	0— 50	A	72
	50—100	B	75
	100—150	C	72
Südruss. Tschernosjom	0— 40	A	68
	40—100	B	74
	100—150	C	68
Südruss. Tschernosjom	0— 60	A	65
	60—110	B	75
	110—150	C	77
Tschernosjom aus der Umgebung des Asowschen Meeres	0— 70	A	67
	70—110	B	71
Gewöhnlicher lehmiger Tschernosjom	0— 60	A	64
	60—120	B	67
	120—150	C	69
Gewöhnlicher lehmiger Tschernosjom	0— 50	A	57
	50—110	B	61
	110—150	C	64
Gewöhnlicher Tschernosjom	0— 40	A	62
	40— 90	B	60
Lehmiger kieshaltiger Tschernosjom	0— 50	A	60
	50— 80	B	60
	80—100	C	61

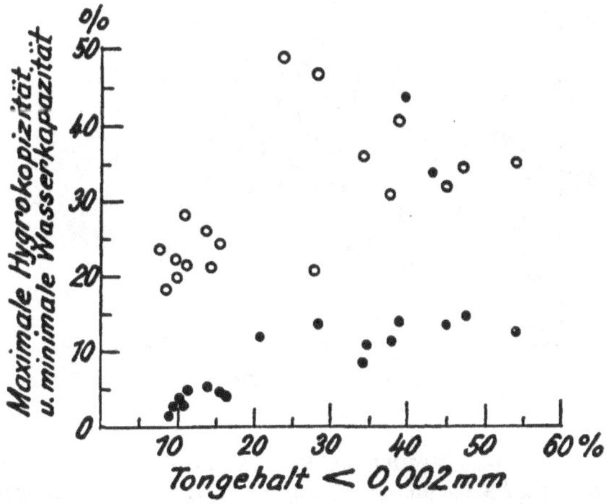

Abb. 51. Abhängigkeit von MH und GW in aufgeschütteten Bodensäulen vom Tongehalt (0,002 mm) nach DOLGOW

Punkte — Maximale Hygroskopizität;
Kreise — Minimale Wasserkapazität

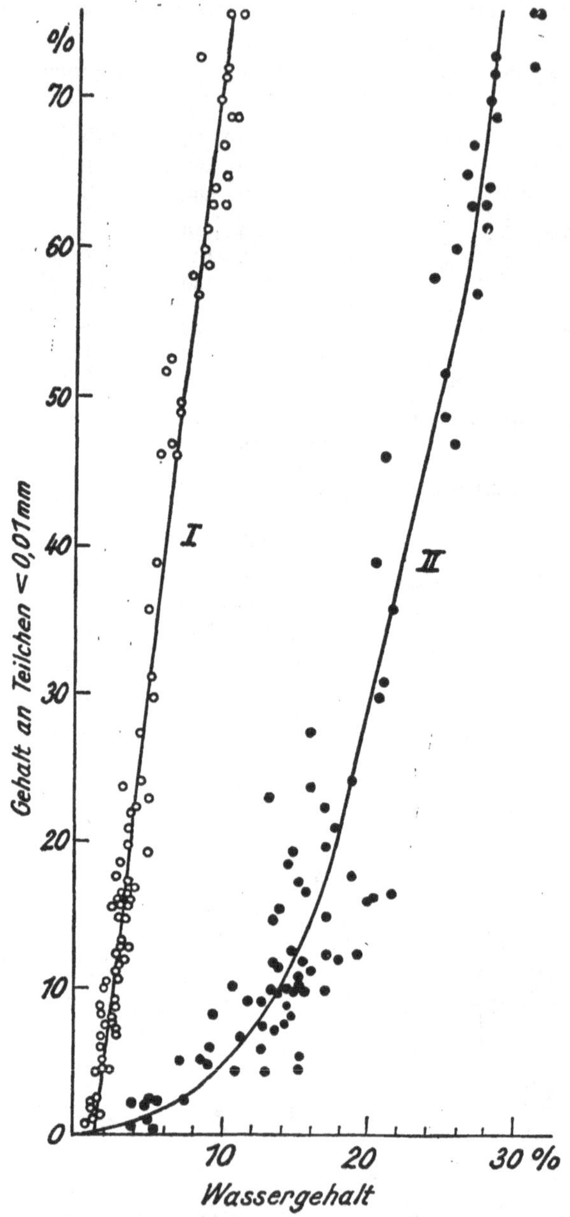

Abb. 52. Abhängigkeit der Minimalen Wasserkapazität und des Welkepunktes vom Gehalt an Partikeln <0,01 mm nach WILCOX und SPILLBURY

Punkte — Minimale Wasserkapazität;
Kreise — Welkepunkt

TABELLE 79

Minimale Wasserkapazität kastanienfarbiger Böden

Boden	Horizont	Tiefe in cm	Minimale Wasserkapazität	
			Gew.-%	% der Vollen Wasserkapazität
Schwerer Lehm, kastanienfarbig schwach solonezartig verändert (MARTYNOW, 1936)		0— 10	33,8	62
		20— 30	26,0	58
		60— 65	21,1	56
		100—110	21,2	74
Mittlerer Lehm, kastanienfarbig, stark solonezartig (MARTYNOW, 1936)		0— 10	29,3	64
		20— 30	23,8	59
		30— 40	22,1	63
		70— 80	20,1	66
Schwerer Lehm, mittel solonezartig (MARTYNOW, 1936)		0— 10	30,9	64
		25— 35	24,9	69
		40— 50	21,6	61
		75— 85	21,3	59
Ton, stark solonezartig (MARTYNOW, 1936)		0— 10	34,4	73
		10— 20	28,9	74
		30— 40	27,5	92
		130—140	27,5	80
Kastanienfarbiger Boden, schwach solonezartig (MALJANOW, 1940)	A	0— 21	39,1	87
	B_1	21— 37	29,1	93
	B_2	37— 60	24,6	91
	3	60— 93	21,7	88
	C_1	93—130	21,3	84
	C_2	130—150	21,8	74
Kastanienfarbiger Boden, mittel solonezartig (MALJANOW, 1940)	A	0— 24	36,1	85
	B_1	24— 40	26,9	79
	B_2	40— 61	23,6	84
	B_3	61— 90	21,3	83
	C_1	90—120	21,7	82
	C_2	120—150	24,7	75
Kastanienfarbiger Ton (ULASSEWITSCH, 1938)	A	0— 20	30,1	69
	B_1	20— 45	23,0	66
	B_2	45— 70	21,2	64
	C	70—100	20,7	68
Kastanienfarbiger Lehm (ULASSEWITSCH, 1938)	A	0— 20	23,8	50
	B	20— 50	18,8	53
	C	50— 75	11,8	34

TABELLE 80

Minimale Wasserkapazität einer typischen Grauerde nach Kotscherina und Bolschakow (1950)

Tiefe in cm	Gew.-%	% der Vollen Wasser-kapazität	Tiefe in cm	Gew.-%	% der Vollen Wasser-kapazität
0— 4	18,6	38	86— 90	16,7	48
10—14	18,6	55	100—104	16,6	47
14—18	18,6	60	116—120	16,5	45
17—21	18,6	53	140—144	18,6	50
26—30	18,6	46	156—160	18,6	51
36—40	17,8	45	200—204	16,3	46
46—50	17,9	52			
66—70	18,1	53			

TABELLE 81

Minimale Wasserkapazität von in Glasröhren eingefüllten Böden nach Dolgow (1948)

Boden	% Gehalt an Korngrößen < 0,002 mm	Gew.-%	% der Vollen Wasser-kapazität
Podsol	7,9	23,6	67
Schluffiger Lehm	9,0	18,9	49
Stark podsolierter Boden	10,0	22,0	55
Podsol, Horizont A_1	10,9	28,1	55
Podsol, Horizont A_1	10,3	20,2	65
Podsol, Horizont A_1	28,1	20,7	59
Tschernosjom	34,5	36,3	64
Löß	17,0	21,2	60
Tschernosjom, Horizont A_1	47,6	34,6	74
Tschernosjom, Horizont B	45,2	32,0	75
Tschernosjom	39,0	40,7	80
Dunkelkastanienfarbiger Boden	38,0	31,0	64
Roterde, Horizont A	24,2	49,5	52
Roterde, Horizont B	28,6	46,8	66
Ton	54,2	34,8	83
Grauerde, Horizont A	15,3	23,9	60
Grauerde, Horizont B	11,1	21,5	55
Grauerde	13,8	25,9	64

(Kurve I) eine nahezu lineare Abhängigkeit besteht, daß dagegen die Beziehung zwischen Schluffgehalt und Minimaler Wasserkapazität (GW) einen anderen Charakter hat. Während in den leichteren Böden (unterer Teil der Kurve II) die Minimale Wasserkapazität mit steigendem Schluffgehalt schnell ansteigt, scheint von einer GW von 16 bis 18% an die weitere Steigerung des Schluffgehalts nur schwachen Einfluß auf die Minimale Wasserkapazität zu haben.

Ohne den Einfluß der Korngrößen auf die GW gänzlich verneinen zu wollen, sind wir der Meinung, daß sowohl die Lagerungsdichte der Teilchen als auch der Krümelzustand von größerem Einfluß sind. Zu dieser Schlußfolgerung gelangen auch Baljabo und Wassiljewa (1951).

Die Abhängigkeit der Minimalen Wasserkapazität von der Größe der Aggregate sowie ihrer Lagerungsdichte wurde von BIJASCHEW (1936) in Laboratoriumsversuchen mit aufgeschütteten Säulen von 1 m Länge aus Grauerde von der Akkawakser Versuchsstation sowie mit Wiesenboden aus der Kolchose „Analtyn“ untersucht.

TABELLE 82

Statistische Häufigkeit der Ausfüllung des Porenvolumens mit Wasser bei Minimaler Wasserkapazität im gewachsenen Boden (zusammengestellt nach den Tab. 76—81)

% der Vollen Wasserkapazität	Anzahl	% der Fälle
von 30—35	1	1
von 36—40	1	1
von 40—45	2	2
von 46—50	8	5
von 51—55	11	9
von 56—60	18	14
von 61—65	20	16
von 66—70	17	13
von 71—75	20	16
von 76—80	11	9
von 81—85	7	5
von 86—90	6	4
von 91—95	5	4
von 96—100	1	1
Summe	128	100

Die Minimale Wasserkapazität wurde 6 bis 7 Tage nach der Aufgabe von Wasser bestimmt.

Das Porenvolumen der Aggregate lag in der Mehrzahl der Fälle gleichmäßig bei 30%. Die wichtigsten Versuchsergebnisse BIJASCHEWS sind in Tab. 83 wiedergegeben. Wir führen nur die Angaben für Grauerde an, weil mit dem Wiesenboden ähnliche Ergebnisse erzielt wurden. Der Kürze halber bringen wir nicht die Angaben für die einzelnen Schichtproben von 5 cm wie im Original, sondern die Durchschnittszahlen für eine 50 cm starke Schicht. Auf Grund seiner Versuche kommt BIJASCHEW zu folgendem Ergebnis:

1. Bei gleicher Lagerungsdichte, (bei gleichem Volumengewicht) hängt die Minimale Wasserkapazität nicht von der Größe der Krümel ab.

2. Mit Zunahme der Lagerungsdichte nimmt die Minimale Wasserkapazität, bezogen auf das Volumengewicht, etwas ab. (Nach unserer Meinung bleibt sie konstant — vgl. Tab. 83, während sie auf das Volumen bezogen, ansteigt).

3. In pulverisierten Böden dagegen ist die Minimale Wasserkapazität bei jeder Lagerungsdichte größer als in Böden mit Krümelstruktur.

4. Mit Erhöhung des Volumengewichtes von 1,15 auf 1,45 steigt die Minimale Wasserkapazität eines pulverisierten Bodens an, sinkt dagegen wieder bei weiterem Ansteigen des Volumengewichtes auf 1,65, wie folgende Zahlen zeigen:

Volumengewicht in g/cm³	Gesamtporen-volumen %	Minimale Wasserkapazität in Vol.-%	Auffüllungsgrad der Poren bei minimaler Wasserkapazität
1,15	60,3	29,3	49
1,25	52,8	36,1	68
1,45	45,3	39,4	78
1,65	37,7	35,9	95

TABELLE 83

Einfluß der Krümelgröße und der Lagerungsdichte auf die Minimale Wasserkapazität der Grauerde nach BIJASCHEW (1936)

Aggregatgröße in mm	Volumengewicht in g/cm³	Wassergehalt in Vol.-%	Wassergehalt in Gew.-%
5—3		23,3	
3—2		24,6	
2—1	0,9	24,3	
1—0,5		22,9	
0,5—0,25		23,1	
	Durchschnitt	23,1	26,2
5—3		25,6	
3—2		26,4	
2—1	1,05	25,8	
1—0,5		25,4	
0,5—0,25		25,7	
	Durchschnitt	25,8	24,6
Pulverisierter Boden < 0,25		29,3	25,5
5—3		28,6	
3—2		28,4	
2—1	1,15	28,2	
1—0,5		27,4	
0,5—0,25		28,2	
	Durchschnitt	28,2	24,5
5—3		30,1	
3—2		30,4	
2—1	1,25	30,2	
1—0,5		29,7	
0,5—0,25		30,8	
	Durchschnitt	30,2	24,2
Pulverisierter Boden < 0,25		36,1	28,9
Pulverisierter Boden < 0,25	1,45	39,4	27,2
Pulverisierter Boden < 0,25	1,65	35,9	21,8

Bei einem Volumengewicht von 1,65 füllt somit das hängende Wasser alle Poren fast aus. Die unvollständige Ausfüllung der Poren wird offenbar durch die eingeschlossene Luft verursacht.

BIASCHEWS erste Schlußfolgerung, wonach die Minimale Wasserkapazität nicht von der Größe der Krümel abhängt, wird von DOLGOW bestätigt. In seiner Arbeit (1948, S. 70 bis 71) finden wir folgende Angaben über die Minimale Wasserkapazität (in Prozenten zum Trockengewicht des Bodens):

	Alluvial-Lehm	Degradierter Tschernosjom
Ungesiebter Boden	33,4	34,0
Aggregate: 5—7 mm	34,3	34,4
3—5 mm	35,1	36,9
2—3 mm	34,3	34,7
1—2 mm	34,2	34,1
0,5—1 mm	33,0	35,6
0,25—0,50 mm	34,0	37,5
Pulverisierter Boden $< 0,25$ mm	33,4	49,1

Bei der Behandlung der Frage nach der Abhängigkeit der GW von der Struktur des Bodens muß die Gleichgewichtsformel TJUREMNOWS Erwähnung finden. TJUREMNOW (1923) untersuchte den Wasserhaushalt von Tschernosjom des westlichen kaukasischen Vorgebirges und stellte eine interessante Beziehung fest. Danach ergibt das Produkt aus VG und GW (nach TJUREMNOW die „Absolute Wasserkapazität") eine Konstante für das gesamte Bodenprofil, wenn die Korngrößen gleichartig sind, also

$$[\mathrm{VG}] \cdot [\mathrm{GW}] = \mathrm{K}\ .$$

Mit anderen Worten: Die GW ist umgekehrt proportional dem Volumengewicht und folglich direkt proportional dem Porenvolumen.

Die in Prozenten zum Volumengewicht des Bodens ausgedrückte GW ist also für das gegebene Bodenprofil konstant. Wird das Volumengewicht in Gramm je cm³ Boden und die Minimale Wasserkapazität in Prozenten zum Trockengewicht des Bodens ausgedrückt, so ergibt die Größe K die GW in Prozenten zum Bodenvolumen oder den Wasservorrat in mm in einer Bodenschicht von 10 cm Stärke.

Die von TJUREMNOW aufgestellte Regel hat nur für solche Böden Gültigkeit, in deren Profil sich die Korngrößen nicht wesentlich ändern.

In der Tab. 84 haben wir aus der Literatur die Werte des Produktes [VG] · [GW] für einige Böden zusammengestellt. Wir erkennen, daß die Formel von TJUREMNOW in vielen Fällen, besonders in den tieferen Schichten, von ausgezeichneter Präzision ist. Die oberen Horizonte der angeführten Profile folgen dieser Regel jedoch nicht, ebensowenig das Profil des schwach solonezartig veränderten kastanienfarbigen Bodens. Auch im Profil der Grauerde schwankt K stark.

TABELLE 84

Beispiele für die Anwendbarkeit der Formel TJUREMNOWS: VG · GW = K

Ausgelaugter Tschernosjom aus dem westlichen kaukasischen Vorgebirge nach TJUREMNOW (1923)				Kastanienfarbiger Ton nach ULASSEWITSCH (1938)				Gewöhnlicher Tschernosjom nach ULASSEWITSCH (1938)			
Tiefe der Entnahme cm	VG g/cm³	GW %	VG · GW	Tiefe der Entnahme cm	VG g/cm³	GW %	VG · GW	Tiefe der Entnahme cm	VG g/cm³	GW %	VG · GW
20— 40	1,14	27,0	30,8	0— 20	1,17	30,1	35,2	0— 25	1,01	33,6	33,9
40— 60	1,15	26,8	30,8	20— 45	1,36	23,0	31,2	25— 65	1,20	26,9	32,2
60— 80	1,17	25,8	30,2	45— 70	1,42	21,2	30,1	65— 85	1,35	22,7	30,7
80—100	1,20	25,2	30,2	70—100	1,47	20,7	30,5	85—100	1,47	21,4	31,4
100—120	1,23	24,5	30,1	—	—	—	—	100—150	1,60	20,7	33,2
120—140	1,26	23,1	29,1	—	—	—	—	—	—	—	—
140—160	1,35	22,5	30,4	—	—	—	—	—	—	—	—
160—180	1,34	22,1	29,6	—	—	—	—	—	—	—	—
180—200	1,35	21,8	29,3	—	—	—	—	—	—	—	—
—	—	—	—	—	—	—	—	—	—	—	—
—	—	—	—	—	—	—	—	—	—	—	—
—	—	—	—	—	—	—	—	—	—	—	—
—	—	—	—	—	—	—	—	—	—	—	—
—	—	—	—	—	—	—	—	—	—	—	—
—	—	—	—	—	—	—	—	—	—	—	—
—	—	—	—	—	—	—	—	—	—	—	—
—	—	—	—	—	—	—	—	—	—	—	—
—	—	—	—	—	—	—	—	—	—	—	—
—	—	—	—	—	—	—	—	—	—	—	—

Fortsetzung: TABELLE 84

Mittelpodsol. Rasenboden auf leichtem Decklehm unter dem Pfluge nach WASSILJEW (1950)				Mittelpodsol. Rasenboden auf Decklehm unter Eichenwald nach WASSILJEW (1950)				Mächtiger Tschernosjom auf lößartigem Lehm unter Ursteppe nach BOLJAKOW (1950)			
Tiefe der Entnahme cm	VG g/cm³	GW %	VG · GW	Tiefe der Entnahme cm	VG g/cm³	GW %	VG · GW	Tiefe der Entnahme cm	VG g/cm³	GW %	VG · GW
0— 5	0,85	36,4	31,0	0— 6	1,02	36,0	36,7	0— 10	0,97	46,0	44,7
5— 18	0,86	35,4	30,4	8— 15	1,31	27,4	36,0	10— 20	1,16	35,5	41,2
18— 25	1,31	20,9	27,4	17— 25	1,41	23,9	33,7	20— 30	1,11	32,6	32,2
30— 40	1,41	20,8	29,3	25— 30	1,48	21,3	31,6	30— 40	1,18	31,4	37,0
40— 50	1,49	20,0	29,9	30— 40	1,55	21,7	33,7	40— 50	1,16	29,5	34,2
50— 60	1,53	19,6	30,0	40— 50	1,54	21,3	32,8	50— 60	1,21	29,3	35,5
60— 70	1,60	18,1	29,9	50— 60	1,56	21,2	33,1	60— 70	1,21	27,7	33,6
70— 80	1,63	16,4	26,8	60— 70	1,62	21,2	34,3	70— 80	1,24	26,3	32,6
80— 90	1,75	14,7	25,8	70— 80	1,64	20,4	33,5	90—100	1,25	25,6	32,0
90—100	1,70	15,1	26,6	90—100	1,69	20,9	35,3	100—110	1,26	25,6	32,2
—	—	—	—	—	—	—	—	120—130	1,26	23,9	30,1
—	—	—	—	—	—	—	—	140—150	1,37	23,3	31,9
—	—	—	—	—	—	—	—	160—170	1,46	22,1	32,2
—	—	—	—	—	—	—	—	180—190	1,53	22,5	34,5
—	—	—	—	—	—	—	—	200—210	1,54	20,3	31,2
—	—	—	—	—	—	—	—	220—230	1,56	19,9	31,0
—	—	—	—	—	—	—	—	240—250	1,67	16,1	26,9
—	—	—	—	—	—	—	—	260—270	1,65	15,3	25,2
—	—	—	—	—	—	—	—	280—290	1,64	15,5	25,4

Fortsetzung: TABELLE 84

Kastanienfarbiger Boden schwach solonezartig nach MALNAJOW (1940)				Kastanienfarbiger Boden mittel solonezartig nach MALJANOW (1940)				Typische Grauerde nach KOTSCHERINA und BOLSCHAKOW (1950)			
Tiefe der Entnahme cm	GV g/cm³	GW %	VG · GW	Tiefe der Entnahme cm	VG g/cm³	GW %	VG · GW	Tiefe der Entnahme cm	VG g/cm³	GW %	VG · GW
0— 21	1,21	39,1	47,2	0— 24	1,25	36,1	45,1	0— 4	1,16	18,6	21,6
21— 37	1,46	29,1	32,5	24— 40	1,40	26,9	37,7	10— 14	1,40	18,6	26,0
37— 60	1,55	24,6	38,2	40— 61	1,52	23,6	35,8	14— 18	1,45	18,6	26,9
60— 93	1,62	21,7	35,2	61— 90	1,60	21,3	34,1	17— 21	1,45	18,6	26,9
93—130	1,61	21,3	34,3	90—120	1,59	21,7	34,5	26— 30	1,30	18,6	24,2
130—150	1,51	21,8	32,8	120—150	1,44	24,7	35,6	36— 40	1,26	17,8	22,4
—	—	—	—	—	—	—	—	46— 50	1,35	17,9	24,2
—	—	—	—	—	—	—	—	66— 70	1,44	18,1	16,1
—	—	—	—	—	—	—	—	86— 90	1,36	16,7	22,7
—	—	—	—	—	—	—	—	100—104	1,41	16,6	23,5
—	—	—	—	—	—	—	—	116—120	1,33	16,5	21,9
—	—	—	—	—	—	—	—	140—144	1,36	18,7	25,4
—	—	—	—	—	—	—	—	156—160	1,33	18,6	24,8
—	—	—	—	—	—	—	—	200—204	1,37	16,3	22,4
—	—	—	—	—	—	—	—	—	—	—	—
—	—	—	—	—	—	—	—	—	—	—	—
—	—	—	—	—	—	—	—	—	—	—	—
—	—	—	—	—	—	—	—	—	—	—	—
—	—	—	—	—	—	—	—	—	—	—	—

Somit stellt die Formel von Tjuremnow kein Gesetz dar, sondern weist eine empirische oft zu beobachtende Abhängigkeit nach, die man jedoch nicht als zufällig ansehen kann.

Die Konstanz des Produktes [VG] · [GW] erscheint am häufigsten in den oberen Horizonten gestört, wo es im Vergleich zu den unteren höher ist und wo sich in der Regel die Struktur des Bodens am stärksten von den unteren Horizonten unterscheidet.

Interessante Schlußfolgerungen aus Untersuchungen über den Einfluß der Bodenstruktur auf die GW finden wir in verschiedenen Arbeiten Dolgows (1948 a, S. 72, Tab. 17).

Dolgow legte sich die Frage vor, ob man nicht anstelle des Feldversuches die Minimale Wasserkapazität in aufgeschütteten Bodensäulen ermitteln könnte. Er bestimmte die GW in Säulen aus Proben von vier Horizonten eines Dunkelkastanienbodens, in denen man vorher nach der Feldmethode die Minimale Wasserkapazität bestimmt hatte. Die Versuchsergebnisse sind in der Tab. 85 enthalten und beziehen sich auf den gleichen Ton der Sparte 2 der Tab. 84.

TABELLE 85
Minimale Wasserkapazität eines dunkelkastanienfarbigen Tonbodens nach Dolgow und Ulassewitsch

Horizont	Minimale Wasserkapazität in % zum Trockengewicht des Bodens		Volumengewicht in g/cm³	
	Feldbestimmung	Bestimmung in aufgeschütteten Säulen	im natürlichen Profil	in der Säule
A	30,1	30,4	1,17	1,08
B_1	23,0	30,4	1,36	nicht bestimmt
B_2	21,3	30,0	1,42	nicht bestimmt
C	20,7	30,0	1,47	nicht bestimmt

Anmerkung. Die Werte für das Volumengewicht bei natürlicher Struktur sind den Arbeiten Ulassewitschs (1938) entnommen.

Dolgow führt dazu folgendes aus: „. . . das Verhältnis zwischen den Feld- und Laboratoriumsbestimmungen der Wasserkapazität . . . fallen nur für den Pflughorizont befriedigend aus, weil hier durch die Bearbeitung die Struktur bereits zerstört wurde.“

Nach unserer Ansicht lassen die Angaben Dolgows eine weitere umfassendere Schlußfolgerung zu. Wir machen darauf aufmerksam, daß man in allen Schichten der Bodensäule eine vollkommen gleiche GW erhielt. Nach Angaben Prassolows und Antipow-Karatajews (1939) soll die mechanische Zusammensetzung der kastanienfarbigen Böden im Profil völlig gleichartig sein. Wodurch ist nunmehr die Tatsache zu erklären, daß Dolgow in den Bodensäulen in allen Schichten die gleiche GW ermitteln konnte, und zwar genau entsprechend den für die Bearbeitungstiefe des Feldes bestimmten? Leider führt DOLGOW keine weiteren Werte für das Volumengewicht der restlichen Horizonte der Bodensäulen, außer der Ackerkrume, an. Fraglos war sie kleiner als bei natürlicher Lagerung, weil die Erde in den Säulen lockerer gelagert war. Infolgedessen konnten die Bodenkrümel in den Säulen bei Benetzung quellen und ihr Volumen vergrößern, während sie unter natürlichen Verhältnissen diese Möglichkeit nicht hatten. Die Quellung kann beachtlich sein, wie FRANZESSON (1947) für Tschernosjom-Schollen durch Bestimmung des „Schwundkoeffizienten", des Verhältnisses

$$\text{Volumenschwund in cm}^3 : \text{Wasserverlust in cm}^3,$$

nachwies (Tab. 86).

TABELLE 86

Schwundkoeffizient von Tschernosjom-Schollen

Natur der Bodenschollen	Schwundkoeffizient bei verschiedenem Wassergehalt			
	von der kapillaren bis zur Minimalen Wasserkapazität	von der Minimalen bis zur Maximalen molekularen Wasserkapazität	von der Maximalen molekularen Wasserkapazität bis zum 1,5-fachen Wert der Maximalen Hygroskopizität	von der 1,5fachen Maximalen Hygroskopizität bis zur Luft-Hygroskopizität
Ungestörte Struktur bei allmählicher Anfeuchtung	0,02	0,33	0,68	0,74
Ungestörte Struktur, aber bei rascher kapillarer Anfeuchtung	0,26	0,56	0,65	0,71
künstl. Scholle aus dem in feuchtem Zustand durchgekneteten Boden	0,98	0,98	0,70	0,53

Aus Tab. 86 geht hervor, daß das Volumen des lufttrockenen Bodens bei Befeuchtung bis zur Minimalen Wasserkapazität im Mittel um mindestens die Hälfte zunimmt. Unter natürlichen Lagerungsverhältnissen ist jedoch nur der oberste Bodenhorizont zur Vergrößerung des Volumens imstande. Mit der Tiefe nimmt die Quellbarkeit ab, weil hier der Bodendruck zunimmt, der das Porenvolumen vermindert.

Wenn wir einen solchen Boden künstlich lockern, erhöhen wir seine Quellungsfähigkeit und demzufolge auch bis zu einer gewissen Grenze seine Minimale Wasserkapazität, die von Struktur, Textur, Humusgehalt und Gehalt an Austauschkationen abhängt.

WILJAMS hat bereits darauf hingewiesen, daß Stoffe mit großer Wasserkapazität, wie z. B. Ton, kein Wasser aufnehmen, „wenn sie nicht ihr Volumen vergrößern können" (1940, S. 80).

Bestätigt werden diese Ausführungen durch die Versuche von BOGATSCHUK (1938). Er bestimmte die *GW* eines Tschernosjoms in natürlicher Lagerung sowie nach der Entfernung der 20 oder 40 cm dicken Schicht. Die Ergebnisse sind in der Tab. 87. enthalten.

TABELLE 87

Minimale Wasserkapazität (in Volumenprozenten) eines Tschernosjoms nach BOGATSCHUK

	Tiefe des Oberflächenhorizontes in cm							
	0–10	10–20	20–30	30–40	40–50	50–60	60–70	70–80
Ohne Abtragung	37,0	36,7	34,3	32,6	32,1	31,9	32,6	31,5
Abtragung einer 20 cm starken Schicht	—	—	36,6	36,9	34,1	32,8	32,6	32,5
Abtragung einer 40 cm starken Schicht	—	—	—	—	36,9	36,4	34,5	32,6

Aus diesen Angaben geht hervor, daß die *GW* in den unteren Schichten von 40 cm an zunimmt, wenn die obere Schicht abgetragen wird. Das erklärt sich aus der Quellung dieser Schichten.

Daraus ergibt sich die wichtige praktische Schlußfolgerung, daß wir durch Vertiefung der Ackerkrume oder durch Lockerung des Untergrundes die Wasserführung des Bodens verbessern und daß damit der Vorrat an physiologisch nutzbarem Wasser gesteigert wird. Interessante Unterlagen, die diese Schlußfolgerung bestätigen, finden wir in der Arbeit BALJABOS und WASSILJEWAS (1951).

Auf Grund der obigen Angaben wird auch die Gleichung TJUREMNOWS verständlich. Da das Volumengewicht einen zur Bodenstruktur in umgekehrten Verhältnis stehenden Wert darstellt, kann der Boden stärker bis zu einer gewissen Grenze quellen, wodurch die Minimale Wasserkapazität erhöht wird.

4. Die Beweglichkeit des „hängenden Kapillarwassers" in lehmigen und tonigen Böden bei Minimaler Wasserkapazität

Wenden wir uns jetzt der Beweglichkeit des Wassers bei einem Wassergehalt zu, der der Minimalen Wasserkapazität entspricht.

Wir haben bereits gesehen, daß bei Eintritt des Wassers von oben in eine mehr oder weniger trockene Bodenmasse ein Teil der Masse, je nach der Menge des zugegebenen Wassers und dem ursprünglichen Feuchtigkeitsgehalt des Bodens, bis zur *GW* durchfeuchtet wird. Dann folgt eine Übergangsschicht mit rasch nach unten zu abnehmendem Feuchtigkeitsgehalt und endlich die Schicht mit ursprünglicher Feuchtigkeit.

DOLGOW (1948 a, S. 79ff.) stellte fest, daß die Beweglichkeit des Bodenwassers mit der Verringerung der Bodenfeuchtigkeit bis zur *GW* stark abnimmt.

Man kann ferner die Versuche Zwetkows heranziehen, auf die sich Franzesson (1947) stützt. Aus diesen Versuchen ging hervor, daß die Verdunstung im Tschernosjom der Sumsker Versuchsstation stark abnimmt, sobald der Wassergehalt unter die *GW* sinkt.

Daraus könnte man schließen, daß das in der oberen, bis zur *GW* benetzten Schicht, befindliche Wasser praktisch unbeweglich ist. Das kommt besonders deutlich durch die Tatsache zum Ausdruck, daß das Wasser nach unten zu nicht abfließt, obwohl an der Grenze der feuchten Schicht ein erheblicher Feuchtigkeitsgradient besteht. Es erweist sich aber, daß dieses Wasser verdunsten kann, wenn es sich zur Oberfläche hin bewegt, und zwar in jeder Richtung.

Das Aufsteigen des „hängenden Kapillarwassers“ bei Verdunstung in lehmigen und tonigen Bodenprofilen ist von großer praktischer Bedeutung, weil bekanntlich gerade in dieser Form die Speicherung von Wasser in der überwiegenden Mehrzahl der Böden vom Steppentyp (Tschernosjom, kastanienfarbige Böden und Grauerden) vor sich geht; das gleiche gilt für viele graue Waldsteppenböden. Kann ein so gespeichertes Wasser durch Verdunstung verlorengehen? Falls ja, in welchem Ausmaße?

Diese Frage hat zahlreiche Forscher, Bodenkundler und vor allem Agronomen beschäftigt. So sonderbar es scheint, außer zahlreichen Betrachtungen zu diesem Thema finden wir keinen Versuch, der diese so wichtige Frage experimentell beantwortet, sodaß sich bis vor kurzem die Forscher bei Beantwortung dieser Frage widersprachen. Wie wir gleich sehen werden, fanden meist die Forscher die richtige Antwort, die unmittelbar in der Praxis mit dieser Frage zu tun hatten.

Kostytschew beantwortete die uns interessierende Frage vollkommen eindeutig in seiner Bodenkunde 1886/1887 wie folgt: „Vielfach liegt der Grundwasserspiegel so tief, daß von einem Aufsteigen an die Oberfläche nicht die Rede sein kann. Zur austrocknenden Krume kann aus den unteren Horizonten nur das Wasser aufsteigen, das vom Boden infolge seiner Wasserkapazität zurückgehalten worden war“ (zitiert nach der Auflage von 1939, S. 128/129). Anschließend (S. 128) wird zur Erklärung der Wasserbewegung angenommen, daß bei Verdunstung des Wassers in den engen Kapillaren eine Auffüllung durch Zufluß aus den großen Kapillaren erfolgt.

Diese Auffassung wurde von Ismailski (1894, S. 122) geteilt, der ausführte: „Die obere Bodenschicht, die einen Teil ihres Wassers durch Verdunstung verloren hat, kann unter gewissen Voraussetzungen diesen Verlust durch Wasser der tieferen Schichten decken, das infolge der Kapillarität zu der austrocknenden Bodenoberfläche aufsteigt. Somit nimmt das Wasser im Boden durch die Verdunstung ab, die nicht nur an dem Wasser der oberen Schicht, sondern auch an den Vorräten der tieferen Schichten zehrt.“

Diese Tatsache konnte auch Wysozki nicht entgehen. In Weliko-Anadol beobachtete er 1898 (S. 26ff.), „daß das an der Oberfläche verdunstende und von unten kapillar aufsteigende Wasser die in ihm gelösten Stoffe an die Oberfläche bringt . . .“ Da Wysozki eine vollkommen klare Vorstellung darüber hatte, daß das Bodenwasser im Tschernosjom nicht mit dem Grundwasser in Verbindung steht, können wir mit Recht aus obigem Zitat folgern, daß auch nach WYSOZKI das hängende Wasser bei Verdunstung einer aufsteigenden Bewegung fähig ist. Weiter unten führt WYSOZKI sogar als Grenzwert 15% (wahrscheinlich vom Gewicht des feuchten Bodens, was 17,6% des Trockengewichts entsprechen würde — A. R.) für die „kapillare Feuchtigkeit" des Untergrundes in Weliko-Anadol an, eine Menge die eine freie Zirkulation des flüssigen Wassers und der Lösungen zulasse.

WILJAMS nimmt den gleichen Standpunkt ein, wenn er sagt, daß in einem strukturlosen Boden „. . . sobald sich an der Bodenoberfläche eine trockene Schicht absondert, das Wasser der nächsten unteren Schicht dorthin strömt".

Leider wurden diese durchaus richtigen Vorstellungen von KOSTYTSCHEW, ISMAILSKI, WYSOZKI und WILJAMS, die sich auf Beobachtungen in der Natur stützten, in den Arbeiten dieser Forscher nicht durch experimentelle Unterlagen erhärtet. Nur damit läßt sich die Tatsache erklären, daß später Forscher, darunter auch namhafte Gelehrte wie KOSSOWITSCH, ROTMISTROW, LEBEDEW u. a., zu direkt entgegengesetzten Ansichten gelangten, die aber falsch sind.

KOSSOWITSCH, dem wir den Begriff „Minimale Wasserkapazität" verdanken, schrieb: Die der Minimalen Wasserkapazität entsprechende Feuchtigkeit des Bodens ist nicht in der Lage, sich im Boden zu bewegen (1904). Diese Behauptung wird dann verständlich, wenn wir daran erinnern, daß KOSSOWITSCH sich das Wasser der Minimalen Wasserkapazität als in Fugen isolierte Ansammlungen vorstellte.

In einer seiner ersten Untersuchungen (1904) räumte ROTMISTROW die Möglichkeit einer aufsteigenden Bewegung des hängenden Wassers bei Verdunstung in den Grenzen eines Meters ein. Später gab er diesen Standpunkt auf. In seiner Arbeit „Das Wesen der Dürre" geht er von seinem früher aufgestellten Begriff des „kritischen Horizontes" ab und erklärt, daß die Möglichkeit eines Wasseraufstieges aus den tieferen Schichten an die Oberfläche infolge der Kapillarität eine „fehlerhafte Vorstellung ist, die sozusagen aus der Literatur in Umlauf kam" (1913). Gleichzeitig erklärte ROTMISTROW, daß das Wasser in einem ungesättigten Boden in Form von „größeren oder kleineren durch Luft getrennten Tropfen auftritt"; er stellte sich also den Zustand dieses Wassers genau so vor wie KOSSOWITSCH.

Deutlicher nimmt LEBEDEW zu dieser Frage Stellung, und zwar in seinen frühesten Arbeiten aus dem Jahre 1913. Er schreibt (1913, S. 117/118): „Naturbeobachtungen zeigen, daß solch ein Austrocknen der südlichen Böden schichtweise von oben nach unten zu vor sich geht, was nicht eintreten könnte, wenn das Wasser kapillar hochsteigen würde." Er fährt fort: „Die theoretischen Überlegungen, Naturbeobachtungen und Versuche veranlassen uns zu der Behauptung, daß im Süden, Südosten und im allgemeinen überall dort, wo ein toter Horizont auftritt, eine kapillare Bewegung des Wassers von unten nach oben in den oberen Bodenhorizonten unmöglich ist."[1]

---

[1] Von A. RODE gesperrt.

Auch die Gruppe von Forschern, die durch ROTMISTROW und LEBEDEW vertreten wird, hatte keine experimentellen Beweise für ihre Ansicht.

Ausführlich behandelt Rosow (1936, S. 77/78 u. 121/122) im Zusammenhang mit der Versalzung der Böden diese Frage. Sein eigener Standpunkt kommt nicht ganz klar zum Ausdruck. An der einen Stelle weist er darauf hin, daß die Paternosterform der Bodenkapillaren die aufsteigende Bewegung des „hängenden" Wassers begünstigt, während er an anderer Stelle wieder anderer Meinung ist. In seinem Buch findet sich jedoch ein Hinweis auf die experimentellen Untersuchungen von GOROCHOWA im Laboratorium des Allunions-Forschungsinstitutes für Hydrologie und Meliorationswesen, aus denen hervorgeht, daß „je nach der Struktur des Untergrundes die Bewegung der Salze, ohne vom Grundwasser gestützt zu werden, variieren kann, daß in den meisten Fällen jedoch, ein energisches Aufsteigen vor sich geht.'

Die erste experimentelle Arbeit LETUNOWS, MUSYTSCHUKS und LAPSCHINAS (1936 u. 1942) über diese Frage erschien im Jahre 1936. In Glasröhrchen füllte man Erde mit 2% NaCl ein und überschichtete sie mit einer 30 cm starken Bodenschicht ohne Salz. Die aufgebrachten Wassergaben wurden so berechnet, daß eine durchgehende Benetzung der Erde in den Röhrchen nicht eintrat,

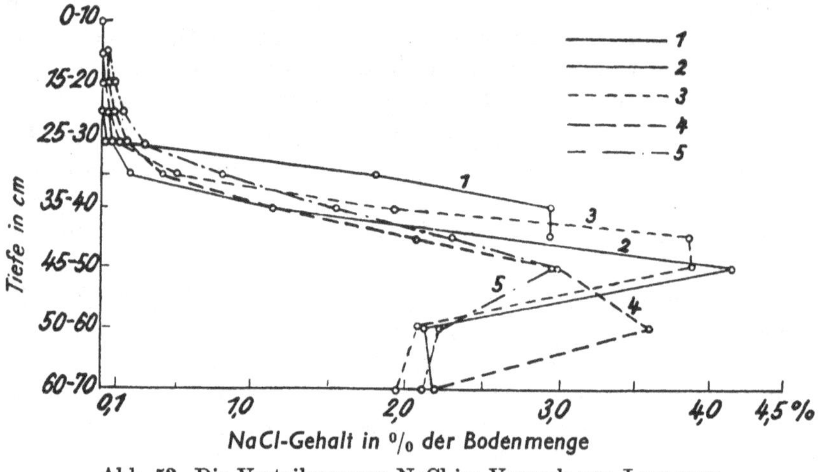

Abb. 53. Die Verteilung von NaCl im Versuch von LETUNOW

1 — Entnahme sofort; *2* — nach einem Monat Boden vor Verdunstung geschützt; *3* — nach einem Monat bei Verdunstung; *4* — nach drei Monaten Boden vor Verdunstung geschützt; *5* — nach drei Monaten bei Verdunstung

sondern die erste Versuchsserie bis 30 cm und die zweite bis 60 cm durchfeuchtet wurde. Anschließend setzte man die feuchten Säulen unter Laboratoriumsbedingungen bei Zimmertemperatur der Verdunstung aus. In Abständen von 1, 2 und 3 Monaten bestimmte man schichtweise den Wasser- und Chlorgehalt. Die Versuchsergebnisse sind in Abb. 53 dargestellt. Sie zeigen erstens, daß der größte Teil des Wassers in der 30 cm starken Schicht verdunstete, zweitens, daß Salz mit dem verdunstenden Wasser in die obere 30 cm starke Schicht aufstieg.

Es fand also fraglos eine aufsteigende Bewegung des hängenden Wassers in flüssigem Zustand statt.

Gleichzeitig muß festgestellt werden, daß die Einwanderung des Salzes durch Diffusion sehr unbedeutend war und daß sie bei beendeter Verdunstung nur wenig über der ohne Verdunstung lag. Methodisch ist dieser Versuch nicht als ganz glücklich angelegt zu bezeichnen. Wie die Autoren feststellten, neigte der salzhaltige Horizont (beginnend mit 30 cm und tiefer) in seinem oberen Teil bei der Benetzung zur Solonezbildung, die das Aufsteigen von Wasser und Salz sehr erschwerte. Dadurch läßt es sich erklären, daß von der Austrocknung selbst bei Durchfeuchtung bis auf 60 cm nur die oberen 30 cm erfaßt und die darunterliegenden Schichten kaum berührt wurden. Dieser Versuchsfehler nimmt den Ergebnissen die Beweiskraft.

Auch Katschinski beobachtete bei seinen Untersuchungen der physikalischen Eigenschaften gewachsener Böden im Tal der Bogas (Katschinski, Osin und Dolgopolowa, 1937), daß durch Verdunstung das hängende Wasser zur Oberfläche aufsteigt. Er stellte in bewässerten Böden Wasserverluste in der gesamten durchfeuchteten Schicht fest. Aus seinen Angaben geht hervor, daß dieser Verlust in einer Tiefe von 20 bis 40 cm eintritt. Nach Katschinski geht dieser Wasserverlust auf doppelte Weise vor sich: einmal durch das Aufsteigen des Wassers zur Oberfläche mit nachfolgender Verdunstung und zum anderen durch direkte Verdunstung in den Bodenspalten. Katschinski mißt der ersten Erscheinung die größere Bedeutung bei. Wie Kostytschew erklärt Katschinski den Vorgang folgendermaßen: „Die großen Kapillaren stellen die Wasserreservoire dar, welche die kleinen Kapillaren auffüllen, die ihrerseits das Wasser der Oberfläche zuführen.“ Hierzu ist die Beobachtung Katschinskis bemerkenswert, daß das Wasser nicht in seitliche Kapillaren versickerte.

In früheren Arbeiten (1933) hatte Katschinski nachgewiesen, daß bei Schwarzbrache eines Podsols im Gebiet Moskau wesentliche Wasserverluste durch physikalische Verdunstung auftreten. Es stellte sich heraus, daß auf pulverisiertem Boden bedeutend mehr Wasser verlorenging als auf Böden mit Krümelstruktur. Diese Erklärung ist unter Berücksichtigung der Versuchsbedingungen durchaus einleuchtend. Katschinski beobachtete den Wasserverlust sogleich nach der Wassergabe, solange also das Wasser noch nicht Zeit gefunden hatte, den Gleichgewichts-Zustand zu erreichen, der für die Minimale Wasserkapazität kennzeichnend ist.

Fraglos kommt es in situ sehr oft vor, daß die Verdunstung sofort nach dem Platzregen oder der Wassergabe einsetzt. Aber wie wir noch sehen werden, tritt die aufsteigende Bewegung des hängenden Wassers auch nach Einstellung des Gleichgewichts ein. Offenbar ist in diesem Zustand das Absaugen des Wassers aus den großen Kapillaren durch die kleinen abgeschlossen, so daß diese Ursache für das Aufsteigen des hängenden Wassers zur Oberfläche nicht mehr wirksam ist.

Da nach Katschinski beim Aufsteigen des hängenden Kapillarwassers während des Verdunstungsprozesses ein seitliches Versickern nicht stattfindet, so ist zu fragen, ob dieser Bewegungsmechanismus überhaupt von Bedeutung ist. Wenn das

Wasser, aus den großen Kapillaren gespeist, sich in den feinen Kapillaren bewegen kann, warum sollte es sich nicht auch auf die gleiche Weise in den feinen Kapillaren seitlich bewegen? Ohne die Erklärung KATSCHINSKIS völlig abzulehnen, sind wir doch der Meinung, daß der Anteil dieses Mechanismus an der aufsteigenden Wasserbewegung nur gering ist und daß hier andere Ursachen wesentlich beteiligt sind, über die wir noch sprechen werden.

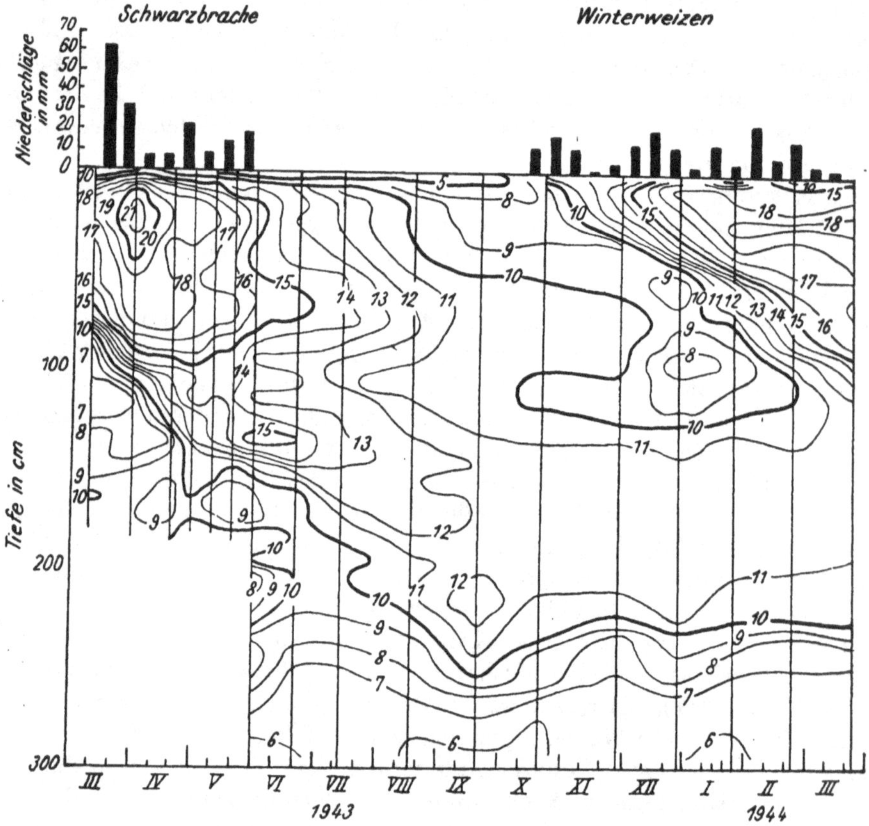

Abb. 54. Wassergehalt einer nicht bewässerten Grauerde unter Schwarzbrache und Winterweizen nach BOLSCHAKOW

Die Zahlen geben den Wassergehalt in Gew.-% an

Als wir 1942 die Erforschung der Wasserführung nicht bewässerter Grauerden in Mittelasien begannen, standen wir ebenfalls vor der Frage nach den Ursachen der aufsteigenden Bewegung des hängenden Wassers bei Verdunstung aus der Oberfläche. Zur Beantwortung stellen wir auf der Abb. 54 den Wassergehalt einer typischen Grauerde unter Schwarzbrache (die dauernd von Vegetation freigehalten wurde) im Laufe eines Jahres dar (RODE, 1947).

Aus Abb. 54 ist zu ersehen, daß das hängende Wasser, das im April die größte Mächtigkeit zeigte, von der 150 cm mächtigen Schicht ziemlich rasch verausgabt wurde, so daß deren Wassergehalt im August auf 10 bis 11% absank, während die Minimale Wasserkapazität *GW* in dieser Zeit 16 bis 18,5% betrug. Im weiteren Verlauf des Jahres blieb der Wassergehalt von 10 bis 11% erstaunlich konstant. Daraus folgt, daß ein bedeutender Teil des hängenden Wassers von der Bodenmasse durch Verdunstung abgegeben wird. Es erhebt sich nun die Frage, in welcher Form und in welcher Richtung dieses Wasser ausgewandert ist.

Ein erheblicher Übergang von Wasser in Dampfform in die unteren Schichten ist offenbar nicht vor sich gegangen, weil diese während des ganzen Jahres eine fast unveränderte Feuchtigkeit von 6 bis 7% hatten. Folglich kann das hängende Wasser nur an die Atmosphäre abgegeben worden sein. Es ist dabei jedoch ungeklärt, in welcher Form — ob in flüssiger oder dampfförmiger — das Wasser hierbei im Bodenprofil bewegt worden ist.

Um diese Frage zu beantworten, stellte Bolschakow (1950) folgenden Versuch an. Er hob eine Grube von 2 m Tiefe und 2×2 m Fläche aus, bedeckte die Seitenflächen des Profils mit öldurchtränktem Papier und deckte den Einschlag wieder zu. Der Boden wurde von oben mit einer schwachen Calciumchloridlösung benetzt, die die Bodenmasse bis auf eine Tiefe von 90 cm durchtränkte. Da man den Versuch im Frühjahr durchführte, als der Boden noch viel Wasser enthielt, hatte die gesamte Bodenmasse einen Wassergehalt, der der *GW* entsprach.

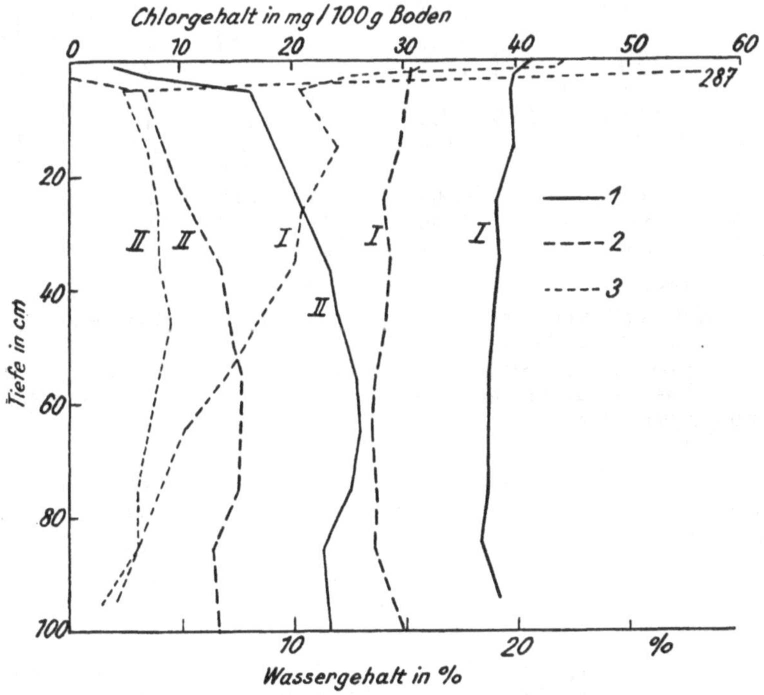

Abb. 55. Wasser- und Chlorgehalt in unbewässerter Grauerde bei Verdunstung des hängenden Wassers (Feldversuch Bolschakows)

1 — Gesamtwassergehalt; *2* — Gehalt an freiem Wasser; *3* — Chlorgehalt; *I* — vor dem Versuch; *II* — nach dem Versuch

Nachdem die Lösung aufgesaugt war, wurde die Oberfläche sorgfältig zugedeckt, um Verdunstung zu vermeiden. Nach zwei Wochen (am 2. Juli) legte man den Bodeneinschlag frei, um im Boden die schichtweise Verteilung von Wasser und Chlor zu bestimmen. Anschließend wurde die Fläche, die man von Pflanzen freihielt, der freien Verdunstung überlassen. Am 3. Oktober, also nach drei Monaten, wiederholte man die schichtweise Bestimmung des Wasser- und Chlorgehaltes. Die Ergebnisse sind auf Abb. 55 und in Tab. 88 enthalten.

TABELLE 88

Feldversuch zur Bestimmung der Formen, in denen die Bewegung des hängenden Wassers bei Verdunstung vor sich geht (nach BOLSCHAKOW, 1950)

Tiefe der entnommenen Probe in cm	Ausgangszustand am 2. Juli				Endzustand am 3. Oktober			
	Wassergehalt Gew.-%		Chlor		Wassergehalt Gew.-%		Chlor	
	Gesamt	frei	in Gew.-%	mg in 1 g freiem Wasser	Gesamt	frei	in Gew.-%	mg in 1 g freiem Wasser
0 — 2,5	20,4	15,7	0,044	2,80	2,2	—2,5	0,287	—
2,5— 5	19,9	15,2	0,026	1,71	3,7	—1,0	0,056	—
5 — 10	19,7	15,2	0,021	1,40	8,1	3,4	0,005	1,47
10 — 20	19,8	14,8	0,024	1,62	9,3	4,3	0,007	1,62
20 — 30	19,0	14,0	0,021	1,50	10,3	5,3	0,008	1,51
30 — 40	19,1	14,3	0,020	1,40	11,5	6,7	0,008	1,19
40 — 50	18,9	14,1	0,017	1,21	11,9	7,1	0,009	1,27
50 — 60	18,6	13,6	0,014	1,03	12,7	7,7	0,008	1,04
60 — 70	18,6	13,4	0,010	0,75	12,9	7,7	0,007	0,91
70 — 80	18,6	13,6	0,008	0,59	12,5	7,5	0,006	0,80
80 — 90	18,3	13,5	0,006	0,44	11,2	6,4	0,006	0,71
90 —100	19,2	14,4	0,004	0,28	11,4	6,6	0,003	0,45

Anmerkungen:

1. Den Gehalt an „freiem“ Wasser berechneten wir (A. R.) durch Subtraktion der Maximalen Hygroskopizität vom Gesamtwassergehalt.

2. Die negativen Werte des Gehaltes an freiem Wasser am 3. Oktober in einer Schicht von 0 bis 15 cm sind darauf zurückzuführen, daß die Feuchtigkeit dieser Schicht unter der Maximalen Hygroskopizität lag.

1. Wir sehen, daß der Feuchtigkeitsgehalt der gesamten obersten Schicht von 1 m stark zurückgegangen ist; im oberen Teil fiel er unter die Maximale Hygroskopizität, während er in der Schicht von 20 bis 100 cm auf durchschnittlich 11% absank, also auf den Grenzwert, den der Boden durch Schwarzbracheaustrocknung hatte (Abb. 54). Der Gesamtvorrat an „freiem“ Wasser verringerte sich in der obersten Meterschicht von 203,8 auf 84,3 mm, also um etwa 60%.

2. Das Salz stieg nach oben, im Horizont von 0 bis 5 cm trat eine beachtliche Anreicherung von Chlor ein, während in den tieferen Schichten der Salzgehalt abnahm. Die Kontrollberechnung des Salzgehaltes in der Säule von 1 dm² Querschnitt zeigte, daß er zu Beginn des Versuches 2,006 g, am Ende 1,877 g

betrug. Dieser geringe Verlust ist darauf zurückzuführen, daß das an der Bodenoberfläche auskristallisierte Salz teilweise vom Winde verweht wurde.

3. In der Schicht von 5 bis 90 cm war die Salzkonzentration im „freien“ Wasser im Laufe des Versuches praktisch kaum verändert. Die Berechnung der durchschnittlichen Konzentration ergab 1,00 mg/g zu Beginn und 1,13 mg/g am Ende des Versuches.

Daraus folgt einwandfrei, daß das hängende Wasser im Bodenprofil in flüssigem Zustand aufgestiegen ist. Die Verdunstung erfolgte bis zu einer Tiefe von etwa 5 cm, was daraus hervorgeht, daß sich die Salzkonzentration der Lösung unterhalb dieser Schicht nicht veränderte.

Außer dieser unbestreitbaren Tatsache ergibt sich noch die weitere, daß die Abwanderung von hängendem Wasser nur bis zu einer gewissen Feuchtigkeitsgrenze möglich ist, die im vorliegenden Fall etwa 11% betrug.

Um diese Schlußfolgerung zu prüfen, veranlaßten wir Abramowa, darüber Laboratoriumsversuche durchzuführen, die zum Teil veröffentlich sind (Abramowa, 1948).

In Röhren aus verzinktem Eisen von 90 mm Durchmesser und 1 m Länge (in einigen Versuchen auch 1,4 m) füllte man lufttrockenen Boden ein, der vorher zerrieben und durch ein Sieb von 1 mm getrieben worden war. Anschließend begoß man die Bodensäule von oben mit einer 0,01 n Calciumchloridlösung so, daß die Säule nicht vollständig, sondern nur bis zu 70 bis 80 cm Tiefe durchfeuchtet wurde. Dann verschloß man die Röhre und ließ sie 20 Tage stehen. Diese Zeit genügte, um im Boden nahezu einen Gleichgewichtszustand in der Wasserverteilung zu erreichen. Nach 20 Tagen zerlegte man die Röhren und bestimmte schichtweise den Wassergehalt und die Verteilung des Chlors. Die restlichen Röhren stellte man senkrecht in einen Kasten mit starken elektrischen Glühbirnen, um eine schnelle Verdunstung hervorzurufen und erwärmte sie täglich 8 Stunden. Nach einem gewissen Zeitraum bestimmte man wiederum schichtweise den Wasser- und den Chlorgehalt.

Die Ergebnisse von vier Versuchen sind in den Abb. 56, 57, 58 und 59 dargestellt. Jede Abb. enthält drei Serien Kurven. Die linke Serie dieser Kurven stellt die Verteilung der Feuchtigkeit, die mittlere die Verteilung des Chlors und die rechte die Salzkonzentration dar. Letztere ist wiederum auf das „freie“ Wasser — also auf den Wassergehalt minus der Maximalen Hygroskopizität — berechnet.

Wir beginnen mit der Besprechung der Abb. 56, auf der die Versuchsergebnisse mit leichtem strukturlosem Lehm dargestellt sind. Aus der Betrachtung der linken Kurven geht klar hervor, daß sich der Gehalt an hängendem Wasser bei Verdunstung stark verringert hatte, wobei sich diese Abnahme mehr oder weniger gleichmäßig auf die gesamte durchnäßte Masse verteilte (hier bis 70 cm Tiefe). Die Minimale Wasserkapazität betrug etwa 17 bis 17,5%. Nach Abschluß des Versuches war der Wassergehalt auf 11,5% zurückgegangen. Somit betrug der Wasserverlust etwa 6%, also rund ein Drittel des Gesamtgehaltes. Da die Maximale Hygroskopizität bei 4% und der Welkepunkt bei etwa 6% lag, ergibt sich ein Verlust von etwa 45%, auf das „freie“ Wasser bezogen. Wesentlich

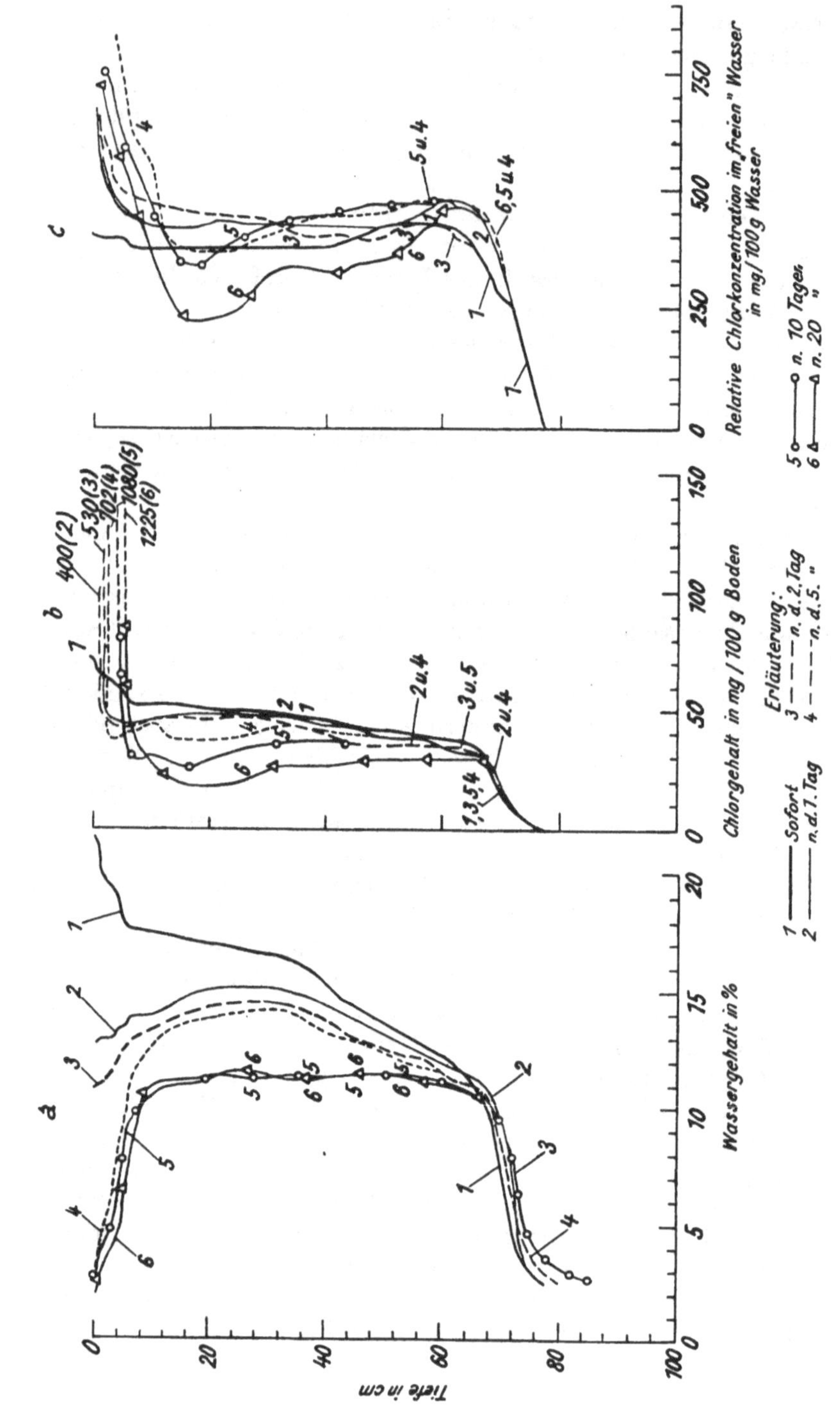

Abb. 56. Verteilung von hängendem Wasser in leichtem Lehm nach ABRAMOWA

1 — Ausgangszustand; *2* — am ersten Tage; *3* — am zweiten Tage; *4* — am fünften Tage; *5* — am zehnten Tage; *6* — am zwanzigsten Tage hierbei ist der Umstand, daß nach Einstellen des Gleichgewichts von 11,5% Wassergehalt kaum noch weitere Wasserverluste eintraten. Am 10. und 20. Tage decken sich die Wassergehaltskurven nahezu; eine Ausnahme macht lediglich die oberste, 12 cm starke Schicht.

Wenden wir uns jetzt dem Chlorgehalt zu (mittlerer Teil der Abb. 56). Die Kurven des Salzgehalts ähneln im allgemeinen denjenigen der Wasserverteilung; ausgenommen hiervon ist nur die oberste Schicht, in der eine so starke Anreicherung von Chlor eintrat, daß sie im Rahmen der Abbildung nur mit Zahlen gekennzeichnet werden konnte.

Bei Verdunstung bewegt sich also das hängende Wasser in flüssiger Form zur verdunstenden Oberfläche, wie die Anreicherung mit Chlor an der Oberfläche beweist.

Wenn die Bewegung des Wassers nur in flüssiger Form vor sich ginge, so dürfte sich die Chlor-Konzentration des frei beweglichen Wassers nicht verändern. Aus dem rechten Teil der Abb. 56 entnehmen wir, daß sich die Salzkonzentration nach den ersten 10 Tagen wenig verändert hat, obwohl eine gewisse steigende Tendenz vorliegt. Das beweist, daß neben ausgeprägtem Aufsteigen von flüssigem Wasser in geringfügigem Maße auch dampfförmiges Wasser bewegt wird, wodurch die Konzentration der Lösung etwas erhöht wird. Zwischen dem zehnten und dem zwanzigsten Tage verringert sich die Konzentration der gesamten feuchten Schicht stark; besonders ausgeprägt in der Schicht von 10 bis 30 cm. Die Abnahme der Konzentration erreicht in der Zeit vom 20. bis zum 40. Tage ihren tiefsten Punkt. Da das in allen Versuchen ohne Ausnahme beobachtet werden konnte, kann diese Erscheinung nicht zufällig sein, sondern ist wie folgt zu verstehen: Da die Bodensäule von oben erwärmt wird, muß dampfförmiges Wasser abdestillieren und in den unteren kühleren Schichten kondensieren. Es steigt dann in flüssiger Form zur verdunstenden Oberfläche, das Salz mitnehmend, zurück, so daß der Salzgehalt bei gleichbleibender Feuchtigkeit abnimmt. Die soeben beschriebene Erscheinung setzte wahrscheinlich sofort mit Beginn des Versuches ein. Solange in der Anfangsperiode das Aufsteigen überwiegt, läßt sich die Destillation des Wasserdampfes nicht beobachten. Erst wenn der Wassergehalt den Grenzwert von 11,5% erreicht und sich dabei das wasserfreie Porenvolumen, in dem allein die Destillation stattfinden kann, wesentlich vergrößert, tritt die beschriebene Bewegung des Wassers als Dampf so intensiv ein, daß sie nachweisbar wird.

Wenden wir uns jetzt dem zweiten Versuch Abramowas zu. Dieser wurde mit tiefgründigem Tschernosjom aus der Ursteppe im Zentralen Staatlichen, Tschernosjom-Naturschutzgebiet angestellt. Der Versuch wurde in zwei Varianten durchgeführt: mit gesiebten Aggregaten von 1 bis 3 mm und mit pulverisiertem Tschernosjom. Die Versuchsergebnisse sind in den Abb. 57 (Krümel) und 58 (pulverisierter Tschernosjom) dargestellt.

Auch dieser Versuch hatte das gleiche Ergebnis wie der erste. Durch Verdunstung hat sich ein Teil des hängenden Wassers nach oben zu bewegt, wie die Anreicherung der Chlorionen in den oberen Schichten zeigt. Nachdem der

Wassergehalt bis zu einer gewissen Grenze zurückgegangen war, hörte die aufsteigende Wasserbewegung zwar nicht ganz auf, wie im ersten Versuch mit Decklehm, blieb aber vollkommen unbedeutend. Darauf weist die geringfügige Abweichung der Kurven im mittleren Teil der Säule hin, am 20. bis 40. Tage des Versuchs mit den Krümeln und am 20. bis 60. Tage im Versuch mit dem pulverisierten Tschernosjom. Dieser Versuch zeigt einen Wendepunkt, bei dem die

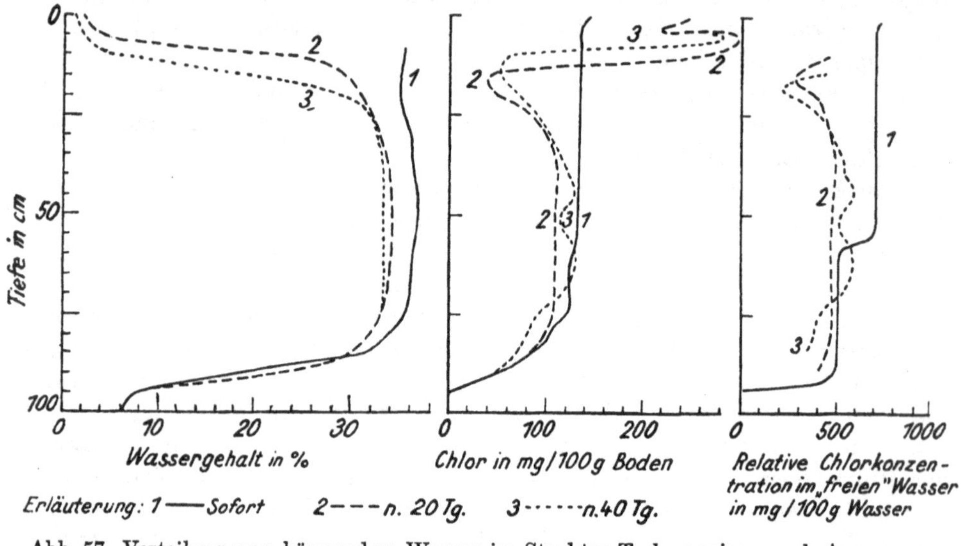

Abb. 57. Verteilung von hängendem Wasser im Struktur-Tschernosjom nach ABRAMOWA

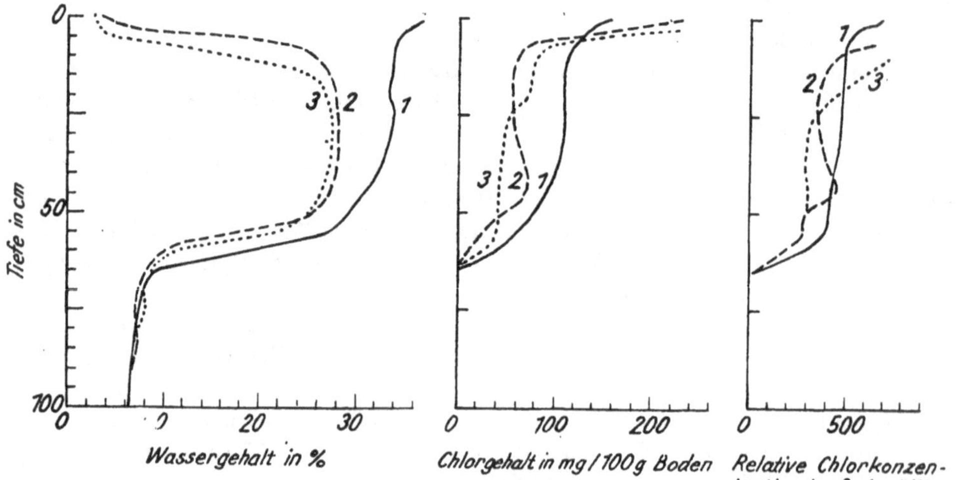

Abb. 58. Verteilung von kapillar-getragenem Wasser in einem zerriebenen Tschernosjom nach ABRAMOWA

Fähigkeit des hängenden Wassers aufzusteigen, wenn auch stark vermindert, erhalten bleibt.

Der wesentliche Unterschied zwischen Tschernosjom und mildem Lehm ist folgender: Das Intervall zwischen dem Wendepunkt und der *GW* beträgt für die Krümel des Tschernosjom etwa 3 Gewichtsprozent, für den pulverisierten Tschernosjom etwa 6%. Diese Werte sind etwa 8 und 18% der *GW*, für den leichten Lehm 35%. Der Einfluß der Krümelung des Bodens ist ebenfalls zu beachten, weil er den Verdunstungsverlust des hängenden Wassers stark herabsetzt, was wiederum die Auffassung von Wiljams bestätigt, daß die Struktur bei der Schonung des Wasservorrats eine ausschlaggebende Rolle spielt.

Wir kommen zum vierten Versuch Abramowas mit schwerem Lehm. Die Versuchsergebnisse sind auf der Abb. 59 dargestellt.

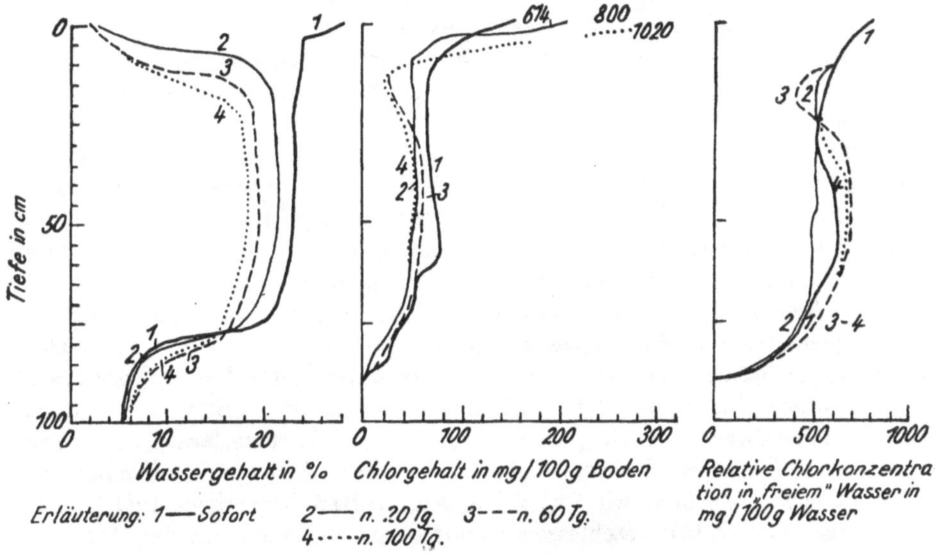

Abb. 59. Abramowas Versuch mit schwerem Lehm

Auch in diesem Falle steigt das hängende Wasser bei Verdunstung in der Säule empor. Zum Unterschied von den vorangegangenen Versuchen konnte hier eine Grenze, bei der das Aufsteigen des hängenden Wassers aufhört oder zum mindesten stark verzögert wird, nicht beobachtet werden, obgleich der Versuch auf 100 Tage ausgedehnt wurde. Eine gewisse Verzögerung konnte allerdings beobachtet werden, wie daraus hervorgeht, daß der Abstand zwischen den Kurven, die dem 60. und 100. Tag entsprechen, geringer ist als der zwischen den Kurven des 20. und 60. Tages. Die Abnahme des Wassergehaltes und damit das Aufsteigen des Wassers ist nach 100 Tagen deutlich zu beobachten.

Die Versuche Abramowas führen also zu vollkommen eindeutigen Ergebnissen, unabhängig davon, ob die Bodenoberfläche erwärmt war, oder ob die Versuche bei Zimmertemperatur durchgeführt wurden.

Welche Schlußfolgerungen ergeben sich daraus? Aus der Tatsache, daß sich das hängende Wasser in flüssiger Form in der gesamten durchfeuchteten Säule zur verdunstenden Oberfläche hin bewegt, folgt, daß dieses Wasser einen zusammenhängenden Körper bildet, der als Ganzes aufsteigt.

Diese Geschlossenheit besteht nicht nur bei Minimaler Wasserkapazität (*GW*), sondern auch bei einem bedeutend niedrigeren Wassergehalt, der jedoch eine bestimmte Grenze hat. Wir sahen, daß die aufsteigende Bewegung des Bodenwassers bei der Verdunstung an einem bestimmten Punkt des Wassergehaltes je nach der Bodenart entweder aufhört oder doch stark verzögert wird. Die Ursache für diese Verzögerung ist wahrscheinlich das Aufhören des Zusammenhanges der frei beweglichen Wasserteilchen, während das gebundene Wasser diese Eigenschaft offenbar nicht verliert.

Diese kritische Feuchtigkeit, bei welcher das Aufsteigen des hängenden Wassers stark verzögert wird, bezeichnet Abramowa als „Feuchtigkeit des Abrisses der Kapillarverbindung“. Sie will damit ausdrücken, daß bei diesem kritischen Wassergehalt kein durchgehend mit Wasser angefülltes Porensystem mehr vorhanden ist.

Diesen kritischen Wassergehalt wollen wir mit *FRK* abkürzen. Bei einem Wassergehalt, der unter der *FRK* liegt, haftet das Wasser erstens als Manschette in den Fugen der Bodenteilchen, füllt zweitens möglicherweise einzelne miteinander nicht verbundene Poren oder Porensysteme aus und ist drittens als Wasserhaut auf der Oberfläche der Partikel vorhanden.

Es soll hier erwähnt werden, daß I. A. Widtsoe und Mc Laughlin 1912 die Feuchtigkeit des Kapillarabrisses als „Lentokapillaren Punkt“ bezeichnet haben, bei dessen Unterschreitung der kapillare Aufstieg des Wassers verlangsamt wird, während das Wasser oberhalb dieses kritischen Punktes „. . .sich entsprechend den Gesetzen der Kapillarität frei bewegt“. Hier ist darauf hinzuweisen, daß Widtsoe und Mc Laughlin aber unter „Kapillarwasser“ offenbar unser „Filmwasser“ verstehen, wie aus folgenden Worten hervorgeht (vgl. S. 223): „Kapillarwasser ist der geschlossene straff gespannte Film auf der Oberfläche der Bodenpartikel“.

Weiterhin stellen beide Forscher fest, daß die Bewegung dieses Wassers von den stärkeren Hüllen zu den dünneren vor sich geht. Wie wir sehen, entspricht auch diese Vorstellung unserem „Filmwasser“, wie es z. B. von Lebedew (vgl. Kap. IV) definiert worden ist. Daraus folgt wiederum, daß der „lentokapillare Punkt“ sinnentsprechend der Maximalen molekularen Wasserkapazität Lebedews gleichzusetzen ist. Vergleichen wir diesen Punkt von der phänomenologischen Seite aus mit dem von Abramowa geprägten Begriff der „Feuchtigkeit des Kapillarabrisses“, so müssen wir feststellen, daß die *FRK* nicht den Wendepunkt in der Bewegung des Wassers verursacht; sie entspricht vielmehr der veränderten Beweglichkeit des Bodenwassers nur in dem Teil der Bodenmasse, deren Feuchtigkeit zwischen der *GW* und der *FRK* liegt. Ein Wassergehalt zwischen diesen Grenzwerten kann die schnelle Abwanderung des Wassers in die benachbarte trocknere Schicht und einen niedrigeren Wassergehalt als *FRK* nicht mehr ermöglichen. Nach den Anschauungen von WIDTSOE und MC LAUGHLIN, die später von WIDTSOE erhärtet wurden (1926, S. 16 u. 42), entspricht der „lentokapillare Punkt“ der veränderten Bewegung des Bodenwassers, das ohne jegliche Einschränkung als „Filmwasser“ anzusprechen ist.

Der von ABRAMOWA geprägte Begriff *FRK* kommt der Wirklichkeit näher als der Begriff „lentokapillarer Punkt“, dessen Definition uns gekünstelt erscheint.

Die Tatsache, daß bei Absinken des Wassergehaltes die Beweglichkeit des Bodenwassers stark eingeschränkt wird, hat pflanzenphysiologische Konsequenzen. Im Kapitel VIII werden wir sehen, daß sich nach RYSHOW (1948) in Grauerden tatsächlich die Wasserversorgung der Pflanzen verschlechtert, wenn der Feuchtigkeitsgehalt auf 10 bis 11% — also auf die *FRK* — absinkt. Dieser Wert liegt wesentlich über dem Welkepunkt von etwa 6% und stellt gerade den Grenzwert dar, den wir (1947) und auch BOLSCHAKOW (1950) beim Studium des Wasserhaushaltes der Brachfelder (vgl. Abb. 52 u. 5)3 ermittelt haben.

Wir fassen zusammen: Während die *GW* den einen der beiden Wendepunkte für den Verlauf des Feuchtigkeitsgehalts im Bodenprofil darstellt, bei dem die Beweglichkeit des Bodenwassers stark beeinflußt wird, ist die *FRK* der zweite Wert, bei dem ebenfalls ein Sprung in der Beweglichkeit des Bodenwassers eintritt.

Man kann nun die Frage stellen: Liegt nicht ein Widerspruch darin, daß das hängende Wasser in den trockenen Teil des Bodenkörpers trotz des Feuchtigkeitsgefälles nicht einsickert, aber gleichwohl infolge Verdunstung aufsteigen kann.

Wir sind der Meinung, daß kein Widerspruch vorliegt. Die Hebung des Wassers erfolgt unter dem Einfluß der Verdunstung an der Grenze der bereits durchfeuchteten Bodenmasse. Das Wasser wird solange gehoben, wie die Wassersäule den Anschluß an die Schicht, aus der es stammt, behält. In dieser Zeit fließt das „hängende“ Wasser trotz eines Druckgradienten nicht nach unten ab, sondern wandert bei Verdunstung sofort nach oben aus, wie die Versuche ABRAMOWAS beweisen.

In diesem Zusammenhang entsteht die weitere Frage: Warum wird jedoch das Wasser infolge des vorhandenen Feuchtigkeitsgefälles durch Kapillarkräfte nicht nach unten abgezogen? Diese Frage werden wir später beantworten.

Wir müssen uns nun mit einer wichtigen Eigenschaft des „hängenden“ Wassers in feinkörnigen Böden befassen. Zunächst soll die Frage der Eigenschaft dieses Wassers in mittelkörnigen, also sandigen Böden behandelt werden. Wir sehen, daß die Möglichkeit der Bildung von „kapillar hängendem“ Wasser in diesem Fall durch das trockene Bodenmaterial, welches unter den durchnäßten Schichten lagert, bedingt wird. Selbst wenn der Boden nur 2 bis 3% Wasser hat, fließt unverzüglich Wasser nach unten ab, so daß die obere Schicht nur einen unbedeutenden Gehalt an Fugenwasser behält. Hieraus kann man den Schluß ziehen, daß in mittelkörnigen Böden beim Abfluß des „hängenden“ Wassers die Hysterese der Benetzung eine wesentliche Rolle spielt.

Wie verhalten sich in dieser Hinsicht feinkörnige Böden? Experimentelle Unterlagen gibt es darüber in der Literatur nicht. Wenn wir den Wasserhaushalt in der Natur beobachten, finden wir ebenfalls keinen Anhalt dafür, daß in Lehm- oder Tonböden die „Minimale Wasserkapazität“ *GW* irgendwie von der ursprünglichen Feuchtigkeit des Untergrundes abhängt. Voraussetzung ist, daß das Wasser tatsächlich „hängt“, daß also keine hydrostatische Stützung von unten her erfolgt.

Nehmen wir an, daß das „hängende“ Wasser in den Versuchen Abramowas durch Kapillarkräfte zurückgehalten wurde. In diesem Falle müßten wir erwarten, daß dieses Wasser imstande sein muß, den hydrostatischen Druck weiterzuleiten. Um diese Annahme zu prüfen, führte Abramowa auf unsere Veranlassung folgenden Versuch durch: Der gleiche milde Lehm, auf den sich die Zahlen der Abb. 56 beziehen, wurde mit einem Wassergehalt von 14%, der also etwa in der Mitte zwischen der *GW* mit 17,5% und der *FRK* mit 11% lag, in ein Rohr gefüllt und mit 125 ccm Wasser überschichtet.

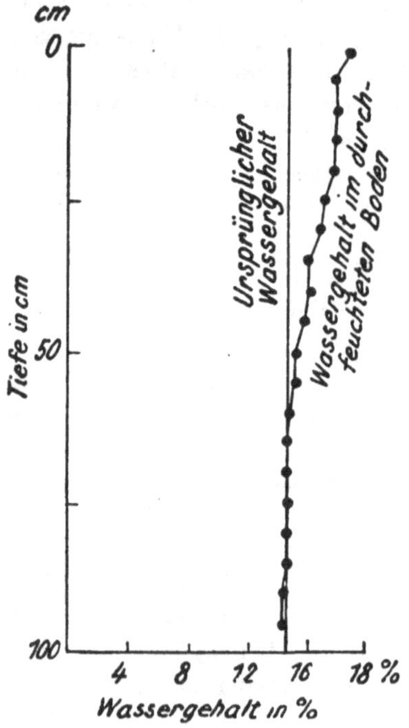

Abb. 60. Wasserverteilung im durchfeuchteten Lehm

Nach 10 Tagen, in denen jede Verdunstung ausgeschlossen war, bestimmte man schichtweise den Wassergehalt in der Bodensäule. Die Ergebnisse sind in Abb. 60 graphisch dargestellt.

Wäre ein Wassergehalt von 14% in der Lage, den hydrostatischen Druck zu übertragen, so müßte die überstehende Wasserschicht auf der Oberfläche der Bodensäule eine Abwärtsbewegung des Wassers im gesamten feuchten Teil der Säule auslösen; das müßte wiederum eine Erhöhung des Wassergehalts der gesamten Säule zur Folge haben, insbesondere der unteren Teile. Wie aus der Abb. 60 aber zu ersehen ist, wird der Wassergehalt nur in den oberen 60 cm erhöht. Das gesamte zugegebene Wasser ist also dazu verbraucht worden, um den Wassergehalt des obersten Säulenteils auf die *GW* zu bringen.

Aus diesem Versuch folgt, daß ein Wassergehalt zwischen der *FRK* und der *GW*, den hydrostatischen Druck nicht übertragen kann.

Gehen wir jetzt zur letzten Frage über, die sich auf das Verhalten des getragenen Wassers in feinkörnigen Böden bezieht. Es handelt sich darum, die Größe der Bodenporen festzustellen, die bei Minimaler Wasserkapazität das Wasser noch zurückhalten.

Wir wissen, daß die *GW* des Untergrundes nicht davon abhängt, ob eine Verbindung mit dem hängenden Wasser und dem Kapillarsaum des Grundwassers, also mit dem getragenen Wasser, besteht. Daraus ergibt sich die Schlußfolgerung, daß der kapillare Aufstieg an der Grenze aufhört, an der das getragene Wasser in das hängende übergeht. Folglich muß hängendes Wasser in solchen Poren vorhanden sein, in denen die spezifischen Kapillarkräfte, entsprechend der Differenz der Oberflächendrucke verschwinden.

Bekanntlich übersteigt im ungestörten Lößprofil die Höhe des kapillaren Wasseraufstieges nicht 300 cm, obgleich KATSCHINSKI und andere auch Steighöhen von 600 bis 800 cm beobachtet haben. Setzen wir in die Formel JURAINS

$$H = \frac{0{,}30}{d}$$

300 oder 800 cm ein, so erhalten wir den Durchmesser der Poren, der dieser Grenzhöhe des kapillaren Aufstieges entspricht, also

$$10\,\mu \text{ bzw. } 4\,\mu\,.$$

Die Berechnung kann auch auf andere Weise dadurch erfolgen, indem man die Größe der Partikel ermittelt, aus denen der Boden oder Untergrund zusammengesetzt sein muß, um den gleichen kapillaren Aufstieg bei Einzelkornstruktur zu gewährleisten. Diese Fragestellung ist natürlich vollkommen theoretisch, weil in der Natur solche Böden sehr selten vorkommen. Zur Lösung der gestellten Aufgabe verwenden wir die von uns abgewandelte Formel von JURAIN.

Für den „Idealboden“ gilt dann bei hexagonaler Packung[1]:

in der trockenen Säule: $DH = 1{,}04$
in der feuchten Säule: $DH = 1{,}93$,

in der D der Durchmesser der Partikel und H die Steighöhe ist.

Setzen wir in diese Formel $H = 300$ cm für die trockene Säule und $H = 800$ cm für die durchnäßte Säule, so wird $D =$ 30 bzw. 24 μ.

Auf Grund dieser groben Berechnung kommen wir zu dem Ergebnis, daß der maximale Querschnitt der Poren, in denen Wasser in feinkörnigen Böden hängen kann, zwischen 5 und 10 μ liegt, entsprechend (bei Monodispersität) einer Teilchengröße von 25 bis 30 μ Durchmesser.

Wir wiederholen, daß diese Berechnungen nur dazu dienen sollen, die gesuchten Größen annähernd zu bestimmen, diese sind wahrscheinlich kleiner als berechnet.

Bei FRANZESSON (1947) finden wir einen interessanten Versuch, diese Frage experimentell zu beantworten.

Mit folgenden Fraktionen führte FRANZESSON zwei Versuchsreihen durch:

feiner Sand von	0,25 bis 0,05 mm,
grober Schluff von	0,05 bis 0,01 mm,
mittlerer Schluff von	0,01 bis 0,005 mm.

Der so dicht wie möglich eingerüttelte Boden werde 5 cm hoch in Glasröhren eingefüllt und in Wasser getaucht. Das Kapillarwasser wurde anschließend leicht abgesaugt, indem man die Röhren kurze Zeit auf eine trockene Gipsplatte

[1] Vgl. S. 309.

stellte; gleichzeitig erhielt der Boden dadurch eine gewisse Bindigkeit. Anschließend wurde die obere Sand- bzw. Schluffschicht mit den zu prüfenden lufttrockenen Krümeln überschichtet. Dann wurden die Röhren wieder in Wasser getaucht, bis die Krümel nach 2 bis 3 Tagen mit Wasser gesättigt waren. Die Krümel wurden vor Verdunstung geschützt. Das Absaugen führte man solange durch, bis das Kapillarwasser entfernt war. Man erkannte das an der Farbveränderung des Schluffes oder Sandes.

Nach Franzessons Ansicht werden die Bodenkapillaren geleert, deren Volumen größer als das der Schluff- oder Sandfraktion war. Anschließend wurde die Restfeuchtigkeit in den Krümeln bestimmt und mit der Restfeuchtigkeit der im Felde ermittelten *GW* desselben Tschernosjom verglichen; sie betrug in der Krume 27,0% und in der „Unterkrume“ 27,5%. Der Vergleich ergab folgendes:

		Restfeuchtigkeit in %	
		In der Krume	In der „Unterkrume“
feinkörniger Sand	(0,25—0,05 mm	35,1	36,5
grobkörniger Schluff	(0,05—0,01 mm)	26,8	28,0
mittelkörniger Schluff	(0,01—0,005 mm)	24,6	25,6

Die Minimale Wasserkapazität *GW* entspricht danach der Restfeuchtigkeit nach Absaugen des Wassers über grobem Schluff.

Ähnliche Ergebnisse wurden von Franzesson für eine Reihe von gewachsenen Böden angestellt. Die Ergebnisse sind in Tab. 89 enthalten.

Aus der Tatsache, daß auch hier in fast allen Fällen die Minimale Wasserkapazität gleich der Restfeuchtigkeit ist, zieht Franzesson den Schluß, daß das

TABELLE 89

Wassergehalt von Böden nach Absaugen des Wassers und seine Minimale Wasserkapazität nach Franzesson, 1947

Bodentyp	Horizont	Wassergehalt nach Absaugen über grobkörnigem Schluff in %	Minimale Wasserkapazität in %
Tiefgründiger Tschernosjom, leichter, schluffig-lehmiger	A_1	24,5	24,4
tiefgründiger Tschernosjom,	Krume	27,5	27,1
mittlerer schluffig-lehmiger	A_1	28,3	27,5
Tschernosjom	B	24,6	24,9
Schwach solonezartiger toniger	Krume	31,8	32,9—35,3
Tschernosjom	B	26,2	25,5
Gewöhnlicher toniger Tschernosjom	Krume	38,4	37,4
	A_1	38,0	38,8
	B	25,7	29,5
Schwerer Decklehm	BC	23,4	23,3

Bodenwasser bei Minimaler Wasserkapazität die Kapillaren ausfüllt, die kleiner sind als die in der Schicht aus grobkörnigem Schluff.

Die größeren Kapillaren sind also bei Minimaler Wasserkapazität nicht ausgefüllt.

Eine Bestimmung des kapillaren Unterdruckes mit Hilfe des Kapillarmeters nach PURI ergab folgende Werte:

für grobkörnigen Schluff 0,21 bis 0,25 at,

für mittelkörnigen Schluff 0,70 at, d. h. 700 cm Wassersäule.

Andere Bestimmungen ergaben für grobkörnigen Schluff etwas höhere Werte und zwar 0,30 bis 0,33 at gleich 300 bis 330 cm Wassersäule.

Dieser Wert kommt der entsprechenden Steighöhe in feinkörnigen Bodenprofilen (Tab. 108) sehr nahe.

Die zweite Versuchsserie FRANZESSONS galt der Erforschung der Bewegung des hängenden Wassers. Die Versuchsmethodik bestand in folgendem: Sand oder Schluff füllte man in Glasröhren, die in der Mitte eine Öffnung hatten, durch die bei horizontaler Lage der Röhren Wasser eintreten konnte, das sich im Bodenmaterial in Schichten verschiedener Stärke verteilte. Anschließend stellte FRANZESSON die Röhren senkrecht und beobachtete die Bewegung des hängenden Wassers. Im ersten Versuch hatte man in die Röhre trockenen Sand gebracht. Die Schicht des hängenden Wassers war 10 cm stark. Wurde die Röhre senkrecht gestellt, blieb das hängende Wasser mehrere Tage lang vollkommen unbeweglich; weder Absickern noch Aufsteigen ging vor sich. Bei vergrößerter durchnäßter Schicht konnte man einen langsamen Wasserabfluß beobachten. Kapillarer Aufstieg erfolgte nicht. Somit bestätigen diese Ergebnisse die Versuche von WASSILJEW und IWANOW, jedoch mit dem wesentlichen Unterschied, daß im Versuch von FRANZESSON kein kapillarer Aufstieg des Wassers zu verzeichnen war. In einem anderen Versuch füllte man die Röhren mit feuchtem Sand, während der Wasserüberschuß mit einer Pumpe abgesaugt wurde. Sofern sich im mittleren Teil eine 10 cm starke Schicht an hängendem Wasser gebildet hatte, floß das Wasser bei vertikaler Lage des Röhrchens rasch nach unten ab. Damit ist der Beweis erbracht, daß beim Zurückhalten von hängendem Wasser im Sand die Hysterese der Benetzung eine wesentliche Rolle spielt; im feuchten Sand kann sich das hängende Wasser nicht halten.

Ähnliche Versuche wurden auch mit trockenem grobkörnigem Schluff durchgeführt.

In diesem Falle bewegte sich hängendes Wasser nach oben wie auch nach unten, sowohl bei einer Schichtstärke von 10 cm als auch von 62 bis 64 cm. Die Abwärtsbewegung des Wassers war jedoch vorherrschend (um das 7- bis 10fache stärker). Mit der Zeit verlangsamte sich die Bewegung an der oberen Grenze schneller als an der unteren Grenze der benetzten Schicht. Leider hat FRANZESSON die Endverteilung der Feuchtigkeit nicht angegeben. Nur ein Hinweis ist vorhanden, nach dem in der Versickerungszone der Wassergehalt des grobkörnigen Schluffs zwischen 5,6 und 6,0% und des mittelkörnigen zwischen 10,0 und 12,4% lag.

Die gleiche Versuchsmethode mit mittelkörnigem Schluff ergab andere Resultate. Vor allem betont Franzesson, daß sich der mittelkörnige Schluff schon bei der Einführung in die Röhre anders verhielt. Der grobkörnige Schluff sackte beim Einfüllen sehr rasch zusammen und lagerte sich beim Einrütteln ohne Schwierigkeit dicht und einheitlich. Der mittelkörnige Schluff dagegen war beim Aufstoßen der Röhre elastisch wie eine Feder. Nach Franzesson setzen die feinen Poren des mittelkörnigen Schluffes dem Austritt der Luft erheblichen Widerstand entgegen, so daß sich ein elastisches Luftkissen bildet.

In trockenem mittelkörnigem Schluff wanderte das Wasser bei Senkrechtstellung der Röhre nach oben und unten aus, wobei die Geschwindigkeit der Versickerung die des Aufsteigens nur um 7 bis 10% übertraf.

Auch im mittelkörnigen, jedoch vorher befeuchteten Schluff wurde das gleiche beobachtet, jedoch war hier die Geschwindigkeit der Bewegungen annähernd dieselbe.

Nach Franzesson besteht der Unterschied zwischen sand- und schluffähnlichen Fraktionen in erster Linie darin, daß im Sand das getragene Wasser praktisch längere Zeit unbeweglich bleibt, während es im Schluff sofort versickert. Die Ursache dafür sucht Franzesson in der Form der Körner, die beim Sand mehr oder weniger abgerundet sind, während die scharfkantigen Partikel des grob- und mittelkörnigen Schluffes eine rauhe Oberfläche haben. Dadurch können sich Kapillarwände bilden, in denen das „hängende“ Wasser beweglich bleibt.

Für die uns hier interessierende Frage kann aus den Versuchen Franzessons im wesentlichen der Schluß gezogen werden, daß sich das „hängende“ Wasser in Korngrößen zwischen 0,01 und 0,05 mm anders verhält als in gröberen Fraktionen. Diese Korngröße entspricht der von uns aus den kapillaren Steighöhen mit 0,05 bis 0,01 mm ermittelten. Wird diese Grenze überschritten, so verliert das „hängende“ Wasser die Fähigkeit, unter dem Einfluß der Schwerkraft zu versickern. Das Wasser verhält sich hier also genauso wie in feinkörnigen Bodenprofilen.

Zusammenfassung:

1. Feinkörnige Böden haben die Fähigkeit, eine gewisse Feuchtigkeit als „hängendes“ Wasser festzuhalten.
2. Dieses Wasser wird in quasi unbeweglichem Zustand zurückgehalten.
3. Die Höchstmenge an „hängendem“ Wasser, das vom Boden oder Untergrund zurückgehalten werden kann, wird als Minimale Wasserkapazität (*GW*) bezeichnet. Das übrige Wasser, das diesen Wert übersteigt, fließt in die darunterliegende Schicht ab.
4. Der Ausfüllungsgrad der Bodenporen bei minimalem Wassergehalt (*GW*) liegt zwischen 40 und 100%, in der Regel um 55 bis 75%.
5. In den Grenzen zwischen der Minimalen Wasserkapazität *GW* und der „Feuchtigkeit des Abrisses der Kapillarverbindung“ (*FRK*), stellt das hängende Wasser eine geschlossene Wassersäule dar.
6. Das „hängende“ Wasser leitet den hydrostatischen Druck nicht weiter.

7. In dem Intervall zwischen der *GW* und der *FRK* kann sich das hängende Wasser bei Verdunstung in flüssigem Zustand in beliebiger Richtung zur verdunstenden Oberfläche hin bewegen.

8. Die Höhe der *GW* hängt von Textur und Struktur des Bodens ab. Sie nimmt mit kleiner werdender Korngröße zu und mit Verschlechterung der Struktur ab.

9. Die *GW* einer bestimmten Schicht des Bodenprofils hängt weder vom ursprünglichen Wassergehalt dieser Schicht noch von dem darunterliegenden Horizont ab.

10. Die *GW* ist unabhängig davon, ob die untere Grenze der durchfeuchteten Schicht den oberen Kapillarsaum des Grundwasserspiegels erreicht oder nicht.

11. Hat das Bodenprofil einheitliche Struktur, so bleibt die Minimale Wasserkapazität der Krümel aus verschiedenen Korngrößen die gleiche.

12. Die oberste Korngröße für die Bildung von „hängendem" Wasser liegt zwischen 0,05 und 0,01 mm.

5. Die Natur der Minimalen Wasserkapazität in einheitlichen, feinkörnigen Böden

Kossowitsch nahm an, daß das Wasser bei Minimaler Wasserkapazität als Fugenwasser zurückgehalten wird. Das geht aus Abb. 43 (1904) hervor, die von Kossowitsch wie folgt erläutert wird: „In dem soeben betrachteten Fall erhalten wir einen Begriff von der schematischen Verteilung des Wassers in einer sehr hohen homogenen Bodensäule, die von oben aus mit Wasser befeuchtet wurde, nachdem Gleichgewicht eingetreten ist" und führt auf S. 15 aus, daß sich „das Bodenwasser, das der Minimalen Wasserkapazität entspricht, im Boden nicht in tropfbar flüssigem Zustand bewegen kann".

Aus den bereits besprochenen Versuchen Letunows und seiner Mitarbeiter, aus den Beobachtungen Bolschakows und den Versuchen Abramowas geht hervor, daß diese Ansichten von Kossowitsch in bezug auf feinkörnige Bodenprofile in diesem Umfange nicht zutreffen. Bei Minimaler Wasserkapazität bildet das Wasser eine geschlossene Säule; es stellt jedoch nicht eine Summe von „einzelnen Tropfen" dar, wie Kossowitsch annahm. In Gestalt von einzelnen Tropfen — als Fugenwasser also — kann sich das Wasser nur in grob- und mittelkörnigem Bodenmaterial halten.

Der Standpunkt Lebedews über die vorliegende Frage ist nicht ganz klar. Einerseits schreibt er: „. . . offenbar stellt die Minimale Wasserkapazität von Kossowitsch das gleiche dar, wie unsere Maximale molekulare Wasserkapazität" (1936, S. 285). Diese Auffassung Lebedews ergibt sich logischerweise aus seiner Vorstellung von der Maximalen molekularen Wasserkapazität des Bodens als Feuchtigkeitsgrenze, über die hinaus ein Wasserüberschuß vom Boden nicht mehr zurückgehalten werden kann und deshalb unter dem Einfluß der Schwerkraft absickern muß" (1936, S. 79).

Andererseits führt er über Böden Südrußlands folgendes aus: „. . . hier hängt quasi das Bodenwasser,[1] indem es in den oberen Bodenschichten durch

[1] Sperrung von Lebedew.

Kohäsion und Oberflächenspannung der Wasserhüllen zurückgehalten wird, mit anderen Worten: Es liegen Bedingungen vor, die der Wasserverteilung in einer senkrecht stehenden Kapillare[1] analog sind" (1936, S. 243).

Ferner stellt LEBEDEW für südrussische Böden fest, daß ihre oberen Schichten „eine größere Feuchtigkeit als die entsprechende Maximale molekulare Wasserkapazität des gegebenen Bodens" aufweisen (1936, S. 244).

In seiner Arbeit aus dem Jahre 1912 wird ausgeführt, daß „unter den Verhältnissen Südrußlands, wenn ein sogenannter toter Horizont auftritt, das Wasser der oberen Bodenhorizonte ebenfalls in Kapillaren hängt"[2] (1936, S. 248).

LEBEDEW berührt dann die Frage nach der Feldwasserkapazität und sagt, daß „unter den Bedingungen, bei denen sich die Feldwasserkapazität bildet, sie als Maximale molekulare Wasserkapazität angesehen werden kann." Allerdings behauptet er weiter unten, daß die Feld-Wasserkapazität infolge der Schichtung des Bodenprofils etwas über der *MMW* liegen müsse.

Somit sind die Vorstellungen LEBEDEWs in dieser Frage nicht klar. Wenn man jedoch von der allgemeinen Konzeption und Interpretation der Versuche mit hohen Säulen ausgeht, sollte man annehmen, daß die Minimale Wasserkapazität in Böden mit gleichartigem Profil der Größe *MMW* entsprechen muß. Mit anderen Worten: Bei Minimaler Wasserkapazität liegt das gesamte Wasser als Häutchenwasser, also festgebunden, vor.

Andere Forscher schenkten der Frage nach der Natur des hängenden Wassers geringe Aufmerksamkeit.

DOLGOW hat die Natur der Minimalen Wasserkapazität am gründlichsten untersucht. Er legte seinen Erklärungen die uns bereits bekannte Ansicht von VERSLUY zugrunde, der im Boden drei Hauptformen des Wassers unterscheidet: den kapillaren, den funikulären und den pendulären Zustand. Der penduläre Zustand entspricht unserem „Fugenwasser." Das ist ein vollkommen klarer Begriff, so daß wir darüber nichts weiter zu sagen brauchen.

Sobald sich die Ansammlungen von Fugenwasser vergrößern und miteinander in Berührung kommen, ist nach VERSLUY dieser Zustand funikulär. Vergrößert sich das Volumen der funikulären Fäden weiter, tritt schließlich der kapillare Zustand ein, in dem alle Poren vollkommen mit Wasser ausgefüllt sind.

DOLGOW ist der Meinung, daß „die oberste Feuchtigkeitsgrenze, bei der das Bodenwasser im Paternosterzustand — also im funikulären (A. R.) — vorliegt und bei dem also der eigentlich kapillare und der Paternoster-Zustand wohl voneinander zu unterscheiden sind, der Minimalen Wasserkapazität des Bodens oder der Feld-Wasserkapazität, falls eine Stützung durch das Grundwasser fehlt, entspricht" (1948, S. 15).

Vorher hat DOLGOW erläutert, daß im funikulären oder Paternoster-Zustand „nur einzelne kapillare Hohlräume ausgefüllt sind und sich Ansammlungen in den Fugen der Bodenpartikel bilden", die „miteinander nur an den Berührungspunkten einzelner mikrokapillarer Wasseransammlungen in Verbindung stehen

[1] Von uns gesperrt — A. R.

an den Stellen, wo sie sich mit ihren Rändern berühren" (1948 a, S. 150—151). Außerdem behauptet DOLGOW, daß das Wasser in funikulärem Zustand „den hydrostatischen Druck von Tropfen zu Tropfen, von Knotenpunkt zu Knotenpunkt übertragen und sich auch in tropfbar-flüssiger Form bewegen kann" (1948 a, S. 41).

Dieser Auffassung vom Zustand des Bodenwassers bei minimalem Wassergehalt können wir nicht zustimmen, weil sie nach unserer Meinung den zu beobachtenden Erscheinungen widerspricht.

Vor allem müssen wir darauf hinweisen, daß in feinkörnigen Böden bei Benetzung von oben das Wasser niemals funikulär auftreten kann. Die Mehrzahl der Bodenproben, beim Strukturboden die Poren innerhalb der Krümel, hat in feinkörnigen Böden einen Durchmesser von 0,01 oder 0,001 mm, der in keinem Falle 0,1 mm übersteigt. Der kleinste Durchmesser der Regentropfen liegt niemals unter 0,1 mm. Wenn somit ein Regentropfen die Bodenoberfläche benetzt und auf die Öffnung einer dieser „Kapillaren" fällt, so ist damit gewährleistet, daß die Kapillare oder sogar mehrere davon zugleich v o l l k o m m e n ausgefüllt werden. Die weitere Bewegung des Wassers geschieht auf kapillarem Wege.

Bei Benetzung feinkörniger Böden mit tropfbarflüssigem Wasser von oben aus kann sich demnach weder ein pendulärer noch ein funikulärer Zustand ergeben.

Wir können auch noch aus anderen Gründen mit den Vorstellungen DOLGOWS nicht einverstanden sein. Nach DOLGOW soll funikuläres Wasser fähig sein, den hydrostatischen Druck zu übertragen. Aus den Versuchen von ABRAMOWA geht aber hervor, daß das hängende Wasser nicht in der Lage ist, den hydrostatischen Druck zu übertragen. Falls wir aber mit DOLGOW das Gegenteil annehmen wollen, so erheben sich folgende Fragen: Warum versickert Wasser nicht unter dem Einfluß des hydrostatischen Druckes im Boden? Welche Kräfte verhindern die Versickerung, obgleich die Mächtigkeit des durchfeuchteten Bodenprofils in der Natur mehrere Meter erreichen kann, so daß Benetzungshysterese kein Hindernis für den Wasserabfluß sein kann?

Auf diese Fragen bleibt DOLGOW die Antwort schuldig. Er weist nur darauf hin (1948 a, S. 42 u. 152), daß der Druck im funikulären Zustand stark vermindert übertragen wird, weil nur feine Wasserfäden vorhanden sind. Dieser Umstand könnte höchstens dazu beitragen, die Geschwindigkeit des Abflusses von funikulärem Wasser zu verringern, in keinem Falle jedoch aufzuheben. Aus den Versuchen ABRAMOWAS und den Beobachtungen BOLSCHAKOWS ist uns bekannt, daß aus Böden mit Minimaler Wasserkapazität das Wasser bis zu einem Drittel verdunstet wird. Folglich ist in diesem Fall die Geschwindigkeit der Bewegung des hängenden Wassers bei einer Feuchtigkeit kleiner als die *GW*, wenn nicht gerade sehr groß, so doch nicht ganz unbedeutend, obwohl sich das Wasser entgegen der Schwerkraft bewegt. Nebenbei sei bemerkt, daß ABRAMOWA mit ihren noch nicht veröffentlichten Versuchen nachgewiesen hat, daß sich das „hängende" Wasser in beliebiger Richtung — auf- und absteigend oder horizontal — zur verdunstenden Oberfläche hin bewegen kann.

Es erweist sich also, daß DOLGOWS Ansicht, das hängende Wasser befinde sich in funikulären Zustand, nicht den Tatsachen entspricht.

Auch FRANZESSON (1927) widerspricht der Hypothese über den funikulären Zustand des hängenden Wassers bei Minimaler Wasserkapazität wie folgt: „Das Wasser kann sich in ihnen im funikulären Zustand befinden, während gleichzeitig die anderen feineren Poren vollkommen mit Wasser ausgefüllt sind, das in kapillarem Zustand vorliegt. Deshalb kann man die mögliche Rolle des funikulären Wassers als Bewegungsfaktor unter diesen Bedingungen nur so auffassen, daß im Boden Ansammlungen von kapillarem Wasser vorhanden sind, z. B. in den Krümeln, die miteinander nur durch dünne Fäden, an den Berührungsstellen der Krümel verbunden sind. „Allerdings muß man auch die wenig wahrscheinliche Auffassung berücksichtigen, daß die Berührungsstellen der Krümel nicht durch feine Kapillaren, sondern nur durch Wasserfilme verbunden sind.“

Diesen Ansichten kann man sich anschließen, wenn es sich um einen Boden mit gut ausgeprägter Makrostruktur, z. B. Tschernosjom, handelt. Für Böden mit Mikrostruktur treffen diese Vorstellungen jedoch nicht zu.

FRANZESSON führt weiter aus: „Innerhalb der Kapillaren ist die Reibung so stark, daß die Bewegung des Wassers unter dem Einfluß der Schwerkraft außerordentlich gebremst wird und praktisch aufhört . . . Nicht der funikuläre Zustand des Wassers ist der entscheidende Faktor für die Bildung der Feld-Wasserkapazität im Tschernosjom, sondern das Porenvolumen, in Verbindung mit den inneren Oberflächen der Krümel.

Nach FRANZESSON ist somit das entscheidende Moment für die Bildung des hängenden Wassers die große Reibung in den kleinen Kapillaren, die die Versickerung unter dem Einfluß der Schwerkraft verhindert.

Zugegeben, daß die Reibung von einer gewissen Bedeutung ist, so müssen wir doch auf das oben bereits Gesagte hinweisen, wonach das hängende Wasser auch in der Lage ist, bei Verdunstung mit bemerkenswerter Geschwindigkeit aufzusteigen. Falls also eine Aufwärtsbewegung eintritt, so bedeutet das, daß die Reibung in keinem Fall die Hauptursache für das Zurückhalten des Wassers sein kann.

Mit dieser Hypothese, selbst mit der Korrektur, die sich auf den Einfluß der großen Reibung in den feinen Poren bezieht, können die Tatsachen nicht befriedigend erklärt werden, die die Minimale Wasserkapazität in feinkörnigen Bodenprofilen charakterisieren.

Es erhebt sich die Frage: Kann man nicht auch in diesem Fall das hängende Wasser als kapillar aufgehängtes bezeichnen, wie es die Mehrzahl der Forscher, darunter auch der Verfasser dieses Buches in früheren Arbeiten getan haben?

Im allgemeinen muß diese Frage verneint werden. Wie wir bereits gesehen haben, hat das kapillaraufgehängte Wasser folgende Unterscheidungsmerkmale: Erstens sind alle Hohlräume mit Wasser angefüllt, und zweitens besteht vor allem eine bestimmte Grenze für die Stärke der Schicht des „hängenden“ Wassers. Diese Grenze ist dann erreicht, wenn der hydrostatische Druck des hängenden

Wasserkörpers gleich der höchstmöglichen Differenz zwischen den Oberflächendrucke der oberen und unteren Menisken ist.

In mittelkörnigen Bodenprofilen wird somit das Wasser in jeder beliebigen Schicht des durchnäßten Materials von Kräften zurückgehalten, die nicht von dieser Schicht ausgehen, sondern von den Menisken, die den Wasserkörper oben und unten begrenzen.

In feinkörnigen Böden können wir keine durchgehende Ausfüllung aller Poren und ebensowenig eine Grenze beobachten. Das letztere spricht entschieden dagegen, daß in diesem Fall das hängende Wasser durch die Differenz der Oberflächendrücke gehalten wird. Deshalb wäre es falsch, dieses Wasser als „kapillar aufgehängtes" zu bezeichnen.

Aus dem bereits beschriebenen Versuch Abramowas mit einer durchfeuchteten Bodensäule, bei einem größeren Feuchtigkeitsgehalt als *FRK* folgt, daß die Fähigkeit, kapillar aufhängtes Wasser zurückzuhalten, jeder Elementarschicht eigen ist.

Diese Erkenntnis, wonach in feinkörnigen Bodenprofilen das hängende Wasser in jeder beliebigen Elementarschicht durch Kräfte zurückgehalten wird, führt uns scheinbar zu den Auffassungen Lebedews zurück. Wie wir bereits ausführten, nahm Lebedew an, daß in diesen Fällen das Wasser in Form von Hüllen durch die Oberflächenkräfte der Bodenpartikel zurückgehalten wird.

Dieser Annahme widerspricht Dolgow 1943 entschieden. Nach der Methode Dumanskis bestimmte er in verschiedenen Bodenproben die Menge des gebundenen Wassers bei unterschiedlichem osmotischen Druck einer Zuckerlösung. In den gleichen Proben bestimmte er den Wassergehalt unter verschiedenem „Austrocknungsdruck". Die Austrocknung wurde entweder durch Zentrifugieren oder durch Aufbewahrung der Bodenproben bei bestimmter relativer Luftfeuchtigkeit erreicht.

Auf dieser Grundlage stellte Dolgow die Abhängigkeit zwischen Wassergehalt des Bodens und „Austrocknungs-Tension" dar. Anschließend stellte er den Gehalt an gebundenem Wasser, das osmotischen Druck entsprach, dem Gehalt an Wasser gegenüber, das vom Boden bei gleicher Austrocknungs-Tension zurückgehalten wird. Die Ergebnisse sind in Tab. 90 enthalten.

Aus Tab. 90 geht hervor, daß der Gehalt an gebundenem Wasser in allen Fällen bedeutend geringer war als die Gesamtmenge an Wasser, die vom Boden bei diesem oder jenem Austrocknungsdruck zurückgehalten wurde. Dolgow nimmt an, daß die Wassermenge, die der Differenz aus dem ersten und dem zweiten Wert entspricht, durch Kapillarkräfte zurückgehalten wird.

Dazu ist folgendes zu bemerken. Erstens wurde der Vergleich bei einem Druck durchgeführt, der in Böden gewöhnlich nicht vorkommt. Der hydrostatische Druck des kapillar aufhängten Wassers — falls es ihn überhaupt weiterleiten kann — kann nicht mehr als 0,1 n at betragen, wennn die Mächtigkeit des durchfeuchteten Profils ein Meter ist. Der osmotische Druck in salzlosen Böden liegt meistens nicht viel über 1 bis 2 at.

Zweitens führt Dolgow für den Gehalt an gebundenem Wasser Minimalwerte an, die darauf beruhen, daß zwischen dem gebundenen und dem freien Wasser

TABELLE 90

Gehalt an gebundenem und vom Boden zurückgehaltenes Wasser bei verschiedener Austrocknungs-Tension (nach DOLGOW, 1943)

	Schluffiger Lehm		Löß		Tschernosjom		Dunkelkastanienfarbiger Boden		Grauerde		Grauerde	
Austrocknungs- oder osmotischer Druck in at	4,3	6,3	4,3	6,3	4,3	6,3	4,3	6,3	4,3	6,3	4,3	6,3
Vom Boden zurückgehaltenes Wasser in Prozenten	7,0	6,4	10,6	10,0	30,4	29,4	20,9	19,2	13,4	12,0	17,2	16,0
davon gebundenes Wasser in Prozenten	3,0	1,6	6,0	4,3	11,9	11,1	7,8	6,7	4,3	3,9	5,4	4,6
Kapillarwasser aus der Differenz	4,0	4,8	4,4	5,7	18,5	18,3	13,1	12,5	9,1	8,1	11,8	11,4

eine scharfe Grenze besteht, auf deren einer Seite die Konzentration der Zuckerlösung gleich Null ist, während sie auf der anderen einen konstanten Wert erreicht. Hinsichtlich des fest gebundenen Wassers hätte die DOLGOWsche Auffassung noch einige Wahrscheinlichkeit; bezüglich des labil gebundenen ist sie offensichtlich unrichtig. Die Konzentration der Zuckerlösung nimmt wahrscheinlich von den inneren Schichten des labil gebundenen Wassers zu den äußeren allmählich zu. Deshalb wird der Gesamtgehalt an gebundenem Wasser höher sein, als ihn DOLGOW ermittelte, während der Gehalt an „kapillarem“ Wasser entsprechend geringer sein muß.

Wir haben aber keinen Grund, die Schlußfolgerungen DOLGOWS und FRANZESSONS (1947) gänzlich abzulehnen, wonach bei minimalem Wassergehalt ein gewisser Teil des Wassers außerhalb der Einflußsphäre der Sorptionskräfte bleiben kann. Daraus folgt, daß die Vorstellungen LEBEDEWS in ihrer ursprünglichen reinen Form die eigentlichen Ursachen der Wasserzurückhaltung nicht erklären können.

Wir erklären die Erscheinung nunmeht folgendermaßen: Das hängende Wasser wird in feinkörnigen Böden durch Kräfte fest gehalten, die bereits der Elementarschicht eigen sind, in der das Wasser zurückgehalten wird. Diese Tatsache beweist, daß die Sorptionskräfte eine entscheidende Rolle spielen. Diese Kräfte können jedoch auch unmittelbar auf die gesamte Masse des zurückgehaltenen Wassers einwirken. Sie können „Pfropfen“ aus gebundenem Wasser in den engen Poren der Bodenporen erzeugen, während in den weiteren Poren frei bewegliches Wasser auftreten kann. Diese Erscheinung ist auf Abb. 61 schematisch dargestellt. Der Spielraum zwischen den drei oder vier kugelförmigen Teilchen ist so gering, daß er völlig von labil gebundenem Wasser ausgefüllt wird. Gleichzeitig kann sich im Raum zwischen beispielsweise acht Partikeln, bei würfelförmiger Packung, freies Wasser befinden. Der Radius eines Kreises, der zwischen vier Kugeln liegt, deren Zentren sich auf einer Ebene befinden, ist gleich 0,42 R; der Radius eines Kreises dagegen, der zwischen acht Kugeln liegt, deren Zentren sich in den Würfelecken befinden, ist mit 0,73 R bedeutend größer.[1] Falls also z. B. eine enge Stelle mit einem Querschnitt von 0,84 R völlig mit gebundenem Wasser angefüllt ist, kann eine Pore mit einem Durchmesser von 1,46 R in ihrer Mitte auch frei bewegliches Wasser enthalten.

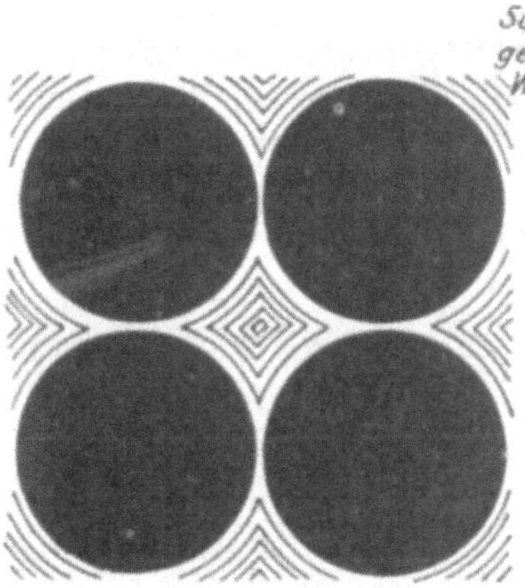

Abb. 61. Schematische Darstellung von Schichten gebundenen Wassers, die den Porenraum voll ausfüllen

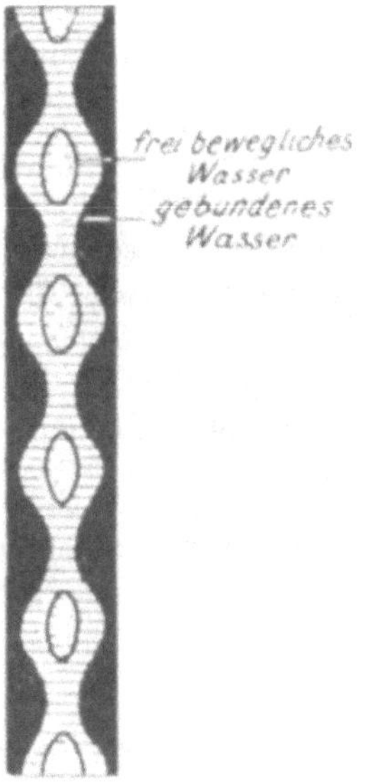

Abb. 62. Eingeschlossenes freies Wasser, voneinander durch Pfropfen von gebundenem Wasser getrennt

In der JAMINschen Kapillare können wir uns das Zurückhalten des Wassers gut vorstellen (Abb. 62). In diesem Falle bewahrt jeder „Filmwasserpfropfen", entgegen der Schwerkraft, gerade die Menge an frei beweglichem Wasser vor dem Abfließen, die sich in der darüberliegenden Erweiterung der Kapillare befindet. Es ist nicht schwer, die Höhe des Druckes auszurechnen, der von dieser isolierten Ansammlung an freiem Wasser ausgeübt wird. Als Modell benutzen wir den „Idealboden" in würfelförmiger Lagerung (Abb. 61). Die Querschnittsfläche zwischen den vier Kugeln ist gleich

$$q = 4\,R^2 - \pi\,R^2 \approx R^2$$

Die Höhe des erweiterten Porenteiles zwischen den acht Kugeln, der mit freiem Wasser angefüllt ist, übersteigt in keinem Falle 2 R. Folglich ist der Druck auf die Fläche der Öffnung gleich dem Volumengewicht des Wassers von der Höhe 2 R und der Bodenfläche q. Das Volumen ist dann:

$$W = q \cdot 2\,R \approx 2\,R^3$$

[1] Vgl. S. 11.

Sein Gewicht ist 2 $R^3 \cdot g$, während der Druck

$$P = \frac{2\,R^3}{R^2} \cdot 981 \approx 2 \cdot 981 \cdot R \text{ dyn/cm}^2$$

ist.

Für die Korngröße 0,001 cm folgt daraus

$$P \approx 2 \cdot 981 \cdot 0{,}001 \approx 2 \text{ dyn/cm}^2$$

Man erhält also für den Druck nur geringfügige Werte, die wesentlich kleiner sind als die Kräfte, die labil gebundenes Wasser zurückhalten.

Das Wasser jedoch, das der Boden bei Minimaler Wasserkapazität enthält, wird von wesentlich stärkeren Kräften zurückgehalten. In Kapitel IV haben wir bereits darauf hingewiesen, daß die *MMW* des südrussischen Lößes nach LEBEDEW und BAUKOWA (1930) 22 bis 23% beträgt. Aus Tab. 91 ist zu entnehmen, daß dieser Wert gleichzeitig auch die Minimale Wasserkapazität darstellt. Somit wird das „hängende" Wasser (erinnern wir uns, daß LEBEDEW den Wert 22% in einer 3 m hohen Lößsäule ermittelte), von recht beachtlichen Kräften zurückge-

TABELLE 91

Minimale Wasserkapazität im Löß des Südens und Südostens des Europäischen Teiles der UdSSR (Mächtigkeit 100 bis 300 cm)

Herkunft	Minimale Wasser-kapazität	Bestimmungsmethode, Autor
Zentrales Schwarzerdeschutzgebiet, Gebiet Kursk	22—23	Direkte experimentelle Bestimmung. A. F. BOLSCHAKOW (1950)
Krasnodar	21—23	Aus der Feuchtigkeitsbestimmug . S. I. TJUREMNOW (1923).
Weliko-Anadol	22—23	Aus der Feuchtigkeitsbestimmung am Waldsaum und Waldlichtungen. G. N. WYSOZKI (1902)
Trostjanez, Gebiet Sumsk	22—23	Aus der Feuchtigkeitsbestimmung am Waldsaum und Waldlichtungen. G. N. WYSOZKI (1902)
Trostjanez, Gebiet Sumsk	22—23	Aus der Feuchtigkeitsbestimmung der Kr.-Trostjansker forstlichen Versuchsstation (1935)
Kamennaja Steppe	21—23	Aus der Feuchtigkeitsbestimmung auf Schwarzbrachen. N. P. ADAMOW (1904)
Gouv. Poltawa, Gehöft Baljasnoe	22—23	Direkte experimentelle Bestimmung. A. A. ISMAILSKI (1894)
Gebiet Moskau, Poduschkinsker Forstrevier	21—23	Direkte experimentelle Bestimmung. I. S. WASSILJEW.
Gebiet Moskau, Istrinsker Waldsowchose	21—23	Direkte experimentelle Bestimmung. I. F. SOSYKIN (1939)

Anmerkung: Die Angaben von G. N. WYSOZKI und A. A. ISMAILSKI sind im Original in Gew.-% des feuchten Bodens enthalten. Sie wurden von uns in Gew.-% des trockenen Bodens umgerechnet. — A. R.

halten, denn die *MMW* wird bekanntlich durch Zentrifugieren mit Beschleunigungen bis zu 18000 g bestimmt.

Von der energetischen Seite aus kann somit der von uns vertretenen Ansicht über das „hängende" Wasser in feinkörnigen Profilen nicht widersprochen werden.

Das Wasser, das im Löß auf diese Weise zurückgehalten wird, kann man als in Filmen hängendes Wasser auffassen. Es besteht aus gebundenem Wasser und getrennten Ansammlungen von freibeweglichem Wasser, das wir als durch Sorption eingeschlossenes Wasser bezeichnen und mit GW_{HG} abkürzen.

Aus obigen Ausführungen wird auch verständlich, warum hängendes Wasser nicht versickern kann, trotz der an der unteren Grenze auftretenden erheblichen Feuchtigkeitsunterschiede. Die untere Fläche der Wassersäule besteht in diesem Falle nicht aus Menisken, sondern aus „Filmpfropfen", die sich nach unten zu unter dem Einfluß des Feuchtigkeitsgradienten, jedoch nur sehr langsam von Partikel zu Partikel bewegen können. Das hängende Wasser befindet sich sozusagen im Gleichgewichtszustand.

Gehen wir jetzt zur Frage über, welcher Art die aufsteigende Bewegung des in Filmen hängenden Wassers GW_{HG} bei der Verdunstung ist. Die Antwort kann nur hypothetisch sein.

Es ist durchaus möglich, daß diese Bewegung hauptsächlich auf Sorptionskräfte zurückzuführen ist. In der verdunstenden Schicht nimmt infolgedessen die Stärke des Films ab, und das Wasser setzt sich so in Bewegung, wie es von LEBEDEW beschrieben wurde, d. h. von den Partikeln mit dickeren Filmen zu den Partikeln mit dünneren. Da bei Minimalem Wassergehalt *GW* das labil gebundene Wasser im Bestand des Filmwassers eine große Rolle spielt und außerdem in den Poren auch freies Wasser, aus dem die Filme gespeist werden können, in Form von Mikroansammlungen vorhanden ist, so erfolgt diese Bewegung am Anfang mit bedeutender Geschwindigkeit. Den Beweis hierfür liefert der erste Versuch ABRAMOWAS (Abb. 56). Im Laufe der ersten 48 Stunden schon geht durch Verdunstung genau soviel Wasser verloren, wie in den folgenden 8 Tagen. Hierbei erfolgt der Zufluß des Wassers zur verdunstenden Bodenoberfläche so rasch, daß die Verdunstung kompensiert wird; nach den Beobachtungen ABRAMOWAS behält die Oberfläche der Bodensäule während 48 bis 72 Stunden die dem feuchten Boden zu Beginn des Versuches eigene dunkle Färbung. In der Oberflächenschicht verbleibt hierbei ein Wassergehalt, der in keinem Falle unter die „Feuchtigkeit des Abrisses der Kapillarverbindung" *FRK* absinkt. Die Verdunstung geschieht also von der Bodenoberfläche aus. Mit Verringerung des Vorrates an freiem und labil gebundenem Wasser erweist sich das Wasser im weiteren Verlauf des Versuches schon als fester gebunden, so daß sich seine aufsteigende Bewegung verlangsamt; die Nachlieferung von Wasser kann den Verlust durch Verdunstung nicht mehr kompensieren. Im oberen Teil der Bodenmasse bildet sich allmählich eine trockene Schicht, deren Wassergehalt bedeutend kleiner ist als die *FRK*; äußerlich kommt das in einer helleren Farbe der Bodenoberfläche zum Ausdruck. In flüssiger Form kann sich das Wasser durch eine solche Schicht nicht bewegen. Im ersten Versuch ABRAMOWAS konnte dieser Zustand bereits am fünften Tage deutlich beobachtet werden. Er bildet sich offenbar zwischen dem zweiten und fünften Tage heraus, wie das Abbiegen der Kurve der Wasserverteilung auf Abb. 56 a am 5. Tage zeigt.

Da die Bewegung von flüssigem Wasser durch diese trockene Schicht unmöglich ist, fällt die verdunstende Oberfläche nicht mehr mit der zutage tretenden Oberfläche der Bodenmasse zusammen, sondern verlagert sich mehr nach innen bis zu einer Tiefe, auf der der Feuchtigkeitsgehalt nicht unter der *FRK*, also nach ABRAMOWA nicht unter 11% liegt. Tatsächlich zeigt die Abb. 56, daß der Knick in der Feuchtigkeitsverteilung am 5., 10. und 20. Tage stets bei einem Wassergehalt von 11% auftritt. Sobald der Wassergehalt in der gesamten durchnäßten Masse bis auf die *FRK* zurückgegangen ist, hört, wie wir bereits wissen, die aufsteigende Bewegung des Wassers fast auf. Im weiteren Verlauf nimmt die Mächtigkeit der Trockenschicht nur langsam zu.

Wie soll man sich den Zustand des Wassers bei der *FRK* vorstellen? Wir besitzen keine genauen Unterlagen, um diese Frage begründet beantworten zu können. Zweifellos bleibt bei dieser Feuchtigkeit das gesamte Fugenwasser erhalten. Ebenso klar ist, daß auch nahezu der gesamte Rest des Wassers unter der Wirkung von Sorptionskräften steht. Daneben können aber auch isolierte Ansammlungen von freiem Wasser in einzelnen Poren oder ganzen Porensystemen erhalten bleiben, obgleich die Gesamtmenge des freien Wassers wahrscheinlich sehr gering ist und mit Zurückgehen der Feuchtigkeit bis zur *FRK* völlig verschwindet.

Diese Vorstellung über Zurückhalten und Bewegung des in Filmen hängenden Wassers ist für den Fall gültig, daß im Boden sowohl gebundenes als auch freies Wasser vorhanden ist. Das ist offenbar in lehmigen Böden mit Mikrostruktur, teilweise auch in den weitverbreiteten Löß- und lößartigen Sedimenten und den darauf entwickelten Böden der Fall. Im Ton nimmt die Bedeutung des gebundenen Wassers im allgemeinen zu, während die des freien Wassers abnimmt. Das gleiche gilt für lehmige Böden und Profile, falls diese ihre Struktur verlieren (darunter auch Mikrostrukturen). Hierbei kann das freie Wasser ganz und gar verschwinden, und das gesamte Porenvolumen ist dann ausschließlich mit gebundenem angefüllt. Dieser Fall tritt auch ein, wenn Ton mit Wasser durchgeknetet wird. In der Natur ist dieser Zustand in wasserundurchlässigen Tonen und Lehmen zu beobachten, worauf schon LEBEDEW (1936, S. 291) und später KATSCHINSKI (1945) hingewiesen haben.

Es ist durchaus möglich, daß die Mikrostruktur bei der Gleybildung in lehmigem und tonigem Untergrund verlorengeht und deshalb auch die diesen Böden vorher eigene nicht gleyartige Zusammensetzung (Porosität zwischen den Aggregaten und innerhalb derselben) verschwindet. Sie werden jetzt durch ein sehr niedriges Porenvolumen gekennzeichnet, das sich der minimalen, bei hexagonaler Packung der Partikel eines „Idealbodens“, nähert. Selbstverständlich vermindert sich hierbei auch das Porenvolumen, so daß der relative Gehalt an gebundenem Wasser wesentlich ansteigt, mitunter sogar bis zur vollen Ausfüllung der Poren. In diesen Fällen kann man das gesamte im Boden vorhandene Wasser mit vollem

Recht als gebundenes oder Filmwasser bezeichnen. Die *GW* wird hier der *VW* gleich sein. Bei Verdunstung wird dieses Wasser sich offenbar so bewegen wie das bereits besprochene Filmwasser. Im gegebenen Fall fehlt allerdings das freie Wasser gänzlich. Deshalb wird die Wasserbewegung, die sich hier in Filmform vollzieht, wahrscheinlich langsamer vor sich gehen und außerdem von einem merkbaren Schwinden der Tone begleitet sein.

Da in diesem Falle das gesamte Wasser zu der Kategorie des gebundenen Wassers gehört, kann man in der Geschwindigkeit seiner Bewegung, die vom Wassergehalt abhängt, keinen Knick in den Kurven beobachten, wie der vierte von uns durchgeführte Versuch (Abb. 59) zeigt. Auch in diesem Versuch wurde eine Trockenschicht im oberen Teil der Bodenmasse gebildet. Die Verringerung der Bodenfeuchtigkeit im mittleren Teil der Bodensäule betrug im Durchschnitt etwa:

im Laufe der ersten 20 Tage	0,06% pro Tag
im Laufe der zweiten 20 Tage	0,05% pro Tag
im Laufe der dritten 20 Tage	0,03% pro Tag

Nach unserer Auffassung wird somit das Wasser in feinkörnigen Bodenprofilen, die keine Makrostruktur, sondern nur Mikrostruktur aufweisen, bei minimalen Wassergehalt vorwiegend oder sogar ausschließlich durch Sorptionskräfte gebunden, obgleich sich die unmittelbare Wirkung dieser Kräfte nicht auf das gesamte im Boden enthaltene Wasser erstreckt. Wird die Mikrostruktur ebenfalls zerstört, so geht das gesamte Wasser bei Minimaler Wasserkapazität in die Kategorie des gebundenen Wassers über.

Untersuchen wir jetzt den Mechanismus der Wasserzurückhaltung in feinkörnigen Bodenprofilen mit Makrostruktur.

Fraglos treten auch unter diesen Verhältnissen die gleichen Kräfte auf, die wir beschrieben haben. An der Zurückhaltung des Wassers werden aber auch kapillare Kräfte mitwirken, was durch die Makrostruktur bedingt ist. Einzelne mehr oder weniger große Krümel, die sich wiederum aus kleineren zusammensetzen, (vgl. Kapitel I), werden von großen wie auch von kleinen Poren durchzogen. Während sich in den kleinen Poren das Wasser nur so halten kann, wie wir es soeben beschrieben haben, können wir als sicher annehmen, daß das Wasser in den großen Poren allein durch Kapillarkräfte zurückgehalten wird. Die Tatsache, daß dieses Wasser aus der mehr oder weniger mächtigen Schicht nicht abfließt, erklärt sich daraus, daß die Länge der Wasserfäden innerhalb jedes Aggregates so gering ist, daß ihr hydrostatischer Druck die Differenz der Oberflächendrucke aus den unteren und oberen Menisken nicht übersteigt. Infolge der Krümelung ist auch ein Zusammenfluß der Wasserfäden benachbarter Krümel sehr erschwert. Aus vereinigten Wasserfäden könnte das Wasser abfließen. Die Abgeschlossenheit der Wasserfäden in den Krümeln, die nach Wiljamms große Bedeutung für die Erhaltung des Bodenwassers hat, wird durch viele Tatsachen bestätigt, wie z. B. die von Abramowa beobachtete geringe Verdunstung von „aufgehängtem“ Wasser aus den Tschernosjom-Aggregaten.

Nach unserer Auffassung kann also in feinkörnigen Böden, die über eine gut ausgeprägte Makrostruktur verfügen, außer gebundenem und in Filmen hängendem Wasser noch eine gewisse Menge an hängendem Kapillarwasser und zwar als isolierte Ansammlung in den einzelnen Krümeln vorhanden sein.

Das Wasser, das kapillar aufgehängt ist, kann verhältnismäßig leicht aus dem Boden entfernt werden. Damit wird auch die Tatsache erklärt, daß in Schwarzerdeböden die *GW*- und die *MMW*-Werte große Unterschiede zeigen.

Nach Dolgow ergaben die Laboratoriumsversuche in mit in Röhren gefülltem Material für Tschernosjom folgende *GW*- und *MMW*-Werte:

	MMW in %	*GW* in %
Tiefgründiger Tschernosjom	22,4	36,3
Tschernosjom, Horizont A_1	24,7	34,6
Horizont B_1	24,3	32,0
Tschernosjom	28,7	40,7

Franzesson (1939) fand im mächtigen Tschernosjom bei natürlicher Lagerung folgende Zahlen:

Tiefe der Entnahme	*MMW* in %	*GW* in %
0— 10 cm	25,1	33,5
10— 20 cm	24,4	33,2
20— 30 cm	25,1	33,2
30— 40 cm	22,1	29,6
40— 50 cm	22,1	29,7
50— 60 cm	23,1	31,1
60— 70 cm	25,2	30,8
70— 80 cm	25,2	29,6
80— 90 cm	24,0	30,5
90—100 cm	22,7	28,7

Für Löß und lößartiges Gestein, das keine Krümel aufweist, sind die Werte der *GW* und *MMW* in der Regel sehr ähnlich oder sogar gleich.

Franzesson verneint die Möglichkeit, daß Wasser in feinkörnigen Bodenprofilen durch Sorptionskräfte zurückgehalten werden kann. Sein Einwand beruht auf folgenden Versuchsergebnissen:

Nachdem Franzesson erkannt hatte, daß Wasser in der Schwarzerde durch Kräfte zurückgehalten wird, die der Saugkraft von grobem Schluff entspricht, untersuchte er die Wasserdurchlässigkeit von Schluff, der mit verschiedenen Kationen belegt war. Bei einem Druck von 5 cm Wassersäule liefen im Laufe von 24 Stunden folgende Wassermengen ab:

mittlerer Schluff, gesättigt mit	Na	: 18 mm Wasserhöhe
	H	: 28 mm Wasserhöhe
	Ca	: 39 mm Wasserhöhe
	Al	: 46 mm Wasserhöhe

Ein mit Calcium gesättigter feiner Schluff (0,005 bis 0,001 mm) ließ in 24 Tagen bei einem Druck von 5 cm Wassersäule eine Wasserschicht von 45 mm durchsickern. Aus diesen Versuchen zieht FRANZESSON den Schluß, daß mittelfeiner Schluff bei Sättigung mit einem beliebigen Kation und mit Calcium gesättigter feiner Schluff wasserdurchlässig sind.

Diese Angaben wirken sehr überzeugend. Sie beweisen, daß in den Schwarzerden ein Teil des Wassers der Minimalen Wasserkapazität *GW* zweifellos von Kapillarkräften in den Krümeln der Schwarzerde zurückgehalten wird, nachdem das Wasser durch den groben Schluff aufgesaugt ist. Das widerspricht durchaus nicht der Tatsache, daß ein Teil davon in den Schwarzerden als von Filmen getragenes Wasser enthalten ist. Dieses Wasser kann auch dann dem Tschernosjom nicht entzogen werden, wenn man hohe Zentrifugalkräfte anwendet. Die Differenz aus den Werten der *GW* und der *MMW* kann in diesem Fall wahrscheinlich einen Hinweis dafür geben, welcher Anteil kapillar getragen wird.

Nach diesen Versuchen über die *GW* feinkörniger Bodenprofile spielen hier also die Sorptionskräfte die Hauptrolle. Die Wassermenge, die von diesen Kräften unmittelbar zurückgehalten wird, hängt von der mechanischen Zusammensetzung des Bodens und der Art seiner Krümelstruktur ab. Je feiner die Teilchen sind und je schlechter die Mikrostruktur ausgeprägt ist, desto höher ist der Anteil des Wassers, das von den Sorptionskräften unmittelbar zurückgehalten wird. In großen Krümeln wirken auch Kapillarkräfte mit, jedoch ist auch in diesem Fall die Menge des von Filmen aufgehängten Wassers in der Regel größer als die des kapillar aufgehängten.

Wir sehen also, daß das Zurückhalten von aufgehängtem Wasser selbst in einheitlich zusammengesetzten Böden und Profilen auf verschiedene Ursachen zurückzuführen ist, auf die Korngrößenzusammensetzung und auf den Strukturzustand, die qualitative Unterschiede im Wasserhaushalt hervorrufen.

6. Das hängende Wasser in ungleichartig geschichteten Bodenprofilen

Unsere Ausführungen über das hängende Wasser bezogen sich bisher auf den allgemeinen, in der Natur häufig vorkommenden Fall, daß das Bodenprofil nach seiner Textur aus homogenem Bodenmaterial besteht.

Jetzt müssen wir zwei andere Fälle besprechen: Das hängende Wasser kann in der unteren Schicht des Profils erstens an der Grenzscheide zwischen Untergrund und Luft, zweitens in einem uneinheitlichen Material angereichert werden.

Der erste Fall wird in der Natur ziemlich selten beobachtet; er tritt ein, wenn im Untergrund über größeren oder kleineren Hohlräumen mehr oder weniger horizontal verlaufende Risse entstehen, wie z. B. beim Legen von Drainageröhren und Durchlässen.

Der zweite Fall ist in der Natur weit verbreitet. Um diese beiden Arten der Bildung von getragenem Wasser näher kennen zu lernen, führen wir die klassischen Untersuchungen LEBEDEWS an, der diese Frage besonders gründlich behandelt hat (1936).

Die Tab. 92 enthält die Ergebnisse von zwei Versuchen LEBEDEWS.

TABELLE 92

Verteilung von Wasser in Sandsäulen nach LEBEDEW, 1936, Seite 126 bis 128, Tabelle 66 und 67

Höhe der Sandsäule in cm	Wassergehalt des Sandes in Gew.-%													
	A	A_1	*B*	B_1	*C*	C_1	*D*	D_1	*E*	E_1	*F*	*G*	*H*	*I*
300													2,0	
290													2,2	
280													2,3	
270													2,5	
260													2,3	
250													2,6	
240													2,6	
230													2,6	
220													2,5	
210													2,4	
200												2,4	2,6	24,1
190												2,4	3,0	20,9
180												2,3	2,8	21,3
170												2,3	2,9	21,6
160												2,7	3,0	21,7
150												2,2	2,7	20,9
140												2,4	3,0	20,4
130												2,9	2,9	20,2
120												2,4	2,5	21,0
110												2,8	3,3	21,9
100											2,1	3,4	3,1	23,1
90											2,4	3,6	4,3	23,3
80											2,3	3,8	3,8	23,0
70											2,2	3,4	3,3	23,1
60											2,5	4,1	3,5	23,6
50									21,2	2,2	2,2	3,1	3,4	23,2
40							22,2	3,4	22,8	3,4	3,1	3,4	3,9	24,1
30					22,5	9,5	20,2	7,2	21,7	6,8	5,1	7,7	6,7	24,3
20			22,4	22,1	22,1	19,3	21,9	16,0	22,3	14,1	13,2	14,9	14,8	24,7
10	23,1	22,3	21,8	21,4	21,9	21,5	22,6	16,9	22,9	14,8	16,9	16,7	15,5	25,4
1—0	21,2	21,4	22,3	22,3	22,1	20,4	23,2	16,3	23,1	15,3	16,6	15,0	14,3	24,5

Anmerkung:

1. Die Röhren *A*, *B*, *C*, *D*, *E*, *I*, in denen die Feuchtigkeit nach dem Versuch sofort bestimmt wurde, geben ein Bild von der Versickerung. In den Röhren A_1, B_1, C_1, D_1, E_1, *F*, *G* und *H*, in denen die Feuchtigkeit nach dem Versuch sogleich bestimmt wurde, ist zu erkennen, wie vollständig der Abfluß des gegebenen Wassers aus der Röhre ist.
2. Die Feuchtigkeitswerte habe ich abgerundet — A. R.

Eiserne Röhren, in Teilstücke von je 10 cm Länge auseinander schraubbar, füllte man mit Sand. Die unteren Enden umwickelte man mit Gaze und goß von oben Wasser zu. Sobald das Wasser eingesickert war, goß man solange Wasser auf, bis es unten ausfloß. Anschließend nahm man die Röhren *A*, *B*, *C*, *D*, *E* und *I*, nachdem das Wasser gerade eingesickert war, auseinander und bestimmte in den Teilstücken den Wassergehalt. Die Röhren A_1, B_1, C_1, D_1,

E_1, F, G und H ließ man solange stehen, bis der Wasserabfluß aus den unteren Enden aufgehört hatte. Dann wurden auch diese Röhren auseinandergenommen und der Wassergehalt bestimmt.

Aus diesen Versuchen LEBEDEWs ist folgendes zu entnehmen: Der Wassergehalt des Sandes in den kurzen Säulen (A, A_1, B und B_1) bleibt der gleiche. Die Verhältnisse sprechen dafür, daß in dem Augenblick, wo die Oberfläche des Sandes trocken fällt, das Herausfließen aus den kurzen Röhren aufhört. Da in den langen Röhren der Abfluß des Wassers anhält, wie später beschrieben wird, bildet sich eine Oberflächenzone mit niedrigem, von oben nach unten nahezu gleichem Wassergehalt. Im Endergebnis können die langen Sandsäulen hinsichtlich ihres Wassergehaltes in drei Zonen unterteilt werden. In der untersten Zone, die in den angeführten Versuchen LEBEDEWs eine Mächtigkeit von 20 cm oder auch etwas darüber aufweist, wird der höchste und beständigste Wassergehalt beobachtet, der 14 bis 15% erreicht. Darüber liegt eine Übergangszone von 10 bis 15 cm mit einem nach oben zu abnehmenden Wassergehalt. Daran schließt sich die dritte Zone mit dem niedrigsten Wassergehalt von durchschnittlich 2,5 bis 3,0%; in dieser Zone ist der Wassergehalt fast konstant. Die unwesentliche Verringerung des Wassergehaltes nach oben zu erklärt LEBEDEW mit ungleichmäßiger Lagerungsdichte des Sandes.

LEBEDEW behauptet, daß in der unteren Zone das Wasser allein von Kapillarkräften zurückgehalten wird (Abb. 13). Ferner macht LEBEDEW darauf aufmerksam, daß der Wassergehalt der unteren Zone der kurzen und langen Säulen nicht immer gleich ist. In den kurzen Säulen erreicht er 22 bis 23%, während er in den langen Säulen 14 bis 15% beträgt. Dieser Hinweis wird dahingehend ergänzt, daß ein Wassergehalt von 22 bis 23% der vollen Wasserkapazität des Sandes entspreche. Diesen Wert für Sand finden wir sowohl in den Arbeiten von IWANOW (Tab. 71) als auch in den Versuchen von WASSILJEW (Tab. 72 u. 73) sowie in einer Reihe anderer Arbeiten.

Daß der Wassergehalt der unteren Zone der vollen Wasserkapazität entspricht, ist durchaus verständlich, weil naturgemäß im unteren Teil dieser Säulen die Kapillaren so eng sind, daß sie mit Wasser voll angefüllt werden. Deshalb muß die Tatsache, daß in langen Säulen der Wassergehalt der unteren Zone wesentlich niedriger ist, schwer verständlich erscheinen. LEBEDEW selbst mißt dieser Erscheinung keine große Bedeutung bei, wenn er auf S. 127 sagt: „daß sowohl die Mächtigkeit als auch der Wassergehalt der unteren feuchteren Schicht von der Höhe der Sandsäule nicht abhängt". Auf S. 134 kommt er jedoch auf diese Frage zurück und führt aus: „Wesentlich schwieriger ist es, die zweite Besonderheit der feuchten Schicht in den hohen Sandsäulen zu verstehen die darin besteht, daß ihr Wassergehalt niemals der entsprechenden vollen Wasserkapazität des Materials entspricht, wie aus dem Vergleich der Versuche 47 und 48 (Röhren A und B) mit den Versuchen 49, 52 und 53 hervorgeht, in denen der Wassergehalt der kurzen Röhren 20 bis 23% erreicht, während er in den langen zwischen 14 und 16% liegt. Vermutlich wird diese Erscheinung dadurch verursacht, daß in den langen Röhren der volle hydrostatische Druck entwickelt wird. Dadurch drücken die oberen Teile der feinen Kapillaren (Übergangszone), indem sie ihren Druck auf die großen Kapillaren der unteren mit Wasser gesättigten Zone übertragen, aus ihnen mehr Wasser heraus als im oberen Teil (Übergangszone) in den feinen Kapillaren vorhanden ist.

Vielleicht entspricht diese Erklärung auch den Tatsachen. Sie führt uns dazu, eine andere Schlußfolgerung LEBEDEWS zu bezweifeln. Von ihm wurde ein Versuch angelegt, nach dem in einem Falle das überschüssige Wasser aus der Sandsäule frei abfließen konnte; im anderen Falle stand das untere Ende der vorher durchnäßten Säule im Wasser. Nach Herstellung des Gleichgewichtes bestimmte LEBEDEW in beiden Fällen die schichtweise Verteilung der Feuchtigkeit. Die Versuchsergebnisse sind in der Tab. 93 angeführt.

TABELLE 93

Wasserverteilung in Sandsäulen bei freiem Abfluß und bei kapillarem Aufstieg nach LEBEDEW (1936, S. 134)

Höhe der Entnahme in cm	Wassergehalt des Sandes in Gew.-Prozenten			
	Grobkörniger Sand		Feinkörniger Sand	
	bei freiem Abfluß	bei kapillarem Aufstieg	bei freiem Abfluß	bei kapillarem Aufstieg
100	1,9	1,8	2,6	2,7
90	2,1	1,9	2,7	2,4
80	2,0	2,0	2,7	2,7
70	2,1	2,1	2,8	2,8
60	2,5	1,9	3,6	3,0
50	2,2	2,1	5,3	3,6
40	2,2	2,4	10,2	7,6
30	6,0	3,4	16,7	11,2
20	13,7	11,8	17,8	13,5
10	15,7	16,4	17,4	16,2
0—1	15,3	16,1	19,1	19,4
Im Wasser	—	19,3	—	22,0

Anmerkung: Die Werte haben wir auf 0,1% abgerundet. — A. R.

Aus diesen Versuchen zieht LEBEDEW den Schluß, daß, da die Verteilung der Feuchtigkeit und die Mächtigkeit der unteren Zone in beiden Fällen gleich sind, der Oberflächendruck ebenfalls derselbe sein muß. Da beim kapillaren Aufstieg der Druck durch die ebene Oberfläche des Wassers entsteht, so muß der Druck, der von Wasserfilmen an der Grenzscheide Wasser und Luft gebildet wird, gleich dem der ebenen Wasseroberfläche sein, also der Größe P_0 in der Gleichung von LAPLACE.

Diese Schlußfolgerung können wir nicht als zutreffend anerkennen. In dem soeben besprochenen Versuch fällt die Tatsache auf, daß beim kapillaren Aufstieg der Wassergehalt der unteren Zone der Sandsäule wesentlich unter der vollen Wasserkapazität liegt. Bei grobkörnigem Sand beträgt dieser Wert 15 bis 16% und 20 bis 22% (vgl. Tab. 92 u. 93). Es erhebt sich die Frage: Warum wurden im Versuch, bei dem das Wasser frei abfließen konnte, in den kurzen Säulen (Tab. 92) alle Poren mit Wasser ausgefüllt, während das beim kapillaren Aufstieg nicht beobachtet werden konnte? Diesem Widerspruch liegt offenbar ein methodischer Fehler zugrunde. Wenn der untere Teil der Röhre aus dem Wasser genommen wird, bildet sich, wenn auch nur für einen Augenblick, ein Meniskus zwischen dem unteren Ende der Röhre und der Wasseroberfläche. Die seitliche Oberfläche dieses Meniskus ist natürlicherweise konkav ausgebildet (Abb. 63). Folglich wird der normale Oberflächendruck, der unter der ebenen Wasseroberfläche beim Eintauchen bestand, einen Augenblick lang durch einen niedrigeren ersetzt. Infolgedessen wird die Gleichgewichtsverteilung gestört, und der Teil des Wassers, der in der unteren Schicht enthalten ist, muß abfließen, weil das genügend große Porenvolumen den ziemlich raschen Abfluß erlaubt. Bei dieser Versuchstechnik erhält man also nicht den wirklichen Gleichgewichtszustand in der Wassersäule beim kapillaren Aufstieg sondern niedrigere Werte.

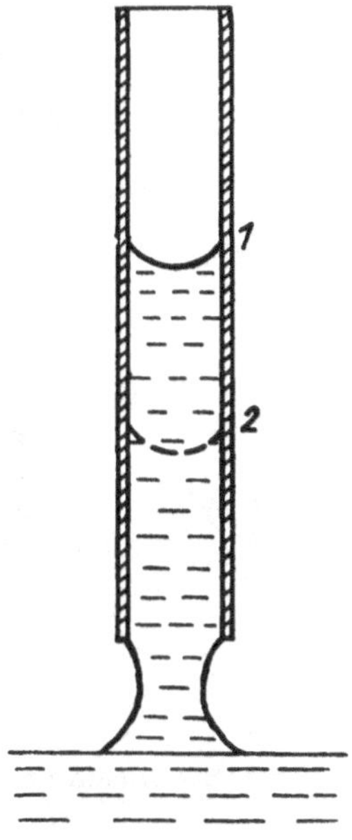

Abb. 63
Sinken der oberen Grenze des kapillaren Saumes bei Herausnahme des unteren Endes der Säule aus dem Wasser

Die Tatsache, daß beim freien Abfluß aus hohen Säulen die gleichen verminderten Werte auftreten, zeugt davon, daß der Druck, der das Wasser im Gleichgewichtszustand hält, bei weitem nicht den normalen Oberflächendruck erreicht, der der ebenen Wasseroberfläche eigen ist, sondern wesentlich darunterliegt (Abb. 13a).

Ähnliche Versuche hat Lebedew auch mit feinkörnigem Material, mit Löß, durchgeführt. Da diese Versuche alle Schlußfolgerungen Lebedews bestätigen, brauchen wir sie nicht besonders zu besprechen.

Die Tab. 93 veranschaulicht noch eine andere Erscheinung, über die wir bereits sprachen, als wir die allgemeine Theorie der kapillaren Erscheinungen untersuchten. Der Vergleich des Wassergehalts der unteren Säulenzone zeigt, daß bei Abfluß Wassergehalt und Mächtigkeit des unteren Teiles der Säule bedeutend höher liegen als beim kapillaren Aufstieg. Besonders deutlich zeigt sich das in der Säule mit feinkörnigem Sand; die entsprechenden Werte haben wir zur besseren Anschaulichkeit in Abb. 64 graphisch dargestellt. Als wir die Wasserverteilung in den Paternoster-Kapillaren (Abb. 14) besprachen, wiesen wir darauf hin, daß hier zwei Fälle der Gleichgewichtsverteilung des Wassers auftreten können, und zwar unabhängig davon, ob das Wasser von oben oder von unten in die Kapillare eintritt. Im ersten Fall bildet sich eine höhere Wassersäule als im zweiten aus. Das gleiche beobachten wir in den Sandsäulen Lebedews, wie Abb. 64 zeigt: Falls Wasser in ein System von Bodenporen von oben aus einsickert, bildet sich im Sand eine mächtigere Schicht von hängendem Wasser als beim Kapillaraufstieg von unten. Diese Erscheinung, daß das Wasser den höchstmöglichen Stand beim Eintreten in eine Paternosterkapillare von unten nicht erreichen kann, wird als kapillare Hysterese bezeichnet.

Fassen wir kurz zusammen: Bei freiem Wasserabfluß aus den unteren Enden der entsprechenden Säulen entsteht eine Schicht von verhältnismäßig hohem Feuchtigkeitsgehalt, der allmählich nach oben zu abnimmt und in der ein wesentlicher Teil des Wassers durch kapillare Kräfte zurückgehalten wird. Deshalb kann dieses Wasser mit vollem Recht als „kapillar aufgehängt" bezeichnet werden.

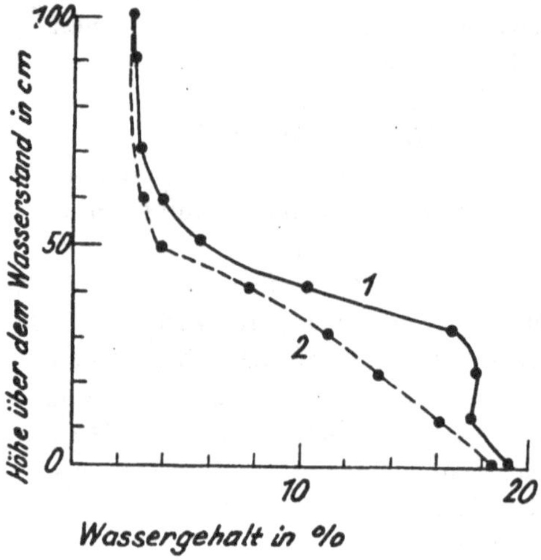

Abb. 64
Wassergehalt einer Sandsäule bei Abfluß und bei kapillarem Aufstieg nach LEBEDEW
1 — Abfluß; *2* — Aufstieg

Eine wesentliche Eigenschaft des Wassers, das sich in den oberen Teilen von hohen Sandsäulen befindet, besteht darin, daß es den hydrostatischen Druck nicht übertragen kann. LEBEDEW bewies das durch folgende Versuche: Wenn Wasser auf die Oberfläche des Sandes einer kurzen Säule (Tab. 92, A_1) gegossen wird, erfolgt nach Abfluß des überschüssigen Wassers sofort nach Beginn der Wasserzugabe Abfluß aus dem unteren Ende der Säule. Auch wenn das Wasser tropfenweise aufgegeben wird, löst jeder zugegebene Wassertropfen unmittelbar den Abfluß aus (1936, S. 139 ff.). Hieraus schließt LEBEDEW mit voller Berechtigung, daß in diesem Fall das in der Säule getragene Wasser die Fähigkeit hat, den hydrostatischen Druck zu übertragen.

Als LEBEDEW die gleichen Versuche mit langen Säulen anstellte, beobachtete er eine andere Erscheinung. Versuch Nr. 57 (1936, S. 141) wurde mit einer 2 m langen Sandsäule durchgeführt, die von oben aus mit überschüssigem Wasser gesättigt wurde. Nachdem der Wasserabfluß aufgehört hatte, wurde 50 cm³ Wasser aufgegossen. Der Abfluß aus dem unteren Säulenende begann in diesem Fall erst nach 17 Stunden. Der größte Teil des zugegebenen Wassers lief in 72 Stunden ab, während der Abfluß endgültig erst nach 216 Stunden beendet war.

Um den Mechanismus des Abflusses in diesem Fall zu erklären, bediente sich Lebedew einer scharfsinnigen Methode. Die Versuche wurden ebenso angelegt wie die soeben beschriebenen; anstelle reinen Wassers brachte man jedoch auf die Säulenoberfläche eine gleiche Menge einer schwachen Lithiumchlorid-Lösung. Nachdem der Wasserabfluß endgültig aufgehört hatte, wurde die Röhre auseinandergenommen und ihr der Wassergehalt des Sandes schichtweise bestimmt. Spektroskopisch ermittelte man ferner den Gehalt an Lithium und die Tiefe, bis zu der es vorgedrungen war. Dadurch war ein Anhalt dafür gegeben, wie tief das zugegebene Wasser eingesickert war. Eine Reihe ähnlicher Versuche zeigte, daß der Wasserabfluß aus hohen Säulen, die man vorher in den Gleichgewichtszustand gebracht hatte, dann beginnt, wenn das zusätzlich zugeführte Wasser bis zur oberen Grenze der Übergangszone (dem Wassergehalt nach), d. h. bis zur unteren Grenze der oberen Zone mit konstanter Feuchtigkeit versickert. Damit wird festgestellt, daß das in der oberen beständig feuchten Zone vorhandene Wasser nicht fähig ist, den hydrostatischen Druck zu übertragen. Diese Eigenschaft ist vielmehr beim „kapillar aufgehängten" Wasser vorhanden und beginnt an der oberen Grenze der Übergangszone.

Lebedew sprach, wie bereits ausgeführt, das in der oberen Zone enthaltene Wasser als gebunden an und gelangte auf Grund der soeben beschriebenen Versuche zu der Auffassung (1936, S. 147—148), daß „*die Übertragung des hydrostatischen Druckes . . . dann möglich ist, wenn der Wassergehalt des Bodens über seiner Maximalen molekularen Wasserkapazität liegt*".[1]

Er stellte als erster die Frage, auf welche Weise die Verdunstung des „kapillar aufgehängten" Wassers vor sich geht, und führte zu diesem Zweck folgenden Versuch durch (1936, S. 245—246). Zwei gleich große Bechergläser, von denen bei einem die Bcdenplatte abgesprengt und durch Gase ersetzt war, füllte man mit Sand. Anschließend wurde das erste mit Wasser aufgefüllt, dessen Überschuß man abgoß. Das zweite tauchte man mit seinem unteren Ende ins Wasser. Die Sandoberfläche erwärmte man in beiden Bechergläsern mit darüberliegenden Bunsenbrennern 8 Stunden. Nach Ablauf dieser Zeit war die Sandoberfläche im ersten Becherglas vollkommen trocken, während sie im zweiten einen Wassergehalt von 23,8% aufwies. Die schichtweise Bestimmung des Wassergehaltes nach 48 Stunden lieferte folgende Ergebnisse: Im zweiten Becherglas betrug der Wassergehalt in einer Tiefe von 0 bis 1 cm 24,1% und in einer Tiefe von 5 bis 6 cm 27,3%. Im ersten Becherglas verteilte sich die Feuchtigkeit folgendermaßen:

in einer Tiefe von	0— 0,5 cm	0,2%
	0,5— 1,0 cm	3,8%
	2,5— 3,0 cm	7,5%
	6,5— 7,0 cm	9,9%
	9,5—10,0 cm	23,1%.

[1] Kursiv bei Lebedew.

LEBEDEW sagt hierzu: „Wir sehen somit, daß beim Eintauchen des Bodens in Wasser die Sandoberfläche trotz starker Erwärmung die ganze Zeit über ihren höchsten Wassergehalt beibehielt, während im anderen Falle, wenn das Wasser von Kapillaren getragen wird, eine Wasserbewegung von unten nach oben nicht beobachtet werden konnte, obwohl bereits in einer Tiefe von 9 cm der Sand fast die maximale Feuchtigkeit enthielt.

Man kann daher auf Grund der theoretischen Überlegungen, der Beobachtungen in der Natur und im Laboratorium behaupten, daß im Süden, Südosten Rußlands und überall dort, wo ein sogenannter toter Horizont vorhanden ist, eine kapillare Wasserbewegung von unten her in den oberen Bodenhorizonten unmöglich ist.[1]

Zu dieser Schlußfolgerung LEBEDEWS ist folgendes zu sagen: Erstens ist sie in ihrer Verallgemeinerung falsch, weil sie allen oben angeführten Beobachtungen und Versuchen LETUNOWS und Mitarbeiter, KATSCHINSKIS, BOLSCHAKOWS und ABRAMOWAS widerspricht.

Zweitens ist nicht verständlich, warum LEBEDEW das Wasser im ersten Becherglas als „kapillar aufgehängt“ bezeichnet.

Drittens kann man aus dem Versuch LEBEDEWS nicht ersehen, auf welche Art und Weise die Verdunstung des Wassers aus dem ersten Becherglas vor sich gegangen ist: Trocknete dieses Wasser schichtweise aus, wobei seine Auswanderung nur in Dampfform erfolgte, oder wurde es kapillar zur Oberfläche in flüssiger Form herangezogen, um hier zu verdunsten? LEBEDEW neigte der ersteren Annahme zu. Der Versuch war jedoch nicht geeignet eine Entscheidung zu treffen, weil beide Möglichkeiten vorlagen.

Bei MALJANOW (1940) finden wir erfolgreichere Versuche, die Frage nach der Bewegung des „kapillar aufgehängten“ Wassers zu beantworten, obgleich auch hier Methodik und Auslegung der Versuche, wie wir gleich sehen werden, nicht ganz einwandfrei sind.

Die Versuche MALJANOWS wurden sowohl mit Sand als auch mit schweren Böden durchgeführt.

Mit Sand legte er zwei Versuchsreihen an. In der ersten Reihe wurden für jeden Versuch zwei Bodensäulen von gleichem Aufbau, gleicher Höhe und gleichem Querschnitt angefertigt. Man begoß die Säulen mit Wasser bis zur kapillaren Wasserkapazität, die dem „kapillar aufgehängten“ Wasser entspricht. In einer dieser Säulen wurden die Kapillaren an einigen Stellen durch eine 2 mm dicke Luftschicht unterbrochen, was Bewegung des Wassers in tropfbarflüssiger Form aus einem Säulenabschnitt in den anderen ausschloß. Gleichzeitig konnte aber der Wasserdampf in der gesamten Säule in den Poren an beliebigen Stellen zur Oberfläche frei aufsteigen. Anschließend wog man die Säulen und stellte sie ins Freie, um das Wasser verdunsten zu lassen. Das Wägen des verdunsteten Wassers erfolgte regelmäßig, anfangs alle 24 Stunden, später seltener. Temperatur und Luftfeuchtigkeit schwankten für beide Säulen gleichmäßig.

---

[1] Kursiv bei LEBEDEW.

Der Sinn dieser Versuche war folgender. Falls das Wasser in den Säulen von Schicht zu Schicht verdunstet, ohne sich zu bewegen, wird sein Verbrauch in beiden Säulen gleich sein. Sofern jedoch das Wasser im Laufe des Verdunstungsprozesses in den Kapillaren zur Bodenoberfläche in die Zone der intensiven Wasserabgabe hinaufgezogen wird, verhindert die Unterbrechung der Kapillaren diesen Wasserzufluß. In der Säule mit den unterbrochenen Kapillaren muß sich die Verdunstung gegenüber ihrem Verbrauch in der Säule ohne unterbrochene Kapillare stark vermindern.

Es wird nichts darüber ausgesagt, ob die Benetzung der Säulen von oben oder von unten vorgenommen wurde, auf welche Art und Weise die Unterbrechung „mit Luftschichten" erfolgte, und in keinem einzigen Versuch wird die Ausgangsverteilung des Wassers in der Säule bestimmt.

Die Versuche stellte man mit Sand verschiedener Korngröße (1—2 mm und 0,25—0,50 mm) an, sie lieferten in der ersten Serie gleiche Ergebnisse. Deshalb beschränken wir uns darauf, die Ergebnisse nur eines Versuches (Nr. 5, Sand, Korngröße 0,25—0,50 mm) anzuführen, bei dem im unteren Teil der Säule zu Beginn eine Trockenschicht vorhanden war. Die Unterbrechungen der Kapillaren hatte man in der zweiten Säule in einer Tiefe von 4,6 und 8,8 cm angebracht; die Höhe der Säulen betrug 12,8 cm. Die Versuchsergebnisse sind in Abb. 65 dargestellt, deren oberer Teil die Veränderung der Verdunstungsintensität in Gramm je Stunde angibt, aus dem unteren Teil ist summarisch das Ansteigen der Verdunstungswerte im Laufe des Versuches zu ersehen. Nach Beendigung der Verdunstung bestimmte man die endgültige Verteilung des Wassers, die folgendes ergab:

Tiefe in cm		Wassergehalt des Sandes in %	
Erste Säule	Zweite Säule	Erste Säule	Zweite Säule
0— 5,7	0— 4,6	0,04	0,04
5,7— 7,8	4,6— 8,8	1,81	23,25
7,8—10,0	8,8—11,3	2,55	11,96
10,0—12,8	11,3—12,8	2,25	5,33

Wie Maljanow hervorhebt, floß in der zweiten Säule eine gewisse Wassermenge in die untere trockene Zwischenschicht ab.

Wir stellten bereits fest, daß der Verfasser die Ausgangsverteilung des Wassers leider nicht bestimmt hat. Aller Wahrscheinlichkeit nach betrug der durchschnittliche Ausgangsgehalt an Wasser 23 bis 25%.

Sowohl in diesem Versuch als auch in allen übrigen war die Verdunstung im Laufe der ersten drei Tage in beiden Säulen gleich. In dieser Periode wurde der Vorrat an kapillarem Wasser aus der oberen Sandschicht (über der ersten Unterbrechung) in der zweiten Säule verbraucht. Sobald der Wasservorrat zu Ende war, sank die Intensität der Verdunstung in der zweiten Säule im Vergleich zur ersten sofort stark ab. Der Verfasser nimmt als Ursache an, daß in der ersten

Säule der Zustrom von kapillarem Wasser zur verdunstenden Oberfläche fortgesetzt wird, während in der zweiten Säule das Wasser nur infolge Diffusion des Wasserdampfes durch die obere trockene Zwischenschicht oder durch Verdunstung des Fugen- und Filmwassers aus dieser Schicht selbst erfolgen kann. Daraus wird geschlossen, daß sich das „kapillar aufgehängte“ Wasser bei Verdunstung in flüssiger Form bewegen kann.

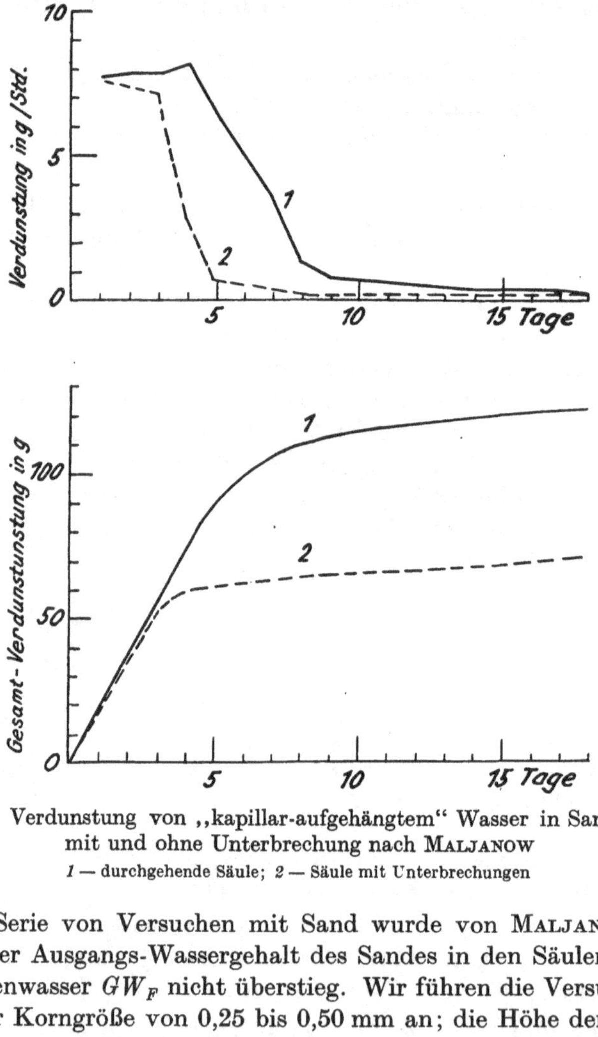

Abb. 65. Verdunstung von „kapillar-aufgehängtem“ Wasser in Sandsäulen mit und ohne Unterbrechung nach Maljanow

1 — durchgehende Säule; *2* — Säule mit Unterbrechungen

Die zweite Serie von Versuchen mit Sand wurde von Maljanow so durchgeführt, daß der Ausgangs-Wassergehalt des Sandes in den Säulen den Höchstgehalt an Fugenwasser GW_F nicht überstieg. Wir führen die Versuchsergebnisse Nr. 8 mit einer Korngröße von 0,25 bis 0,50 mm an; die Höhe der Säule betrug 11,2 cm, der Wassergehalt des Sandes 2,59%. Die *MMW* betrug nach Lebedew (Methode des Film-Gleichgewichts) 1,18%. Die Unterbrechungen waren in der zweiten Säule in einer Tiefe von 3,7 und 9,0 cm angelegt. Der Versuch dauerte 768 Stunden. Die Ergebnisse sind aus Abb. 66 zu ersehen. In Auswertung dieses und ähnlicher Versuche stellte der Autor fest, daß dort, wo nur Film- und Fugenwasser vorhanden war, die Unterbrechungen der Säule auf die Geschwindigkeit der Verdunstung keinen Einfluß ausübten; daraus könnte man schließen, daß diese Wasserformen Schicht für Schicht verdunsten und eine Wasserbewegung in flüssigem Zustand zur verdunstenden Oberfläche nicht erfolge.

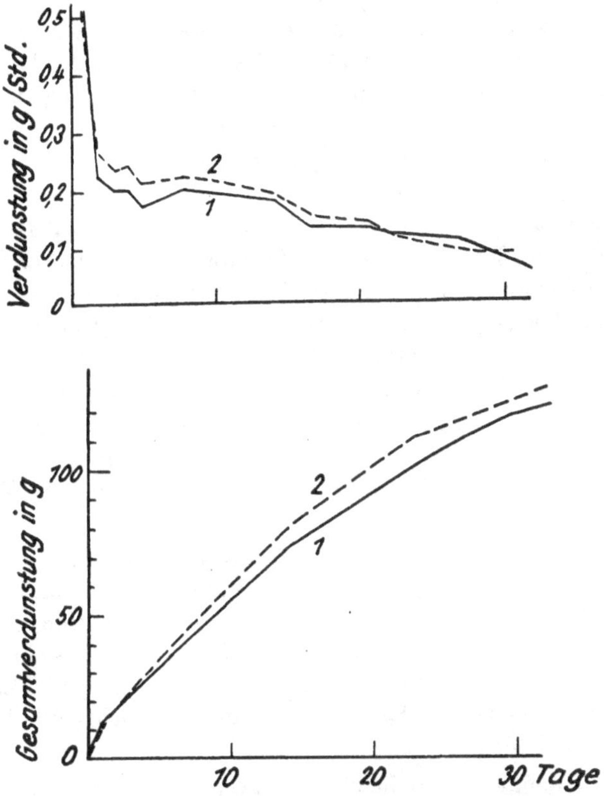

Abb. 66. Verdunstung von Fugenwasser in Sandsäulen mit u. ohne Unterbrechung nach Maljanow

1 — durchgehende Säule; *2* — Säule mit Unterbrechung

Die letzte Versuchsserie wurde von Maljanow mit mehr oder weniger schweren Böden vorgenommen. Die Böden wurden ebenfalls bis zur kapillaren Wasserkapazität, die dem „kapillar aufgehängtem" Wasser entspricht, gesättigt; die Art der Benetzung sowie die Ausgangswerte für die Feuchtigkeit sind nicht angegeben. Nach der Restfeuchtigkeit in den unterbrochenen Säulen zu urteilen, waren diese Werte sehr hoch. Auch in dieser Versuchsserie erzielte man die gleichen Ergebnisse wie mit Sand. Die Menge des verdunsteten Wassers und die Intensität der Verdunstung waren in den geschlossen befeuchteten Säulen wesentlich höher als in den unterbrochenen Säulen.

Aus diesen Ergebnissen zieht Maljanow den Schluß, daß „sich das ‚kapillar aufgehängte' Wasser während des Verdunstungsprozesses zur Zone des Verbrauches nicht nur in einem polydispersen Boden bewegt, sondern auch in einem seiner Korngröße nach einheitlichem Sande.“ Fugen- und Filmwasser sind imstande, sich bei Verdunstung ebenfalls zu bewegen, jedoch mit sehr geringer Geschwindigkeit, für Sand mit Korngrößen von 0,50 bis 0,25 mm nur 1,5 mm in 24 Stunden.

Nach MALJANOW spielt bei Bewegung des „kapillar aufgehängten“ Wassers der Unterdruck die entscheidende Rolle, der sich im Laufe des Verdunstungsprozesses infolge der starken Veränderungen der Krümmung der Menisken bei den einzelnen Ringen um die Bodenpartikel bildet.

Bei kritischer Betrachtung der Versuchsergebnisse MALJANOWS muß man zugeben, daß seine Schlußfolgerungen durchaus zutreffend erscheinen; es fehlt aber zur vollen Beweiskraft die nähere Kennzeichnung des Wassers. Außerdem ist zu bedauern, daß der Verfasser für die Sande, mit denen er arbeitete, nicht den maximalen Gehalt an Fugenwasser (*GWF*) bestimmte; aus diesen Gründen erscheinen seine Ansichten über die Eigenschaften des Wassers, das am Schluß des Versuches im Boden verbleibt, nicht ganz begründet.

Abschließend heben wir hervor, daß die MALJANOWschen Versuche sich auf „kapillar aufgehängtes“ Wasser beziehen, also auf den Fall, daß Wasser an der Grenze zwischen Untergrund und Luft zurückgehalten wird. Die Ausgangsfeuchtigkeit der Sande in der ersten und dritten Serie der MALJANOWschen Versuche lag wesentlich höher als die *GWF*.

Interessantes Untersuchungsmaterial zu dieser Frage finden wir in der Arbeit von WOODRUFF (1942). 270 Gramm eines weißen Sandes von 0,8 mm füllte er in 6 cm hohe Gefäße, die mit 66 cm³ Wasser benetzt wurden, so daß mit 24% Wassergehalt volle Sättigung erzielt wurde. Die Menge des verdunsteten Wassers wurde laufend verfolgt. Als Standardmaß wurden unter gleichen Verhältnissen mit Wasser gefüllte Gefäße aufgestellt, um einen Vergleich für die Verdunstung aus den Versuchsgefäßen anstellen zu können.

Die Versuchsergebnisse sind in Abb. 67 graphisch dargestellt. Danach bleibt die Verdunstung bis zu dem Zeitpunkt, wo der Wasserverlust 50 cm³ beträgt, fast konstant. Diesem Augenblick entspricht nach unserer Berechnung der restliche durchschnittliche Wassergehalt von 5,9%. Darauf folgt eine kurze Übergangsperiode mit langsamerer Verdunstung, in deren Verlauf der Sand weitere 7 cm³ Wasser verliert und der restliche Wassergehalt nach unseren Berechnungen 3,3% erreicht, während WOODRUFF ihn aus ungenannten Gründen auf 1,1% schätzt. In dieser Zwischenzeit beginnt die Oberfläche des Sandes auszutrocknen.

Darauf folgt die dritte Periode mit sehr langsamer Verdunstung, in deren Verlauf die Mächtigkeit der Trockenschicht, die sich an der Oberfläche gebildet hat, ansteigt.

In einer besonderen Berechnung weist WOODRUFF nach, daß erstens die Mächtigkeit der Trockenschicht zur Geschwindigkeit der Verdunstung und zweitens das Quadrat der Mächtigkeit der Trockenschicht zur Verdunstungsdauer einander proportional sind. Daraus folgt, daß die Geschwindigkeit der Verdunstung den Gesetzen, folgt die für die Diffusionsgeschwindigkeit des Wasserdampfes gelten.

Aus den Versuchen Woodruffs ist zu entnehmen, daß sich der größte Teil des im Sand vorhandenen Wassers während der Verdunstung zur verdunstenden Oberfläche hin in flüssiger Form bewegt. Dieser Vorgang ging bei einem Wassergehalt von 24% (etwa die volle Wasserkapazität) bis zu 5,9% vor sich. Zwischen

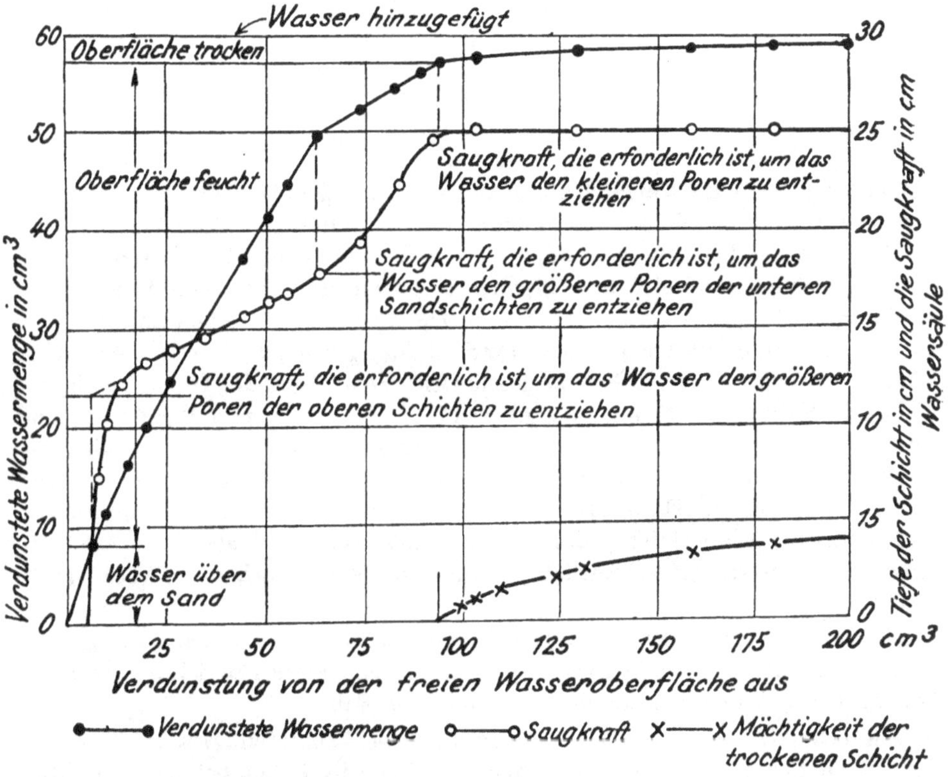

Abb. 67. Wasserverdunstung, Saugkraft während der Verdunstung und Mächtigkeit der trockenen Schicht in einer Sandsäule nach Woodruff

5,9 und 3,3% setzte sich die Bewegung fort, offenbar jedoch mit geringerer Geschwindigkeit, so daß die Oberfläche auszutrocknen begann. Bei einem Wassergehalt von 3,3% hörte die Wasserbewegung in flüssiger Form so gut wie ganz auf und wurde durch Diffusion des Wasserdampfes abgelöst. Der Wassergehalt von 3,3% entspricht etwa der GW_F, also dem Höchstgehalt an Fugenwasser. Nach Angaben Wassiljews beträgt die GW_F für die Korngröße von 1,0 bis 0,5 mm etwa 2,7%. Die Untersuchungen Woodruffs bestätigen also die Schlußfolgerungen Maljanows.

Wenn feinkörnige Schichten von grobkörnigen unterlagert werden, so wird eine gewisse zusätzliche Wassermenge zurückgehalten, wie Lebedew zeigte.

In einem der Versuche LEBEDEWS (1936, S. 152) erreichte der Wassergehalt einer 50 cm hohen Säule von feinkörnigem Sand in 10 cm starken Schichten folgende Werte:

bei Unterlagerung mit Löß %	bei Unterlagerung mit grobkörnigem Sand %
2,58	2,98
2,47	2,68
2,39	2,65
2,41	2,70
2,41	3,49
2,44	5,30

Wenn also ein feinkörniger Untergrund von einer grobkörnigen Schicht unterlagert wird, so ist der Wassergehalt des ersteren im unteren Teil höher. LEBEDEW erklärt diese Erscheinung wie folgt: „... ein Teil der engen Kapillaren der feinkörnigen Schicht muß sich unweigerlich erweitern, und auf diese Weise werden an der Kontaktstelle zwischen der feinkörnigen Schicht von oben und der grobkörnigen von unten Voraussetzungen für die Bildung von „kapillar aufgehängtem“ Wasser in der feinkörnigen Schicht geschaffen. Es liegt auf der Hand, daß hierbei nicht alle Kapillaren der feinkörnigen Schicht mit hängendem Wasser angefüllt werden, sondern nur die kleineren und von diesen auch nicht alle, sondern nur diejenigen, die mit ihrem unteren Ende in die großen Poren der grobkörnigen Schicht hineinragen. Die Folge davon ist, daß der Feuchtigkeitsgehalt der feinkörnigen Schicht über der grobkörnigen größer sein wird als dann, wenn das feinkörnige Gestein als einheitlich geschlossene Masse vorhanden wäre“ (1936, S. 154).

Aus diesen Worten LEBEDEWS geht hervor, daß der Mechanismus des Zurückhaltens von zusätzlichem Wasser an der Grenze von Wasser und Luft der gleiche sein wird, wie in dem bereits oben besprochenen Fall.

Wie bekannt, werden die von LEBEDEW beobachteten Erscheinungen als Grundlage für den Bau von schichtweisen Schirmwänden bei der Errichtung von Staudämmen und Dichtungswänden ausgewertet (1936, S. 166). Später wurde dieser Gedanke von KATSCHINSKI (1945) weiter entwickelt.

Die Erhöhung der Wasserkapazität feinkörniger Böden über Zwischenschichten aus grobkörnigem Material wurde auch von RYSHOW (1940) beobachtet. Für praktische Auswertung dieser Beobachtungen hat RYSHOW den Hinweis gegeben, daß die erhöhte Wasserkapazität bei der Berechnung der Bewässerungsnormen berücksichtigt werden muß.

BALJABO und WASSILJEWA (1951) weisen darauf hin, daß diese Erscheinungen auch auf die Größe der *GW* wesentlich einwirken können. Tritt im Untergrund eine verdichtete Zwischenschicht auf, deren Poren bedeutend kleiner sind als die der darunterliegenden Schicht, so wird das Eindringen von Wasser in diese erschwert, und zwar nicht nur durch die herabgesetzte Filtrationsfähigkeit der verdichteten Schicht, sondern auch deshalb, weil ein Teil des Wassers in ihr in „kapillar aufgehängtem“ Zustand zurückgehalten wird, wie die Tab. 94 zeigt.

TABELLE 94

Hydrologische Eigenschaften der Grauerdeböden verschiedenen Kulturzustandes nach BALJABO und WASSILJEWA (1951)

Boden	Tiefe der Probe-entnahme in cm	*VG* in g/cm³	*P* in Vol.-%	*GW* in Gewichts-%	*GW* in Vol.-%	Luft-volumen (*P-GW*)
Längere Zeit bewässerte Grauerde. Alte Baumwoll-anbaufläche; scharf ausgeprägte Verdichtung im Pflughorizont (20 bis 40 cm Tiefe)	0— 10	1,36	49,1	26,8	36,4	12,7
	10— 20	1,40	49,0	24,4	34,2	14,8
	20— 30	1,63	40,0	24,3	39,6	0,4
	30— 40	1,57	41,9	22,8	35,8	6,1
	40— 60	1,53	44,2	21,1	32,2	12,0
	60— 80	1,49	45,2	20,0	29,8	15,4
	80—100	1,44	47,5	18,8	27,0	20,5
Längere Zeit bewässerte Grauerde nach Umbruch der Luzerne	0— 10	1,30	50,9	30,2	39,3	11,6
	10— 20	1,27	51,8	27,4	34,8	17,0
	20— 30	1,40	48,9	25,2	35,3	13,6
	30— 40	1,40	48,9	25,2	35,3	13,6
	40— 60	1,42	48,8	22,9	32,5	16,3
	60— 80	1,43	47,8	23,8	34,0	13,8
	80—100	1,46	46,7	24,2	35,3	11,4

Gestützt auf diese Zahlen heben die Autoren die Tatsache hervor, daß ein verdichteter Pflughorizont die *GW* in den darunterliegenden Schichten erheblich herabsetzt, weil die größeren Kapillaren dieser Schichten nicht in der Lage sind, das Wasser aus den feinen Kapillaren des verdichteten Pflughorizontes abzusaugen. Deshalb ist die *GW* niedriger als sie bei gegebener Textur und Struktur sein könnte.

Der durch Luzerne verbesserte Kulturzustand begünstigt die Bildung von aufnehmbarem Wasser und erhöht dadurch die *GW*.

Ferner teilen Verfasser Laboratoriumsversuche mit Säulen mit, nach denen die Minimale Wasserkapazität *GW* dadurch erheblich herabgesetzt wird, daß das Volumengewicht von 1,3 durch Verdichtung der Pflugsohle auf 1,6 erhöht worden ist.

In verdichteten Horizonten nähert sich die *GW* der *VW*.

Diese Erscheinungen treten auf, wenn der verdichtete Horizont ein Volumengewicht von 1,5 und darüber besitzt, während sie bei einem *VG* von 1,4 und darunter nicht beobachtet werden.

7. Zusammenfassung

1. Hängendes Wasser nennen wir das Wasser, das längere Zeit ohne zu versickern im Bodenprofil verweilt, obwohl es hydrostatisch mit dem Grundwasser nicht in Verbindung steht.

2. Die Höchstmenge an hängendem Wasser, das sich im Bodenprofil halten kann, bezeichnen wir mit Minimaler Wasserkapazität *GW*.

3. In Abhängigkeit von Textur, Struktur und Schichtung des Bodens sind die Ursachen für die Zurückhaltung des hängenden Wassers verschieden.

4. In grobkörnigen Böden mit Korngrößen über 1 mm kann sich das „aufgehängte“ Wasser nur als Fugenwasser halten; charakteristisch dafür ist die Verteilung in einzelnen ringartigen Wasseransammlungen (Wassermanschetten). Das Fugenwasser wird durch Kapillarkräfte gebunden.

5. In mittelkörnigen Böden mit Korngrößen von 1 bis 0,05 bis 0,01 mm (die untere Grenze ist fließend) kann sich „hängendes“ Wasser auf doppelte Art bilden:

a) In ursprünglich trockenen Böden kann sich in den oberen Horizonten eine Schicht von kapillar hängendem Wasser bilden, das das gesamte Porenvolumen ausfüllt. Die Mächtigkeit der durchfeuchteten Schicht kann nicht mehr als 1 bis 2 Dezimeter betragen. Wird diese Grenze überschritten, so fließt fast das gesamte „hängende“ Wasser sofort ab. Es wird von Kapillarkräften zurückgehalten, wobei die Hysterese der Benetzung eine wesentliche Rolle spielt.

b) Wenn der Boden anfänglich jedoch nicht trocken war, so kann das Wasser hier längere Zeit nur als Fugenwasser gehalten werden, wie das besonders in grobkörnigen Böden der Fall ist.

6. In feinkörnigen Böden mit Korngrößen kleiner als 0,05 bis 0,01 mm sind drei Fälle zu unterscheiden:

a) In strukturlosen Böden (durchknetete Bodenmassen, Gleyhorizonte nasser Böden) wird das hängende Wasser ausschließlich durch Sorptionskräfte zurückgehalten und kann als gebundenes Wasser betrachtet werden.

b) In feinkörnigen Böden mit Mikrostruktur wird das hängende Wasser ebenfalls von Sorptionskräften zurückgehalten, obgleich nur ein Teil als gebundenes Wasser vorliegt, während der andere als freies Wasser bezeichnet werden muß. In diesem Fall bezeichnen wir das hängende Wasser als in Filmen hängendes.

c) In feinkörnigen Böden und im Untergrund mit Makrostruktur wird das Wasser entweder durch Sorptionskräfte gebunden, in Filmen aufgehängt oder in einzelnen Makroaggregaten durch Kapillarkräfte zurückgehalten.

7. In feinkörnigen Böden, die in der Natur sehr häufig vorkommen, ist das hängende Wasser in der Lage, sich bei Verdunstung zur verdunstenden Oberfläche hin zu bewegen. Diese Bewegung erfolgt in flüssiger Form, vornehmlich unter dem Einfluß von Sorptionskräften, bei einer gewissen Feuchtigkeitsgrenze, die wir mit Feuchtigkeit des Abrisses der Kapillarverbindung (FRK) bezeichnen. In Strukturböden ist diese Größe scharf ausgeprägt, in strukturlosen unscharf.

8. In feinkörnigen Böden füllt das hängende Wasser nicht das gesamte Porenvolumen, sondern nur einen Teil davon aus. Bei ausgeprägter Struktur schwankt

dieser Teil in ziemlich weiten Grenzen durchschnittlich bis 70%. Je schlechter die Struktur ausgeprägt ist, desto höher ist der Ausfüllungsgrad der Poren mit hängendem Wasser.

9. Die Größe der GW hängt in feinkörnigen Böden nur teilweise von der Korngröße, überwiegend jedoch von ihrer Struktur ab.

10. Hängendes Wasser kann sich auch an der Grenzscheide von Untergrund und Luft bilden, wobei es in diesem Falle von kapillaren Kräften zurückgehalten wird. Dieses Wasser bezeichnen wir als kapillar aufgehängtes.

11. Hängendes Wasser kann auch an der Grenzscheide zwischen einer feinkörnigen und grobkörnigen Schicht entstehen. Da es durch Kapillarkräfte zurückgehalten wird, gehört es ebenfalls zum kapillar aufgehängtem Wasser.

KAPITEL VI

DAS FREIE GRAVITATIONSWASSER

1. Formen des freien Gravitationswassers

Die Wasserformen, mit denen wir uns bisher beschäftigten, sind dadurch gekennzeichnet, daß ihre Zurückhaltung und Bewegung überwiegend auf den Sorptionskräften des Bodens beruhen.

Wie wir gesehen haben, nimmt die Wirkung dieser Kräfte mit steigender Bodenfeuchtigkeit ab. Wird die Minimale Wasserkapazität *GW* erreicht, so nähern sich diese Kräfte dem Nullwert.

Sehr oft jedoch, noch bevor also die Minimale Wasserkapazität *GW* erreicht ist, tritt im Boden freies Wasser auf, also Wasser, das dem Einfluß der Sorptionskräfte nicht unterliegt; in feinkörnigen Böden tritt es als „sorptionsmäßig eingeschlossenes" freies Wasser auf, in grobkörnigen als Fugenwasser und in geschichteten Bodenprofilen als kapillar getragenes. Frei beweglich ist selbstverständlich auch das Wasser, das im Boden den Wert der Minimalen Wasserkapazität *GW* übersteigt, also in dem Intervall zwischen der Minimalen Wasserkapazität *GW* und der vollen Wasserkapazität *VW*. Wir erinnern daran, daß in Einzelfällen jedoch, in schweren Böden ohne irgendeine Struktur bei voller Wasserkapazität überhaupt kein freies Wasser vorhanden sein kann, weil jegliches Wasser gebunden ist.

Da das „freie Wasser" dem Einfluß der Anziehungskräfte der Bodenpartikel nicht unterliegt, so folgen seine Moleküle in grobkörnigem Material hauptsächlich der Schwerkraft wie z. B. im Kies. In mittel- und feinkörnigen Böden wirkt die Schwerkraft stets mit den Kapillarkräften gleichseitig, weil die Ansammlungen an freiem Wasser, unabhängig von ihrer Form in mittel- und feinkörnigen Böden, stets von Menisken mit unterschiedlicher Krümmung begrenzt werden, die deshalb einen verschiedenen Oberflächendruck ausüben.

Die Schwerkraft wird auf den Teil des freien Wassers einwirken, der die Minimale Wasserkapazität GW übersteigt. Daraus folgt die Bezeichnung freies Gravitationswasser, zum Unterschied von den uns bereits bekannten anderen Formen, wie „Fugenwasser", „kapillar hängendes" und „sorptionsmäßig eingeschlossenes" Wasser.

Wir heben hervor, daß die Fähigkeit des freien Gravitationswassers, das wir der Einfachheit wegen kurz „Gravitationswasser" nennen wollen, hinsichtlich seiner Versickerung entweder „reell" oder „potentiell" sein kann.

„Reell“ ist die Bewegung dann, wenn das Sickerwasser auf keine wasserundurchlässigen Schichten stößt. Dieses Sickerwasser kann den Porenraum je nach Niederschlagshöhe entweder ganz oder nur teilweise ausfüllen. Die Richtung der Wasserbewegung wird vollständig von der Schwerkraft bestimmt, obgleich auf die Geschwindigkeit sowohl kapillare als auch äußere und innere Reibungskräfte einwirken. Wir wollen diese Form „Gravitations-Sickerwasser“ nennen.

Wenden wir uns jetzt dem anderen Fall zu, wenn das Gravitations-Sickerwasser durch eine wasserundurchlässige Schicht gestaut wird. Jetzt wird die Sickerfähigkeit des Wassers potentiell. Der Einfachheit halber nehmen wir zunächst an, daß diese Schicht völlig wasserundurchlässig ist.

Erreicht das Gravitationswasser eine solche Schicht, so wird es gestaut. Da es gewissermaßen von ihr getragen wird, wollen wir diese Form „gestütztes oder getragenes Gravitationswasser“ nennen. Wir wählen hier den von Katschinski 1934 vorgeschlagenen Ausdruck, der jedoch diesen Begriff insofern enger faßte, als er ihn, wie wir noch sehen werden, nur auf den oberen Teil des gestützten Gravitationswasser angewandt wissen wollte.

Von welchen Kräften wird das getragene Gravitationswasser in diesem Zustand gehalten? Welche Kräfte heben also die Schwerkraft auf? Bei Vorhandensein einer undurchlässigen Schicht wird die Kohäsion zwischen den Partikeln der stauenden Schicht wirksam. Allgemein betrachtet, können diese Kräfte verschiedener Natur sein; wir werden jedoch auf diese Fragen nicht näher eingehen, weil sie für die uns hier interessierende Erscheinung bedeutungslos sind; wir bezeichnen sie einfach als „Stauung in der undurchlässigen Schicht“.

Kommt zum getragenen Gravitationswasser von oben weiteres Sickerwasser hinzu, so wird es sich über der undurchlässigen Schicht ansammeln und den Porenraum der darüberliegenden Schicht ausfüllen. Da hierbei Luft eingeschlossen wird, kann es zu keinem vollen Ausfüllen kommen. Wesentlich ist jedoch, daß das über der undurchlässigen Schicht angesammelte gestützte Gravitationswasser die Eigenschaft der hydrostatischen Geschlossenheit behält, also die Fähigkeit, den hydrostatischen Druck zu übertragen.

Bei fortschreitender Versickerung wird die Schicht des gestützten oder getragenen Gravitationswassers zunehmen und damit auch der hydrostatische Druck ansteigen, bis es beginnt, aus natürlichen oder künstlichen Poren des Bodens auszutreten. Wir wollen diese Erscheinung an Hand der Abb. 68 näher betrachten.

Auf Abb. 68 stellen AB die Flurhöhe und DC die wasserundurchlässige Schicht dar. I, II, III bedeuten elementare, d.h. unendlich kleine Schichten des Bodenprofils. Infolge ihrer äußerst geringen Dicke können wir in jeder Elementarschicht das Verhalten des Wassers als einheitlich annehmen.

Verfolgen wir nun in der Grube *a b c d* bis zur wasserundurchlässigen Schicht herunter, wie sich das gestützte oder getragene Gravitationswasser an der Grubenwand verhält.

Es liegt auf der Hand, daß dieses Wasser an der Grubenwand zuerst, bei wenig mächtiger Schicht an gestütztem Gravitationswasser, eine Meniskenoberfläche bilden wird, d. h. eine Oberfläche, die aus zahlreichen Menisken besteht, die entsprechend dem verschieden großen Durchmesser der Bodenporen, auch unterschiedlich konkave Krümmungen aufweisen. Der Oberflächendruck

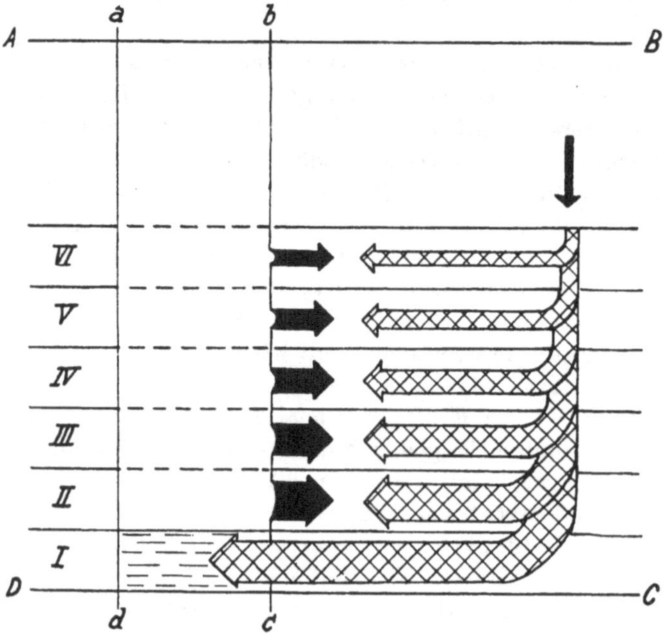

Abb. 68. Schematische Darstellung der Wirkung von hydrostatischem Druck und Oberflächendruck über und unter dem Grundwasserspiegel

dieser Menisken wird unter dem normalen Oberflächendruck liegen und auf das Innere der Bodenmasse gerichtet sein. Diesen Druck haben wir durch schwarze Pfeile gekennzeichnet, die nach rechts gerichtet sind; er verhindert das Austreten des gestützten oder getragenen Gravitationswassers aus der Grubenwand.

Dem Oberflächendruck steht der hydrostatische Druck des gestützten oder getragenen Gravitationswassers entgegen, der mit der Höhe der Wassersäule zunimmt. Zu diesem Druck kommt der Oberflächendruck der Menisken hinzu. Da das Volumen der Poren, in denen sich diese oberen Menisken an den verschiedenen Teilen des Bodenkörpers *A B C D* bilden, im Mittel gleich ist, so ändert sich auch mit steigendem Gehalt an gestütztem oder getragenem Gravitationswasser der in ihnen wirksame Oberflächendruck nicht wesentlich. Deshalb haben wir diesen Druck, der von der oberen Grenzschicht des gestützten Gravitationswassers nicht abhängt, im oberen Teil der Bodenmasse in Form eines nach unten gerichteten Pfeiles dargestellt.

Mit Anwachsen des gestützten oder getragenen Gravitationswassers nimmt der hydrostatische Druck zu, um sich gleichmäßig nach allen Seiten hin auszubreiten. Da uns die Wirkung dieses Druckes auf die Meniskenoberfläche des gestützten Wassers an der Grubenwand *b c* interessiert, wählten wir für die Darstellung dieses Druckes ein System von schräg schraffierten Pfeilen, die nach links einbiegen. Ihre Stärke nimmt nach unten hin zu und gibt damit den mit der Höhe der Wassersäule steigenden Wert an, zuzüglich Oberflächendruck der oberen Menisken.

In den Schichten VI bis II steigt zwar der hydrostatische Druck an, übertrifft jedoch nicht den Kapillardruck an der Grubenwand *b c*. Letzterer nimmt ebenfalls durch die verringerte Krümmung der Menisken von oben nach unten hin zu. In der Schicht I ist der Druck des gestützten oder getragenen Gravitationswassers bereits höher als der maximale der Menisken, der bekanntlich dem normalen Oberflächendruck entspricht. Aus diesem Grunde läuft das Gravitationswasser in die Grube aus und bildet einen Spiegel an freiem Wasser an der Grenze zwischen den Schichten I und II.

Dieser Spiegel wird den Stand einnehmen, bei dem der Druck (hydrostatischer Druck plus Oberflächendruck der oberen Menisken) des gestützten Gravitationswassers gleich dem Oberflächendruck der Menisken ist, die abgeflacht in der Seitenwand der Grube in Erscheinung treten.

Ein „Bodenprofil ohne Grube“ kann deshalb auch keinen „Wasserspiegel“ haben; im ungestörten Boden ist allein eine Oberfläche vorstellbar, in der der soeben erwähnte Gesamtdruck gleich dem normalen Oberflächendruck ist. Diese imaginäre Oberfläche nennen wir „Grundwasserspiegel“, obwohl erst bei Anlage einer Grube, die bis zur Tiefe dieser Oberfläche reicht, ein wirklicher Grundwasserspiegel auftreten kann. (!)

Wie aus dem Gesagten hervorgeht, liegt die obere Grenze des gestützten Gravitationswassers stets über dem Grundwasserspiegel. Das Wasser, das sich zwischen dieser Grenze und dem Grundwasserspiegel befindet, ist der Kapillarsaum, weil Verteilung und Verhalten des Wassers hier der Verteilung in einer Bodensäule entsprechen, wenn das untere Ende dieser Säule in Wasser eingetaucht wird. In beiden Fällen ist der hydrostatische Druck am unteren Ende gleich dem normalen Oberflächendruck.

Das wesentliche Merkmal dieser Verteilung besteht darin, daß sich der Gehalt an freiem Wasser, folglich auch der Gesamtgehalt an Wasser, mit der Entfernung vom Spiegel des freien Wassers allmählich verringert. Das freie Wasser des Kapillarsaumes ist hydrostatisch mit dem Rest des gestützten Gravitationswassers verbunden und wird von KATSCHINSKI (1934) als „kapillar gestütztes Wasser“ bezeichnet.

Da das gestützte Gravitationswasser „hydrostatisch geschlossen“ ist und überwiegend dem Einfluß der Schwerkraft unterliegt, kann es in Richtung des Gefälles der undurchlässigen Schicht abfließen. Dieses Wasser wollen wir „strömendes Gravitationswasser“ nennen.

Falls die wasserundurchlässige Schicht konkav gewölbt ist, so ist das gestützte Gravitationswasser völlig unbeweglich. Wir wollen in diesem Fall von „stehendem Gravitationswasser“ sprechen.

Das infolge Verdunsten oder Aufsaugen durch die Vegetation aufsteigende Wasser wollen wir „aufsteigendes Kapillarwasser" nennen.

Die bisherigen Überlegungen treffen unter der Voraussetzung zu, daß die wasserstauende Schicht völlig wasserundurchlässig ist. Wenn wir annehmen, daß sie nur etwas weniger undurchlässig ist als die darüberliegende Schicht, so wird ebenfalls gestütztes Gravitationswasser auftreten.

Wir können also folgende Formen von freiem Wasser unterscheiden:

A. Freies hängendes Wasser

1. Fugenwasser in mittel- und grobkörnigen Böden;
2. „Kapillar hängendes" Wasser in geschichteten Bodenprofilen;
3. „Sorptionsmäßig eingeschlossenes" Wasser in feinkörnigen Böden.

B. Freies Gravitationswasser

4. Versickerndes Gravitationswasser;
5. Gestütztes oder getragenes Gravitationswasser:
   a) kapillar gestütztes,
   b) abfließendes,
   c) stehendes,
   d) kapillar aufsteigendes.

Mit den Formen des freien Gravitationswassers werden wir uns später beschäftigen; zunächst betrachten wir noch eine weitere wichtige Eigenschaft des Bodens: seine Durchlässigkeit für Wasser.

2. Die Durchlässigkeit des Bodens für Wasser

Versickerndes Gravitationswasser tritt im Boden bei Regen, Schneeschmelze, Hochwasser oder bei künstlicher Bewässerung auf. Ganz allgemein gesehen kann das Schicksal dieses Wassers sehr verschieden sein: Ein Teil kann wieder verdunsten, ein anderer kann auf dem Oberflächengefälle abfließen oder auch in den Boden einsickern.

Die Intensität der Versickerung wird von der Durchlässigkeit des Bodens bestimmt.

Es ist bekannt, daß die Durchlässigkeit des Bodens unmittelbar vom Porenvolumen, hauptsächlich vom Porendurchmesser abhängt. Je größer das Porenvolumen und je gröber die Poren sind, desto größer wird auch die Durchlässigkeit sein. Bei grob- und mittelkörnigen Böden, die außerdem noch strukturlos sind, wird deshalb die Durchlässigkeit fast ausschließlich von der Textur abhängen, wenn Korngröße und Lagerungsdichte das Porenvolumen bestimmen. In Bodenprofilen mit Makro- oder Mikrostruktur wird letztere einen entscheidenden Einfluß auf die Durchlässigkeit ausüben; wenn die Poren zwischen den Aggregaten gröber sind als die innerhalb der Aggregate befindlichen, wird die Durchlässigkeit hauptsächlich von der Anzahl und dem Volumen der ersteren bestimmt. Deshalb ist es natürlich, daß die Durchlässigkeit der Böden nicht nur von den natürlichen Eigenschaften, sondern auch weitgehend vom Kulturzustand des Bodens abhängt, also auch von der Agrotechnik.

Von den sonstigen Faktoren, die Einfluß auf die Durchlässigkeit haben, spielt die eingeschlossene Luft im Boden eine Rolle, die einzelne Poren oder auch ganze Porensysteme ausfüllt und sie damit aus der hydrostatischen Verbindung ausschließt.

Einen wesentlichen Einfluß auf die Durchlässigkeit üben die im Boden vorhandenen großen Hohlräume, Risse, Gänge von Wurzeln, Würmern und Maulwürfen sowie der Charakter der Pflanzendecke aus.

Gelangt Wasser in einen mehr oder weniger trockenen Boden, so ist die Durchlässigkeit am Anfang wesentlich höher als nach einer geraumen Zeit seit Einsickerungsbeginn. Das ist besonders scharf in feinkörnigen Böden ausgeprägt. Die Verringerung der Durchlässigkeit während des Einsickerns hängt damit zusammen, daß der Boden mit Wasser gesättigt wird, daß die Bodenkolloide quellen, was zu einer Verengung der Bodenporen führt, und ferner, daß auch die Struktur zerstört werden kann.

Das Entweichen der eingeschlossenen Luft aus dem Boden kann übrigens auch mit der Zeit zur Erhöhung der Durchlässigkeit führen.

Das Eindringen des Wassers in den Boden stellt somit eine komplexe Erscheinung dar, worauf erstmalig KOSTJAKOW (1932) aufmerksam machte; er wies darauf hin, daß man dabei zwei Kategorien unterscheiden muß: das Wasseraufsaugen und die Filtration, die erst nach voller Sättigung des Bodens eintritt.

KOSTJAKOW führte den Begriff des „Aufsaugungskoeffizienten" ein; er versteht darunter „die Wassermenge, die vom Boden in der Zeiteinheit bei gleichem Gefälle je Oberflächeneinheit aufgesaugt wird". Der Aufsaugungskoeffizient, der die Durchlässigkeit des Bodens kennzeichnet, ist entsprechend den obigen Ausführungen eine dynamische Größe, die sich bei der Aufnahme des Wassers durch den Boden verändert.

Ähnliche Überlegungen wurden auch von KATSCHINSKI (1945) angestellt, der darüber folgendes ausführt: „Der Vorgang der Versickerung des Wassers setzt sich aus drei Phasen zusammen: a) Aufnahme von Wasser; b) Weiterleitung des Wassers von Schicht zu Schicht und c) Versickerung des Wassers zum Untergrund. Die beiden ersten Phasen sind im Begriff des Aufsaugens vereinigt („Aufsaugungskoeffizient"). Die dritte Phase, die zum Höchstverbrauch (warum zum höchsten? — A. R.) an Wasser führt, drückt man durch den Begriff „Versickerungskoeffizient" aus und charakterisiert ihn durch die verschiedenen Formeln von DARCY, HASEN, LUEGER, SLICHTER u. a. Das Aufsaugen von Wasser durch den Boden erfolgt erstens durch die Oberflächenanziehung des Wassers durch den Boden, der wesentlich hydrophil ist; zweitens durch kapillare Erscheinungen, die im System Boden-Lösung auftreten."

Die mathematische Behandlung des „Aufsaugungskoeffizienten" finden wir bei KOSTJAKOW (1932). Falls der Anfangswert dieses Koeffizienten gleich K_0 ist, so verringert sich dieser Koeffizient beim Aufsaugen und ist dabei bestrebt, sich der Größe K_D, dem Filtrationskoeffizienten DARCYS, anzugleichen. Der Aufsaugungskoeffizient ist nach der Zeit t gleich K_t und steht nach KOSTJAKOW in folgender Beziehung zum Anfangswert K_0:

$$K_t = \frac{K_0}{t^\alpha}.$$

Der Ausgangswert des Aufsaugungskoeffizienten hängt vom Filtrationskoeffizienten DARCYS wie folgt ab:

$$K_0 = K_D \cdot T\alpha ,$$

wobei T die Zeit darstellt, in welcher beim Versickern der Wassergehalt des Bodens ständig abnimmt.

MOROSOW (1935) stellt eine etwas andere Formel für die Abhängigkeit des Aufsaugungskoeffizienten von der Zeit auf:

$$K_t = K_0 \, B^N ,$$

in der B eine Konstante und N die Menge des durch den Boden filtrierten Wassers ist. Die Größe B kann sowohl größer als auch kleiner als 1 sein. Die Erhöhung des Sorptionskoeffizienten während der Versickerung kommt sehr selten vor, ist aber trotzdem möglich. Sie kann z. B. dann beobachtet werden, wenn die Salzkonzentration im Sickerwasser zunimmt, wodurch die Krümelbildung vergrößert wird.

Umfangreiches Material über die Dynamik des „Aufsaugungskoeffizienten" finden wir bei SOSYKINS (1939), der die Methode isolierter Säulen benutzte. Sie

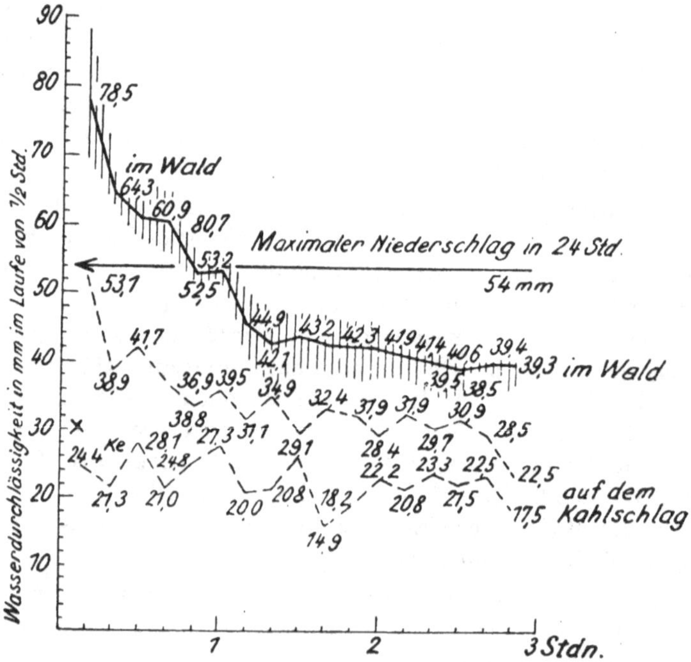

Abb. 69. Veränderung des Aufsaugungskoeffizienten im Laufe der Zeit im sandigen Waldboden, Gebiet Moskau (nach SOSYKIN)

gehört offenbar zu den vollkommensten, weil hierbei der Einfluß des Druckes der oberen Wasserschicht ausgeschaltet wird und man die Filtration ohne jegliche Zerstörung der natürlichen Bodenstruktur beobachten kann.

Auf den Abb. 69 und 70 zeigen wir die Untersuchungen SOSYKINs für zwei Böden; für einen sandigen Waldboden, mit Blaubeersträuchern bestanden, und einen schweren Lehmboden auf einer Grundmoräne. Im Diagramm ist der Wasserverbrauch für acht Säulen angegeben. Die Schwankungsbreite der Durchlässigkeit ist durch Schraffur um den mittleren Wert gekennzeichnet.

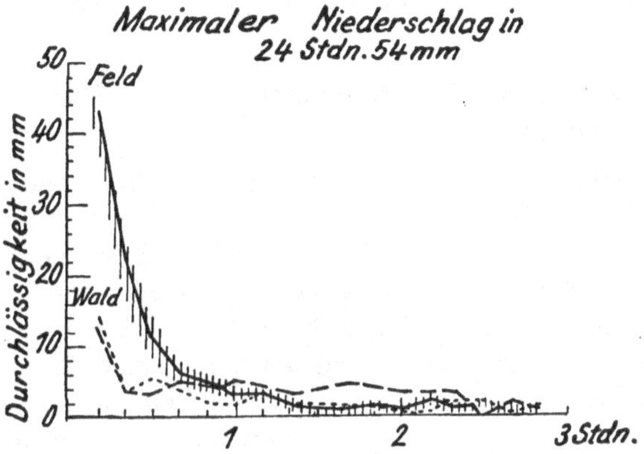

Abb. 70. Veränderung des Aufsaugungskoeffizienten im Laufe der Zeit in schwerem Podsol auf Geschiebelehm, Gebiet Moskau (nach SOSYKIN)

Beide Abbildungen zeigen, daß der Aufsaugungskoeffizient während des Vorganges stark abnimmt. Im sandigen Waldböden (Abb. 69) beträgt diese Verringerung im Laufe von 3 Stunden etwa 50% (von 80 mm/min auf 40 mm/min), im schweren Lehmboden etwa 95% (von 40 mm/min bis zu 2 mm/min).

Auf der zweiten Abb. ist ferner der Sorptionskoeffizient eines Waldbodens dem eines Ackerbodens gegenübergestellt. Während die Endwerte des Koeffizienten (am Ende der dritten Stunde) sehr naheliegen, gehen ihre Ausgangswerte außerordentlich stark auseinander: Im Walde ist der Aufsaugungskoeffizient fast fünfmal so hoch wie im Felde, was durch die Waldstreu bewirkt wird, die den Boden vor dem Auswaschen schützt; ebenso üben auf die Durchlässigkeit auch die bessere Struktur des Waldbodens und die Baumwurzeln einen Einfluß aus.

Auf Grund seiner zahlreichen Bestimmungen schlug SOSYKIN für podsolierte Waldböden folgende Formel für die Abhängigkeit des Aufsaugungskoeffizienten von der Zeit vor:

$$K_t = K_D + \frac{K_0}{t} \, .^{1}$$

[1] Die Bezeichnungen sind die gleichen wie bei KOSTJAKOW.

Nach SOSYKIN ergibt sich durch diese Formel für die angeführten Böden eine bessere Übereinstimmung mit den beobachteten Tatsachen als die Formel KOSTJAKOWS. Für verschiedene Böden erhielt SOSYKIN folgende Gleichungen in mm/30 min):

Dunkelgrauer schwerer Lehmboden unter Ahorn, Linde, Eiche	$K_t = \frac{68{,}3}{t} + 5$
Mittelpodsolierter Lehmboden auf Decklehm unter Fichtenwald mit Oxalis	$K_t = \frac{41{,}8}{t} + 2{,}67$
Stark podsolierter Lehmboden auf Moräne unter Fichtenwald mit Blaubeeren	$K_t = \frac{45{,}65}{t} + 0{,}36$
Mittelpodsolierter Boden auf Moräne unter Fichtenwald mit Grünmoos	$K_t = \frac{28{,}55}{t} + 3{,}7$.

SOSYKIN unternahm ebenfalls den Versuch, den Filtrationskoeffizienten (also den Wert des sich bei Versickerung ergebenden Wasserverlustes) zur Bodenporosität in Beziehung zu setzen. Er wertete die Bestimmungsergebnisse der Durchlässigkeit für 15 Böden mit verschiedenen Korngrößen aus, vom Sand bis zum schweren Lehm. Dabei fand er, daß der Wert des sich ergebenden Wasserverlustes keine befriedigende Korrelation mit den Größen P und P_0 ergab, wenn P die Gesamtporosität und P_0 das „wirksame" Porenvolumen ist, d. h. derjenige Teil des Porenvolumens, der nicht von gebundenem Wasser ausgefüllt ist. Den Wert P_0 bestimmte SOSYKIN als Differenz zwischen der Vollen Wasserkapazität und dem Teil des Porenvolumens, der noch bei Minimaler Wasserkapazität mit Wasser angefüllt ist. Dagegen fand er eine befriedigende Beziehung auf Grund folgender Formeln:

$$P_{0\,\mathrm{min}},\left(\frac{P_0}{100 - P}\right)^2 \quad \text{und} \quad \left[\left(\frac{P_0}{100 - P}\right)^2 h\right],$$

in denen h die Tiefe der stauenden Schicht im Bodenprofil (Horizont mit kleinster Wasserdurchlässigkeit) und $P_{0\,\mathrm{min}}$ das „wirksame" Porenvolumen ist.

Auf Grund seiner Berechnungen kommt SOSYKIN zu der Schlußfolgerung, daß bei allen untersuchten Böden — vom Sand bis zum schweren Lehm — die Höhe des Wasserverlustes vom „wirksamen" Porenvolumen des Illuvialhorizontes (dem am wenigsten durchlässigen) abhängt, wobei möglicherweise auch die Mächtigkeit dieses Horizontes einen Einfluß ausübt. Der festgestellte Wasserverlust hing ebenfalls von der Tiefenlage h des Illuvialhorizontes ab; durch Einführung dieser Größe in die Formel verbesserte sich die Korrelation.

SOSYKIN stellte für diese Beziehung folgende Formeln auf:

$$K = 21\, P_0 - 162\,, \tag{1}$$

$$K = 24{,}4\left[\left(\frac{P_0}{100 - P}\right)^2 h\right] - 15\,, \tag{2}$$

in denen K der Wasserverbrauch in mm/Std. ist.

Die erste dieser Gleichungen ist für schweren Lehm nicht brauchbar.

Die Durchlässigkeit des Bodens verändert sich nicht nur zeitlich, sondern auch flächenmäßig. Die erste gründliche Untersuchung dieser Erscheinung verdanken wir KATSCHINSKI (1931). Er beobachtete das Eindringen von Wasser in einen stark ausgetrockneten, mehrere Jahre nicht bearbeiteten schweren podsolierten Lehmboden nach 24stündigem Dauerregen. Seine Beobachtungen sind graphisch auf Abb. 71 dargestellt. Beide Abbildungen zeigen den Bodenkörper im Schnitt

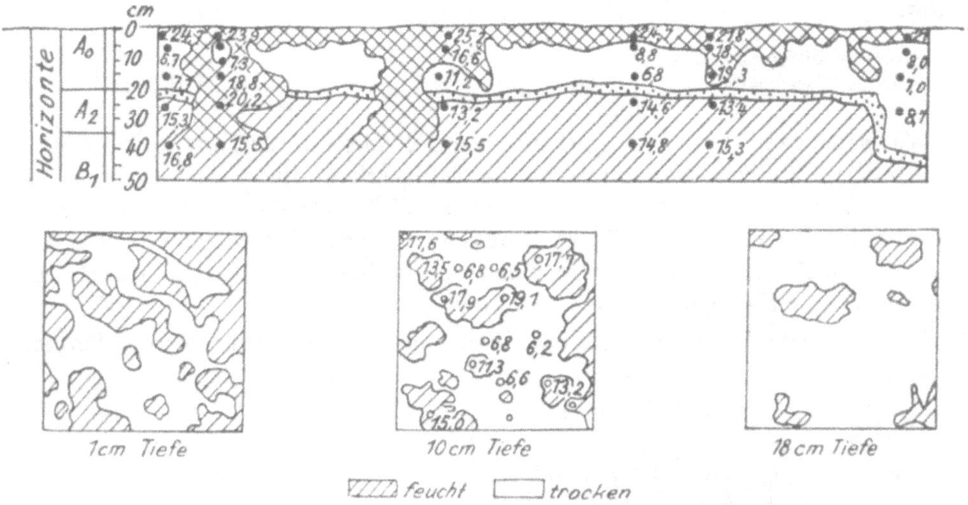

Abb. 71. Ungleichmäßiges Eindringen des Regenwassers in podsoliertem schweren Lehm
Oben vertikaler Schnitt, unten horizontale Schnitte in verschiedener Tiefe (nach KATSCHINSKI)

von oben und von der Seite in verschiedenen Tiefen. Aus dieser Darstellung geht der komplexe Charakter der Durchlässigkeit des Bodens deutlich hervor. Da Wasser auch in Rissen, Wurmgängen und sonstigen Hohlräumen versickern kann, ist es falsch, zu behaupten, daß das Wasser unbedingt in den oberen Schichten zurückbleiben muß, sofern diese noch nicht gesättigt sind. Da das Wasser stets dem geringsten Widerstand folgt, wird es sich nach allen Seiten hin ausbreiten und den Boden gleichmäßig durchfeuchten. Dadurch wird der wahre Vorgang der Versickerung verdeckt und der Eindruck erweckt, als ob das Wasser gleichmäßig in den Boden eindringe (KATSCHINSKI, 1931, S. 43—44).

In der Arbeit von DOLGOPOLOWA (1948) finden wir interessantes Zahlenmaterial darüber, daß sich die Wasserdurchlässigkeit auf „Kleinerhebungen" bedeutend stärker verändert als auf „Kleinsenken", wie aus Tab. 95 hervorgeht.

Eine der wesentlichen Ursachen dafür, daß die Wasserdurchlässigkeit der Böden im Raum stark schwanken kann, ist auch die Vielfältigkeit der Zusammensetzung der Krume und der Bodenbedeckung. Die tiefgreifenden Zungen in podsolierten Böden, das Zusammenbacken von Humus im Tschernosjom verursachen unterschiedliche Wasserdurchlässigkeit in den der Oberfläche benachbarten Schichten.

TABELLE 95

Wasserdurchlässigkeit (in mm/Std.) im tiefgründigen Tschernosjom bei verschiedenem „Kleinrelief" nach DOLGOPOLOWA (1948)

Bestimmungsmethode	„Kleinerhebungen" 1. Messung	2.	3.	4.	„Kleinsenken" 1. Messung	2.	3.	4.
Bei Beregnung	180	163	112	120	27	53	56	40
bei Überschichtung mit einer 5 cm hohen Wassersäule	292	455	248	224	48	30	64	60

Wie bereits erwähnt, verringert sich der Filtrationskoeffizient im Laufe der Zeit und strebt einem Wert zu, der im weiteren Verlauf unverändert bleibt, wenn kleine Schwankungen unberücksichtigt bleiben. Der Wasserverlust beginnt nun der Gleichung von DARCY zu folgen. Von diesem Augenblick an kann die Wasserdurchlässigkeit des Bodens durch einen konstanten Wert — den Filtrationskoeffizienten *KF* — gekennzeichnet werden.[1]

DARCY, der die Versickerung in Sandböden untersuchte, stellte folgende Formel auf:

$$Q = k \cdot \frac{h}{l} \cdot \omega ,$$

in der Q die in der Zeiteinheit versickerte Wassermenge,
h das Druckgefälle,
l die Länge der Filtersäule,
ω der Querschnitt,
k der Filtrationskoeffizient ist.

Es läßt sich leicht nachweisen, daß k die Sickergeschwindigkeit darstellt. Wir lösen zunächst die Gleichung nach k auf und erhalten:

$$k = \frac{Q \cdot l}{h \cdot \omega} .$$

Da die Dimensionen der Größe $Q = \frac{L^3}{T}$ *,

der Größen l und $h = L$

und der Größe $\omega = L^2$ sind,

folgt:

$$k = \frac{L^3 \cdot L}{T \cdot L \cdot L^2} = \frac{L}{T} .$$

Der Filtrationskoeffizient k hat also die Dimension der Geschwindigkeit Weg : Zeit. Daraus folgt jedoch nicht, daß k (in der Regel in cm sec^{-1} ausgedrückt)

[1] In der deutschen Literatur „Durchlässigkeitsziffer". (Anm. d. Herausg.)

* L = Länge, T = Zeit.

die echte Sickergeschwindigkeit darstellt. Um diese zu finden, muß die scheinbare Geschwindigkeit durch die Größe des wirksamen Porenvolumens dividiert werden. Das wirksame Porenvolumen ist die Differenz aus Gesamtporenvolumen minus Volumen des gebundenen Wassers. Der Begriff des wirksamen Porenvolumens wurde von LEBEDEW (1936) eingeführt; bei KATSCHINSKI heißt er „aktive Porosität" (P_0).

Die scheinbare Sickergeschwindigkeit ist:

$$v = \frac{Q}{\omega} = K \frac{h}{l}.$$

Die echte Sickergeschwindigkeit ist jedoch:

$$u = \frac{v}{P_0}$$

also

$$u = \frac{Q}{\omega P_0}.$$

In der Gleichung

$$v = k \frac{h}{l}$$

stellt $\frac{h}{l}$ das Druckgefälle der Wegeinheit dar, deshalb können wir die Größe $\frac{h}{l}$ auch Druckgradient nennen.

Unter der Bedingung, daß

$$\frac{h}{l} = 1$$

ist, wird

$$k = v.$$

Mit anderen Worten: Der Filtrationskoeffizient *KF* ist gleich der scheinbaren Filtrationsgeschwindigkeit bei einem Gefälle von 1, d. h. bei einem Druckgefälle von 1 cm Wassersäule bei einer Mächtigkeit der Filterschicht von 1 cm.

Der Filtrationskoeffizient unterliegt im Bodenprofil starken Schwankungen in Abhängigkeit von Textur und Struktur der einzelnen Horizonte.

Auf Abb. 72 bringen wir die Werte des Filtrationskoeffizienten *KF* (Wasserdurchlässigkeit) eines mittelpodsolierten Waldbodens auf leichtem Decklehm mit darunterliegendem Geschiebemergel.

Daraus geht hervor, daß *KF* mit zunehmender Tiefe stark abnimmt. Besonders große Unterschiede treten sprungartig beim Übergang von der Schicht 0 bis 50 cm zur Schicht 50 bis 100 cm, von der Schicht 100 bis 150 cm zur Schicht 150 bis 200 cm und von 300 bis 350 cm zu 350 bis 400 cm auf. Insgesamt gesehen, verringert sich der *KF* auf eine Entfernung von 4 m fast auf ein Neunzigstel.

Die Abb. 73 zeigt ein weiteres Beispiel aus der Arbeit DOLGOPOLOWAS (1948). Es handelt sich hier um einen tiefgründigen Tschernosjom der Kasazker Steppe. Um die Abb. 73 mit der Abb. 72 vergleichen zu können, haben wir für das Steppenprofil den *KF* in Zentimetern je 24 Stunden — im Original sind Millimeter je Stunde angeführt — umgerechnet.

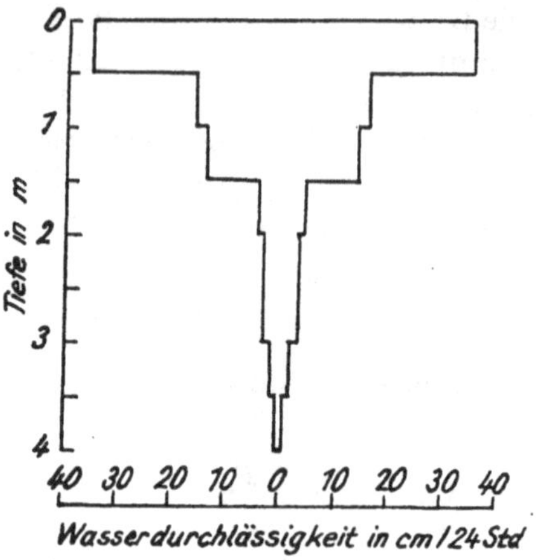

Abb. 72. Wasserdurchlässigkeit im Profil eines mittelpodsolierten Waldbodens nach WASSILJEW (1950)

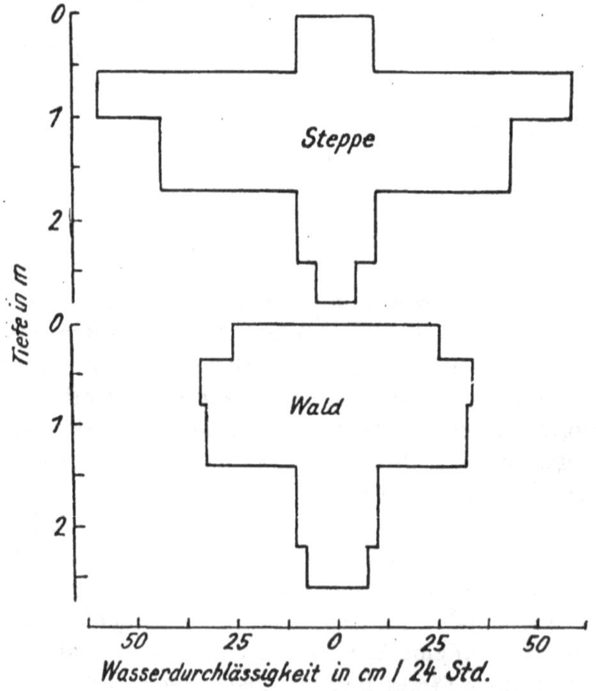

Abb. 73. Wasserdurchlässigkeit eines tiefgründigen lehmigen Tschernosjom unter unberührter Steppe und unter Wald nach DOLGOPOLOWA

Der maximale KF-Wert wird hier nicht an der Oberfläche beobachtet, sondern erst in einer gewissen Tiefe, in einigen Fällen im unteren Teil des „Humushorizontes", in anderen wiederum im „Karbonat-Illuvial-Horizont". In beiden Fällen jedoch wird ein starkes Absinken der Wasserdurchlässigkeit, und zwar bis auf ein Zehntel beobachtet.

Der Filtrationskoeffizient wird in geschichteten Bodenprofilen kleiner, wenn Schichten von guter Wasserdurchlässigkeit mit solchen von geringer abwechseln. Diese Erscheinung wurde zuerst von LEBEDEW (1933 u. 1936) beobachtet. Er untersuchte die Wasserdurchlässigkeit an Modellböden, die aus Torf- und Sandschichten in Wechsellagerung zusammensetzt wurden, und stellte fest, daß die Wasserdurchlässigkeit im geschichteten Material geringer war als im ungeschichteten, wie Tab. 96 zeigt, die wir der Arbeit LEBEDEWS (1936, S. 168 ff.) entnehmen.

TABELLE 96

Filtrationskoeffizient geschichteter Massen, die aus zwei Sand- und Torfschichten von je 30 cm Stärke bestehen (nach LEBEDEW)

Datum	Material	KF in cm/sec
24.—25. Juni	Sand allein	$32000 \cdot 10^{-7}$
	Torf allein	$500 \cdot 10^{-7}$
	Sand und Torf geschichtet	$46 \cdot 10^{-7}$
25. Juni	Sand allein	$27000 \cdot 10^{-7}$
	Torf allein	$650 \cdot 10^{-7}$
	Sand und Torf geschichtet	$48 \cdot 10^{-7}$
26. Juni	Sand allein	$79000 \cdot 10^{-7}$
	Torf allein	$1400 \cdot 10^{-7}$
	Sand und Torf geschichtet	$48 \cdot 10^{-7}$

Geschichtete Massen besitzen eine wesentlich geringere Wasserdurchlässigkeit als Sand und Torf allein; der KF der geschichteten Massen beträgt nur $^1/_{10}$ bis $^1/_{30}$ der KF selbst des Torfes, der an sich schon einen sehr kleinen KF hat.

Aus den Ausführungen LEBEDEWS geht hervor, daß er die verringerte Wasserdurchlässigkeit auf das Zurückhalten von „kapillar hängendem" Wasser im Torf über sandigen Zwischenschichten zurückführt; nach LEBEDEW ist also Ursache der verringerten Wasserdurchlässigkeit die höhere Wasserkapazität des Torfes.

Mit dieser einfachen Erklärung ist KATSCHINSKI (1945) nicht einverstanden. Er weist darauf hin, daß das so zurückgehaltene Wasser „leicht vom hydrostatischen Druck des Gravitationswassers überwunden wird", wie ferner das Verhalten des Wassers in Lysimetern zeigt, in denen der Druck einer 30 cm hohen Wassersäule ausreicht, um „kapillar hängendes" Wasser zu verdrängen.

Der Einwand KATSCHINSKIS, daß für die Verdrängung von „kapillar hängendem" Wasser ein verhältnismäßig geringer Druck genüge, ist durchaus richtig. Allerdings ist sein Hinweis auf das Verhalten von Wasser in Lysimetern, die in den Horizonten A_0 und $A_0 + A_2$ (vgl. Abb. 5 der zitierten Arbeit) aufgestellt wurden, nicht sehr überzeugend, weil das Porenvolumen in diesen Horizonten wesentlich größer sein kann als in dem stark zersetzten Torf, den LEBEDEW verwendete. Berücksichtigt man die Höhe des kapillaren Aufstieges, über die wir noch sprechen werden, so kann man behaupten, daß der Druckwert, der für die Ablösung des „kapillar hängenden" Wassers erforderlich ist, in einigen Fällen über drei Meter Wassersäule erreichen kann. Gleichzeitig müssen wir KATSCHINSKI zustimmen, daß das „kapillar hängende" Wasser nicht die alleinige Ursache für die geringe Wasserdurchlässigkeit geschichteter Profile ist.

Den Einfluß der Wechsellagerung von Schichten verschiedener Korngrößen auf die Verringerung der Wasserdurchlässigkeit beobachtete auch RYSHOW (1935 u. 1940) unabhängig von LEBEDEW. RYSHOW stellte fest, daß die stärkste Verminderung der Durchlässigkeit bei grobkörnigen Zwischenschichten beobachtet wird. Bestanden diese Zwischenschichten aus feinkörnigem Sand, so war ihr Einfluß auf die Filtrationsgeschwindigkeit bedeutend geringer und ging sogar ganz verloren. Unter natürlichen Verhältnissen ist die Wirkung von grobkörnigen Zwischenschichten auf die Wasserdurchlässigkeit jedoch nicht immer so scharf ausgeprägt wie im Laborversuch.

Weitere experimentelle Untersuchungen über den Einfluß der Schichtung auf die Durchlässigkeit sind in der bereits zitierten Arbeit KATSCHINSKIS (1945) enthalten, die die Schlußfolgerungen LEBEDEWS hinsichtlich der Torf-Sand-Wechsellagerung bestätigt. Es wird hier ferner gezeigt, daß bei Vermehrung der Schichten, selbst bei gleichzeitiger Abnahme ihrer Mächtigkeit, die Durchlässigkeit so stark vermindert wird, daß sie sogar Null werden kann.

Weiterhin zeigte KATSCHINSKI, daß man Filtrationsmodelle auch aus anderem Material anfertigen kann, z. B. aus den verschiedenen Horizonten eines Podsols. Hierbei trat dieselbe Erscheinung auf, wenn die Schichten abwechselnd aus dem sandigen Material der Horizonte A_2 und B_2 und schließlich aus dem gleichen B_2-Horizont von verschiedenem Feuchtigkeitsgehalt stammten. KATSCHINSKI betont, daß die Wasserdurchlässigkeit dann besonders stark sank, wenn Schichten aus verschiedenem Material und unterschiedlicher Feuchtigkeit einander abwechselten.

Auf Grund des Untersuchungsergebnisses über die Ursachen der verringerten Wasserdurchlässigkeit *geschichteter* Profile führt KATSCHINSKI aus: „Es ist wichtig, daß im Versuch nach Möglichkeit ein scharfer Wechsel der Porosität in den einzelnen Zwischenschichten besteht. Die Wirkung eines fein- und vielschichtigen Bodenprofils auf die Versickerungsgeschwindigkeit beruht auf folgendem:

a) Anwesenheit von ungleich ausgeformten Kapillaren nach Art der JAMINschen Kapillaren;
b) Vergrößerung der Zwischenschichten aus eingeschlossener Luft im Untergrund;
c) Erhöhung der Reibung des Wassers im Bodenprofil;
d) Erhöhung der Viskosität des Wassers durch seinen hohen Luftgehalt;
e) Bildung von Grenzflächen „Wasser-Luft" in den verschiedenen Schichten mit Erhöhung des Kapillardruckes gegen das abfließende Sickerwasser."

Dazu haben wir zu bemerken, daß als wichtigste unmittelbare Folge der Wechsellagerung verschiedener Korngrößen im Untergrund die Phänomene zu Punkt a und b zu gelten haben. Sie sind ihrerseits Ursache für das Entstehen von Grenzflächen „Wasser-Luft" im Untergrund, die den kapillaren Gegendruck erhöhen und die Filtration herabsetzen (Punkt e). Anscheinend hat das Einschließen von Luft außer der Erhöhung des kapillaren Gegendruckes zur Folge, daß die Luftbläschen die Hohlräume vornehmlich der groben Poren einnehmen, weil das Wasser die feineren Poren stets zuerst ausfüllt. Dadurch scheiden die größeren Poren fast völlig für die Versickerung aus. Das Wasser wird beim Durchlaufen dieser lufterfüllten Poren gezwungen, auf den Innenflächen der Hohlräume als Film entlangzugleiten, was die Reibung verstärkt. Bezüglich der Viskosität des Wassers, das feinzerteilte Luft enthält, ist hervorzuheben, daß diese Erscheinung bei geringer Sickergeschwindigkeit, weil die Luft leicht aus dem Wasser entweichen kann, von zweitrangiger Bedeutung ist.

3. Das versickernde Gravitationswasser

Der Filtrationskoeffizient *KF* stellt die quantitative Charakteristik der Wasserdurchlässigkeit des Bodens dar. Dieser Vorgang wurde von uns bisher rein statistisch betrachtet, ohne den Mechanismus der Wasserbewegung im Boden selbst zu untersuchen, der in Bodenprofilen von verschiedener Textur aber so unterschiedlich gestaltet ist, daß wir daran nicht vorbeigehen dürfen.

Da in der Literatur darüber sehr wenig bekannt ist, können wir über diese Frage leider nur sehr wenig sagen.

Die verschiedenen Arten der Wasserversickerung im Boden sind wahrscheinlich zuerst von Wyssozki (1933) unterschieden worden. Er kennt zwei Arten der Versickerung: „Influktuation" und „Infiltration". Die Influktuation ist dadurch gekennzeichnet, daß die Versickerung hauptsächlich in Rissen erfolgt, die infolge Austrocknung des Bodens entweder dauernd vorhanden sind oder periodisch entstehen. Zu diesem Typ gehören die „Gesteinsböden" und auch die dichten Tonböden, in denen sowohl „Influktuation" als auch „Filtration" vor sich gehen.

Den reinen Infiltrationstyp stellt nach Wyssozki „der gleichmäßig durchlässige Boden dar, der wenig zur Bildung von tiefen Spalten und Rissen neigt." Das sind in der Regel mehr oder weniger sandige Löß- oder lößartige Böden, in denen das Wasser zwischen den gleichförmigen Bodenpartikeln mehr oder weniger gleichmäßig versickert.

Bei Proskurnikow (1948) finden wir interessantes, in seiner Art einmaliges Material über die Versickerung in mittel- und grobkörnigen Profilen bei unvollständiger Wassersättigung. Seine Versuche führte Proskurnikow im Laboratorium nach der Methode der hohen Säulen durch. Indem die Wasserzugabe auf die Oberfläche der Bodensäulen in den Grenzen von Null bis zum Filtrationskoeffizienten verändert wurde, rief er in der Sandsäule unterschiedliche Wassergehalte hervor und bestimmte dann die Filtrationsgeschwindigkeit nach dem jeweiligen Wassergehalt.

Die Abb. 74 zeigt als ausgewähltes Beispiel die Wasserverteilung im Sandmuster K mit einer Korngröße von 0,25 bis 0,5 mm.

Ähnliche Kurven wurden auch mit anderen Korngrößen erhalten.

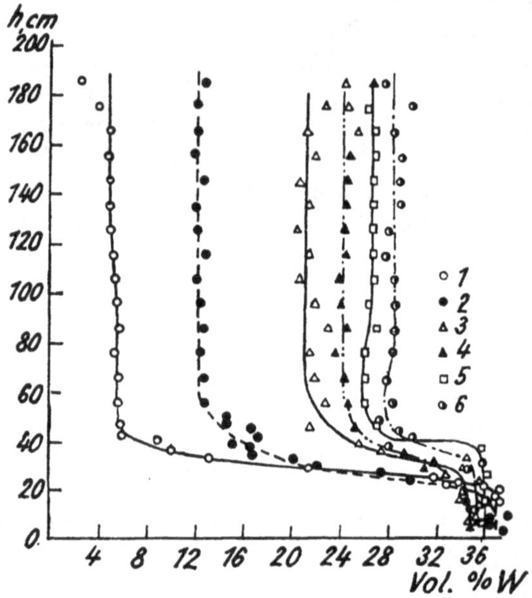

Abb. 74. Wassergehalt W bei verschiedener Infiltrationsgeschwindigkeit (Sandfraktion 0,5 bis 0,25 mm) nach PROSKURNIKOW

1 — Versuch Nr. 111, $V_w = 0$; *2* — Versuch Nr. 141, $V_w = 0{,}51 \cdot 10^{-3}$ cm/sec; *3* — Versuch Nr. 153, $V_w = 3{,}4 \cdot 10^{-3}$ cm/sec; *4* — Versuch Nr. 154, $V_w = 4{,}87 \cdot 10^{-3}$ cm/sec; *5* — Versuch Nr. 138, $V_w = 10{,}2 \cdot 10^{-3}$ cm/sec; *6* — Versuch Nr. 160, $V_w = 10{,}4 \cdot 10^{-3}$ cm/sec

Auf Abb. 75 aus der gleichen Arbeit ist die Abhängigkeit der Infiltrationsgeschwindigkeit vom Wassergehalt von vier verschiedenen Sandfraktionen dargestellt. Die Tab. 97 enthält die Zahlen für die gleichen vier Sandfraktionen.

Aus diesen Unterlagen ist zu entnehmen, daß die Infiltrationsgeschwindigkeit in Abhängigkeit von Korngröße und Ausfüllung der Poren mit Wasser in den Grenzen von 10^{-3} bis 10^{-1} cm/sec liegt.

Nach PROSKURNIKOW kann der Infiltrationsvorgang unterschiedlich verlaufen: „Einerseits können die Poren des Untergrundes praktisch vollständig mit Wasser ausgefüllt sein und sich dadurch das Wasser als zusammenhängende Wassersäule bewegen. Diese Bewegung ist den gewöhnlichen Filtrationsgesetzen unterworfen. Wenn die Poren anderseits nur zum Teil mit Wasser angefüllt sind, kann man sie sich als einzelne abgesonderte Wasserfäden vorstellen, die die Partikel des Untergrundes als feine Filme (Gravitationsfilme) umfließen. Die Gesetze, denen das Wasser bei einer solchen Bewegung folgt, sind uns unbekannt. Entsprechend den beschriebenen Zuständen muß man das in der Grube auftretende Gravitationswasser in die Zone der geschlossenen Filtration (hierher gehören das kapillare und das freie Wasser) sowie in die lufthaltige Zone, in der die Poren nicht ganz mit Wasser ausgefüllt sind, zu der das Gravitationsfilmwasser gehört, einteilen. Diese Zonen wechseln miteinander ab; bei der sich einstellenden Infiltration können es so viele sein, wie verschiedene Schichten im Profil vorhanden sind.

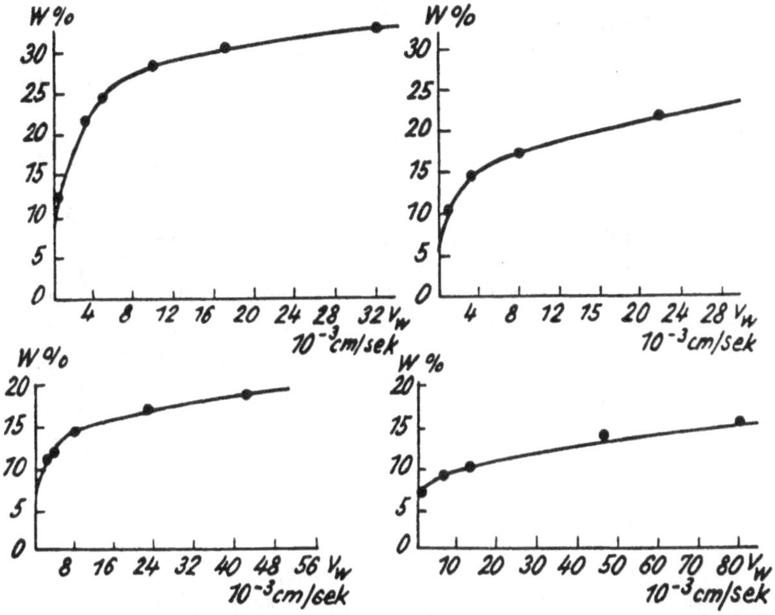

Abb. 75. Abhängigkeit der Infiltrationsgeschwindigkeit vom Wassergehalt *W* für verschiedene Sandfraktionen

a — Probe K, Fraktion 0,5 bis 0,25 mm; *b* — Probe I, Fraktion 1 bis 0,5; *c* — Probe E, Fraktion 2 bis 1 mm; *d* — für Geröllsand Sh, Fraktion 5 bis 2 nach PROSKURNIKOW

Unbedingt zu beachten ist, daß eine Grenze zwischen diesen Zonen schwer gezogen werden kann, weil in Wirklichkeit Übergänge von einer Zone zur anderen vorhanden sein können. Es muß dazu ergänzend gesagt werden, daß sich in den durchlüfteten Schichten nicht nur Gravitationsfilmwasser im wahrsten Sinne des Wortes befinden wird, sondern auch Wasseransammlungen (eingeschlossenes Kapillarwasser) in den Porenwinkeln (also Wassermanschetten. — A. R.). Gleichwohl behalten wir für das gesamte Wasser dieser Zone die Bezeichnung Gravitationsfilmwasser bei; wir wollen nun seine Bewegung verfolgen."

Die Bewegung des „Gravitationsfilmwassers" stellt sich PROSKURNIKOW wie folgt vor:

„Die benachbarten Poren des Untergrundes enthalten Wasseransammlungen mit Menisken, die in verschiedene Poren hineinragen. Bei maximaler molekularer Sättigung werden sich diese Wasseransammlungen entweder in Ruhe befinden oder ganz fehlen. Ist ein gewisser Wasserzufluß vorhanden, so füllen sich die Untergrundporen von oben mit Wasser, das Gleichgewicht wird gestört und überschüssiges Wasser an die darunterliegenden Poren abgegeben; diese erfahren die

TABELLE 97

Infiltrationsgeschwindigkeit in Sandsäulen und Wassergehalt des Sandes bei unvollständiger Sättigung nach PROSKURNIKOW (1948)

Korngröße	Volumengewicht in g/cm³	Wassergehalt bei voller Sättigung in Vol.-%	Filtrationskoeffizient 10^{-3}	Mittlere Feuchtigkeit in Vol.-%	Infiltrationsgeschwindigkeit 10^{-3} cm/sec	Echte Infiltrationsgeschwindigkeit 10^{-3} cm/sec	Berechnete Regen-Intensität in mm/min
0,25—0,5 mm	1,68	31	22	5,0	0,0	0,0	0,0
	1,66	—	39	12,4	0,6	8,1	0,36
	1,68	39	34	21,6	3,4	20,4	2,04
	1,68	40	—	24,4	4,9	25,3	2,92
	1,66	37	39	27,0	10,2	46,4	6,12
	1,68	37	31	28,3	10,4	44,9	6,24
	1,68	32,6	30	32,3	30,4	111,3	—
0,5—1,0 mm	1,66	32,6	119	4,6	0,0	0,0	0,0
	1,68	35	124	10,2	1,2	21,4	0,7
	1,68	34	124	14,0	3,5	37,2	2,1
	1,66	—	—	15,0	3,4	32,6	2,0
	1,66	34	145	16,8	8,2	67,1	4,9
	1,66	35	127	21,4	22,9	136,2	13,7
1,0—2,0 mm	1,66	41	—	4,6	0,0	0,0	0,0
	1,66	41	—	8,0	0,9	26,4	0,5
	1,66	—	—	11,0	1,6	25,0	1,0
	1,66	38	—	12,0	4,5	60,8	2,7
	1,66	—	—	14,2	8,5	88,6	5,1
	1,66	40	—	17,0	22,9	185,0	13,7
	1,66	—	—	18,6	42,5	301,0	25,5
	1,66	36	—	19,2	61,2	420,0	36,7
2,0—5,0 mm	1,68	33	—	4,5	0,0	0,0	0,0
	1,68	40	—	9,3	6,5	136	3,9
	1,68	38	—	10,2	12,8	224	7,6
	1,68	40	—	14,6	46,4	458	27,8
	1,67	41	—	15,7	80,0	716	48,0

gleiche Veränderung und geben ihrerseits Wasser an die nächstliegenden ab. Die Fortbewegung des Wassers von einem Hohlraum zum anderen erfolgt als Wasserfilm, der das Teilchen auf seiner Oberfläche umfließt. Zum Nachweis kann die Paternosterkapillare dienen. Wird eine solche Kapillare von oben mit Wasser gefüllt, so kann man beobachten, daß die weiten Hohlräume nicht voll ausgefüllt sind; man kann dann weiter verfolgen, wie die Wasseransammlungen im verengten Teil auf das von neuem aufgegebene Wasser reagieren und wie sie daraus an den Wänden in die unteren Teile der Kapillare abfließen.“

Zu diesen Ausführungen PROSKURNIKOWS ist folgendes zu bemerken:

Es scheint durchaus der Wirklichkeit zu entsprechen, daß unter bestimmten Umständen die Bewegung des Gravitationswassers im Untergrund als Abfluß eines verhältnismäßig dicken Wasserfilms auf der Oberfläche der Teilchen vor sich geht. Man darf jedoch nicht annehmen, daß die Versickerung hierbei über „die Wasseransammlungen an der Grenze benachbarter Poren" erfolgt. In Abhängigkeit von der Korngröße können solche Ansammlungen, die wahrscheinlich nur im kieshaltigen Untergrund vorkommen, nicht entstehen. Es ist möglich, daß die untere Grenze der Korngröße nach den Feststellungen Wassiljews bei 1 mm, vielleicht auch etwas darüber liegt. In so grobkörnigem Untergrund hat das Wasser keinen kapillaren Kontakt in den verengten Abschnitten der Bodenporen; es kann nur „Manschetten" an den Berührungspunkten der Partikel bilden. Durch eine solche Schicht fließt das Wasser tatsächlich als Film auf der Oberfläche der Partikel ab. Ist der Wasserdurchfluß sehr stark, so entsteht ein Wasserfaden, der die Bodenporen voll ausfüllen kann.

In mittelkörnigem Material, wie z. B. im Sand, kann das Versickern des Wassers so vor sich gehen, wie es sich Proskurnikow vorstellt, also als Film auf der Oberfläche der Partikel. Bei intensivem Wasserzutritt wird es auch in diesem Fall die Poren vollkommen ausfüllen, was Proskurnikow nur bei sehr hohem Wassergehalt der Sandsäulen beobachten konnte.

Der Ausdruck „Gravitationsfilmwasser" erscheint uns nicht ganz glücklich. Entsprechend den Anschauungen Lebedews, die von Proskurnikow geteilt werden, ist es üblich, unter Filmwasser gebundenes Wasser zu verstehen. Gravitationswasser ist jedoch vollkommen freies Wasser, das sich vornehmlich unter dem Einfluß der Schwerkraft bewegt, obgleich auch andere Kräfte mitwirken können. Deshalb liegt im Ausdruck „Gravitationsfilmwasser" nach der bestehenden Terminologie ein innerer Widerspruch. Der von Lebedew eingeführte Ausdruck ist in der Wissenschaft so eingebürgert, daß man ihn um Irrtümer zu vermeiden, auf eine völlig anders geartete Wasserform nicht anwenden sollte.

Von uns aus gesehen, würden wir das Wasser, das als Film auf der Oberfläche der Bodenpartikel abfließt, „umfließendes Gravitationswasser" nennen, indem wir es dem „filtrierenden Gravitationswasser" gegenüberstellen, das sowohl die Bodenporen als auch die Porensysteme vollkommen ausfüllt.

Wenn wir in dieser Weise verschiedene Arten des versickernden Gravitationswassers unterscheiden, dürfen wir nicht übersehen, daß diese Differenzierung eine Abstraktion darstellt, weil unter natürlichen Verhältnissen in der Regel die verschiedenen Arten gleichzeitig auftreten.

4. Das gestützte oder getragene Gravitationswasser

Im ersten Abschnitt des vorliegenden Kapitels haben wir bereits darauf hingewiesen, daß für die Entstehung von gestütztem oder getragenem Gravitationswasser eine darunterliegende Schicht von geringer Wasserdurchlässigkeit unbedingt notwendig ist. Gleichzeitig untersuchten wir den Mechanismus der Bildung von gestütztem Gravitationswasser und wiesen auf seine wichtigste Eigenschaft hin, auf die hydraulische Geschlossenheit und die Fähigkeit, bei einer gewissen Mächtigkeit aus künstlichen oder natürlichen Öffnungen abzufließen.

Wir haben bereits früher ausgeführt, daß das Niveau, in dem der Spiegel des freien Wassers im Bodeneinschnitt erscheint, der sogenannte „Grundwasserspiegel", das gestützte oder getragene Gravitationswasser in zwei Teile zerlegt: in den Teil, der sich unter diesem Niveau befindet, und in den darüberliegenden. Den ersten haben wir mit Sättigungszone und den zweiten mit Kapillarsaum bezeichnet. Das Wasser, das aus dieser Sättigungszone abfließt, bildet im weitgefaßten Sinn den Grundwasserhorizont.[1]

Gehalt und Verteilung des Wassers in diesen beiden Zonen sind, wie wir gleich sehen werden, unterschiedlich.

a) *Die Sättigungszone*

Die Mächtigkeit der „Sättigungszone" ist periodisch veränderlich und kann zwischen einigen Dezimetern und vielen Metern schwanken. Ihre untere Grenze wird von der das Wasser stauenden Schicht gebildet; die obere Grenze ist der Wasserspiegel in dem Sinne, wie wir es erläutert haben. Die Tiefenlage dieses Spiegels unter Flurhöhe kann mit der Jahreszeit stark schwanken. Falls die Mächtigkeit der Sättigungszone gering ist, kann sie bei großem Wasserverlust durch Abfluß, Einsickern oder Aufsaugen periodisch völlig verschwinden. In solchen Fällen spricht man von einem temporären Grundwasserhorizont.

Treten starke Schwankungen an der oberen Grenze der Sättigungszone auf, so können wir eine Unterzone ständiger Sättigung und eine der periodischen Sättigung unterscheiden. Die Grenze zwischen beiden wird dort verlaufen, wo der Grundwasserspiegel am tiefsten liegt.

Nach der Definition müßten wir in der Sättigungszone eigentlich die volle Sättigung des Bodens mit Wasser erwarten; der Wassergehalt des Bodens unterhalb des Grundwasserspiegels müßte also der *VW* entsprechen; das ist aber nicht der Fall.

Aus zahlreichen Beobachtungen geht hervor, daß die Sättigung des Bodenmaterials bis zur vollen Wasserkapazität keine notwendige Voraussetzung für die Entstehung von Grundwasser ist. In sehr vielen Fällen bildet sich das Grundwasser bei einem Wassergehalt, der erheblich unter der *VW* liegt. Andererseits ist manchmal trotz voller Sättigung des Bodens kein Grundwasser vorhanden.

Betrachten wir diese beiden Fälle näher. Die Tatsache, daß der Wassergehalt des Bodens unterhalb des Grundwasserspiegels in der Sättigungszone die *VW* nicht erreicht, kann damit erklärt werden, daß sich in der Bodenmasse einzelne von allen Seiten eingeschlossene Luftansammlungen erhalten haben. Diese Luft wird als eingeschlossene Luft bezeichnet. Ihre Entstehung kann sehr einfach erklärt werden. Tritt Wasser von oben in den Boden ein, wie es meistens in der Natur geschieht, so werden alle Bodenporen ausgefüllt. Die in diesen Poren enthaltene Luft wird zusammengepreßt und versucht nun, aus dem Boden zu entweichen. Tritt das Wasser langsam und allmählich ein, so kann ein großer Teil der

[1] Die Frage, nach der Differenzierung des Grundwassers vom Standpunkt der Bodenkunde aus werden wir später behandeln.

Luft durch die Kapillaren entweichen, die vom Wasser noch nicht ausgefüllt worden sind; das sind hauptsächlich die größeren. Aber auch in diesem Fall ist es möglich, daß einzelne Bodenporen von allen Seiten von Wasser eingeschlossen werden, bevor die Luft daraus entweichen kann. Besonders viel Luft muß dann zurückbleiben, wenn der Wasserdurchfluß sehr intensiv erfolgt, z. B. bei Platzregen und starker Schneeschmelze. In diesen Fällen dringt das Wasser in erster Linie in die Poren ein, die so rasch angefüllt werden, daß die Luft keine Zeit hat, aus den Poren zu entweichen. Das Einschließen der Luft wird durch Strukturen gefördert, die Risse von verhältnismäßig kleinem Querschnitt aufweisen, was oft in tonigem und lehmigem Material beobachtet wird. Hier füllt das einsickernde Wasser rasch die interstrukturellen Spalten aus, während innerhalb der strukturellen Einzelteile Luft eingeschlossen wird.

Es ist klar, daß die eingeschlossene Luft unter einem Druck von mehr als 1 Atmosphäre steht, sodaß mehr Luft im Bodenwasser gelöst wird.

Lufteinschlüsse können nicht nur bei Wasserversickerung von oben, sondern auch beim kapillaren Aufstieg von unten auftreten. Unterlagen dafür finden wir z. B. bei WASSILJEW (1950). In 5 cm hohen zylinderförmigen Monolithproben bestimmte er die Kapillare und Volle Wasserkapazität eines mittelpodsolierten Bodens auf leichtem Decklehm durch Sättigung von unten. Dann wurden die Proben in Wasser getaucht und anschließend die *VW* ermittelt. Gleichzeitig berechnete man die *VW* nach der früher angeführten Formel. Die Ergebnisse sind in Tab. 98 enthalten.

TABELLE 98

Kapillare (*KW*) und Volle (*VW*) Wasserkapazität eines mittelpodsolierten leicht lehmigen Waldbodens nach WASSILJEW, 1950

Horizont	Tiefe der Entnahme in cm	*KW* in Gew.-%	*VW* in Gew.-%		Differenz zwischen der berechneten *VW* und der *KW*		
			gemessen	berechnet	in Gew.-%	in Vol.-%	in % vom Wert der *VW*
A_0	0— 4	727,0	755,0	1056,0	329,0	29,8	31,3
A	4— 9	86,7	90,9	108,0	21,3	14,1	19,3
A_1	9— 16	46,4	47,4	56,3	9,9	10,2	17,1
A_2	16— 25	32,8	32,5	37,2	4,7	5,9	12,0
A_2	25— 35	26,7	26,5	31,5	4,8	6,9	15,2
B	35— 45	23,9	24,2	27,9	4,0	6,2	14,4
B	45— 55	22,8	22,8	27,2	4,4	6,9	16,2
BC_1	55— 65	21,9	21,9	25,6	3,7	6,0	14,5
C_1	65— 75	21,0	21,3	24,8	3,8	6,2	15,3
C_2	85— 95	19,6	19,4	23,5	3,9	6,5	16,5
C_3	100—110	17,5	17,9	21,3	3,8	6,5	17,6
	120—130	17,5	17,8	21,1	3,6	6,2	17,4
	140—150	18,3	17,8	21,0	2,7	4,3	12,0
Durchschnitt ca.	16—150	22,2	22,2	26,1	3,9	6,2	15,1

Aus diesen Zahlen ist zu entnehmen, daß selbst bei einer mehrere Tage andauernden kapillaren Sättigung nur 5 cm hoher Proben von unten die volle Ausfüllung der Poren mit Wasser nicht erreicht werden konnte; durchschnittlich bleibt etwa ein Sechstel des Porenvolumens von eingeschlossener Luft erfüllt. Hierbei erwiesen sich die Werte *KW* und *VW* bei experimenteller Bestimmung als gleich, d. h. auch durch Eintauchen der Proben konnte die eingeschlossene Luft nicht verdrängt werden.

Ähnliche Zahlen erhielt auch Gromowa (Wassiljew, 1950) bei Sättigung meterhoher Monolithe des gleichen Bodens zur Bestimmung ihres Wasserverlustes bei Verdunstung. In diesen Versuchen wurden die Monolithe von unten sehr vorsichtig gesättigt, indem man das piezometrisch gemessene Niveau des mit dem unterhalb des Monolithen stehenden Trichters nur allmählich hob.

Folgende Ergebnisse wurden (Durchschnitt aus zwei parallelen Bestimmungen) an zwei Monolithen erzielt:

Berechnete *VW* in einer Schicht von 3 bis 88 cm	440,9 mm Wassersäule
Experimentell gefundene *VW*	357,6 mm Wassersäule
Differenz	83,3 mm Wassersäule

was mehr als 19% des Wertes der *VW* oder des gesamten Porenvolumens entspricht.

Nach Smith und Browning (1942) beträgt in Laboratoriumsversuchen bei üblicher Sättigung des Bodens der Gehalt an eingeschlossener Luft etwa 9% bis maximal 22% des Porenvolumens.

Christiansen (1944) konnte die eingeschlossene Luft durch einen Unterdruck von 29 Zoll *Hg*, nahezu 1 at, völlig entfernen.

Sowohl bei Wasseraufgabe von oben als auch bei äußerst langsamen Aufsteigen von unten verbleiben also in der Sättigungszone immer noch erhebliche Lufteinschlüsse, deren Gehalt etwa 20% des Porenvolumens erreichen kann. Nur im Vakuum ist die volle Sättigung des Bodens mit Wasser zu erzielen. Die Lufteinschlüsse in der Sättigungszone unter dem Grundwasserspiegel sind durch zahlreiche Untersuchungen, wie z. B. durch die Beobachtungen Wassiljews (1950) an einem mittelpodsolierten Waldboden auf leichtem Decklehm bewiesen worden. In diesem Boden trat Grundwasser im Frühjahr während der Schneeschmelze und mitunter auch im Sommer oder Herbst nach reichlichen Niederschlägen (Rode, 1950 a) auf.

Auf Abb. 76 ist die Schwankung des Grundwasserspiegels dargestellt, die Wassiljew von Mai bis Juni 1940 beobachtete. Die Spiegelschwankungen sind in Beziehung zum Wassergehalt gesetzt. Wir sehen, daß der Wassergehalt des Bodens unterhalb des Grundwasserspiegels in keinem Falle die volle Sättigung erreicht, sondern meist zwischen 70 bis 90% der *VW* liegt. Das weist darauf hin, daß Lufteinschlüsse selbst unter dem Grundwasserspiegel vorhanden sind und daß sie also durchaus kein Hindernis für das Auftreten von Grundwasser darstellen.

Wird ein Boden längere Zeit mit Wasser überstaut oder stagniert das Grundwasser lange Zeit in gleicher Tiefe, so kann die Luft allmählich entweichen, und zwar entweder durch Auflösung im Bodenwasser oder durch langsame Diffusion in die Atmosphäre. Dieser Vorgang wird dadurch begünstigt, daß die Lufteinschlüsse unter erhöhtem Druck stehen, der entweder als hydraulischer Druck

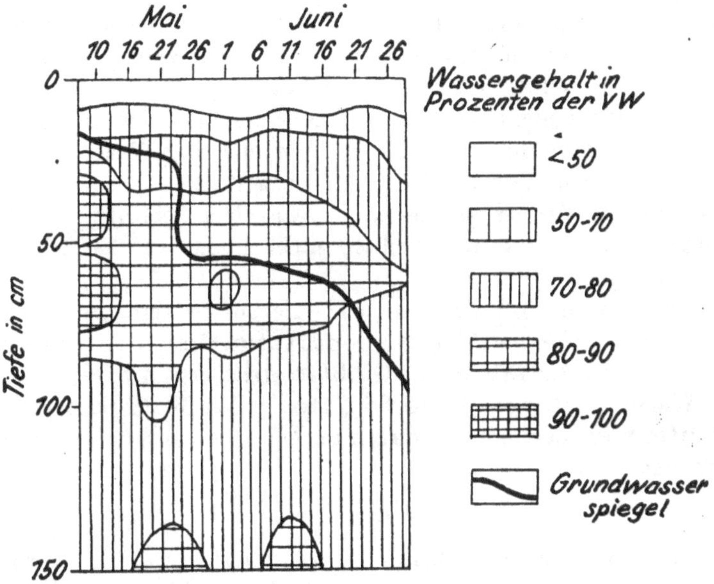

Abb. 76. Schwankungen des Grundwasserspiegels nach Wassiljew

des Grundwassers wirkt oder durch Kapillarkräfte hervorgerufen wird, die das Bodenwasser in die engeren Poren hineinziehen. Da der erhöhte Druck die Löslichkeit der Luft im Bodenwasser steigert, erhöht sich ihre Konzentration im Bodenwasser gegenüber den Schichten, die in freiem Gasaustausch mit der Atmosphäre stehen.

Dieser Vorgang verläuft aber sehr langsam; nach Pokrowski (1933) können sich Lufteinschlüsse viele Monate im Boden erhalten.

Andererseits weisen die Bodenschichten, die ständig unterhalb des Grundwasserspiegels liegen, wie z. B. die Gleyhorizonte der Moorböden, offensichtlich gar keine oder fast keine Lufteinschlüsse auf (Rode, 1950a, S. 41).

Die Einschließung der Luft erfolgt nicht nur in einzelnen Poren oder Porensystemen des Bodenprofils. Vielmehr können bei der Textur nach ungleichartigen Böden Lufteinschlüsse im ganzen Bodenprofil auftreten. Diese Erscheinung wurde von uns (Rode, 1950a, S. 37 ff.) in einem Fall beschrieben, wo unter mildem Decklehm ein dichtgelagerter Ton lag. Während der Schneeschmelze oder bei Platzregen sammelte sich in diesem Boden eine Schicht von gestütztem oder getragenem Gravitationswasser an, weil zwischen dem darunterliegenden schweren Lehm und der Berührungsfläche mit dem milden Lehm ein „Luftkissen" gebildet wurde.

WASSILJEW (1950, S. 131 ff.) wies nach, daß sich der Gehalt an eingeschlossener Luft im Boden mit der Zeit verändert, wobei der Gesamtluftgehalt in der Zone der periodischen Sättigung um so größer ist, je stärker und tiefer der Boden in der vorangegangenen Zeit ausgetrocknet war.

Wir haben bereits erfahren, daß sich das Wasser in einem schweren Boden mit schlechter Struktur bei voller Sättigung in völlig gebundenem Zustand befindet. Die Kräfte, die das Wasser in diesem Falle zurückhalten, sind so groß, daß sie den von der zusammenhängenden Wassersäule entwickelten hydrostatischen Druck nicht überwinden können; deshalb fließt auch kein Wasser beim Aufgraben aus. Im allgemeinen sollte man hier nicht von hydrostatischem Druck sprechen, weil das gebundene Wasser gewissermaßen an einer Vielzahl von Punkten an den Bodenpartikeln haftet und deshalb nicht fähig ist, den hydrostatischen Druck zu übertragen.

Wichtig erscheint noch die Frage, bei welchem Sättigungsgrad des Bodens der hydrostatische Zusammenhang des gestützten Gravitationswassers aufhört. Nach PROSKURNIKOW (1948b, S. 154, Abb. 1a) tritt das in feinkörnigen Sanden, bei einem Wassergehalt von 80 bis 85% der vollen Wasserkapazität ein. Die in der Literatur vorhandenen Unterlagen reichen nicht aus, diese Frage endgültig zu beantworten.

b) Der Kapillarsaum

Das Wasser steigt in einer Bodensäule kapillar auf. Die Möglichkeit hierzu ist dadurch gegeben, daß die Bodenporen in der Regel sehr klein sind. Tritt Wasser in diese Poren ein, so entstehen an den Oberflächen, die die Wasseransammlungen begrenzen, konkave Menisken verschiedener Krümmung, die Kapillarkräfte auslösen.

Wenn wir ein Glasröhrchen mit einem beliebigen Boden füllen und ins Wasser tauchen, so ist das Hochsteigen des Wassers leicht an der Dunkelfärbung der Bodensäule zu verfolgen. Dasselbe ist zu beobachten, wenn anstelle des Röhrchens ein Boden-Monolith von natürlicher Struktur verwendet wird.

Das Hochsteigen des Wassers in der Bodensäule wird mit der Zeit langsamer. Nach einer gewissen Zeit, die in sandigem Material Stunden oder einige Tage beträgt und bei einem Untergrund von schwerer mechanischer Zusammensetzung Wochen, ja sogar Monate dauern kann, hört der kapillare Wasseraufstieg in der Säule fast auf, nachdem er den Höchststand erreicht hat. Völlige Unterbrechung des Aufstieges, insbesondere in einem Untergrund schwerer mechanischer Zusammensetzung, läßt sich nicht erreichen, weil die kapillare Bewegung im weiteren Verlauf in eine Bewegung von Wasserfilmen übergeht.

Abb. 77 zeigt, daß der Wassergehalt in der Säule von unten nach oben zu abnimmt.

Das Wasser, das bei diesem Versuch kapillar aufsteigt und das sich im hydrostatischen Gleichgewicht mit dem freien Wasserspiegel des äußeren Gefäßes befindet, bezeichnet man nach dem Vorschlag von KATSCHINSKI (1934) als „kapillar gestützt", weil es gewissermaßen vom freien Wasserspiegel des äußeren Gefäßes gestützt wird. Diese Erscheinung wird durch die Differenz der Oberflächendrucke hervorgerufen.

Wenn wir den soeben beschriebenen Versuch mit den Verhältnissen in der Natur vergleichen, so müssen wir vor allem feststellen, daß es dort kein freies Wasser gibt, welches auf das Kapillarwasser „stützend" oder „tragend" einwirken kann. Trotzdem ist in der Natur „kapillar gestütztes" Wasser vorhanden und tritt auch im Untergrund auf, der unmittelbar über dem „Grundwasserspiegel" liegt. In diesem Falle wird das Wasser, das sich im Kapillarsaum befindet, vom Wasser der Sättigungszone gestützt, das seinerseits von der wasserundurchlässigen Schicht gestaut wird.

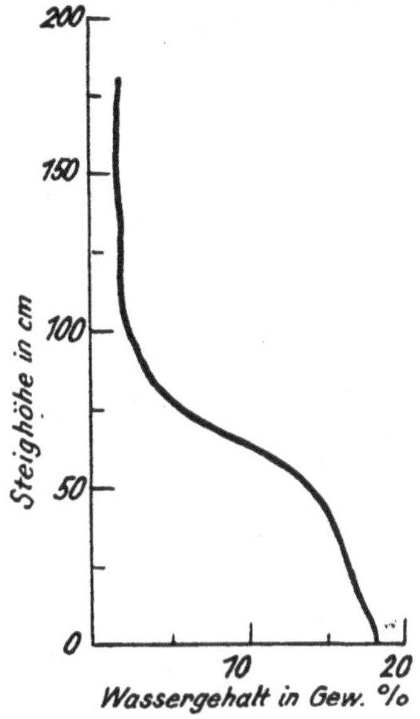

Abb. 77
Verteilung des im Gleichgewicht befindlichen Wassers in einer Sandsäule von 181 cm Höhe nach PROSKURNIKOW

Auf der Abb. 77 ist folgende Wasserverteilung abzulesen: Wir können die Säule in drei Teile gliedern: erstens den unteren von 0 bis etwa 40 cm mit dem höchsten Wassergehalt von durchschnittlich 16%; zweitens den mittleren Übergang von 40 bis 100 cm, in dessen Grenzen der Wassergehalt von unten nach oben bis auf 2% abnimmt und drittens den oberen von 100 bis 180 cm, in dem der Wassergehalt etwa bei 2% konstant bleibt. Zum „Kapillarsaum" gehört der erste und der zweite Teil.

Nach PROSKURNIKOW (1948a) übt die Höhe der Säule, im Gegensatz zu LEBEDEW (1936, S. 134), keinen wesentlichen Einfluß auf den Wassergehalt der untersten Schichten aus.

Eine ähnliche Wasserverteilung ist auch bei natürlicher Lagerung in Bodenprofilen anzutreffen. Wir führen dazu Beobachtungen WASSILJEWS an einem Monolithen an, dessen unteres Ende in Wasser tauchte. In Tab. 99 ist diese Wasserverteilung enthalten und in Abb. 78 graphisch dargestellt.

Die in Abhängigkeit von der Steighöhe allmählich eingetretene Abnahme des Wassergehalts kann wie folgt erklärt werden:

In jedem Boden sind Poren von verschiedenem Durchmesser vorhanden. Deshalb entstehen im Untergrund kapillare Wassersäulen von verschiedenen Höhen, die vom Querschnitt der Poren abhängen, in denen sich der obere Meniskus befindet. In der Untergrundschicht, die unmittelbar an den Grundwasserspiegel grenzt, sind alle Poren — mit Ausnahme der Lufteinschlüsse — mit Wasser gefüllt, weil selbst in den größten Poren die Steighöhe hierzu ausreicht. Deshalb liegt der Ausfüllungsgrad des Kapillarsaumes nahe 100% der *VW* (vgl. Abb. 78).

Mit zunehmender Entfernung vom Grundwasserspiegel treten Poren und Hohlräume mit Menisken auf, die die Oberfläche des Kapillarsaumes von oben begrenzen. Der Oberflächendruck dieser Menisken ist so groß, daß das Wasser nicht mehr höher steigen kann. In der Nähe des Grundwasserspiegels werden wir solche Menisken nur in den größten Poren finden. Je weiter wir nach oben kommen, desto höher wird der hydrostatische Druck

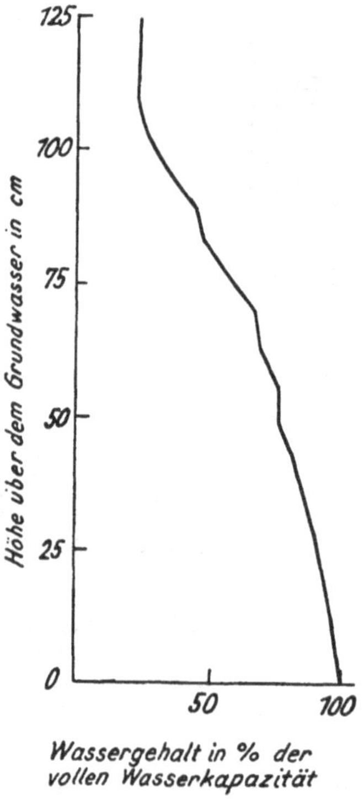

Abb. 78. Verteilung des kapillar gestützten oder getragenen Wassers nach WASSILJEW

TABELLE 99

Wasserverteilung über dem Grundwasserspiegel in einem Monolithen aus feinkörnigem tonigem Sand nach Angaben WASSILJEWS (1937)

Höhe über dem Grundwasser-spiegel in cm	Wassergehalt in Gew.-%	Wassergehalt in Prozenten der vollen Wasserkapazität
123—118	8,8	23,6
114—109	7,4	22,6
107—102	7,9	25,2
100— 95	10,0	33,3
93— 88	12,4	44,0
86— 81	13,1	47,8
79— 74	16,2	58,9
72— 67	18,8	68,2
65— 60	19,8	70,0
58— 53	21,7	76,8
51— 46	21,8	77,3
45— 40	23,4	82,4
37— 32	24,9	87,2
39— 25	26,2	91,0
23— 18	27,3	93,8
16— 11	26,7	92,3

des Kapillarwassers, und desto geringer wird der Oberflächendruck der Menisken. Deshalb werden diese die Oberfläche des Kapillarsaumes krönenden Menisken in immer kleiner werdenden Poren auftreten, während die größeren unausgefüllten Poren, immer mehr abnehmen. In Abb. 77 beträgt diese Höhe etwa 100 cm. Das Wasser der darüberliegenden Schichten wird durch andere Kräfte und auf andere Weise zurückgehalten. Darüber sprachen wir im vorangegangenen Kapitel.

ROMANOW (1949) hat gezeigt, daß die Kurve der Wasserverteilung im Kapillarsaum die Form einer gleichschenkeligen Hyperbel hat und durch folgende Gleichung ausgedrückt werden kann:

$$W_k = \frac{2\,\sigma\,a}{h_k\,\nu}\,C\,,$$

in der W_k die kapillare Wasserkapazität in der Höhe h_k,
σ die Oberflächenspannung des Wassers (in g/cm),
ν die Dichte des Wassers,
C der Koeffizient für die Dimension cm^2,
a ein Koeffizient ist, für den bei gleichartigen Poren die Gleichung gilt:

$$a = \frac{S_0}{r_{max}},$$

in der S_0 die Gesamtoberfläche der Poren und r_{max} der maximale Porenradius ist.

Wie mächtig kann danach der Kapillarsaum durch den Aufstieg des Kapillarwassers in den verschiedenen Böden werden?

Wir haben früher gezeigt (Vgl. S. 38), daß die Steighöhe in zylinderförmigen Kapillaren nach der Formel von JURAIN berechnet werden kann:

$$H = \frac{0{,}15}{r}.$$

Als man diese Formel auch auf den Untergrund anzuwenden versuchte, stand man vor der Tatsache, daß der Gesamtquerschnitt der Poren des Untergrundes in keinem Falle als zylindrische Kapillare betrachtet werden kann. Wie wir wissen, stellt der Querschnitt der Poren keine bestimmte Größe dar, sondern ändert sich in gewissen Grenzen. Für die einfachsten Fälle kann man entsprechende Berechnungen vornehmen, wobei von den für den „Idealboden" festgestellten Gesetzmäßigkeiten auszugehen ist.

Stellen wir uns eine Säule aus „Idealboden" vor, der aus gleichgroßen Kugeln besteht. Aus Kapitel II ist uns bereits bekannt, daß sich das kapillare Gleichgewicht in einer solchen Säule auf zweifache Art einstellen kann. Tauchen wir das untere Ende einer solchen zunächst trockenen Säule in Wasser, so bleiben die oberen Menisken nach Beendigung des kapillaren Wasseraufstieges in den breitesten Abschnitten der Bodenporen stehen (vgl. Abb. 14a). Wird jedoch die Säule durch Hebung des Wasserspiegels bis zur Oberfläche benetzt, so müssen sich die Menisken in den engsten Hohlräumen zwischen den Poren bilden.

Die Höhe des kapillaren Aufstieges im „Idealboden" wird in beiden Fällen verschieden sein. Wir wollen sie nach den in Kapitel I angeführten Unterlagen berechnen.

Bei würfelförmiger Lagerung der Partikel sind die Radien der breitesten und der engsten Abschnitte der Poren gleich 0,73 R bzw. 0,41 R. Die Steighöhe ist folglich

$$H = \frac{0{,}15}{0{,}73\,R} = \frac{0{,}30}{0{,}73\,D} = \frac{0{,}41}{D}.$$

In einer feuchten Säule beträgt die kapillare Steighöhe

$$H = \frac{0{,}15}{0{,}41\,R} = \frac{0{,}30}{0{,}41\,D} = \frac{0{,}73}{D}.$$

Bei hexagonaler Lagerung werden die Radien der breitesten und engsten Porenabschnitte zu 0,288 R bzw. 0,155 R berechnet.

Die kapillare Steighöhe in der trockenen Säule beträgt

$$H = \frac{0{,}15}{0{,}288\,R} = \frac{0{,}30}{0{,}288\,D} = \frac{1{,}04}{D},$$

und in einer von Anfang an feuchten Säule ist

$$H = \frac{0{,}15}{0{,}155\,R} = \frac{0{,}30}{0{,}155\,D} = \frac{1{,}93}{D}.$$

Im „Idealboden“ kann somit die Steighöhe zwischen folgenden Grenzwerten schwanken:

$$\frac{0{,}41}{D} \leq H \leq \frac{1{,}93}{D},$$

woraus

$$0{,}41 \leq DH \leq 1{,}93$$

folgt.

Die experimentelle Nachprüfung dieser Formel zeigt, daß in den meisten Fällen die Steighöhe in porösem Material tatsächlich in diesen Grenzen liegt.

In den Arbeiten DOLGOWS (1948a, S. 178) finden wir einen Versuch in Säulen aus trockenem Ziegelgrus verschiedener Korngröße. Die Versuchsergebnisse sind in Tab. 100 enthalten.

TABELLE 100

Steighöhe in Säulen aus Ziegelgrus verschiedenen Durchmessers nach DOLGOW (1948)

Korngröße in cm	Mittlerer Durchmesser der Körner (D) in cm	Höhe des kapillaren Aufstieges (H) in cm	DH
0,2 —0,1	0,15	5,0	0,75
0,1 —0,05	0,075	10,8	0,81
0,05 —0,025	0,0375	16,3	0,61
0,025—0,010	0,0175	41,0	0,72

Da Angaben über die Porosität fehlen, läßt sich die Art der Lagerung nicht feststellen. Wenn der Boden trocken war, müßte die DH zwischen 0,41 und 1,04 liegen, was auch tatsächlich der Fall ist; er kommt sogar mit 0,73 der Steighöhe in einer durchnäßten Säule bei würfelförmiger Lagerung sehr nahe. Diese gute Übereinstimmung muß als zufällig angesehen werden, weil die Säule tatsächlich trocken war.

In Tab. 101 bringen wir die Angaben von TKATSCHUK (1939) über die gleiche Frage. Die Werte für die DH wurden von uns errechnet.

Die Tab. 102 enthält die von ATTERBERG (1908) erzielten Ergebnisse.

Diese Angaben beziehen sich offenbar auf trockenes Material. Unter Beachtung des Porenvolumens, das mit 40 bis 41% auf würfelförmige Lagerung deutet, müßten wir einen DH-Wert nahe bei 0,41 erwarten. In Wirklichkeit betrug dieser Wert jedoch 0,9 bis 1,0 bei den gröberen Fraktionen und 0,7 bis 0,8 bei den feineren. Hieraus ergibt sich die Schlußfolgerung, daß der kapillare Wasseraufstieg in porösem Material nicht so vor sich geht wie in den Paternosterkapillaren JAMINS, sondern daß Wasser selbst in trockenen Säulen bis zu einer Höhe aufsteigen kann, in der Menisken auch in den engsten Poren auftreten. Das kann erstens durch die Bildung von kapillaren „Manschetten", die den Boden gleichsam von der geschlossenen Kapillarwasserfront aus benetzen, und zweitens durch die Erscheinung der Kapillarkondensation erklärt werden.

TABELLE 101

Steighöhe in Säulen aus Partikeln verschiedener Korngrößen nach TKATSCHUK (1939)

Korngröße in mm	Mittlere Korngröße in cm	Höhe des Kapillaraufstiegs in cm	DH
1,5 —1,0	0,125	4,5	0,56
1,0 —0,5	0,075	8,0	0,60
0,5 —0,25	0,0375	17,5	0,66
0,25—0,10	0,0175	30,0	0,53
0,10—0,05	0,0075	87,0	0,65
0,05—0,01	0,0030	150,0	0,45

TABELLE 102

Vergleich der Steighöhen nach ATTERBERG mit den von uns nach der Formel $H = \frac{0,75}{D}$ berechneten

Korngröße in mm	Mittlerer Durchmesser der Partikel in cm	Porenvolumen in %	Höhe des kapillaren Aufstiegs		DH
			beobachtet	berechnet	
5,0 —2,0	0,35	40,1	2,5	2,14	0,87
2,0 —1,0	0,15	40,4	6,5	5,0	0,97
1,0 —0,5	0,075	41,8	13,1	10,0	0,98
0,5 —0,2	0,035	40,5	24,6	21,4	0,86
0,2 —0,1	0,015	40,4	42,8	50,0	0,64
0,1 —0,05	0,0075	41,0	105,5	100,0	0,79
0,05—0,02	0,0035	41,0	200,0	214,0	0,70

Dieser Schlußfolgerung stehen jedoch die Unterlagen der Tab. 103 entgegen, die wir in der Arbeit NOVÁKS und PECHÁNEKS (Teil III, 1943) fanden. Die DH-Werte sind auch hier von uns errechnet worden.

Wenn wir die Zahlen für die Fraktion 0,020 bis 0,030 cm als offenbar falsch ausscheiden, liegt der Wert DH bei allen drei gröberen Fraktionen bei 0,40, d. h. nähert sich der theoretischen Größe, die für trockene Partikel in würfelförmiger Packung charakteristisch ist. Die beiden vorletzten Fraktionen ergeben einen DH-Wert von durchschnittlich 0,79, also den gleichen, den wir aus den Versuchen DOLGOWS ermittelten.

Loughaidge (1921), zitiert nach Hilgard, fand folgende Werte für den kapillaren Aufstieg in verschiedenen Sand- und Schluff-Fraktionen (Tab. 104):

TABELLE 103

Steighöhe in Sandsäulen verschiedener Korngröße nach Novák und Pechánek (1943)

Durchmesser der Körner in cm	Mittlerer Durchmesser (D) in cm	Höhe des Kapillaraufstiegs (H) in cm	DH
0,05 —0,10	0,075	5,2	0,375
0,03 —0,05	0,04	9,0	0,36
0,020 —0,030	0,025	9,0 (?)	0,225
0,010 —0,020	0,015	30,0	0,45
0,005 —0,010	0,0075	113,5	0,85
0,001 —0,005	0,003	242,2	0,73
0,0005—0,001	0,00075	269,0	0,202

Anmerkung: Aufsteigen offenbar noch nicht beendet

TABELLE 104

Steighöhe in Säulen aus verschiedenen Fraktionen nach Loughaidge

Korngröße in cm	Höhe des kapillaren Aufstiegs (H) in cm	DH
0,2	11,4 (?)	2,28
0,1	24,0 (?)	2,40
0,05	27,8 (?)	1,38
0,03	32,9	0,99
0,016	48,7	0,78
0,012	66,4	0,80
0,0072	88,0	0,63
0,0047	134,6	0,63
0,0025	265,2	0,66
0,0016	308,2	0,49

Anmerkung: Die Umrechnung des kapillaren Aufstiegs aus Zoll in Zentimeter und die Berechnung des DH-Wertes wurde von uns vorgenommen. —A.R.

Auch in diesem Fall fehlen Angaben über die Porosität, so daß man die Art der Lagerung nicht beurteilen kann. Die DH-Werte, die sich auf die beiden gröbsten Fraktionen beziehen, liegen jedenfalls außerhalb der oben angegebenen theoretischen Grenzen. Die Ursachen hierfür sind nicht klar. Offenbar wurden die Steighöhen sehr nachlässig bestimmt. Die übrigen DH-Werte lassen sich gut in diese Grenzen einordnen und kommen im allgemeinen den Werten nahe, die wir aus den Versuchen von Dolgow und Atterberg ableiteten.

Bei PURI (1939) finden wir umfangreiches Material zu dieser Frage. Er bestimmte die Steighöhe nicht unmittelbar, sondern mit einem Kapillarmeter durch Wasserentzug aus einem feuchten Boden. Seine Angaben sind in den Tab. 105, 106 und 107 enthalten. Wir besprechen zuerst die Tab. 105, die sich auf sandige und schluffige Fraktionen bezieht. Die Schwankungen der *DH*-Werte liegen meist in ziemlich engen Grenzen zwischen 0,90 und 1,00 und nehmen im allgemeinen mit der Verringerung der Korngröße etwas ab. Da auch hier keine Werte für die Porosität angegeben sind, läßt sich nichts über die Art der Lagerung sagen.

Sehr nahe beieinanderliegende *DH*-Werte finden wir in der Tab. 106, die sich auf einen natürlichen schluffigen Untergrund beziehen; hier schwanken sie nur wenig um 1.

TABELLE 105

Steighöhe in sandigen und schluffigen Fraktionen, mit einem Kapillarmeter gemessen, nach PURI (1939)

Durchmesser der Partikel in cm	Mittlerer Durchmesser der Partikel (*D*) in cm	Steighöhe (*H*) in cm	*DH*
0,3 —0,4	0,35	3,5	1,22
0,2 —0,3	0,25	5,4	1,35
0,13 —0,20	0,165	6,3	1,04
0,10 —0,13	0,115	8,8	1,01
0,088 —0,10	0,094	13,0	1,22
0,060 —0,088	0,074	14,4	1,07
0,056 —0,060	0,058	23,2	1,34
0,049 —0,056	0,0523	24,4	1,28
0,044 —0,049	0,0465	27,4	1,27
0,040 —0,044	0,042	26,6	1,12
0,036 —0,040	0,038	29,7	1,13
0,034 —0,036	0,035	30,6	1,07
0,031 —0,034	0,0325	32,8	1,07
0,029 —0,031	0,030	36,3	1,09
0,028 —0,029	0,0285	36,3	1,03
0,026 —0,028	0,027	37,8	1,02
0,025 —0,026	0,0255	36,7	0,93
0,022 —0,025	0,0235	41,1	0,97
0,020 —0,022	0,021	44,9	0,94
0,019 —0,020	0,0195	46,0	0,90
0,017 —0,019	0,018	50,4	0,91
0,015 —0,017	0,016	55,9	0,90
0,013 —0,015	0,014	69,1	0,97
0,012 —0,013	0,0125	77,0	0,96
0,008 —0,012	0,010	90,6	0,91
0,0065—0,008	0,00725	94,1	0,68

Anmerkung: Die mittleren Durchmesser und die *DH* wurden von uns errechnet — A. R.

TABELLE 106

Steighöhe in einem natürlichen schluffigen Untergrund, mit Kapillarmeter gemessen, nach PURI (1939)

Mittlerer Durchmesser der Partikel (*D*) in cm	Steighöhe (*H*) in cm	*DH*	Mittlerer Durchmesser der Partikel (*D*) in cm	Steighöhe (*H*) in cm	*DH*
0,0512	19,8	1,01	0,0181	54,7	0,99
0,0501	20,0	1,00	0,0230	35,6	0,82
0,0493	18,9	0,93	0,0205	49,0	1,01
0,0483	19,8	0,95	0,0189	44,0	0,83
0,0476	21,0	1,00	0,0226	43,5	0,98
0,0467	20,6	0,96	0,0126	83,5	1,05
0,0441	23,4	1,03	0,0129	47,4	0,61
0,0432	22,1	0,95	0,0131	78,0	1,02
0,0403	25,5	1,03	0,0136	67,6	0,92
0,0388	26,8	1,04	0,0151	69,0	1,04
0,0389	28,4	1,10	0,0172	57,2	0,99
0,0345	29,6	1,02	0,0178	59,2	1,05
0,0338	31,6	1,07	0,0208	51,6	1,07
0,0325	33,2	1,08	0,0197	61,7	1,22
0,0320	33,0	1,06	0,0202	46,3	0,93
0,0288	41,3	1,18	0,0159	67,4	1,07
0,0255	49,0	1,25	0,0250	41,2	1,03
0,0381	28,0	1,07	0,0133	79,7	1,06
0,0355	26,5	0,94	0,0204	50,6	1,03
0,0278	36,2	1,01	0,0340	29,3	0,99
0,0274	38,0	1,04	0,0363	30,5	1,10
0,0274	36,0	0,99	0,0369	29,3	1,08
0,0330	32,7	1,08	0,0313	32,2	1,01
0,0353	32,0	1,13	0,0242	44,7	1,08
0,0711	17,5	1,25	0,0205	45,0	0,92
0,0646	21,4	1,38	0,0306	35,7	1,09
0,0636	17,8	1,13	0,0225	42,1	0,93
0,0624	17,6	1,10	0,0227	43,7	0,99
0,0231	44,4	1,02	0,0269	34,0	0,92
0,0332	31,3	1,04	0,0356	27,2	0,97
0,0227	41,4	0,94	0,0215	48,0	1,03
0,0141	66,4	0,92	0,0201	43,5	0,88
0,0117	94,3	1,09	0,0261	40,5	1,06
0,0166	56,9	0,94	0,0245	37,7	0,92
0,0185	55,5	1,03	0,0250	40,8	1,06
0,0188	55,3	1,04	0,0283	35,0	0,99
0,0201	52,5	1,05	0,0351	28,8	1,01
0,0216	46,4	1,00	0,0263	39,0	1,03
0,0179	64,3	1,15	0,0338	28,8	0,97
0,0223	47,1	1,05	0,0332	30,1	0,99
0,0147	42,7	0,63	—	—	—

Anmerkung: Die *DH*-Werte wurden von uns errechnet. — A. R.

TABELLE 107

Steighöhen nach PURI (1939)

Gehalt des Bodens an Partikel < 0,002 mm in Prozenten	Mittlerer Durchmesser der Partikel (in cm), ausschließlich der Partikel > 0,2 mm		Steighöhe (H) in cm	DH	
	Boden dispergiert	Boden nicht dispergiert		Dispergierter Boden	Nicht dispergierter Boden
11,50	0,00246	0,00373	304	0,75	1,05
64,06	0,00229	0,00730	254	0,58	1,85
68,21	0,00233	0,00737	288	0,66	2,12
15,56	0,00329	0,00499	330	1,08	1,65
12,79	0,00342	0,00475	250	0,85	1,19
29,73	0,00326	0,00642	256	0,84	1,65
27,30	0,00497	0,00789	235	1,16	1,85
22,90	0,00493	0,00863	122	0,59	1,05
38,62	0,00394	0,00845	284	1,12	2,39
35,08	0,00435	0,00980	216	0,95	2,12

Anmerkung: Die Umrechnung der Steighöhe in cm Wassersäule und die Berechnung des DH-Wertes wurden von uns vorgenommen. — A. R.

Vielfältigere Zahlenwerte für DH finden wir in der Tab. 107 über lehmige und tonige Böden. Aber auch diese Zahlen lassen sich mit wenigen Ausnahmen in die gleichen theoretischen Grenzen einordnen. Falls wir hierbei von Korngrößen ausgehen, die bei Dispergierung des Bodens ermittelt wurden, liegen die DH-Werte ebenfalls bei 1, obgleich die Schwankungsbreite in diesem Falle größer ist. Zu bemerken ist ferner, daß die Steighöhe in schweren Tonböden, deren Tongehalt (< 0,002 mm) 64 bis 68% beträgt, verhältnismäßig gering ist und 3 bis 3,5 m nicht übersteigt. Die Methode, nach der PURI arbeitete, gestattete es ihm, gerade die Rolle, die die Kapillarkräfte beim Zurückhalten des Wassers spielen, zu berücksichtigen. Mit anderen Worten: Die Beobachtungsergebnisse PURIS charakterisieren das Verhalten des Wassers in den gröbsten Poren lehmiger und toniger Böden, d. h. offenbar vornehmlich in den innerhalb der Krümel liegenden Poren, in denen die Kapillarkräfte auftreten. Die Veränderung im Wassergehalt der Poren innerhalb der Aggregate kommt in Wendepunkten zum Ausdruck. PURI bringt sie mit den Erscheinungen der Quellung und des Setzens in Verbindung, d. h. mit Veränderungen im Wassergehalt der Poren innerhalb der Krümel.

Der Vergleich der berechneten Steighöhe im „Idealboden" mit den in natürlichen Böden im Laboratorium erhaltenen Werten ergibt also folgendes:

1. Die im Laboratoriumsversuch ermittelten Steighöhen sandiger schluffiger und lehmiger Böden entsprechen im allgemeinen den theoretisch abgeleiteten Werten.

2. Der DH-Wert der abgewandelten Formel von JURAIN liegt meist in den Grenzen zwischen 0,60 und 1,00.

Im Zusammenhang damit muß auf folgenden Umstand hingewiesen werden: Einige Forscher beriefen sich auf die Anwendbarkeit der ursprünglichen Formel JURAINS auf sandige Böden und versuchten, diese universell anzuwenden. Indem sie annahmen daß diese Formel allgemein für Böden beliebiger Korngröße gilt.

So benutzte z. B. TERZAGHI (1932) diese Formel, um theoretisch die Steighöhe im Ton bei einem angenommenen Radius der Kapillaren von 0,00005 mm (was einem Durchmesser der Partikel von 0,00025 mm in würfelförmiger Lagerung entspricht) mit 308 m zu berechnen.

KEEN (1918) berechnete die Steighöhe für Partikel von 0,01 bis 0,002 mm und Kapillaren von dreieckigem Querschnitt, die seiner Meinung nach für den ,,Idealboden" charakteristisch sind, mit durchschnittlich 150 Fuß gleich 45 m.

Beobachtungen in der Natur aber bestätigen diese theoretischen Berechnungen niemals.

KATSCHINSKI hat 1947 darauf hingewiesen, daß die Steighöhen im Sand über lehmigen Sand bis zum lößartigen Lehm zunehmen, während sie mit Übergang zu Korngrößen der Tonfraktion wieder abnehmen. Ferner stellte er fest, daß die höchste Steighöhe, die er im Laboratorium an Lößlehm im Laufe von 5 Jahren beobachten konnte, 350 cm betrug. Im mittleren Wolgagebiet auf den Kutuluk-Terrassen erreicht nach KATSCHINSKI die Steighöhe unter natürlichen Verhältnissen im gewachsenen Boden 600 cm.

Das sind jedoch Maximalwerte. In der Tab. 108 geben wir Steighöhen an, die wir in der Natur beobachten konnten.

TABELLE 108

Steighöhe in gewachsenem Boden

Standort	Untergrund	Höhe des Aufstieges in cm
Ubinskaja (Baraba)	Lößartiger Lehm	170
Orljansk (USSR)	Lößartiger Lehm	260
Ebendort		255
Silberteiche (Gebiet Moskau)	Lößartiger Lehm	150
Petrikowka	Lößartiger Lehm	163
Djanybek (Gebiet West-Kasachstan)	Unter Solonez	250
Ebendort	Lößartiger Lehm unter dunkelfarbigem Boden	295
Ebendort	Lößartiger Lehm in großer Mulde	355

Nach den Beobachtungen ASTAPOWS (1927) an Böden aus Turkestan lag die Steighöhe in den acht untersuchten Böden zwischen 204 und 298 cm und überstieg nur in einem Boden 400 cm.

BYKOWSKI (1935) bestimmte die Steighöhe in verschiedenen Böden nach der Kapillarmeter-Methode bei ungestörter Lagerung zu 100 bis 500 cm. Es muß allerdings hervorgehoben werden, daß diese Methode (Erhöhung des Unterdruckes bis zum Luftdurchbruch) nur gestattete, die Höhe des kapillaren Aufstiegs in gröberen Poren zu messen.

In der bereits zitierten Arbeit von PURI (1939) überstieg die Kapillarkraft in schweren Böden mit einem Tongehalt von mehr als 60% (Teilchen $< 0{,}002$ mm) nicht 300 cm Wassersäule und lag in den restlichen Fällen in den Grenzen zwischen 200 und 330 cm Wassersäule.

Nach SHAW und SMITH (1927), die die Wasserverdunstung verschiedener Böden in Röhren beobachteten, war die maximale Steighöhe, bei deren Überschreitung die Verdunstung stark nachließ, für einen sandigen Lehm aus Jolo 8 Fuß = 240 cm und für einen Lehm aus Jolo 10 Fuß = 300 cm.

KEEN (1927), der nach der gleichen Methode arbeitete, fand für grobkörnigen Sand eine Maximalhöhe von 35 cm und für Lehm von 85 cm.

Es entsteht die Frage: Aus welchen Ursachen wird die Steighöhe durch solche verhältnismäßig geringen Werte begrenzt, und warum erreicht sie nicht die nach der Formel JURAINS berechneten Werte?

Diese Diskrepanz zwischen den Berechnungsergebnissen und den tatsächlichen Beobachtungen ist auf folgende Ursachen zurückzuführen:

In völlig strukturlosen Böden (die unter natürlichen Verhältnissen selten vorkommen) ist nach KATSCHINSKI (1934) die Hauptursache die Anwesenheit von gebundenem Wasser.

Bekanntlich werden die unmittelbar an der Oberfläche der Bodenpartikel anliegenden Wassermoleküle durch Sorptionskräfte zurückgehalten. Dieses Wasser ist an der Bildung von Menisken nicht beteiligt, weil die molekularen Anziehungskräfte, von denen es zurückgehalten wird, größer sind als die Kapillarkräfte. Mit anderen Worten: Nicht der gesamte Hohlraum zwischen den Partikeln des Untergrundes ist aktiv, und nicht der gesamte Hohlraum gehört nach LEBEDEW (1936, S. 167) zur „aktiven Porosität." Die Wandfilme des gebundenen Wassers (seine Dicke vermögen wir leider nicht zu bestimmen) verringern also den wirksamen Querschnitt. Dieser wird schließlich in den feinen Poren so klein, und die Reibung nimmt umgekehrt proportional zur vierten Potenz des Kapillarquerschnittes derart zu, daß die Geschwindigkeit des kapillaren Aufstiegs stark herabgesetzt wird; sie geht allerdings nicht auf Null zurück, wie einige Forscher annehmen. Im Grenzfall kann der gesamte Hohlraum zwischen den Partikeln mit gebundenem Wasser ausgefüllt sein, so daß kapillare Kräfte keine wesentliche Rolle mehr bei der Wasserbewegung spielen können.

Aus diesem Grunde hört der kapillare Aufstieg in strukturlosem Untergrund auf, wenn der wirksame Querschnitt der Bodenporen sich Null nähert, während der wahre Querschnitt noch weit davon entfernt ist.

Welchem Kapillardurchmesser entspricht der in der Natur beobachtete kapillare Aufstieg?

Wenn wir die am häufigsten beobachtete Steighöhe in Lößlehm mit 200 cm annehmen, so ist nach JURAIN

$$H = \frac{0,15}{r} = 200 \text{ cm}\,,$$

woraus

$$r = \frac{0,15}{200} = 0,0075 \text{ cm}$$

folgt. Der Kapillardurchmesser beträgt also 0,015 mm.

Unter der Annahme, daß DH in der abgewandelten Formel von JURAIN durchschnittlich 1,0 ist, würde eine Steighöhe von 200 cm in einem monodispersen Material der Teilchengröße von 0,05 mm entsprechen.

Falls wir die von KATSCHINSKI mitgeteilte Maximalhöhe mit 600 cm berücksichtigen, verringern sich diese Werte auf ein Drittel.

Wir kommen somit zu verhältnismäßig sehr hohen Filmstärken des gebundenen Wassers. Falls unsere Berechnungen und Annahmen richtig sind, wird die Dicke des Films bei einer maximalen Steighöhe von 200 cm gleich dem Radius einer Kapillare von 0,0075 mm sein; einer Steighöhe von 600 cm würde ein Film von 0,0025 mm Stärke entsprechen.

Diese Überlegung gilt nur für strukturlose Böden, die in der Natur ziemlich selten sind (z. B. bei Gleybildung, bei hohem Gehalt an austauschbarem Natrium). Meistens jedoch haben lehmige Böden Krümelstruktur, und zwar die Krume in der Regel eine gröbere, der Untergrund dagegen eine feinere Struktur. In diesen Böden mit guter Struktur geht der kapillare Aufstieg überwiegend zwischen den Krümeln also in relativ großen Poren, Spalten und Hohlräumen vor sich. Gleichzeitig benetzt natürlich das in den Krümeln aufsteigende Wasser auch die Krümel selbst. Die Steighöhe zwischen den Krümeln bleibt infolge ihrer relativ großen Durchmesser verhältnismäßig klein. Eine weitere kapillare Wasserbewegung ist nur im Porensystem innerhalb der Krümel möglich. Das Porenvolumen der Krümel ist jedoch so klein, daß in der Regel entweder die Poren ganz oder zum mindesten ihre engen Verbindungsröhren mit gebundenem Wasser ausgefüllt sind, wie wir das oben bei strukturlosen Böden erläutert haben. Deshalb wird das Wasser in den Poren innerhalb der Krümel überwiegend nur als Film bewegt.

Da die Wasserbewegung von einem Krümel zum anderen nur an den Berührungsstellen möglich ist, wird der Aufstieg stark behindert, insbesondere dann, wenn die Krümel mehr oder weniger groß sind.

Im gewachsenen Boden wird also der kapillare Wasseraufstieg maximal einige Meter betragen, erreicht aber niemals die Höhen, die z. B. TERZAGI berechnet hat. Die Möglichkeit, daß das Filmwasser bedeutend größere Steighöhen erreicht, kann nicht ausgeschlossen werden.

5. Die Geschwindigkeit des kapillaren Aufstiegs

Die Steiggeschwindigkeit hängt vom Durchmesser der Kapillaren, also von der Korngröße der Partikel ab. Da es schwierig ist, die Steiggeschwindigkeit unter natürlichen Verhältnissen zu messen, weil sich über dem freien Spiegel des Grundwassers immer ein Kapillarsaum befindet, wird sie meistens im Laboratorium an in Röhren eingefülltem Boden oder an Monolithen bestimmt. In beiden Fällen ist man gezwungen, mit getrocknetem Material zu arbeiten, weil sonst die Beobachtung der Steighöhe sehr erschwert oder sogar unmöglich wird.

Solche Versuche mit trockener Erde sind nur insofern von Interesse, als sie die Untersuchung der allgemeinen Gesetze ermöglichen, denen die Steiggeschwindigkeit folgt. Wir betrachten die Versuche mit Quarzsand von NOVAK und PECHANEK (1943), deren Ergebnisse auf den Abb. 79, 80 und 81 dargestellt sind.

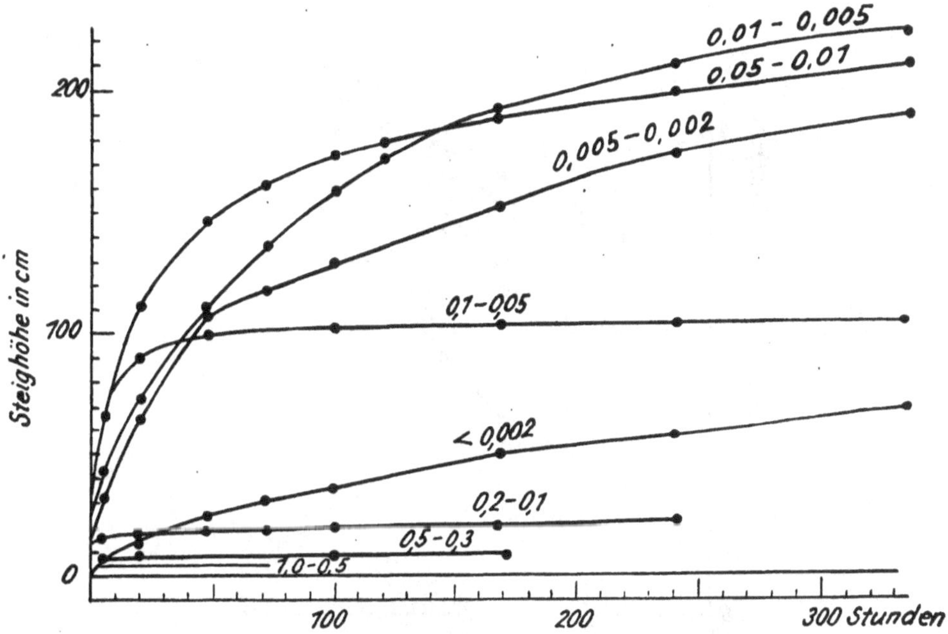

Abb. 79. Kapillare Steiggeschwindigkeit in eingefülltem Material nach NOVAK und PECHANEK

Auf Abb. 79 ist die Steiggeschwindigkeit für die ersten 300 Stunden dargestellt. Der Vergleich der Kurven ergibt, daß Wasser in Bodensäulen aus gröberen Fraktionen anfänglich rasch aufsteigt, um dann nachzulassen, so daß es von dem in feinerem Material aufsteigenden Wasser bald überholt wird.

Hierbei zeigt es sich, daß die Kurven, insbesondere in ihrem Anfang, parabolisch verlaufen. Das kann leicht wie folgt abgeleitet werden. Die allgemeine Formel für parabolische Kurven lautet

$$x = k\, y^n \,.$$

Wenn wir diese Gleichung logarithmieren, erhalten wir die lineare Beziehung

$$\lg x = \lg k + n \cdot \lg y\,.$$

Wenn also im rechtwinkligen Koordinatensystem die Werte von $\lg t$ und $\lg h$ auf einer Geraden liegen, so ist das der Beweis für die parabolische Funktion.

Diese Methode, auf die in Abb. 29 dargestellten Kurven angewendet, ergibt

$$\lg h = f\,(\lg t)\,,$$

wenn h die Steighöhe in cm und t die Zeit in Stunden ist. (s. Abb. 80)

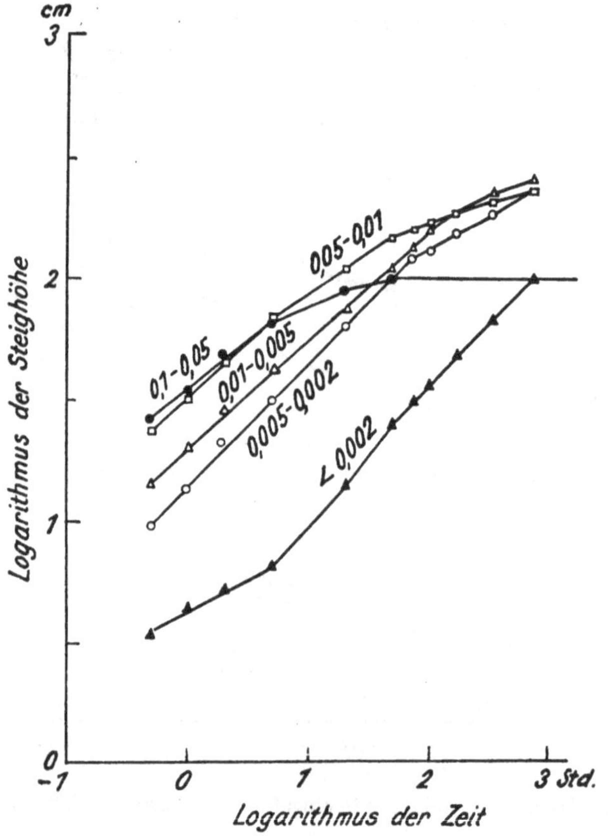

Abb. 80. Kapillare Steighöhe in eingefüllten Säulen aus Partikeln verschiedener Korngröße nach NOVAK und PECHANEK

Abb. 80 zeigt, daß die Kurvenabschnitte im wesentlichen gerade Linien sind. Mit einer Ausnahme sind nur die Enden der Geraden gekrümmt, was auf ein anderes Abhängigkeitsverhältnis hinweist.

Die Geraden verlaufen mit einer Ausnahme parallel zueinander. Wenn wir die Neigung n dieser Geraden zur Abszissenachse graphisch extrapolieren,[1] erhalten

[1] n ist identisch mit $\operatorname{tg} \varphi$ (Anm. d. Herausg.).

wir folgende Werte für n:

Fraktion 0,1 bis 0,05 mm : 0,46
0,05 bis 0,01 mm : 0,47
0,01 bis 0,005 mm : 0,48
0,005 bis 0,002 mm : 0,49

Aus der Abb. 81, die die Abhängigkeit der Steiggeschwindigkeit (in cm/Std) von der Steighöhe darstellt, ist besonders klar ersichtlich, daß erstens die Steiggeschwindigkeit mit zunehmender Steighöhe abnimmt, zweitens, daß das Aufsteigen in grobkörnigen Böden am schnellsten erfolgt. Durch Interpolation ermittelten wir die Steiggeschwindigkeit für die verschiedenen Fraktionen bei gleicher Steighöhe. Diese Unterlagen sind in der Tab. 109 enthalten.

Diese Tabelle bestätigt alles das, was wir über die Steiggeschwindigkeit ausgeführt haben. Daß diese in der Fraktion

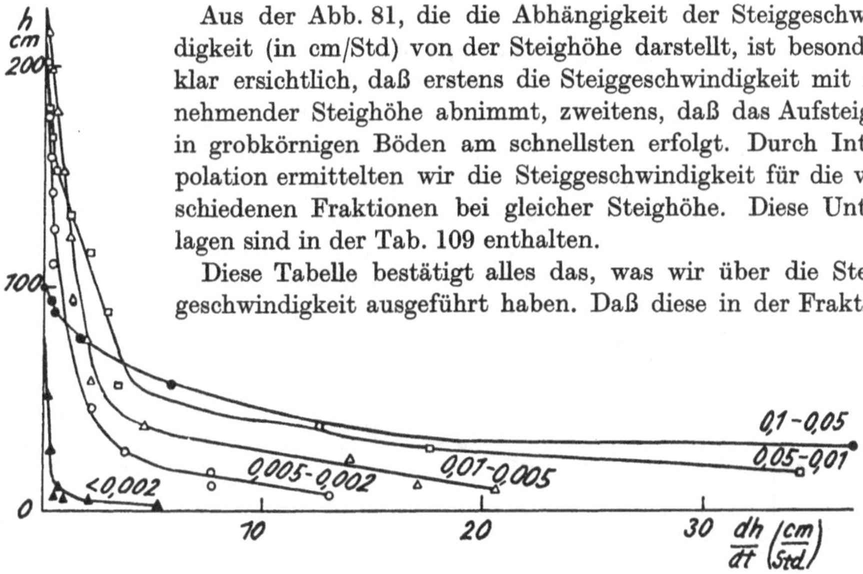

Abb. 81. Steiggeschwindigkeit in verschiedenen Korngrößen in Abhängigkeit von der Steighöhe nach NOVAK und PECHANEK

TABELLE 109

Steiggeschwindigkeit in Säulen aus Quarzsand verschiedener Korngröße, erhalten durch Interpolation der Kurven von NOVÁK und PECHÁNEK (1943)

Fraktionen mm	Steiggeschwindigkeit in cm/Std. auf eine Höhe von				
	20 cm	30 cm	40 cm	50 cm	60 cm
0,1 —0,05	31	17	14	9	0,1
0,05 —0,01	26	16	12	5	2,8
0,01 —0,005	12,5	6,5	4	2,5	2,2
0,005—0,002	4,6	3	2,5	2,0	1,7
<0,002	0,4	0,2	0,2	0,1	0,08

unter 0,002 äußerst gering ist, soll besonders hervorgehoben werden, weil wir darin einen Hinweis auf eine anders geartete Wasserbewegung in dieser Fraktion erblicken.

Wir wenden uns jetzt dem Wasseraufstieg in Bodenmonolithen zu, wobei wir verschiedene Unterlagen WASSILJEWS (1937) benutzen.

Auf Abb. 82 ist die Abhängigkeit der Steighöhe von der Zeit und auf Abb. 83 die gleiche Abhängigkeit logarithmisch dargestellt.

Aus den Abbildungen folgt, daß sich auch in diesem Fall das Aufsteigen nach den gleichen Gesetzmäßigkeiten richtet. In alluvialem schwerem Lehm geht der Aufstieg langsamer vor sich. Die ersten Kurvenabschnitte haben parabolische Form, was wiederum durch die Geradlinigkeit der logarithmischen Kurven bewiesen wird (Abb. 83). Die Steigungstangente n beträgt:

	n
für das gebänderte Alluvium	0,51
für den schwach podsolierten Boden	0,47
für das tiefgründige lehmige Alluvium	0,43 .

In der gleichen Arbeit WASSILJEWS (1937) finden wir ferner Versuche zur Bestimmung der Abhängigkeit der Steighöhe von ihrer Dauer. Da alle diese Versuche die festgestellte Beziehung bestätigen, sollen sie nicht weiter besprochen

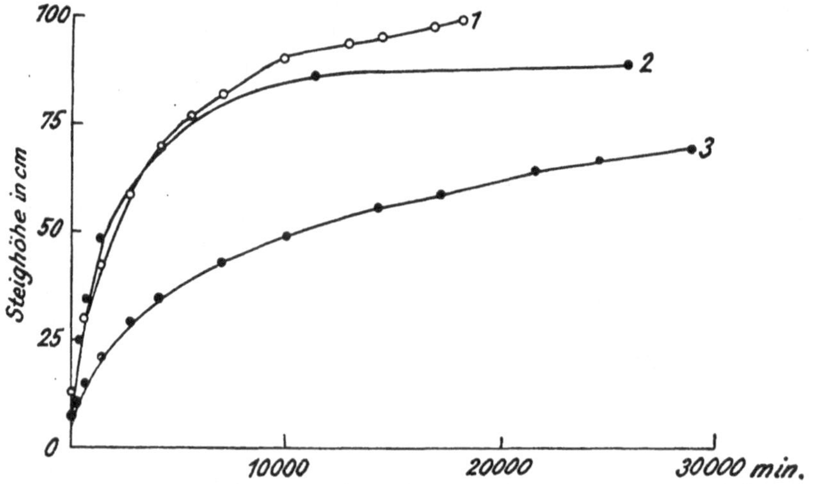

Abb. 82. Abhängigkeit der Steighöhe von der Zeit nach WASSILJEW
1 — schwach podsolierter Boden; *2* — gebändertes Alluvium; *3* — lehmiges Alluvium

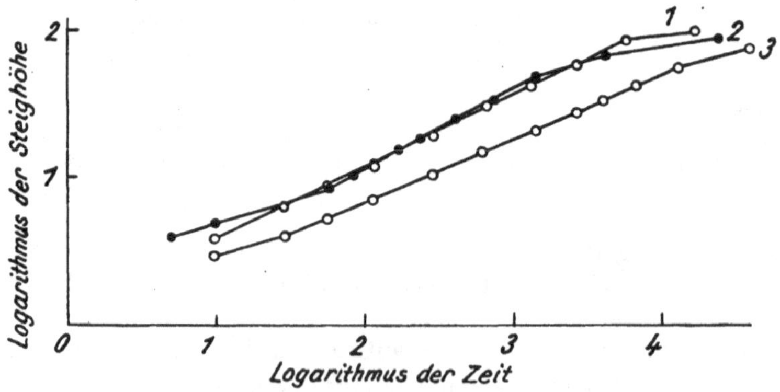

Abb. 83. Logarithmische Beziehung zwischen Steighöhe und Zeit nach WASSILJEW
1 — schwachpodsolierter Boden; *2* — gebändertes Alluvium; *3* — lehmiges Alluvium

werden. Der wichtigste Unterschied zwischen den einzelnen Versuchsergebnissen besteht darin, daß die entsprechenden Kurven auf verschieden langen Strecken der Parabelfunktion gehorchen.

Aus den Ergebnissen der Zahlenanalysen WASSILJEWS, NOVAKS und PECHANEKS geht hervor, daß n in der Gleichung

$$h = k\,t^n$$

annähernd 0,5 ist.

Die theoretische Ableitung der kapillaren Aufstiegshöhe, die von AGAPOW (1937) und später von DON KIRKHAM und FENG (1949) gegeben wurde, ergibt den gleichen Wert, so daß die Versuchsergebnisse mit der Theorie völlig im Einklang stehen.

DOLGOW und RYSHOW (1933) untersuchten den kapillaren Aufstieg in gefüllten Röhren und entwickelten eine Formel, die es gestattet, auf Grund von wenigen Beobachtungen die maximale Steighöhe zu berechnen. Ihre Formel lautet:

$$v\,h = K\,(H + h)\,,$$

in der
v die Steiggeschwindigkeit,
h die Steighöhe,
H die maximale Steighöhe und
K eine Konstante ist.

Die experimentell gefundenen Werte für v und h stellen sie als $v \cdot h$ auf der Abszisse und h auf der Ordinate graphisch dar. Die Verbindung dieser Punkte ergibt wiederum eine Gerade. Der Schnittpunkt dieser Geraden mit der Abszissenachse, auf der die Werte von $v\,h$ aufgetragen wurden, ergibt die maximale Steighöhe H.

Die Verfasser sind der Meinung, daß ihre Methode für kiesige, nicht quellbare Böden in Einzelkornstruktur anwendbar ist.

Durch experimentelle Prüfung kommt TROIZKAJA (1936) allerdings zu dem Schluß, daß die Methode DOLGOW-RYSHOW stets zu kleine Steighöhen liefert, wie folgender Vergleich zeigt:

Nr. der Probe	Steighöhe beobachtet	Steighöhe nach DOLGOW interpoliert
1	52,0	28,5
142	73,7	21,0
142a	56,7	25,0
136	118,7	38,0

Aus den mitgeteilten zahlreichen Messungen geht hervor, daß Bodenmaterial, das unmittelbar über dem Grundwasserspiegel liegt, fähig ist, eine beachtliche kapillar gestützte Wassermenge in praktisch unbeweglichem Zustand zu heben (unter der Voraussetzung, daß der Grundwasserspiegel festliegt, d. h. daß kein Abfluß und keine Verdunstung stattfindet).

Die Wasserspeicherung des Bodens wird „kapillare Wasserkapazität" genannt; wir bezeichnen sie abgekürzt mit *KW*. Diese Bodeneigenschaft und der sie kennzeichnende Wert waren lange Zeit in der Bodenkunde weit verbreitet und galten als fast universelle Charakteristik des Wasserhaltevermögens des Bodens.

Es ist jedoch leicht nachweisbar, daß die „kapillare Wasserkapazität", in Prozenten des Wassergehaltes des Bodens ausgedrückt, eine veränderliche Größe darstellt, worauf Kossowitsch (1904), Popow (1928), Katschinski (1934) und

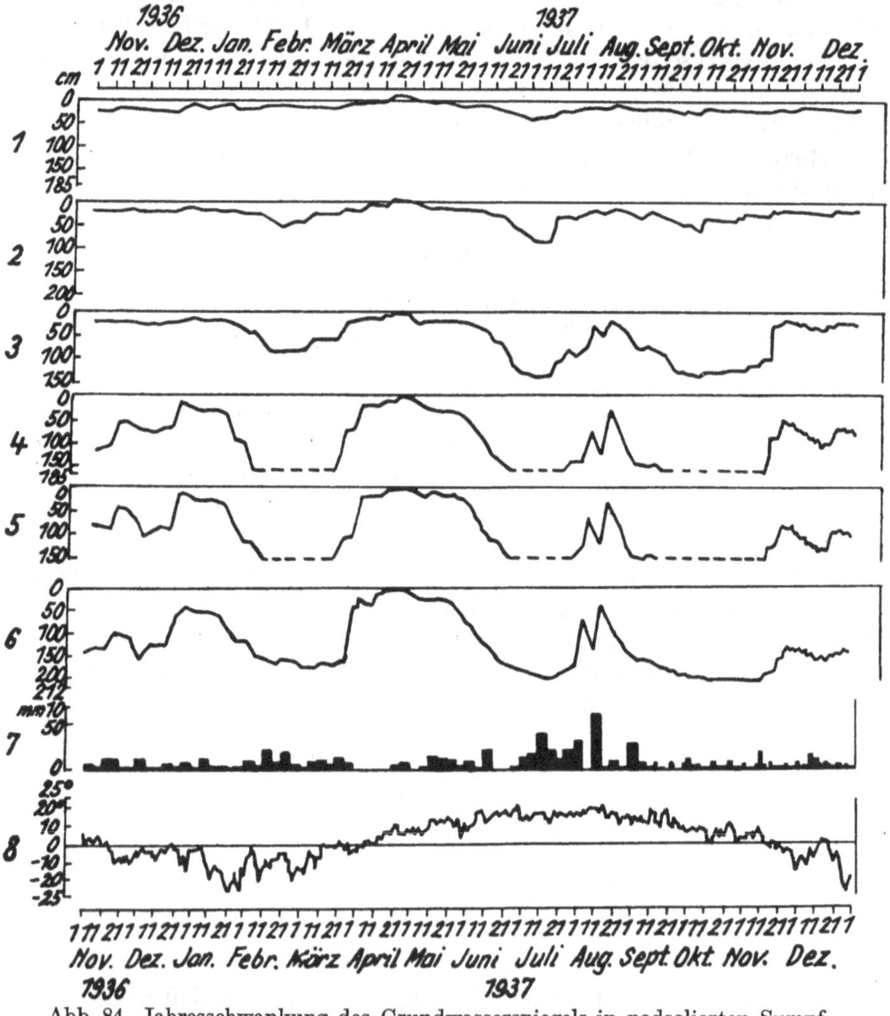

Abb. 84. Jahresschwankung des Grundwasserspiegels in podsolierten Sumpf- und Moorböden nach Rode

1 — Gleytorf;
2 — podsolierter Gleytorf;
3 — podsolierter Torf;
4 — Podsol;
5 — Mittelpodsolierter Waldboden;
6 — Schwachpodsolierter Waldboden (vgl. S. 291);
7 — Niederschläge;
8 — Durchschnittliche Tagestemperatur

DOLGOW (1948a) hingewiesen haben. Ihre Veränderlichkeit ist dadurch bedingt, daß die Menge an kapillar gestütztem oder getragenem Wasser, das vom Boden zurückgehalten werden kann, von dem Stand des Grundwasserspiegels abhängt. Wenn wir deshalb die kapillare Wasserkapazität in Monolithen bestimmen, müssen wir erstens stets angeben, in welcher Höhe sie über dem Grundwasserspiegel bestimmt wurde, und zweitens müssen wir ihren Wert schichtweise angeben. Auf Abb. 86 stellen wir die Abhängigkeit der *KW* von der Tiefe des Grundwasserspiegels graphisch dar. Je nach Absenkung des Grundwasserspiegels geht die Elementarschicht, die ursprünglich die Lage 0 einnahm, abwechselnd in die Lagen I, II usw. über. Der Teil des Wassers, der dem geschwärzten Abschnitt entspricht, fließt aus, während der schraffiert dargestellte zurückbleibt. Dieser schraffierte Teil stellt die kapillare Wasserkapazität der jeweiligen Schicht bei verschiedener Lage über dem Grundwasserspiegel dar. Das ist durch die Zeichen KW_1, KW_2 usw. bezeichnet. Aus Abb. 86 ist weiterhin ersichtlich, daß die Größe *KW*, allgemein gesprochen, in den Grenzen zwischen der *VW* und der *GW* schwanken kann, worauf KOSSOWITSCH (1904) aufmerksam gemacht hat.

6. Das abfließende Gravitationswasser und das Bodenwasser

Wir haben gehört, daß das gestützte oder getragene Gravitationswasser bei einer gewissen minimalen Mächtigkeit seiner Schicht eine Sättigungszone bildet und die Eigenschaft, die für das Grundwasser kennzeichnend ist, annimmt. Das ist nach der Definition LEBEDEWs die Fähigkeit, „in natürlichen oder künstlichen Einschnitten aus dem Untergrund abzufließen" (1936, S. 272 u. 273).[1]

Aus Abb. 84 ist zu entnehmen. daß das Bodenwasser periodisch oder andauernd diese Eigenschaft hat. Abb. 84 zeigt während eines Jahres die Schwankungen des Grundwasserspiegels in verschiedenen Bodentypen, der in Beobachtungsbrunnen laufend verfolgt wurde.

Diese Grundwassermeßstellen sind nichts anderes als künstliche Einschnitte, aus denen das Bodenwasser austritt. Wird das Wasser aus dem Brunnenrohr abgepumpt, so füllt es sich nach einiger Zeit bis zum alten Pegelstand wieder auf.

Aus den Sparten 3, 4 und 5 ist ferner zu ersehen, daß der Grundwasserstand im Podsol periodisch im Bodenprofil schwankt. Das beweist, daß das Bodenwasser tatsächlich das von LEBEDEW oben hervorgehobene Merkmal hat.

An anderen Standorten, meist in mehr oder weniger stark vernäßten Moorböden, können wir den Grundwasserspiegel im Laufe des ganzen Jahres beobachten, obgleich auch hier sein Pegel je nach Witterung und Jahreszeit mehr oder weniger starken Schwankungen unterworfen ist, wie die Sparten 6, 7 und 8 veranschaulichen.

Gestütztes oder getragenes Gravitationswasser, das fähig ist, aus dem Boden in natürlichen oder künstlichen Einschnitten abzufließen, wollen wir Bodenwasser nennen. Äußeres Merkmal dafür ist das Erscheinen eines freien Wasser-

---

[1] Sperrung von A. F. LEBEDEW.

spiegels in künstlichen Einschnitten des Bodenprofils oder in Beobachtungsbrunnen.

Die Ursache für die Entstehung des gestützten oder getragenen Gravitationswassers ist die Stauung durch wasserundurchlässige Schichten. Wir wollen das an einem Beispiel näher erläutern und greifen deshalb auf die Abb. 72 zurück, auf der die Abnahme der Durchlässigkeit *KF* nach der Tiefe in einem mittelpodsolierten Waldboden dargestellt ist. Für den gleichen Boden sind auf Abb. 84 in Sparte 4 die Schwankungen des Grundwassers angegeben. Wir haben bereits darauf hingewiesen, daß in diesem Falle der *KF*-Wert mit der Tiefe stark abnimmt. Es ist klar, daß unter diesen Bedingungen bei starker Versickerung (stets bei Schneeschmelze, oft nach starken Regengüssen im Sommer und Herbst) Grundwasser auftritt.

Die Uneinheitlichkeit des Bodenprofils hinsichtlich Korngrößenzusammensetzung und Wasserdurchlässigkeit ist sehr oft (wie z. B. in dem soeben besprochenen Fall) durch die ursprüngliche Ungleichförmigkeit des abgelagerten Materials gegeben, ist also häufig geologisch bedingt. Diese Ungleichförmigkeit kann aber auch durch bodenbildende Vorgänge verursacht sein.

Wir erinnern daran, daß während der Bodenbildung ein Horizont mit geringerer Wasserdurchlässigkeit entstehen kann. Das ist oft in den Illuvialhorizonten des Podsols und des Solonez der Fall. Die Verdichtungen verursachen das Auftreten von Bodenwasser in den darüberliegenden Horizonten, und zwar besonders in humusreichen podsolierten Böden wie auch in Solonezböden. Dieses Bodenwasser kann man im wahrsten Sinne des Wortes als „Bodenoberwasser" bezeichnen.

Der Ausdruck „Oberwasser" ist von uns aus der Hydrologie übernommen worden; es muß zugegeben werden, daß er nicht scharf definiert ist. SAWARENSKI (1934 bezeichnet mit „Oberwasser" das der Oberfläche am nächsten liegende Grundwasser, das nur zeitweilig vorhanden ist und sich nicht über große Flächen erstreckt. Als Grundwasser vom „Oberwassertyp" zählt er auf:

1. Wasser auf der Oberfläche kleiner Linsen von wasserundurchlässigem Gestein.

2. Wasser in Zwischenschichten, die über eine geringere Durchlässigkeit verfügen als das darüberliegende Gestein, z. B. Ton oder feinkörnige Sandschichten zwischen mittelkörnigem Sand oder dichtem Lehm zwischen sandigem Lehm.

3. Oberwasser von diesem Charakter kann auch zeitweilig bei Schneeschmelze und Überschwemmungen auftreten.

4. Mitunter wird die Bildung von „Oberwasser" durch sogenannte Illuvialhorizonte verursacht, zu denen auch der säulenartige Horizont des Solonez gehört. Den gleichen Illuvialcharakter hat auch der Untergrund der Podsole.

Zum „Oberwasser" gehört ferner das Wasser in nassen Mooren, das die oberen Schichten sättigt, und dazu kann auch das Wasser in Dauerfrostböden gerechnet werden.

Unter „Oberwasser" versteht man somit nach Entstehung und Lage verschiedenartige Wasservorkommen."

Deshalb halten wir es für angebracht, das Bodenwasser, welches über dem Illuvialhorizont auftreten kann (der 4. Fall SAWARENSKIS), als „Bodenoberwasser" zu bezeichnen.

Es erscheint angebracht, hier die Frage nach der Abgrenzung des Bodenwassers vom eigentlichen Grundwasser, die beide gemeinsame Merkmale aufweisen, zu besprechen.

Auch das Bodenwasser muß als Abart des Grundwassers angesehen werden, weil es zweifellos das wichtigste Merkmal zeigt, aus natürlichen oder künstlichen Einschnitten des Bodens auszutreten.

Wir schlagen folgende Abgrenzung zwischen Bodenwasser, Bodenuntergrundwasser und Grundwasser vor.

1. Einigen wir uns dahin, als Grundwasser das im Untergrund vorhandene gestützte oder getragene Gravitationswasser zu bezeichnen, das in der Lage ist, aus künstlichen oder natürlichen Einschnitten auszufließen, und das keine hydrostatische Verbindung mit dem Wasser hat, das in darüberliegenden Bodenschichten enthalten ist. Mit anderen Worten: Zwischen dem Bodenprofil und dem Kapillarsaum des Grundwassers ist eine Zwischenschicht vorhanden, deren Wassergehalt nicht ausreicht, um eine hydrostatische Verbindung zwischen dem Bodenwasser und dem Kapillarsaum des Grundwassers herzustellen. Als Beispiel sei das Grundwasser vieler, jedoch nicht aller Gebiete der Zonen der Schwarzerde, der kastanienfarbigen Böden und der Grauerden, teilweise auch der Waldsteppen genannt. Außerdem kann dieses Wasser auch in der Waldzone vorkommen. Das Fehlen einer hydrostatischen Verbindung verhindert nicht die Versickerung des Wassers. Ein solches Versickern in das Grundwasser kann in den angeführten Zonen unter Steppenmulden, Senken, Waldstreifen usw. beobachtet werden, d. h. nach der Terminologie von WUSOZKI in „Potuskulen". Der maximale Wassergehalt der Zwischenschicht des Untergrundes in „Potuskulen" liegt in der Regel nicht oder nur kaum nachweisbar über der Minimalen Wasserkapazität.

2. Boden-Untergrundwasser wollen wir das gestützte, aus Einschnitten austretende Gravitationswasser nennen, das dauernd oder zumindest periodisch in hydrostatischer Verbindung mit dem in der Bodenmasse vorhandenen steht. Das kommt dadurch zum Ausdruck, daß im Bodenprofil ein Wasserspiegel erscheint oder wenigstens die obere Grenze seines Kapillarsaumes. Dieses Bodengrundwasser ist in der Podsolzone weit verbreitet. Als Beispiel sei das von ANSBERG (1937) beschriebene Wasser des Mologo-Scheksninsker Flußbeckens angeführt, wo vorherrschend eine 15 m starke Schicht von feinkörnigem Sand auftritt und der Spiegel des Bodenuntergrundwassers im Laufe des Jahres von 0 bis zu 2 m unter Flurhöhe schwankt. Zu dieser Gruppe gehören meist auch die Gewässer der Aueterrassen, der Moore usw.

3. Als Bodenwasser wollen wir das gestützte oder getragene Gravitationswasser bezeichnen, das im Bodenprofil vorhanden ist. Es kann in hydrostatischer Verbindung mit dem Grundwasser stehen. Eine Abart des Bodenwassers ist das bereits besprochene Bodenoberwasser, das mit dem Grundwasser und mit dem Bodenuntergrundwasser zusammen auftreten kann.

Dieser Fall wurde von uns früher beschrieben, in dem der Horizont des Bodenwassers in meterdicker Schicht von mildem Decklehm vom Horizont des Grundwassers durch schweren Lehm mit einem großen Gehalt an eingeschlossener und zusammengepreßter Luft getrennt war (Rode, 1950a, S. 36ff.), sodaß in dem Boden entweder zwei selbständige — hydrostatisch nicht zusammenhängende — Horizonte von Bodenwasser und Grundwasser oder ein hydrostatisch einheitlicher Grundwasserhorizont auftreten können.

Das charakteristische Merkmal des Boden-, Bodenuntergrund- und Grundwassers ist die Fähigkeit, auf der stauenden Schicht unter dem Einfluß der Schwerkraft in Richtung des Gefälles abzufließen. Wir haben uns bereits dahin geeinigt, dieses Wasser abfließendes Gravitationswasser zu nennen.

Diese Erscheinung wird meist in Hangböden beobachtet. Das hier auftretende Bodenwasser bildet ebenfalls eine geneigte Schicht. Die Schnelligkeit des Abflusses wird hier von zwei Faktoren bestimmt, dem Neigungswinkel, von dem die Höhe des hydrostatischen Druckes abhängt, und der Durchlässigkeit des Untergrundes.

Für die Bewegung des Bodenwassers gelten in diesem Fall die gleichen Gesetzmäßigkeiten, die von der Hydrologie für das Fließen des Grundwassers aufgestellt worden sind, obgleich einige Einschränkungen zu machen sind, auf die wir noch eingehen werden. Wir stellten diese Gesetzmäßigkeiten so dar, wie sie von Sawarenski (1934) formuliert sind.

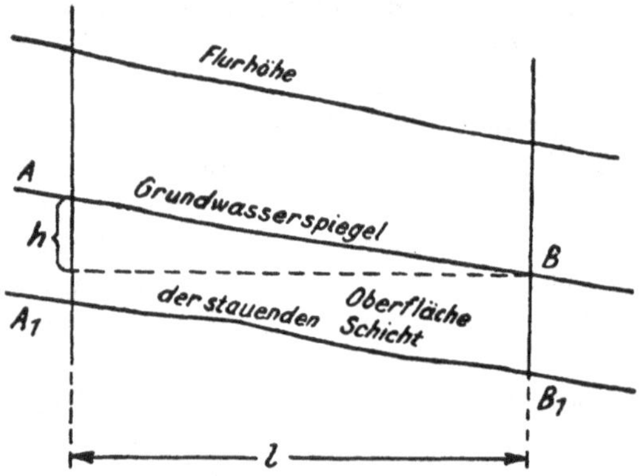

Abb. 85. Der seitliche Abfluß des Grundwassers im Untergrund

Betrachten wir auf Abb. 85 das Gefälle des Grundwasserspiegels. Es liegt auf der Hand, daß infolge des Höhenunterschieds das Wasser von AA_1 nach BB_1 fließen muß. Die Geschwindigkeit des Abflusses wird erstens der Druckhöhe linear proportional, zweitens der Länge des Abflußweges umgekehrt proportional sein, also

$$v = f\left(\frac{h}{l}\right).$$

Der Quotient aus Druck und Weg wird hydrostatisches Gefälle oder hydrostatischer Gradient genannt und mit dem Buchstaben i bezeichnet:

$$i = \frac{h}{l}\,.$$

Die Abhängigkeit der Fließgeschwindigkeit von der Größe i kann allgemein durch die Formel

$$v = k \cdot i^n$$

ausgedrückt werden, in der

v die Fließgeschwindigkeit,
i der hydrostatische Gradient und
k eine Konstante ist.

Wenn Wasser durch große Spalten oder Hohlräume fließt, so entstehen turbulente Bewegungen, ungleichmäßige Unterbrechungen des Zusammenhanges. In diesen Fällen folgt die Geschwindigkeit der Formel von Schesi

$$v = C\sqrt{Ri}\,,$$

in der C ein von der Rauheit der Wände und der Viskosität des Wassers usw. abhängiger Koeffizient,
R der hydrostatische Radius, d. h. das Verhältnis des Querschnitts des Abflusses zur benetzten Oberfläche, und
i der hydrostatische Gradient ist.

Wenn wir in diese Formel Schesis $C\sqrt{R}$ als k_1 einsetzen, so erhalten wir:

$$v = k_1 \cdot i^{1/2}\,,$$

d. h. die Fließgeschwindigkeit ist in diesem Falle proportional der Quadratwurzel aus dem Wert des hydrostatischen Gradienten.

In den Fällen, wo der unterirdische Abfluß durch kapillare Hohlräume vor sich geht, hat die Bewegung laminaren Charakter. Sie verläuft ohne Unterbrechungen mit laufender Veränderung der Geschwindigkeit, folgt also dem Darcyschen Gesetz. Das Gesetz Darcys wird durch die uns bereits bekannte Formel ausgedrückt:

$$Q = K \cdot v\,\frac{h}{l}\,.$$

Wenn $\frac{h}{l} = 1$ ist, wird für den Querschnitt 1

$$Q = K\,,$$

d. h. der Koeffizient der Wasserdurchlässigkeit ist zahlenmäßig bei einem Gefälle von 1 der Wassermenge gleich, die in der Zeiteinheit durch den Querschnitt 1 fließt.

Es ist bekannt, daß die Abflußmenge von der Geschwindigkeit v und dem Querschnitt ω abhängt. Deshalb kann man die Darcysche Formel auch wie folgt schreiben:

$$Q = v \cdot \omega\,.$$

Wenn wir diesen Ausdruck der Originalform DARCYs gleichsetzen, so erhalten wir:

$$v = K \frac{h}{l} = Ki ,$$

d. h. die Fließgeschwindigkeit ist dem Gefälle linear proportional. Bei einem Gradienten von $i = 1$ wird

$$v = K .$$

Hierbei ist hervorzuheben, daß ω den gesamten Querschnitt des Bodenfilters darstellt und nicht den wirksamen Querschnitt. Deshalb ist auch die Fließgeschwindigkeit v nicht gleich der wahren Sickergeschwindigkeit im Untergrund, sondern eine scheinbare, die das Wasser hätte, wenn es sich im gesamten Querschnitt des Untergrundes frei bewegen könnte.

Da man K zahlenmäßig als die Wassermenge ansehen kann, die in der Zeiteinheit durch die Flächeneinheit des Gesteins filtriert, so kann man diesen Wert als Durchlässigkeitskoeffizienten bezeichnen, zum Unterschied vom wirklichen Geschwindigkeitskoeffizienten. Die tatsächliche Sickergeschwindigkeit v_1 erhalten wir,[1] wenn wir den Sickerquerschnitt ω mit $\varphi \omega$ bezeichnen und wenn hierbei φ die Durchlässigkeitszahl des Gesteins angibt. Manchmal setzt man diesen Wert dem Porenvolumen des Gesteins gleich. Diese Annahme trifft in grobkörnigen Gesteinen zu, in denen das gebundene Wasser einen sehr kleinen Teil des Porenvolumens ausfüllt. In schweren Gesteinen, mit einem hohen Gehalt an gebundenem Wasser, nimmt es den größten Teil des Porenvolumens ein, und deshalb muß sein Einfluß auf die Größe der „aktiven Porosität" (worauf LEBEDEW hingewiesen hat, berücksichtigt werden. In diesen Fällen ist die Größe φ wesentlich geringer als die Porosität.

Die wahre und scheinbare Geschwindigkeit kann also durch folgende Beziehung ausgedrückt werden:

$$v_1 = \frac{v}{\varphi} .$$

Es kann kein Zweifel darüber bestehen, daß die Bewegung des Sickerwassers im allgemeinen dem DARCYschen Gesetz folgt; die wesentlichen Besonderheiten, mit denen hier zu rechnen ist, ist die Durchlässigkeit des Bodenmaterials. In der Regel weisen die Bodenprofile infolge der Bodendynamik Schichten auf, die sich voneinander nach mechanischer Zusammensetzung, Struktur und Aufbau unterscheiden. Alle diese Faktoren haben erheblichen Einfluß auf die Durchlässigkeit. In einem Bodenprofil kann sich deshalb der Filtrationskoeffizient in den Grenzen einiger Dezimeter, manchmal sogar von Zentimetern ändern. Außerdem wird der Wert des Filtrationskoeffizienten in der Senkrechten ein anderer sein als in der Waagerechten.

Deshalb dürfen wir mit Recht annehmen, daß sich die Fließgeschwindigkeit des Bodenwassers je nach der Stärke des Abflusses sehr stark verändern muß. Sie hängt davon ab, in welchen Bodenhorizonten der Abfluß vor sich geht; das

[1] v_1: Sickergeschwindigkeit im beschränkten Querschnitt des Bodens.

Wasser wird also in den verschiedenen Schichten mit unterschiedlicher Geschwindigkeit abfließen.

Beobachtungen über den seitlichen Abfluß des Bodenwassers gibt es in der Literatur sehr wenig. Die ersten Angaben darüber finden wir bei RODNIKOW (1940). Er hat seine Untersuchungen in einem „tiefen, stark podsolierten, mittelschweren Lehmboden auf Geschiebemergel unter Fichtenwald mit Mercurialis" angestellt. Das Gefälle betrug 1 bis 2°. Der Abfluß innerhalb des Bodens wurde (mit hohen Sommer-Niederschlägen) fast während des ganzen Sommers 1935 beobachtet, mit Ausnahme von Ende Juni bis Anfang Juli. RODNIKOW gibt folgende Mengen (in Litern je 1 m Querschnitt) als Mittelwerte an:

Abfluß aus Horizont	A_1	0— 20 cm	0,4 l/m in der Dekade
	A_2	20— 50 cm	0,2 l/m in der Dekade
	A_2B	50— 70 cm	0,9 l/m in der Dekade
	B	110—167 cm (?)	0,6 l/m in der Dekade

Ausführliches Zahlenmaterial über den Wasserabfluß enthalten die Arbeiten WASSILJEWS (1950). Er studierte den seitlichen Abfluß in einem mittelpodsolierten Boden auf leichtem Decklehm über schwerem Geschiebemergel. WASSILJEW beobachtete den Abfluß, getrennt in der Schicht von 0 bis 40 cm, die von den Horizonten A_0, A_1, A_2 und AB_2 gebildet wurde, und in der Schicht von 40 bis 60 cm, die zum B-Horizonte gehörte. Seine Beobachtungsergebnisse sind in Tab. 110 angeführt.

TABELLE 110

Abflußgeschwindigkeit von Bodenwasser in einem mittelpodsolierten Boden auf leichtem Decklehm, Neigung 0,017, nach WASSILJEW (1950)

Beobachtungsperiode	Tiefe des Grundwasserspiegels in cm	Wahre Abflußgeschwindigkeit in ml/24 Stunden	
		Schicht von 0—40 cm	Schicht von 40—60 cm
1940 Frühjahr			
3.—22. Mai, mittel	12	71	45
Maximum am 9. Mai	8	160	77
Herbst			
15. Sept.—51. Okt. mittel	11	84	68
Maximum	5	19	98
vor dem Winter			
5 Nov.—10. Dez., mittel	11	66	39
Maximum 18. Nov.	4	202	85

Die wahre Abflußgeschwindigkeit wurde auf der Grundlage der Wasserabgabe unter Berücksichtigung der „aktiven" Porosität berechnet; nach WASSILJEW das gesamte Porenvolumen minus dem Porenvolumen, das vom Wasser bei einem Wassergehalt in Höhe der *MH* eingenommen wird.

Die mittlere Abflußgeschwindigkeit schwankte; sie betrug 66 bis 68 ml in 24 Stunden in der Schicht 0 bis 40 cm und 39 bis 68 ml in der Schicht von

40 bis 60 cm. Das Maximum mit 202 ml in 24 Stunden trat bei der ersten und mit 98 ml in 24 Stunden bei der zweiten Schicht auf. Die Geschwindigkeit im Horizont von 0 bis 40 cm war also höher als in der Schicht von 40 bis 60 cm. Das ist durchaus verständlich, da im Podsol die Horizonte A^1 und A^2 ihrer mechanischen Zusammensetzung nach stets leichter sind als der B-Horizont.

Wenn wir vom abfließenden Gravitationswasser und Bodenwasser sprechen, müssen wir noch eine Eigenschaft der Böden und des Untergrundes behandeln, die als Wasserabgabe bezeichnet wird. In der Hydrogeologie versteht man unter diesem Ausdruck „die Fähigkeit des Gesteins, das mit Wasser gesättigt ist, durch Abfluß eine größere oder geringere Menge Wasser abzugeben (SAWARENSKI, 1934).

Diese Vorstellung können wir auch auf den Boden übertragen. Wir können die Wasserabgabe des Bodens als die Fähigkeit bezeichnen, durch Abfluß Gravitationswasser abzugeben.

Die Wasserabgabe kann quantitativ bestimmt werden. Ihre Größe für eine beliebige Bodenschicht ist bis zu einer gewissen Grenze veränderlich.

Die maximale Größe der Wasserabgabe der gegebenen Schicht wird, wie bereits OPPOKOW (1901) zeigte, offenbar gleich der Differenz zwischen der VW und der GW sein. Erstere stellt die Höchstmenge an Wasser dar, die sich im Boden insgesamt oder in irgendeiner Schicht befinden kann, während die zweite die Wassermenge charakterisiert, die im Boden nach Abfluß des gesamten freien Gravitationswassers zurückbleibt. Sie kann sich längere Zeit im Boden halten, unabhängig davon, ob die Bodenmasse, die einen Wassergehalt in Höhe der GW aufweist, mit dem Kapillarsaum in Verbindung steht oder nicht.

Wenn wir die Maximalmenge der Wasserabgabe — ein Ausdruck, den TKATSCHUK 1949 vorgeschlagen hat — mit MWA bezeichnen, so gilt:

$$MWA = VW - GW .$$

Die tatsächliche Größe der MWA einer Schicht ist meist geringer als die berechnete, weil, wie wir bereits wissen die volle Sättigung des Bodens bis zur VW in der Natur selten vorkommt; denn in der Bodenmasse bleibt oft eine gewisse Menge an eingeschlossener Luft zurück. In diesem Falle wird der wahre Wert der MWA um soviel Volumenprozent geringer sein, als die Lufteinschlüsse ausmachen. Wenn wir die letztere Größe mit VEL bezeichnen, so können wir folgende Gleichung ableiten:

$$MWA = VW - GW - VEL .$$

Für einen grob- und mittelkörnigen Untergrund müssen wir anstelle von GW in diese Gleichung den Wert GW_F einsetzen und für einen feinkörnigen Untergrund den Wert GW_{HG}.

Die maximale Wasserabgabe der jeweiligen Schicht tritt dann ein, wenn diese Schicht vom Niveau des Boden-, Boden-Untergrund- oder Grundwassers in die obere Grenze des Kapillarsaumes übergeht. Bleibt das Bodenwasser irgendwo in einer Zwischenlage hängen, d. h., wenn die gegebene Bodenschicht auch nur teilweise in den Kapillarsaum hineinreicht, so wird die Wasserabgabe dieser Schicht kleiner sein und offenbar

$$WA = VW - KW$$

betragen, wenn KW die kapillare Wasserkapazität der gegebenen Schicht bei deren gegebener Lage über dem Spiegel des Boden-Untergrund- oder Grundwassers darstellt. Je tiefer sich der Grundwasserspiegel befindet, desto geringer ist die KW und desto mehr nähert sich die Wasserabgabe ihrem Maximum. TKATSCHUK (1949) schlägt vor, diese unvollständige Wasserabgabe als „Koeffizienten der Wasserabgabe" zu bezeichnen, und fordert die Höhe der Säule, für die dieser Wert bestimmt wird, anzugeben.

Obige Ausführungen kann man durch ein graphisches Schema erläutern (vgl. Abb. 86), das auf S. 323 bereits herangezogen wurde.

Auf der Abb. 86 ist die übliche Verteilung der Feuchtigkeit in der Bodensäule über dem Stand des Bodenwassers dargestellt. Die quantitativen Kennziffern

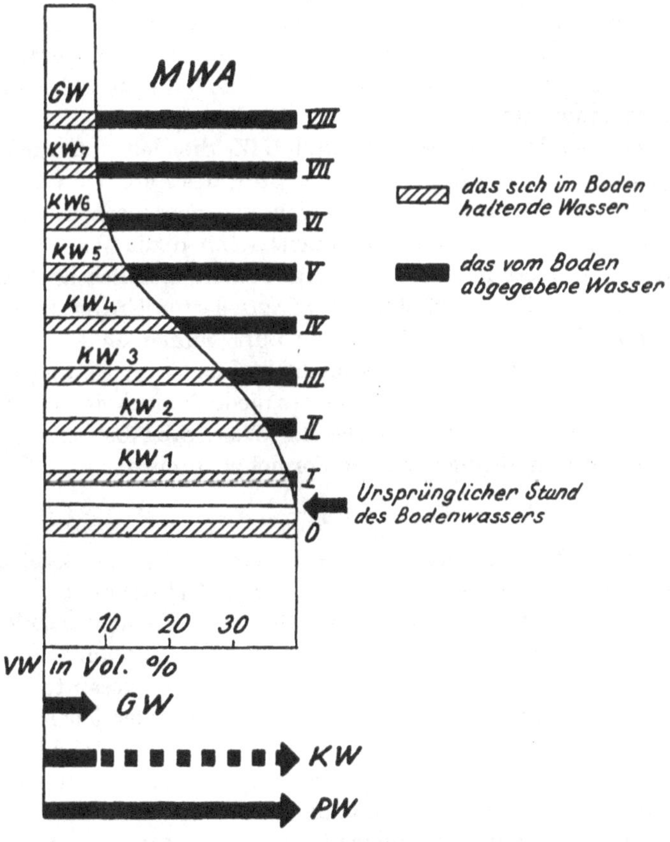

Abb. 86. Beziehung zwischen der vollen Kapillaren und Minimalen Wasserkapazität zur Wassergabe[1]

[1] $PW = VW$ der Definition auf S. 6

sind für jede Schicht charakteristisch. Auf der Abszissenachse ist der Wassergehalt in Volumenprozenten aufgetragen und auf der Ordinatenachse die Tiefe. Wählen wir eine Elementarschicht, die sich zu Beginn unmittelbar über dem Niveau des Grundwassers in der Lage 0 befindet. Der Einfachheit halber nehmen wir an, daß Lufteinschlüsse fehlen, so daß wir den Wassergehalt dieser Schicht mit 40 Vol.-% einsetzen können. Nehmen wir weiter an, daß der Spiegel des Grundwassers allmählich absinkt und unsere Elementarschicht im Vergleich zum Stand des Grundwassers abwechselnd die Lagen I, II, III, IV usw. durchläuft. Je nach Absinken des Kapillarsaumes wird der Wassergehalt dieser Schicht allmählich abnehmen, weil sich auch seine kapillare Wasserkapazität verringert, die als veränderlich durch einen punktierten Pfeil dargestellt ist. Die Wassermenge, die hierbei aus der Elementarschicht austritt, d. h. die Höhe der Wasserabgabe, ist auf der Abbildung durch Schwärzung dieses Teiles der Bodenschicht angegeben; der gestrichelte Teil entspricht der KW dieser Schicht bei einer bestimmten Lage. Wie aus der Abbildung zu ersehen ist, nimmt die Höhe der Wasserabgabe solange allmählich zu, bis unsere Elementarschicht die Lage VIII erreicht, d. h. bis sie die Grenzen des Kapillarsaumes verlassen hat. Der Wassergehalt dieser Schicht sinkt in diesem Moment auf die GW_F ab, während die Wasserabgabe ihr Maximum erreicht.

Entsprechend den Werten der VW und GW, die den verschiedenen Böden eigen sind, schwankt die MWA von 25 bis 30% des Porenvolumens in Sanden, bis zu 3 bis 6% im Löß und mit Bruchteilen von Prozenten in schwerem Ton.

Infolge ihres hohen Gesamtporenvolumens können die Werte der MWA im Bodenprofil, insbesondere in den oberen Horizonten, ziemlich hoch sein. Weiter unten auf den Abb. 103 bis 108 sind die Eigenschaften einiger Böden graphisch dargestellt, wobei die Werte der MWA dem Luftvolumen entsprechen.

In den Fällen, in denen sich die Elementarschicht von Anfang an über dem Spiegel des Boden- oder Untergrundwassers, jedoch noch in den Grenzen des Kapillarsaumes befindet, wird die Höhe der Wasserabgabe beim Absinken des Bodenwasserspiegels im allgemeinen der Formel gehorchen:

$$WA = KW_1 - KW_2,$$

in der KW_1 und KW_2, wie aus der Abb. zu ersehen ist, die kapillare Wasserkapazität der gegebenen Schicht in den Lagen I und II darstellt.

Bisher sprachen wir von der Wasserabgabe einer Elementarschicht, die sich je nach ihrer Lage zum Wasserspiegel und zum Kapillarsaum veränderte. Man kann auch die weitere Frage stellen: Wie hoch wird die gesamte Wasserabgabe eines Untergrundes oder einer Bodenmasse bei diesem oder jenem Absinken des Boden- oder Grundwasserstandes sein? Nehmen wir der Einfachheit halber an, daß wir es mit einem Untergrund zu tun haben, der im Profil einheitliche Eigenschaften aufweist. Unter diesen Bedingungen können wir in Beantwortung der gestellten Frage zwei Hauptfälle unterscheiden. Mit dem ersten werden wir es dann zu tun haben, wenn die obere Grenze des Kapillarsaumes in ihrer Ausgangslage unter Flurhöhe liegt. Beim Absinken des Wasserspiegels wird sich der

Kapillarsaum nach unten bewegen, ohne seine Geschlossenheit zu verlieren, ohne seine Mächtigkeit und ohne die Verteilung des Wassers in den Grenzen des Saumes zu verändern. In diesem Falle wird die Wasserabgabe maximal sein und durch folgende Gleichung zum Ausdruck kommen:

$$MWA = \frac{T \cdot (VW - GW)}{100} \text{ cm Wasserschicht,}$$

wenn VW und GW in Prozenten des Bodenvolumens ausgedrückt sind, und T die Tiefe des Absinkens des Wasserspiegels in cm ist.

Der zweite Fall wird dann eintreten, wenn sich der Wasserspiegel bei seiner Ausgangslage auf einer geringeren Tiefe befindet als die größte Mächtigkeit des Kapillarsaumes. In diesem Fall erreicht die Höhe der Wasserabgabe nicht ihren maximalen Wert, weil ein Teil des Wassers für die Bildung des Kapillarsaumes zurückgehalten und verbraucht wird. Erst wenn der Kapillarsaum seine Verbindung mit der Tagesoberfläche verloren hat, erreicht die Wasserabgabe ihren höchsten Wert.

7. Zusammenfassung

Das freie Gravitationswasser erscheint im Boden bei einem Wassergehalt, der über der Minimalen Wasserkapazität liegt. Dieses Wasser wird durch die reelle oder potentielle Fähigkeit charakterisiert, sich abwärts zu bewegen. Diese Bewegung ist reell, wenn das Wasser beim Versickern auf keine stauenden Widerstände in Form von absolut oder relativ wasserundurchlässigen Schichten stößt, d. h. wenn die Wasserdurchlässigkeit nicht abnimmt. In diesen Fällen geht das freie Gravitationswasser in Sickerwasser über. Die Bewegungsrichtung dieses Wassers wird durch die Schwerkraft bestimmt, während auf die Sickergeschwindigkeit auch Kapillarkräfte und die innere sowie äußere Reibung einwirken.

Die Sickergeschwindigkeit wird durch die Wasserdurchlässigkeit des Bodens bestimmt, die ihrerseits von der mechanischen Zusammensetzung, dem Aufbau und der Struktur des Bodens abhängt.

Die Wasserdurchlässigkeit des Bodens wird nach dem Aufsaugungskoeffizienten beurteilt, der mit dem Fortgang des Versickerns meist abnimmt, wobei er letztlich seinen geringsten, dafür aber mehr oder weniger konstanten Wert erreicht, und zwar dann, wenn er dem Filtrationskoeffizienten gleichkommt.

Das Versickern des Wassers geschieht bei voller wie auch bei unvollständiger Sättigung des Bodenmaterials.

Die Wasserdurchlässigkeit ist sowohl flächenmäßig, als auch vertikal im Bodenprofil stark veränderlich.

Trifft das Wasser bei seinem Einsickern auf mechanische Widerstände in Form absolut oder relativ wasserundurchlässiger Schichten, so sammelt sich das Wasser darüber an und geht in gestütztes oder getragenes Gravitationswasser über. Es ist durch seinen hydrostatischen Zusammenhang charakterisiert. Erreicht diese Schicht eine gewisse minimale Mächtigkeit, die um so größer wird, je feiner die mechanische Zusammensetzung ist, so erhält dieses Wasser die Fähigkeit, aus künstlichen oder natürlichen Einschnitten als Grundwasser auszutreten.

Diese Eigenschaft ist die Folge eines bestimmten Verhältnisses zwischen dem hydrostatischen Druck der Schicht des gestützten Gravitationswassers einerseits und dem Meniskendruck, der in der Wand des Einschnittes entsteht, andererseits. Die gedachte Oberfläche, auf der diese Drucke sich gegenseitig ausgleichen, bezeichnet man als Grundwasserspiegel.

Die Masse des gestützten oder getragenen Gravitationswassers wird durch den Grundwasserspiegel in zwei Zonen geteilt: in die untere Zone der Sättigung und in die obere des Kapillarsaumes. Das Wasser ist in der Sättigungszone gleichmäßig verteilt, sein Gehalt kommt der *VW* nahe. Eine volle Sättigung wird jedoch nicht immer beobachtet, weil in der Sättigungszone eingeschlossene Luft vorhanden ist, deren Volumen 10 bis 20% des Porenvolumens ausmachen kann.

Die Verteilung des Wassers im Kapillarsaum wird durch die allmähliche Abnahme des Wassergehaltes von unten nach oben zu charakterisiert, wobei im unteren Teil des Kapillarsaumes fast vollkommene Sättigung beobachtet wird. Dann folgen zunächst eine Übergangsschicht mit nach oben zu abnehmendem Wassergehalt und schließlich eine Schicht mit konstantem Wassergehalt, der nicht mehr zum Kapillarsaum gerechnet werden darf.

Die Höhe des Kapillarsaumes beträgt in sandigen Bodenprofilen einige Dezimeter und kann in lehmigen und tonigen Böden 2 bis 3 m, seltener bis zu 6 m, erreichen.

Je nach Art und Form der wasserstauenden Schicht kann das gestützte oder getragene Gravitationswasser entweder stehend oder fließend sein.

Die Steighöhe im Kapillarsaum stellt eine veränderliche Größe dar. Sie hängt von der Mächtigkeit der Schicht ab, in der sie bestimmt wird, und von der Höhenlage dieser Schicht über dem Grundwasserspiegel.

KAPITEL VII

DIE SAUGKRAFT DES BODENS

Im vorigen Kapitel ist gezeigt worden, daß der Boden ein außerordentlich komplexes System darstellt, in dem Kräfte verschiedener Natur das Wasser festhalten: Sorptive, osmotische und kapillare Kräfte, die untereinander und mit der Schwerkraft in Wechselbeziehung stehen, sind die Ursache dafür, daß das Wasser im Boden in so mannigfaltigen Formen auftritt.

Die Größe dieser Kräfte schwankt in weiten Grenzen zwischen Zehntausenden von Atmosphären, die durch die Sorptionskräfte des trockenen Bodens hervorgerufen werden, und Null. Mit steigendem Wassergehalt nehmen diese Kräfte ab und nähern sich in einem mit Wasser gesättigten Boden dem Nullpunkt.

Mit zunehmendem Wassergehaltdes Bodens werden die Kräfte einer Kategorie geringer, und die Kräfte einer anderen Kategorie fangen an, die Wasserführung vorherrschend zu beeinflussen. Genau abzugrenzen sind jedoch nur die Sorptionskräfte; eine scharfe Grenze zwischen den Einflußbereichen der anderen Kräfte zu ziehen, ist nicht möglich, weil sie sich überlappen. Mit anderen Worten: Es gibt Bereiche im Wassergehalt des Bodens, in denen die Wasserführung gleichzeitig von Kräften verschiedener Art gesteuert wird, wobei je nach den übrigen Bedingungen, wie Textur und Struktur des Bodens, Salzgehalt, Temperatur usw., der entscheidende Einfluß der einen Kräftegruppe auf eine andere, selbst bei gleichem Wassergehalt, übergeht.

Wie bereits erwähnt, liegt wahrscheinlich in diesem Übergreifen der verschiedenen Kräftegruppen die große Schwierigkeit für die Erforschung der bodenhydrologischen Vorgänge. Die Forschung wird naturgemäß immer auf die Klarstellung der Ursachen gerichtet sein und in der Regel quantitative Untersuchungen für die Kennzeichnung von Eigenschaften und Verhalten des Bodenwassers bei verschiedenem Wassergehalt anstellen. Infolge der stets auftretenden Überlappung der verschiedenen Kräftegruppen kann die Bestimmung der verschiedenen Werte allein noch keine Aufklärung über die Natur der wirkenden Kräfte geben.

Diese erheblichen noch nicht überwundenen Schwierigkeiten führten dazu, vor ihnen zu kapitulieren, so daß das Bestreben, die Zusammenhänge zu erkennen, durch bloße Messungen der äußeren Erscheinungen ersetzt wurde. So wurden alle Kräfte der verschiedenen Gruppen, die in ihrer Gesamtheit das Verhalten des Bodenwassers bestimmen, zu einer einzigen zusammengefaßt, die wir am besten mit S a u g k r a f t d e s B o d e n s bezeichnen.

Die Bestimmung der Saugkraft des Bodens betrachten wir als ein bequemes und nützliches Verfahren für die Untersuchung des Bodens, ohne jedoch alle anderen Methoden für überflüssig zu halten.

Wie bereits ausgeführt, versteht man unter der Saugkraft des Bodens die Summe verschiedener Kräfte. Das charakteristische Merkmal der Saugkraft ist, daß sie dem Wassergehalt des Bodens umgekehrt proportional ist. Fast alle Untersuchungen bezwecken eigentlich nur, die funktionelle Abhängigkeit zwischen der Bodenfeuchtigkeit und der Saugkraft festzustellen.

Die Forschungsgeschichte der Saugkraft des Bodens beginnt wahrscheinlich mit den Untersuchungen BUCKINGHAMS (1907), obgleich der Ausdruck selbst erst 1924 von KORNEW geprägt worden ist.

BUCKINGHAM schuf den Begriff des Kapillarpotentials; er versteht darunter die Arbeit, die aufgewendet werden muß, um dem Boden eine Gewichtseinheit Wasser zu entziehen. Als solche Einheit schlug BUCKINGHAM 1 Zentigramm vor, weil der Wassergehalt in Gewichtsprozent ausgedrückt wird.

Stellen wir uns eine mit Wasser vollständig gesättigte Bodensäule vor, in der das überschüssige Wasser abgeflossen ist, so daß man das System als im Gleichgewicht befindlich betrachten kann. Wir wissen, daß in einer solchen Säule der Wassergehalt von unten nach oben zu abnehmen wird (vgl. Abb. 77). Vom energetischen Standpunkt aus können wir sagen: Je höher eine gegebene Elementarschicht in der Bodensäule über der freien Wasseroberfläche liegt, desto größer wird die Arbeit, die für das Aufsteigen einer Wassereinheit in einer Schicht zu leisten ist. Es erhebt sich die Frage: Ist es möglich, im Gleichgewichtszustand des Wassers aus der Höhe der gegebenen Elementarschicht über der freien Wasseroberfläche das zugehörige Kapillarpotential zu beurteilen?

Diese Frage beantwortet BUCKINGHAM wie folgt:

Nehmen wir an, daß das Kapillarpotential einer Bodensäule von der Höhe x gleich ψ ist.

Bringen wir eine geringfügige Wassermenge dm von der Höhe x auf die Höhe $x + dx$, auf der das Kapillarpotential gleich $\psi + \frac{\delta\psi}{\delta x} \cdot dx$ ist. Die Arbeit, die gegen das Kapillarpotential zu leisten ist, beträgt dann

$$\psi\, dm - \left(\psi + \frac{\delta\psi}{\delta x} \cdot dx\right) dm = - \frac{\delta\psi}{x}\, dx \cdot dm\,.$$

Da hierbei die Masse dm auf eine Höhendifferenz von dx gegen die Schwerkraft bewegt wurde, so ist diese Arbeit

$$= g \cdot dx \cdot dm\,.$$

Sofern sich das System im Gleichgewicht befindet, ist die gesamte Arbeit, die beim Heben auf einen unendlich kleinen Abstand geleistet wird, gleich Null, also

$$- \frac{\delta\psi}{\delta x} \cdot dx \cdot dm + g \cdot dx \cdot dm = 0$$

oder

$$\frac{\delta\psi}{\delta x} = g\,.$$

Die Abhängigkeit des Kapillarpotentials vom Wassergehalt, der wiederum eine Funktion der Höhe x ist, kann wie folgt ausgedrückt werden:

$$\frac{\delta\psi}{m} = \frac{\delta\psi}{x} \cdot \frac{\delta x}{\delta m} = g\frac{\delta x}{\delta m} = \frac{g}{\delta m/\delta x}\,.$$

Wenn wir die Gleichung

$$\frac{\delta\psi}{m} = g\frac{\delta x}{\delta m} \quad \text{integrieren}$$

und hierbei berücksichtigen, daß nach der Definition $\psi = 0$ und $x = 0$ ist, erhalten wir

$$\psi = g\,x\,,$$

d. h., das Kapillarpotential der Elementarschicht ist direkt proportional seiner Höhe über der freien Wasseroberfläche, die sich im Gleichgewicht mit dem Wasser im Boden befindet.

Buckingham bestimmte nach dieser Methode die Abhängigkeit des Kapillarpotentials vom Wassergehalt, wobei er die Verteilung der Feuchtigkeit in den Säulen im Gleichgewichtszustand ermittelte. Seine Angaben beziehen sich auf drei Böden, die in Abb. 87 dargestellt sind. Je leichter die mechanische Zusammensetzung, desto geringer ist das Kapillarpotential bei gleichem Wasser-

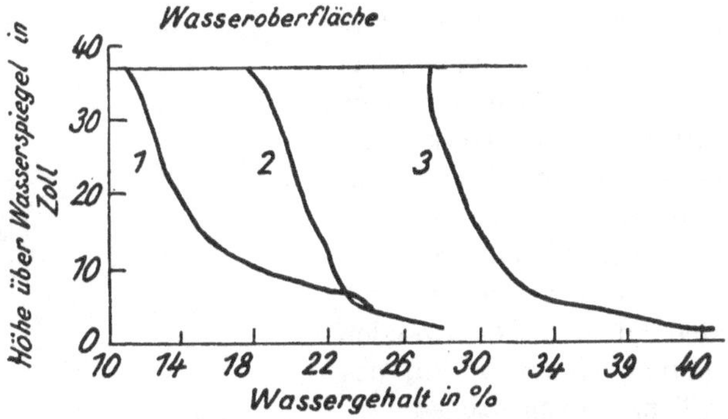

Abb. 87. Abhängigkeit des Kapillarpotentials vom Wassergehalt des Bodens nach Buckingham

1 sandiger Lehm aus Norfolk; *2* Lehm aus Leonardtown; *3* Ton aus Cecil

gehalt: In Zentimeter Wassersäule ausgedrückt, ist es in einem sandigen Lehm aus Norfolk mit 18% Wassergehalt 10 cm, in einem schweren Lehm aus Leonardtown etwa 35 cm.

Dolgow (1948 a, S. 122) weist ganz richtig darauf hin, daß die von Buckingham vorgeschlagene Methode bei aller Einfachheit doch erhebliche Mängel aufweist, die ihre Genauigkeit beeinträchtigen. Außerdem ist ihre Anwendungsmöglichkeit begrenzt. Die Minimale Wasserkapazität ist in den oberen Teilen hoher Säulen dann vorhanden, wenn das in ihren unteren Teilen befindliche Wasser durch die freie Wasseroberfläche gestützt wird. In diesem Fall ist die Feuchtigkeit der hohen Säulen von einer gewissen Höhe an, in der die Wirkung des stützenden freien Wassers aufhört, eine konstante Größe (vorangegangene Durchfeuchtung vorausgesetzt), wie auf Tab. 32 und Abb. 50 dargestellt ist. Von einer Abhängigkeit des Wassergehaltes von der Säulenhöhe kann man hier offenbar nur bei den unteren Säulenabschnitten sprechen (170 cm in Tab. 32 und 70 cm auf Abb. 50). In den darüberliegenden Teilen ist der Wassergehalt konstant und nicht von der Höhe abhängig. Folglich bietet die Methode BUCKINGHAMS nur die Möglichkeit, das Kapillarpotential im Bereich der Feuchtigkeit zwischen der vollen und der Minimalen Wasserkapazität zu berechnen. Dieser Bereich ist bei sandigen Böden sehr groß, wo in den oberen Säulenteilen nur Fugenwasser zurückbleibt; er ist geringfügig bei lehmigen und tonigen Böden, in denen die Minimale Wasserkapazität durchschnittlich 60 bis 70% der vollen Wasserkapazität ausmacht.

Aus all diesen Gründen ist es verständlich, daß viele Forscher nach einer vollkommeneren Methode zur Bestimmung des Kapillarpotentials suchten und eine solche im sogenannten Kapillarmeter fanden.

Die ersten Kapillarmeter wurden von KORNEW entwickelt, der auch den Ausdruck „Saugkraft des Bodens" (1924) schuf. Der wesentliche Teil seines Gerätes ist ein Gefäß aus feinporigem gebrannten Ton, das einer CHAMBERLAINschen Kerze ähnlich sieht. Diese poröse Tonzelle wird mit Wasser gefüllt, an ein Manometer angeschlossen und in den Boden versenkt, dessen Saugkraft bestimmt werden soll. Sobald der Boden mit den Gefäßwänden in Berührung kommt, fängt er an, das Wasser aus der Tonzelle anzusaugen; dadurch geht der vom Manometer angezeigte Druck zurück, bis das Gleichgewicht hergestellt ist. Dieser Druck ist gleich der Saugkraft des Bodens. Abgesehen von einigen Mängeln, hat dieses Kapillarmeter den großen Vorzug, daß mit ihm die Saugkraft unter natürlichen Lagerungsverhältnissen bestimmt werden kann. Damit ergab sich eine breite praktische Anwendung für das Gerät bei der Untergrundbewässerung. In den letzten Jahren fand das modernisierte Gerät weitgehende Verbreitung in Amerika als sogenanntes Tensiometer.

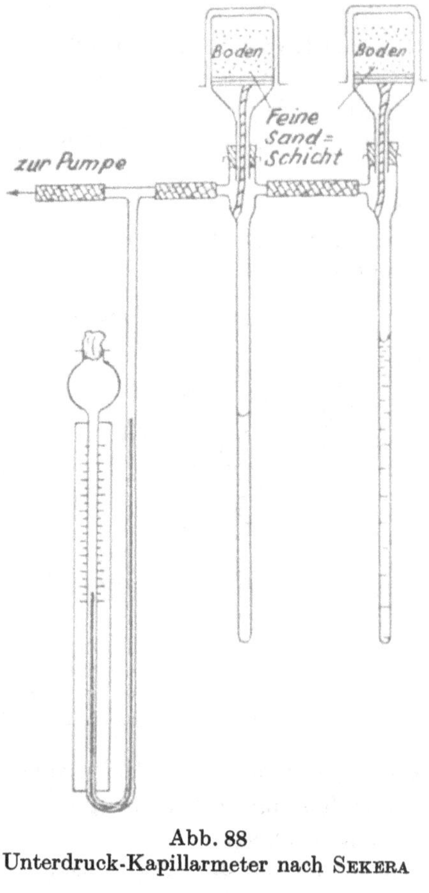

Abb. 88
Unterdruck-Kapillarmeter nach SEKERA

Vollkommenere Kapillarmeter für die Verwendung im Laboratorium wurden von mehreren Forschern entwickelt. Wir betrachten kurz das Kapillarmeter von SEKERA in der Modifikation von DOLGOW, das auf Abb. 88 dargestellt ist die wir der Arbeit DOLGOWS (1948a, Abb. 26) entnommen haben. Der wesentliche Teil des Gerätes besteht aus einem Tiegel aus Jenaer Glas mit feinporigem Glasfilter, die an Büretten angeschlossen sind. Das ganze System ist mit einer Pumpe mit Quecksilbermanometer verbunden.

Auf die Oberfläche des Glasfilters wird eine stark befeuchtete Bodenprobe gebracht; das überschüssige Wasser läßt man abfließen. Um den Abfluß zu erleichtern und um die Tropfen zu entfernen, bringt man am unteren Teil der Membran das auf Abb. 88 dargestellte Filtrierpapier an. Nach Beendigung des Abflusses wird der Wasserstand in den Büretten festgestellt. Mit Hilfe einer Wasserstrahlpumpe erzeugt man ein bestimmtes Vakuum, das mit einem Manometer gemessen wird. Durch den Druckunterschied wird ein Teil des Wassers aus dem Boden abgesaugt. Dieser Abfluß hört in dem Moment auf, in dem die Saugkraft des Bodens gleich dem Unterdruck ist. Die abgesaugte Wassermenge wird an der Bürette ermittelt. Anschließend wird ein neues, noch stärkeres Vakuum erzeugt und die abgeflossene Wassermenge von neuem bestimmt. Den Versuch setzt man auf die gleiche Weise solange fort, bis der Unterdruck etwa 1 atm erreicht. Praktisch wird das niemals erzielt; man beendet den Versuch bei einem Unterdruck von 60 bis 70 cm Quecksilbersäule.

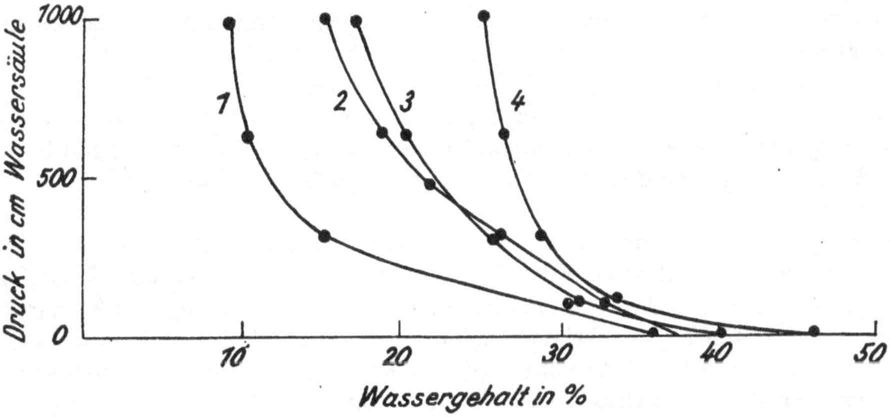

Abb. 89. Bodenfeuchtigkeit in Abhängigkeit vom Saugdruck nach DOLGOW
1 schluffiger Lehm; *2* Löß; *3* Grauerde A; *4* Andijansker Grauerde

Die Summe der Wassermenge, die im Boden zurückgeblieben ist, und der in die Bürette abgeflossenen, ergibt die Gesamtwassermenge, die ursprünglich im Boden enthalten war. Daraus kann man den Wassergehalt berechnen, der bei bestimmtem Unterdruck im Boden zurückbleibt, und die Kurve der Abhängigkeit des Kapillarpotentials vom zugehörigen Wassergehalt des Bodens zeichnen.

Auf Abb. 89 bringen wir einige solcher Kurven, die von uns nach den Angaben DOLGOWS (1948a, Tab. 35) gezeichnet wurden.

Es wurde bereits gesagt, daß mit dem Kapillarmeter die Saugkraft des Bodens in den Grenzen von 0 bis etwa 0,9 atm gemessen werden kann. Für höheren Druck wurde die Zentrifugenmethode von GARDNER (1920) vorgeschlagen und von SCHOFIELD (1935) angewendet. Allerdings hat sich in die SCHOFIELDsche Formel ein wesentlicher Fehler eingeschlichen, worauf DOLGOW (1948a) hinwies. Nach der Korrektur lautet die SCHOFIELDsche Formel:

$$H = \frac{h \cdot N^2 \cdot r}{2 \cdot 300^2},$$

in der H die Saugkraft des Bodens in cm Wassersäule,
h die Stärke der Bodenschicht im Zentrifugenbecher in cm,
N die Umdrehungszahl der Zentrifuge in der Minute,
r der Drehradius der Bodenprobe in cm, gemessen von der Zentrifugenachse bis zur Mitte der Bodenschicht ist.

Der Feuchtigkeitsbereich, in dessen Grenzen die Saugkraft des Bodens durch die Zentrifuge bestimmt werden kann, hängt hauptsächlich von der Umdrehungszahl der Zentrifuge ab. DOLGOW, der mit der LEBEDEWschen Zentrifuge arbeitete, bestimmte die Saugkraft in den Grenzen von 200 bis 10000 cm Wassersäule, d. h. von 0,2 bis 10 at.

In den Zentrifugenbecher mit Siebboden, der mit Filtrierpapier bedeckt ist, wird eine stark angefeuchtete Bodenprobe gebracht. Durch die Zentrifugalkraft wird aus dem Boden die Wassermenge ausgeschleudert, die vom Boden mit geringerer Kraft zurückgehalten wird. Anschließend entnimmt man den Bechern die Bodenproben und bestimmt ihren Wassergehalt. Dann wird der Versuch mit neuen, wiederum völlig durchnäßten Proben bei höherer Umdrehung wiederholt. Aus den Zentrifugalkräften bei verschiedenen Umdrehungszahlen werden die entsprechenden Werte der Saugkräfte berechnet, und nach der obigen Formel wird die Abhängigkeit dieser Kräfte von dem zugehörigen Wassergehalt in Kurven graphisch dargestellt.

Um Saugkräfte zu ermitteln, die größer sind als nach dieser Methode feststellbar, wendet man die Methode der Wasserdampfspannung an. Aus dem Kapitel III ist uns bekannt, daß die Bodenfeuchtigkeit in den Grenzen von Null bis zur *MH* von der relativen Luftfeuchtigkeit abhängt, die sich mit dem Boden im Gleichgewicht befindet. Die mit Wasserdampf nicht gesättigte Atmosphäre äußert eine bestimmte Kraft, um dem Boden Wasser zu entziehen, die so groß ist wie die Saugkraft des Bodens nach Einstellen des Gleichgewichtes. Aus der relativen Luftfeuchtigkeit und der Temperatur kann man diese Kraft berechnen. Diese Methode wurde von THOMAS (1921) vorgeschlagen und später von SCHOFIELD (1935) ausgebaut.

Die Saugkraft wird nach folgender Formel berechnet:

$$H = -\frac{R \cdot T}{M \cdot g} \cdot \ln\left(\frac{h}{100}\right),$$

in der H die Saugkraft in cm Wassersäule,
R die Gaskonstante (8314×10^7 erg · mol),
T die absolute Temperatur,
M das Molekulargewicht des Wassers (18,02),
g die Erdbeschleunigung (981 cm · sec^{-2}) und
h die relative Luftfeuchtigkeit ist.

Diese Konstanten und den Logarithmus zur Basis 10 eingesetzt, erhalten wir bei einer Temperatur von 20°

$$H = 3{,}32 \cdot 10^6 \lg \frac{100}{h} .$$

Die unterschiedliche Wasserdampfspannung kann durch verschiedene Salze in gelöster oder fester Form erzeugt werden.

Bringen wir Lösungen (oder feste Salze) in einem Exsikkator mit den Bodenproben bis zur Gewichtskonstanz, so können wir den Feuchtigkeitsgehalt des Bodens ermitteln, der sich mit der gegebenen relativen Luftfeuchte im Gleichgewicht befindet. Wenn wir nach der oben angeführten Formel den Wert der „Saugkraft" berechnen, so können wir auch in diesem Falle die Abhängigkeitskurven zwischen dem Feuchtigkeitsgehalt des Bodens und den entsprechenden Saugkräften zeichnen. Nach dieser Methode kann man die Saugkraft für einen Bereich von 30000 bis 1000000 cm Wassersäule, d. h. von 30 bis 1000 at, bestimmen.

Bei Anwendung dieser verschiedenen Methoden sind wir also in der Lage, die Saugkraft des Bodens bei beliebigem Wassergehalt zu messen, angefangen bei voller Sättigung, wenn die Saugkraft gleich Null ist, und abschließend mit dem fast trockenen Boden, wenn diese Kraft 10^7 cm Wassersäule gleich 10^4 at erreicht.

Da es sich als unbequem erwies, mit Werten umzugehen, die in einem so großen Intervall liegen, schlug SCHOFIELD (1935) vor, sie logarithmisch auszudrücken, entsprechend der Definition der Wasserstoff-Ionen-Konzentration.

Die Saugkraft können wir als freie Energie des Bodens auffassen, sie wird als Druck in cm Wassersäule angegeben. SCHOFIELD wählte dafür das Symbol F und schlug vor, den Logarithmus dieser Größe mit pF, analog pH, zu bezeichnen. Da F hier in cm Wassersäule gemessen wird, entspricht 1 at (1033 cm Wassersäule) einem pF von etwa 3. Ist der Feuchtigkeitsgehalt des Bodens Null, so erreicht pF den maximalen Wert von etwa $7 = 10^4$ at.

Auf Abb. 90, die der Arbeit DOLGOWS (1948a, Abb. 30) entnommen wurde, ist die Abhängigkeit des pF vom Wassergehalt für acht Böden dargestellt, die nach den drei oben angegebenen Methoden bestimmt wurde.

Da im Intervall von pF 4,0 bis 4,3 der Anschluß fehlt, schlug SCHOFIELD vor, den Saugdruck aus der Gefrierpunkterniedrigung des Bodenwassers zu berechnen. Die Beziehung zwischen pF und der Temperaturerniedrigung beim Gefrieren gehorcht folgender Formel:

$$\mathrm{pF} = 4{,}1 + \lg \cdot t ,$$

in der t die Gefrierpunktserniedrigung in Grad Celsius ist.

Auf Abb. 91 bringen wir ein weiteres Beispiel für die Abhängigkeit der Bodenfeuchtigkeit vom pF aus der Arbeit von SCHOFIELD (1935). Die Untersuchungen wurden mit Lehm aus Greenville (USA) durchgeführt.

Auf dieser Abb. ist besonders bemerkenswert, daß zwei verschiedene Kurven erhalten werden, wenn die Beziehung zwischen pF und Wassergehalt sowohl bei

Trocknung eines vorher feuchten Bodens als auch bei Befeuchtung eines ursprünglich trockenen Bodens verfolgt wird. Der Vergleich dieser beiden Kurven zeigt, daß der gleiche Wassergehalt einen erheblich höheren pF-Wert bei Austrocknung eines feuchten Bodens als bei Befeuchtung eines trockenen erzeugt. Wie aus

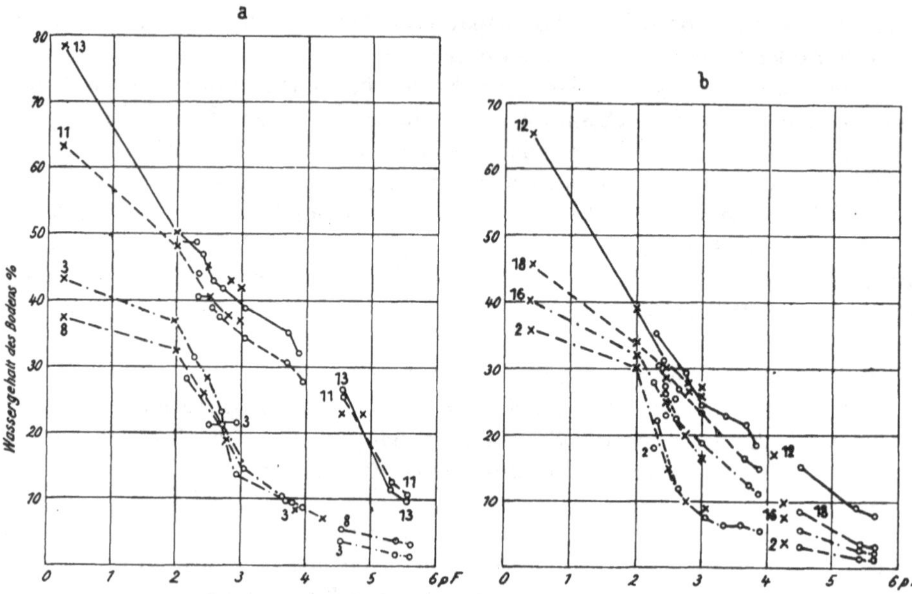

Abb. 90. Abhängigkeit der pF vom Wassergehalt nach DOLGOW

Kreise bezeichnen die minimale Wasserkapazität, Kreuze den permanenten Welkepunkt

a) 13 - - - - - - - - - - - - Gepflügte Roterde
11 — — — — — — Tschernosjom
3 — · — · — · — Stark podsolierter Boden
8 - - · - - · - - · - - Löß

b) 12 - - - - - - - - - - - - Dunkelkastanienfarbiger Boden
18 — — — — — — Grauerde
16 — · — · — · — Gepflügte Grauerde
2 - - · - - · - - · - - Schluffiger Lehm

Abb. 91 hervorgeht, tritt die Hysterese im gesamten Feuchtigkeitsbereich auf, beginnend mit einer relativen Luftfeuchtigkeit von 50%, also in dem Augenblick, in dem die kapillare Kondensation wirksam wird.

Welchen Wert hat nun der pF für die Kennzeichnung der Wasserführung des Bodens?

Die Bedeutung des pF-Wertes liegt offenbar darin, daß man mit seiner Hilfe die äquivalenten Feuchtigkeitswerte verschiedener Böden hinsichtlich ihres Verhaltens gegen Wasser miteinander vergleichen kann. Der pF-Wert beantwortet also unmittelbar die Frage, welcher Boden „trockener" ist: Sand mit 8%, Lehm mit 10% oder Ton mit 15% Wasser. Man könnte annehmen, daß der Sand am trockensten und der Ton am feuchtesten ist. Wenn wir jedoch beachten, daß die Maximale Hygroskopizität im Sand 1%, im Lehm 4% und im Ton 12% beträgt, so erweist es sich, daß Sand die größte Menge an freiem Wasser und Ton die geringste enthält. Deshalb darf man den Wassergehalt von Böden verschiedener mechanischer Zusammensetzung nicht auf der Grundlage des absoluten Wassergehaltes vergleichen. Diese Größe ist in vergleichbare

Werte umzuwandeln, indem man die Maximale Hygroskopizität zur Minimalen Wasserkapazität in Beziehung setzt, indem man den Wassergehalt in Prozenten zu diesen Größen ausdrückt. LEBEDEW (1936, S. 90), der den Begriff „Äquivalentfeuchtigkeit" einführte, schlug vor, den Wassergehalt des Bodens im Verhältnis zu seiner Maximalen molekularen Wasserkapazität auszudrücken. Auch der Wassergehalt der *MH*, der *MMW* oder der *GW* sind als äquivalente

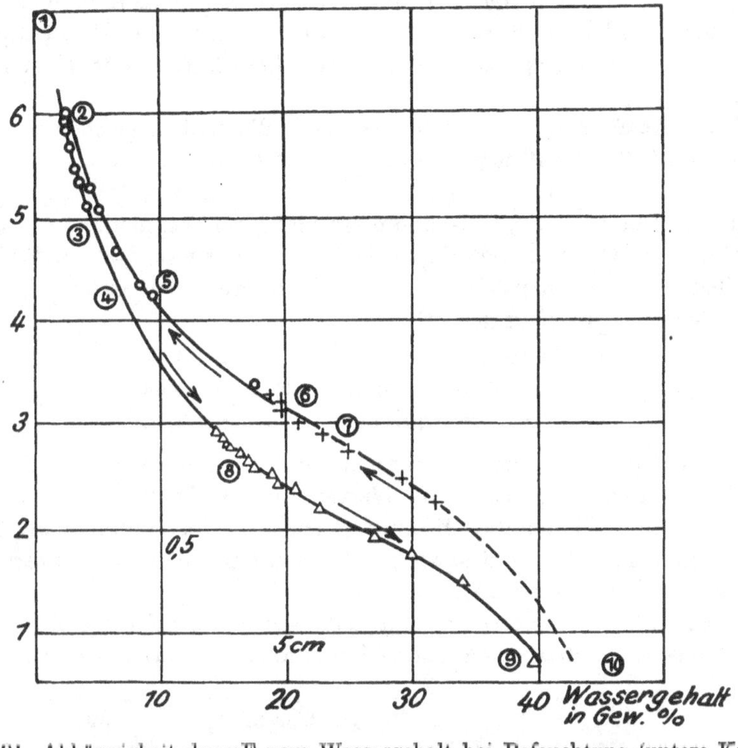

Abb. 91. Abhängigkeit des pF vom Wassergehalt bei Befeuchtung (untere Kurve) und bei Austrocknung (obere Kurve) nach SCHOFIELD

(1) Bei 105° getrocknet
(2) Bei 50% Luftfeuchte
(3) Hy über Schwefelsäure von 33%
(4) Hy über Schwefelsäure von 10%
(5) Permanenter Welkepunkt
(6) Annähernde Field Capacity
(7) Moisture-Equivalent bei Erdbeschleunigung von 1000 g
(8) Bei einer Saugkraft von 0,5 atm
(9) Bei einer Saugkraft von 5 cm Wassersäule
(10) HILGARDS „Maximum Moisture"
° Absorptionsmethode von Wasserdampf bei verschiedener relativer Feuchte
+ Zentrifugenmethode (n. THOMAS)
△ Poröse Platten-Methode (n. RICHARDS)

Größen dazu geeignet. Es ist klar, daß die *MMW* eines beliebigen Bodens, bei einer Beschleunigung mit 18000 g in einer Zentrifuge bestimmt, für alle Böden eine energetisch vergleichbare Größe darstellen wird; solche energetisch gleichwertigen Feuchtigkeitsgehalte wollen wir „äquivalente Feuchtigkeitswerte" nennen. Wenn wir die bei verschiedenen Böden beobachteten Feuchtigkeitswerte auf einen Wert beziehen, der für jeden Boden konstant ist, erhalten wir eine Reihe von relativen Größen, nach denen wir qualitativ den Feuchtigkeitsgehalt von solchen Böden vergleichen können, die nach Textur und Struktur verschieden sind.

Wenn aber die äquivalenten Feuchtigkeitswerte energetisch gleichwertig sind, müssen offenbar die Böden, die über äquivalente Feuchtigkeitswerte verfügen, die gleiche Saugkraft haben. Deshalb ist eine objektive quantitative Kennzeichnung der Bodenfeuchtigkeit nur durch die Größe pF möglich.

Böden mit gleichen pF-Werten können als äquivalent, d. h. mit energetisch vergleichbarem Wassergehalt ausgestattet, betrachtet werden. Hierbei muß die Bestimmung des pF nach der gleichen Methode und einheitlich in dem Sinne vorgenommen werden, daß man sich entweder nach dem Benetzungs- oder nach dem Austrocknungsprozeß richtet, um den Einfluß der Hysterese auszuschalten.

Aus obigen Ausführungen geht hervor, daß alle hydrologischen Konstanten, wie z. B. *MH*, *GW*, *MMW* usw., einheitlich durch den pF-Wert gekennzeichnet werden sollten.

Botelho da Costa (1938) unternahm erstmalig den Versuch, diese Forderung nachzuprüfen; auf Grund seiner Experimente stellte er fest, daß der Welkepunkt in allen Böden bei einem pF-Wert von 4,2 liegt, was 16 at entspricht.

Nach Russell (1940) liegt der pF

des „Wilting Point"	bei 4,18
des „Hygroskopic Coeffizient"	bei 4,54
des „Moisture Equivalent"	bei 2,70.

Dolgow (1948b) untersuchte weiterhin die Übereinstimmung der hydrologische Konstanten mit gewissen pF-Werten, die für alle Böden gleich sind. Er bestimmte für einige Böden die „Minimale" und „Maximale molekulare" Wasserkapazität und den Welkepunkt sowie die ihnen entsprechende Saugkraft oder den Kapillardruck. Die Ergebnisse sind in Tab. 111 enthalten.

Aus diesen Unterlagen ist zu ersehen, daß bestimmte pF-Werte keiner hydrologischen Konstante entsprechen, daß vielmehr folgende Schwankungen auftreten:

	Saugkraft in at	pF
Minimale Wasserkapazität	von 0,14 bis 0,65	von 2,15 bis 2,81
Maximale molekulare Wasserkapazität	von 4,1 bis 7,9	von 3,61 bis 3,90
Welkepunkt	von 9,1 bis 27,5	von 3,96 bis 4,44

Folglich kann man nur davon sprechen, daß jede hydrologische Konstante nur einem pF-Bereich entspricht, der in einem Falle weiter, im anderen enger sein kann.

Hieraus leitet Dolgow gut begründet ab, daß es also abwegig wäre, diese Werte aus Kurven, die die Abhängigkeit der pF vom Wassergehalt des Bodens darstellen, einfach abzulesen.

Wir unsererseits weisen noch darauf hin, daß die Bestimmung des pF in der Regel an Proben mit zerstörter Struktur vorgenommen wird. Wie wir bereits gesehen haben, hängt indessen die Minimale Wasserkapazität in stärkstem Maße gerade von der Bodenstruktur ab. So beträgt z. B. in einer Arbeit von

DOLGOW die Minimale Wasserkapazität des dunkelkastanienfarbigen Bodens N 12 in der eingefüllten Probe 31%, was einem pF von 2,65 entspricht. Die unteren Horizonte dieses Bodens würden wahrscheinlich die gleiche Abhängigkeit des pF vom Wassergehalt ergeben. Wenn wir nun die Abb. 29 aus dem Buche DOLGOWS (1948a) benutzen, um aus der Minimalen Wasserkapazität von 21% (s. Tab. 17 im Buche DOLGOWS) den Saugdruck zu bestimmen, so finden wir 3,7. Somit kann sich die Saugkraft je nach der Struktur der untersuchten Bodenprobe um das 11fache verändern. (!)

TABELLE 111

Hydrologische Eigenschaften verschiedener Böden und die ihnen entsprechenden pF-Werte nach DOLGOW (1948a)

Bodenart	Minimale Wasserkapazität			Maximale molekulare Wasserkapazität			Welkepunkt		
	Wassergehalt in Gew.-%	Saugkraft in at	pF	Wassergehalt in Gew.-%	Saugkraft in at	pF	Wassergehalt in Gew.-%	Saugkraft in at	pF
Leichter schluffiger Decklehm	18,9	0,26	2,41	7,1	4,1	3,61	4,2	19,9	4,30
Horizont $A_1 A_2$ eines Podsols auf schwerem Decklehm	22,0	0,55	2,74	8,7	7,2	3,86	8,6	9,1	3,96
Lößartiger Lehm	21,2	0,49	2,69	10,1	5,8	3,76	7,4	15,5	4,19
Fruchtbarer toniger Tschernosjom, Horizont 0—22 cm	40,7	0,40	2,60	28,7	7,1	3,85	23,8	21,6	4,33
Kastanienfarbiger Boden	31,0	0,45	2,65	21,3	4,1	3,61	15,1	12,6	4,10
Roterde	49,5	0,14	2,15	31,7	7,9	3,90	23,1	34,6	4,54
Grauerde	23,9	0,41	2,61	11,6	7,1	3,85	7,8	23,4	4,37
Grauerde	25,9	0,65	2,81	15,5	7,6	3,88	10,3	27,5	4,44
Durchschnitt		0,42	2,62		6,4	3,81		20,5	4,31

Die Messung der Saugkraft des Bodens kann für die Bestimmung des Volumens der Bodenporen benutzt werden. Diese Frage bearbeiteten SCHOFIELD (1938), DOJARENKO (1941), LEAMER und LUTZ (1930) u. a.

Das Prinzip der Methode besteht in folgendem: Wir bringen auf den Trichter eines Kapillarmeters (Vgl. Abb. 88) eine kleine mit Wasser voll gesättigte Bodenscholle und senken stufenweise den Druck. Nach jeder Druckveränderung wird aus dem Boden eine gewisse Wassermenge abfließen. Die nächste Drucksenkung nehmen wir erst dann vor, wenn der durch die vorangegangene Drucksenkung hervorgerufene Wasserabfluß aufgehört hat.

Wenn wir das Volumen des abgeflossenen Wassers anteilweise bestimmen, können wir feststellen, welcher Wassergehalt zu einem bestimmten Saugdruck gehört. Diese Abhängigkeit kann mathematisch ausgedrückt werden. Die Steighöhe H und auch der ihr zugeordnete Wert der Saugkraft stehen bei voller Benetzung in folgender Abhängigkeit vom Querschnitt d der Kapillare:

$$H = \frac{0,30}{d},$$

wobei H und d in Zentimetern ausgedrückt sind.

Um also einer Kapillare das in ihr enthaltene Wasser zu entziehen, muß eine Saugkraft von gleicher Größe aufgewendet werden.

Umgekehrt, wenn eine Kraft von H cm Wassersäule wirksam wird, ruft sie einen Wasserabfluß aus den Poren hervor, deren Durchmesser größer als $\frac{0,30}{H}$ ist.

Wenn wir folglich in einem Kapillarmeter den Saugdruck von 10 auf 20 cm Wassersäule erhöhen, so muß das Wasser aus allen „Kapillaren" ausfließen, deren Durchmesser in den Grenzen von $\frac{0,30}{10} > d > \frac{0,30}{20}$ cm $= 0,03 > d > 0,015$ cm liegen. Nach DOJARENKO (1941), LEAMER und LUTZ (1940) soll deshalb das Volumen von Kapillaren beliebiger Größe aus der durch Unterdruck gewonnenen Wassermenge bestimmt werden können.

Uns scheint diese Behauptung nicht ganz zutreffend. Sie würde dem Wesen der Erscheinungen voll entsprechen, wenn im Boden zylindrische Kapillaren vorlägen. Tatsächlich stellen jedoch die „Bodenkapillaren" eine Summe von Poren verschiedenen Durchmessers dar, die miteinander durch Kanäle von kleinerem Querschnitt verbunden sind.

Wenn wir wieder als Muster den „Idealboden" aus Kugeln mit dem Radius R wählen, so beträgt der Porendurchmesser bei kubischer Packung 1,46 R, während der Durchmesser der sie verbindenden Kanäle 0,84 R ist. Bei hexagonaler Packung sind die Werte entsprechend 0,576 R und 0,310 R. Es erhebt sich die Frage, welcher der beiden Durchmesser für die Berechnung des Saugdruckes in Frage kommt, der die Poren von der angegebenen Größe entleert.

Wir wissen, daß es die Differenz der Oberflächendrucke ist, die das Wasser im Boden schwebend erhält. Diese Druckdifferenz erreicht dann ihr Maximum, wenn die Menisken im oberen Teil am stärksten sind und deshalb den geringsten Oberflächendruck ausüben. Das ist in den engsten Teilen der „Bodenkapillaren" der Fall. Um diese Poren zu entleeren, müssen folglich die Menisken im oberen Teil aus den engsten Kanälen zwischen den Poren zerstört werden. Um deshalb die Höhe des dazu erforderlichen kapillaren Saugdruckes errechnen zu können, muß man im „Idealboden" von den kleineren Werten ausgehen, d. h. von 0,84 R bei würfelförmiger Lagerung und 0,31 R bei hexagonaler Lagerung.

Umgekehrt: Wenn bei bestimmter Saugkraft H aus dem Boden ein Wasservolumen V austritt, so muß das Porensystem einen Durchmesser der Ausgangsöffnungen haben, der größer als $\frac{0,30}{H}$ ist.

Unsere Erwägungen beziehen sich auf den Fall, daß das Wasser allein durch Kapillarkräfte zurückgehalten wird, wenn es sich also um „hängendes Kapillarwasser" handelt. Ist die Korngrößenzusammensetzung so fein, daß das Wasser als durch Sorption gebundener Film vorliegt, so gelten die obigen Überlegungen mit der Abweichung, daß durch die Drucksenkung im Kapillarmeter nicht die Kapillar-, sondern die Sorptionskräfte zu überwinden sind; letztere werden auch in diesem Fall dem Abfließen aus den engen Kanälen zwischen den Poren den größten Widerstand entgegensetzen und nicht dem Abfließen aus den zentralen Teilen des Porensystems. Somit richten sich auch hier die zu messenden Saugkräfte lediglich nach dem Querschnitt der verengten Abschnitte.

Hat man also das Wasservolumen V, das bei der Druckveränderung von H_1 zu H_2 cm Wassersäule ausfloß, gemessen, so kann keine Rede davon sein, daß diesem Volumen eine Gesamtheit von Poren entspricht, deren Durchmesser in den Grenzen von

$$\frac{0{,}30}{H_1} > d > \frac{0{,}30}{H_2}$$

liegt. Es bestätigt sich also, daß dieses Wasser im Innern eines Porensystems eingeschlossen war und der Durchmesser der engen Austrittsöffnungen obiger Ungleichung gehorcht.

Auf Abb. 92 sind die Forschungsergebnisse von LEAMER und LUTZ dargestellt. Aus diesen Angaben geht hervor, daß man tatsächlich für jede Fraktion die Größe des Durchmessers der Austrittsöffnung bestimmen kann.

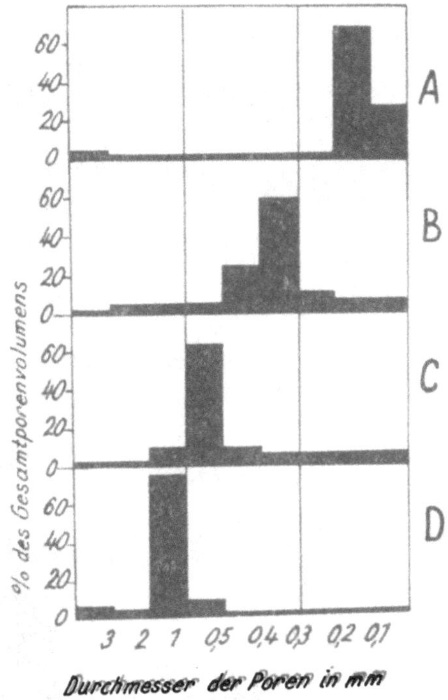

Abb. 92. Volumen der Poren verschiedenen Durchmessers (in % des Porenvolumens) von verschiedenen Korngrößen nach LEAMMER und LUTZ

A Schluff; *B* sehr feiner Sand; *C* feiner Sand; *D* mittlerer Sand

Ein Vorherrschen von Poren bestimmter Größe tritt nur dann auf, wenn das Versuchsmaterial nahezu monodispers ist wie häufig in sandigen und teilweise auch schluffigen Böden. In den weitaus stärker verbreiteten lehmigen und tonigen Böden, die vorwiegend polydispers sind, herrschen jedoch in der Regel bestimmte Porengrößen nicht so einseitig vor, weil die Struktur einen wesentlichen Einfluß ausübt. Wir haben bereits gehört, daß bei Krümelstruktur zwei Arten von Hohlräumen unterschieden werden: kleinere Hohlräume innerhalb der Krümel und größere zwischen ihnen. Mit einem Kapillarmeter bestimmte DOJARENKO (1941) die Poren in einem ungesiebten Boden und in Krümeln von verschiedener

Größe. Diese Ergebnisse sind in der Abb. 93 enthalten, die wir seiner Arbeit entnehmen.

Leider führte Dojarenko die Porenbestimmung nur bis zur Größe von 0,05 mm durch, so daß die Verteilung der kleineren Poren, die immerhin in allen Fällen über 50% der Gesamtporosität darstellen, nicht erfaßt wurde.

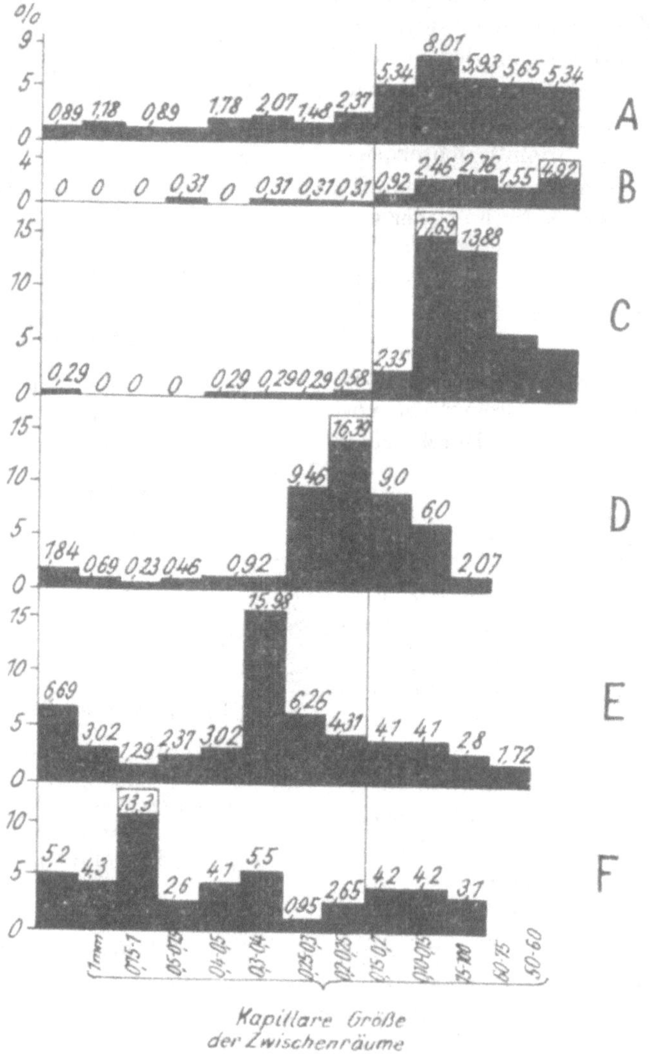

Abb. 93

Gehalt an Poren verschiedener Größe (% der Gesamtporosität) in verschiedenen Korngrößen des Tschernosjom und in ungesiebtem Boden nach Dojarenko

Erläuterung: A ungesiebt, Struktur F. 10,6 — D 0,5—1,0 mm Struktur F. 30,9
B < 0,25 mm — — E 1,0—2,0 mm 42,0
C 0,25—0,5 mm 1,7 — F 2,0—3,0 mm 38,5

Die Abb. 93 zeigt, daß in einem ungesiebten Boden die Poren von 0,10 bis 0,15 mm vorherrschen, obwohl das Diagramm nicht charakteristisch ist.

Noch weniger charakteristisch ist die graphische Darstellung, die sich auf die Fraktion unter 0,25 mm bezieht und bei der mehr als 85% aller Poren außerhalb der Bestimmungsgrenzen liegen.

Die Fraktionen 0,25 bis 0,5, 0,5 bis 1,0, 1 bis 2 und 2 bis 3 mm dagegen sind äußerst charakteristisch, und zwar mit scharf ausgeprägten Poren bestimmter Größe, die offenbar innerhalb der Krümel vorherrschen. Es ist interessant, daß für alle vier Fraktionen das gleiche Verhältnis auftritt:

$$\frac{\text{mittlerer Durchmesser der vorherrschenden Poren}}{\text{mittlerer Durchmesser der Krümel}} = 0{,}33\,.$$

Zusammenfassung

Als Saugkraft des Bodens bezeichnen wir die Summe von Kräften, die unabhängig von ihrer Natur den Boden befähigen, bei einem bestimmten Wassergehalt weiterhin Wasser aufzunehmen. Die Saugkraft wird mit steigendem Wassergehalt des Bodens kleiner. Der Hauptzweck bei der Bestimmung der Saugkraft des Bodens ist daher, die Beziehung zwischen Wassergehalt und Saugkraft festzustellen.

Die Beantwortung der verschiedenen Fragen, die sich auf das Verhalten des Wassers im Boden beziehen, macht es oftmals nötig, das Wesen der Erscheinungen zu erkennen, die diesem Verhalten zugrunde liegen. Man kann aber die Ursache nicht allein durch Messung der Saugkraft erforschen. In einigen Fällen kann allerdings die Bestimmung dieser Kraft ein nützliches Mittel sein, um die Feuchtigkeitswerte der verschiedenen Böden energetisch miteinander zu vergleichen.

Durch Bestimmung des pF kann das Porenvolumen im gewissen Umfange gekennzeichnet werden.

KAPITEL VIII

DAS BODENWASSER UND DIE PFLANZE

„Ich behaupte, daß alles was auf der Erde wächst — so auch die Pflanze — vom Wasser in der Erde lebt.“[1]

Der Boden stellt nahezu die einzige Wasserquelle für die Pflanzen dar.[2] In diesem Zusammenhang ist die Wechselbeziehung zwischen Bodenwasser und Pflanze für die Bodendynamik von größtem Interesse und auch für die Beantwortung vieler agronomischer Fragen von entscheidender Bedeutung.

Bis vor kurzem beschränkte man sich bei der Untersuchung dieser Wechselbeziehungen hauptsächlich auf die Frage nach dem Welkepunkt, der zahlreiche Forschungen bei uns und im Auslande gewidmet waren. In den letzten 20 bis 25 Jahren wurde durch die Arbeiten vornehmlich sowjetischer Physiologen und Bodenkundler ein umfangreiches Material darüber zusammengetragen.

1. Die Aufnahme von Wasser durch die Pflanze

Bevor wir die Wechselbeziehungen zwischen Pflanze und Bodenwasser behandeln, halten wir es für zweckmäßig, in gedrängter Form die heutigen Vorstellungen über die Wasseraufnahme durch die Pflanzenwurzel darzulegen. Hierbei beziehen wir uns hauptsächlich auf die Arbeiten von Maximow (1944), Sabinin (1949) und Alexejew (1948).

Die Wasseraufnahme der Pflanze ist auf die Leistung von zwei „Motoren“, des unteren — der Wurzeln — und des oberen — der Blätter — zurückzuführen.

Es ist leicht nachweisbar, daß das Wurzelsystem die Fähigkeit besitzt, das Wasser unter Druck in die Pflanze zu leiten. Hierzu genügt es, eine abgeschnittene Pflanze mit den Wurzeln in Wasser zu stellen. Aus der Schnittfläche des Stumpfes quillt der Pflanzensaft aus, die Pflanze „blutet“. Die Menge des ausgeschiedenen Saftes entspricht etwa der Wassermenge, die gleichzeitig von den Wurzeln aufgenommen wird. Diese Übereinstimmung beweist den Flüssigkeitsstrom, der das Wurzelsystem durchläuft.

Die Kraft, die das „Bluten“ hervorruft, ist die Osmose, wie ein einfacher Versuch zeigt. Wird das reine Wasser, in das das Wurzelsystem der Pflanze eintaucht,

[1] Ein unbekannter Autor des 4. bis 5. Jahrhunderts v. u. Z. (Jarilow, Der erste Pedologe des Altertums. in „Die Bodenkunde“, Heft 3/1901)

[2] Vf. meint hier natürlich die landw. Produktion. In physiologischer Betrachtung ist das Stengel und Blättern zugeführte Wasser auch von Bedeutung. (Anm. d. Herausg.)

durch eine Lösung höherer Konzentration ersetzt, so verlangsamt sich das „Bluten“ bei schwacher Lösung für eine bestimmte Zeit, bei stärkerer Konzentration hört es ganz auf und kann bei noch stärkerer Konzentration ins Gegenteil umschlagen.

Daraus folgt, daß das Bluten durch die Differenz des osmotischen Druckes hervorgerufen wird, der auf der einen Seite im Wurzelsystem und auf der anderen in der Bodenlösung wirksam ist. Wird der Versuch fortgesetzt, so erhöht sich mit der Zeit der osmotische Druck in den Wurzeln und übersteigt von neuem den Druck der äußeren Lösung. Die Pflanze paßt sich gewissermaßen dem höheren Druck der äußeren Lösung an.

Alle osmotischen Vorgänge können nur solange ablaufen, wie ein lebendiges Protoplasma vorhanden ist. Stirbt dieses ab, so hört das Bluten auf.

Die treibende Kraft ist gleich der Differenz zwischen dem osmotischen Druck der inneren und dem der äußeren Lösungen. Wachsen die Pflanzen im Erdboden, so besteht die äußere Kraft, die dem osmotischen Druck der innerhalb der Zellen befindlichen Lösnug entgegenwirkt und die LITWINOW (1933) die wasserfesthaltende Kraft des Bodens nennt, aus folgenden Faktoren: erstens aus dem osmotischen Druck der Bodenlösung und zweitens aus den Sorptionskräften der festen Bodenteilchen. Die Größe der ersteren hängt von der Konzentration der Bodenlösung und die der zweiten von der mechanischen Zusammensetzung des Bodens und seinem Wassergehalt ab.

SABININ und seine Mitarbeiter (1925) führten erstmalig Messungen über das Bluten durch und wiesen nach, daß die Kraft, die den Saftstrom in Bewegung setzt oder die „reale Wurzel-Saugkraft“, wie LITWINOW (1937) sie bezeichnet, Werte von 1 at und darüber erreicht. Die gleichen Forscher zeigten ferner, daß die treibende osmotische Kraft der Geschwindigkeit des Blutens linear proportional ist.

Diese Kraft reicht aus, um das Wasser bis zu den Blättern zu heben.

Welche Widerstände hat diese Kraft zu überwinden? Der wesentliche Teil des Weges, den das Wasser in der Pflanze zurücklegt, gehört zum Leitsystem, das aus Tracheiden und Gefäßen besteht. Diese aus Gefäßen bestehenden Leitungsbahnen beginnen in den Wurzeln. Bevor jedoch das Wasser, das von den Wurzelhaaren aufgenommen wird, diese Gefäße erreicht, muß es den äußerst kurzen Weg des Wurzelparenchyms durchlaufen, einen Weg, dessen Länge Bruchteile eines Millimeters, in keinem Falle jedoch mehr als 1 mm, beträgt. Aus den Berechnungen SABININS und den Versuchen ROSENES (1941) geht hervor, daß die osmotische Kraft hauptsächlich zur Überwindung des Widerstandes im Rindenparenchym der Wurzel dient; der Widerstand in den Leitgefäßen ist dagegen sehr gering. Der starke Widerstand des Rindenparenchyms hängt von den Eigenschaften des Protoplasmas ab, einem flüssigen Körper, der aus Molekülen eines hydrophilen Stoffes gebildet wird. Die Hülle, die aus Protoplasma besteht, hat keinerlei Poren, so daß der Terminus „Durchlässigkeit des Protoplasmas“ nur bildlich zu verstehen ist. Den Durchgang des Wassers durch das Protoplasma muß man sich als einen Austauschvorgang von Molekülen vorstellen, bei dem die Wassermoleküle von ihrer Einfallseite aus von den Hydratationshüllen der Stoffmoleküle, die zum Protoplasma gehören, aufgenommen werden; in der Richtung der Wasserbewegung werden die Moleküle von den erwähnten Hydratationshüllen an den Zellsaft abgegeben. Auf seinem Wege durch das Wurzelparenchym muß das Wasser somit beträchtliche Anziehungskräfte überwinden, die die Wassermoleküle in den Hydratationshüllen der Moleküle zurückhalten, aus denen das Protoplasma besteht. Gerade damit wird die Tatsache erklärt, daß der Widerstand des Wurzelsystems beim Absterben des Protoplasmas um ein Mehrfaches abnimmt.

Der bedeutende Widerstand der Wurzel ist ein wichtiger regulierender Faktor beim Wasseraustausch der Pflanze. Maximow (1917) beachtete erstmalig diesen Widerstand, der auch die Ursache für das Auftreten eines wesentlichen Feuchtigkeitsdefizites in den Blättern während der Periode der intensiven Transpiration ist. In den Blättern wird dadurch eine Saugkraft von 5 bis 10 at hervorgerufen.

Der osmotische Vorgang der Strömung gibt keine Erklärung dafür, daß diese Strömung einseitig erfolgt. Die alte Stellungnahme zu dieser Frage, nach der die Permeabilität des Protoplasmas in den verschiedenen Seiten der Zelle ungleich sei, kann nicht befriedigen, weil damit nur ein vorübergehendes und in seiner Intensität rasch abnehmendes Bluten der Pflanzen erklärt wäre. Ob nun die angenommene unterschiedliche Permeabilität des Protoplasmas besteht oder nicht, keinesfalls kann sie als Hauptursache für die Entstehung einer einseitigen Strömung angesehen werden, sondern es sind nach Sabinin (1949) noch andere Stoffwechselvorgänge mit im Spiel. Nach Sabinin gehen an den Enden der gleichen Zelle unterschiedliche Stoffwechselvorgänge vor sich, die den osmotischen Druck und die Fähigkeit der Ionenbindung auf der einen Zellseite ununterbrochen auf einem höheren Niveau halten als auf der anderen. Hier liegt das Niveau niedriger, weil die aufgenommenen Nährstoffe umgewandelt werden. Dadurch wird zwischen den beiden Seiten der einen Zelle und ebenso zwischen benachbarten Zellen ständig eine osmotische Druckdifferenz aufrechterhalten, die die ununterbrochene Flüssigkeitsströmung durch die Zelle hervorruft. Bekanntlich wird die Saugkraft der Zelle durch folgende Gleichung bestimmt:

$$S = P - T\,,$$

in der S die Saugkraft (oder der negative Saugdruck),
P der osmotische Druck und
T der Tugor ist.

An der Seite, an der der osmotische Druck größer ist, wird die Saugkraft einen gewissen positiven Wert haben, und die Zelle ist in der Lage, aus der benachbarten Zelle Wasser anzusaugen, falls in letzterer die Saugkraft geringer ist. An dem Zellende mit geringerem osmotischem Druck kann der Turgor über dem osmotischen Druck liegen, und die Saugkraft wird negativ, so daß die Zelle Wasser absondert. Auf diese Weise können die Vorgänge des Stoffwechsels die Wasserbewegung von einer Zelle zur anderen verursachen.

Die rein osmotische Natur der Wasseraufnahme durch das Wurzelsystem ist in letzter Zeit von einigen Forschern angezweifelt worden. Diese vertraten die Ansicht über das Vorhandensein eines „aktiven" Druckes, der nicht osmotischer Natur sei (s. hierüber bei ALEXEJEW, 1948, S. 222 ff). Da diese Auffassung auf zahlreiche Einwände stößt und außerdem noch wenig durchforscht ist, werden wir sie hier nicht weiter behandeln.

Kommen wir zu der oben angeführten Gleichung zurück:

$$S = P - T,$$

die erstmalig von URSPRUNG (1920) abgeleitet wurde. Aus dieser Gleichung ersehen wir, daß die Saugkraft der Zellen, darunter auch der Wurzelzellen, durchaus nicht dem osmotischen Druck des Zellsaftes gleichzusetzen ist. Wir halten es für notwendig, das deshalb zu betonen, weil verschiedene Autoren diese Feststellung offensichtlich nicht verstehen wollen. So macht z. B. VAGELER (1938, S. 286) diesen Unterschied nicht und sieht einfach den osmotischen Wurzeldruck und die Saugkraft der Wurzeln als Synonyme an, wobei er für die verschiedenen entsprechenden Berechnungen unmittelbar die Werte des osmotischen Druckes des Zellsaftes der Wurzeln benutzt.

Gehen wir jetzt zur Betrachtung der Leistung des oberen, des saugenden Motors im Blatt über. Die Arbeitsweise dieses Motors ist eng mit dem Transpirationsvorgang durch die Pflanze verbunden. In den Zellen, die Wasser verloren haben und deshalb nicht mehr gesättigt sind, entwickelt sich eine Saugkraft, die der Differenz zwischen dem osmotischen Druck und dem Turgor entspricht. Wie entsprechende Messungen zeigen, kann diese Saugkraft bei intensiver Transpiration 5 bis 10 at erreichen, die Förderkraft der Wurzel also erheblich übersteigen. Hierbei verdunsten die Zellen des Blattparenchyms, die das Wasser aus den Leitgefäßen ansaugen.

Man kann den Transpirationsstrom leicht nachweisen, wenn man eine ganze Pflanze oder einen abgeschnittenen Zweig mit Blättern in ein Gefäß mit Wasser taucht. Die Pflanze kann viele Tage weiterleben und beachtliche Wassermengen verdunsten. Hiervon kann man sich leicht überzeugen, wenn die Öffnung des Gefäßes mit einem Pfropfen verschlossen und der Wasserstand im Gefäß beobachtet wird. Schließt man den Pflanzenstengel luftdicht an ein Röhrchen mit Wasser an, während die untere Öffnung in ein Gefäß mit Quecksilber taucht, so steigt das Quecksilber hoch und zeigt die Saugkraft an.

Im Leitsystem der holzigen Pflanzen kann das Wasser eine Höhe bis zu 100 m erreichen. Wodurch wird, das Wasser befähigt bis zu Höhen über 10 m aufzusteigen ? Diese den physikalischen widersprechend erscheinende Tatsache läßt sich damit erklären, daß in den Leitgefäßen der Pflanzen keine Luft vorhanden ist. Falls z. B. durch Beschädigung doch Luft hineingelangt, wird diese rasch aufgelöst oder an den nächsten Querwänden zurückgehalten, so daß aus dem Leitsystem nur kleine Abschnitte ausscheiden. Zweitens — und das ist das Wichtigste — hat das Wasser eine große Zerreißfestigkeit bzw. eine große Kohäsion, die 300 bis 350 at erreicht.

Im Endergebnis kann man also das gesamte in den Pflanzen enthaltene Wasser als eine in sich geschlossene Masse betrachten, die durch die Kohäsion zusammengehalten wird und sich im Zustand einer hydrodynamischen Spannung befindet, die durch die Leistung des oberen Endmotors erzeugt wird.

Die Aufnahme des Wassers ist somit auf die Arbeit der an beiden Enden der Pflanze wirkenden Motoren zurückzuführen: des drückenden an der Wurzel und des saugenden an den Blättern. Die bei der Verdunstung verbrauchte Wärme wird jedoch, wenn ich mich so ausdrücken darf, ebenfalls in osmotische Energie umgewandelt und zu den Wurzeln als hydrodynamische Spannung weitergeleitet.

2. Der Wasserbedarf der Pflanzen und der Transpirationskoeffizient

Der Wasserbedarf der Pflanzen ist sehr groß. Wir wollen diesen Bedarf als „Transpirationskoeffizienten" kennzeichnen, abgekürzt *TK*.

Streng genommen soll durch diesen Koeffizienten folgendes Verhältnis zum Ausdruck kommen:

$$TK = \frac{\text{von der Pflanze in der Zeiteinheit verdunstetes Wasser}}{\text{Gesamtzuwachs an Trockensubstanz für den gleichen Zeitraum}}.$$

In der Praxis wird er jedoch in der Regel nur auf die oberirdischen Pflanzenteile bezogen.

Genaue *TK*-Werte müssen durch Vegetationsversuche ermittelt werden, weil die direkte Verdunstung von der Bodenoberfläche auszuschließen ist. Im Feldversuch erhalten wir stets den Gesamtwasserverbrauch aus Transpiration durch die Pflanze und Verdunstung durch den Boden.

Es ist üblich, den Wasserverbrauch in Beziehung zum Ernteertrag den „Koeffizienten des Wasserverbrauches" zu nennen. Er stellt das Verhältnis des gesamten Wasserverbrauches einer bestimmten Bodenfläche zur Höhe des Ertrages dar und kennzeichnet somit den Gesamtverbrauch je Ertragseinheit.

Reichhaltiges Material über *TK*-Werte finden wir in den Arbeiten der Besentschuksker Versuchsstation (1915). In Tab. 112 sind diese Werte für verschiedene Kulturen nach vierjähriger Beobachtung angeführt: von 1911 bis 1914, von denen das Jahr 1911 besonders trocken und das Jahr 1913 äußerst feucht war.

Diese Unterlagen zeigen, daß die *TK*-Werte stark veränderlich sind, obwohl der Wassergehalt (60% der vollen Wasserkapazität) während der vier Jahre in allen Gefäßen auf gleicher Höhe gehalten wurde. Im Trockenjahr 1911 mit relativ niedrigerer Luftfeuchte waren die Erträge an Körnern und Gesamttrockenmasse am niedrigsten, die *TK*-Werte aber am höchsten. Die Lufttrockenheit erhöht also die *TK*-Werte. Dieses Ergebnis wird durch die neuesten Versuche des Geophysikalischen Observatoriums in Kiew (Rasumowas, 1950) bestätigt. Nach diesen Versuchen betrug der *TK*-Wert von Gerste im Trockenjahr 1939 im Mittel 388 und im nassen Jahr 1940 im Mittel 264.

Die beiden Weizensorten und die Gerste zeigen sehr ähnliche *TK*-Werte, der Hafer einen etwas höheren und die Hirse einen wesentlich niedrigeren. Hierbei lieferte die Hirse sowohl im trockenen als auch im feuchten Jahr den gleichen

TABELLE 112

Erträge und Transpirationskoeffizient *TK* in Versuchen der Besentschuksker Versuchsstation, Vegetationsversuche auf lehmigem Tschernosjom

Jahr	Gesamtertrag g/Gefäß	Kornertrag in g/Gefäß	*TK*
	Weizen „Beloturka"		
1911	29,4	6,1	576
1912	34,7	12,6	476
1913	60,5	22,2	316
1914	51,9	23,2	397
Mittel	44,1	16,0	441
	Weizen „Poltawka"		
1911	35,5	8,1	628
1912	33,4	14,1	444
1913	47,2	18,2	339
1914	50,1	21,6	388
Mittel	41,5	15,6	450
	Hafer „Gigant"		
1911	42,6	10,3	655
1912	48,1	20,9	550
1913	51,1	13,0	347
1914	52,4	22,8	370
Mittel	48,6	19,0	480
	Gerste „Morawsker"		
1911	42,6	11,9	618
1912	49,0	22,1	445
1913	55,4	23,3	280
1914	45,0	24,4	413
Mittel	48,0	20,4	440
	Hirse „Rote"		
1911	47,3	20,3	443
1912	55,7	22,3	301
1913	42,8	21,9	256
1914	32,2	16,9	229
Mittel	44,5	20,3	307

Kornertrag, obgleich ihre *TK*-Werte stark unterschiedlich waren. Bei unterschiedlichem Wassergehalt des Bodens wurde das Ergebnis in Tab. 113 erzielt.

In allen Fällen hatte der Hafer den höchsten Wasserverbrauch, die Hirse den geringsten, und zwar den niedrigsten von allen Versuchspflanzen.

TABELLE 113

Erträge und Transpirationskoeffizienten *TK* bei verschiedener Bodenfeuchtigkeit nach Beobachtungen der Besentschuksker Versuchsstation (Durchschnittswerte von vier Jahren, 1911 bis 1914)

Kulturart	Gesamtertrag in g/Gefäß	Kornertrag in g/Gefäß	*TK*
Wassergehalt des Bodens: 60% der vollen Wasserkapazität			
Weizen „Beloturka"	44,1	16,0	441
Weizen „Poltawka"	41,5	15,6	450
Hafer „Gigant"	48,6	19,0	480
Gerste „Morawsker"	48,0	20,4	440
Hirse „Rote"	44,5	20,3	307
Wassergehalt des Bodens: 40—45% der vollen Wasserkapazität			
Weizen „Beloturka"	31,0	11,3	391
Weizen „Poltawka"	28,9	12,9	405
Hafer „Gigant"	35,1	13,6	434
Gerste „Morawsker"	37,2	16,3	356
Hirse „Rote"	37,8	15,4	280
Wassergehalt des Bodens: 15—20% der vollen Wasserkapazität			
Weizen „Beloturka"	8,6	2,8	458
Weizen „Poltawka"	8,0	3,2	426
Gerste „Morawsker"	8,9	2,6	544
Hafer „Gigant"	12,3	5,1	652
Hirse „Rote"	16,3	5,5	367

1912, ein Jahr mit normaler Witterung, ergab wieder bei verschiedener Bodenbefeuchtung das gleiche Bild (Tab. 114).

Die *TK*-Werte nehmen mit fallendem Wassergehalt des Bodens ab. Wie die weiteren Untersuchungen der Besentschuksker und der Saratowsker Station jedoch gezeigt haben, trifft dieser Schluß nicht allgemein zu. Der *TK*-Wert steigt nur dann mit erhöhter Bodenfeuchtigkeit an, wenn es sich um arme Böden handelt. Bei gedüngten Böden mit hohen Erträgen tritt das Umgekehrte ein: Mit Erhöhung der Bodenfeuchtigkeit sinken die *TK*-Werte. Eine Bestätigung hierfür geben die Versuche von Saizew (1940), wonach bewässerter Weizen das Wasser erheblich besser ausnutzt als unbewässerter: Der *TK* für die Körner betrug im Durchschnitt von 4 Jahren beim bewässerten Weizen 1225 und beim unbewässerten 1961.

Diese Erscheinungen können damit erklärt werden, daß bei niedrigeren Erträgen ein Teil des Transpirationswassers unproduktiv verbraucht wird, weil die Leistung der Pflanze durch Nährstoffmangel oder durch andere Faktoren begrenzt ist. Beseitigt man diesen Mangel, so wird auch der Wasserverbrauch rationeller, was POPOW und KULKESS (1938) eindeutig nachwiesen. In ihren Versuchen mit Zuckerrüben sanken die *TK*-Werte bei Anwendung von Düngesalzen, insbesondere von Phosphorsäure, merklich ab.

TABELLE 114

Erträge und Transpirationskoeffizient bei verschiedener Bodenfeuchtigkeit nach Beobachtungen der Besentschuksker Versuchsstation im Jahre 1912

Wassergehalt des Bodens in % zur vollen Wasserkapazität	Gesamtertrag in g/Gefäß	Kornertrag in g/Gefäß	*TK*
	Weizen „Beloturka"		
80	41,0	16,1	524
60	34,7	12,6	476
40	19,5	6,1	379
20	10,1	3,6	356
	Hafer „Gigant"		
80	48,1	20,9	549
60	43,4	18,9	510
40	29,4	11,1	455
20	15,2	6,7	390
	Hirse „Rote"		
80	55,7	22,3	301
60	50,7	20,7	276
40	44,3	16,4	244
20	25,9	9,2	225

Setzen wir die Zahlen der Tab. 114 gleich Hundert, beziehen wir sie auf den Ertrag bei einer Bodenfeuchtigkeit von 80% der *VW*, so erhalten wir folgende Werte:

Wassergehalt des Bodens in % zur VW	80	60	40	20
Ertrag des Weizens „Belloturka"	100	78	38	22
Ertrag des Hafers	100	89	49	32
Ertrag der Hirse	100	93	74	42

Auf die Senkung der Bodenfeuchtigkeit reagiert demnach der Weizen am stärksten und die Hirse am schwächsten.

Auf Grund der Versuche der Saratowsker Landwirtschaftlichen Versuchsstation (1921) können die Kulturpflanzen nach ihrem relativen Wasserverbrauch (*TK*) in drei stark unterschiedliche Gruppen eingeteilt werden:

	durchschnittliche *TK*-Werte
Hirse, Mohrenhirse, Mais	250
Brotgetreide	450
Futterpflanzen	700

Wie bereits erwähnt, erhielt man im Feldversuch in der Regel höhere *TK*-Werte als im Vegetationsversuch, wie die Beobachtungen Mordowskis (1926) auf der Wosnessensker Versuchsstation zeigen (Tab. 115).

TABELLE 115

Erträge, Wasserverbrauch und Transpirationskoeffizient verschiedener Kulturen auf der Wosnessensker Landw. Versuchsstation nach Mordowski

Kulturart	Gesamtertrag in dz/ha	Korn- oder Knollenertrag in dz/ha	Wasserverbrauch in mm	TK
Sonnenblumen	35,7	11,1	272	762
Mais	30,9	11,4	264	855
Kartoffel	38,7	14,2	285	737
Kürbis	47,4	16,5	359	759
Hirse	50,8	16,9	296	582
Zwiebeln	62,0	20,5	338	545
Senf	69,1	23,4	318	460

In manchen Fällen ist wiederum der Unterschied bedeutend geringer, was wahrscheinlich auf die Standweite der Pflanzen zurückzuführen ist: Je dichter der Stand, desto geringer ist die Verdunstung des Bodens, und desto mehr müssen sich diese *TK*-Werte dem Wasserverbrauch annähern, die beim Vegetationsversuch beobachtet werden. Auf der Krasnokutsker Versuchsstation wurden von Efimow im Jahre 1925 in Feldversuchen folgende Koeffizienten festgestellt:

Hirse	223
Mais, beim Rispenschieben als Grünfutter geerntet	433
Sudangras, erster Schnitt	822
zweiter Schnitt	275
dritter Schnitt	185
Luzerne, in der Blüte geschnitten	1175.

Für bewässerten Sommerweizen gibt Saizew (1940) (Besentschuksker Versuchsstation) folgende *TK*-Werte an:

für feuchte Jahre	1100
für trockene Jahre	1200.

Briggs und Shantz (1914) erzielten auf der Landwirtschaftlichen Versuchsstation Akron (Colorado) in Gefäßversuchen für die verschiedenen Kulturen folgende *TK*-Werte:

		Mittel
Hirse	268 bis 341	293
italienische Hirse	261 bis 444	310
Mohrenhirse	285 bis 467	322
Mais	315 bis 443	368
Weizen	473 bis 559	513
Gerste	502 bis 556	534
Hafer	559 bis 622	597
Roggen		685
Reis	—	710
Flachs	—	905
Zuckerrüben	—	397
Kartoffel	554 bis 717	636
Baumwolle	600 bis 834	—
Hülsenfrüchte	700 bis 800	—
Luzerne	651 bis 963	850

Diese *TK*-Werte sind den Angaben der Besentschuksker Versuchsstation sehr ähnlich. In beiden Untersuchungen steht Hirse an erster Stelle.

Wir sehen also, daß die Pflanze einige Hundert bis zu tausend Wassereinheiten verdunsten muß, um eine Einheit oberirdischer Trockensubstanz zu bilden. Die Höhe des Wasserbedarfs hängt von der Pflanzenart, den meteorologischen Verhältnissen, dem Wassergehalt des Bodens und dessen weiteren Eigenschaften ab, ist also äußerst veränderlich.

Es ist hervorzuheben, daß, wie bereits erwähnt, die *TK*-Werte nur den gesamten Wasserbedarf der Pflanze charakterisieren können. Im Zusammenhang damit trat schon vor längerer Zeit die Frage auf, warum dieser Bedarf der Pflanzen, insbesondere der mehrjährigen, im Laufe der Vegetationsperiode nicht konstant bleibt. Brounow war der erste, der darauf hinwies, daß es im Pflanzenleben „kritische Perioden" gibt, in denen die Pflanzen besonders empfindlich gegen Mangel oder Überschuß an meteorologischen Faktoren (Wärme, Feuchtigkeit, Licht) sind. Ähnliche Gedanken hat bereits Ismailski im Jahre 1894 geäußert. Er stellte in den untersuchten Böden einen Feuchtigkeitsgrenzwert von 12% fest, bei dem die Pflanzen existieren können, und schrieb darüber: „Im allgemeinen ist es schwer, über die Feuchtigkeitsgrenze etwas Bestimmtes zu sagen, weil die Kulturpflanzen nicht nur in Anbetracht ihrer artmäßigen Unterschiede verschiedene Wassermengen verbrauchen, sondern weil vor allem Pflanzen der gleichen botanischen Art je nach ihrem Entwicklungsgrad und ihrem Alter äußerst verschiedene Wassermengen verbrauchen und deshalb sich nicht mit dem gleichen Feuchtigkeitsgrad des Bodens begnügen können."

Im Verlauf weiterer Forschungen wurde die Frage nach dem Wasserbedarf in Abhängigkeit von Alter und Entwicklung der Pflanze bearbeitet.

In der Arbeit SKASKINS (1938) finden wir eine umfangreiche Literaturübersicht zu dieser Frage. Die verschiedenen Kulturpflanzen haben während ihrer Entwicklungszeit verschiedene kritische Perioden, in denen ihr Wasserbedarf erhöht ist:

	Kritische Periode beim
Winterroggen	Schossen und Ährenschieben
Winterweizen	Schossen und Ährenschieben
Sommerweizen	Schossen und Ährenschieben
Hafer	Schossen und Ährenschieben
Gerste	Schossen und Ährenschieben
Mais	Blüte und Milchreife
Mohrenhirse	Ährenbildung und Körneransatz
Hirse	Ährenbildung und Körneransatz
Hülsenfrüchte u. Erdnuß	Blüte
Buchweizen	Blüte
Sonnenblumen	Korbbildung und Blüte
Baumwollstauden	Blüte und Ansatz der Körbchen
Melonengewächse	Blüte und Reife
Zuckerrüben zur Samengewinnung	Bildung der Triebe, Beginn und Ende der Blüte
Kartoffeln	Blüte und Knollenbildung
Tomaten	Fruchtbildung und Reife

Aus eigenen Versuchen mit Hafer schloß SKASKIN, daß nicht nur bei verschiedenen Pflanzen, sondern selbst bei einzelnen Sorten unterschiedliche kritische Perioden auftreten können. Gestützt auf die gleichen Versuche, kommt SKASKIN zu dem Ergebnis, daß sich Wassermangel am stärksten während der Blütenbildung auswirkt.

RASUMOWA bestätigt 1950 diese Tatsache; sie untersuchte Wasserverbrauch von Winterweizen auf der Agrometeorologischen Station Poltawsk (Tab. 116).

TABELLE 116

Wasserverbrauch des Winterweizens im Jahre 1938

Entwicklungsphase	Dauer der Periode in Tagen	Gesamtwasserverbrauch der Periode in mm	Wasserverbrauch pro Tag in mm
Bestocken und Schossen	32	40	1,2
Schossen — Ährenbildung	30	101	3,4
Ährenbildung — Blüte	11	58	5,3
Blüte — Milchreife	10	26	2,6
Milchreife — Ernte	15	19	1,3

3. Der für die Vegetation erforderliche Mindestbedarf an Bodenwasser

In der Mitte des 19. Jahrhunderts wies I. SACHS (1859) nach, daß durchaus nicht das ganze Wasser den Pflanzen zugänglich ist, sondern daß sie an Wassermangel zugrunde gehen können, obwohl im Boden noch eine beträchtliche Wassermenge vorhanden ist.

BOGDANOW, einer der ersten Forscher, die diese Frage näher untersuchten, ging (1889) davon aus, welche geringste Bodenfeuchtigkeit die Samen der verschiedenen Pflanzen zum Auflaufen benötigen. Er stellte fest, daß „das Minimum an Wasser, das dem im Boden keimenden Samen zugänglich ist, annähernd der doppelten Maximalen Hygroskopizität entspricht", und sagt: „Dieses Minimum befindet sich in keinem bestimmten und konstanten Verhältnis zur Wasserkapazität des Bodens und ist für die einzelnen Samen dasselbe". Somit finden wir in der Arbeit BOGDANOWS erstmalig ein bestimmtes quantitatives Kennzeichen des Wassergehaltes im Boden, das dem keimenden Samen nicht zugänglich ist. Das von ihm mit 2 festgelegte Verhältnis zwischen ausnutzbarem Wassergehalt und Maximaler Hygroskopizität wurde lange Zeit hindurch als allgemeingültig betrachtet.

Später wurde die Frage nach der geringsten Bodenfeuchtigkeit, die für Keimung und Entwicklung der Pflanzensamen notwendig ist, von ISMAILSKI (1892) untersucht. Sein Versuch bestand in folgendem (1950, S. 34): Er nahm Tschernosjom-Proben von verschiedenem Feuchtigkeitsgehalt und brachte in diese Proben Weizenkörner. Die Becher mit der Erde stellte er unter eine Glasglocke, um sie vor dem Austrocknen zu schützen. 14 Tage lang beobachtete ISMAILSKI den Verlauf der Keimung und erhielt dabei folgende Ergebnisse: Während die zwischen feuchtem Filtrierpapier gebetteten Weizensamen nach 48 Stunden Wurzeln und nach 72 Stunden Keimblätter gebildet hatten, verhielten sich die gleichzeitig in die Erde gebrachten Weizenkörner folgendermaßen:

Wassergehalt des Bodens[1] in %	22,7	Keimblätter erschienen nach 103 Stunden
	20,5	Keimblätter erschienen nach 118 Stunden
	12,0	Nach Ablauf von 336 Stunden befand sich der Keimungsprozeß im Anfangsstadium
	4 bis 8	Nach Ablauf von 336 Stunden hatte sich das Samenkorn nicht verändert.

Die minimale Feuchtigkeit, bei der eine Keimung erfolgen kann, liegt danach also bei 11 bis 12%.

[1] Im Original ist der Wassergehalt in Prozenten vom Gewicht des feuchten Bodens angegeben. Die Umrechnung auf Prozente des Trockengewichtes des Bodens wurde von uns vorgenommen. — A. R.

Aus verständlichen Gründen fehlt in seiner Arbeit die Kennzeichnung der bodenhydrologischen Konstanten. Man kann jedoch annehmen, daß der von ihm gefundene, für die Keimung notwendige minimale Feuchtigkeitsgehalt von 11 bis 12% der *MH* nahekommt.

Safonowa (1949) wiederholte in letzter Zeit die Versuche Bogdanows und Ismailskis; allerdings arbeitete sie mit Samen verschiedener Baumarten. Als Forschungsobjekt diente ein dunkelkastanienfarbiger Boden mit 2,57% Humusgehalt und einer *MH* von 2,6%. Der optimale Wassergehalt, d. h. die Feuchtigkeit, bei der die Mehrzahl der Samen keimte, betrug:

	% der vollen Wasserkapazität	% vom Gewicht des trockenen Bodens
Weißer Maulbeerbaum	45 bis 60	15,6 bis 20,8
Ulme, gewöhnliche	45 bis 60	15,6 bis 20,8
Ulme, turkestanische	30 bis 45	10,4 bis 15,6
Edeltanne, sibirische	20 bis 30	8,7 bis 10,4

Bei 15% der vollen Wasserkapazität, entsprechend 5,2% vom Bodengewicht oder der doppelten *MH*, waren die Keimzahlen folgende:

Weißer Maulbeerbaum	8,5 %
Ulme, gewöhnliche	3,5 %
Berest	3,5 %
Edeltanne, sibirische	34,0 %
Ulme, turkestanische	65,0 %

Safonowa schreibt dazu: „Das Minimum an Wasser, worunter der Vorrat an unzugänglichem Wasser zu verstehen ist, das für die Nahrung der Samen und für das Auflaufen der von uns untersuchten Arten benötigt wird, ist somit, wie die Versuche zeigen, verschieden."

Briggs und Shantz stellten fest, daß die Pflanzen auch dann noch den Wasserentzug aus dem Boden fortsetzen, wenn der Wassergehalt den Welkepunkt erreicht hat. Selbst nach Absterben der Pflanze wird das Wasser aus dem Boden noch aufgenommen.

So betrug z. B. für den Boden Nr. 26:

der Wassergehalt des „Welkepunktes"	8,2%
der Wassergehalt nach Absterben des Weizens	7,5%.

Ferner stellten Briggs und Shantz fest, daß das Alter der Pflanze keinen Einfluß auf den Welkepunkt ausübt, was, wie wir noch sehen werden, den heutigen Ansichten nicht mehr entspricht.

Die wichtigste Schlußfolgerung Briggs und Shantz besteht offenbar darin, daß der Wassergehalt des Welkepunktes nicht von der Pflanzenart abhängt, d. h. daß die verschiedenen Pflanzen bei ein und demselben Wassergehalt des Bodens verwelken, wie aus 1318 Bestimmungen des Welkepunktes hervorgeht.

Diese Schlußfolgerung wurde auch durch andere Versuche bestätigt, in denen man verschiedene Pflanzen gemeinsam in ein und demselben Gefäß aufzog. Die Anzeichen des Verwelkens traten dabei stets gleichzeitig auf.

Pflanzenart	Anzahl der Beobachtungen	Relativer Wert des Wassergehaltes
Mais	75	103
Mohrenhirse	66	98
Hirse	48	97
Weizen	653	99,4
Hafer	46	99,5
Gerste	60	97
Roggen	19	94
Reis	21	94
Gräser	77	97
Hülsenfrüchte	138	101
Kürbisse	17	99
Tomaten	20	106
Kolokasia	19	113
Gruppe von Hydrophyten	8	110
Gruppe von Mesophyten	35	102
Gruppe von Xerophyten	16	106
Summe	1318	—
Mittelwert	—	100

Briggs und Shantz bestätigen die Beobachtungen von Livingstone (1906), daß Xerophyten zwar eine bessere Anpassung an trockene Standorte zeigen als Pflanzen der humiden Zone, daß diese Anpassung jedoch sehr schwach ausgeprägt ist. Die Wüstenpflanzen keimen in einem völlig trockenen Milieu auch nicht besser als Weizen und Bohnen. Nach Livingstone zeichnen sich allerdings die Wüstenpflanzen dadurch aus, daß sich nach dem Keimen zwar die oberirdischen Teile langsam entwickeln, dafür aber ihre Wurzeln um so energischer. Diese erreichen dadurch schnell die Bodenschichten, die aufnehmbares Wasser enthalten.

Alway unternahm 1913 den Versuch, die Beziehung des Welkepunktes zur Hygroskopizität des Bodens festzustellen. Zu ihrer Kennzeichnung benutzte er den sogenannten „hygroskopischen Koeffizienten“, ein Ausdruck, der von Hilgard stammt; er wird bestimmt, indem man eine Bodenschicht von weniger als 1 mm für 12 Stunden in eine mit Wasserdampf gesättigte Atmosphäre bringt. Wir wissen bereits, daß dieses Verfahren keine konstanten Endwerte ergeben kann, weil die Sorption von Wasser aus einer Atmosphäre, die völlig mit Wasser gesättigt ist, zur vollen Sättigung mit Wasser führt. Deshalb ist der „hygroskopische Koeffizient“ als eine relative Kennzeichnung zu werten, obgleich er seiner Größe nach der *MH* ähnlich ist.

In den Versuchen Always hatte bei Weizen, Hirse, mexikanischen Bohnen und Mais im Augenblick des Welkens der Wassergehalt des Bodens etwa den gleichen Wert, womit die von uns zitierten Schlußfolgerungen Briggs und Shantz bestätigt werden. Die Zeit zwischen Beginn des Welkens und Absterbens infolge Wassermangels war jedoch sehr verschieden: Bei Bohnen dauerte es einige Tage, bei Weizen einige Wochen. Bohnen waren unter günstigen Bedingungen fähig, das Wasser fast bis zur Größe des „hygroskopischen Koeffizienten“ auszunutzen. Perennierende Wüsten-Leguminosen blieben auch dann noch am Leben, als der Feuchtigkeitsgehalt des Bodens etwas unter den „hygroskopischen Koeffizienten“ absank. Dazu waren sie nur durch den allmählichen Verlust ihrer Blätter imstande. Obwohl diese Pflanzen den letzten Rest an „freiem Wasser“ nicht mehr ausnutzen konnten, waren sie doch fähig, die Dürre zu überstehen.

Im Jahre 1925 erschien die Arbeit Lobanows, die unsere Vorstellung vom Wassergehalt des Welkepunktes wesentlich vertiefte. Lobanow wies nach, daß die Fähigkeit des Bodens, den Wasserbedarf der Pflanzen zu decken, nicht allein durch den „Welkepunkt-Koeffizient“, sondern durch zwei Größen gekennzeichnet werden muß: erstens durch den Wert der „für die Pflanzen kritischen Bodenfeuchtigkeit“, die den Beginn des Welkens anzeigt, und zweitens durch den Wert des „toten Vorrates“, der dem Wassergehalt des Bodens entspricht, bei dem das Wurzelsystem kein Wasser aus dem Boden mehr aufsaugen kann, weil die Pflanze wegen Wassermangel eingeht. In den Gefäßversuchen mit Hafer auf Podsol erhielt Lobanow (Versuchsstation der Timirjasew-Landwirtschafts-Akademie) die Werte für die kritische Feuchtigkeit und den „toten Vorrat“, die Tab. 117 ausweist.

TABELLE 117

Horizont	Wassergehalt zu Beginn des Welkens %	Wassergehalt des Welkepunktes %	Maximale Hygroskopizität %	Um wieviel mal höher ist der Wassergehalt des Bodens als die Maximale Hygroskopizität	
				zu Beginn des Welkens	bei starkem Welken
Krume	8,75	3,30	3,02	2,90	1,09
Übergangshorizont	5,90	2,20	1,76	3,35	1,25
Bleichhorizont	4,55	2,25	1,60	2,84	1,41
Übergangshorizont	8,15	4,35	3,14	2,59	1,39
Roter Ton	8,70	4,45	4,24	2,05	1,05

Der am 3. August ausgesäte Hafer erhielt am 28. August zum letzten Mal Wasser. Es muß bemerkt werden, daß die Versuchspflanzen nicht abstarben, sondern nach Abschluß des Versuches durch Begießen wieder auflebten.

Aus diesen Versuchen zieht der Autor den Schluß, daß der „tote Vorrat“ etwa dem Wert der *MH* entspricht, was aber aus seinen Versuchen, streng genommen, nicht hervorgeht: erstens, weil man die Pflanzen nicht bis zum vollen Absterben brachte, und zweitens, weil der Wassergehalt nicht bis zum Wert der *MH* erniedrigt wurde.

Fraglos aber ist der Grundsatz des Autors richtig, daß die Fähigkeit des Bodens, die Pflanzen mit Wasser zu versorgen, durch zwei Größen gekennzeichnet werden muß: durch den Wert der „kritischen Feuchtigkeit" gleich „Welkepunktkoeffizient" und durch den „toten Vorrat". LOBANOW weist darauf hin, daß die erste dieser Größen bei schwächerer Transpiration etwa das 1,5- bis 2,0fache der *MH* beträgt, während sie unter natürlichen Verhältnissen das 2,0- bis 3,0fache der *MH* erreicht. Nach seiner Meinung hängt diese Größe nicht von der Pflanzenart, sondern von den Transpirationsverhältnissen ab.[1]

BYSTROW bestätigte 1928 an Gefäßversuchen mit dunkelkastanienfarbigem Boden in Krasnokutsk die Schlußfolgerungen LOBANOWS. Er unterschied vier Stadien im Welkeprozeß der Pflanzen: 1. Zusammenrollen und Vergilben der Blätter, 2. vollkommenes Zusammenrollen aller Blätter und Vertrocknen der unteren Blätter, 3. Vergilbung aller Blätter, während Ähre und Stengel grün bleiben, 4. Verdorren der ganzen Pflanze. Die Versuchsergebnisse sind in Tab. 118 enthalten.

Diese Unterlagen bestätigen die Ansichten LOBANOWS, wonach der „tote Vorrat" tatsächlich mit der Maximalen Hygroskopizität zusammenfällt; sofern ein Unterschied besteht, ist dieser unbedeutend.

Auf Grund der Arbeiten LOBANOWS kann die Vorstellung von einem bestimmten Wassergehalt — dem Welkepunktkoeffizienten — nicht mehr aufrecht erhalten werden, sondern es ist von einer Schwankungsbreite der Bodenfeuchtigkeit zu sprechen, in der das Verwelken vor sich geht. Während hierbei die untere Grenze dieses Bereiches der „tote Vorrat" — eine mehr oder weniger konstante Größe darstellt, ist die obere Grenze eine veränderliche Größe, die nach LOBANOW vor allem von den äußeren Transpirationsverhältnissen abhängt (Wind, relativer Luftfeuchtigkeit usw.) sowie von einigen anderen Bedingungen, die wir noch besprechen wollen.

Wesentlich später als LOBANOW beschäftigten sich auch amerikanische Forscher mit dem Feuchtigkeitsbereich des Verwelkens, ohne die Arbeiten LOBANOWS zu kennen. Im Jahre 1934 erschien die Arbeit von TAYLOR, BLANEY und MAC LAUGHLIN. Diese bezieht sich auf das Gebiet von Kukamon in Süd-Kalifornien, wo höhere Niederschläge (16 bis 20 Zoll) nur im Winter fallen, während sie im Sommer, mitunter 9 Monate lang völlig fehlen. Die typischen Xerophyten mit ihrem tiefen Wurzelsystem verbrauchten das gesamte Bodenwasser, wobei der Wassergehalt auf 4,22 bis 4,26% absank, während der ursprüngliche Wassergehalt im Februar 20% betrug und der Boden bis auf eine Tiefe von 16 Fuß und darüber naß war.

Der Welkepunktkoeffizient, den man aus dem „Moisture-Equivalent" (s. unten) berechnete, betrug 5,55%. Die Verfasser weisen darauf hin, daß entsprechend den Feststellungen BRIGGS und SHANTZ die ersten Anzeichen für das permanente

[1] Nach LOBANOW führte VEIHMEYER (1927) Messungen der Bodenfeuchtigkeit in Obstgärten durch und stellte fest, daß Obstbäume die Fähigkeit haben, den Wassergehalt des Bodens bis auf den „hygroskopischen Wassergehalt" auszunutzen, der dem Wert der *MH* (etwas darunterliegend) nahekommt.

Welken auftreten, wenn der Wassergehalt des Bodens auf den Welkepunktkoeffizienten absinkt. Die Autoren bezeichnen den Wassergehalt des Bodens, bei dem die Pflanzen absterben, als „Grenzwelkepunkt". Es ist leicht ersichtlich, daß das der „tote Vorrat" LOBANOWS ist. Die experimentelle Ermittlung dieses

TABELLE 118

Wassergehalt des Bodens (in % zum Trockengewicht) bei verschiedenen Welkestadien der Kulturpflanzen auf einem dunkelkastanienfarbigen Boden nach BYSTROW (1929)

Welkestadium	Horizont 0—25 cm *MH* 8,3 %	Horizont 25—50 cm *MH* 8,3 %	Horizont 50—75 cm *MH* 7,3 %
	„Beloturka" Weizen		
I	—	15,0	15,9
II	12,8	13,3	13,6
III	10,3	10,8	10,7
IV	8,4	8,5	8,4
	„Poltawka" Weizen		
I	—	15,0	—
II	13,2	12,9	—
III	10,5	10,9	—
IV	8,7	8,7	—
	„Chiwinka" Weizen		
I	—	—	—
II	12,7	12,9	—
III	10,2	10,7	—
IV	8,5	8,8	—
	Hirse		
I	14,1	13,6	13,2
II	12,5	11,3	11,4
III	10,6	10,2	9,8
IV	7,7	8,4	—
	Gerste		
I	—	—	—
II	13,7	13,0	—
III	11,4	11,5	—
IV	9,3	9,2	—

Wertes ergab den Wert von 4,28%, d. h. den gleichen Grenzwert für das Austrocknen des Bodens in Kukamon, den man in der Natur beobachtete. Die Verfasser fügen noch hinzu, daß der Wassergehalt des Bodens durch die Wurzeln der absterbenden Pflanzen auf einen noch niedrigeren Wert gebracht werden kann, als ihn der „Grenzwelkepunkt" darstellt und daß er sich der hygroskopischen Feuchtigkeit nähert. Den Bereich der Bodenfeuchtigkeit zwischen dem Welkepunkt-Koeffizienten und dem Grenzwelkepunkt nannten sie das „Welke-Intervall".

Die Vorstellung vom Welke-Intervall unterstützen auch FURR und REEVE (1945). Sie weisen darauf hin, daß der oberen Grenze dieses Intervalls eine Wasserhaltefähigkeit des Bodens von 9,1 at = pF 3,97 und der unteren von etwa 22,2 at = pF 4,36 entspricht. In diesem Intervall beobachtete man eine starke Erhöhung des osmotischen Druckes im Zellsaft der Pflanze.

Die Ansichten LOBANOWS sind in neuester Zeit durch zahlreiche Beobachtungen der agrometeorologischen Stationen in den bodenkundlich und klimatisch verschiedenen Zonen der UdSSR weitestgehend bestätigt worden. In ihrer zusammenfassenden Arbeit (1950) schreibt RASUMOWA, „daß als unterste Grenze für die Lebenstätigkeit der Pflanzen praktisch diejenige Feuchtigkeit in Frage kommt, die der Maximalen Hygroskopizität entspricht, während die Grenze, bei der die Gewichtszunahme aufhört, der Welkekoeffizient ist.“ Deshalb ist der Wassergehalt der Maximalen Hygroskopizität physiologisch nicht mehr ausnutzbar, und der „produktives Wassergehalt“ muß über dem Welkekoeffizienten liegen.

In der neuesten Arbeit von KATSCHINSKI und Mitarbeitern WADJUNINA und KORTSCHAGINA (1950) finden wir interessantes Material über die Frage nach dem Welke-Intervall. Diese Autoren unterscheiden drei Welkestadien: 1. Beginn des Welkens, wenn die Pflanzen nur die oberen Blätter hängen lassen; 2. starkes Verwelken, wenn die Pflanze auch die unteren Blätter hängen läßt und die Blätter vergilben; nach dem Begießen belebt sich die Pflanze jedoch nach mehreren Stunden; 3. Verdorren der Pflanze, wenn sie sich auch nach dem Begießen nicht mehr belebt.

Den Wassergehalt, der dem zweiten Stadium entspricht, betrachten KATSCHINSKI und Mitarbeiter als Welkekoeffizienten, der im Durchschnitt das 1,5fache der MH beträgt. Bei vollem Absterben der Pflanze bleibt im Boden nur fest gebundenes Wasser zurück, und der Wassergehalt des Bodens sinkt auf 60 bis bis 90% der MH.

Kehren wir nun zu der weit verbreiteten Ansicht von BRIGGS und SHANTZ zurück, wonach die Welkepunkt-Feuchtigkeit von der Pflanzenart unabhängig ist. VEIHMEYER und HENDRICKSON (1928) haben diese Behauptung sehr sorgfältig geprüft. Auf Grund von mehr als 1000 Versuchen bestätigen sie die erstaunliche Konstanz des Rest-Wassergehaltes des Bodens bei Erreichung des permanenten Welkepunktes auch unter stark modifizierten Verdunstungsbedingungen.

Nach kritischer Durchsicht der Literatur über den Welkekoeffizienten kommt auch BOTELHO DA COSTA (1938) zu dem Schluß, daß die Behauptungen von BRIGGS und SHANTZ zutreffen.

Eine Reihe von Aufsätzen, die vor und nach der Arbeit von BRIGGS und SHANTZ erschienen, zeigen jedoch, daß diese Behauptungen nicht in allen Fällen zutreffen. Streng genommen, sind begründete Zweifel an der Richtigkeit der Ansichten von BRIGGS und SHANTZ aus ihren eigenen Versuchsergebnissen abzuleiten. Wir können z. B. leicht feststellen, daß bei Colocasia oder anderen Hygrophyten der Welkekoeffizient bedeutend höher liegt als der allgemein anerkannte Mittelwert.

Bereits KOSTYTSCHEW hat 1908 beobachtet, daß die Pflanzen bei unterschiedlichem Wassergehalt des Bodens welken können. In seinen Versuchen trat dieses Welken in einem Boden mit 5,2% Maximaler Hygroskopizität bei folgendem Wassergehalt auf:

Hafer	9,2 %
Gerste	11,1 %
Roggen	10,2 %
Klee	11,5 %

In letzter Zeit prüfte FEDOROWSKI sorgfältig die These von BRIGGS und SHANTZ. Er wählte Pflanzen, die sich hinsichtlich ihrer Ansprüche an die Bodenfeuchtigkeit stark voneinander unterscheiden, nämlich Gurken, Flachs, zwei Weizensorten und Salsola Kali. Die Versuche wurden auf folgenden Böden durchgeführt: Podsollehm vom Ljuberezker Versuchsfeld, Tschernosjom von der Versuchsstation in der Kamennája-Steppe und Gemische dieser Schwarzerde mit Sand im Verhältnis 15:85 und 40:60. Die Merkmale dieser Böden sind in der Tab. 119 beschrieben.

TABELLE 119

Hydrologische Konstanten	Versuche 1946			Versuche 1947	
	Podsolierter Sandboden	Tscher-nosjom	Sand 85 % Tscher-nosjom 15 %	Sand 60% Tschernos-jom 40 %	Tscher nosjom
Maximale Hygroskopizität über 10%iger H_2SO_4	1,81	10,59	1,59	4,45	10,61
Welkefeuchtigkeit nach BRIGGS und SHANTZ	2,66	15,6	2,35	6,54	15,60
Nicht nutzbares Wasser nach BOGDANOW	3,62	21,18•	3,18	8,90	21,22

Die Pflanzen wurden in kleinen Gefäßen mit einem Fassungsraum von 1 kg Boden aufgezogen; den mit Volldüngung versehenen Podsol hatte man gekalkt.

Der Wassergehalt der Gefäße wurde auf 60% der vollen Wasserkapazität des Bodens gebracht. Mit dem Begießen hörte man vor Beginn der Blüte auf, bei Flachs und Weizen am 25. bis 32. Tage, bei Gurken am 20. bis 27. Tag, bei Salsola am 70. und bei Kurai am 52. Tage. Den Versuch führte man solange durch, bis die Pflanzen nicht mehr imstande waren, die Turgeszens in einer feuchten Kammer im Laufe von 24 Stunden wieder herzustellen. In diesem Zeitpunkt bestimmte man den Wassergehalt des Bodens. Durch besondere Kontrollen überzeugte man sich davon, daß der Wassergehalt in den verschiedenen Teilen des Gefäßes der gleiche war. (Tab. 120).

Diese Zahlen beweisen, daß die Feuchtigkeit des Welkepunktes sich mit dem Alter der Pflanze verschiebt. Diese Tatsache steht durchaus damit im Einklang, daß das Plasma altert und dadurch die physiologischen Vorgänge in den verschiedenen Entwicklungsstadien beeinflußt.

TABELLE 120

„Welkefeuchtigkeit" von Sommerweizen „Diamant" in verschiedenem Entwicklungsstadien nach Fedorowski (1948)

	Entwicklungsstadien			
	Schossen	Ährenbildung	Volle Blüte	Milchreife
Alter nach Tagen	21	31	35	55
Höhe in cm	31	57	61	65
Gewicht der Trockenmasse in g	1,40	7,72	9,48	12,41
Welkefeuchtigkeit	19,34±0,33	17,67±0,53	15,04±0,31	16,47±0,68
Welkefeuchtigkeit (bei der Blüte gleich 100)	129	117	100	110
Verhältnis der Welkefeuchtigkeit zur Maxim. Hygroskopizität	1,82	1,67	1,42	1,55

Schon Dulow hatte 1904 bei Anforstungen in Weliko-Anadol beobachtet, daß der Wasserbedarf vom Alter des Baumes abhängt.

Aus Tab. 121 ist eindeutig abzulesen, daß die verschiedenen Pflanzen den Boden unterschiedlich austrocknen. Die Unterschiede der „Welkepunktfeuchtigkeit" können bei Weizen, Flachs, Gurken und Salsola als gesichert gelten, jedoch nicht für die beiden Weizensorten.

Ein anderer Versuch Fedorowskis mit den gleichen Böden und Pflanzen sollte den Einfluß des osmotischen Druckes der Bodenlösung auf die Höhe der Welkepunktfeuchtigkeit feststellen. Der osmotische Druck wurde durch Zugabe von Chlornatrium verändert, ohne den Pflanzenertrag dadurch zu schädigen. Die Feuchtigkeit des Welkepunktes erwies sich jedoch als deutlich abhängig vom osmotischen Druck der Bodenlösungen, wie Tab. 122 zeigt, in der die Ergebnisse in relativen Werten angegeben sind, wobei die Welkepunktfeuchtigkeit der Kontrollgefäße gleich 100 gesetzt wurde.

Dieser Versuch beweist eindeutig, daß die Steigerung des osmotischen Druckes der Bodenlösung, sofern es sich nicht um Halophyten handelt, zur Erhöhung der Feuchtigkeit des Welkepunktes führt. Hierbei sei ausdrücklich festgestellt, daß sich der Salzgehalt in Gurken, Flachs und Weizen durch die Chlornatriumgaben nur unwesentlich veränderte. Die Halophyten verhielten sich dagegen ganz anders: Mit steigendem osmotischen Druck der Bodenlösung veränderte sich der Welkepunkt entweder überhaupt nicht, oder er verringerte sich. Dieser Erscheinung entsprach der Befund, wonach die Halophyten erhebliche Kochsalzmengen aufgenommen hatten.

TABELLE 121

Feuchtigkeit des Welkepunktes für die verschiedenen Pflanzenarten nach FEDOROWSKI

Bodenart	Versuchspflanze						Abweichung
	Gurken	Flachs	Weizen „Diamant“	Weizen „Sarrubra“	Salsola	Kurai	
	Welkefeuchtigkeit in % des Trockengewichtes des Bodens						
Versuch 1947							
Tschernosjom	17,78 ± 0,33	17,97±0,48	15,63±0,48	15,53±0,15	16,44±0,63	13,80±0,03	± 0,288
im Vergleich zu „Sarrubra“-Weizen	113	115	102	100	104	89	± 1,8
Mischung aus 40% Tschernosjom, 60% Sand	10,33±0,27	8,53±0,27	7,08±0,69	7,26±0,35	7,03±0,07	7,41±0,23	± 0,293
im Vergleich zu „Sarrubra“-Weizen	142	118	97	100	97	102	± 3,7
15% Tschernosjom, 85% Sand	3,71±0,37	2,74±0,30	2,07±0,14	2,10±0,08	2,61±0,13	2,50±0,10	± 0,184
im Vergleich zu „Sarrubra“-Weizen	185	130	99	100	125	119	± 7,2
Versuch 1946							
Tschernosjom	16,5±0,3	15,16±0,47	15,0 ±1,7	14,2 ±0,39	14,13±0,30	—	± 0,352
im Vergleich zu „Sarrubra“-Weizen	116	107	106	100	100	—	± 2,6
Podsolierter lehmiger Sand	3,87±0,22	4,08±0,02	2,85±0,21	2,52±0,02	3,98±0,40	—	± 0,158
im Vergleich zu „Sarrubra“-Weizen	154	162	113	100	158	—	± 5,1

TABELLE 122

Feuchtigkeit des Welkepunktes verschiedener Pflanzen bei unterschiedlichem osmotischen Druck der Bodenlösung

Boden	Osmotischer Druck	Welkefeuchtigkeit					
		Gurken	Flachs	Weizen ,Diamant'	Weizen ,Sarrubra'	Salsola	Kurai
Tschernosjom	Kontrolle	100	100	100	100	100	100
	4 at	103	107	111	111	93	100
	8 at	122	109	123	113	88	106
Mischung aus 40% Tschernosjom, 60% Sand	Kontrolle	—	100	100	100	100	100
	4 at	—	113	109	95	95	101
	8 at	—	108	113	115	103	108
15% Tschernosjom, 85% Sand	Kontrolle	100	100	100	100	100	100
	4 at	114	110	136	130	92	108
	8 at	151	140	164	143	100	—

Die Versuche Federowskis widerlegen also die wichtigste Behauptung der klassischen Untersuchung von Briggs und Shantz, daß die Saugkraft der Pflanzen, die wir nach der Höhe des Welkepunktes beurteilen, sowohl von der Pflanzenart als auch vom Alter und vom osmotischen Druck der Bodenlösung unabhängig sei.

Von Federowski wurde 1939 noch die weitere Frage behandelt, inwieweit das Bodenwasser von den Pflanzen genutzt wird. Die Vegetationsgefäße wurden in der Weise mit Erde gefüllt, daß die obere und untere Schicht durch eine Sandzwischenschicht voneinander getrennt waren, um Auf- und Absteigen des Kapillarwassers zu verhindern. Man benetzte alle Schichten einzeln und säte Hafer aus. Anschließend wurde das Begießen der oberen Hälfte eingestellt und nur der unteren Hälfte durch ein Röhrchen Wasser zugeführt. Wie in Welkeversuchen üblich, wurde die Oberfläche mit Mastix ausgegossen. Hierdurch trocknete die obere Schicht bis zur Grenze der sich in ihr entwickelten Wurzeln aus, was deutlich an der veränderten Bodenfarbe (die Versuche wurden in Glasgefäßen durchgeführt) zu erkennen war. In der oberen Hälfte bestimmte man den Restgehalt an Wasser. Aus den Ergebnissen, die in Tab. 123 angeführt sind, ergeben sich drei wichtige Schlußfolgerungen: Erstens sind die Wurzeln, die sich in der nicht benetzten Zwischenschicht entwickelt haben, auch dann in der Lage, dieser das Wasser zu entziehen, wenn sie selbst ausreichend damit versorgt sind.

Zweitens bestätigt dieser Versuch, die Konstanz der „Welkepunktfeuchtigkeit"; der Restgehalt an Wasser, der aus den Werten der *MH* unter Anwendung eines von Briggs und Shantz vorgeschlagenen Umrechnungsfaktors errechnet wurde, entspricht etwa dieser Größe. Es muß nur festgestellt werden, daß Federowski diese Größen fälschlicherweise als „totes Wasser" bezeichnet. Wendet man diesen Ausdruck in dem Sinne an, der ihm von Lobanow gegeben wurde, so muß man das „tote Wasser" der Maximalen Hygroskopizität *MH* gleichsetzen.

Die dritte Schlußfolgerung beruht auf dem Vergleich des restlichen Wassergehalts im ersten und zweiten Versuch. Der zweite, im Herbst durchgeführte Versuch ergab etwas höhere Werte. Hierin erblickt FEDEROWSKI mit vollem Recht den Einfluß der Jahreszeit auf die Verdunstung. Damit werden die Beobachtungen LOBANOWS bestätigt, daß die Transpirationsverhältnisse einen Einfluß auf die Höhe des Welkepunktes ausüben.

TABELLE 123

Restwassergehalt in der oberen Schicht der Versuchsgefäße

Bodenart	*MH* über 10%iger H_2SO_4 in %	Humusgehalt in %	Austauschkapazität Milli-äqu. je 100 g Boden	Gehalt an Partikeln 0,001 mm %	Berechneter „toter Vorrat"		Restwasser	
					nach BRIGGS und SHANTZ $MH \cdot 1{,}47$	nach BOGDANOW $MH \cdot 2$	I. Versuch Sommer 15. 6. bis 28. 7.	II. Versuch Herbst 6. 8. bis 14. 9.
Ljuberezker Versuchsfeld, lehmiger podsolierter Sand	1,08	1,37	2,3	2,2	1,59	2,16	2,0	2,3
Dolgoprudner Versuchsfeld, podsolierter Lehm	5,17	1,77	8,9	16,6	7,60	10,3	7,5	8,5
Krakowsker Versuchsfeld, tiefgründiger Tschernosjom	11,75	6,88	41,1	37,6	17,3	23,5	15,6	17,7
Versuchsstation in der Steinsteppe, gewöhnlicher Tschernosjom	14,0	8,36	53,4	41,0	20,6	28,0	18,1	18,8

In diesem Zusammenhang sei darauf hingewiesen, daß DOLGOW (1948a) anstelle des Ausdrucks „Welkekoeffizient" den Ausdruck „Wassergehalt des permanenten Verwelkens" vorschlug, einen Ausdruck, der unserer Meinung nach viel treffender ist. Wir werden ihn mit *WF* abkürzen und als Synonym des Begriffs von BRIGGS und SHANTZ benutzen.

Damit beenden wir die Betrachtung der Frage nach der „Feuchtigkeit des Welkepunktes" und weisen darauf hin, daß nach KRASSOWSKAJA (1935) die schlechte Wurzelentwicklung hauptsächlich dadurch verursacht wird, daß der Wassergehalt des Bodens auf die *WF* absinkt; das wirkt sich wiederum ungünstig auf die Entwicklung der oberirdischen Masse aus. Nach KRASSOWSKAJA ist dieser Einfluß in der Zeit zwischen Bestockung und Schossen besonders stark.

KRASSOWSKAJA stellte fest, daß die Feuchtigkeitsgrenze, bei der die Entwicklung der Knotenwurzeln aufhört, bei den einzelnen Pflanzen unterschiedlich ist. Für

Hafer und Weizen entspricht diese Feuchtigkeit der doppelten *MH*, für Hirse der 1,5fachen *MH*, während die Knotenwurzeln der Mohrenhirse sich auch dann noch entwickeln, wenn der Feuchtigkeitsgehalt des Bodens bis auf 0,6 der *MH* abgesunken ist. Nach den Beobachtungen KRASSOWSKAJAS nimmt das Wachstum der Knotenwurzeln im gesamten Feuchtigkeitsbereich von seinem niedrigsten Grenzwert bis zu 60% der *VW* dauernd zu.

Nähert sich der Wassergehalt des Bodens der Maximalen Hygroskopizität *MH*, so geht auch für die Mikroorganismen die Ausnutzbarkeit des Wassers zurück, wie Tab. 124 zeigt, die von uns nach den Unterlagen SEKERAS (1931) zusammengestellt wurde, der die Kohlensäureentwicklung des Bodens bei verschiedenem Wassergehalt untersuchte.

TABELLE 124

Intensität der Kohlensäureentwicklung durch Mikrobionten bei verschiedenem Wassergehalt des Bodens nach SEKERA (1931)

Tonboden	Wassergehalt in % der *MH*	127	117	110	104	99	96	87
	CO_2 in mg/24 Std.	32,6	24,5	14,3	4,0	1,4	1,2	0,3
Humoser Lehm	Wassergehalt in % der *MH*	138	122	107	100	91	77	
	CO_2 in mg/24 Std.	36,3	23,4	4,5	1,9	1,6	0,3	
Lehm	Wassergehalt in % der *MH*	165	192	110	97	82	69	
	CO_2 in mg/24 Std.	29,4	15,0	7,2	3,6	0,0	0,0	
Sandiger Lehm	Wassergehalt in % der *MH*	206	171	146	117	94	81	62
	CO_2 in mg/24 Std.	44,2	34,4	22,6	11,0	3,8	1,2	0,4
Sandboden	Wassergehalt in % der *MH*	206	133	103	93	67		
	CO_2 in mg/24 Std.	40,1	18,3	3,6	0,0	0,0		

Mit abnehmendem Wassergehalt geht die Lebenstätigkeit der Mikrobionten zurück; erreicht der Wassergehalt die *MH*, so folgt eine sprunghafte Abnahme der biologischen Vorgänge, die erst dann ganz aufhören, wenn der Wassergehalt wesentlich unter die *MH* absinkt.

Diese Tatsache kann wahrscheinlich damit geklärt werden, daß die Mikrobionten bedeutend kleiner sind als die Wurzelhaare der höheren Pflanzen.

Nach Nowogrudski (1947) findet in Böden der Halbwüsten keine Nitrifikation statt, sobald nur hygroskopisches Wasser vorhanden ist; beträgt der Wassergehalt das 1,5fache der *MH*, so geht die Nitrifikation energisch vor sich und erreicht ihr Maximum bei einer Bodenfeuchtigkeit, die der *MMW* entspricht.

4. Der Einfluß der verschiedenen Feuchtigkeitswerte des Bodens auf Wachstum und Entwicklung der Pflanzen

Wir kommen jetzt zu der Frage nach dem Einfluß der Bodenfeuchtigkeit auf die Wasseraufnahme durch die Pflanzen, wenn der Wassergehalt des Bodens größer ist als die Feuchtigkeit des permanenten Welkepunktes *WF*.

Betrachten wir zuerst die Arbeit Kolotowas (1931). Diese Forscherin zog Hafer bei einem unterschiedlichen Wassergehalt des Bodens von 20 bis 59% der vollen Wasserkapazität auf, wobei der Wassergehalt in jedem Gefäß laufend um 1% der vollen Wasserkapazität gesteigert wurde. Es wurden in drei Versuchsserien die Pflanzen jeweils in der Periode der Bestockung, der Beginn der Blüte und im Zeitpunkt der vollen Reife abgeerntet. Man bestimmte den Ertrag, das Feuchtigkeitsdefizit der Blätter (die Wassermenge, die die Blätter in diesem Moment noch aufnehmen konnten) und endlich die Stärke des Blutens der Pflanzen.

Die Versuchsergebnisse Kolotowas sind auf Abb. 94 dargestellt. Alle Kurven haben eine deutlich ausgeprägte S-Form. Mit steigendem Wassergehalt nimmt der Ertrag anfangs langsam zu, steigt dann in einem sehr eng begrenzten Bereich sprungartig auf das Mehrfache an und geht wieder allmählich zurück. Die Ertragskurven der drei verschiedenen Perioden der Entwicklung verlaufen vollkommen gleichsinnig. Die sprunghafte Erhöhung des Ertrages tritt jedoch in den einzelnen Perioden bei unterschiedlichem Wassergehalt ein: In der Periode der Bestockung zwischen 29 und 30% der vollen Wasserkapazität, in der Blütezeit zwischen 30 und 32% und im Moment der Vollreife ebenfalls zwischen 30 und 32%. Leider wurde der in den Versuchen verwendete Boden nicht untersucht, so daß man den Wassergehalt, bei dem die sprunghafte Erhöhung des Ertrages erfolgte, mit keiner hydrologischen Konstante in Beziehung setzen kann.

Die Kurven des Wasserverlustes sind das Spiegelbild der Ertragskurven; der Sprung tritt ebenfalls bei dem gleichen Wassergehalt ein, sowohl im Bestockungsstadium als auch im Stadium der Blüte. Das Bluten der Pflanzen (auf der Abszissenachse mit zwei langen Strichen vermerkt[1]) tritt bei gleichem Wassergehalt des Bodens ein.

Die Versuchsergebnisse von Kolotowa zeigen das Bestehen einer kritischen Bodenfeuchtigkeit, bei der sich die Versorgung der Pflanzen mit Wasser erheblich verschlechtert. Wenn man weiterhin berücksichtigt, daß in diesem Zeitpunkt auch der Übergang vom positiven Bluten der Pflanzen zum negativen stattfindet, so muß man nach Litwinow annehmen, daß die Arbeit des unteren Wurzel-Druckmotors aufgehört hat. Litwinow prägte auch den Begriff für den Wassergehalt des Bodens, bei dem eine sprunghafte Veränderung des Ertrages und des Wasserdefizits zu beobachten ist. Er stellte als erster das Vorhandensein dieses Zeit-

[1] Der linke Strich bezieht sich auf das Bestockungsstadium, der rechte auf das der Blüte.

punktes fest, indem er seine Beobachtungen über das Bluten der Pflanzen unter natürlichen Verhältnissen mitteilte; er konnte sogar die Umkehrung des Blutens beim Austrocknen des Bodens beobachten: Diesen Punkt bezeichnete LITWINOW

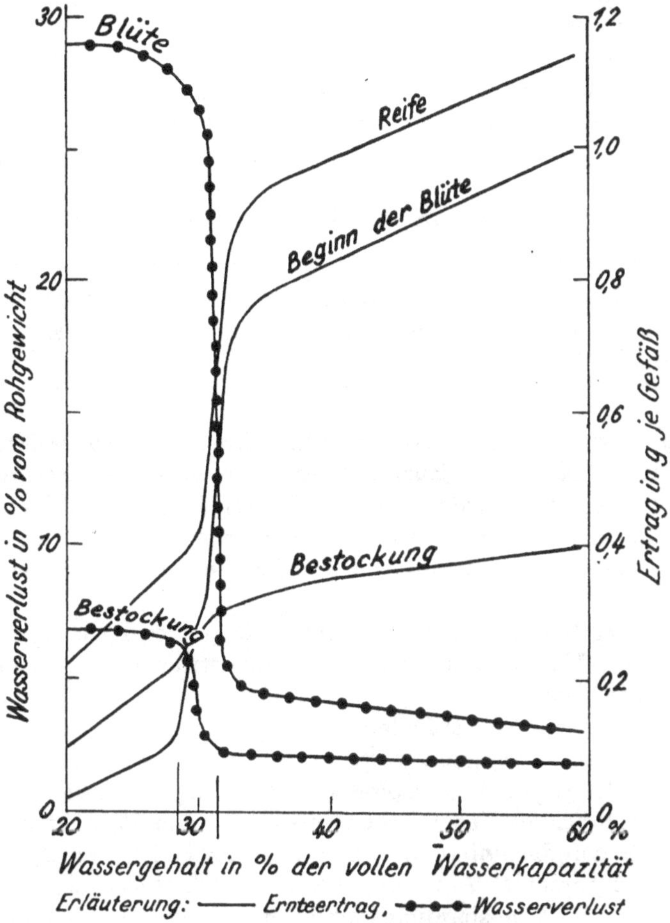

Abb. 94. Abhängigkeit von Wasserverlust und Ertrag vom Wassergehalt des Bodens nach KOLOTOWA

als „Punkt der ausreichenden Benetzung", eine Benennung, die nicht sehr glücklich gewählt erscheint, weil es nicht verständlich ist, für welchen Zweck dieser Wassergehalt als „ausreichend" anzusehen ist.

Um das Eingehen der Pflanzen zu verhindern, reicht schon ein viel niedrigerer Wassergehalt aus; um jedoch eine Maximalernte zu erzielen, ist wiederum dieser Wassergehalt nicht ausreichend. Wir werden diesen Wassergehalt als Kritische Feuchtigkeit (*KrF*) bezeichnen.[1]

[1] In der neuesten Arbeit LITWINOWS (1951) wird der Begriff „Wassergehalt der ausreichenden Benetzung" nicht mehr gebraucht.

Betrachten wir jetzt die Arbeit KOKINAS, die 1927 vor den Untersuchungen KOLOTOWAS erschien. In ihrer Forschungsarbeit interessierte sich KOKINA hauptsächlich für das Verhalten der Pflanzen. Aus den Unterlagen ergeben sich jedoch auch einige interessante Folgerungen, die den Boden betreffen. Sie führte ihre Untersuchungen mit mehreren Pflanzen durch. Wir begnügen uns mit den Versuchsergebnissen mit Atriplex, weil grundsätzliche Unterschiede zu Ergebnissen, die sie mit anderen Pflanzen erzielte, nicht auftreten.

KOKINA arbeitete mit einem Boden, dessen volle Wasserkapazität 48% und dessen „Hygroskopizität" (offenbar die Maximale) 3,5% betrug; der Boden ist nicht näher beschrieben.

Die Versuche führte sie mit drei Feuchtigkeitsstufen des Bodens durch:

Wassergehalt in Prozenten der vollen Wasserkapazität	55	35	25
Wassergehalt in Prozenten des Trockengewichtes des Bodens	25	19	15
Gehalt an nutzbarem Wasser (die doppelte Maximale Hygroskopizität von 3,5% vom Wassergehalt abgezogen)	18	12	8

Die Versuche wurden im Schatten durchgeführt. Zu einem bestimmten Zeitpunkt unterbrach man das Begießen der Versuchspflanzen, während die Kontrollpflanzen weiter begossen wurden. Als der Wassergehalt des Bodens in den nichtbegossenen Gefäßen abnahm, führte man Vergleichsmessungen über die Intensität der Transpiration solange durch, bis die ersten Welkeerscheinungen auftraten.

Die Versuchsergebnisse KOKINAS für die zwei äußersten Feuchtigkeitsgrade des Bodens sind auf Abb. 95 dargestellt, die von uns etwas anders zusammengefaßt wurden als im Original.

Auf der Abszisse wurden die Zeiten, auf der Ordinate auf der linken Seite die Transpirations- und Feuchtigkeitswerte des Bodens und auf der rechten Seite der Wassergehalt aufgetragen. Die graphische Darstellung ist in zwei Hälften geteilt: Die obere bezieht sich auf den Feuchtigkeitsbereich von 55% der vollen Wasserkapazität, während die untere den Feuchtigkeitsbereich von 25% der vollen Wasserkapazität darstellt. Auf jeder dieser Hälften stellen die oberen Kurven die Veränderung des Transpirationswertes und die unteren den Feuchtigkeitsgehalt des Bodens dar.

Die Abb. 95 zeigt, daß der Wassergehalt des Bodens in beiden Fällen im allgemeinen sehr gleichmäßig abnimmt. Durch den wellenförmigen Verlauf der Kurven kommen die täglichen Schwankungen der veränderten Transpirationsbedingungen zum Ausdruck. In der ersten Versuchsperiode unterscheidet sich die Transpiration nicht von der in den Kontrollgefäßen. Nach 45 Stunden fällt die Transpiration der Varianten plötzlich ab. Diese sprunghafte Verringerung geht bei unterschiedlichem Wassergehalt des Bodens vor sich und ist von der Ausgangsfeuchtigkeit abhängig. Je niedriger der Wassergehalt des Bodens ist, bei dem die Pflanzen aufgezogen wurden, desto niedriger liegt auch der Wassergehalt des Bodens, bei dem die plötzliche Abnahme der Transpiration eintritt.

Allgemein betrachtet, zeigt die Arbeit KOKINAS, daß die Bodenfeuchtigkeit in einem ziemlich breiten Bereich nur einen unbedeutenden Einfluß auf die Transpiration der Pflanzen ausübt. Nur wenn der Feuchtigkeitsgehalt des Bodens bis zu einem bestimmten Punkt abgesunken ist, verringert sich die Transpiration sprungartig.

Wir gehen jetzt zur Betrachtung einer Reihe sehr interessanter Arbeiten LITWINOWS über, die teilweise von ihm allein, teilweise gemeinsam mit seinen Mitarbeitern durchgeführt wurden (LITWINOW, 1926, 1928 und 1932; LITWINOW und GEBHARDT, 1928; LITWINOW und SAPONIZKAJA, 1934).

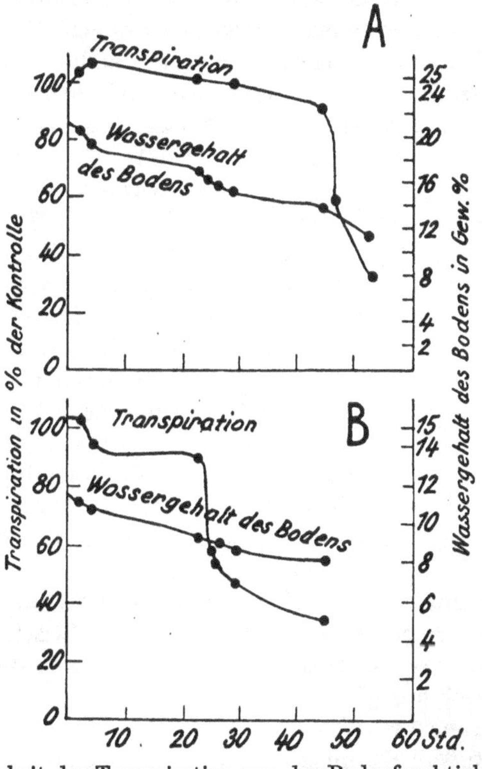

Abb. 95. Abhängigkeit der Transpiration von der Bodenfeuchtigkeit nach KOKINA

A bei einem Wassergehalt des Bodens von 55% der vollen Wasserkapazität; *B* bei einem Wassergehalt des Bodens von 25% der vollen Wasserkapazität

In der ersten Arbeit faßt LITWINOW (1926) die Ergebnisse wie folgt zusammen:

1. Die osmotische Saugkraft des Wurzelsystems nimmt mit zunehmender Erhöhung der Konzentration der Nährstofflösung zu.

2. Hierbei verändert sich die reelle Saugkraft nicht und bleibt der Saugkraft der in destilliertem Wasser aufgezogenen Pflanzen gleich.

3. Die Bestimmung des osmotischen Druckes des Zellsaftes der Pflanzen, die in Nährstofflösungen verschiedener Konzentration aufgezogen wurden, daran und

der Vergleich dieser Werte mit den entsprechenden Werten der Wurzelsaugkraft bestätigen die von D. A. SABININ behauptete Gleichheit dieser beiden Größen.“

Im Anschluß daran entwickelte LITWINOW eine Bestimmungsmethode für die Saugkraft des Wurzelsystems aus der Höhe des osmotischen Druckes des Pflanzensaftes; gleichzeitig zeigte er, daß das Wurzelsystem hinsichtlich seiner Saugkraft einen sich selbst regulierenden Apparat darstellt.

Die Arbeit von LITWINOW und GEBHARDT (1928) untersuchte das Bluten von Steppenpflanzen. Beim Messen des Blutens der auf Solontschak wachsenden Pflanzen trat die umgekehrte Erscheinung auf: Wasser in einem auf den Stumpf einer Pflanze aufgesetzten Röhrchen wurde von der Pflanze aufgesaugt, während der Boden um die Wurzel herum feuchter wurde. Ähnliche Beobachtungen wurden in der trockenen Jahreszeit dagegen auch an anderen Böden gemacht, in der feuchten Jahreszeit dagegen zeigte sich auch hier normales Bluten der Pflanzen. Daraus zogen LITWINOW und GEBHARDT den Schluß, daß im Wasserhaushalt der Steppenböden zwei Perioden zu unterscheiden sind. Im Frühjahr, wenn der Boden viel Wasser enthält, ist die „wasserfesthaltende Kraft des Bodens“ so gering, daß die Pflanzen das Wasser aus dem Boden mit Hilfe beider osmotischer Motore leicht aufnehmen können. Mit abnehmendem Wassergehalt des Bodens wird seine „wasserfesthaltende Kraft“ zunächst so groß wie die Wurzelsaugkraft sein, um sie später aber zu übertreffen. Dieser Augenblick ist nach dem Aufhören des Blutens am „negativen Bluten“ zu erkennen. Von diesem Zeitpunkt an wird das Wasserdefizit der Pflanzen in den Nachtstunden nicht wiederhergestellt. Es bildet sich also ein im Sommer allmählich ansteigender Wassermangel, der das Verdorren der Steppenpflanzen hervorruft.

Die Autoren betonen die „große biologische Bedeutung des Wassergehaltes des Bodens, bei dem die wasserfesthaltende Kraft der Saugkraft des Wurzelsystems entspricht“. Nach ihrer Ansicht tritt gerade in diesem Moment der Punkt ein, in dem das Welken der Pflanze beginnt, wobei man diesen Begriff im weiteren Sinne des Wortes auffassen muß. Das Erscheinen äußerer Welkemerkmale kennzeichnet nicht den Beginn des Prozesses, sondern irgendeinen Zwischenpunkt. Der „permanente Welkepunkt“ von BRIGGS-SHANTZ ist nach LITWINOW unter feldmäßigen Bedingungen biologisch ohne Bedeutung.

Diese Schlußfolgerung bedarf einer näheren Betrachtung. Wie uns bereits aus den Arbeiten LOBANOWS bekannt ist, hängt der Welkepunkt von den Transpirationsverhältnissen ab, woraus zu folgern ist, daß sein Wassergehalt unter feldmäßigen Verhältnissen höher sein wird als unter den Bedingungen des Gefäßversuches. Bei aller Würdigung der Ansichten LITWINOWS halten wir den „permanenten Welkepunkt“ oder die „Welkefeuchtigkeit“ doch für bedeutungsvoll für die Beurteilung des Wassergehaltes des Bodens. Aber auch die kritische Feuchtigkeit *KrF* scheint nach LITWINOW eine sehr wichtige Rolle zu spielen, weil sie nach KOLOTOWA ein starkes Absinken der Leistung der Pflanze hervorruft. Wesentlich ist ferner, daß dieser Punkt in vollem Umfange reell ist; denn wie wir eben sahen, hört bei Durchgang dieses Punktes die Arbeit des unteren Motors der Pflanzen auf.

Der *KrF*-Wert liegt über dem *WF*-Wert. Nach den Unterlagen LITWINOWS tritt die *KrF* dann ein, wenn im Boden durchschnittlich rund 2% des physiologisch ausnutzbaren Wassers vorhanden sind. Wenn man berücksichtigt, daß LITWINOW das physiologisch zugängliche Wasser als Differenz zwischen dem tatsächlichen Wassergehalt und der doppelten Maximalen Hygroskopizität bestimmte (was einer etwas überhöhten Welkefeuchtigkeit entspricht), kann man annehmen, daß der wirkliche Gehalt an physiologisch nutzbarem Wasser in diesem Augenblick höherlag. Man muß mit Bedauern feststellen, daß die Arbeit LITWINOWS in dieser Hinsicht unvollständig ist, daß er kein genaues Verhältnis des so wichtigen *KrF*-Wertes zu anderen hydrologischen Merkmalen des Bodens herstellt, wie z. B. zur *WF*, *MH* oder *GW*.

LITWINOW schlug vor, seine Methode (LITWINOW und SAPOTNIZKAJA, 1934) zur Bestimmung der „wasserfesthaltenden Kraft des Bodens" anzuwenden. Er untersuchte das Wurzelsystem der Pflanzen, das in einem Stumpf und mit daran befestigtem Manometer als Osmometer endet, und stellte daraufhin die Gleichung auf:

$$W = P - M ,$$

in der W die „wasserhaltende Kraft" des Bodens,[1]

P der osmotische Druck der Zelle,

M der gemessene osmotische Druck ist.

P kann aus dem osmotischen Druck des ausgetretenen Saftes bestimmt werden. M wird durch das Osmometer gemessen. Die Richtigkeit der Formel bewiesen LITWINOW und SAPOTNIZKAJA dadurch, daß sie die Pflanzen in einer Nährlösung von bekannten osmotischen Druck aufzogen.

Dabei fanden sie, daß die wasserhaltende Kraft eines Permsker Tonbodens die in Tab. 125 angeführten Werte hat.

TABELLE 125
Wasserhaltende Kraft eines Tonbodens
und SAPOTNIZKAJA (1934) nach LITWINOW

Pflanze	Wassergehalt des Bodens in % der vollen Wasserkapazität	P in at	M in at	$W = E - M$ in at
Balsamine	80	0,724	0,454	0,270
	80	0,724	0,421	0,303
	60	0,724	0,158	0,566
Mais	40	1,447	0,217	1,230
	40	1,327	0,290	1,037

[1] In seiner letzten Arbeit (1951) betont LITWINOW, daß „die wasserhaltende Kraft des Bodens in der Hauptsache aus zwei Komponenten bestehe: 1. aus der Saugkraft des Bodens, die durch die Energie der Oberflächenspannung der Menisken bedingt ist, und 2. aus dem osmotischen Druck der Bodenlösung". Hierzu muß bemerkt werden, daß die Saugkraft des Bodens nicht nur durch die Meniskenkräfte, sondern auch durch Adsorptionskräfte bestimmt wird.

In einem früheren Versuch (1928) beobachtete LITWINOW das Aufhören des Blutens in Abhängigkeit vom osmotischen Druck des Zellsaftes. Dabei stellte er folgende Werte der wasserhaltenden Kraft verschiedener Böden fest:

Solonez	4,09—3,60 at
Tschernosjom	3,1 at
Wiesen-Solontschak	3,61—3,73 at
Wiesen-Solod	2,1 —2,4 at

LITWINOWS „Punkt der ausreichenden Benetzung", stellt zwar den Grenzwert dar, bei dem die Pflanzen unter Wassermangel leiden, kennzeichnet jedoch nicht den Wassergehalt des Bodens, der Höchsterträge gewährleistet. Theoretisch kann es eine solche oberste Grenze nicht geben, weil mit Zuführung von Wasser der Ertrag laufend erhöht wird, vorausgesetzt, daß auch die übrigen Wachstumsfaktoren verbessert werden.

Das Problem der technischen Versorgung der Pflanzen mit großen Wassermengen ist jedoch noch nicht gelöst. Deshalb müssen wir mit einem bedeutenden Antagonismus zwischen Wasser und Luft im Boden zu rechnen. Bei Zugabe großer Wassermengen verschlechtert sich der Gasaustausch zwischen Boden und atmosphärischer Luft, so daß er auch ganz aufhören kann; in diesem Falle leidet das Wurzelsystem der Pflanzen unter Sauerstoffmangel. Ein solcher Zustand tritt aber nur bei einem äußerst hohen Benetzungsgrad ein. Im Bereich der mittleren Feuchtigkeitsgrade führt erhöhte Bodenfeuchtigkeit zur Steigerung der Pflanzenerträge, wie aus dem oberen Kurvenabschnitt der Abb. 94 zu ersehen ist.

Über optimale Wassergaben unter feldmäßigen Bedingungen gibt es sehr wenige Unterlagen.

Wir wissen bereits, daß bei tiefer Lage des Grundwasserspiegels der Wassergehalt des Bodens, den wir durch Bewässerung bestenfalls erzielen, der *GW* entspricht. Wenn wir verschiedene Mengen Wasser geben, können wir den Wasservorrat im Boden nur dadurch verbessern, daß wir die Mächtigkeit der durchfeuchteten Bodenschicht erhöhen. Den Boden tiefer als das Wurzelsystem zu benetzen, ist unzweckmäßig. Gleichzeitig muß darauf hingewiesen werden, daß wir durch Regulierung der Bewässerung in gewissen Grenzen auch die Bewurzelungstiefe beeinflussen können, wie KRUSHILIN (1935) gezeigt hat.

Der Wasservorrat des Bodens, den die Bewässerung erzielt, geht sowohl durch Transpiration der Pflanzen als auch durch physikalische Verdunstung wieder verloren. Schon die Transpiration durch die Pflanze kann den Wassergehalt des Bodens bis zur *WF* herabdrücken.

Auch das allmähliche Absinken der Feuchtigkeit bis zum *WF*-Wert ruft Ertragsdepressionen hervor. Mit anderen Worten: Wenn als oberste Grenze eines optimalen Wassergehalts unter feldmäßigen Bedingungen die *GW* anzusehen ist, so liegt die untere Grenze durchaus nicht bei der *WF*, sondern bei einem wesentlich höheren Wert. Diese Grenze zu erkennen, stellt eine wichtige praktische Aufgabe dar; hierüber sind die Literaturangaben auch nicht besonders zahlreich. Wir erwähnen hier die Versuche von SAIZEW (1940) über bewässerten Sommerweizen auf der Besentschuksker Versuchsstation (Tab. 126).

Saizew stellte fest, daß das Absinken der Bodenfeuchtigkeit vor der Bewässerung auf unter 60% der *GW* den Ertrag stark verminderte. Er ist der Meinung, daß der optimale Wassergehalt unter feldmäßigen Bedingungen zwischen 75 und 100% der *GW* liegt. Streng genommen, sind die Unterlagen der Tab. 126 keine Grundlage für diese Behauptung. Es ist durchaus wahrscheinlich, daß bei Erhöhung der unteren Feuchtigkeitsgrenze — sagen wir bis auf 80% der *GW* — eine deutliche Ertragssteigerung eingetreten wäre. Eine andere Frage ist, inwieweit das praktisch und technisch verwirklicht werden kann.

TABELLE 126

Sommerweizenertrag in Abhängigkeit vom Wassergehalt des Bodens nach Saizew (1940)

Wassergehalt des Bodens in Prozenten der Minimalen Wasserkapazität	Anzahl der Wassergaben	in m^3/ha	Ertrag in dz/ha	
			Korn	Stroh
75 bis 100%	4	3148	37,1	47,0
65 bis 100%	3	2090	31,0	44,5
60 bis 100%	2	1542	28,5	36,2

Saizew betont, daß der Wassergehalt eine Woche vor der Ährenbildung nicht unter 75% der *GW* absinken darf, weil während dieser Zeit die Transpiration stark zunimmt und die Befruchtung der Blüten vor sich geht. In der Periode, die der geschilderten vorangeht, kann sich der Wassergehalt bis auf 65% der *GW* verringern, darf aber nicht unter 6 bis 7% des „toten Wasservorrates" absinken, weil sonst beim Schossen Wachstumshemmungen eintreten, die sich auf Ausbildung der sekundären Wurzeln und Bestockung ungünstig auswirken. Ebenso führt ein Absinken des Wassergehaltes unter 65% während des Körneransatzes zu einer Ertragssenkung durch Verringerung des Tausendkorngewichtes. Schließlich hebt Saizew hervor, daß der Wassergehalt des Bodens „in den Grenzen von 65 bis 70% der Feldwasserkapazität und während der Ähren- und Körnerbildung" in der Periode des Schossens nicht unter 70 bis 75% der Feldwasserkapazität liegen sollte. Er hält es für zweckmäßig, den Wassergehalt bis zum Ende der Milchreife auf 65% zu halten.

Zu ähnlichen Schlußfogerungen kam auch Ryshow 1948, dessen Beobachtungen sich auf Baumwollstauden beziehen. Tab. 127 gibt den Baumwollertrag einer Pflanzung auf Grauerde der Kawaksker Versuchsstation an, mit einer *WF* von 7,5%.

Ryshow hebt hervor, daß der Baumwollertrag lange vor Erreichung der *WF* stark absinkt. In der dritten Versuchsvariante senkte er den Gehalt an physiologisch nutzbarem Wasser vor der Beregnung von 13,6 auf 7,5, was bereits zu einer bedeutenden Ertragsdepression führte. Wir erinnern daran, daß in den Versuchen Kokinas (s. Abb. 95) bei einer relativen Ausgangsfeuchtigkeit des Bodens von 55% die Intensität der Transpiration dann abzunehmen begann, wenn im Boden noch rund 7% ausnutzbares Wasser vorhanden war.

TABELLE 127

Baumwollertrag bei niedrigem Wassergehalt des Bodens vor der Regengabe bei unterschiedlichem Welkezustand der Blätter (Versuche von STAROW, zitiert nach RYSHOW, 1948)

Merkmale	Kontrolle	Welken der Blätter um 15°° Uhr	Welken der Blätter dauerte bis 19°° Uhr	Welken hielt bis 7°° Uhr früh an
Länge des Hauptstengels in cm	56,1	41,2	36,1	24,9
Anzahl der Fruchtkörbchen von einer Pflanze	6,3	5,1	4,1	2,1
Mittleres Gewicht des Fruchtkörbchens in g	4,0	4,1	3,9	3,8
Ertrag einer Pflanze in g	25,6	23,2	15,8	8,2
Relativer Ertrag	100	90,6	61,7	32,3
Schema der Wassergaben	1—3—1	1—2—1	1—1—1	1—0—0
Wassergehalt des Bodens vor der Regengabe in Gew.-% (Mittel einer meterstarken Schicht)	15,0	14,6	13,6	11,3
Wassergehalt in % der Minimalen Wasserkapazität	70,7	68,9	64,2	53,3

Deshalb empfiehlt RYSHOW, „für das physiologisch nutzbare Wasser eine untere Grenze der optimalen Bodenfeuchtigkeit zu unterscheiden."

Aus zahlreichen Versuchen geht hervor, daß für die Grauerden des Fergansker Tales die untere Grenze der optimalen Feuchtigkeit bei 70% der *GW* liegt. Deshalb sollten nach RYSHOW Zeitpunkt und Höhe der Regengaben so gewählt werden, daß der Wassergehalt des Bodens nicht unter 70% der *GW* absinkt. RYSHOW kommt also zu der gleichen unteren Grenze des optimalen Wassergehalts wie SAIZEW, obgleich seine Versuche mit anderen Böden und Pflanzen angestellt worden waren.

Durch Bestimmung der Beweglichkeit des Bodenwassers mit Hilfe der Gipsplatte fand RYSHOW, daß gerade in dem Feuchtigkeitsbereich von 50 bis 70% der *GW* die Wasserverdunstung der Fergansker Grauerden stark abnimmt.

In diesem Zusammenhang ist es interessant, die untere Grenze des optimalen Wassergehaltes mit der „Feuchtigkeit des Abrisses der Kapillarverbindung" zu vergleichen: Wir haben in Kapitel VI darauf hingewiesen, daß dieser Wert nach ABRAMOWA für Lößlehm und nach BOLSCHAKOW für Grauerden ebenfalls 70% der *GW* beträgt. Es ist also die Annahme begründet, daß die *FRK* mit der unteren Grenze der optimalen Feuchtigkeit identisch ist. Das Verhältnis dieser beiden Größen zur *KrF*, „Punkt der ausreichenden Benetzung", ist weniger klar. Darum sind weitere Versuche erforderlich, um das Verhältnis zwischen der Transpiration der Pflanze und der Bodenfeuchtigkeit in allen Bereichen der vollen Wasserkapazität bis zur Welkefeuchtigkeit festzustellen. In seiner letzten Arbeit weist LIT-

WINOW 1951 darauf hin, daß bei Dürre das Absinken des Ertrages nicht durch permanentes Verwelken der Pflanzen, sondern durch Wassermangel in ihren Geweben hervorgerufen wird. Das tritt bereits bei einer Bodenfeuchtigkeit ein, die wesentlich über der *WF* liegt. Gerade der Wassermangel ist die Ursache für die Verringerung der Wachstumsintensität und der Photosynthese.

Es ist vielleicht richtiger, die „Kritische Feuchtigkeit“ als „Feuchtigkeit des gehemmten Wachstums“ zu bezeichnen.

5. Die Ursachen für die erschwerte Ausnutzung des Wassers

Aus den vorangegangenen Ausführungen geht hervor, daß ein gewisser Teil des Bodenwassers, das „tote Wasser“, unter keinen Umständen von den Pflanzen aufgenommen werden kann. Weiter haben wir gesehen, daß lange, bevor der Wassergehalt des Bodens bis zu dieser Grenze absinkt, die Aufnahme des Wassers durch die Pflanze mit Schwierigkeiten verbunden ist.

Wir stehen vor der Frage, welches die Ursachen für die Nichtaufnahmefähigkeit des „toten Wassers“ und für die Erschwerung der Wasseraufnahme durch die Pflanze sind.

Wir haben gehört, daß die Wasseraufnahme das Ergebnis der Arbeit zweier Motoren ist, des unteren Wurzel- und des oberen Blattmotors. Beide beruhen auf osmotischen Erscheinungen. Während jedoch die Arbeit des unteren Motors unmittelbar auf Osmose beruht, überträgt der obere, ebenfalls osmotisch arbeitende Motor seine Arbeit durch den negativen hydrostatischen Druck auf die Wurzel. Mit anderen Worten: Die Kräfte, die sie auf das Bodenwasser ausüben, sind verschiedener Natur. Deshalb kann die Richtung dieser Kräfte bei hoher Bodenfeuchtigkeit zusammenfallen oder bei niedriger Bodenfeuchtigkeit entgegengesetzt sein. Der Übergang von einem Zustand zum anderen tritt ein, wenn das Bluten der Pflanzen aufhört.

Es ist ebenfalls bekannt, daß die Wasseraufnahme durch die Wurzelhärchen erfolgt, deren Durchmesser etwa 0,01 mm beträgt. Nur das Wasser kann aufgenommen werden, mit dem die Wurzelhärchen unmittelbar in Berührung kommen. Wir wissen, daß der Querschnitt der Bodenporen, insbesondere in schweren Böden, oft wesentlich geringer ist als der Durchmesser der Wurzelhärchen. Bei der Austrocknung des Bodens wird das restliche Wasser gerade in den feinsten Poren konzentriert. Es liegt auf der Hand, daß das in diesen Poren enthaltene Wasser von den Wurzelhärchen nur dann aufgenommen werden kann, wenn es sich unter dem Einfluß verschiedener Kräfte zu ihnen hin bewegt.

Das Wasser kann um so schneller von den Pflanzen aufgenommen werden, je kürzer der Weg ist, den es zu den Wurzeln zurücklegen muß. Die Pflanze ist befähigt, durch ununterbrochenes Wachstum des Wurzelsystems mit stärkster Verzweigung das Wasser aufzusuchen. Nach DIETMER (zitiert nach MAXIMOW, 1944) wurden an einer einzelnen Winterroggenpflanze folgende Wurzeln gezählt:

Wurzeln erster Ordnung	143
Wurzeln zweiter Ordnung	35000
Wurzeln dritter Ordnung	2300000
Wurzeln vierter Ordnung	11500000,

insgesamt also fast 14 Millionen Wurzeln. Ihre Gesamtlänge betrug 600 km mit einer Oberfläche von 225 m². Diese Wurzeln waren mit 15 Millionen Wurzelhärchen ausgestattet, mit einer Gesamtlänge von 10000 km und einer Gesamtoberfläche von rund 400 m². Der oberirdische Teil hatte 80 Triebe mit 480 Blättern mit einer Oberfläche von 4,5 m². Die Oberfläche des Wurzelsystems betrug also das 130fache der Oberfläche der Blätter. Der tägliche Zuwachs des Wurzelsystems betrug 115000 neue Wurzeln und 119 Millionen neue Wurzelhärchen, mit einer Gesamtlänge der Wurzeln von 5 km und der Wurzelhärchen von 80 km.

Zu diesen Zahlen äußert sich MAXIMOW wie folgt: „Im Gegensatz zur allgemeinen Vorstellung ist das Wurzelsystem durchaus nicht unbeweglich und an einen bestimmten Ort gebunden, sondern befindet sich fortlaufend in Bewegung, umhüllt wie eine große Herde kleiner wühlender Tiere jedes auf dem Wege liegende Sandkörnchen und leckt, wenn man sich so ausdrücken darf, die feinen Wasserfilme ab. Nicht das Wasser fließt durch die Bodenkapillaren zu den Wurzelenden, sondern die Wurzelenden wachsen dem Wasser nach und durchwühlen nach ihm energisch die Erde, so daß kein einziger Kubikmillimeter unausgenutzt bleibt.“

Selbst wenn wir die Angaben DIETMERS als stark übertrieben beurteilen, besitzen die Pflanzen doch in ihrem ununterbrochen wachsenden Wurzelsystem ein mächtiges Mittel, um an das Wasser und damit an die Nährstoffe heranzukommen. Dieses Mittel reicht jedoch nicht aus. Wie bereits erwähnt, können die Wurzeln in schwere Böden nicht eindringen, erstens, weil sie einen im Verhältnis zu den Bodenporen zu großen Durchmesser haben und zweitens, weil ein solcher Boden in hohem Maße dem Eindringen der Wurzel auch mechanischen Widerstand leistet. Deshalb kommt das Wurzelsystem bei weitem nicht mit dem gesamten Bodenwasser in Berührung. Die Ausnutzung des Bodenwassers, das die Wurzeln nicht unmittelbar erreichen, hängt davon ab, inwieweit dieses Wasser zu den Wurzelhärchen hin bewegt wird, also durch den Grad seiner Beweglichkeit.

Wie bekannt, verhält sich in dieser Hinsicht das Bodenwasser bei verschiedenem Wassergehalt unterschiedlich.

Über lehmige und tonige Böden können wir dazu folgendes aussagen: Bei einem Wassergehalt des Bodens über der *GW* ist das Wasser leicht beweglich und fähig, zu den Wurzelhärchen zu wandern. Im Feuchtigkeitsbereich zwischen der *VW* und der *GW* wird die Pflanze also ohne Schwierigkeiten mit Wasser versorgt. Bei Annäherung des Wassergehaltes an die *VW* kann sogar soviel überschüssiges Wasser vorhanden sein, daß das Eindringen von Luft erschwert ist.

Sinkt der Wassergehalt unter die *GW*, so nimmt die Beweglichkeit des Wassers erheblich ab. Sie bleibt jedoch im Feuchtigkeitsbereich von der *GW* bis zur *FRK* noch so hoch, daß in Verbindung mit dem ununterbrochenen Wachstum des Wurzelsystems die Pflanze noch ausreichend mit Wasser versorgt ist. Sinkt der Wasser gehalt unter die *FRK*, so nimmt die Beweglichkeit des Wassers stark ab, wahrscheinlich deshalb, weil das Wasser in einzelne mikroskopische, miteinander nur durch feine Filme verbundene, Wasserpfropfen aufgeteilt ist. Die Wasserbewegung kann nur längs dieser Filme erfolgen; da diese aus gebundenem Wasser bestehen, d. h. aus Schichten orientierter Wassermoleküle, erfolgt ihre Bewegung sehr langsam. Mit weiterem Absinken des Wassergehaltes unter die *FRK* wird die Versorgung der Pflanze mit Wasser noch schwieriger. Der Schwierigkeitsgrad hängt hierbei natürlich von den Transpirationsbedingungen ab. Je günstiger diese sind, desto weniger leidet die Pflanze unter der erschwerten Wassernachlieferung und umgekehrt. In diesem Bereich spielt offenbar nicht nur der langsame Zufluß des Wassers zu den Wurzelenden eine Rolle, sondern auch die gehemmte Aufnahme des Wassers durch das Wurzelsystem. Die osmotischen Kräfte, die den unteren Motor in Gang setzen, treten in Konkurrenz mit den Kräften, die das Wasser im Boden festhalten: erstens mit dem Sorptionskräften und zweitens mit den osmotischen Kräften. Die letzteren haben ihren Ursprung entweder in den Salzen der Bodenlösung oder auch in den abdissoziierten Austauschkationen. Mit abnehmendem Wassergehalt erhöht sich die Konzentration der Bodenlösung, wodurch der Gehalt an labil gebundenem Wasser verringert wird. Bekanntlich führt das schließlich dazu, daß der untere Motor die Wasseraufnahme einstellt und das Wasser nur noch durch die Arbeit des oberen Motors bewegt wird. Dieser Moment entspricht dem Absinken der Bodenfeuchtigkeit auf die „Kritische Feuchtigkeit"; damit ist eine starke Verringerung der Transpiration und eine ebenso starke Abnahme der Photosynthese verbunden.

In dem Feuchtigkeitsbereich von der *FRK* bis zur *KrF* verringert sich die Aufnehmbarkeit des Wassers für die Pflanzen wesentlich, und zwar durch die Herabsetzung der Wasserbeweglichkeit wie auch durch das Ansteigen des osmotischen Druckes der Bodenlösung und der Sorptionskräfte. Welcher dieser beiden Faktoren — Abnahme der Wasserbeweglichkeit oder Ansteigen des osmotischen Druckes der Bodenlösung mit Zunahme der Sorptionskräfte des Bodens — bei der Verringerung der Wasseraufnahme eine größere Rolle spielt, ist vorläufig noch nicht zu entscheiden. Es ist durchaus möglich, daß diese Frage für einzelne Böden unterschiedlich beantwortet werden muß, und zwar in Abhängigkeit von Konzentration der Bodenlösung, mechanischer Zusammensetzung und Bodenstruktur.

Am wahrscheinlichsten ist jedoch, daß die Verringerung der Wasseraufnahme in erster Linie von der geringeren Beweglichkeit der Wassermoleküle abhängt, worauf bereits vor einem Vierteljahrhundert Maximow (1926) hingewiesen hat. Diese Schlußfolgerung wurde in letzter Zeit durch Maximow und Komiserko 1950 bestätigt.

Bei weiterem Wasserentzug aus dem Boden beobachten wir bei den Pflanzen die Merkmale des permanenten Verwelkens. Bekanntlich entspricht diesem Zeitpunkt das Absinken der Bodenfeuchtigkeit bis zur *WF*. Allerdings bleibt auch dann noch eine gewisse Wassermenge im Boden zurück, die von den Pflanzen z. T. noch verwertet werden kann. Diese Aufnahme erfolgt jetzt allein durch die Arbeit des oberen Motors äußerst langsam. Folglich hängt die langsame Aufnahme des Wassers in diesem Feuchtigkeitsbereich vornehmlich von der schwachen und immer mehr abnehmenden Beweglichkeit des Wassers ab und nicht davon, daß das Wasser von den Pflanzen nicht aufgenommen werden kann.

Es entsteht die Frage: In welcher Form liegt das Wasser in feinkörnigen Böden bei Absinken des Wassergehaltes bis zur *WF* vor? Dolgow (1948, S. 169—170) ermittelte den Wassergehalt in Bodensäulen, die von oben befeuchtet wurden, indem er den Wassergehalt schichtweise in Abständen von 1 cm unmittelbar oberhalb und unterhalb der Benetzungsgrenze bestimmte. Von uns wurden die Ergebnisse seiner Messungen auf Abb. 96 graphisch dargestellt. Wird der Wasser-

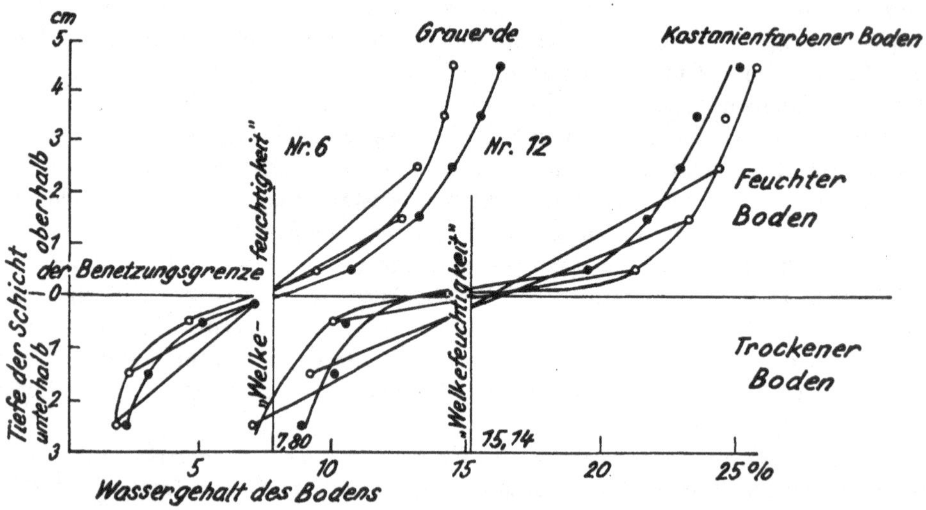

Abb. 96. Wassergehalt des Bodens an der unteren Benetzungsgrenze und „Welkefeuchtigkeit" nach Dolgow

gehalt der Schichten, die gleichen Abstand von der Benetzungsgrenze haben, verbunden, so schneiden sie die Benetzungsgrenze in beiden Böden in etwa dem gleichen Punkt, der dem Wassergehalt der „Welkefeuchtigkeit" nahezu entspricht. Dolgow nimmt deshalb an, daß das Wasser an der Benetzungsgrenze als Fugenwasser auftritt. Nach seiner Meinung berechtigt die Übereinstimmung der *WF* und des Wassergehaltes an der Benetzungsgrenze zu der Annahme, daß die *WF* gleich dem maximalen Gehalt an Fugenwasser ist.

Dieser Schluß kann nicht als ausreichend begründet angesehen werden, weil der Zustand des Wassers an der Benetzungsgrenze unbekannt ist und wir nur auf mehr oder weniger richtige Vermutungen angewiesen sind. Aber auch wenn man Dolgow folgt, darf nicht übersehen werden, daß in feinkörnigen Böden das gesamte Wasser der „Welkefeuchtigkeit" zweifelsfrei in gebundener Form vorliegt und folglich für die Pflanzen schwer ausnutzbar ist.

Die obigen Überlegungen bezogen sich auf feinkörnige Böden, in denen der Wasservorrat als „an Filmen hängendes Wasser" auftreten kann. In mittel- und grobkörnigen Böden, in denen die kapillare Stützung durch das Grundwasser fehlt, kann das Wasser nur als Fugenwasser vorkommen. In diesem Fall ist das hängende Fugenwasser praktisch unbeweglich und folglich für die Pflanzen nur dann zugänglich, wenn Bodenporen von relativ großem Querschnitt vorhanden sind. In diesen Fällen sind die Wurzeln vermutlich in der Lage, auch das Fugenwasser aufzunehmen. Da der Gehalt an Fugenwasser aber meistens sehr gering ist, können die Pflanzen nur dann mit Wasser ausreichend versorgt werden, wenn ihre Wurzeln den oberen Teil des Kapillarsaumes mit frei beweglichem Wasser erreichen.

Wie die Untersuchungen LOBANOWS und anderer Autoren zeigen, kann der Wassergehalt des Bodens während der Wasseraufnahme durch die Pflanzen bis zur *MH* und sogar noch tiefer absinken. Erst nach weiterer Verringerung des Wassergehaltes hört die Wasseraufnahme der Pflanze völlig auf; vollständig unaufnehmbar ist also allein das festgebundene Wasser unterhalb der *MH*. Das Wasser jedoch im Feuchtigkeitsbereich zwischen der *MAW* und der *WF* ist als aufnehmbar auszusprechen, jedoch mit begrenzter Zugänglichkeit.

6. Beziehung der „Welkefeuchtigkeit“ zu anderen hydrologischen Eigenschaften des Bodens

Wir haben nun noch die Beziehung der *WF* zu den hydrologischen Eigenschaften des Bodens zu besprechen. Dieser Frage ist eine ziemlich umfangreiche Literatur in dem Bestreben gewidmet, schnelle und einfache Methoden für die Bestimmung der *WF* zu schaffen.

Schon BOGDANOW und KOSTYTSCHEW haben beobachtet, daß der Wassergehalt bei dem die Pflanzen zu welken anfangen, etwa gleich der doppelten *MH* ist. BRIGGS und SHANTZ (1912) haben diese Frage sorgfältig untersucht. Auf Grund eines umfangreichen Materials haben sie folgende Formeln abgeleitet:

a) $$WF = \frac{\text{„Moisture Equivalent"}}{1{,}84\,(1 \pm 0{,}007)},$$

Mit „Moisture Equivalent“ bezeichneten sie den Wassergehalt eines ursprünglich mit Wasser völlig durchtränkten Bodens, dessen überschüssiges Wasser durch die Zentrifugalkraft von 1000 g abgesaugt ist. Diese Kennziffer wird allgemein in USA angewendet und entspricht unserer „Minimalen Wasserkapazität“ *GW*.

b) $$WF = \frac{\text{„Hygroskopic Moisture"}}{0{,}68\,(1 \pm 0{,}018)}$$

„Hygroskopic Moisture“ entspricht etwa der „Maximalen Hygroskopizität.“

c) $$WF = \frac{\text{Maximale Wasserkapazität} - 21}{2{,}90\,(1 \pm 0{,}021)}$$

d) $$WF = \frac{0{,}01\ (\text{Sandgehalt}) + 0{,}12\ (\text{Schluffgehalt}) + 0{,}57\ (\text{Tongehalt})}{1 \pm 0{,}025}$$

Die Nachprüfung dieser Formeln ergab, daß sie nur in einem sehr begrenztem Umfang Gültigkeit haben.

Besonders viele Arbeiten liegen über die Bestimmung des Verhältnisses der Werte *WF* und *MH* vor. Wir geben keine vollständige Übersicht dieser Literatur, sondern beschränken uns auf die wichtigsten Arbeiten.

PROZEROW und KARASSEW (1939) verdanken wir eine gründliche Untersuchung dieser Fragen. Sie bestimmten in 960 Böden die Werte der *WF* und der *MH*. Aus diesen Bestimmungen berechneten sie den Quotienten $\frac{WF}{MH}$. In Tab. 128 bringen wir ihre Versuchsergebnisse.

TABELLE 128

$\frac{WF}{MH}$ in verschiedenen Böden nach PROZEROW und KARAZEW

	1,00 bis 1,10	1,10 bis 1,20	1,20 bis 1,30	1,30 bis 1,40	1,40 bis 1,50	1,50 bis 1,60	1,60 bis 1,70	1,70 bis 1,80	1,80 bis 1,90	1,90 bis 1,80	2,00 bis 2,50	2,50 bis 3,00
Anzahl der Fälle in % von ihrer Gesamtzahl	1,5	3,8	13,1	25,2	19,6	13,3	9,6	4,8	3,5	3,2	1,6	0,8

Der Quotient $\frac{WF}{MH}$ schwankt in ziemlich weiten Grenzen, mit einem Maximum zwischen 20 bis 1,60. PROZEROW und KARASSEW schließen daraus, daß der Wert 1,34 als Standart für den Hydrologischen Dienst als annähernd zutreffend empfohlen werden kann.

Jedoch betonen die Autoren, daß dieser Quotient vom Bodentyp abhängig ist. Am häufigsten treten bei den verschiedenen Bodentypen folgende Quotienten auf:

Podsolierter Lehm	1,41—1,50 (36,7% der Fälle)
Graue Waldböden	1,21—1,30 (37,8% der Fälle)
Degradierter Tschernosjom	1,21—1,50 (74,6% der Fälle mit gleichmäßiger Verteilung)
Fruchtbarer und tiefgründiger Tschernosjom	1,51—1,60 (26,2%) und 1,61—1,70 (21,5%).
Gewöhnlicher Tschernosjom	1,31—1,40 (53,1%, geringste Streuung)
Südlicher Tschernosjom	1,51—1,60 (26,9%)
Kastanienböden	1,51—1,80 (54,1%) und 1,81—2,00 (21,6%).

Bei KARASSEW (1940) finden wir einen interessanten Versuch, die „Welkefeuchtigkeit“ unter feldmäßigen Verhältnissen zu bestimmen. KARASSEW stellte fest, daß im trockenen Sommer 1938 der Wassergehalt des gewachsenen Bodens häufig unter die „Welkefeuchtigkeit“ absank, wie Tab. 129 zeigt.

Fraglos kann der Wassergehalt der oberen Bodenschichten bis zu ziemlich niedrigen Werten absinken, und zwar nicht so sehr unter dem Einfluß der saugenden Wurzeln, sondern infolge direkter Verdunstung des Bodenwassers. In den tieferen Horizonten kann das allerdings nicht eintreten. Indessen sank der Wassergehalt des Bodens in einer Tiefe von 100 bis 200 cm unter 2jährigem Klee und unter Linden bedeutend unter die *WF* ab. Die Beobachtungen KARASSEWS bestätigen also ebenfalls, daß die Pflanzen das Wasser auch noch bei einem Wassergehalt ausnutzen können, der wesentlich unter der *WF* liegt.

BOLSCHAKOW (1951) führte 1948 einen interessanten Versuch zum Vergleich der *WF* durch, die nach der Keimpflanzenmethode unter feldmäßigen Ver-

TABELLE 129

„Welkefeuchtigkeit“ und Feldfeuchtigkeit

Tiefe der Entnahme in cm	Hafer		2jähriger Klee		Linde	
	Welkefeuchtigkeit %	Feldfeuchtigkeit %	Welkefeuchtigkeit %	Feldfeuchtigkeit %	Welkefeuchtigkeit %	Feldfeuchtigkeit %
0— 10	5,8	5,4	6,0	2,9	6,0	3,1
15— 25	6,7	6,1	5,9	2,4	5,9	2,6
35— 45	6,3	4,9	7,8	3,1	7,6	3,4
60— 70	8,1	6,8	7,1	4,6	7,2	3,7
90—100	7,0	9,5	7,5	6,7	7,8	4,5
140—150	7,9	15,8	6,9	7,4	7,2	4,3
190—200	7,2	13,1	7,5	11,2	7,2	5,0

hältnissen bestimmt wurde. Ein 2.2.2 m großer Monolith aus tiefgründigem Tschernosjom (Zentrales Schwarzerdeschutzgebiet) wurde an den Seiten durch Ölpapier geschützt. Von oben deckte man den mit Weizen bestandenen Monolith zum Schutz gegen Regen mit einem transportablen Dach zu, damit für die Weizenpflanzen nur das Wasser zur Verfügung stand, das im Monolith ursprünglich vorhanden war. Nach Abschluß der Vegetation bestimmte man die schichtweise Verteilung des Wassers im Bodenprisma; im folgenden Winter schützte man den Monolith durch ein festes Dach vor den Niederschlägen. Im Frühjahr 1949 benetzte man die Oberfläche mit etwas Wasser, um dem wieder ausgesäten Weizen die Möglichkeit zu geben, aufzulaufen. Kaum entwickelte Keimpflanzen gingen zugrunde, weil im Boden physiologisch nutzbares Wasser fehlte. Man bestimmte wieder schichtweise den Wassergehalt des Bodens. Die Ergebnisse enthält die Tab. 130.

Der restliche Wassergehalt war im Herbst 1948 und im Juli 1949 der gleiche. In der oberen Schicht bis zu 0,5 m war er nur etwas höher als die *WF*. Darunter war der Wassergehalt wesentlich höher als die *WF*, wahrscheinlich deshalb, weil die Wurzeln nicht bis zu dieser Tiefe hinabreichten. Der Restwassergehalt in größeren Tiefen als 1 m betrug im Jahre 1949 durchschnittlich 17,5%, was offenbar „der Feuchtigkeit des Abrisses der Kapillarverbindung“ *FKR* entspricht, also etwa 75% der Minimalen Wasserkapazität *GW*.

Einen Vergleich der *MH* mit der restlichen Bodenfeuchtigkeit im letzten Entwicklungsstadium der Pflanzen finden wir auch bei Ulassewitsch (1948) (Tab. 131). Ulassewitsch hebt hervor, daß der Quotient

$$\frac{\text{Restwassergehalt}}{\text{Maximale Hygroskopizität}}$$

niemals 1,47 übersteigt, sondern daß sich selbst „bei dieser Feuchtigkeit die Pflanzen entwickeln, Frucht ansetzten, wobei sie allerdings einen welken Eindruck machten und ihre Blätter abwarfen“.

TABELLE 130

Restlicher Wassergehalt eines tiefgründigen Tschernosjoms nach der Weizenernte und die Werte der *WF* und *MH* nach BOLSCHAKOW (1951)

Tiefe der Entnahme in cm	*GW*	*MH* in %	*WF* nach der Keimpflanzenmethode in %	Restlicher Wassergehalt in %	
				nach der Ernte am 17. 8. 48	bei Gelbwerden des Weizens am 15. 7. 49
0— 5	54,3	10,6	14,9	6,0	4,6
5— 10	41,4			12,3	12,5
10— 20	35,5	9,8	13,8	12,0	12,4
20— 30	32,6	9,3	11,8	12,3	13,0
30— 40	31,4	9,3	12,2	13,3	13,8
40— 50	29,5	9,2	12,3	14,0	13,9
50— 60	29,3	8,9	11,7	14,7	14,5
60— 70	27,7	7,9	11,1	14,9	13,7
70— 80	26,3	8,0	10,7	15,0	15,6
80— 90	26,0	7,9	10,2	16,2	15,8
90—100	25,6	7,6	10,4	17,2	16,8
100—110	25,6	7,4	9,5	17,5	17,5
110—120	25,8	—	—	17,2	16,9
120—130	23,9	8,3	—	17,8	17,7
130—140	23,4	—	—	17,5	17,4
140—150	23,3	8,8	9,6	18,3	17,8
150—160	23,4	—	—	18,2	17,6
160—170	22,1	9,4	10,7	18,3	17,3
170—180	22,7	—	—	18,2	17,3
180—190	22,5	9,1	9,4	17,5	18,2
190—200	20,0	7,7	9,2	18,0	17,3

TABELLE 131

Maximale Hygroskopizität und Restwassergehalt des Bodens im letzten Wachstumsstadium von Weizen und Hafer nach ULASSEWITSCH (1948)

Bodenart	Horizont und Tiefe in cm	*MH* in %	Restwassergehalt in %	Quotient aus Restfeuchtigkeit und *MH*	Restwassergehalt in %	Quotient aus Restfeuchtigkeit und *MH*
			Weizen am 20. 7.		Hafer am 23. 7.	
Dunkel-kastanienfarbiger Tonboden	A_1 0— 25	10,0	8,5	0,85	11,3	0,88
	B_1 25— 42	9,9	12,3	1,24	12,5	1,26
	B_2 42— 66	9,5	11,5	1,21	11,7	1,23
	C_1 66— 96	9,3	11,7	1,25	11,6	1,25
	C_2 96—113	9,1	13,4	1,47	11,6	1,26
			Breitreihige Luzerne am 22. 7.		Sonnenblumen am 21. 7.	
Kastanienfarbiger Tonboden	A 0— 20	9,7	8,0	0,82	10,2	1,05
	B_1 20— 25	9,5	11,0	1,16	12,3	1,29
	B_2 45— 70	8,9	10,7	1,21	12,1	1,36
	C 70—105	9,0	10,6	1,18	11,8	1,32

Auch RASUMOWA (Tab. 132) stellte die Übereinstimmung der *WF*, die nach der Keimpflanzenmethode bestimmt wurde, mit den Werten des Restwassergehaltes unter feldmäßigen Verhältnissen nach der Ernte der Pflanzen fest.

TABELLE 132

Restwassergehalt und die Werte der *WF* nach RASUMOWA (1950)

Tiefe der Bodenschicht in cm	Poltawa, grauer Waldlehm		Rostow a. D., Tschernosjom	
	WF nach der Keimpflanzen-methode	Restwassergehalt im Feld	*WF* nach der Keimpflanzen-methode	Restwassergehalt nach Verwelken des Weizens einer vor Niederschlägen geschützten Parzelle
0— 10	8,2	8,0	16,4	10,8
10— 20	8,3	9,0	13,5	13,6
20— 30	9,3	10,7	13,8	13,4
30— 40	9,9	10,7	13,8	13,7
40— 50	10,5	11,2	13,6	13,8
50— 60	10,6	11,4	14,0	14,3
60— 70	10,2	11,4	12,8	15,4
70— 80	10,3	11,7	12,5	16,0
80— 90	10,4	11,7	11,1	17,1
90—100	11,0	11,5	11,3	17,2

Nach den Beobachtungen RASUMOWAS in Poltawa war die Restfeuchtigkeit durchschnittlich nur unwesentlich höher als die *WF*. Nach den in Rostow gemachten Beobachtungen befinden sich in den oberen 60 cm beide Zahlenreihen praktisch in voller Übereinstimmung, und nur in größeren Tiefen war der Wassergehalt wesentlich höher, was sich ohne weiteres daraus erklärt, daß der Weizen auf dieser Parzelle schon verwelkt war, bevor seine Wurzeln in Tiefen von 60 cm vorgedrungen waren.

Der Quotient $\frac{WF}{MH}$ schwankt außerordentlich in den Horizonten auch ein und desselben Bodens. In der Arbeit von KOTSCHERINA (1949) finden wir umfangreiches Material zu dieser Frage, von dem wir einen Teil in Tab. 133 bringen, unter Ergänzung durch Versuchsergebnisse anderer Autoren.

Zusammenfassend ist festzustellen, daß der Quotient $\frac{WF}{MH}$ in den verschiedenen Böden und in den Horizonten ein und desselben Bodens sehr verschieden ist. Deshalb muß man KOTSCHERINA zustimmen, daß für die Berechnung der *WF* und der *MH* der verschiedenen Bodentypen auch verschiedene Koeffizienten zu benutzen sind. In grober Vereinfachung kann der Koeffizient 1,34 benutzt werden, der in der Agrometeorologie Verwendung findet, oder nach KATSCHINSKI (1947) der Koeffizient 1,50.

Die Methode ANDRIANOWS (1938) kann als ähnliche orientierende Methode gelten, um Annäherungswerte für die *WF* zu ermitteln.

TABELLE 133

Welkefeuchtigkeit und Maximale Hygroskopizität verschiedener Böden nach verschiedenen Autoren

Horizont	Tiefe der Entnahme in cm	WF in %	MH in %	$\frac{WF}{MH}$	Horizont	Tiefe der Entnahme in cm	WF in %	MH in %	$\frac{WF}{MH}$
Mittelpodsolierter gepflügter Grasnarbeboden auf schwerem verschlemmten grobschluffigen Decklehm nach WASSILJEW					Tiefgründiger fruchtbarer Tschernosjom auf schwerem grobschluffigem verschlemmten Lößlehm nach BOLSCHAKOW (1950)				
A_p	0— 5	5,64	4,14	1,4	A_1	0— 10	14,2	10,6	1,3
	5— 10	5,75	4,03	1,4		10— 20	13,1	9,8	1,3
	10— 20	5,98	4,09	1,5		20— 30	11,8	9,3	1,3
A_2B	20— 25	5,78	4,33	1,3		30— 40	12,2	9,3	1,3
	25— 30	6,83	5,52	1,2		40— 50	12,3	9,2	1,3
	30— 40	9,49	7,06	1,3		50— 60	11,7	8,9	1,3
	40— 50	10,52	7,46	1,4		60— 70	11,1	7,9	1,4
	50— 60	10,01	8,15	1,2		70— 80	10,7	8,0	1,3
B	60— 70	10,53	8,04	1,3		80— 90	10,2	7,9	1,3
	70— 80	11,19	7,55	1,5		90—100	10,4	7,5	1,4
	80— 90	12,25	8,55	1,4	B_k	100—110	9,5	7,4	1,3
	90—100	12,72	8,31	1,5		140—150	9,6	8,8	1,1
$B (C)$	110—120	13,20	8,26	1,6		160—170	10,7	9,4	1,1
C	130—140	13,55	8,60	1,6		180—190	9,4	9,1	1,0
	150—160	13,30	9,24	1,4		200—210	9,2	7,7	1,2
	170—180	13,25	8,84	1,5					
	190—200	13,23	9,39	1,4					
	210—220	13,21	9,77	1,3					
	230—240	13,76	9,71	1,4					
Mittelpodsolierter Waldboden auf leichtem Decklehm nach WASSILJEW (1950)					Mittelpodsolierter Ackerboden auf leichtem Decklehm nach WASSILJEW (1950)				
A_0	0— 4	64,0	35,4	1,8	$A_1 (+ A_2)$	0— 5	9,6	5,5	1,7
A_1	9— 16	10,8	5,8	1,9	$A_1 (+ A_2)$	5— 18	8,9	4,9	1,8
A_2	16— 25	6,1	3,9	1,6	$A_2 (+ A_1)$	18— 25	7,1	2,8	2,5
A_2B	35— 45	6,8	4,4	1,5	A_2	30— 40	5,2	2,4	2,2
Gewöhnlicher Tschernosjom eines schweren grobschluffigen Terrassenlehms nach KOTSCHERINA (1949)					Verkrusteter Solonez, schwerer grobschluffiger Lehm nach KOTSCHERINA (1949)				
A_p	0— 4	12,5	10,1	1,2	A_0	0— 4	7,9	6,0	1,3
A_1	12— 16	13,6	10,6	1,3	B_1	3— 7	12,5	8,6	1,5
A_1	22— 26	13,7	10,7	1,3	B_2	12— 16	16,2	12,7	1,3
B_1	40— 44	11,8	9,9	1,2	B_3	36— 40	Die Pflanzen haben sich nicht entwickelt	12,1	—
B_2	60— 64	10,2	8,4	1,2	C	60— 64		9,4	—
B_3	90— 94	8,5	6,8	1,3		100—104	4,5	3,1	1,5
C	120—124	8,5	7,0	1,2		150—154	3,5	2,4	1,5
	160—164	7,8	6,3	1,2		205—209	3,7	3,1	1,2
	200—204	8,5	6,8	1,3		254—258	3,7	3,0	1,2
	250—254	3,0	2,5	1,2		280—284	4,7	4,4	1,1

TABELLE 133 (Fortsetzung)

Horizont	Tiefe der entnommenen Proben in cm	*WF* in %	*MH* in %	$\frac{WF}{MH}$
Gewöhnlicher Tschernosjom, schwerer toniger, grobschluffiger Terassenlehm nach KOTSCHERINA (1949)				
	300—304	2,8	2,2	1,3
	350—354	2,9	2,4	1,2
	400—404	6,8	5,4	1,3
	435—439	9,9	6,9	1,4
Typische lehmige grobschluffige gepflügte Grauerde nach KOTSCHERINA (1949)				
A	0— 4	7,3	4,8	1,5
	10— 14	7,7	4,7	1,6
B_1	17— 21	7,0	5,1	1,4
B_2	26— 30	6,9	4,9	1,4
	36— 40	6,8	4,8	1,4
	46— 50	6,4	4,9	1,3
	66— 70	7,4	5,3	1,4
	86—104	6,2	4,8	1,4
	140—144	6,1	4,8	1,3
	200—204	8,1	5,5	1,4
	250—254	5,2	3,9	1,3
	300—304	6,0	4,4	1,4
	350—354	3,8	2,9	1,3

Interessant ist der Vorschlag von FRANZESSON (1947 u. 1949), die *WF* aus der *MH* zu bestimmen. Wie bereits im Kapitel III erwähnt wurde, bestätigt FRANZESSON die Tatsache, daß der *MH*-Wert davon abhängt, auf welche Weise der Boden vor der Bestimmung getrocknet wurde. Er stellte fest, daß sich mit dem Austrocknungsgrad die *MH* verringert. In diesem Zusammenhang wurden die Werte der *MH*, die durch Anwendung eines feuchten Bodens gewonnen wurden, mit den *WF*-Werten verglichen. Die *MH* wurde sowohl über 3%iger als auch über 10%iger H_2SO_4 bestimmt (Tab. 134).

Aus diesen Zahlen entnehmen wir, daß die *MH* eines feuchten Bodens über 3%iger H_2SO_4 sehr wenig von der *WF* abweicht, die nach der Keimpflanzenmethode ermittelt wurde, und die nach FEDOROWSKI die in der Entwicklungsperiode der Pflanzen höchsten *WF*-Werte liefert. Deshalb erscheint die Methode FRANZESSONS fraglos recht aussichtsreich, obgleich sie noch einer gründlichen Nachprüfung bedarf.

Schließlich ist hier noch die Bestimmung der *WF* aus der Abhängigkeit des pF vom Wassergehalt des Bodens zu nennen. BOTELHO DA COSTA (1938) stellte auf Grund zahlreicher Bestimmungen der *WF* und des pF fest, daß die *WF* bei einem Wassergehalt des Bodens nach der Gefrierpunkterniedrigung einem pF von 4,0

TABELLE 134

Maximale Hygroskopizität eines lufttrockenen Bodens über Schwefelsäure verschiedener Konzentration und die Welkefeuchtigkeit nach FRANZESSON (1947)

Bodentyp	Tiefe der entnommenen Proben in cm	Maximale Hygroskopizität			Welkefeuchtigkeit
		Lufttrockener Boden über 10%iger H_2SO_4	Rohboden		
			über 10%iger H_2SO_4	über 3%iger H_2SO_4	
Toniger Tschernosjom mit schwacher Solonezbildung	0—20	11,87	13,42	17,11	17,80
	20—30	13,66	16,68	21,29	20,49
Mittel-lehmiger tiefgründiger Tschernosjom	0—20	7,55	8,57	10,90	11,33
	20—30	7,47	9,00	10,91	11,20
Toniger schwach-alkalischer Tschernosjom mit Solonezbildung	0—20	11,69	—	16,79	17,53
	20—30	13,15	—	19,86	19,72
	40—50	12,78	—	19,77	19,17
	55—65	11,75	—	18,46	17,62
Toniger, schwach-alkalischer Tschernosjom	5—20	11,79	—	16,19	17,68
	20—30	13,08	—	19,25	19,12
	40—50	12,31	—	18,47	18,46
	55—65	11,86	—	17,43	17,79

bis 4,4, also durchschnittlich 4,2 entspricht. Deshalb empfiehlt er, die *WF* aus dem pF des Bodens abzuleiten. Die Anwendung dieser Methode wird durch den Gehalt des Bodens an leichtlöslichen Salzen über 0,05% eingeschränkt.

Gegen den Vorschlag von BOTELHO DA COSTA können alle die Einwände vorgebracht werden, die wir bereits anläßlich der Bestimmung der pF besprochen haben.

7. Zusammenfassung

Die Pflanzen verdunsten während der Vegetationszeit eine sehr große Wassermenge, die das Hundert- und Tausendfache ihres Trockengewichtes übersteigt. Deshalb hat der Wassergehalt des Bodens einen großen Einfluß auf Wachstum und Entwicklung der Pflanzen und folglich auch auf die Erträge.

Ein Teil des Bodenwassers ist für die Pflanzen völlig unaufnehmbar; es stellt den „toten Wasservorrat" im Boden dar. Das „tote Wasser" entspricht etwa dem maximalen Gehalt an festgebundenem Wasser, d. h. der *MAW*, oder übersteigt diesen nur wenig.

Ferner müssen wir das Wasser unterscheiden, das für die Pflanzen sehr schwer aufnehmbar ist. Es liegt zwischen der *MAW* und der Welkefeuchtigkeit *WF*, die der *MH* entspricht. In diesem Feuchtigkeitsbereich zeigen die Pflanzen bereits deutliche Erscheinungen von Wassermangel.

Die dritte Form ist das schwer zugängliche, zwischen den Werten der *WF* und der *FRK* liegende Wasser. In diesem Bereich zeigen die Pflanzen keine Erscheinungen eines Wassermangels, jedoch bleiben die Erträge niedriger.

Zur vierten Form zählt das „mittelzugängliche" Wasser. Sein Gehalt entspricht der Feuchtigkeit zwischen der *FRK* und der *GW*. Da in diesem Bereich das Wasser sehr beweglich ist, werden die Pflanzen ausreichend mit Wasser versorgt. Steigt der Wassergehalt über die *FRK*, so nimmt die Leistung der Vegetation stark zu und wächst ständig mit der Annäherung des Wassergehaltes an die *GW*.

Die fünfte Form in den Grenzen von der *GW* bis zur *VW* stellt das überschüssige, leicht zugängliche Wasser dar. Bereits bei einem Wassergehalt der *GW* wird das Wasser so beweglich, daß bei Erhöhung seines Gehaltes über diese Grenze hinaus die Zugänglichkeit für die Pflanzen nur noch wenig verbessert und die Leistung der Vegetation nur unwesentlich gesteigert wird. Gleichzeitig kann der Wassergehalt in diesem Bereich bereits Schwierigkeiten für das Eindringen des Luft-Sauerstoffes in den Boden mit sich bringen und die Ursache dafür sein, daß die atmenden Wurzeln ungenügend mit Sauerstoff versorgt werden.

Die Veränderungen in der Zugänglichkeit des Bodenwassers bei verringertem Feuchtigkeitsgrad, beginnend mit der *WF* oder sogar mit der *MAW* und darunter, sind darauf zurückzuführen, daß das Wasser im Boden von starken Kräften zurückgehalten wird. Bei niedrigem Wassergehalt wird die Schwierigkeit der Wasseraufnahme hauptsächlich durch die geringe Beweglichkeit des Wassers und durch den verhältnismäßig größeren Durchmesser der Wurzelhärchen bestimmt, der das Eindringen in die kleineren Bodenporen verhindert, in denen sich noch aufnehmbares Wasser befindet.

Wenn die Möglichkeit besteht, die Wasserführung des Bodens zu beherrschen, ist der Wassergehalt zweckmäßig auf der Höhe zwischen der *FRK* und der *GW* zu halten, wobei er sich mehr der letzteren Größe zu nähern hat.

Der größte Wasserbedarf der Pflanzen tritt ein, wenn die generativen Organe gebildet werden.

KAPITEL IX

DIE KLASSIFIKATION DER BODENWASSERFORMEN

1. Die älteren Klassifikationen

In den vorangegangenen Kapiteln haben wir gehört, daß das im Boden vorhandene Wasser nicht homogen ist und daß sich die verschiedenen Wasserformen, wie auch einzelne Teile des Wasserkörpers, sehr verschieden verhalten. Es ist deshalb durchaus verständlich, daß die Forschung bestrebt war, die im Boden auftretenden Wasserformen nach ihren Merkmalen zu klassifizieren.

Obwohl im ersten Augenblick diese Aufgabe leicht erscheint, bereitet sie in Wirklichkeit erhebliche Schwierigkeiten, vor allem deshalb, weil das Wasser energetisch heterogene Hohlräume ausfüllt. Die im Boden auftretenden Wasserformen stellen einander überlagernde Filme dar, die häufig ein sonderbar verzweigtes räumliches Netz bilden, in dessen Maschen sich voneinander getrennte, kleinste Wasseransammlungen anderer Wasserformen befinden können. Bei der Untersuchung der Bodenfeuchtigkeit und der Eigenschaften des Bodenwassers dürfen wir nicht genau bestimmbare Größen erwarten, sondern wir können nur Mittelwerte, wie durchschnittlichen Wassergehalt, durchschnittliche Saugkraft usw., statistisch feststellen.

Deshalb sind wir gezwungen, bei der Klassifikation der Bodenwasserformen solche Schwankungsbreiten festzulegen, in denen wir Eigenschaften und Verhalten des Wassers als gleichartig annehmen dürfen.

In Wirklichkeit jedoch verhält sich das Bodenwasser in keinem Bereich einheitlich. Wir können nur solche Feuchtigkeitsbereiche ausscheiden, in deren Grenzen bloß der überwiegende Anteil — für gewöhnlich das freie Wasser, also die Wassermenge, die vom Boden sozusagen „in letzter Instanz" aufgenommen und von den schwächsten Kräften zurückgehalten wird — einheitlich erscheint.

Erläutern wir das Gesagte durch ein Beispiel. Falls der Wassergehalt des Bodens zwischen der *GW* und der *VW* liegt, so können wir die Aussage machen, daß im Boden freies Gravitationswasser vorhanden ist. Zu dieser Kategorie wird jedoch nicht das gesamte im Boden befindliche Wasser gehören, sondern nur ein gewisser Teil, der als Differenz zwischen der Bodenfeuchtigkeit und der *GW* annähernd beurteilt werden kann. Dieses Wasser tritt im Boden nicht geschlossen auf, sondern als kleine Rinnsale, Tropfen, Filme, die auf der Oberfläche der Partikeln abwärts gleiten. Daneben werden im Boden auch andere Wasserformen vorhanden sein, wie z. B. fest gebundenes, labil gebundenes und von Filmen getragenes Wasser.

Wenn wir also davon sprechen, daß ein Boden mit einem Wassergehalt, der zwischen der *GW* und der *VW* liegt, Gravitationswasser enthält, so heißt das, daß gleichzeitig auch andere Wasserformen vorhanden sind, die aber meistens weniger beweglich sind. Wenn wir einzelne Wasserformen hervorheben, die durch ein gleichartiges „Verhalten“ gekennzeichnet sind so soll darunter in erster Linie die Beweglichkeit des Bodenwassers verstanden werden, also Art und Geschwindigkeit seiner Bewegung, die wichtigste Resultante der wirksamen Kräfte.

Die Grenzwerte der Feuchtigkeitsbereiche und der Saugkraft, bei deren Überschreitung die vorherrschende Rolle von der einen Kraft auf die andere übergeht, was wir an der veränderten Beweglichkeit erkennen, sind die sogenannten „boden-hydrologischen Konstanten“.

Als „boden-hydrologische Konstanten“ bezeichnen wir also solche Punkte auf der Skala der Bodenfeuchtigkeit, bei denen die quantitative Veränderung der Beweglichkeit des Wassers und sonstiger damit verbundener Eigenschaften in qualitative übergehen.

Die Beweglichkeit des Bodenwassers ist das Kriterium für die Unterscheidung der verschiedenen Wasserformen und wird deshalb von fast allen Forschern angewendet, die sich mit den Fragen der Klassifikation des Bodenwassers beschäftigen. Eine klar ausgeprägte Formulierung dieses einwandfreien Prinzips finden wir erstmalig bei Dolgow (1946), der die Klassifikation der Formen des Bodenwassers vollkommen auf diesem Prinzip aufbaut.

Obgleich diese Klassifikation mit Mängeln behaftet ist, erweist sie sich dennoch als die beste von allen bisher vorgeschlagenen. Wir kommen auf sie noch zurück und betrachten zunächst die früheren Klassifikationen, die viel Gemeinsames haben, soweit sie sich auf die Besonderheiten des Verhaltens des Wassers in Abhängigkeit vom Kräftespiel der vier Faktoren stützen: adsorptive, sorptive, kapillare Kräfte und die Schwerkraft.

Eine der frühesten Klassifikationen stammt von Lebedew (1919). Sie sieht wie folgt aus:

I. Dampfförmiges Wasser, das sich von Orten höherer Dampfspannung zu denen mit geringerer bewegt.

II. Hygroskopisches Wasser. In diesem Zustand stellt das Wasser den von den Partikeln sorbierten Wasserdampf dar. Die Höchstmenge an diesem Wasser ist die „Maximale Hygroskopizität“.

III. Filmwasser. Dieses Wasser wird durch molekulare Adhäsionskräfte zwischen den Bodenpartikeln und den Wassermolekülen mit so großer Kraft zurückgehalten, daß eine Zentrifugalkraft von 70000 g nicht imstande ist, es vom Boden zu lösen. Es bewegt sich als Flüssigkeit von den dickeren Filmen zu den dünneren, und zwar sehr langsam. An dieser Bewegung ist die Schwerkraft nicht beteiligt. Die Höchstmenge an solchem Wasser, die im Boden enthalten sein kann, ist die „Maximale molekulare Wasserkapazität“, die „nahezu dem sogenannten Welkekoeffizienten entspricht“ (Lebedew 1936, S. 260).

IV. Gravitationswasser, das sich unter dem Einfluß der Schwerkraft bewegt.

a) Kapillarwasser, das vom Grundwasserspiegel aufsteigt und die kapillaren Hohlräume ausfüllt.

b) Hängendes Wasser. Es steht nicht in hydrostatischer Verbindung mit dem Grundwasser und hängt gewissermaßen im Boden. Hier liegt ein ähnlicher Fall vor wie in einer Kapillare, deren unteres Ende nicht in Wasser taucht.

c) Gravitationswasser, im Absickern begriffen.

V. Wasser im festen Zustand.

VI. Kristallisationswasser.

VII. Chemisch gebundenes Wasser.

Insgesamt gesehen, ist die Klassifikation durchaus gelungen; die späteren Klassifikationen stellen nur Fortentwicklungen dar, obgleich einzelne Wasserformen anders benannt werden. An der Klassifikation Lebedews ist folgendes auszusetzen:

1. Es bestehen keine scharfen Grenzen zwischen den einzelnen Wasserkategorien. Wir wissen z, B., daß schon lange, bevor der Boden die Maximale Hygroskopizität erreicht, kapillarkondensiertes Wasser auftritt, das meistens labil gebunden ist. „Kapillarwasser" kann auch im Boden von der „Maximalen Hygroskopizität" an bis zur „Maximalen molekularen Wasserkapazität" vorhanden sein, d. h. als „Filmwasser" oder als in „Filmen hängendes." 2. Wir sprachen bereits davon, daß die „Maximale molekulare Wasserkapazität", die nach der von Lebedew vorgeschlagenen Methode bestimmt wurde, keineswegs dem „Welkepunkt" entsprechen kann. Man sollte auch nicht „Kapillarwasser" dem „hängenden" gegenüberstellen, weil hängendes Wasser oft auch kapillares ist.

Bouyoucos hat 1921 eine sehr einfache Klassifikation vorgeschlagen. Sie beruht wesentlich auf der Eigenschaft des Bodenwassers, verschiedene Gefrierpunkte zu haben. Bouyoucos unterscheidet:

1. Gravitationswasser;
2. freies Wasser, gefriert bei 0° C;
3. nicht freies Wasser:

a) kapillar-sorbiertes; gefriert bei einer Temperatur von —4° bis —78°;

b) gebundenes Wasser (Wasser fester Lösungen und Hydratationswasser), gefriert bis —78° nicht.

Diese Klassifikation ist unvollständig. Erstens gefriert bekanntlich der größte Teil des im Boden befindlichen Wassers allmählich. Deshalb ist die angenommene Grenztemperatur von —4° ganz willkürlich.[1] Zweitens hängt der Gefrierpunkt nicht nur von der Wechselbeziehung zwischen Boden und Wasser ab, sondern auch von der Konzentration der darin gelösten Stoffe, die sich zeitlich verändern kann. Drittens stellt das „kapillar sorbierte Wasser" eine stark verallgemeinerte Kategorie dar, in der mehrere Wasserformen vereinigt sind.

---

[1] Nach Bouyoucos gefriert bei Abkühlung von —4 bis —78° nachträglich nur eine geringfügige Wassermenge.

Leider hat BOUYOUCOS in seiner Arbeit für eine große Reihe von Böden das zugegebene Wasser in Volumprozenten angegeben und nicht in Gewichtsprozenten, so daß die Diskussion seiner Messungen unmöglich ist.

Bei ZUNKER (1930) finden wir eine ausreichende Unterteilung der Wasserformen. Sie sieht wie folgt aus:

A) Hygroskopisches Wasser;

B) Kapillarwasser;

C) Kapillares Haftwasser:

1. Filmwasser und Porenwinkelwasser (Fugenwasser),

2. Feinkapillares Haftwasser;

a) hängendes Haftwasser,

b) aufsitzendes Haftwasser.

D) Grundwasser.

E) Sickerwasser:

1. Sickerwasser, das mit dem Grundwasser in Verbindung steht (d. h. mit dem Wasser des Kapillarsaumes);

2. Kapillares Sickerwasser, das die obere Grenze des Kapillarsaumes noch nicht erreicht hat.

F) Dampfförmiges Wasser.

Da diese Einteilung auf keinem bestimmten Prinzip beruht, vielmehr nur eine Aufzählung der verschiedenen Erscheinungen des Wassers im Boden ist, werden wir uns mit ihr nicht länger aufhalten.

ANDRIANOW schlug 1938 ein vereinfachtes Schema der Einteilung des Bodenwassers vor. Es sieht wie folgt aus:

A) „Freies Wasser", das mit einer unter 980 dyn liegenden Kraft zurückgehalten wird;

B) „Nicht freies Wasser":

1. Kapillarwasser $\geq$ 980 dyn $>$ 70000 dyn;

2. Aggregatbildungen;

3. Filmwasser 70000 dyn;

4. Feuchtigkeit des Welkepunktes;

5. hygroskopisches Wasser $\geq$ 330000 dyn.

Wir haben diese Unterteilung so gebracht, wie sie veröffentlicht wurde. Offensichtlich haben sich hier aber Druckfehler eingeschlichen. Offenbar ist gemeint, daß das Kapillarwasser mit einer Kraft von 980 bis 70000 dyn, das Filmwasser und das Wasser des Welkepunktes mit einer Kraft von 70000 bis 330000 dyn zurückgehalten werden. Die Definition des freien Wassers ist nicht ganz verständlich, weil sich die Angabe 980 dyn offenbar auf eine Wassermenge von 1 g bezieht. Als oberste Grenze an hygroskopischem Wasser, das in einem Boden zurückbleibt, der in ein Schwerefeld von 330000 g gebracht wird, sind daher nicht 330000 dyn anzusehen, sondern $330000 \times 980 = 324 \times 10^6$ dyn. Es ist auch zu bezweifeln, daß das Wasser im Welkepunkt mit einer Kraft von über 70000 dyn zurückgehalten wird, weil „der osmotische Druck des Zellsaftes der meisten Pflanzen 10000 bis 15000 dyn nicht übersteigt . . .". Hieraus schließt der Autor, daß die Pflanzen das Wasser nicht nur infolge der osmotischen Druckdifferenz erhalten, sondern auch durch Sorptionskräfte.

Abgesehen von diesen Unvollkommenheiten, ist jedoch das Klassifikationsprinzip selbst interessant.

Bei KATSCHINSKI finden wir 1947 eine Reihe von Überlegungen zur Klassifikation des Bodenwassers. Diese Arbeit enthält ein Kapitel mit der Überschrift „Über Wasserformen im Boden und über ihre Eigenschaften, die von uns für die agronomische Bodencharakteristik empfohlen werden". Diese Einschränkung zeigt, daß KATSCHINSKI sich nicht die Aufgabe gestellt hatte, die Frage nach der Klassifikation des Bodenwassers im vollen Umfange zu untersuchen.

KATSCHINSKI unterscheidet folgende „Kategorien an Wasser und an Bodenfeuchtigkeit":

A) „Hygroskopisches Wasser", das die Feuchtigkeit des lufttrockenen Bodens kennzeichnet.

B) Sorptionswasser oder Maximale Hygroskopizität, also das Wasser das infolge Sorption und Kapillarkondensation aus einer mit Wasserdampf gesättigten Atmosphäre aufgenommen wird. Das Wasser der Kapillarkondensation ist fest gebunden.

C) Die „Feuchtigkeit des Welkepunktes". Als Durchschnitt nimmt sie KATSCHINSKI mit 1,5 der *MH* an. Hierzu rechnet er das fest und auch das labil gebundene Wasser; dieser Feuchtigkeit entspricht etwa der „lentokapillare" Punkt von WIDTSOE und MC LAUGHLIN.

D) Osmotisches zellulares Wasser, das nach den Worten KATSCHINSKIS „in Böden mit vertorfter Krume, mit einem hohen Gehalt an Rohhumus aus nicht zersetzten organischen Rückständen enthalten ist. Dieses innerhalb der Zellen befindliche ‚osmotische' Wasser ist von den Pflanzen nicht aufnehmbar, so daß sich der tote Wasservorrat im Boden und damit der Welkepunkt erhöht".

E) Das Wasserhaltevermögen des Bodens (oder die „Gesamtwasserkapazität") bei Wasserzutritt von oben und tiefliegendem Grundwasserspiegel sowie bei Wasseraufstieg von unten bei hohem Grundwasserstand.

F) Die Wasseraufnahmefähigkeit des Bodens, die gleich dem gesamten Porenvolumen ist.

G) Die absolute Bodenfeuchtigkeit.

H) Die relative Feuchtigkeit, die den Sättigungsgrad des Bodens mit Wasser kennzeichnet und die das Verhältnis der absoluten Feuchtigkeit zur „Wasserkapazität", in Prozenten ausgedrückt, darstellt.

Diese Aufstellung umfaßt also sowohl die verschiedenen Wasserformen als auch die hydrologischen Konstanten des Bodens.

Unter Hinweis auf die erwähnte Einschränkung wollen wir an diese Klassifikation nicht die Anforderung stellen, die vom Standpunkt einer vollständigen Klassifikation aller Wasserformen notwendig zu fordern wäre; wir beschränken uns deshalb auf einzelne Bemerkungen.

Vor allem ist der Behauptung KATSCHINSKIS zu widersprechen, daß „die Summe der fest und labil gebundenen Wassermengen an den Welkekoeffizienten grenzt . ." (S. 340). KATSCHINSKI schlägt vor, den Gehalt an „echtem Kapillarwasser" aus der Differenz zwischen der „Gesamtwasserkapazität" und dem „Welkepunktkoeffizienten" zu berechnen (S. 341). In Kapitel IV haben wir gesehen, daß der Mindestgehalt an labil gebundenem Wasser das Zwei- bis Vierfache der *MH* betragen kann, während die Feuchtigkeit des „Welkekoeffizienten" durchschnittlich nur dem 1,5fachen dieser Größe entspricht. Hier begeht KATSCHINSKI den gleichen Fehler wie DOLGOW (s. weiter unten), der die Grenze zwischen dem freien („echt kapillaren") und dem gebundenen Wasser zu tief zieht. Die „kritische Feuchtigkeit" liegt nach Auffassung LITWINOWS bedeutend über dem Wert der *MH*; auch das ist als indirekter Beweis gegen die Begrenzung auf einem so niedrigen Niveau anzusehen.

Unser zweiter Einwand bezieht sich auf das Zellwasser des Torfes. Wir sprachen bereits davon, daß seine Unterscheidung als besondere Wasserform, die mechanisch zurückgehalten wird, durchaus richtig ist. Man darf es aber nicht als „osmotisch gebunden bezeichnen, weil osmotische Kräfte hier nicht wirksam sind und vor allem, weil es üblich ist, mit dem Ausdruck „osmotisch gebundenes Wasser" eine ganz andere Wasserform zu bezeichnen.

Wir sprachen bereits davon, daß es uns unzweckmäßig erscheint, den neuen Ausdruck „Gesamtwasserkapazität" einzuführen, weil bereits der sehr treffende Ausdruck „Wasserhaltevermögen" vorhanden ist.

Wir können uns ferner mit dem Vorschlag, die relative Feuchtigkeit in Prozenten zur „Gesamtwasserkapazität" auszudrücken, nicht einverstanden erklären, insbesondere dann nicht, wenn man damit den „Sättigungsgrad des Bodens mit Wasser" kennzeichnen will (KATSCHINSKI, 1947, S. 341). Dieses Verfahren ist nur dann gerechtfertigt, wenn die Stützung durch den Grundwasserspiegel fehlt. Liegt der Grundwasserspiegel hoch, so ist die „Gesamtwasserkapazität" veränderlich und kann deshalb nicht mehr als Kriterium für die Bestimmung des Sättigungsgrades dienen.

Ferner macht KATSCHINSKI einen neuen interessanten Vorschlag für die Unterteilung des Porenvolumens. Er unterscheidet zunächst das Porenvolumen innerhalb der Krümel und das zwischen den Krümeln, wobei er gleichzeitig die Bestimmungsmethoden angibt. Die Poren können nun angefüllt sein mit:

a) fest gebundenem,
b) labil gebundenem,
c) Kapillarwasser,
d) Luft.

Hierbei wird das Porenvolumen der einzelnen Kategorien durch den Umfang der entsprechenden Wasserkategorien gekennzeichnet, wobei die Dichte des Wassers zu berücksichtigen ist, die von KATSCHINSKI für das labil gebundene Wasser mit 1,25 und für das fest gebundene mit 1,50 angenommen wird.

Dieser Vorschlag ist nicht sehr glücklich. Zu bemerken ist hierzu nur, daß sich das mit labil gebundenem Wasser ausgefüllte Porenvolumen mit der Konzentration der Bodenlösung verändern kann: Je höher die Konzentration, desto geringer das Volumen, während der Gehalt an „Kapillarwasser" entsprechend größer wird.

Gehen wir zur Betrachtung der Klassifikation Dolgows über, die auf Abb. 97 graphisch dargestellt ist.

In diesem Schema sind eine ganze Reihe von Eigenschaften vereinigt: „bodenhydrologische Konstanten", die sich über das gesamte Porenvolumen verteilen, die Charakteristik der Natur von Kräften, die bei der Bestimmung der Wasserbeweglichkeit in verschiedenen Feuchtigkeitsbereichen vorherrschen, die qualitative Kennzeichnung dieser Beweglichkeit und endlich die qualitative Ausnutzbarkeit des Wassers für die Pflanzen in den einzelnen Feuchtigkeitsbereichen.

Wie bereits erwähnt, liegt der von Dolgow vorgeschlagenen Klassifikation die Beweglichkeit des Bodenwassers zugrunde; als Grenze zwischen den einzelnen Wasserformen wählt er einen Wassergehalt des Bodens, bei dem die Geschwindigkeit oder die Art der Wasserbewegung deutlich verändert erscheint.

Der Begriff „Konstante" wurde von der Bodenkunde aus der Physik übernommen. Physikalische Konstanten sind z. B. spezifisches Gewicht, spezifischer Widerstand, Wärmekapazität usw. Diese Größen sind dadurch gekennzeichnet, daß sie reproduzierbar sind. Die Dichte von Eisen z. B. finden wir bei der Untersuchung einer beliebigen Probe reinen Eisens unter Einhaltung bestimmter Vorschriften stets zu 7,86.

Beim Boden ist die Sachlage eine völlig andere. Da dieser ein kompliziertes System aus Kolloiden und lebenden Organismen darstellt, ist er stark veränderlich. Aus diesem Grunde schwanken die Werte, welche die verschiedenen Bodeneigenschaften kennzeichnen. Sie hängen vor allem von der Behandlung der Bodenprobe ab, an der sie ermittelt wurden, und sind daher nicht in vollem Umfange reproduzierbar. Die Bodeneigenschaften sind in Zeit und Raum veränderlich; wir können sie deshalb nur in weiteren oder engeren Grenzen ermitteln. Erinnern wir uns der „Maximalen Hygroskopizität". Obwohl die Bedingungen für die Bestimmung dieser Größe leicht einzuhalten sind, können wir nur die Grenzen ihrer Schwankungsbreite feststellen.

Der zweite Grund, weshalb die boden-hydrologischen „Konstanten" als relativ anzusehen sind, liegt im Wesen dieser Größen selbst. Die Minimale Wasserkapazität *GW* ist z. B. eine sehr wichtige Größe. Wir haben gesehen, daß das im Boden befindliche Wasser, das der *GW* entspricht, sich nur in einem gleichgewichts*ähnlichen* Zustand befindet, d. h., es bewegt sich langsam. Die Größe der *GW* wird davon abhängen, am wievielten Tag nach der Befeuchtung der Parzelle wir sie messen.

Infolge dieser beiden Ursachen sind diese Werte also keineswegs Konstanten im physikalischen Sinne.

Den Begriff boden-hydrologische „Konstante" kann man aber auch anders auslegen. Wir haben bereits darauf hingewiesen, daß die Unterteilung des Bodenwassers in einzelne Kategorien vornehmlich nach den Merkmalen seiner Beweglichkeit erfolgen muß. Von diesem Standpunkt aus gesehen, stellen die „bodenhydrologischen Konstanten" die Punkte dar, bei deren Überschreitung sich die Beweglichkeit des Wassers mehr oder weniger stark verändert. Hierbei muß nur die Tatsache berücksichtigt werden, daß der Knick oder der Sprung in der Beweglichkeit meistens nicht durch einen genau bestimmbaren Feuchtigkeitswert gekennzeichnet wird, sondern durch ein mehr oder weniger weites Intervall.

Unter Berücksichtigung dieser Erläuterungen werden wir in Zukunft den Ausdruck „boden-hydrologische Konstante" ohne Anführungszeichen bringen.

Kehren wir zur Betrachtung der DOLGOWschen Klassifikation zurück. DOLGOW unterscheidet drei Formen von Bodenwasser (1948a, S. 188):

„I. Sorbiertes Wasser (gebundenes Hydratations- oder Filmwasser). Es ist unbeweglich und wird vom Boden vornehmlich durch Sorptionskräfte zurückgehalten, d. h. von Kräften, die in unmittelbarer Wechselwirkung mit den Wassermolekülen, mit der Oberfläche der Bodenpartikel und mit den sorbierten Ionen stehen.

II. Freies Wasser (oder bewegliches, kapillares Gravitationswasser). Es ist im Boden beweglich und wird dort vornehmlich von den Gravitations- oder Kapillarkräften zurückgehalten.

III. Dampfförmiges Wasser. Es bewegt sich in den Bodenporen, die nicht mit flüssigem Wasser ausgefüllt sind, oder diffundiert (vornehmlich unter dem Einfluß der Tension des Wasserdampfes in den verschiedenen Poren) oder wird vom Luftstrom mitgerissen".

Wie aus Abb. 97 zu ersehen ist, zieht DOLGOW die Grenze zwischen dem sorbierten und dem freien Wasser etwa in der Mitte zwischen der Maximalen Hygroskopizität und der Hydroadsorptionsfähigkeit des Bodens.

DOLGOW unterteilt das gebundene Wasser wieder in zwei Gruppen:

1. festgebundenes Wasser,
2. lockergebundenes Wasser.

Beim „freien" Wasser werden unterschieden:

1. kapillar getrenntes Wasser (Fugenwasser),
2. kapillar bewegliches Wasser (Paternosterwasser),
3. kapillar leicht bewegliches Wasser (Kapillarwasser),
4. Sickerwasser,
5. Grundwasser.

Bezüglich seiner Unterscheidung zwischen gebundenem und freiem Wasser müssen wir feststellen, daß die Grenze zwischen diesen beiden Formen unscharf ausgeprägt ist. DOLGOW führt selbst aus, daß, soweit die oberen Schichten des labil gebundenen Wassers von äußerst geringen Sorptionsdrucken zurückgehalten werden, die Kapillardrucke, die sich bei entsprechendem Wassergehalt entwickeln, erstere wesentlich übertreffen und daß dementsprechend der Wirkungsbereich der Kapillar- und Sorptionskräfte je nach Austrocknung des Bodens stark verlagert wird.

Der Übergang vom fest gebundenen Wasser zum labil gebundenen ist ziemlich scharf, während der Übergang vom labil gebundenen zum freien Wasser, d. h, vom gebundenen Wasser insgesamt zum freien Wasser, allmählich erfolgt. Nach DOLGOW ist dieser Übergang, je nach den verschiedenen Verhältnissen, Schwankungen unterworfen. Wir wissen, daß mit abnehmender Krümelung des Bodens der Gehalt an labil gebundenem Wasser stark ansteigen kann. Nach unseren Vorstellungen kann das freie Wasser im Boden außerdem als einzelne Mikroansammlung auftreten, die voneinander durch Zwischenräume oder Pfropfen von labil gebundenem Wasser getrennt ist.

Es besteht also keine scharf ausgeprägte Grenze zwischen dem gebundenen und dem freien Wasser.

Die Einteilung des freien Wassers beruht auf dem Vorschlag von VERSLUYS (1917), der die Sorptionserscheinungen nicht berücksichtigt. Zweitens erscheint die vorgeschlagene Unterteilung unlogisch. Die Benennung der ersten, zweiten und dritten Zustandsstufe kennzeichnet nur die Fähigkeit der gegebenen Wasserform zur Bewegung und sagt nichts darüber aus, ob sich dieses Wasser auch tatsächlich in Bewegung befindet. Umgekehrt sagt die Bezeichnung der vierten und fünften Zustandsstufe aus, daß die entsprechenden Wasserformen beweglich sind. Indessen kann das Wasser sogar bei völliger Sättigung des Bodens unbeweglich sein, und zwar dann, wenn weder ein Gefälle noch eine darunterliegende wasserundurchlässige Schicht vorhanden ist. Deshalb müßte auch in diesem Falle der Zustand des Wassers nach seiner Fähigkeit zur Bewegung charakterisiert werden.

Betrachten wir jetzt das graphische Schema DOLGOWS (Abb. 97). Auf der linken Seite des Schemas finden wir neun von DOLGOW aufgestellte boden-hydrologische Konstanten:

A) Grundkonstanten:
1. Hydroadsorptionsfähigkeit des Bodens,
2. Feuchtigkeit des permanenten Welkens,
3. Minimale Wasserkapazität,
4. Volle Wasserkapazität.

B) Variable Konstanten:
5. Hydrosorptionsfähigkeit,
6. Feuchtigkeit des zeitweiligen Welkens,
7. Kapillare Wasserkapazität.

C) „Relative" Konstanten:
8. Maximale Hygroskopizität,
9. Maximale molekulare Wasserkapazität.

Hierzu müssen wir vor allem bemerken, daß die Gruppe B überhaupt auszuschließen ist, weil dem Begriff „variable Konstanten" ein innerer Widerspruch anhaftet. Sowohl „Kapillare Wasserkapazität" und „Hydrosorptionsfähigkeit des Bodens" sind zwar sehr nützliche Kennzeichen, aber keine eigentlichen Konstanten.

Was die „Feuchtigkeit des reversiblen Verwelkens" anbetrifft, die sich in der gleichen Gruppe befindet, so kann man sie eher zu den „bedingten" Konstanten zählen.

Bei Betrachtung der Gruppen A und C muß vor allem bemerkt werden, daß diese in dem von uns gebrauchten Sinne eher als relative Werte anzusehen sind.

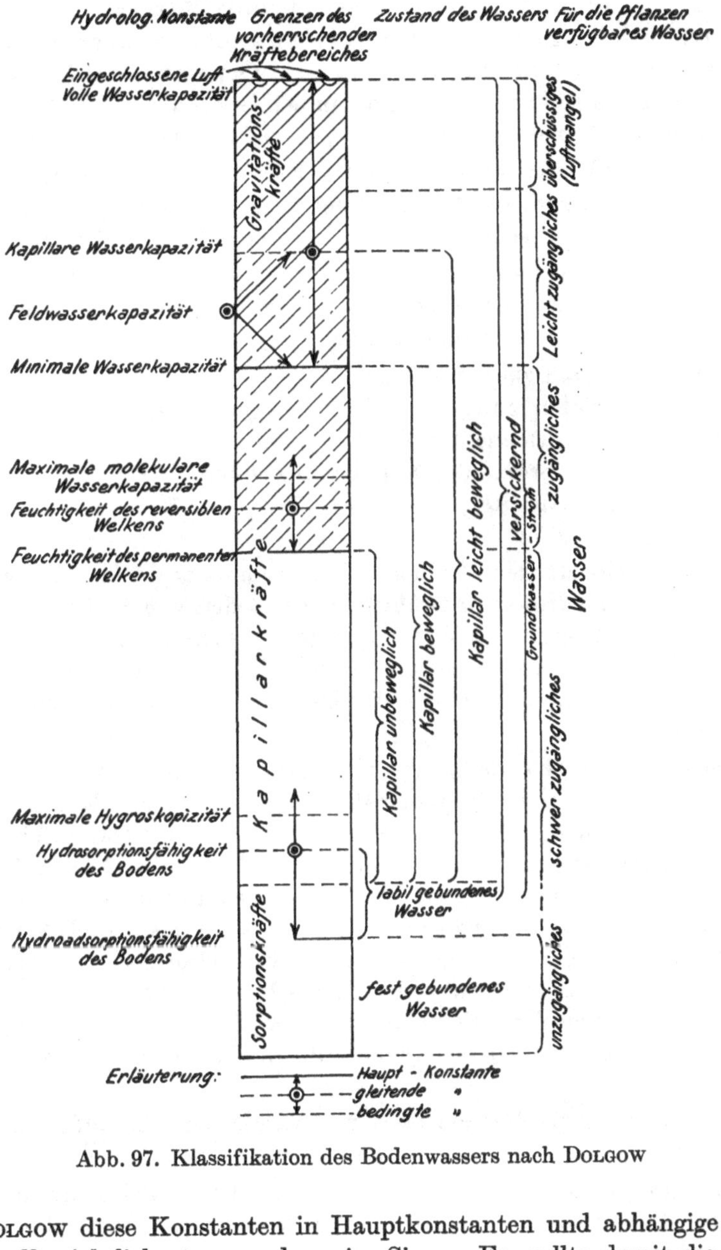

Abb. 97. Klassifikation des Bodenwassers nach DOLGOW

Als DOLGOW diese Konstanten in Hauptkonstanten und abhängige einteilte, hatte er offensichtlich etwas anderes im Sinne. Er wollte damit die Tatsache unterstreichen, daß die ersten vier gewissermaßen natürliche sind, die der sprunghaften Veränderung der Eigenschaften des Bodenwassers entsprechen, während die beiden letzten auf künstlichen Methoden beruhen. Eine solche Unterteilung kann man nur als gesetzmäßig und richtig anerkennen, mit dem einzigen Vorbehalt, daß von den letzten beiden Konstanten die Maximale Wasserkapazität als „fast natürlich" angesehen werden kann, sofern ihre Bestimmung bei nahezu völliger Sättigung der Luft mit Wasserdampf vorgenommen wird. Da die Maximale molekulare Wasserkapazität fraglos ein rein laboratoriumsmäßig bestimmter Wert ist, sehen wir keine Veranlassung, sie überhaupt hier aufzuführen.

Endlich ist in die Klassifikation DOLGOWS als Hauptkonstante noch eine wesentliche Größe aufzunehmen, nämlich die „Feuchtigkeit des Abrisses der Kapillarverbindung" die einen sehr wichtigen Wendepunkt darstellt, weil hier die Beweglichkeit des in „Filmen hängenden Wassers" stark abnimmt.

Somit verbleiben insgesamt sechs boden-hydrologische „Konstanten", die alle mehr oder weniger relativ sind, nämlich:

1. Hydro-Sorptionsfähigkeit des Bodens,
2. Maximale Hygroskopizität,
3. Feuchtigkeit des permanenten Welkepunktes,
4. Feuchtigkeit des Abrisses der Kapillarverbindung,
5. Minimale Wasserkapazität,
6. Volle Wasserkapazität.

Außer diesen „Konstanten" ist noch die Bestimmung der Kapillaren Wasserkapazität und der Hydrosorptionsfähigkeit der Böden von Bedeutung. Obwohl diese Größen keine Konstanten sind, haben wir ihre entsprechende Abhängigkeit bestimmt: Hydrosorptionsfähigkeit von der Konzentration der Lösung und Kapillare Wasserkapazität von der Mächtigkeit der Bodenschicht über dem Grundwasserspiegel.

Zum Schema DOLGOWS zurückkehrend, müssen wir noch die nicht ganz begründete Definition der Hydro-Sorptionsfähigkeit des Bodens als eine „variable Konstante" besprechen. Auf Abb. 97 ist die Hydro-Sorptionsfähigkeit die untere Grenze, während die obere nur unwesentlich über der Maximalen Hygroskopizität liegt. Nach den eigenen Untersuchungen DOLGOWS indessen (1948a, S. 166) „ist die Menge an gebundenem Wasser stets um das 1,5- bis 2fache, selbst um ein Mehrfaches, höher als die Maximale Hygroskopizität". Deshalb ist die obere Grenze wesentlich höher zu ziehen, als es bei DOLGOW der Fall ist, sie liegt zwischen der Minimalen Wasserkapazität und der „Feuchtigkeit des permanenten Welkens". Deshalb ist auch der Bereich des „labil" gebundenen Wassers zu erweitern.

Wir gehen nun auf die Zustandsform des Wassers ein, die auf Abb. 97 rechts dargestellt ist.

Dazu bemerkt DOLGOW folgendes (1948a, S. 194): „Bei Anreicherung des Bodens mit Wasser sowohl als auch bei Wasserentzug ändert das gesamte oder nahezu das gesamte[1] freie Bodenwasser beim Durchlaufen bestimmter Benetzungsgrade seinen Zustand und sein Verhalten; es geht aus dem kapillaren Zustand in den versickernden über oder umgekehrt." Deshalb sind in der Ab-

[1] Von uns gesperrt. — A. R.

bildung die Klammern, die sich auf alle Zustandsformen des Wassers beziehen (außer dem unbeweglich kapillaren), bis zu einer Grenze durchgeführt, die zwischen der Hydroadsorptions- und Hydrosorptionsfähigkeit des Bodens liegt. Die unteren Enden dieser Klammer sind punktiert dargestellt, wobei offengelassen wurde, welcher Größe der Beginn der Punktierung entspricht. Mit anderen Worten: Auch der Autor ist offensichtlich darüber nicht einig, welcher Teil des Wassers in allen Fällen unbeweglich bleibt. Im Text finden wir ebenfalls darüber keine Aufklärung.

Nach DOLGOW ist fast das gesamte Wasser beweglich, wobei er auf die große Beweglichkeit der Salze beim Durchwaschen versalzter Böden hinweist. Gegen diese Behauptung kann man folgenden Einwand erheben: In versalzten Böden ist im allgemeinen wenig labil gebundenes Wasser vorhanden, wenn die Konzentration der Lösung hoch ist. Wenn daher die Behauptung DOLGOWS hinsichtlich versalzter Böden auch gerechtfertigt erscheint, so bedeutet das doch nicht, daß sie auch für nicht versalzte Böden gilt.

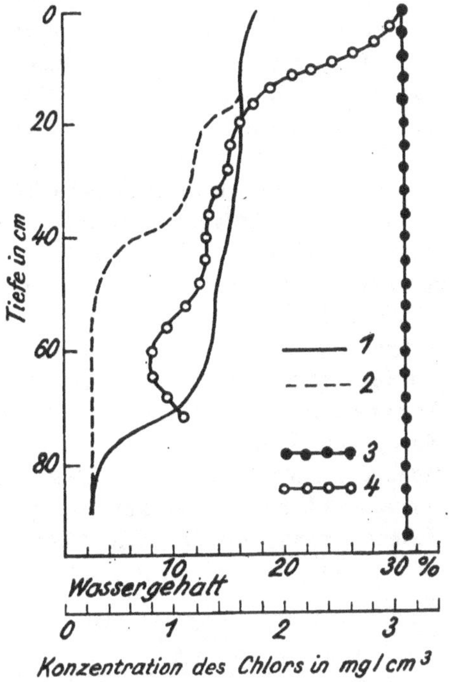

Abb. 98. Verdrängung von reinem Wasser aus leichtem Lehm durch Chlorcalcium-Lösung nach ABRAMOWA

1 Verteilung des Wassers am Ende des Versuches; *2* Verteilung des Wassers zu Beginn des Versuches; *3* Konzentration des Chlors in der Lösung; *4* Konzentration des Chlors im Boden

Zur Erläuterung führen wir die Ergebnisse eines der Versuche ABRAMOWAS an. Eine meterhohe Säule aus leichtem schluffigen Lehm benetzte man mit einer Wassermenge, die genügte, um eine etwa 35 cm starke Schicht zu durchnässen. Nachdem man die Säule 20 Tage hatte stehen lassen, und zwar unter Bedingungen, die die Möglichkeit eines Wasserverlustes durch Verdunstung ausschlossen, brachte man auf die Oberfläche der Säule eine 0,01 n Lösung von Chlorcalcium in einer Menge, die der ursprünglichen Wassergabe entsprach. Anschließend ließ man die Säule wiederum 20 Tage lang stehen unter Vermeidung von Wasserverlusten, um sie dann auseinanderzunehmen und schichtweise den Wasser- und den Chlorgehalt zu bestimmen. Die Ergebnisse sind auf Abb. 98 dargestellt.

Falls die Wasserbewegung so vor sich ginge, wie es sich DOLGOW vorstellt, müßte die zugegebene Chlorcalciumlösung das ursprünglich in der Säule enthaltene reine Wasser bis auf eine Tiefe von etwa 35 cm verdrängen. Wir müßten dann im oberen Teil der 35 cm eine Chlorkonzentration erhalten, die der aufgegebenen Lösung (3,1 mg Chlor in 1 cm³) etwa entspräche, während im unteren

Teil der 35 cm eine Konzentration nahe Null vorliegen müßte mit einer ausreichend stark ausgeprägten Übergangszone zwischen beiden.

Tatsächlich ergibt sich aus der Abb. 98 ein anderes Bild. Die Ausgangskonzentration (3,1 mg Chlor in 1 cm³) finden wir im obersten Abschnitt von etwa 5 cm der Säule vor. Nach unten zu nimmt die Konzentration allmählich ab, erreicht jedoch bei weitem nicht den Nullpunkt, nicht einmal an der untersten Grenze der durchnäßten Masse (etwa 70 cm). Damit ist bewiesen, daß entgegen der Meinung DOLGOWS die von oben zugegebene Chlorcalciumlösung durchaus nicht das gesamte freie Wasser, das ursprünglich in den oberen 35 cm enthalten war, in Bewegung gebracht hat. Ein wesentlicher Teil dieses Wassers ist in seiner Ausgangslage (in 15 bis 31 cm Tiefe) zurückgehalten worden, was durch die Verdünnung der Lösung auf 1,5 mg Cl je 1 cm³ zum Ausdruck kommt.

Hierbei dürfen wir nicht außer acht lassen, daß das Eindringen von Chlor-Ionen in diese Schicht der Bodensäule nicht nur durch mechanische Verdrängung, sondern auch durch Diffusion in die Mikroabschnitte des unbeweglichen, ursprünglich dort vorhandenen Wassers vor sich ging. Die angeführte Berechnung gibt nur den Minimalgehalt des zurückgebliebenen Wassers an, während diese Menge in Wirklichkeit wahrscheinlich größer war.

Interessante Angaben zu dieser Frage finden wir bei SPENGLER (1950), der die Auswaschung von Salzen aus dem Boden in Laboratoriumsversuchen untersuchte. Eine 10 cm hohe Bodensäule mit einem Durchmesser von 50 mm wurde mit aufeinanderfolgenden Wassergaben ausgewaschen, die der Feld-Wasserkapazität der angegebenen Bodensäule entsprachen. Der ursprüngliche Salzgehalt des Bodens betrug 2,37%. Die Versuchsergebnisse sind in Tab. 135 enthalten.

TABELLE 135

Salzgehalt eines versalzten Bodens bei aufeinanderfolgender Durchwaschung nach SPENGLER (1950)

Die Menge des Wassers als Vielfaches der vollen Wasserkapazität	Konzentration in g/l des Waschwassers	
	Eindampfrückstand	Chlorgehalt
2,0faches	65,34	10,38
3,0faches	35,06	5,11
4,0faches	26,12	3,46
5,0faches	16,06	2,02
6,0faches	12,70	1,51
9,6faches	8,58	0,96
14,3faches	6,81	0,75

Aus diesen Angaben ersehen wir, daß nach drei- bis viermaligem Wechsel des Waschwassers noch eine beachtliche Salzmenge im Boden zurückbleibt, selbst nach 14maliger Erneuerung des Waschwassers wird noch Salz nachgewiesen.

Endlich muß man berücksichtigen, daß in salzlosen Böden der nach der Methode DUMANSKIS mit großen Wasserüberschuß bestimmte Gehalt an labil gebundenem

Wasser recht beachtlich ist, obgleich uns die Berechnungsmethode nur einen Minimalwert dieses Gehalts angibt. Der Übergang des labil gebundenen Wassers in einen beweglichen Zustand beim Auftreten einer Wasserströmung im Boden wird offenbar vollkommen von der Geschwindigkeit der letzteren abhängen. Je stärker die Strömung ist, desto mehr labil gebundenes Wasser wird beweglich, weil mit der wachsenden Geschwindigkeit immer weitere Schichten an labil gebundenem Wasser erfaßt werden.

Die Behauptung Dolgows, daß mit einer Benetzung des Bodens das gesamte oder fast gesamte freie Wasser in Bewegung gerät, erscheint demnach nicht ausreichend belegt.

Aus den gleichen Überlegungen heraus können wir uns nicht damit einverstanden erklären, daß die Grenze zwischen dem freien und dem gebundenen Wasser in einem Bereich gezogen wird, der zwischen der Maximalen Hygroskopizität und der Hydroadsorptionsfähigkeit liegt. Sogar in versalzten Böden liegt diese Grenze nicht unter der *MH*, während sie bei salzlosen Böden wesentlich über diesem Wert liegt, und zwar in dem Bereich zwischen der Maximalen Hygroskopizität und der *GW*, meistens näher der letzteren. Nach der Ansicht des Autors soll dieses Schema offenbar allgemein gültig sein. Indessen haben wir bereits gesehen, daß Böden verschiedener mechanischer Zusammensetzung prinzipielle Unterschiede in ihrem Verhalten zum Wasser aufweisen. Diese Unterschiede müssen ihren Ausdruck auch im Klassifikationsschema finden. In dieser Hinsicht könnte das Schema Dolgows eher für einen lehmigen Boden gelten.

Damit schließen wir die kritische Betrachtung des Klassifikationsschemas Dolgows, das einen großen und erfolgreichen Schritt vorwärts bedeutet, weil es unsere Kenntnis von den hydrologischen Eigenschaften des Bodens und von den verschiedenen Formen des Bodenwassers in ein System brachte. Im Schema Dolgows sind in gedrängter und doch anschaulicher Form die Eigenschaften sowohl des Bodens als auch der verschiedenen Kategorien des Bodenwassers, seine Zugänglichkeit für die Pflanzen und seine Beweglichkeit zutreffend in ihrer Wechselbeziehung gekennzeichnet.

Die von Dolgow erstmalig im Jahre 1946 veröffentlichte anschauliche Darstellung der verschiedenen Formen des Bodenwassers wurde von Koljassew (1948, S. 183) nachgeahmt, dessen Schema die Abb. 99 zeigt.

Erstens ist, wie ersichtlich, die Klassifikation Koljassews der Dolgows nach Form und Inhalt sehr nahe verwandt. Der wesentliche Unterschied besteht darin, das Koljassew die Grenze zwischen dem freien und gebundenen Wasser nach der *GW* verlegt, die auf dem Schema mit Feld-Wasserkapazität bezeichnet wird. Unter Hinweis auf unsere Ausführungen über das hängende Wasser in Kapitel V behaupten wir, daß Koljassew diese Grenze zu hoch ansetzt, weil freies Wasser im Boden bei einer Feuchtigkeit auftritt, die die *GW* noch nicht erreicht.

Zweitens können wir uns mit der Ansicht Koljassews nicht einverstanden erklären, daß alles Wasser unterhalb der *GW* schwach beweglich sein soll. Wie wir gesehen haben, ist das Wasser im Feuchtigkeitsbereich von der *GW* bis zur *FRK* recht beweglich.

Drittens halten wir es auch nicht für zweckmäßig, in das Schema die Größe MMW einzuführen; darüber sprachen wir bereits.

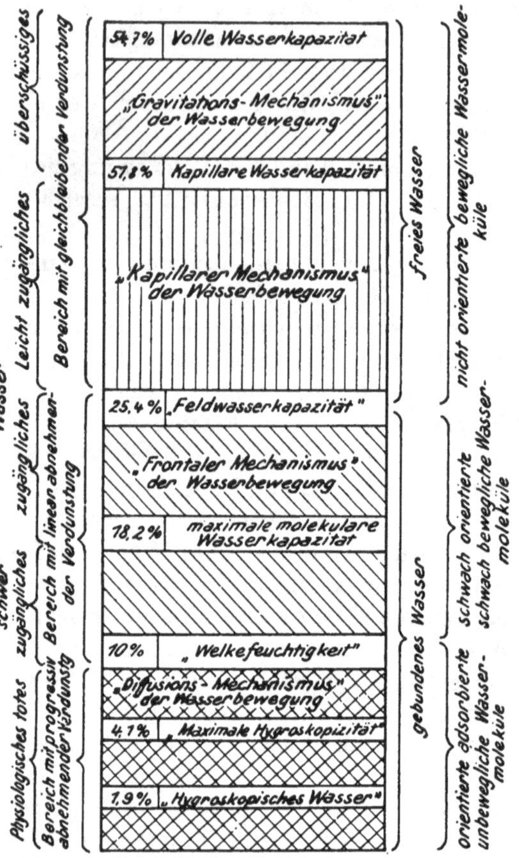

Abb. 99. Klassifikation des Bodenwassers nach Koljassew

Viertens halten wir es für falsch, die Zone, die sich auf das freie Wasser bezieht, nach dem Merkmal des unterschiedlichen Bewegungsmechanismus zu unterteilen: in einen oberen Teil, in dem der „Gravitationsmechanismus“ wirksam ist, und in einen unteren, in dem der „kapillare Mechanismus“ auftritt. Tatsächlich wirken in dieser Zone gleichzeitig beide „Mechanismen“, wobei in diesem Feuchtigkeitsbereich (von der *GW* bis zur *VW*) bald der eine, bald der andere „Mechanismus“ vorherrschen kann, je nach dem Zustand des Wassers und der Lage, in der sich die Bodenschicht im Verhältnis zum Grundwasserspiegel befindet. Erst bei einem Wassergehalt der *VW*, d.h. in der Sättigungszone des gestützten Gravitationswassers, wirkt ausschließlich der „Gravitationsmechanismus“.

Fünftens läßt das Schema Koljassews genauso wie von Dolgow die Differenzierung der Böden nach ihrer verschiedenen mechanischen Zusammensetzung vermissen.

Eine interessante und wertvolle Ergänzung, die wir im Schema KOLJASSEWS finden, stellt die Charakteristik der verschiedenen Kategorien des Bodenwassers nach der Verdunstungsfähigkeit dar.

Damit beenden wir die kritische Betrachtung der vorhandenen Klassifikationen des Bodenwassers. Bevor wir zur Besprechung der Klassifikation übergehen, die von uns vorgeschlagen wird, halten wir es für notwendig, noch die Frage nach der Beweglichkeit des Bodenwassers ausführlich zu behandeln.

2. Die Beweglichkeit des Bodenwassers

Die Beweglichkeit des Bodenwassers hängt vom Wassergehalt des Bodens ab, sie wird durch die Geschwindigkeit der Wasserbewegung gekennzeichnet.

Das Wasser kann sich im Boden in flüssiger und in dampfförmiger Phase bewegen. Wir untersuchen zuerst die Bewegung im tropfbar flüssigen Zustand.

Auch ohne Beweis ist leicht einzusehen, daß die Voraussetzung für die Bewegung einer Flüssigkeit, unabhängig von der Bewegungsrichtung, das Vorhandensein einer Kräftedifferenz ist. Falls diese Bedingung nicht erfüllt wird und die auf das Wasser einwirkenden Kräfte gleich sind, haben wir es mit einem Gleichgewichtszustand des Bodenwassers zu tun.

Wir haben gesehen, daß das im Boden befindliche flüssige Wasser der Wirkung mehrerer Kräftekategorien ausgesetzt ist:

a) der Schwerkraft;

b) den Kapillarkräften, d. h. den Kräften des Oberflächendruckes der Menisken;

c) den Sorptionskräften, als Resultanten der Anziehung zwischen den Wassermolekülen einerseits und den Molekularkräften der Bodenpartikel andererseits;

d) den osmotischen Kräften der Ionen und Moleküle in der Lösung sowie der Austauschkationen des Bodens.

Von diesen Kräften wirkt immer und überall in konstanter Größe in derselben Richtung die Schwerkraft.

Die übrigen Kräfte können in sehr weiten Grenzen verschieden stark sein und nach jeder Richtung wirken.

Bekanntlich hängt die Stärke dieser Kräfte, von der Schwerkraft abgesehen, eng mit dem Wassergehalt des Bodens zusammen. Mit zunehmendem Wassergehalt werden an erster Stelle die Sorptionskräfte abgesättigt; ihrer absoluten Größe nach sind sie die stärksten, sie können Tausende oder sogar Zehntausende von Atmosphären betragen. Sie werden Null, wenn der Wassergehalt des Bodens den Wert der Maximalen Sorptionskapazität (*MAW*) erreicht; dann treten die Sorptionskräfte in Erscheinung. Der Bereich dieser Kräftekategorie ist sehr groß und verändert sich mit dem Wassergehalt des Bodens; er liegt zwischen Hunderten von Atmosphären und etwa 1 Atmosphäre. Mit zunehmendem Wassergehalt beginnen letztere sich mit den kapillaren Kräften zu vereinigen. Eine Grenze zwischen dem Bereich der vorherrschenden Kräfte dieser beiden letzten Kategorien zu ziehen, ist zur Zeit noch nicht möglich. Man kann annehmen, daß diese Grenze bei einer Atmosphäre oder etwas darunter liegt.

Mit diesem Wert beginnend, treten Sorptions- und Kapillarkräfte mit der Schwerkraft gemeinsam auf, so daß in diesem Bereich alle drei Kräftegruppen an der Bewegung des Wassers beteiligt sind.

Die osmotischen Kräfte, die vom Vorhandensein von Elektrolyten in der Bodenlösung abhängig sind, können bei hohem Salzgehalt im Boden Hunderte von Atmosphären erreichen. In salzlosen Böden liegt die Höhe dieser Kräfte zwischen 1 und 3 Atmosphären oder auch darunter.

Über die Höhe der osmotischen Kräfte, die von den Austauschkationen hervorgerufen werden, kann kaum etwas Sicheres ausgesagt werden. Möglicherweise gleichen sie den Adsorptionskräften.

Mit zunehmender Bodenfeuchtigkeit nehmen somit die Kräfte, die auf das Sickerwasser im Boden einwirken, ab, oder, genauer gesagt, es verringern sich erstens die Kräfte, die das zuletzt in den Boden eingedrungene Wasser zurückhalten, und zweitens die restlichen Kräfte, die sozusagen noch ungesättigt sind und die die Saugkraft des Bodens bei einem bestimmten Wassergehalt bestimmen.

Die Beweglichkeit des Bodenwassers muß also in direkter Beziehung zu dem Kräftegradient stehen. Wenn wir diese Überlegungen auf ein Bodenmaterial beschränken, das seiner mechanischen Zusammensetzung und Struktur nach einheitlich ist, so wird sich in einem solchen Boden der Kräftegradient nach dem Feuchtigkeitsgradienten richten.

Die Annahme liegt nahe, daß die Beweglichkeit des Bodenwassers bei geringer Feuchtigkeit am höchsten sein wird. In Wirklichkeit ist diese Schlußfolgerung jedoch falsch. Bei geringem Wassergehalt wird trotz des sehr hohen Gradienten die geringste Geschwindigkeit bei der Wasserbewegung beobachtet.

Die Antwort auf diese Frage lautet: Die Beweglichkeit des Bodenwassers ist nicht allein vom Gradienten, sondern auch vom Wassergehalt des Bodens abhängig, also vom Ausfüllungsgrad der Bodenporen mit Wasser, der die Wasserdurchlässigkeit bestimmt.

Bei niedrigem Wassergehalt, wenn das Wasser im Boden als Film verschiedener Stärke vorliegt, der die Bodenpartikel umhüllt und nicht den gesamten Porenraum ausfüllt, kann sich dieses Wasser nicht als ein Ganzes bewegen, sondern das Wasser bewegt sich von den dickeren Filmen zu den dünneren Filmen hin. Unabhängig von der Höhe des Feuchtigkeitsgradienten wird bei einem solchen Zustand des Bodenwassers seine Bewegung äußerst langsam sein, weil die Bewegung von Partikel zu Partikel (nicht als geschlossene Masse) erfolgt und weil das Bodenwasser bei diesem Wassergehalt noch völlig in gebundener Form mit größerer Viskosität und höherer Dichte vorliegt.

Mit zunehmendem Wassergehalt verringern sich Zustand der Bindung und die Viskosität. Obwohl die Kräftegradienten ebenfalls abnehmen, wird die Beweglichkeit des Bodenwassers ansteigen. Die Beweglichkeit erhöht sich besonders dann, wenn die Bodenporen völlig mit Wasser angefüllt sind und die Ansammlungen von freiem Wasser in den einzelnen Poren miteinander in Verbindung treten, wenn sich im Boden ein zusammenhängender Körper aus freiem Wasser bildet. Die Beweglichkeit des Wassers wird unter solchen Verhältnissen trotz des niedrigen Kräftegradienten hauptsächlich dadurch erhöht, daß das zusammenhängende freie Wasser den hydraulischen Druck weiterleitet.

Anders ausgedrückt: Die Beweglichkeit des Bodenwassers hängt erstens vom Kräftegradienten und zweitens von der Wasserdurchlässigkeit des Bodens ab, die überwiegend in direkter Beziehung zum Wassergehalt steht. Auf diese Tatsache hat bereits BUCKINGHAM (1907) hingewiesen.

Es entsteht die Frage: In welcher Weise erhöht sich die Beweglichkeit des Bodenwassers mit zunehmender Bodenfeuchtigkeit? Allmählich oder treten dabei Wendepunkte auf, bei denen seine Beweglichkeit sprungartig ansteigt?

ISMAILSKI[1] führt hierzu über einen Löß aus Poltawa aus, daß „zahlreiche Beobachtungen zu folgender Schlußfolgerung führten: Die Bewegung des Wassers aus einem Boden, der etwa 10% Wasser enthält, in benachbarte trocknere Schichten erfolgt im allgemeinen sehr langsam."

WYSSOZKI hat 1898 in Weliko-Anadol beobachtet, daß „die Grenze der kapillaren Feuchtigkeit, die eine freie Zirkulation von flüssigem Wasser und Lösungen in den Poren zuläßt, wesentlich höher liegt als die Grenzfeuchtigkeit, die den Wurzeln der örtlichen Vegetation zugänglich ist". In einer Fußnote wird angegeben, daß für Lößlehm und roten Ton von Weliko-Anadol die erste Größe 15% und die zweite 10% ausmacht (offenbar vom Gewicht des feuchten Bodens, was 18 und 11% des trockenen Bodens entspricht. — A. R.)

ROTMISTROW (1904) weist darauf hin, daß die Bewegung des Wassers im Boden des Odessaer Versuchsfeldes — seine Angaben beziehen sich auf die unteren Schichten des Lößlehms — bei der Verdunstung ziemlich rasch vor sich geht, und zwar so lange, bis der Wassergehalt auf 10% gesunken ist (wiederum offenbar vom Gewicht des feuchten Bodens), wonach eine weitere Bewegung fast aufhört.

Diese Forscher hatten durchaus klare Vorstellungen davon, daß die Beweglichkeit des Bodenwassers bei Veränderung des Wassergehaltes nicht allmählich, sondern sprunghaft vor sich geht.

Wir wollen diese Frage genauer untersuchen, wobei wir sie ebenso wie früher getrennt für Böden verschiedener Textur und Struktur betrachten werden.

Wir beginnen mit den **grobkörnigen Böden** mit einer Korngröße über 1 mm.

Die Beweglichkeit des Bodenwassers wird in diesen Böden bei niedrigem Wassergehalt äußerst gering sein. Es ist uns nicht gelungen, in der Literatur quantitative Angaben darüber zu finden. Indem wir den Vorstellungen und den bereits besprochenen Versuchen MALJANOWS über die Verdunstung kapillar getragenen Wassers folgen, halten wir die Beweglichkeit des Wassers bis zur GW_F für äußerst klein, d. h. solange im Boden oder im Untergrund nur gebundenes oder Fugenwasser vorhanden ist. Die Wasserbeweglichkeit nimmt merklich zu, sobald die Bodenfeuchtigkeit den Wert der GW_F übersteigt. Den Beweis hierfür lieferten die Versuche LEBEDEWS 1936 über das Versickern des Wassers durch hohe feuchte Sandsäulen.[2] Daraus geht hervor, daß bei Zutritt von Wasser von oben in den

---

[1] 1894, zitiert nach der Ausgabe des Jahres 1949, S. 133.

[2] Vgl. LEBEDEW, S. 141 ff.

oberen Teil der Säule nur Fugenwasser vorhanden ist (nach Lebedew nur Filmwasser), dessen Gehalt der *MMW* entspricht. Der Abfluß des Wassers aus dem unteren Säulenende tritt nicht sofort ein, sondern erst dann, wenn die zugesetzten Wassermengen die obere Grenze des Kapillarsaumes erreichen, nach Lebedew die obere Grenze der „Übergangszone". Lebedew zeigte diese Erscheinung sehr überzeugend dadurch, daß er oben nicht reines Wasser, sondern eine schwache LiCl-Lösung verwandte. Die Verteilung des Lithiums in der Säule nach dem Versuch bestimmte er spektroskopisch. Er fand, daß die Sickergeschwindigkeit des Wassers bei einem Wassergehalt der GW_F 8 bis 10 cm in der Stunde beträgt, also nur 0,0025 cm in der Sekunde. Soweit das Wasser tropfenweise zugegeben wurde, kann man annehmen, daß das Porenvolumen des Sandes nicht vollkommen ausgefüllt war und deshalb das Wasser in Filmen auf der Oberfläche der Partikel abfloß. Da das Wasser die Poren nicht voll ausfüllte, konnte es den hydraulischen Druck nicht weiterleiten.

Ein anderes Bild ergibt sich dann, wenn die obere Grenze des Kapillarsaumes die Oberfläche des Sandes erreicht. In diesem Fall haben einige senkrechte Porenketten, die völlig mit Wasser angefüllt sind, ihren Anfang an der Sandoberfläche. Das aufgegossene Wasser setzt sofort dieses Wasser hydrostatisch in Bewegung. Die Sickergeschwindigkeit ist sehr groß, auf alle Fälle größer als in dem Fall, in dem der Wassergehalt nur der GW_F entsprach, bevor das Wasser aufgegossen wurde.

Bei voller Sättigung des Sandes endlich kann sich das Wasser durch die Gesamtheit der Poren bewegen. Seine Beweglichkeit, die in diesem Fall am größten ist, wird durch den Filtrationskoeffizienten *KF* gekennzeichnet.

Behandeln wir nun die Beweglichkeit des Bodenwassers in feinkörnigen Böden.

Hier sind drei Fälle zu unterscheiden: erstens, ein Boden, der aus lehmigem oder tonigem Material besteht und strukturlos ist, zweitens ein Boden mit Mikrostruktur und drittens ein Boden mit gut ausgeprägter Makrostruktur.

Wie bereits erwähnt, ist für den ersten Fall die Tatsache charakteristisch, daß das gesamte im Boden enthaltene Wasser selbst bei maximalem Wassergehalt gebunden vorliegt. In der Natur sind das die illuvialen Horizonte der Solonezböden, vielleicht auch die Gleyhorizonte der Moorböden. Dieser Zustand kann künstlich erzeugt werden, wenn der gepulverte Boden mit Wasser durchknetet wird.

Da in diesem Fall das gesamte Wasser gebunden ist, ist es infolge der uns bekannten Ursachen im allgemeinen nur sehr wenig beweglich. Die Wassermengen unterscheiden sich jedoch nach dem Grad ihrer Beweglichkeit. Die äußeren Schichten der Wasserfilme sind beweglicher als die inneren. In Hinsicht auf die Mehrschichtigkeit der Wasserfilme kann man annehmen, daß beim Übergang von einer Schicht zur anderen keine starken Veränderungen in der Beweglichkeit des Bodenwassers eintreten und daß die an sich schon geringe Beweglichkeit mit verringertem Wassergehalt allmählich abnehmen muß. Experimentelle Unterlagen darüber sind in der Literatur nicht vorhanden.

Da das gesamte Wasser gebunden ist, kann es in diesem Fall nur unter dem Einfluß von Sorptionskräften bewegt werden, d. h. von dickeren Filmen zu dünneren. Dieser Vorgang ist dann gut zu beobachten, wenn das Wasser verdunstet. An der Verdunstungsoberfläche sind die Filme des gebundenen Wassers dünner; zu ihnen hin strömt deshalb das Wasser, das sich noch im Boden befindet. Eine Illustration dazu gibt der bereits besprochene Versuch ABRAMOWAS mit schwerem Lehm. Das gilt allerdings nur bis zu einem gewissen Grade, weil der Lehm seine Mikrostruktur nicht völlig verloren hatte, so daß die *GW* den Wert der *VW* nicht voll erreichte. Der Wasserverlust betraf die gesamte durchnäßte Bodensäule, wobei die Geschwindigkeit jedoch sehr langsam abnahm.

Wir behandeln jetzt den zweiten Fall, einen Boden von lehmiger oder toniger Beschaffenheit mit Mikrostruktur.

In diesem Boden sind mehrere Feuchtigkeitswerte festzustellen, bei denen sich die Beweglichkeit des Bodenwassers verändert; diese ist dann am höchsten, wenn der Boden voll gesättigt ist, also bei voller Wasserkapazität *VW*. In diesem Punkt wird die Beweglichkeit des Wassers durch den Filtrationskoeffizienten des Bodens oder Gesteins gekennzeichnet.

Mit abnehmendem Wassergehalt und kleinerer Wasserdurchlässigkeit, verringert sich die Beweglichkeit des Wassers. Sie bleibt so lange bestehen, bis der Wassergehalt die *GW* erreicht. Wir wissen, daß der über die *GW* hinausgehende Wassergehalt mehr oder weniger schnell nach unten, sowohl durch die Schwerkraft als auch durch Kapillarkräfte, abgezogen wird. Erreicht der Wassergehalt die *GW*, so nimmt die Geschwindigkeit der Abwärtsbewegung stark ab. Das liegt im Wesen der Minimalen Wasserkapazität selbst und wird durch die Abb. 47 erläutert, die wir dem Buche DOLGOWS (1948a) entnommen haben. Der Zeitpunkt, in dem sich die Sickergeschwindigkeit sprunghaft ändert, ist durch einen im Kreis befindlichen Punkt dargestellt. Die starke Abnahme der Beweglichkeit des Bodenwassers bei Minimaler Wasserkapazität *GW* bestätigen auch andere Versuche DOLGOWS (1948a, S. 79 ff; Tab. 22, 23 u. 24).

Der nächste Punkt, bei dem eine deutliche Veränderung in der Beweglichkeit des Bodenwassers vor sich geht, ist die „Feuchtigkeit des Abrisses der Kapillarverbindung (*FRK*). Gestützt auf die Versuche ABRAMOWAS (1948) und BOLSCHAKOWS (1950) sowie auf die Feldbeobachtungen BOLSCHAKOWS, haben wir bereits nachgewiesen daß das Bodenwasser in dem Feuchtigkeitsbereich zwischen der *GW* und der *FRK* noch beweglich ist, aber weniger als das bei einem Wassergehalt über der *GW* der Fall ist.

Das Wasser in Böden mit Mikrostruktur kann also in Abhängigkeit vom Wassergehalt mindestens in drei Kategorien eingeteilt werden:

leichtbewegliches Wasser zwischen	*VW* und *GW*,
„mittelbewegliches Wasser zwischen“	*GW* und *FRK*,
schwerbewegliches Wasser	$<$ *FRK*.

Ob irgendwelche sprunghafte Veränderungen in der Wasserbeweglichkeit bei noch kleinerem Wassergehalt auftreten, ist nicht geklärt. Man kann vermuten, daß das nicht der Fall ist, weil bei einem Wassergehalt kleiner als die *FRK* nach unserer Meinung das gesamte Wasser gebunden vorliegt, so daß seine Beweglichkeit mit Verringerung des Wassergehaltes allmählich infolge Ausdünnung der Wasserfilme abnehmen muß. Das Vorhandensein solcher Wendepunkte in diesem Feuchtigkeitsbereich entschieden zu verneinen, können wir uns jedoch nicht entschließen. Es ist möglich, daß ein Wendepunkt bei der „Feuchtigkeit des permanenten Welkepunktes“ *WF* auftritt.

Daß die Feuchtigkeit des Abrisses der Kapillarverbindung einen Wendepunkt in der Beweglichkeit des Bodenwassers darstellt, wurde bei Verdunstungsversuchen festgestellt. Hierbei wurde die Geschwindigkeit der Wasserbewegung in dem Teil der Bodenmasse berücksichtigt, der vorher auf den Wert der *GW* gebracht worden war. Diese Versuche beweisen, daß das Wasser in einem Bereich von der *GW* bis zur *FRK* eine beachtliche Beweglichkeit hat, vorausgesetzt, daß es eine zusammenhängende Säule darstellt und daß diese Bewegung nur bis zur Oberfläche der bereits durchnäßten Masse erfolgt.

Eine andere Situation liegt vor, wenn zwei Bodenschichten mit unterschiedlichen Wassergehalt in Berührung kommen. Sind Textur und Struktur der Schichten homogen, so können wir eine Wasserbewegung aus der Schicht mit höherer Feuchtigkeit in die trocknere erwarten, und zwar entsprechend dem Gradienten, der durch den Feuchtigkeitsunterschied bedingt ist.

Die Beweglichkeit des Wassers kann sehr unterschiedlich sein. Wenn der Wassergehalt der sich berührenden Bodenschichten die *GW* übersteigt, wird die Geschwindigkeit der Wasserbewegung sehr groß sein, weil das Wasser gleichzeitig unter dem Einfluß von Schwerkraft und Kapillarkräften steht.

Ein anderes Bild werden wir beobachten können, wenn der Wassergehalt der beiden sich berührenden Schichten den Wert der *GW* nicht erreicht.

In diesem Falle ist die Wasserbewegung aus der einen Schicht in die andere äußerst gering. Als Beweis führen wir die Versuchsergebnisse Veihmeyers (1927) an. Der Versuch bestand in folgendem: Hölzerne Röhren von 6 Fuß Länge wurden in gleiche Abschnitte zu je 2 Fuß eingeteilt. In dem mittleren Abschnitt der Röhre wurde Boden eingestampft, dessen Feuchtigkeitsgehalt nahe der *GW* lag (21 bis 23%). Die Röhre lagerte man 48 Stunden horizontal. Danach wurden die äußeren Enden mit dem gleichen Boden, jedoch von geringerer Feuchtigkeit gefüllt, so daß der Wassergehalt an beiden Enden die gleiche war. Man variierte in den einzelnen Versuchen diesen Wert zwischen 3 und 14,4%.

Anschließend stellte man die Röhren senkrecht. Nach 141 bis 144 Tagen bestimmte man den Wassergehalt schichtweise. Die Versuchsergebnisse sind graphisch auf Abb. 100 dargestellt.

Die Anfangsfeuchtigkeit des Bodens in den Röhren ist durch Punkte dargestellt; die durchgezogene Linie gibt die Endverteilung der Feuchtigkeit an.

In allen vier Versuchsvarianten bewegte sich das Wasser aus dem feuchten Boden in den trockenen. Hierbei verringerte sich der Wassergehalt des mittleren Abschnittes, der ursprünglich die Feuchtigkeit der *GW* hatte, in allen Fällen mehr oder weniger gleichmäßig, was die relativ höhere Beweglichkeit des Bodenwassers bei Feuchtigkeitswerten unter der *GW* zeigt; diese Feuchtigkeitswerte lagen näher zur *GW* und waren offenbar höher als die Feuchtigkeit des Abrisses der Kapillarverbindung. Das höchste Absinken des Wassergehaltes in der mittleren Bodenschicht konnte man dann beobachten, wenn die Endfeuchtigkeit 17% betrug. Es ist möglich, daß dieser Wert der *FRK* entspricht.

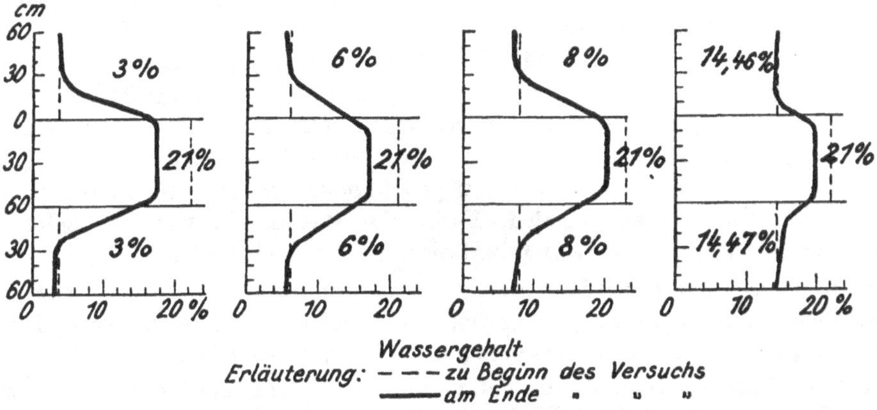

Abb. 100. Bewegung des Wassers aus einer feuchten Schicht in eine trockene nach VEIMEYER

Das Eindringen von Wasser in die trockene Bodenschicht überstieg niemals merklich 30 cm. Der Boden an den Rohrenden hatte seine Ausgangsfeuchtigkeit praktisch nicht verändert. Die inneren Abschnitte der trockenen Bodenschicht hatten einen Wassergehalt, der von der trockenen Schicht zur feuchteren steil anstieg. Je höher die Ausgangsfeuchtigkeit der trockenen Schichten lag, desto weniger tief war das Wasser aus der feuchten Schicht eingedrungen.

Dieser Versuch zeigt die begrenzte Beweglichkeit des Bodenwassers selbst im Bereich von der *GW* bis *FRK*.

Weiteres Material über die Beweglichkeit des Bodenwassers finden wir in den Arbeiten KOLJASEWS (1939; 1941; 1944 u. 1948; KOLJASEW und MELNIKOWA, 1949).

In der ersten Arbeit (1939) untersuchte KOLJASEW im Laboratorium die Geschwindigkeit der Wasserverdunstung aus dem Boden und stellte fest, daß in der Abhängigkeitskurve zwischen der Geschwindigkeit der Verdunstung und der Bodenfeuchtigkeit Sprünge vorhanden sind, die darauf hinweisen, daß die Beweglichkeit des Wassers nicht stetig abnimmt. In dieser Arbeit sind jedoch keine Hinweise darüber enthalten, welcher Zusammenhang zwischen diesen Punkten und den Eigenschaften der Böden besteht.

In einer anderen Arbeit (1941) versuchte KOLJASEW die Abhängigkeit der Geschwindigkeit der Wasserbewegung von dem Wassergehalt im Zusammenhang mit bestimmten hydrologischen Konstanten, für die er die Werte der Maximalen Molekularen Wasserkapazität *MMW* und *MH* ausgewählt hatte, festzustellen. Es muß betont werden, daß die Zweckmäßigkeit der Auswahl der ersten dieser Größen vom Autor selbst auf Grund seiner eigenen Unterlagen angezweifelt wird.

Wir zitierten aus seiner Arbeit bereits, daß diese Unterlagen die Bedingtheit des *MMW*-Wertes vollkommen bestätigen, der nach der Methode des Filmgleichgewichtes bestimmt wurde. Außerdem waren die Versuche offenbar sehr oberflächlich durchgeführt worden, weil der Wasserverlust an den Enden der Röhren, die den feuchten Boden enthielten, den Gewinn an Wasser an den Enden der Röhren mit trockenerem Boden wesentlich überstieg. Deshalb sind seine Schlußfolgerungen nicht zuverlässig.

In seiner nächsten Arbeit (1944) wies Koljasew nach, daß sich das Wasser bei einem niedrigen Feuchtigkeitsgradienten dann verhältnismäßig leicht bewegt, wenn der Wassergehalt der sich berührenden Schichten die Maximale molekulare Wasserkapazität übersteigt. Falls der Wassergehalt der einen Schicht der *MMW* und der der anderen Schicht der *MH* gleichkommt, so geht die Bewegung des Wassers äußerst langsam vor sich. Es ist klar, daß der Einwand bezüglich der Bedingtheit des *MH*-Wertes auch in diesem Falle berechtigt ist.

Seine Ansichten über die Bewegung des Wassers im Boden faßte Koljasew 1948 zusammen. Er schlägt vor, „je nach dem Wassergehalt im Boden vier verschiedene Bewegungsmechanismen zu unterscheiden“. Es sind dies folgende:

a) „gravitationsmäßiger“, b) „kapillarer“, c) „frontaler“ („filmförmiger“), d) „diffusionsmäßiger“ Mechanismus bei Bewegung des Wassers in Dampfform.

Wir lassen vorläufig die Diffusion des Wasserdampfes beiseite und betrachten nur die drei Mechanismen, die sich auf die Bewegung des Wassers in flüssiger Phase beziehen.

Nach der Meinung Koljasews ist der „Gravitationsmechanismus“ dann wirksam, wenn die Kapillarkräfte nicht in der Lage sind, sich mit der Schwerkraft ins Gleichgewicht zu setzen. Dieses Wasser versickert in den nichtkapillaren Hohlräumen des Bodens (Risse, Poren, Gänge der Würmer und Wurzeln). Dieser Bewegungsmechanismus ist nur bei einem Wassergehalt, der der vollen Wasserkapazität nahekommt, möglich und kann nach Koljasew „durch die Formel von Darcy mathematisch erfaßt werden“.

Der kapillare Mechanismus „tritt bei einem Wassergehalt auf, der der Kapillaren Wasserkapazität des Bodens nahekommt. In diesem Fall wird die Geschwindigkeit der Bewegungen durch Zahl und Größe der Poren im Boden und durch die Größe der Kapillarkonstante des Wassers bestimmt. Das Wasser bewegt sich hier nicht in geschlossener Front, sondern entsprechend dem Durchmesser der Kapillaren, wobei die kleinen Kapillaren das Wasser langsam h e b e n,[1] und zwar auf eine große Höhe, während sich die großen Kapillaren rasch mit Wasser füllen, jedoch nicht in der Lage sind, dieses Wasser auf eine beachtliche Höhe zu fördern. Mengenmäßig kann die kapillare Bewegung durch eine bekannte Gleichung ausgedrückt werden, die sowohl die kapillaren Kräfte als auch die Schwerkraft berücksichtigt.“ Gemeint ist die Gleichung von Jurain.

„Frontale“ oder „filmförmige“ Bewegung wird bei einer Feuchtigkeit beobachtet, „die unter der kapillaren Wasserkapazität liegt, d. h. bei Vorhandensein

[1] Von uns gesperrt. — A. R.

von gebundenem Wasser im Boden. In diesem Fall bewegt sich das Wasser im Boden in einheitlicher Front außerhalb des kapillaren Systems und mit einer Geschwindigkeit, die hundertmal kleiner ist als der kapillare Mechanismus.“

Diese Vorstellungen modifizierte KOLJASEW später offenbar unter dem Einfluß der Arbeit ABRAMOWAS (1948).

Er unterschied nunmehr in einer Arbeit mit MELNIKOWA (1949) drei „Mechanismen“ der Wasserbewegung:

1. Der kapillare Mechanismus wird nur bei einer Feuchtigkeit beobachtet, die nahezu der kapillaren Sättigung entspricht. Die Geschwindigkeit der Kapillarbewegung richtet sich nach dem Porenvolumen des Bodens und der Höhe der Kapillarkonstante; sie (die Geschwindigkeit) ist verhältnismäßig groß.

2. Bei einer Feuchtigkeit, die der Feldwasserkapazität (und der Maximalen molekularen Wasserkapazität LEBEDEWS) entspricht, liegt nach unseren Vorstellungen das Wasser im Boden vornehmlich in Gestalt von Menisken vor, die miteinander durch Wasserfilme verbunden sind, welche die Bodenpartikel umgeben.[1] Die Bewegung des Wassers von Meniskus zu Meniskus erfolgt über die Filme. Die Geschwindigkeit dieser Bewegung wird ebenfalls durch die Kräfte der Oberflächenspannung bedingt, obgleich sie geringer ist als die Geschwindigkeit der Kapillarbewegung, jedoch immerhin recht beachtlich sein kann.

3. Bei einem Wassergehalt, der der „Welkefeuchtigkeit“ entspricht oder auch darunterliegt, kann sich das Wasser als Film bewegen; diese Bewegung erfolgt durch die osmotischen und „thermoosmotischen“ Kräfte, hauptsächlich jedoch in Dampfform.

In der gleichen Arbeit bespricht KOLJASEW die Versuchsergebnisse über die Geschwindigkeit der Verdunstung des Wassers aus dem Boden in Abhängigkeit von seinem Wassergehalt. Es muß hervorgehoben werden, daß die Verdunstung an kleinen Bodenkuchen von 28 mm Durchmesser und 2 bis 3 mm Dicke untersucht wurde, die aus gesiebtem Boden (Maschenweite 0,25 mm) geformt wurden; es wurde also dadurch nicht nur die Makro-, sondern auch teilweise die Mikrostruktur zerstört, so daß die Versuche nicht unter natürlichen Bedingungen angestellt wurden.

Als KOLJASEW die Abhängigkeitskurven der Verdunstungsgeschwindigkeit von der Bodenfeuchtigkeit aufstellte, bemerkte er mehrere Wendepunkte oder, wie er sie nannte, „kritische“ Punkte, in deren Zwischenräumen die Verdunstungsgeschwindigkeit dem Wassergehalt proportional war.

Der Vergleich dieser „kritischen Punkte“ mit den hydrologischen Konstanten ergab, daß der erste kritische Punkt etwas über der Maximalen molekularen Wasserkapazität MMW lag, während der zweite mit der Welkefeuchtigkeit WF und der dritte mit der Maximalen Hygroskopizität MH korrespondierte.

---

[1] Aus dem Original geht hervor, daß KOLJASEW in diesem Falle mit Menisken die Wasserringe oder Manschetten bezeichnet, die sich um die Berührungspunkte der Bodenpartikel bilden. In der Physik ist es jedoch üblich, mit Menisken die konkaven oder konvexen Oberflächen von kapillaren Ansammlungen (z. B. in Kapillarröhrchen) zu bezeichnen und keineswegs die Wasseransammlungen selbst. A. R.

Sieht man sich die Versuche KOLJASEWS genauer an, so muß man allerdings feststellen, daß tatsächlich nur der zweite kritische Punkt in drei von vier Fällen mit dem Wert der *WF* übereinstimmte, während der dritte Punkt nur in zwei von vier Fällen mit dem Wert der *MH* zusammenfiel. Somit können die Behauptungen KOLJASEWS nicht als bewiesen angesehen werden.

Im allgemeinen kann man seiner Differenzierung in drei Kategorien — Gravitationswasser, Kapillarwasser und Filmwasser — zustimmen. Die Abgrenzung dieser Formen ist jedoch von ihm sehr ungenau vorgenommen worden.

Vor allem können wir uns nicht damit einverstanden erklären, daß der kapillare Mechanismus nur von der aufsteigenden Wasserbewegung beherrscht wird (KOLJASEW, 1948, S. 142—143). Unter verschiedenen Bedingungen können die Kapillarkräfte eine Bewegung des Wassers in jeder beliebigen Richtung hervorrufen. Das ist bereits im Jahre 1904 von ROTMISTROW überzeugend dargetan worden. Fraglos sind die Kapillarkräfte auch an der absteigenden Bewegung des Wassers in feinkörnigen Böden mit Mikrostruktur gemeinsam mit der Schwerkraft beteiligt.

Ferner kann man auch nicht davon sprechen, daß sich im Boden „feine" und „grobe" Kapillaren befinden (KOLJASEW, 1948, S. 142). In einer gemeinsamen Arbeit mit DERJAGIN (DERJAGIN und KOLJASEW, 1950) spricht KOLJASEW davon, daß Modelle aus zylindrischen Kapillaren auf den Boden nicht angewendet werden können, ohne allerdings mit einem Wort zu erwähnen, daß er noch bis vor kurzem entgegengesetzter Meinung war.

Es trifft nicht zu, daß die „frontale" oder „filmförmige" Wasserbewegung bei einem Wassergehalt unter der Kapillaren Wasserkapazität beobachtet wird (KOLJASEW, 1948, S. 143). Die obere Grenze der Feuchtigkeit, bei der die Filmbewegung an Bedeutung zunimmt, ist die *GW*, vielleicht auch ein noch niedrigerer Wert. Der „Kapillarmechanismus" wirkt durchaus nicht nur bei einer Feuchtigkeit, die nahe der Kapillaren Wasserkapazität liegt (1948, S. 142), sondern mindestens in einem Feuchtigkeitsbereich zwischen der *GW* und der *VW*, vielleicht sogar auch etwas darunter.

Somit sind die Ansichten KOLJASEWS über das Vorhandensein verschiedener „Mechanismen" der Wasserbewegung bei verschiedenem Wassergehalt des Bodens zwar durch die Arbeiten KOSSOWITSCHS, ROTMISTROWS, LEBEDEWS und anderer Forscher begründet und entsprechen im allgemeinen den beobachteten Erscheinungen. Die Versuche KOLJASEWS klären jedoch das Wesen der Erscheinungen nicht auf, weil sie teilweise nachlässig — wie wir bereits früher ausgeführt haben (RODE, 1943) — teilweise unter künstlichen Bedingungen durchgeführt wurden. Sie geben keine Anhaltspunkte für die Festlegung derjenigen kritischen Feuchtigkeitswerte, bei denen sich die Beweglichkeit des Bodenwassers und der Mechanismus seiner Bewegung ändert·

Betrachten wir nun den dritten Fall, und zwar die Beweglichkeit des Wassers in einem Boden mit Makrostruktur.

Ein solcher Boden zeichnet sich dadurch aus, daß jeder Krümel über ein eigenes System feiner Poren verschiedener Größe verfügt, die ihrerseits in verhältnismäßig große, zwischen den Aggregaten liegende Poren münden. Die Beweglichkeit des Wassers wird bei hohem Wassergehalt, der der *VW* nahekommt, in diesen Böden sehr hoch sein, weil hierbei alle zwischen den Aggregaten liegenden Poren mit Wasser ausgefüllt werden und dem Boden durch ihren verhältnismäßig großen Querschnitt eine hohe Wasserdurchlässigkeit verleihen. Auch bei diesem Wassergehalt kann die Beweglichkeit des Wassers durch den „Filtrationskoeffizienten" gekennzeichnet werden.

Man könnte annehmen — experimentelle Unterlagen für den Beweis dieser Annahme sind nicht vorhanden —, daß bei Absinken des Wassergehaltes eines Bodens mit Krümelstruktur bis auf die *GW* das Wasser aus den zwischen den Aggregaten liegenden Hohlräumen und Poren verschwindet oder nahezu verschwindet und vornehmlich nur noch in den Poren innerhalb der Aggregate erhalten bleibt. Die Fähigkeit des Wassers zur Bewegung innerhalb einzelner Aggregate richtet sich wahrscheinlich nach den gleichen Gesetzmäßigkeiten, die wir bereits bei Böden mit Mikrostruktur kennen lernten. Auch für die Krümel kann man vermutlich eine ***FRK*** finden, bei der die Beweglichkeit des Wassers innerhalb des Aggregates stark abnimmt. Das Bild ändert sich jedoch vollkommen, wenn wir es mit einer Bodenschicht von größerer Mächtigkeit zu tun haben. Da die Berührungsfläche der Bodenkrümel im Vergleich zur Gesamtoberfläche jedes Krümels sehr gering ist, so ist die Wasserbewegung von Krümel zu Krümel stark eingeschränkt. Mit andern Worten: Wenn die Wassersäule eines Bodens mit Krümelstruktur auch noch bei minimaler Wasserkapazität ihren Zusammenhang behält, besteht sie aus einzelnen „Wasserkörpern", die an die Bodenkrümel gebunden sind, wobei die Wasserfilme, die diese Wasserkörper miteinander verbinden, außerordentlich dünn sind und bei der geringsten Verringerung der Bodenfeuchtigkeit sofort zerreißen. Das dadurch isolierte zurückbleibende Wasser kann nur noch im Bereich innerhalb des Krümels beweglich sein. Somit könnten wir erwarten, daß in einem Boden mit Makrostruktur sich die Beweglichkeit des Wassers nur bei einem bestimmten Wassergehalt erheblich verändern kann. Dieser Punkt muß nahe der *GW* liegen. Wie die angeführten Versuche ABRAMOWAS zeigen, hörte die Wasserbewegung bei Verdunstung aus einem Struktur-Tschernosjom bei einem Wassergehalt von 33% auf, wenn die Minimale Wasserkapazität 36% betrug.

Wir wiederholen, daß diese Größe sich auf die Wasserbewegung in einer bestimmten Bodenschicht bezieht. In der Beweglichkeit des Bodenwassers innerhalb der Krümel könnten auch sprunghafte Veränderungen bei anderen Feuchtigkeitswerten erwartet werden; experimentelle Unterlagen darüber sind jedoch nicht vorhanden.

Die Verringerung der Wasserbewegung bei Krümelstruktur auf nahezu Null, bei Annäherung an die Minimale Wasserkapazität ist von großer Bedeutung für die Herabsetzung der Verdunstung, was wiederholt von W. R. WILJAMS hervorgehoben worden ist. Diese Eigenschaft ist der Grund für die ausdauernde Feuchtigkeit der Böden mit Krümelstruktur.

Gehen wir nun zur Frage nach der Beweglichkeit des Wassers in Dampfform über.

Wie bereits Morosow (1938a) nachgewiesen hat, kann sich dampfförmiges Wasser sowohl aktiv als auch passiv bewegen.

Im ersten Fall bewegt sich das dampfförmige Wasser unabhängig von der Bewegung der Bodenluft, in der es sich befindet. Eine solche Bewegung beruht auf Diffusion, die durch den Dampfdruckgradienten in der Bodenluft erzeugt wird. Die Diffusion des Wasserdampfes von Punkten mit höherer Dampfspannung zu geringerer Spannung ist mit der Wärmebewegung der Wasserdampfmoleküle verbunden. Diese Bewegung ist ungeordnet, d. h. jedes Wasserdampfmolekül kann sich mit der gleichen Wahrscheinlichkeit in jeder beliebigen Richtung bewegen. Da in dem Teil des Raumes, in welchem die Dampftension höher und die Zahl der Moleküle, die sich in der Volumeneinheit befinden, größer ist als in dem Raum mit geringerer Dampfspannung, so ist der Übergang eines Moleküls aus dem ersteren wahrscheinlicher als in umgekehrter Richtung. Deshalb muß die Differenz aus den Dampftensionen vornehmlich eine einseitige Bewegung der Wasserdampfmoleküle hervorrufen, die solange vor sich gehen wird, bis die Konzentration ausgeglichen ist.

Die Unterschiede in der Tension in der Bodenluft können zwei Ursachen haben.

Falls der Wassergehalt des gesamten Bodenvolumens die *MH* übersteigt, so wird die Bodenluft mit Wasserdampf fast gesättigt sein, seine relative Luftfeuchte wird etwa 100% betragen. In diesem Falle wird die absolute Tension an einem beliebigen Punkt des Bodeninnern vollkommen von der Bodentemperatur, die an diesem Punkt herrscht, abhängen und der Spannungsgradient des Wasserdampfes dem Temperaturgradienten entsprechen. Wenn der Wassergehalt des Bodens unter der Maximalen Hygroskopizität liegt, wird die Spannung des Wasserdampfes in der Bodenluft nicht nur von der Temperatur, sondern auch vom Wassergehalt des Bodens abhängig sein; der Gradient kann also mit dem Temperaturgradienten zusammenfallen, muß es aber nicht.

Die passive Bewegung des dampfförmigen Wassers im Bodeninnern wird dann beobachtet, wenn die Bodenluft bewegt wird, unabhängig davon, durch welche Ursache sie hervorgerufen wird. Die Luftströmungen im Boden können auch infolge Temperaturschwankungen oder Zusammenpressung oder Erweiterung auftreten; der Wind „bläst" die Bodenluft aus den oberen Bodenschichten heraus; durch die Verdrängung der Luft kann dann Wasser in die Poren eindringen. Durch den Wind kann auch der Wasserdampf der Bodenluft in Bewegung gesetzt werden.

Beide Arten der Bewegung des dampfförmigen Wassers können gleichzeitig vorliegen, was unter natürlichen Verhältnissen, insbesondere in den oberen Bodenhorizonten, häufig der Fall ist.

Die Diffusion des Wasserdampfes kann im Boden dadurch kompliziert werden, daß infolge der Temperaturunterschiede Mikrokonvektionen auftreten, und dadurch daß die „Destillation" des Wasserdampfes mehrfach stattfindet.

Morosow (1938b) hat die Menge des Bodenwassers in dampfförmigen Zustand berechnet.

Er schlug folgende Formel zur Berechnung der Verdunstung des dampfförmigen Wassers vor:

$$V = K \cdot \frac{\ln \frac{P - P_w}{P - P_n}}{l},$$

in der V die Verdunstung des Wassers in Gramm je Flächeneinheit in der Minute,
K der „Koeffizient der effektiven Dampfdurchlässigkeit",
P_w und P_n die Dampftension an zwei Punkten des Bodens,
l die Mächtigkeit der Bodenschichten und
P der Atmosphärendruck
sind.

Wenn wir diese Formel entlogarithmieren und die Glieder mit Potenzen abwerfen, erhalten wir nach Morosow folgende Näherungsformel:

$$V = \frac{K}{P} \cdot \frac{P_n - P_w}{l},$$

die der Fickschen Ableitung entspricht.

Die Größe K stellt den „Koeffizienten der effektiven Dampfdurchlässigkeit" dar; in der Regel ist sie höher als der Grundkoeffizient der Diffusion des Dampfes infolge der verschiedenen, die Bewegung des Dampfes komplizierenden Erscheinungen, wie z. B. der Mikrokonvektion.

Die reine Diffusion geht in einem Boden unter isothermischen Verhältnissen vor sich, dessen Wassergehalt nicht höher ist als die Maximale Hygroskopizität. In diesem Fall ist $K = k$ (siehe unten).

In feuchten Böden mit höherem Wassergehalt, in denen 25 bis 30% des Porenvolumens mit Wasser ausgefüllt sind, hängt die Diffusion hauptsächlich von der Temperaturdifferenz ab. Diese Diffusion nennt Morosow thermische Diffusion; ein Ausdruck, der nicht sehr glücklich gewählt ist, weil man ihn leicht mit der echten Thermodiffusion verwechseln kann.

Allgemein kann die Verdunstung je Flächen- und Zeiteinheit durch folgende Formel ausgedrückt werden:

$$V = k \cdot \mu \cdot \tau \cdot f(\nu \text{ pot}) \cdot Gr$$

ist μ ein Faktor > 1, der den Einfluß der Mikrokonvektion berücksichtigt,
τ ein Faktor > 1 (bis 4), der bei Diffusion des Wasserdampfes in Schichten mit unterschiedlicher Temperatur einzusetzen ist,
$f(\nu \text{ pot})$ ein Faktor > 1 beim Vorhandensein eines turbulenten Luftstromes über dem Boden, der die Bewegung des Wasserdampfes im Boden beeinflußt,
Gr der Dampfdruck-Gradient.

Nach Morosow liegt k, der Koeffizient der reinen Dampfdiffusion unter isothermischen Verhältnissen, bei Maximaler Hygroskopizität oder darunter in den Grenzen von 0,0075 p bis zu 0,0080 p, wobei p das Porenvolumen ist.

Der Wirkungskoeffizient der Diffusion $K = k\mu$ ist in verschiedenen Böden folgender:

	p in %	$K = k\mu$ in g/cm²/min.
Löß, Krümel 5—10 mm	60—61	0,00514—0,00536
Löß, Krümel 1— 2 mm	60—61	0,00471—0,00515
Strukturlöß	45—47	0,00390—0,00402
Schluffiger Löß	60	0,00470
Schluffiger Löß	50	0,00470
Schluffiger Löß	41	0,00348
Sand 0,2—0,6 mm	40	0,00293—0,00300

MOROSOW gibt folgendes Berechnungsbeispiel:

Gegeben:

$p = 50\% = 0{,}5$ Wassergehalt $> MH$

Gradient $1°/1$ cm $\mu = 1{,}5$

Mittl. Temperatur 24° $\tau = 4$

$P = 750$ mm Hg $f(\nu \text{ pot}) + 3{,}5$

$P_w = 21{,}72$ mm Hg

$P_n = 20{,}06$ mm Hg

$$V = k \cdot \mu \cdot \tau\, k(\nu \text{ pot}) \cdot Gr$$

$$V = 0{,}004 \cdot 1{,}5 \cdot 4 \cdot 3{,}5 \cdot Gr \text{ g/cm}^2/\text{min}$$

In 24 Stunden:

$$q = 0{,}084 \cdot 1440 \cdot 10 \cdot \cdot Gr \text{ mm}$$

Der Dampfdruckgradient ist:

$$\ln \frac{750—21{,}72}{750—23{,}06} = \ln 1{,}0018 = 0{,}0018$$

$$q = 0{,}084 \cdot 14400 \cdot 0{,}0018 = 2{,}18 \text{ mm}/24 \text{ Stunden.}$$

Hiermit schließen wir die Betrachtung über die Beweglichkeit des Bodenwassers ab und gehen zur Klassifikation seiner Formen über, die sich aus den obigen Ausführungen ergeben.

3. Unser Klassifikationsvorschlag

Auf Grund der Tatsachen, die in vorliegender Monographie diskutiert werden, schlagen wir vor, folgende Hauptformen an Bodenwasser zu unterscheiden:

I. Kristallwasser.[1]

II. Festes Wasser (Eis).[1]

III. Dampfförmiges Wasser. Es liegt in der Bodenluft als Wasserdampf vor und bewegt sich in dieser Form im Boden: erstens aktiv von hoher zu niedriger Tension und zweitens passiv mit der Luftströmung. Bei Vorhandensein ent-

[1] In vorliegender Arbeit nicht besprochen.

sprechender Bedingungen kann es in die flüssige Phase übergehen. In einem Boden mit einem Wassergehalt über der Maximalen Hygroskopizität entspricht der Gehalt an dampfförmigem Wasser in der Bodenluft nahezu 100%iger Sättigung.

IV. Festgebundenes Wasser. Es wird von den Adsorptionskräften der Bodenpartikel zurückgehalten und auf ihrer Oberfläche als dünner Film gebunden, dessen Stärke nur wenige Durchmesser des Wassermoleküls beträgt. In seinen Eigenschaften ist dieses Wasser der festen Phase ähnlich und hat eine höhere Dichte. Bei seiner Bindung wird Benetzungswärme frei. Der höchstmögliche Gehalt an dieser Wasserform kann aus dem salzfreien Wasserfilm (unter der Voraussetzung, daß Lösungen von hoher Konzentration zur Anwendung kommen) aus der Benetzungswärme und biologisch bestimmt werden. Dieses Wasser kann sich nur als Dampf bewegen.

V. Labil gebundenes Wasser. Das Hauptmerkmal dieses Wassers ist die Orientierung der Moleküle, die sowohl durch den Einfluß der orientierten Moleküle des festgebundenen Wassers als auch in geringerem Maße durch den Einfluß der Austauschkationen hervorgerufen wird. Um die Bodenpartikel bildet es einen Film, dessen Stärke Hunderte von Wassermolekülen erreichen kann. Seine Dichte liegt nicht über der Dichte des tropfbar flüssigen Wassers. Die inneren Schichten weisen Merkmale der festen Phase auf; dieses Wasser entwickelt keine Benetzungswärme. Der Gehalt an labil gebundenem Wasser kann annähernd aus der Höhe des „salzfreien Wasserfilms" aus Lösungen von niedriger Konzentration bestimmt werden. Eine genaue, direkte Bestimmung des Gehaltes an labil gebundenem Wasser existiert bisher noch nicht. Es kann sich von Partikel zu Partikel unter dem Einfluß der Sorptionskräfte bewegen.

VI. Freies Wasser. Das charakteristische Merkmal dieses Wassers ist darin zu sehen, daß die Moleküle um die Bodenpartikel nicht orientiert sind, was natürlich nicht ihre Orientierung um die in der Lösung befindlichen Ionen ausschließt.

Das freie Wasser kann in folgenden Formen vorliegen:

A. Fugenwasser, vornehmlich in grob- und feinkörnigen Böden, wenn der Wassergehalt unter der GW_F liegt; es wird von Kapillarkräften zurückgehalten.

B. Sorptionsmäßig eingeschlossenes freies Wasser, in feinkörnigen Böden als isolierte Mikroansammlungen vorhanden; es wird hauptsächlich durch Sorptionskräfte zurückgehalten.

C. Kapillar aufgehängtes Wasser. Es kommt in geschichteten Böden verschiedener mechanischer Zusammensetzung bei einem Wassergehalt über der *GW* vor. In feinporigen Schichten tritt es dann auf, wenn diese von grobporigen unterlagert werden; es wird von kapillaren Kräften zurückgehalten.

D. Sicker- oder Gravitationswasser. Es tritt in Böden beliebiger mechanischer Zusammensetzung bei einem Wassergehalt über der *GW* auf; es befindet sich in absteigender Bewegung bei vorherrschendem Einfluß der Schwerkraft.

E. Gestütztes Gravitationswasser. Es kommt in Böden beliebiger mechanischer Zusammensetzung bei einem Wassergehalt über der *GW* vor, unter der Voraussetzung, daß eine Schicht höherer Wasserdurchlässigkeit von einer mit geringerer unterlagert wird. Es kann in folgenden Formen auftreten:

a) kapillar gestützt (Kapillarsäume);

b) abfließend, längs dem Gefälle über der wasserundurchlässigen Schicht unter dem vorherrschenden Einfluß der Schwerkraft;

c) stehend über der konkav oder horizontal ausgeformten Stauschicht;

d) kapillar aufsteigend, die Aufwärtsbewegung erfolgt zur Verdunstungsoberfläche unter dem Einfluß der Kapillarkräfte.

Wenn wir die drei letzten Wasserformen (fest gebundenes, labil gebundenes und freies) miteinander vergleichen, müssen wir hervorheben, daß nur zwischen fest und labil gebundenem Wasser eine deutliche Grenze gezogen werden kann, die nicht nur theoretisch, sondern auch experimentell bestimmbar ist.

Was die fünfte Kategorie (labil gebundenes Wasser) betrifft, so ist es richtiger, sie als Übergangsform zwischen der vierten und der sechsten zu betrachten. Ihr Gehalt kann von fast Null (sowohl in Böden von leichter als auch schwerer Textur) bei hoher Konzentration der Bodenlösung bis zu Werten ansteigen, die der vollen Wasserkapazität in strukturlosen (gleyartigen, verschlämmten) Böden von feiner Textur nahekommen. Außerdem ist der Gehalt an labil gebundenem Wasser sogar in ein und demselben Boden zeitlich wesentlichen Veränderungen, je nach Wassergehalt, Konzentration der Bodenlösung usw., unterworfen.

Der Übergangszustand des labil gebundenen Wassers ist dadurch bedingt, daß es demjenigen Feuchtigkeitsbereich entspricht, in dessen oberem Teil die Sorptionskräfte in Wettbewerb mit den Kapillarkräften treten, so daß das Verhalten des Wassers von beiden Kräften bestimmt wird. In Poren, deren Querschnitt sich auf kleinste Entfernungen verändert, schwankt der relative Einfluß dieser Kräfte räumlich ebenfalls sehr stark; hierbei spielen in den erweiterten Poren die Kapillarkräfte und in den verengten die Sorptionskräfte die Hauptrolle. In den erweiterten Poren können die Kapillarkräfte nur dann wirken, wenn sie nicht völlig mit Wasser ausgefüllt sind. Falls sich die inneren Poren entleeren und im Boden nur Ansammlungen von Fugenwasser zurückbleiben — nach Dolgow entspricht das in schweren Böden der Welkefeuchtigkeit —, bestehen diese Wassermanschetten fraglos zum Teil aus fest gebundenem, zum Teil aus labil gebundenem Wasser.

Bei Mikrostruktur treten Kapillarkräfte und Sorptionskräfte gemeinsam in Erscheinung; Poren bestimmter Größe sind nicht völlig mit labil gebundenem Wasser angefüllt. Verliert ein Boden seine Mikrostruktur, was bei Gleybildung, Sättigung mit Natrium-Ionen oder durch mechanische Einwirkung eintreten kann, so werden die größeren Poren zerstört, und das gesamte Porenvolumen wird völlig mit gebundenem Wasser ausgefüllt.

Die von uns vorgeschlagene Klassifikation ist graphisch auf den Abb. 101 und 102 dargestellt, von denen sich die erste auf sandige, mittelkörnige Böden bezieht.

Dieses Schema ist in seinem Aufbau dem Dolgowschen ähnlich. Die Säulen stellen das Porenvolumen dar, das unten mit Null beginnt und oben bei voller

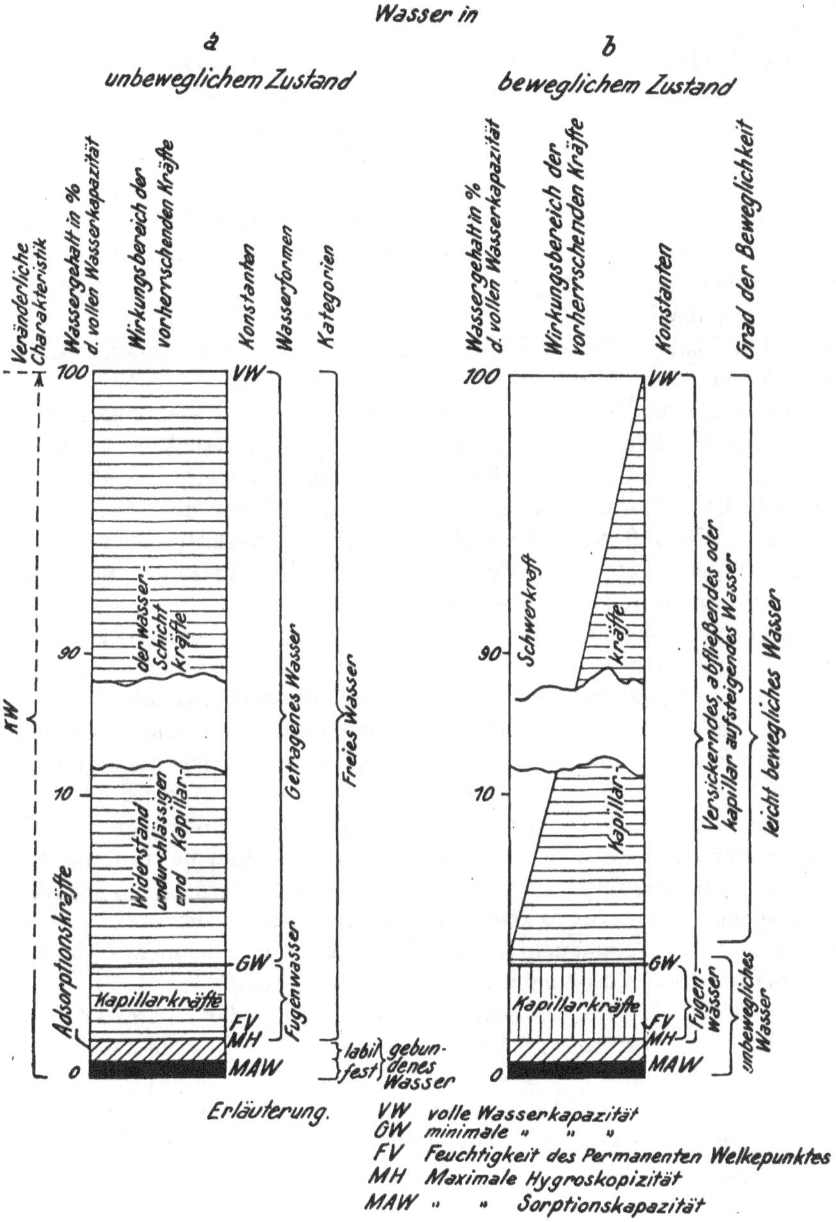

Abb. 101. Schema der Bodenwasserformen in grob- und mittelkörnigen Böden nach Rode[1]

[1] Die Abkürzungen entsprechen nicht völlig der auf S. 6 gegebenen Definition, $FV = WF$.

Wasserkapazität bei 100% endet. Die Säule wird horizontal von Linien aufgeteilt, die den Werten der besprochenen hydrologischen Konstanten des Bodens entsprechen.

Die linke Säule stellt den Fall dar, in dem das Bodenwasser unbeweglich ist; es ist der Wirkungsbereich der vorherrschenden Kräfte veranschaulicht, die das Wasser im Boden statisch festhalten. Für diese Bodenart ist kennzeichnend, daß der Widerstand in undurchlässiger Schicht sowie die Kapillarkräfte fast im gesamten Bereich vorherrschen, und zwar von der vollen Wasserkapazität an bis zu Nullwerten. Erst bei äußerst geringem Wassergehalt, etwa von 1% der vollen Wasserkapazität, sind Sorptionskräfte wesentlich am Zurückhalten des Wassers beteiligt; bei noch geringerer Feuchtigkeit ist es die Adsorption, die diese Wirkung ausübt.

Die rechte Säule stellt die Kräfte dar, die das tropfbar flüssige Wasser im Boden bewegen. Für diese Bodenart ist eine scharf ausgeprägte Grenze zwischen dem beweglichen und dem unbeweglichen Zustand des Wassers kennzeichnend, entsprechend der Minimalen Wasserkapazität. Liegt der Wassergehalt unter diesem Wert, so bleibt freies Wasser als Fugenwasser zurück, das aber praktisch unbeweglich ist. Oberhalb dieser Grenze ist das Wasser im Boden unter dem gemeinsamen Einfluß von Schwerkraft und Kapillarkraft leicht beweglich.

Welches Wasser kommt in Bewegung, wenn der Wassergehalt des Bodens größer ist als die Minimale Wasserkapazität?

In allgemeiner Form haben wir diese Frage bereits beantwortet. Auf den vorliegenden Fall angewendet, kann man, ohne Fehler zu machen, annehmen, daß fast alles Wasser unter der Minimalen Wasserkapazität (Fugenwasser) beweglich wird, sobald sich das Poreninnere mit Wasser füllt und die Manschetten dadurch zusammenfließen. Fraglos bleibt hierbei nur das fest gebundene Wasser unbeweglich; es ist möglich, daß hierzu auch ein geringfügiger Teil des labil gebundenen Wassers gehört, das in seiner Gesamtheit in der gegebenen Gruppe von Böden nur einen unbedeutenden Teil des Porenvolumens einnimt. In Übereinstimmung mit diesen Ausführungen haben wir die unteren Enden der Klammer, die das leicht bewegliche Wasser umfassen, zwischen die Maximale Hygroskopizität und die Welkefeuchtigkeit gelegt, weil wir annehmen, daß in diesem Bereich die Grenze des labil gebundenen Wassers verläuft.

Abb. 102 stellt die Wasserführung in Lehmböden dar. Auch hier wird das Zurückhalten des Wassers (vgl. linke Säule der Abb.) in einem Bereich von der vollen bis zur Minimalen Wasserkapazität von den Kapillarkräften und dem Widerstand der wasserundurchlässigen Schicht bestimmt. Bei niedrigeren Feuchtigkeitswerten haben hier die Sorptionskräfte im Festhalten des Wassers den vorherrschenden Einfluß.

Bis zum Wert der „Maximalen Adsorptionswasserkapazität" wird die restliche Wassermenge nur von Sorptionskräften zurückgehalten; in dem Bereich, der mit letzterem Wert beginnt, treten Adsorptionskräfte in Erscheinung.

Die rechte Säule stellt die Kombination von Kräften dar, die an der Wasserbewegung beteiligt sind. Genauso wie bei sandigen Böden vollzieht sich in dem

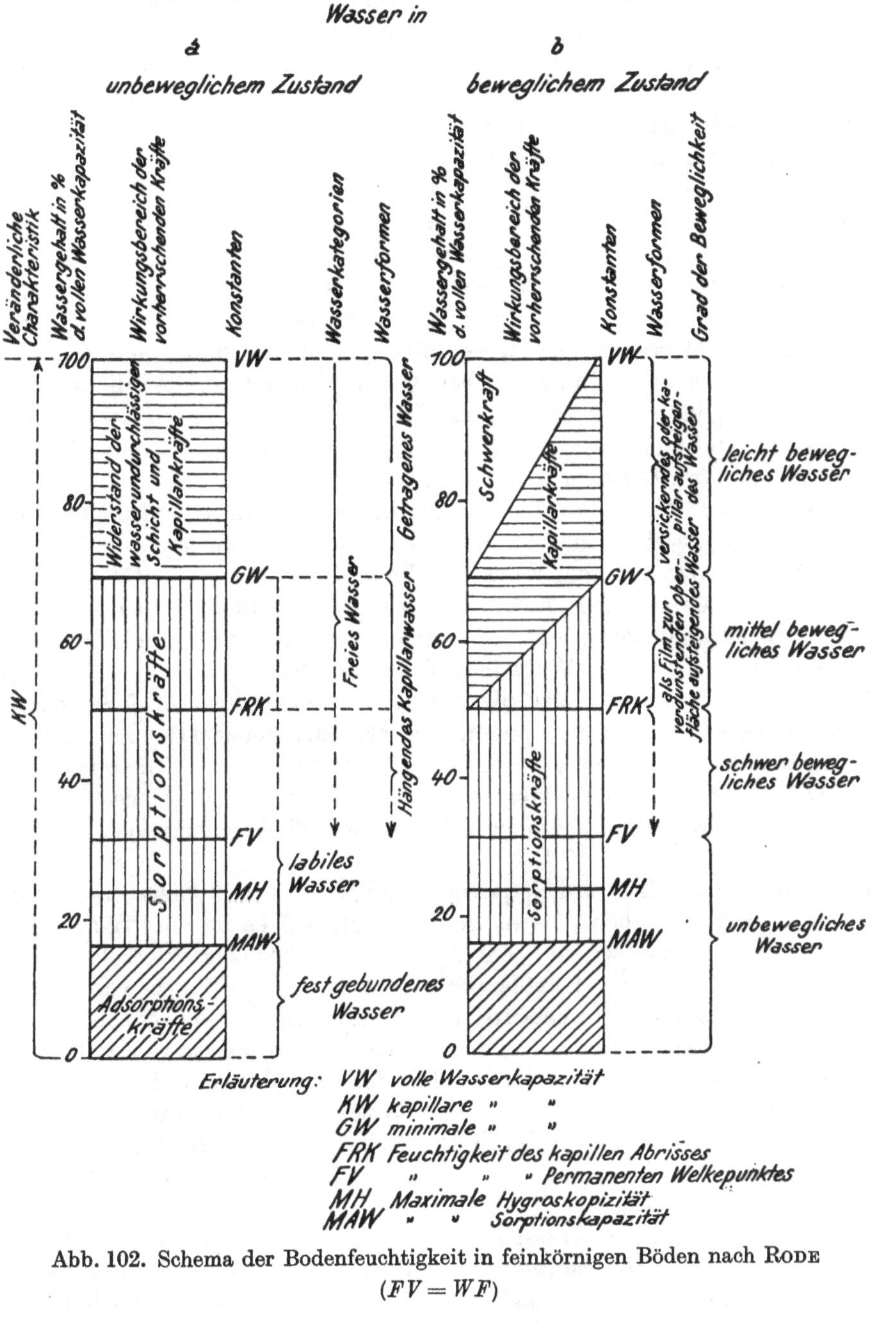

Abb. 102. Schema der Bodenfeuchtigkeit in feinkörnigen Böden nach RODE
($FV = WF$)

Bereich von der vollen bis zur Minimalen Wasserkapazität die Wasserbewegung unter dem gemeinsamen Einfluß der Schwerkraft und der Kapillarkräfte.

Unterhalb der Minimalen Wasserkapazität beteiligen sich die Sorptionskräfte an der Wasserbewegung gemeinsam mit den Kapillarkräften. Meistens herrschen jedoch erstere vor. Als unterste Feuchtigkeitsgrenze, bis zu der sich der Einfluß der Kapillarkräfte erstreckt, nehmen wir bedingt die „Feuchtigkeit des Abrisses der Kapillarverbindung" an. Meistens wird diese Grenze wahrscheinlich höher liegen.

Auf der Abbildung haben wir die drei hauptsächlichsten Wasserkategorien dargestellt: fest gebundenes, labil gebundenes und freies Wasser. Die Grenze des vorhandenen fest gebundenen Wassers fällt mit der Maximalen Adsorptionswasserkapazität zusammen und kann genau gezogen werden. Was jedoch die beiden anderen Wasserkategorien — labil gebundenes und freies Wasser — anbetrifft, so kann bekanntlich die obere Grenze des ersteren und die untere des letzteren nicht genau bestimmt werden. Das haben wir auch auf der Abbildung zum Ausdruck gebracht, indem wir die sich überschneidenden Enden der Klammern durch punktierte Linien kenntlich gemacht haben.

Im Bereich der Überschneidung, d. h. bei gleichzeitigem Vorhandensein der beiden letzten Wasserformen, tritt im Boden an „Filmen hängendes" Wasser auf, dessen obere Grenze mit dem Wert der Minimalen Wasserkapazität zusammenfällt; die untere Grenze kann nicht genau bestimmt werden. In jedem Fall liegt diese Grenze unterhalb der „Welkefeuchtigkeit" oder noch wahrscheinlicher—zwischen diesem Wert und der Minimalen Wasserkapazität.

Bei einem Wassergehalt, der die Minimale Wasserkapazität übersteigt, erscheint im Boden Gravitationswasser, das entweder versickert oder „gestützt" ist; im letzteren Falle ist es entweder abfließend oder stehend. Die obere Grenze dieses Gehaltes fällt mit dem Wert der vollen Wasserkapazität zusammen. Die untere Grenze verläuft hierbei nicht unterhalb der Welkefeuchtigkeit, eher sogar etwas darüber.

Der Wassergehalt im Bereich zwischen der Welkefeuchtigkeit und darunter gehört zum unbeweglichen Wasser, woraus folgt, daß es für die Pflanzen unzugänglich ist. Das Wasser in dem Bereich zwischen der Welkefeuchtigkeit und der „Feuchtigkeit des Kapillarabrisses" sprechen wir als schwer beweglich an; wir beachten hierbei einerseits, daß es immerhin noch für die Pflanzen zugänglich ist, jedoch andererseits, daß es im Verdunstungsprozeß nahezu unbeweglich ist. Das Wasser im Bereich der „Feuchtigkeit des Abrisses der Kapillarverbindung" bis zur Minimalen Wasserkapazität bezeichnen wir als „mittelbeweglich", weil es bei Verdunstung eine erhebliche Beweglichkeit zeigt.

Bei einem Wassergehalt, der über der Minimalen Wasserkapazität liegt, wird das Wasser leicht beweglich.

Wenn wir die Grenze der Wasserbeweglichkeit in die „Welkefeuchtigkeit" legen, müssen wir dabei die Bedingtheit dieser Grenze hervorheben. Es ist möglich, daß sie oberhalb des angeführten Wertes liegt, in keinem Falle jedoch höher als die Feuchtigkeit des „Abrisses der Kapillarverbindung".

Entsprechend den Ausführungen des Kapitels VII wird durch die Beweglichkeit des Bodenwassers auch seine Ausnutzbarkeit für die Pflanzen bestimmt. Deshalb enthält unser Schema keine besondere pflanzenphysiologische Kennzeichnung der verschiedenen Wasserformen.

4. Die Wasserführung einiger Bodentypen

Der vorliegende Abschnitt enthält Beispiele der wichtigsten hydrologischen Eigenschaften von einigen häufig in der UdSSR verbreiteten Bodentypen, um einerseits zu zeigen, durch welche konkreten Zahlen diese Eigenschaften gekennzeichnet werden, und andererseits den Zusammenhang zwischen Wasserführung und Bodenbildungsprozeß darzustellen.

Die Tab. 136 bis 141 geben die Kennzahlen der Wasserführung in den verschiedenen Bodentypen an, die auf den Abb. 103 bis 108 graphisch dargestellt sind.

Die hydrologischen Kennzahlen sind in Vol.-% angegeben. Die mechanische Korngrößenzusammensetzung in Gew.-% ist so dargestellt, wie von KATSCHINSKI (1947) vorgeschlagen. In Tab. 142 bringen wir ferner die wichtigsten Angaben über die Formen des Wasservorrates der einzelnen Kategorien in Millimeter Wassersäule.

Bei der Auswahl dieses Materials stießen wir auf große Schwierigkeiten, weil in der Literatur sehr wenig Unterlagen zu finden waren, die für das ganze Profil alle wichtigen Eigenschaften des Bodens angeben. In den meisten Fällen sind die beschriebenen Profile nicht tiefgründig genug (1 m und sogar weniger), oder die Angaben sind unvollständig, so daß man keine klare Vorstellung gewinnen kann. Um den Boden hinsichtlich seines Verhaltens zum Wasser einigermaßen befriedigend zu kennzeichnen, ist die Angabe der *MH*, *WF*, *GW* und *VW* notwendig. Wünschenswert wäre auch der Wert der *FRK*.

In Anbetracht der erwähnten Schwierigkeiten können wir nur in einer sehr begrenzten Anzahl von Profilen die Wasserführung kennzeichnen.

Abb. 103 bezieht sich auf einen podsolierten Ackerboden, auf schwerem Decklehm entwickelt und in einer Tiefe von 240 cm von sandigem Geschiebelehm unterlagert. Die Zahlenangaben hierfür sind in Tab. 136 enthalten.

Der Geschiebelehm-Untergrund ist von recht grober mechanischer Zusammensetzung (das kann man auch aus dem ziemlich niedrigen Wert seiner Hygroskopizität schließen (Tab. 136)). Er zeichnet sich durch ein kleines Porenvolumen aus, das 30% nicht erreicht, was wahrscheinlich im allgemeinen für die Grundmoräne charakteristisch ist, deren Bildung von Durchknetung des Untergrundes, manchmal auch von einer nachfolgenden Vergleyung begleitet war.

Das Muttergestein, schwerer schluffiger Decklehm, ist in Tiefen von 100 bis 240 cm hinsichtlich Textur und Wasserführung durch große Einheitlichkeit gekennzeichnet; sein Porenvolumen liegt zwischen 40 und 41 Vol.-%, die Minimale Wasserkapazität zwischen 37 und 38%, die Welkefeuchtigkeit zwischen 20 und 21% und die Maximale Hygroskopizität zwischen 13 und 15%.

Fast die Hälfte der Minimalen Wasserkapazität ist pflanzenphysiologisch nutzbar. Ein charakteristisches Kennzeichen ist das sehr geringe Luftvolumen des Untergrundes zwischen 2 und 4%.

Im Bereich des Oberbodens von 0 bis 100 cm verändern sich die hydrologischen Konstanten im Vergleich zum C-Horizont stark.

In der Krume beträgt das Porenvolumen 56%. Nach der Tiefe zu sinkt es auf etwa 41% ab. Im oberen halben Meter liegt die Minimale Wasserkapazität zwischen 30 und 35% und nimmt nach unten bis auf 37% zu. In der Ackerkrume und in der oberen Hälfte des A_2B-Horizontes sind Maximale Hygroskopizität und Welkefeuchtigkeit stark herabgesetzt, infolge der Podsolierung, die zur Verringerung des Tonanteils geführt hat. Nach unten zu steigen diese beiden Werte wieder an. Entsprechend der *GW* auf der einen Seite und *MH*, sowie *WF* auf der anderen, übersteigt der Gehalt an biologisch nutzbarem Wasser in der obersten Schicht mit 20 bis 25 Vol.-%, die Hälfte des Gesamtvorrats. Im oberen Teil des Bodenprofils ist auch das Luftvolumen mit 25% sehr groß, nach unten zu nimmt es allmählich ab.

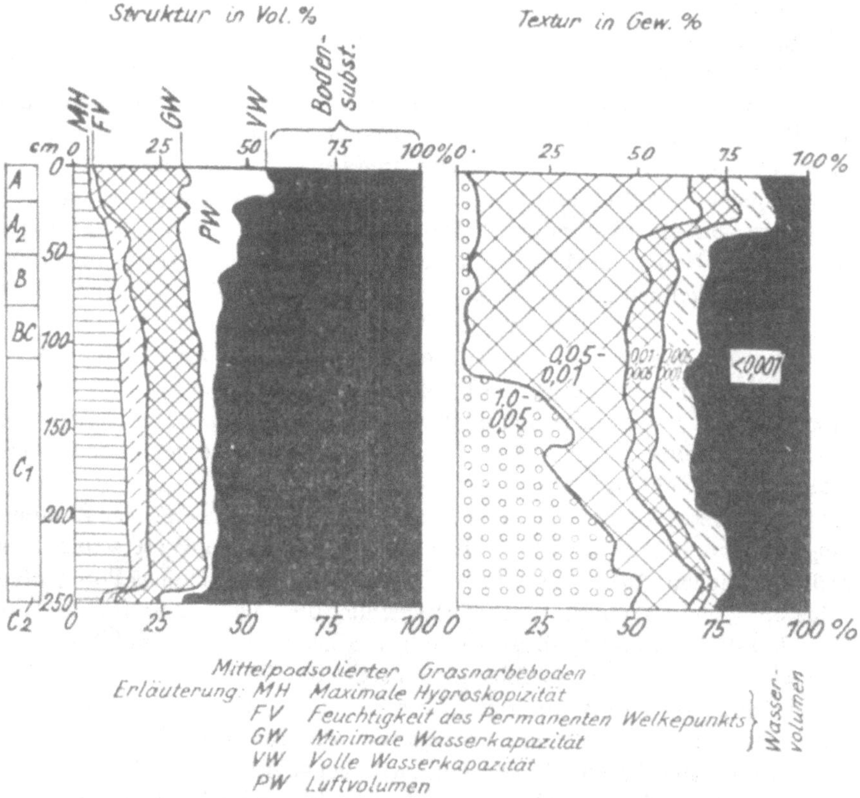

Abb. 103. Wasserführung, Struktur und Textur in einem gepflügten Grasnarbeboden nach Wassiljew[1]

[1]Die Abkürzungen entsprechen nicht völlig der auf Seite 6 gegebenen Definition; *FV* = *WF*

TABELLE 136
Eigenschaften eines mittelpodsolierten Bodens unter dem Pfluge, auf schwerem Decklehm entwickelt nach WASSILJEW

Horizont	Tiefe der Entnahme in cm	Spezifisches Gewicht	Volumengewicht in g/cm³	Volumen %			
				MH	*WF*	*GW*	(*VW*)
A_p	0— 5	2,64	1,16	4,8	6,6	32	56,1
	5— 10	2,63	1,23	4,9	7,1	34	53,2
	10— 20	2,62	1,21	5,0	7,3	30	53,8
A_2B	20— 25	2,68	1,45	6,3	8,4	34	45,9
	25— 30	2,69	1,44	7,9	9,8	33	46,5
	30— 40	2,69	1,38	9,8	13,1	30	48,7
	40— 50	2,72	1,43	10,7	16,5	31	47,4
	50— 60	2,72	1,45	11,8	14,5	32	46,7
B	60— 70	2,68	1,54	12,4	16,2	33	42,5
	70— 80	2,71	1,53	11,5	17,1	33	43,5
	80— 90	2,67	1,55	13,3	19,0	34	42,0
	90—100	2,70	1,58	13,1	20,1	35	41,6
BC	100—110	2,69	1,59	13,2	20,4	37	40,9
	110—120	2,69	1,58	13,0	20,8	36	41,3
	120—130	2,70	1,59	13,4	21,3	37	41,2
C_1	130—140	2,72	1,61	13,8	21,8	37	40,8
	140—150	2,72	1,59	14,3	21,5	37	41,6
	150—160	2,73	1,60	14,8	21,2	37	41,5
	160—170	2,68	1,60	14,5	21,3	37	40,3
	170—180	2,70	1,62	14,3	21,4	38	40,4
	180—190	2,71	1,60	14,7	21,3	37	41,0
	190—200	2,69	1,66	15,1	21,3	37	40,5
	200—210	2,73	1,60	15,2	21,0	37	41,4
	210—220	2,70	1,58	15,4	20,8	37	41,6
	220—230	2,68	1,62	15,5	21,5	38	39,6
	230—240	2,70	1,61	15,6	22,1	38	40,3
C_2	240—250	2,72	1,86	7,9		29	31,7
	270—280	2,67	1,93	7,2	9,9	26	27,6

Die während der Bodenbildung eintretenden Vorgänge haben die Eigenschaften des Muttergesteins sehr stark verändert. Gesamtporenvolumen und Luftvolumen des Bodens nehmen bis 1 m Tiefe bei verringertem Gehalt an „totem Wasser" erheblich zu. Das wirkt sich auf die Bodenfruchtbarkeit sehr günstig aus. Man kann kaum daran zweifeln, daß diese Verbesserung der Wasserführung das Ergebnis der langjährigen Einwirkung des Wurzelsystems der Bäume auf das Muttergestein ist; insbesondere ist daran das tiefgehende Wurzelsystem der Eiche beteiligt, die auch heute noch vorherrscht.

Auch die zweite Folge des Bodenbildungsprozesses, Verringerung des toten Wasservorrats, ist an und für sich ebenfalls günstig. Die Ursache dafür, die Zerstörung der Schluffraktion, die durch Humusanreicherung kaum ausgeglichen wird, kann jedoch nicht als günstig angesehen werden.

Wir betrachten jetzt das zweite Podsolprofil unter Wald, das eine wesentlich leichtere mechanische Zusammensetzung hat.

Auf Abb. 104 sind Wasserführung, Struktur und Textur eines podsolierten Bodens unter Wald dargestellt, der sich auf leichtem Decklehm entwickelt hat; er wird in etwa 80 cm Tiefe von schwerem sandigem Geschiebelehm unterlagert (vgl. dazu auch Tab. 137).

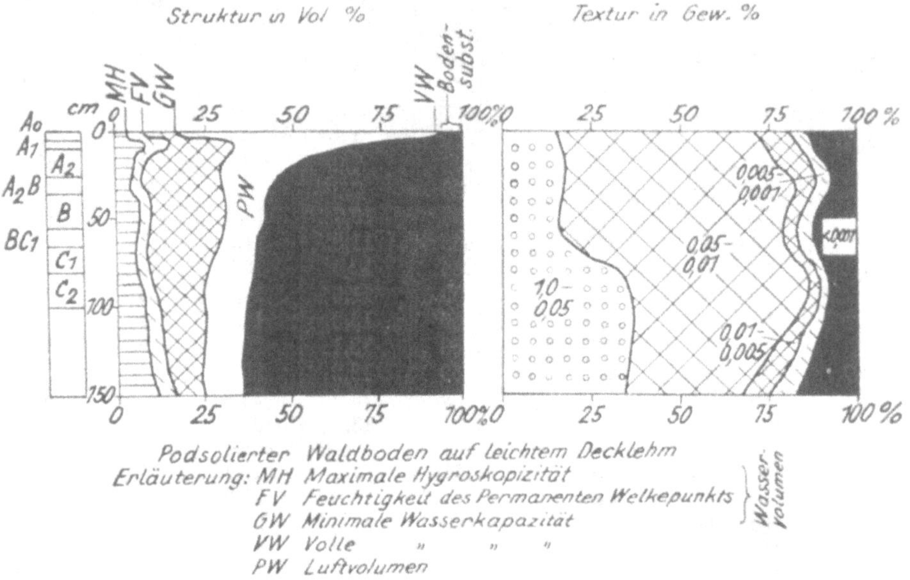

Abb. 104. Wasserführung, Struktur und Textur eines mittelpodsolierten Waldbodens auf leichtem Decklehm nach WASSILJEW

TABELLE 137

Mittelpodsolierter Waldboden auf leichtem schluffigem Decklehm, in 85 cm Tiefe von sandigem Lehm unterlagert nach WASSILJEW (1950)

Horizont	Tiefe der entnommenen Probe in cm	Spezifisches Gewicht	Volumengewicht in g/cm³	In Volumen-%			
				MH	*WF*	*GW*	*P(VW)*
A_0	0— 4	1,87	0,09	3,1	5,8	17	95,2
A_1'	4— 9	2,53	0,68	8,5	16,0	34	73,1
A_1''	9— 16	2,62	1,06	6,1	11,5	33	59,6
A_2	16— 25	2,67	1,34	5,3	8,2	30	49,8
A_2B	25— 35	2,68	1,44	4,4	6,8	30	45,3
B	35— 45	2,70	1,54	6,8	10,5	31	43,0
BC_1	45— 55	2,74	1,57	6,1	9,5	31	42,7
	55— 65	2,74	1,61	5,6	8,7	30	41,3
C_1	65— 75	2,74	1,63	5,2	8,1	28	40,5
C_2	85— 95	2,75	1,67	7,0	10,8	25	39,3
	100—110	2,74	1,73	8,3	12,9	26	36,8
	120—130	2,70	1,72	8,5	13,2	25	36,3
	140—150	2,70	1,73	10,5	16,3	24	36,0
C_3	200—210	2,75	1,76	13,4			36,0
	240—250	2,75	1,79	14,9			35,0

Das Gesamtbild ist das gleiche; ein wesentlicher Unterschied besteht jedoch darin, daß der Grad der Veränderung von Struktur und Wasserführung im oberen Teil des Profils (insbesondere die Erhöhung des Gesamtporen- und des Luftvolumens) weitaus größer ist, während die Mächtigkeit, auf die sich diese Veränderungen erstrecken, bedeutend geringer ist. Diesen Unterschied kann man damit erklären, daß in diesem Baumbestand die Fichte vorherrscht. Da diese über ein flaches Wurzelsystem verfügt, konnten die Eigenschaften nur auf einer geringen Tiefe beeinflußt werden. Noch ein Umstand muß Erwähnung finden. Die Minimale Wasserkapazität, die im allgemeinen von oben nach unten zu abnimmt, bleibt ab 80 cm Tiefe praktisch konstant. Gleichzeitig nimmt die Maximale Hygroskopizität nach unten im allgemeinen zu, insbesondere ab 80 cm Tiefe. Das bestätigt unsere früheren Ausführungen, wonach die Minimale Wasserkapazität sich mehr nach der Bodenstruktur als nach der mechanischen Zusammensetzung richtet.

Gehen wir nun zu den Böden vom Tschernosjomtyp über.

Auf Abb. 105 sind die hydrologischen Konstanten eines tiefgründigen, fruchtbaren, unberührten Tschernosjom dargestellt, der sich auf Lößlehm entwickelt

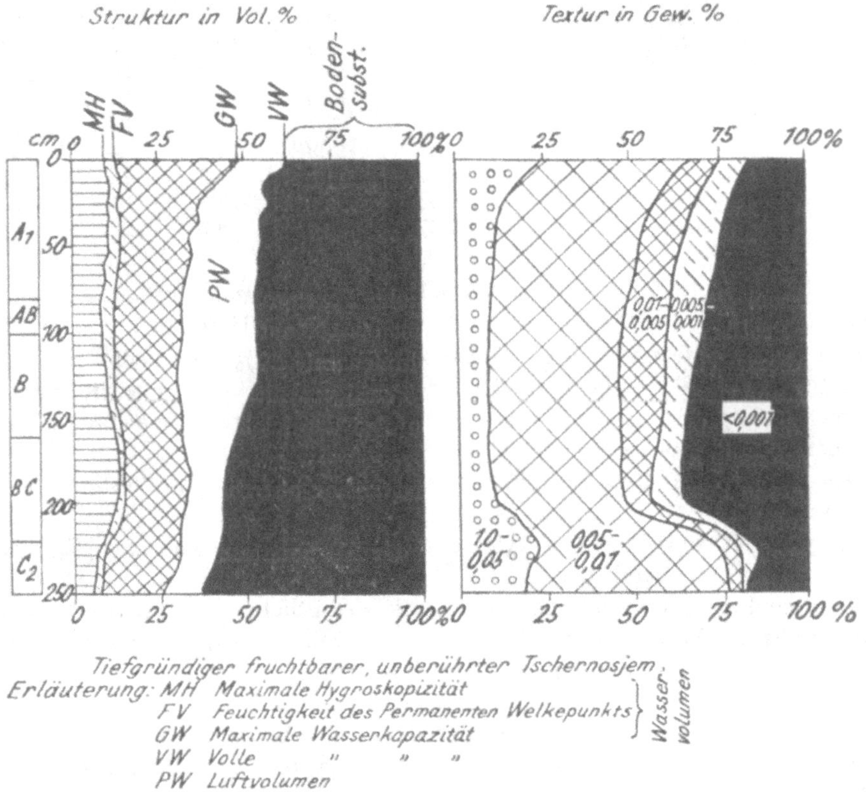

Abb. 105. Wasserführung, Struktur und Textur eines mächtigen unberührten lehmigen Tschernosjom auf schwerem Lößlehm nach AFANASJEWA und BOLSCHAKOW

hat und in einer Tiefe von 220 cm gleichfalls von Lößlehm, jedoch leichterer mechanischer Zusammensetzung, unterlagert wird. Die Tab. 138 enthält die Zahlenangaben, die sich auf diesen Einschlag beziehen.

TABELLE 138

Tiefgründiger, fruchtbarer, unberührter Tschernosjom auf Lößlehm, der in 220 cm Tiefe von leichterem Lehm unterlagert wird nach BOLSCHAKOW (1950)

Horizont	Tiefe der Probeentnahme in cm	Spezifisches Gewicht	Volumengewicht in g/cm³	Vol.-%			
				MH	*WF*	*GW*	*P(VW)*
A_1	0— 10	2,50	0,97	10,3	13,8	47	61
	10— 20	2,55	1,16	11,4	15,2	41	55
	20— 30	2,56	1,11	10,3	12,9	36	57
	30— 40	2,57	1,18	11,0	14,4	37	54
	40— 50	2,57	1,16	10,7	14,3	34	55
	50— 60	2,63	1,21	10,8	14,2	35	54
	60— 70	2,62	1,21	9,6	13,4	33	54
	70— 80	2,62	1,24	9,9	13,3	33	53
AB	80— 90	2,61	1,22	8,6	12,4	32	53
AB	90—100	2,65	1,25	9,4	13,0	32	53
B	100—110	2,68	1,26	9,3	12,0	32	53
	120—130	2,70	1,26	10,5	12,5	30	53
	140—150	2,70	1,37	12,0	13,1	32	49
BC	160—170	2,70	1,46	13,7	15,6	32	46
	180—190	2,70	1,53	13,9	14,4	34	43
	200—210	2,70	1,54	11,8	14,2	33	43
C	220—230	2,70	1,56	8,0	9,8	31	42
	240—250	2,70	1,67	6,7	8,3	27	38

In diesem Profil fällt vor allem das hohe Porenvolumen auf, das im oberen Teil des Profils etwa 60% beträgt und fast bis 150 cm Tiefe mit 50% durchhält. Bis zu dieser Tiefe ist auch das Luftvolumen mit 20% sehr hoch. Die Werte der *MH* und der *WF* verändern sich im Profil verhältnismäßig wenig, mit Ausnahme des liegenden Gesteins, wo sie infolge der leichteren mechanischen Zusammensetzung abnehmen.

Das große Poren- und Luftvolumen ist sicher auf die gute Krümelstruktur zurückzuführen.

Das große Porenvolumen im Horizont der Karbonatanreicherung (B_k) beruht auf der guten Mikrostruktur.

Somit sind auch hier im Tschernosjom die wesentlichen Veränderungen hydrologischer Eigenschaften auf den Einfluß der Wurzeln zurückzuführen, die Krümelstruktur erzeugen und dadurch die Porosität vergrößern.

Betrachten wir nun die Wasserführung im Profil eines südrussischen solonezartig veränderten tonigen Tschernosjom, der sich auf leichtem Deckton unter einem 45jährigen Eichenbestand entwickelt hat. Auf Abb. 106 sind die Angaben, die sich auf den gleichen, jedoch gepflügten Tschernosjom beziehen, punktiert dargestellt. Das Zahlenmaterial ist in Tab. 139 enthalten.

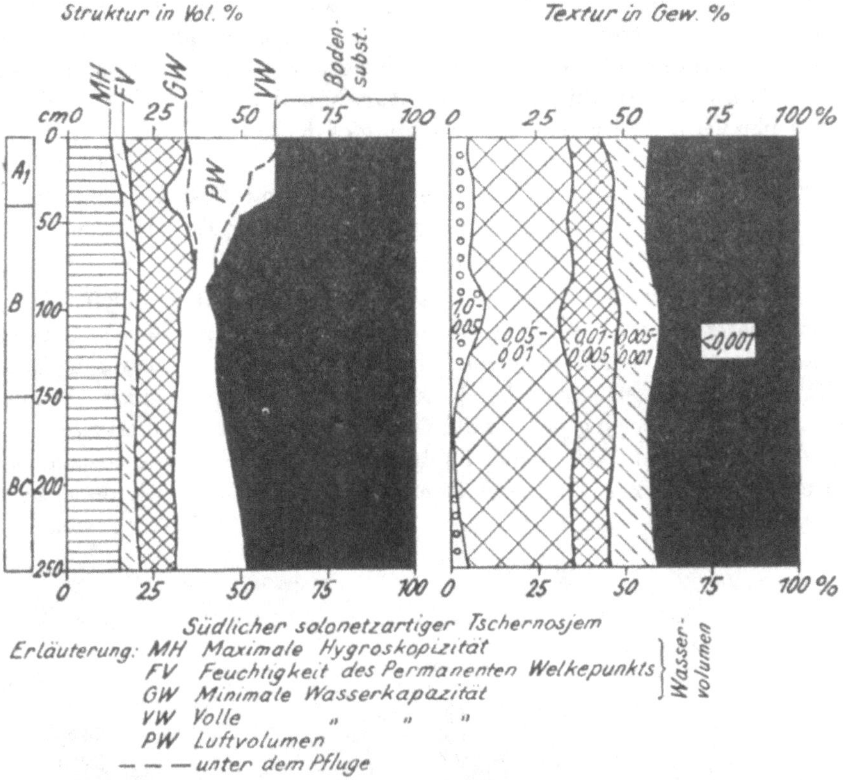

Abb. 106. **Wasserführung, Struktur und Textur eines südlichen solonezartig veränderten Tschernosjom auf leichtem Deckton nach** AFANASJEWA

TABELLE 139

Südrussischer, toniger, solonezartig veränderter, gepflügter Tschernosjom, auf schwerem Decklehm entwickelt

Horizont	Tiefe der entnommenen Probe in cn	Spezifisches Gewicht	Volumengewicht in g/cm³	Vol.-%			
				MH	*WF*	*GW*	*P(VW)*
A_1	0— 10	2,63	1,00	12,6	16,4	33	62
	10— 20	2,65	1,09	13,4	17,4	37	53
	20— 30	2,67	1,27	14,5	18,8	37	52
	30— 40	2,71	1,32	15,2	19,8	35	51
B_k	40— 50	2,72	1,45	15,7	20,3	35	47
	50— 60	2,73	1,53	16,5	19,9	37	44
	70— 80	2,76	1,58	15,8	20,5	35	43
	90—100	2,77	1,66	16,6	21,6	35	40
BC	140—150	2,72	1,54	15,4	20,0	33	43
	190—200	2,79	1,54	16,0	20,8	35	45
	200—250	2,78	1,50	15,9	20,7	33	46

Anmerkung: Die Welkefeuchtigkeit wurde mit 1,3 der *MH* angenommen.

Auf den ersten Blick fallen zwei Tatsachen auf: erstens der niedrige Gehalt an ausnutzbarem Wasser von 13 und 15 Vol.-%. Der Vergleich mit dem tiefgründigen Tschernosjom (Abb. 105) zeigt, daß die starke Abnahme seines biologisch nutzbaren Wassergehalts durch die starke Zunahme der *MH*- und der *WF*-Werte hervorgerufen wird; als Ursache hierfür ist fraglos der höhere Tongehalt, vielleicht auch die Versalzung anzusehen. Die Minimale Wasserkapazität beider Schwarzerden ist jedoch mit 30 und 35 Vol.-% etwa gleich, mit Ausnahme der obersten Schicht des Humushorizontes des tiefgründigen fruchtbaren Tschernosjoms, in dem die Minimale Wasserkapazität wesentlich höher liegt.

Die zweite auffallende Besonderheit ist, daß sich die *GW* und *VW*-Werte im Profil in einer Tiefe von 80 bis 90 cm einander nähern. In dieser Tiefe erreicht das Volumengewicht seinen höchsten Wert, ohne daß die mechanische Zusammensetzung eine andere ist. Die Ursache dafür ist wahrscheinlich in der solonezartigen Veränderung der Schwarzerde zu suchen, die in dieser Tiefe ihren höchsten Grad erreicht. Der Gehalt an austauschbarem Natrium verursacht die Zerstörung der Mikrostruktur und damit die Verdichtung des Bodens. Das Gesamtporenvolumen verringert sich, die *WF*- und *MH*-Werte steigen an,

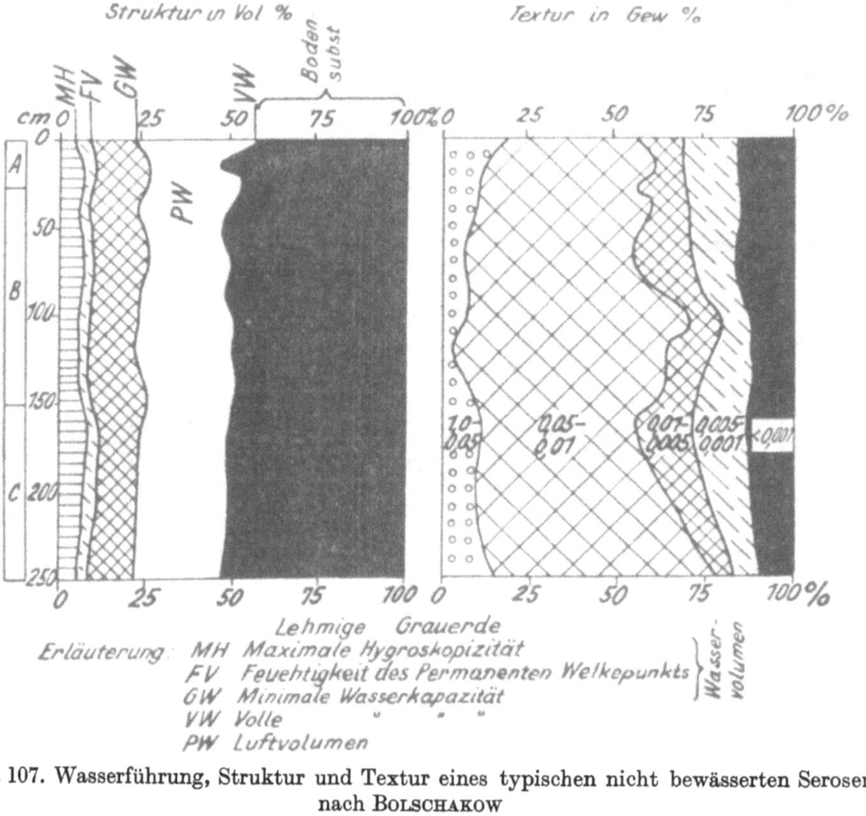

Abb. 107. Wasserführung, Struktur und Textur eines typischen nicht bewässerten Serosem nach Bolschakow

während der *GW*-Wert konstant bleibt; deshalb müssen Luftvolumen und Gehalt an biologisch nutzbarem Wasser abnehmen.

In der Krume des gepflügten Tschernosjom ist das Luftvolumen ziemlich gering (vgl. die punktierten Linien der Abb. 106), dagegen unter Wald wesentlich größer. Daraus kann der Schluß gezogen werden, daß der 45jährige Eichenbestand des Luftvolumen bis auf 80 cm Tiefe günstig beeinflußt hat.

Wir kommen zur Abb. 107, die das Profil eines typischen, nicht bewässerten lehmigen Serosem zeigt (Bolschakow, 1950). Hier finden wir ein sehr einfaches Bild vor. Entsprechend dem schwach nach Horizonten gegliederten Profil verändert sich die Wasserführung sehr wenig. Die deutlicher hervortretenden Schwankungen der *MH* hängen vollständig von der mechanischen Zusammensetzung ab. Das Luftvolumen ist sehr groß wegen der guten Mikrostruktur und der verhältnismäßig leichten Textur. Die Zahlenangaben über dieses Profil sind in Tab. 140 enthalten.

TABELLE 140

Wasserführung eines nicht bewässerten typischen lehmigen Serosem auf Lößlehm nach Bolschakow und Kotscherina (Bolschakow, 1950)

Horizont	Tiefe der Entnahme in cm	Spezifisches Gewicht	Volumengewicht in g/cm³	Vol.-%			
				MH	*WF*	*GW*	*P(VW)*
A_1	0— 4	2,65	1,16	5,5	8,6	21,5	56
	10— 14	2,67	1,40	6,6	10,8	26,0	48
	14— 18	2,65	1,45	7,1	—	26,8	45
	17— 21	2,65	1,45	7,4	10,2	26,8	45
	26— 30	2,65	1,30	6,4	8,8	24,2	51
	36— 40	2,66	1,26	6,0	8,6	22,4	53
	46— 50	2,67	1,35	6,6	8,6	24,2	49
	66— 70	2,67	1,44	7,6	10,6	26,0	46
	86— 90	2,67	1,36	6,5	8,4	23,8	49
	100—104	2,69	1,41	6,0	8,7	23,6	48
	116—120	2,68	1,33	6,3	8,1	22,0	50
	140—144	2,67	1,36	6,5	8,2	25,4	49
	156—160	2,68	1,33	7,9	10,8	24,8	50
	200—204	2,68	1,37	7,1	10,2	22,2	49
	250—254	2,70	1,37	5,4	7,0	22,2	49

Auf Abb. 108 sind Struktur und Textur eines Solonez (Maljanow, 1940) dargestellt (vgl. dazu Tab. 141).

Der über dem Solonez liegende Horizont ist durch niedrigere *MH*- und *WF*-Werte gekennzeichnet, offenbar als Folge seiner leichteren Korngrößenzusammensetzung. Der Gehalt an physiologisch nutzbarem Wasser beträgt bei Minimaler Wasserkapazität über die Hälfte des Gesamtwassergehalts, während das Luftvolumen niedrig ist. Im Solonezhorizont ist der Vorrat an nutzbarem Wasser erniedrigt; das gleiche gilt auch für die Gesamtporosität und das Luftvolumen. Die Ursache liegt auch hier in der Versalzung der Schicht und in der dadurch erzeugten Verdichtung. Der unter der Solonezschicht liegende Horizont ist

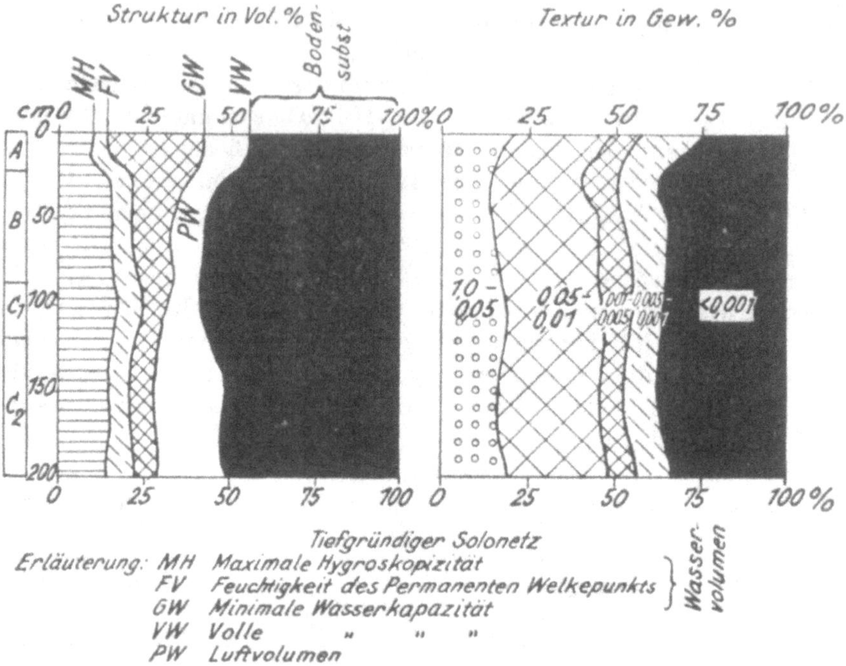

Abb. 108. Wasserführung, Struktur und Textur eines tiefgründigen Solonez nach MALJANOW

TABELLE 141

Wasserführung eines tonig-lehmigen Solonez aus schwerem Lehm auf Decklehm nach MALJANOW (1940)

Horizont	Tiefe der Entnahme in cm	Spezifisches Gewicht	Volumengewicht in g/cm³	Vol.-%			
				MH	*WF*	*GW*	*P(VW)*
A_1	0— 8	2,67	1,17	8,9	13,3	42	56,2
	12— 17	2,68	1,17	8,8	13,2	42	56,4
B_1	25— 30	2,67	1,40	14,3	21,4	37	47,6
B_2	40— 45	2,71	1,53	14,0	21,0	35	43,6
B_3	60— 65	2,73	15,3	14,5	21,7	33	43,2
	75— 80	2,74	1,59	15,0	22,4	34	41,9
C_1	95—100	2,74	1,66	16,6	24,9	32	41,1
	120—125	2,72	1,51	14,5	21,9	30	44,5
	145—150	2,76	1,41	13,6	20,4	28	48,9
	170—175	2,75	1,44	14,3	21,4	29	47,7
	195—200	2,73	1,44	13,8	20,7	29	47,3

wieder weniger verdichtet. Der Gehalt an nutzbarem Wasser bleibt allerdings gering, weil die Textur verhältnismäßig schwer ist.

Zum Schluß betrachten wir die Tab. 142, in der der Gehalt der verschiedenen Wasserformen in den beschriebenen Bodenprofilen in Millimeter für die Bodenschichten 0 bis 50; 50 bis 100; 100 bis 200 und 0 bis 200 cm angegeben wird.

TABELLE 142

Gehalt an verschiedenen Wasserformen in den Horizonten der beschriebenen Profile in mm

Profil	Bodenart	Feuchtigkeit des Perm. Welkepunktes *WF*					Minimale Wasserkapazität *GW*					Maximaler Gehalt an nutzbarem Wasser[1] bei Minimaler Wasserkapazität				
		0—50	50—100	0—100	100—200	0—200	0—50	50—100	0—100	100—200	0—200	0—50	50—100	0—100	100—200	0—200
1	Mittelpodsolierter Grasnarbe-Ackerboden auf schwerem Lehm	49	87	136	212	348	158	167	325	370	695	109	80	189	158	347
2	Mittelpodsolierter Grasnarbe-Waldboden auf leichtem Decklehm ab 80 cm von schwererem Lehm unterlagert	48	47	95	184	279	150	111	261	250	511	102	64	166	66	232
3	Tiefgründiger, fruchtbarer, unberührter Tschernosjom auf schwerem Lößlehm, von leichterem Lößlehm unterlagert	71	66	137	136	273	195	165	360	320	680	124	99	223	184	407
4	Südlicher gepflügter solonezartiger Tschernosjom auf leichtem Deckton	93	103	196	204	400	177	178	355	340	695	84	75	159	136	295
5	Typische gepflügte Grauerde auf mittlerem Lößlehm	47	47	94	94	188	119	123	242	235	477	72	76	148	141	289
6	Pfahlartiger tiefer, gepflügter Solonez auf schwerem Lößlehm	90	112	202	216	418	193	167	360	292	652	103	55	158	76	234

[1] Nach KATSCHINSKI, „Gehalt an aktivem Wasser".

Vier Podsole auf schwerem Lehm, beide Tschernosjomprofile und der Solonez haben bis 2 m Tiefe eine Minimale Wasserkapazität von 650 bis 695 m.

Hier ist darauf hinzuweisen, daß nach PROZEROW (1948) alle Lehmböden, fast unabhängig von ihrem Typ, nahezu die gleiche Minimale Wasserkapazität haben, wie aus Tab. 143 hervorgeht.

TABELLE 143

Durchschnittliche Minimale Wasserkapazität in mm im oberen Meter nach PORZEROW (1948)

Bodentyp	*GW* in mm	Mittlere quadratische Abweichung	Mittlerer arithmetischer Fehler	Genauigkeit des Versuches in %	Anzahl der Beobachtungsstationen
Podsolierte lehmige Sande	136	17	4,0	8,2	21
Podsollehme	285	33	4,4	1,4	30
Graue Waldböden	25	25	8,3	2,8	9
Podsolierter Tschernosjom	320	29	5,2	1,6	27
Gewöhnlicher Tschernosjom	315	33	6,0	1,9	30
Fruchtbarer Tschernosjom	339	20	6,7	2,0	10
Südlicher Tschernosjom	310	22	9,0	2,9	7
Kastanienfarbige Böden	304	27	6,0	2,0	22
Tschernosjom des Vorkaukasus	353	30	8,0	2,3	14

Vorräte an biologisch nutzbarem Wasser der Lehmböden liegen zwischen 285 und 353 mm, im Tschernosjom sind sie infolge seiner guten Struktur und des größeren Humusgehaltes bedeutend höher. Daß der Tschernosjom des Vorkaukasus den höchsten Wasservorrat hat, ist durch die Tiefgründigkeit seines Humushorizontes bedingt.

Die übrigen beiden Profile, Grasnarbepodsol auf leichtem Lehm und Sjerozom auf Lehm, die sich von den vier bereits betrachteten durch die gröbere Textur unterscheiden, haben sowohl in der Einmeter- als auch in der Zweimeterschicht eine kleinere Minimale Wasserkapazität.

Betrachten wir jetzt den Wassergehalt, der dem *WF*-Wert entspricht. Wir sehen, daß diese Werte sich außerordentlich stark unterscheiden. Während in der Zweimeterschicht des Sjerozom dieser Wassergehalt 188 mm beträgt, steigt er in dem südlichen leichttonigen Tschernosjom auf über 400 mm an. Der entscheidende Einfluß der Korngrößenzusammensetzung tritt hierbei klar hervor.

Ferner bemerken wir, daß in allen Böden, mit Ausnahme der Podsole, der Wassergehalt gleich der *WF* in der oberen und unteren Meterschicht ist (die Differenz liegt innerhalb der möglichen Bestimmungsfehler). Ebenso ist der Unterschied zwischen der ersten und zweiten Hälfte des oberen Meters sehr gering. Diese beiden Tatsachen beweisen, daß der Humusgehalt nur einen sehr geringen Einfluß auf die *WF* hat. Im Podsol auf schwerem Lehm unterscheiden sich die Feuchtigkeitswerte des Permanenten Welkepunktes in den ersten beiden Halbmeterschichten und in den beiden Meterschichten sehr stark voneinander, weil die Textur infolge der Podsolierung im oberen Teil des Bodenprofils wesentlich gröber ist.

Betrachten wir nun die Sparte der Tab. 142, die den Höchstgehalt an Wasser angibt, das von der Vegetation genutzt werden kann. Dabei erkennen wir folgendes:

Der südrussische Tschernosjom (Profil 14) fällt durch seinen geringen Vorrat an physiologisch nutzbarem Wasser in allen Schichten auf. Der Solonez und das Gestein, das dem Podsol auf leichtem Lehm unterlagert ist, haben ebenfalls nur einen niedrigen Vorrat. Den höchsten Gehalt weist der mächtige fruchtbare Tschernosjom auf.

Diese Tatsachen weisen darauf hin, daß der Vorrat an physiologisch nutzbarem Wasser von zwei Faktoren abhängt. Der wichtigste ist die Korngrößenzusammensetzung. In direkter Abhängigkeit vom Tongehalt steht die *WF* und folglich auch der ihr entsprechende Gehalt an von den Pflanzen nicht ausnutzbarem Wasser. Die Minimale Wasserkapazität dagegen hängt, wie uns aus Kapitel VI bekannt ist, beginnend bei mittelschweren Böden, weniger von der Textur als vielmehr von der Bodenstruktur ab. Gerade die verhältnismäßig lockere Struktur des tiefgründigen fruchtbaren Tschernosjom bedingt seinen hohen Gehalt an physiologisch nutzbarem Wasser.

Das hat erhebliche praktische Konsequenzen. Es liegt auf der Hand, das der niedrige Gehalt an physiologisch nutzbarem Wasser ein für die Vegetation ungünstiger Faktor ist, gleichgültig, ob es sich um landwirtschaftliche oder forstliche Kulturen handelt. Deshalb ist anzustreben, diesen Vorrat zu erhöhen. Soweit er der Differenz zwischen der *GW* und der *WF* entspricht, ist entweder die *GW* zu erhöhen oder die *WF* zu verringern. Weil die *WF* wesentlich von der Textur abhängt, ist es technisch sehr schwierig, sie zu ändern. Das ist nur in seltenen Fällen möglich, z. B. bei Übersandung von Tonböden. Anders liegt der Fall bei der *GW*. Je besser die Struktur ist, desto höher liegt die *GW*, und desto größer wird auch der Höchstgehalt an physiologisch nutzbarem Wasser sein. Deshalb ist die Verbesserung der Bodenstruktur ihrem Wesen nach die einzige Methode zur Erhöhung der Minimalen Wasserkapazität *GW* und folglich auch zur Verbesserung des für die Pflanzen nutzbaren Wassergehalts. In diesem Zusammenhang gesehen, sind also solche agrotechnischen Verfahren, wie richtiges und tiefes Pflügen, Anbau von mehrjährigen Futterpflanzen, insbesondere mit tiefem Wurzelsystem, und nötigenfalls auch angemessene Kalkdüngung, die wirkungsvollsten Verfahren für die Steigerung des biologisch nutzbaren Wassergehalts.

Manche Böden, wie z. B. der südrussische Tschernosjom, enthalten unter den gegebenen Verhältnissen nur geringfügige Mengen von physiologisch nutzbarem Wasser; sie verfügen jedoch über große potentielle Möglichkeiten für eine wesentliche Erhöhung der Minimalen Wasserkapazität durch die oben erwähnten Verfahren.

Aus dieser Betrachtung über die Wasserführung verschiedener Bodentypen ergeben sich folgende allgemeingültige Schlußfolgerungen:

In erster Linie zeigen die Bodenhorizonte im Vergleich zum Muttergestein die größte Änderung in ihren hydrologischen und sonstigen Eigenschaften. Daraus geht hervor, welche entscheidende Rolle die biologischen Faktoren, in erster Linie die Vegetation und die verschiedenen wühlenden Tiere — Regenwürmer, Insekten u. a., in der Bodendynamik haben.

Erstens lockern die Pflanzen unmittelbar mit ihrem Wurzelsystem den Boden, erhöhen dadurch das Porenvolumen und damit sowohl die Maximale Wasserkapazität, das Luftvolumen und die Minimale Wasserkapazität als auch die Wasserdurchlässigkeit. Besonders stark wirken in dieser Hinsicht die Baumwurzeln auf den Boden ein.

In der gleichen Richtung liegt auch der Einfluß der verschiedenen Tiere, wie Regenwürmer, verschiedene Insekten, die die Substanz durch Grabgänge mehr oder weniger auflockern.

Zweitens ist die Vegetation der wichtigste Faktor für die Krümelstruktur, weil sie sowohl durch ihr Wurzelsystem als auch durch die Zersetzungsprodukte ihrer Rückstände die Bodenpartikel verkitten. In dieser Hinsicht ist auch die Lebenstätigkeit der Mikroorganismen sehr wichtig. Die Krümelbildung wirkt sich unmittelbar auf die Wasserführung in der gleichen Richtung aus wie das Wurzelsystem. Außerdem erhöht die Krümelbildung die „Feuchtigkeit des Abrisses der Kapillarverbindung", wodurch die Gefahr der Austrocknung herabgesetzt wird.

Die Humusanreicherung als unmittelbare Folge der Vegetation erhöht neben ihrer krümelbildenden Wirkung auch die *MH* und *WF*, weil der Humus ein Kolloid mit großer Oberfläche ist.

Somit besteht der Einfluß der biologischen Faktoren auf die Wasserführung des Bodens in erster Linie darin, daß die ursprünglichen Eigenschaften des Muttergesteins so verbessert werden, daß sie die Bodenfruchtbarkeit direkt und indirekt steigern.

Der Bios ist in der Hand des Menschen das wirkungsvollste Mittel zur Verbesserung der Wasserführung des Bodens bei seiner Kultivierung.

5. Zusammenfassung

Die Klassifikation des Bodenwassers ist grundsätzlich schwierig, weil die verschiedenen Wasserformen im Boden entweder als einander überlagernde Filme von verschiedener Stärke vorliegen oder auch in vereinzelten Ansammlungen auftreten, die wir statistisch nur mit Durchschnittswerten erfassen können. Wir sind also nicht imstande, die verschiedenen Formen des Bodenwassers quantitativ abzugrenzen.

Als Unterscheidungsmerkmal für die Klassifikation des Bodenwassers ist seine „Beweglichkeit" anzusehen. Auf diesem Prinzip sind die zutreffenden Klassifikationen aufgebaut, wie z. B. die von Lebedew, Dolgow und anderen Forschern.

Nach dem augenblicklichen Stande der Wissenschaft können wir folgende Wasserformen im Boden unterscheiden:

I. Kristallwasser;
II. festes Wasser;
III. dampfförmiges Wasser;
IV. fest gebundenes Wasser;
V. labil gebundenes Wasser;
VI. freies Wasser.

1. Fugenwasser,
2. kapillar hängendes Wasser,
3. Sorptionsmäßig eingeschlossenes Wasser,
4. versickerndes Gravitationswasser,
5. gestütztes Gravitationswasser.
   a) kapillar gestütztes,
   b) abfließendes,
   c) stehendes,
   d) kapillar aufsteigendes.

Der Wassergehalt, bei dem sich die Beweglichkeit des Bodenwassers sprunghaft ändert, wird durch „hydrologische Konstanten" gekennzeichnet. Man kann insgesamt sechs „hydrologische Konstanten" unterscheiden:

1. Maximale Adsorptionskapazität *MMW*;
2. Maximale Hygroskopizität *MH*;
3. Feuchtigkeit des permanenten Welkepunktes *WF*;
4. Feuchtigkeit des Abrisses der Kapillarverbindung *FRK*;
5. Minimale Wasserkapazität *GW*;
6. Maximale Wasserkapazität oder Wasserhaltevermögen *VW*.

Außer diesen sechs Konstanten können „Durchlässigkeit für Wasser", „kapillare Wasserkapazität" und die „Hydrosorptionsfähigkeit" des Bodens als nützliche Kennzahlen dienen, die aber veränderlich sind.

Die Wechselbeziehungen zwischen den wichtigsten Kategorien des Bodenwassers und den „hydrologischen Konstanten" sind in den Abb. 101 und 102 zusammengefaßt dargestellt. Sie enthalten auch die Beschreibung der einzelnen Bodenwasserformen hinsichtlich physikalischer Beweglichkeit und physiologischer Ausnutzbarkeit.

Die Wasserführung des Bodens hängt hauptsächlich von seiner mechanischen Zusammensetzung, seiner Schichtung und seiner Struktur ab.

Während der Bodenbildung ändern sich stets Horizontierung und Struktur, oft aber auch die Textur. Aus diesen Gründen unterscheiden sich die Böden hinsichtlich ihrer Wasserführung wesentlich vom Muttergestein.

Die wichtigsten Faktoren für die Gestaltung des Profils, der Struktur und der Textur und infolgedessen auch für die Wasserführung liegen in der Lebenstätigkeit von Vegetation, Fauna und Mikrofauna.

Die Veränderungen in den oberen Bodenhorizonten erstreckten sich im Vergleich zum Muttergestein auf Gesamtporenvolumen, „zwischenaggregatliche Porosität", Luftgehalt, Minimale Wasserkapazität und Wasserdurchlässigkeit. Da diese Faktoren das Wachstum der Pflanze entscheidend beeinflussen, sind sie in erster Linie die Faktoren, die Bedeutung für die Steigerung der Bodenfruchtbarkeit haben. Daneben können allerdings auch Faktoren bei der Bodenbildung wirksam sein, die die Wasserführung verschlechtern. Das sind die Vorgänge der Vergleyung, Versalzung und Podsolierung.

Die Verbesserung der Wasserführung des Bodens ist also einer der wesentlichen Faktoren zur Ertragssteigerung.

Das wichtigste Mittel dazu in der Hand des Menschen ist nach WILJAMS die Vegetation, die, zweckmäßig und sinnvoll ausgewählt, Krümelstruktur und Wasserführung des Bodens verbessern kann.

LITERATURVERZEICHNIS

A. Russische Literatur

1. Абрамова М. М., Опыты по изучению передвижения капиллярно подвешенной влаги при испарении. (ABRAMOWA M. M., Über die Bewegung des kapillar hängenden Wassers bei Verdunstung), „Почвоведение", 1948, 1.
2. Агапов И., К теории капиллярных явлений в почве. (AGAPOW I., Zur Theorie der kapillaren Erscheinungen im Boden), Сб. „Тепловой и водный режим почвы и вопросы почвенной структуры", 1937.
3. Адам Н. К., Физика и химия поверхностей. (ADAM N. K., Physik und Chemie der Oberflächen), Moskau-Leningrad 1947.
4. Адамов Н. П., Температура и влажность чернозема по наблюдениям на степных станциях опытных лесничеств (1892—1901). (ADAMOW N. P., Temperatur und Wassergehalt des Tschernosjom nach den Beobachtungen der Versuchs-Steppenforstreviere [1892—1901]), „Тр. Опытн. лесничеств", StP. 1904, Ausgabe 2.
5. Айдинян Р. Х., Выделение почвенных коллоидов без химической обработки. М.-Л., 1947, вып-IX (AIDINJAN R. CH., Die Ausscheidung von Bodenkolloiden ohne chemische Behandlung), „Коллоид. Журнал", Moskau-Leningrad 1947, Ausgabe IX.
6. Алексеев А. М., Водный режим растения и влияние на него засухи. (ALEXEJEW A. M., Der Wasserhaushalt der Pflanze und der Einfluß der Dürre), Kasan 1948.
7. Алексеенко В. А., Потребление воды яровой пшеницей при орошении. (ALEXEJENKO W. A., Der Wasserverbrauch des Sommerweizens bei Bewässerung), Сб. „Вопросы ирригации". Saratow 1936.
8. Алешин С. Н., Зависимость гигроскопичности почв от состава обменных катионов. (ALESCHIN S. N., Die Abhängigkeit der Bodenhygroskopizität von der Zusammensetzung der Austauschkationen), „Химия соц. земледелия", 1934, Heft 2.
9. Алешин С. Н., К Вопросу адсорбпии воды в почве. (ALESCHIN S. N., Zur Frage der Wassersorption im Boden), Сб. „Физика почв в СССР". Moskau-Leningrad 1936.
10. Алешин С. Н., К вопросу адсорбции воды почвой. (ALESCHIN S. N., Zur Frage der Wassersorption im Boden), „Тр. Сов. секции МАП", Moskau 1936, Band 5, Nr. 2.
11. Алешин С. Н., Определение величины емкости поглошения в карбонатных почвах по их гигроскопичности. (ALESCHIN S. N., Die Berechnung der Sorptionskapazität in Karbonatböden aus ihrer Hygroskopizität), „Химия соц. земледелия". 1939, Heft 4.
12. Андрианов П. И., Теплоемкость связанной воды. М., 1936. (ANDRIANOW P. I., Die Wärmekapazität des gebundenen Wassers), „Докл. ВАСХНИЛ", Moskau 1936, Ausgabe 2.
13. Андрианов П. И., Теплота смачивания и удельная поверхность почвы. (ANDRIANOW P. I., Die Benetzungswärme und die spezifische Bodenoberfläche), Moskau 1937.

14. Андрианов П. И., Различные влажности почв и их соотношение. вып. 11 (20) М., 1938. (ANDRIANOW P. I., Der unterschiedliche Wassergehalt des Bodens und seine Wechselbeziehungen), „Докл. ВАСХНИЛ", Moskau 1938, Ausgabe 11 (20).
15. Андрианов П. И., Теплота смачивания и гигроскопичность почв. (ANDRIANOW P. I., Benetzungswärme und Hygroskopizität des Bodens), „Коллоид. журнал" Woronesh 1940, Heft 6.
16. Андрианов П. И., Связанная вода почв и грунтов. (ANDRIANOW P. I., Das gebundene Wasser in Böden und Untergrund), „Тр. Ин-та мерзлотов.", Moskau-Leningrad 1946, Band III.
17. Ансберг Е. А., Материалы к изучению режима верхнего горизонта грунтовых вод Модого-Шекснинского междуречья. (ANSBERG E. A., Über den Haushalt des oberen Grundwasserstockwerks im Mologo- Scheksninskar Flußbassin), „Тр. Ин-та почв. АН СССР", Moskau-Leningrad 1937, Band XVI.
18. Антипов-Каратаев И. Н., Изменения дисперсности почвенных масс и вопросы практического их использования. (ANTIPOW-KARATAJEW I. N., Die Veränderung der Bodendispersion und die Fragen nach ihrer praktischen Ausnutzung), „Почвоведение", 1943, Heft 7.
19. Антипов-Каратаев И. Н., Антипова-Каратаева Т. Ф. и Ясинский А. Н., Физико-химические свойства почв в зависимости от состава и соотношения обменных катионов. Воронеж, 1925, т. 1. (ANTIPOW-KARATAJEW I. N., ANTIPOWA-KARATAJEWA T. F. und JASINSKI A. N., Die physikalisch-chemischen Bodeneigenschaften in Abhängigkeit von der Zusammensetzung und dem Verhältnis der Austauschkationen), „Коллоид. журнал", Woronesh 1925, Band 1.
20. Астапов С. В., Высота капиллярного поднятия воды в почвах. (ASTAPOW, S. W., Die Höhe des kapillaren Aufstieges in den Böden), „Почвоведение". Moskau-Leningrad 1927, Band XXII, Nr. 3.
21. Астапов С. В., Строение почвенных аггрегатов. (ASTAPOW S. W., Der Aufbau der Bodenaggregate), „Вестн. с.-х. науки. Мел. и гидр.", Moskau, 1940, Ausgabe 2.
22. Астапов С. В., Экспериментальные исследования скоростей падения элементарных частиц и микроаггрегатов в спокойной воде. (ASTAPOW S. W., Experimentelle Untersuchungen über die Fallgeschwindigkeit der Elementarpartikel und der Mikroaggregate im ruhigen Wasser), „Почвоведение", 1944, Heft 2—3.
23. Балябо Н. К. и Васильева С. Г., К вопросу о динамичности полевой влагоемкости почв при разном их сложении. (BAJABO N. K. und WASSILJEWA S. G., Zur Frage nach der Dynamik der Feldwasserkapazität der Böden bei verschiedener Struktur), „Почвоведение", 1951, Heft 8.
24. Бекеревич Н. Е., Влияние адсорбированной воды на прочность структуры почвы. (BEKEREWITSCH N. E., Der Einfluß des adsorbierten Wassers auf die Beständigkeit der Krümelstruktur), „Почвоведение", 1949, 11.
25. Беренгейм Б. Я., Основы теоретическиой химии. (BERKENHEIM B. Ja., Grundlagen der theoretischen Chemie), Moskau 1926.
26. Бияшев Г. З., Влияние строения пахотного слоя на водоудерживающую способностъ почв. (BIJASCHEW G.S., Der Einfluß der Struktur der Ackerkrume auf das Wasserhaltevermögen des Bodens), „Бюлл. Союзнихи", Taschkent 1936, 3.
27. Богачук Г. К., К вопросу о накоплении влаги в почве. (BOGATSCHUKG . K., Zur Frage der Anreicherung des Bodens mit Wasser), „Свекл. пол-во", Moskau 1938, 1.
28. Богданов С., Отношение произрастающих семян к почвенной воде. (BOGDANOW, S., Keimende Samen und Bodenwasser), „Изв. Киевсы. ун-та", Kiew 1889, 29, 5—8.
29. Большаков А. Ф., Водный режим богарных почв Узбекистана. (BOLSCHAKOW A. F., Die Wasserführung der unbewässerten Böden Usbekistans), „Тр. Ин-та почв. АН СССР", Moskau-Leningrad 1950, XXXII.

30. Большаков А. Ф., Опыт определения влажности завядания в полевых условиях. (Bolschakow, A. S., Ein Versuch zur Bestimmung der Welkefeuchtigkeit im Felde), „Почвоведение“, 1951, 1.
31. Быковский Н. К., Капиллярное поднятие в грунтах и определение его методом капиллярыметра. (Bykowski N. K., Der kapillare Aufstieg im Untergrund und seine Bestimmung mit dem Kapillarimeter), „Тр. МАДИ“, Moskau 1935, 2.
32. Быстров В., Коэффициент завядания растений. (Bystrow W., Der Welkekoeffizient der Pflanzen), „Отч. о работе Краснокутской опытн. ст. за 1928 год.“
33. Васильев И. С., Водный режим главнейших почвенных разностей Молого-Шекснинского междуречья. (Wassiljew J. S., Die Wasserführung der wichtigsten Bodentypen im Mologo-Scheksninsker Flußbecken), „Тр. Ин-та почв. АН СССР“, Moskau-Leningrad 1937, XVI.
34. Васильев И. С., Несколько данных о водоудерживающей способности песков. (Wassiljew I. S., Einige Unterlagen über das Wasserhaltevermögen von Sanden), Сб. „Вопросы георг.“, Moskau 1949, XIII.
35. Васильев И. С., Водный режим подзолистых почв. (Wassiljew I. S., Die Wasserführung des Podsols), „Тр. ин-та почв. АН СССР“, Moskau-Leningrad 1950, XXXII.
36. Великанов М. А., Гидрология суши. (Welikanow M. A., Hydrologie des Festlandes), Leningrad 1948, 4.
37. Вершинин П. В. и Константинова В. П., Пористость и удельная поверхность почвенных аггрегатов. (Werschinin P. W. und Konstantinowa W. P., Porenvolumen und spezifische Oberfläche der Bodenaggregate), „Тр. лаб. физ. почв. ФАИ“, Leningrad 1937, 2.
38. Вильямс В. Р., Почвоведение. (Wiljams W. R., Bodenkunde), Moskau 1940.
39. Владыченский С. А. и Лебедева Н. Л., Строение макроаггрегатов некоторых южных черноземов и каштановых почв. (Wladytschenski S. A. und Lebedewa, N. L., Die Struktur der Makroaggregate südlicher Schwarzerden kastanienfarbiger Böden), „Почвоведение“, 1949, 10.
40. Водные свойства почв. (Hydrologie der Böden), Сборник, Leningrad 1937.
41. Воларович М. П. и Ерохин И. С., О толщине слоев дисперсионной среды в пластичной суспензии слюды. (Wolarowitsch M. P. und Jerochin, I. S., Über die Stärke der Schichten des Dispersionsmittels in der plastischen Suspension von Glimmer), „Журн. физ. химии“, Moskau-Leningrad 1938, XII, 2—3.
42. Высоцкий Г. Н., Природа и культура растений на Велико-Анадольском участке. (Wysozki, G. N., Natur und Kultur der Pflanzen auf der Weliko-Anadolker Parzelle), „Тр. эксп. ден. Сборный отдел“, St. Petersburg 1808, 2.
43. Высоцкий Г. Н., Биологические, почвенные и фенологические наблюдения в Велико-Анадоле. (Wysozki G. N., Biologische, bodenkundliche und phänologische Beobachtungen in Weliko-Anadol), „Тр. стаич. опыт. лесничеств“, St. Petersburg 1902, III.
44. Высоцкий Г. Н., Омброэвапорометрические коррелятивы, пульсивность и диспульсивность грунтовых вод. (Wysozki G. N., Verdunstung und Grundwasserbewegung), „Почвоведение“, 1928, Heft 3—4.
45. Высоцкий Г. Н., Режим почвенной влажности, грунтовых вод и солей в степных и лесостепных почвогрунтах. (Wysozki, G. N., Die Wasserführung der Böden, Grundwasser und Salze in den Steppen und Waldsteppen), „Тр. I Всес. идролог. съезда“, Leningrad 1933, Ausgabe 6.
46. Гапон Е. Н. и Зуев Л. А., Теплота смачиванния почв. (Gapon E. N. und Sujew L. A., Die Benetzungswärme der Böden), „Коллоид. журнал“, 1948, Band X, Ausgabe 2.
47. Гедройц К. К., Коллоидальная химия в вопросах почвоведения. (Gedroiz K. K., Kolloidchemie in den Fragen der Bodenkunde), „Сообщ. XV. из Бюро по земл. и почв. Ччен. ком.“, St. Petersburg 191 4.

48. Гедройц К. К., Ультрамеханический состав почвы и зависимость его от рода катиона, находящегося в поглощенном состоянии. (GEDROIZ K. K., Die ultramechanische Zusammensetzung des Bodens in Abhängigkeit von den sorbierten Kationen), „Журн. опытн. агрон.“, P. g., 1921—1923, Band XXII.
49. Герцфельд С., Кинетическая теория материи. (HERTZFELD S., Die kinetische Theorie der Materie), Moskau 1935.
50. Горбунов Б. В., Главнейшие химические и физические свойства сероземов богарной зоны Узбекистана. (GORBUNOW B. W., Die wichtigsten chemischen und physikalischen Eigenschaften der Grauerden der unbewässerten Zone Usbekistans), Taschkent 1942.
51. Горбунов Н. И., Поглотительная способность почв и ее природа. (GORBUNOW N. I., Die Saugkraft der Böden und ihre Natur), Moskau 1948.
52. Дерягин Б. В., Упругие свойства тонких слоев воды. (DERJAGIN, B. W., Die elastischen Eigenschaften dünner Wasserschichten), „Журн. физ. химии“, Moskau-Leningrad 1932, Bd. III.
53. Дерягин Б. В., Механические свойства тонких слоев жидкостей. (DERJAGIN B. W., Die mechanischen Eigenschaften dünner Flüssigkeitsschichten), „Журн. физ. химии“, Moskau-Leningrad 1934, Bd. V., Ausgabe 2—3.
54. Дергягин Б. В., Исследования по впитыванию и прилипанию. (DERJAGIN B. W., Forschungen auf dem Gebiete des Aufsaugens und der Haftung), „Журн. физ. химии“, Moskau-Leningrad 1935, Bd. VI., Ausg. 18.
55. Дерягин Б. В. и Колясев Ф. Е., Об основных закономерностях движения воды в почве при различном увлажнении. (DERJAGIN B. W. und KOLJASSEW F. E., Über die wichtigsten Gesetzmäßigkeiten der Wasserbewegung im Boden bei verschiedenem Wassergehalt), „Гидр. и мелиор“, Moskau 1950, Nr. 2.
56. Дерягин Б. В. и Обухов В. А., Аномальные свойства слоев жидкостей. (DERJAGIN B. W. und OBUCHOW W. A., Die anomalen Eigenschaften dünner Flüssigkeitsschichten), „Коллоид журнал“, Woronesh 1935, Bd. I, Ausgabe 5.
57. Димо В. Н., К вопросу о теплоте смачивания почв, минералов и пород и связи ее с поверхностными свойствами. (DIMO W. N., Zur Frage der Benetzungswärme von Böden, Mineralien und Gesteinen und ihre Beziehung zu den Oberflächen), „Почвоведение“, 1946, Heft 5.
58. Доброволский В. А., Изучение свойств лессовидных грунтов. (DOBROWOLSKI, W. A., Die Untersuchung der Eigenschaften lößartigen Untergrundes), Сб. „Строительство на лессовидных суглинках“, Moskau 1936.
59. Докучаев В. В., Наши степи прежде и теперь. (DOKUTSCHAJEW W. W., Unsere Steppen früher und jetzt), St. Petersburg 1892.
60. Долгов С. И., О связанной и капиллярной воде в почве. (DOLGOW S. I., Über gebundenes und kapillares Wasser im Boden. „Почвоведение“, 1943, Heft 9—10.
61. Долгов С. И., О формах и состояниях почвенной влаги. (DOLGOW, S. I., Über die Formen und den Zustand des Bodenwassers. „Почвоведение“, 1946, Heft 7.
62. Долгов С. И., Исследования подвижности почвенной влаги и ее доступ ности для растений. (DOLGOW S. I., Untersuchungen über die Beweglichkeit des Bodenwassers und seine Zugänglichkeit für die Pflanze, Moskau-Leningrad 1948 a.
63. Долгов С. И., О давлениях, удерживающих воду в почве. (DOLGOW S. I., Über die Kräfte die das Wasser im Boden zurückhalten), „Докл. ВАСХНИЛ“, Moskau 1948 b, Ausg. 2.
64. Долгов С. И. и Рыжов С. Н., К Вопросу об определении максимальной высоты капиллярного поднятия воды в почвогрунтах. (DOLGOW S. I. und RYSHOW S. N., Zur Frage der Bestimmung des maximalen kapillaren Wasseraufstieges in Böden und Untergrund), „Тр. ВИУАА“, Moskau 1933, Ausg. 2.
65. Долгополова Н. Н., Физическая и агротехническая характеристика почв лесостепного профиля в условиях Центрально-Черноземного заповедника. (DOLGOPOLOWA N. N., Die physikalische und agrotechnische Bodencharakteristik eines

Waldsteppenprofils im Zentralen Schwarzerde-Naturschutzgebiet), „Тр. Центр.-черноз. гос. заповедн.“, Moskau 1948, Ausg. II.
66. Досманова О. П., Материалы к изучению процесса глееобразования. (DOSMANOWA O. P., Material zum Studium des Gleybildungsprozesses), Тр. Ин-та почв. АН СССР“, Moskau-Leningrad 1934, Bd. IX.
67. Дояренко А. Г., К изучению структуры почвы как соотношения капиллярной и некапиллярной скважности и ее значение в плодородии почв. (DOJARENKO A. G., Zum Studium der Bodenstruktur als Verhältnis der kapillaren zur nichtkapillaren Porosität und ihre Bedeutung für die Bodenfruchtbarkeit), „Научн.-агр. журнал“, Moskau 1924, Nr. 7—8.
68. Дояренко А. Г., Дифференциальная скважность как показатель почвенной структуры. (DOJARENKO A. G., Die Differentialporosität als Kennziffer für die Bodenstruktur), „Соц. зерн. хоз.“, Saratow, 1941, Heft 1.
69. Дубинин М. М., Физико-химические основы сорбционной техники. (DUBININ M. M., Die physikalisch-chemischen Grundlagen der Sorptionstechnik), Moskau 1935.
70. Дулов А. В., Несколько данных о продуктивности растительной транспирации. (DULOW A. W., Unterlagen über die Produktivität der Pflanzentranspiration), „Тр. опытн лесничеств“, St. Petersburg 1904, Ausg. 2.
71. Думанский А. В., Вода в почве и ее доступность растению. вып. 2. Воронеж, 1934a. (DUMANSKI A. W., Das Wasser im Boden und seine Zugänglichkeit für die Pflanze), „Изв. Гос. н.-иссл. ин-та колл. хим.“, Woronesh 1934a, Ausg. 2.
72. Думанский А. В., Вода в коллоидных системах. (DUMANSKI A. W., Das Wasser in den Kolloidsystemen) Ebenda 1934 b.
73. Думанский А. В., Лиофильность дисперсных систем. (DUMANSKI A. W., Die Lyophilie der Dispersionssysteme), Woronesh 1940.
74. Думанский А. В., Теплоты смачивания и гидрофильность дисперсных систем. (DUMANSKI A. W., Benetzungswärme und Hydrophilie von Dispersionssystemen), „Коллоид. журнал“, Moskau 1950, Nr. 5.
75. Думанский А. В. и Войцеховский Р. В., Методы определения гидрофильности дисперсных систем. (DUMANSKI A. W. und WOIZECHOWSKI R. W., Die Bestimmungsmethoden der Hydrophilie von Dispersionssystemen), „Коллоид. журнал“, Moskau 1948, Bd. X., Nr. 6.
76. Думанский А. В. и Думанская А. П., Связанная вода в почвах. (DUMANSKI A. W. und DUMANSKAJA A. P., Das gebundene Wasser in den Böden), „Изв. Гос. н.-иссл. ин-та колл. хим.“, Woronesh 1934, Ausg. 2.
77. Думанский А. В. и Овчаренко Ф. Д., Теплоты смачивания глуховского каолина и часов-ярской глины. (DUMANSKI A. W. und OWTSCHARENKO F. D., Die Benetzungswärme des Gluchowsker Kaolins und des Tschassow-Jarsker Tons), „Коллоид. журнал“. Moskau 1950, Nr. 5.
78. Ефимов В. И., Транспирационные коэффициенты в полевых условиях. (JEFIMOW W. I., Die Transpirationskoeffizienten im Felde), „Отч. Краснокутскои опытн. станции за 1925 год“. 1926.
79. Журавель П. В., О набухании почв при сорбции паров воды. (SHURAWEL P. W., Über die Quellung der Böden bei Sorption von Wasserdampf), „Почвоведение“, 1939, Heft 11.
80. Жуховицкий М. А., Адсорбция паров и газов. (SHUCHOWIZKI M. A., Die Adsorption von Dampf und Gasen), Moskau 1938.
81. Зайцев К. Н., Режим орошения пшениц в Заволжье. (SAIZEW K. N., Die Bewässerung von Weizen im Transwolgagebiet), „Докл. ВАСХНИЛ“, Moskau 1940, Ausg. 19.
82. Зуев Л. А. и Гапон Е. Н., Адсорбция паров воды алюмосиликатами. (SUJEW L. A. und GAPON E. N., Die Adsorption von Wasserdampf durch Aluminiumsilikate), „Почвоведение“, 1943, Heft 8.

83. Иванов А. П., Материалы по изучению поливных норм. (IWANOW A. P., Unterlagen zum Studium der Bewässerungsgaben), „Мат. по опыт.-мелиор. делу", Bd. IV.

84. „Известия Саратовской областной с.-х. опытной станции", 1923. („Mitteilungen der Saratower landw. Gebiets-Versuchsstation"), Saratow 1923, Bd. III, Ausg. 1—2.

85. Измаильский А. А., Влажность почвы и грунтовые воды. (ISMAILSKI A. A., Der Wassergehalt des Bodens und das Grundwasser), 1894.

86. Измаильский А. А., Избранные сочинения. (ISMAILSKI A. A., Ausgewählte Werke), Moskau 1950.

87. Иоффе А. Ф. и Семенов Н. Н., Молкеулярная физика. (IJOFFE A. F. und SEMENOW, N. N., Molekularphysik), Leningrad 1933.

88. Истомина В. С., Расклинивающее действие тонких слоев воды между частицами грунтов. (ISTOMINA W. S., Die trennende Wirkung feiner Wasserschichten auf Untergrundpartikelchen), „Коллоид. журнал". Moskau 1950, Nr. 4.

89. Каблуков И. А., Основные начала неорганической химии. (KABLUKOW I. A., Die Grundlagen der anorganischen Chemie), Moskau 1936.

90. Карасев Н. К., Коэффициенты завядания, полученные даборатоpным путем, и истинная влажность завядания растений. (Karassew N. K., Der im Laboratorium gefundene Welkekoeffizient und die wirkliche Welkefeuchtigkeit der Pflanzen), „Мелиор. и гидр.", Moskau-Leningrad 1940, Nr. 11.

91. Качинский Н. А., Изучение физических свойств почвы и корневых систем. (KATSCHINSKI N. A., Das Studium der physikalischen Bodeneigenschaften und der Wurzelsysteme), Moskau 1930.

92. Качинский Н. А., О влажности почвы и методах ее изучения. (KATSCHINSKI N. A., Über die Bodenfeuchtigkeit und die Methoden ihrer Erforschung), Moskau 1930.

93. Качинский Н. А., О структуре почвы. (KATSCHINSKI N. A., Über die Bodenstruktur), „Тр. Сов. секции МАП", Bd. 1, Ausg. 1. M., 1933.

94. Качинский Н. А., Опыт агромелиоративной характеристики почв. (KATSCHINSKI N. A., Versuch einer agromeliorativen Bodencharakteristik), Moskau 1934.

95. Качинский Н. А., Новое в теории о водонепроницаемых почвенно-грунтовых экранах. (KATSCHINSKI N. A., Neues in der Theorie von wasserundurchlässigen Abdichtungen im Boden), „Почвоведение", 1945, Heft 5—6.

96. Качинский Н. А., О структуре почвы, некоторых водных ее свойствах и дифференциальной порозности. (KATSCHINSKI N. A., Über Struktur, Hydrologie und Porenvolumen der Böden) „Почвоведение", 1947, H. 6.

97. Качинский Н. А., Вадюнина А. Ф. и Корчагина З. А., Опыт агрофизической характеристики почв на примере Центрального Урала. (KATSCHINSKI N. A., WADJUNINA A. F. und KORTSCHAGINA S. A., Versuch einer agrophysikalischen Bodencharakteristik am Beispiel des Zentralen Ural), Moskau-Leningrad 1950.

98. Качинский Н. А., Осин Д. Д. и Долгополова Н. Н., Физические свойства почв равнины Богаз в Азербайджане. (KATSCHINSKI N. A., OSSIN D. D. und DOLGOPOLOWA N. N., Die physikalischen Bodeneigenschaften der Bogas-Ebene in Aserbaidshan), „Уч. зап. МГУ", Moskau 1937, Ausg. 17.

99. Кин Б. А., Физические свойства почв. (KEEN B. A., Die physikalischen Bodeneigenschaften), Moskau 1931.

100. Кокина З. А., К вопросу о влиянии влажности почвы на растение. (KOKINA S. A., Zur Frage nach dem Einfluß der Bodenfeuchtigkeit auf die Pflanze), „Изв. Гл. бот." Leningrad 1927, Bd. 46, Ausg. 1.

101. Колосков П. И., Сорбция как один из источников почвенно-грунтовой воды. (KOLOSKOW P. I., Die Sorption als eine der Quellen des Grundwassers), „Пробл. физ. геогр." Moskau-Leningrad 1938. Ausg. VI.

102. Колосков П. И., Пересмотр некоторых выводов и положений книги А. Ф. Лебедева „Почвенные и грунтовые воды", (KOLOSKOW P. I., Die Überprüfung von Schlußfolgerungen und Grundsätzen im Buche von A. F. LEBEDEW „Das Boden- und Untergrundwasser"), „Пробл. физ. геогр.", Moskau-Leningrad 1939, Ausg. VIII.

103. Колотова С., К вопросу о действии увлажнения как фактора роста. (KOLOTOWA S., Zur Frage nach der Bewässerung als Wachstumsfaktor), „Тр. по прикл. бот. и сел.", Leningrad 1931, Bd. XXVII., Nr. 5.

104. Колясев Ф. Е., Испарение воды почвой. (KOLJASEW F. E., Die Wasserverdunstung durch den Boden), „Почвоведение" 1939, Heft 5.

105. Колясев Ф. Е., О движении влаги в почве. (KOLJASEW F. E., Über die Wasserbewegung im Boden), „Докл. ВАСХНИЛ", Moskau 1941, Ausg. 3.

106. Колясев Ф. Е., О формах движения воды в почве. (KOLJASEW, F. E., Über die Bewegungsformen des Wassers im Boden), „Почвоведение", 1944, Heft 2—3.

107. Колясев Ф. Е., Результаты исследований по движению воды в почве при разных влажностях. (KOLJASEW F. E., Versuchsergebnisse über die Bewegung des Wassers im Boden bei verschiedenem Wassergehalt), „Сб. тр. по агр. физ.", Ausg. 4. L., 1948 a.

108. Колясев Ф. Е., Дифферентиальная влажность почвы, ее теория и применение в земледелии. (KOLJASEW F. E., Die Differential-Bodenfeuchtigkeit, ihre Theorie und ihre Anwendung im Ackerbau), Ebenda 1948 b.

109. Колясев Ф. Е. и Мельникова М. К., К теории дифференциальной влажности. (KOLJASEW F. E. und MELNIKOWA M. K., Zur Theorie über die Differential-Feuchtigkeit), „Почвоведение", 1949, Heft 3.

110. Комарова Н. А., О диффузии солей в почвах. (KOMAROWA N. A., Über die Salz diffusion in den Böden), „Пробл. сов. почв." Moskau-Leningrad 1937, Sammelwerk 4.

111. Корнев В. Г., Всасывающая сила почвы. (KORNEW W. G., Die aufsaugende Kraft des Bodens), „Журн. опытн. агрон" Leningrad 1924, Bd. XXII., Abschn. 1.

112. Коссович Н. С., Водные свойства почв. (KOSSOWITSCH P. S., Hydrologie der Böden), „Журн. опытн. агрон.", St. Petersburg 1904, Bd. V.

113. Костычев И. А., Почва и ее обработка. (KOSTYTSCHEW I. A., Der Boden und seine Bearbeitung), St. Petersburg 1908.

114. Костычев П. А., Почвоведение. (KOSTYTSCHEW P. A., Die Bodenkunde), Moskau 1939.

115. Костычев С. П., Физиология растений. (KOSTYTSCHEW S. P., Physiologie der Pflanzen), Leningrad 1933.

116. Костяков А. Н., О динамике коэффициента просачивания воды в почвогрунты и необходимости динамического подхода к его изучению в мелиоративных целях. (KOSTJAKOW A. N., Über die Dynamik der Wasserversickerung im Boden und die Notwendigkeit ihrer Erforschung für die Melioration der Böden), „Почвоведение", 1932, Heft 3.

117. Кочерина Е. И., В вопросу о влажности завядания растений. (KOTSCHERINA E. I., Zur Frage der Welkefeuchtigkeit der Pflanzen), „Почвоведение", 1949, Heft 1.

118. Красовская И. В., Предельная влажность почвы развития узловых корней хлебных злаков. (KRASOWSKAJA I. W., Die für die Entwicklung der Knotenwurzeln bei Getreide erforderliche Mindestfeuchtigkeit im Boden), „Тр. по прикл. бот. ген. и сел.", Leningrad 1935, Serie III., Nr. 8.

119. Крафтс А., Карриер Х., Стокинг К., Вода и ее значение в жизни растений. (KRAFTS A., KARRIER Ch. und STOKING K., Das Wasser und seine Bedeutung für das Leben der Pflanzen), Moskau 1951.

120. Кружилин А. С., Влияние дождевания на развитие корневой системы пшеницы. (KRUSHILIN A. S., Der Einfluß der Beregnung auf die Entwicklung des Wurzelsystems bei Weizen. „Соц. зерн. хоз." Saratow 1935, H. 2.

121. Крюков П. А., Методы выделения почвенных растворов. (KRJUKOW P. A., Methoden zum Auszug von Bodenlösungen), „Совр. методы иссл. ф.-х. свойств почв", Moskau-Leningrad 1947, Ausg. 2.
122. Лабунский И. М., Лесоразведение в Донбассе. (LABUNSKI I. M., Waldbau im Donbass), Stalino 1948.
123. Лебедев А. Ф., Роль парообразной воды в режиме почвенных и грунтовых вод. (LEBEDEW A. F., Die Rolle des dampfförmigen Wassers im Boden- und Grundwasserregime), „Тр. 2-го южнорусск. мелиор. съезда", 1912.
124. Лебедев А. Ф., Роль парообразной воды в режиме почвенных и грунтовых вод. (LEBEDEW A. F., Dampfförmiges Wasser im Boden und Grundwasser), St. Petersburg 1913, Ausg. XII.
125. Лебедев А. Ф., Передвижение воды в почвах и грунтах. (LEBEDEW A. F., Die Wasserbewegung in Böden), „Изв. Донск. с.-х. ин-та", Nowotscherkassk 1919, Bd. 3.
126. Лебедев А. Ф., Определение максимальной молекулярной влагоемкости посредством центрифуги. (LEBEDEW A. F., Die Bestimmung der Maximalen molekularen Wasserkapazität mit Hilfe der Zentrifuge), „Почвоведение", 1927, Heft 4.
127. Лебедев А. Ф., О движении солей в почвах, имеющих влажность разных категорий. (LEBEDEW A. F., Über die Salzbewegung in den Böden mit unterschiedlichen Wasserformen), „Тр. Ин-та почв. АН СССР," Leningrad 1930, Bd. III—IV.
128. Лебедев А. Ф., О слоистом торфяно-песчаном экране в песчаных дамбах и плотинах. (LEBEDEW A. F., Über eine geschichtete Torf-Sandabdichtung in Dämmen und Wehren), „Зап. ГГИ", Bd. X.
129. Лебедев А. Ф., Почвенные и грунтовые воды. (LEBEDEW A. F., Boden- und Grundwasser), Moskau-Leningrad 1936, Ausg. 4-te.
130. Лебедев А. Ф. и Баукова Е. Е., Физическая характеристика почвенного профиля. (LEBEDEW A. F. und BAUKOWA E. E., Die physikalische Kennzeichnung des Bodenprofils), Moskau 1930.
131. Дебедев А. Ф. и Лебедев Н. А., О движении воды в почве в парообразной форме. (LEBEDEW A. F. und LEBEDEW N. A., Über die Bewegung des dampfförmigen Wassers im Boden), „Бюлл. почв.", Moskau 1929, Nr. 1—3.
132. Летунов П., Музычук И., Лапшина А., Передвижение солей с капиллярно подвешенной водой. (LETUNOW P., MUSYTSCHUK I. und LAPSCHINA A., Die Bewegung der Salze durch kapillar getragenes Wasser), „Сб. авторефератов ВИУАА за 1934-1934 гг.", Moskau 1936.
133. Летунов П., Музычук И., Лапшина А., Передвижение солей с капиллярно подвешенной водой. (LETUNOW P., MUSYTSCHUK I. und LAPSCHINA A., Die Bewegung der Salze durch kapillar getragenes Wasser), „Сб. пам. академика Вильямса", Moskau-Leningrad 1942.
134. Литвинов Л. С., Изменение силы осмотического сосания корневой системы в зависимости от концентрации питательного раствора. (LITWINOW L. S., Die osmotische Saugkraft des Wurzelsystems in Abhängigkeit von der Konzentration der Nährlösung), „Изв. Биол. н.-иссл. ин-та при Пермском гос. ун-те", Perm. 1926, Bd. 4, Ausg. 10.
135. Литвинов Л. С., О протекании явлений почвенной засухи. (LITWINOW L. S., Über den Ablauf der Erscheinungen der Bodendürre), „Раб. агрохим. отд. Пермск. с.-к. опытн. станции за 1927 год", Perm 1928, Ausg. 2.
136. Литвинов Л. С., К вопросу о критерии оценки почвенного увлажения. (LITWINOW L. S., Zur Frage eines Kriteriums zur Bewertung der Bodenfeuchtigkeit), „Бот. журнал", Leningrad 1932, Bd. 17, Nr. 5—6.
137. Литвинов Л. С., О корневом сосании. (LITWINOW L. S., Über das Saugen der Wurzeln), „Сб. н.-иссл. работ Пермского с.-х. ин-та", Perm. 1937, Bd. VI.

138. Литвинов Л. С., О почвенной засухе и устойчивости к ией растений. (Litwinow L. S., Über Bodentrockenheit und Dürreresistenz der Pflanzen), Lwow 1951.
139. Литвинов Л. и Гебгардт А. Г., О плаче степных растений. (Litwinow L. S. und Gebhardt A. G., Über das Bluten der Steppenpflanzen ,,Изв. Биол. н.-иссл. ин-та при Пермск. гос. ун-те'', Perm 1928, Bd. VI., Ausg. 2.
140. Литвинов Л. С. и Сапотницкая С. Я., Метод определения водоудерживающей силы почвы в условиях полевой культуры. (Litwinow L. S. und Sapotnizkaja S. Ja., Bestimmungsmethoden des Wasserhaltevermögens des Bodens im Feldversuch), ,,Тр. Биол. ин-та АН СССР'', Leningrad 1934, Serie IV., Ausg. 1.
141. Лобанов Н. В., Критическая для высших растений почвенная влажность. (Lobanow N. W., Die für die höheren Pflanzen kritische Bodenfeuchtigkeit), I. ,,Научно-агр. журнал'', Moskau 1925, Bd. 2, Nr. 4.
142. Лобанов Н. В., Критическая для высших растений почвенная влажность. (Lobanow N. W., Die für die höheren Pflanzen kritische Bodenfeuchtigkeit), II. ,,Научно-агр. журнал'', 1926, Nr. 10.
143. Локоть Т. В., Влажность почвы в связи с культурными и климатическими условиями. (Lokot T. W., Der Feuchtigkeitsgehalt des Bodens in Beziehung zu Klima und Anbau der Kulturpflanzen), ,,Изв. Киевск. ун-та за 1903 год''. Kiew 1904.
144. Лоске П. Г., Обзор работ по сельскохозяйственной метеорологии. (Loske P. G., Übersicht der Arbeiten über Agrarmeteorologie), ,,Тр. по с.-х. метеорол.'' St. Petersburg 1911 und 1915. Ausg. VIII und IX.
145. Мак-Бэн, Сорбция паров и газов твердыми телами. (Mac-Bain, Die Dampf- und Gassorption durch feste Körper), Moskau 1934.
146. Максимов Н. А., К вопросу о суточном ходе и регулировании транспирации у растений. (Maximow N. A., Zur Frage nach dem täglichen Ablauf und der Regulierung der Pflanzentranspiration), ,,Тр. Тифл. бот. сада'', Tiflis 1917, Ausg. 19.
147. Максимов Н. А., Физиологические основы засухоустойчивости растений. (Maximow N. A., Die physiologischen Grundlagen der dürreresistenten Pflanzen), Leningrad 1926.
148. Максимов Н. А., Краткий курс физиологии растений. (Maximow N. A., Kurzer Lehrgang der Pflanzenphysiologie), Moskau-Leningrad 1932.
149. Максимов Н. А., Развитие учения о водном режиме и засухоустойчивости растений от Тимирязева до наших дней. (Maximow N. A., Die Entwicklung der Lehre vom Wasserhaushalt und der Dürreresistenz der Pflanzen von Timirjasew bis auf unsere Tage), 1944.
150. Максимов Н. А. и Комизерко С. А., Влияние влажности почвы на рост и физиологические процессы у растений. (Maximow N. A. und Komisarko S. A., Der Einfluß der Bodenfeuchtigkeit auf Wachstum und physiologische Prozesse), ,,Сб. пам. академика Прянишникова''. M.-L. Moskau-Leningrad 1950.
151. Малянов А. П., Передвижение капиллярно подвешенной влаги в почве. (Maljanow A. P., Die Bewegung des kapillar getragenen Wassers im Bodens), ,,Уч. зап. Сарат. гос. ун-та'', Saratow 1940, Bd. XV., Ausg. 1.
152. Малянов А. П., Физические свойства почв орошаемого участка совхоза ,,Рот-Фронт'', № 97. (Maljanow A. P., Die physikalischen Bodeneigenschaften der bewässerten Felder der Sowchose ,,Rot-Front'', Nr. 97), ,,Уч. зап. Сарат. гос. ун-та'', Saratow 1940, Bd.XV., Ausg. 2.
153. Мартынов П. Ф., Максимальная гигроскопичность и Максимальная молекулярная влагоемкость почв и грунтов. (Martynow P. F., Maximale Hygroskopizität und Maximale molekulare Wasserkapazität der Böden), Сб. ,,Иссл. подземных вод СССР'', Leningrad 1936, Ausg. VII.
154. Маттсон С., Почвенные коллоиды. (Mattson S., Bodenkolloide), Moskau 1938.

155. Мельников П. Ф., Состав и свойства глинистой части некоторых почв и грунтов. (MELNIKOW P. F., Zusammensetzung und Eigenschaften der Tonpartikelchen einiger Böden und Untergrund), „Уч. зап. МГУ", Moskau 1949, Ausg. 133, Buch 1.

156. Мозговой А. и Третьяков Г., К познанию гидрофильных коллоидов. (MOSGOWOI A. und TRETJAKOW G., Zur Erkenntnis der hydrophilen Kolloide), „Коллоидн. журнал", Moskau 1935, Bd. 1, Ausg. 5.

157. Мордовский Г. Е., Учет расхода воды почвою под различными культурами. (MORDOWSKI G. E., Die Berechnung des Wasserverbrauchs verschiedener Kulturpflanzen), „Тр. Вози. с.-х. опытн. станции", Wosnessensk 1926, Ausg. 5.

158. Морозов А. Т., Напорное движение воды в почво-грунтах. (MOROSOW A. T., Die Druckbewegung des Wassers im Boden), „Почвоведение", 1935, Nr. 4.

159. Морозов А. Т., Методы расчета передвижения парообразной влаги в почво-грунтах. (MOROSOW, A. T., Die Berechnungsmethoden für die Bewegung des dampfförmigen Wassers im Boden), „Тр. Ин-та гидр. и мелиор." Moskau 1938 a, Bd. XXII.

160. Морозов А. Т., О методах изучения и измерения передвигающейся парообразной влаги в почво-грунтах. (MOROSOW A. T., Über Forschungs- und Meßmethoden des sich im Boden bewegenden dampfförmigen Wassers), Ebenda 1938 b.

161. Нефедов Г. Ф., Падение твердых частиц в жидкости и механический анализ почвы. (NEFEDOW G. F., Das Absetzen fester Partikelchen in einer Flüssigkeit und die mechanische Bodenanalyse), „Журн. опытн. агр." St. Petersburg 1902, Bd. III.

162. Новогрудский Д. М., Микробиологические процессы в почвах полупустынь III Категории почвенной влаги и нитрификация. (NOWOGRUDSKI D. M., Mikrobiologische Prozesse in den Böden der Halbwüsten III. Kategorien des Bodenwassers und die Nitrifikation), „Почвоведение", 1947, Heft 1.

163. „Новое о глинах и глинистых растворах". („Neues über Ton und Tonsuspensionen), Сб. статей под ред. Цуринова А. И.

164. Оппоков Е. В., Сравнительная роль торфяных и песчаных почв в водоносности местности. (OPPOKOW E. W., Die unterschiedliche Rolle der Torf- und Sandböden in der Wasserführung des Geländes), „Почвоведение", 1901, Heft 4.

165. „Отчет Безенчукской опытной станции". („Bericht der Besertschuksker Versuchsstation"), Samara 1915, Ausg. 5.

166. Охотин В. В., Лабораторные опыты по составлению дорожных грунтовых смесей по принципу наименьшей пористости. (OCHOTIN W. W., Laboratoriumsversuche zur Zusammenstellung von Bau-Grund für Straßen nach dem Prinzip der geringsten Porosität), Leningrad 1929.

167. Охотин В. В., Гранулометрическая классификация грунтов. (OCHOTIN W. W., Die granulometrische Untergrundklassifikation), Leningrad 1933.

168. Охотин В. В., Влияние отдельных факторов на физико-механические свойства глинистых частиц. (OCHOTIN W. W., Der Einfluß einzelner Faktoren auf die physikalisch-mechanischen Eigenschaften toniger Partikelchen), „Тр. юбил. сессии ЛГУ". Leningrad 1946.

169. Паулинг, Природа химической связи. (PAULING Die Natur der chemischen Bindungen), Moskau 1947.

170. Покровский Г. И., Капиллярные силы в грунтах. (POKROWSKI G. I., Die Kapillarkräfte im Untergrund), Moskau 1933.

171. Польский М. Н., К вопросу о порозности почвенных аггрегатов. (POLSKI M. N., Zur Frage nach der Porosität der Bodenaggregate), „Почвоведение", 1949, Heft 4.

172. Попов В. П. и Кулькес А. Л., Транспирация сахарной свеклы при подкормке. (POPOW W. P. und KULKES A. L., Die Transpiration der Zuckerrüben bei Kopfdüngung), „Тр. ВАСХНИЛ", 1938, Ausg. 8, (19).

173. Попов И. В., Микроскопические исследования структур глинистых пород. (Popow I. W., Mikroskopische Strukturuntersuchungen tonigen Gesteins), ,,Пробл. сов. почв.", 1949, Heft 15.

174. Прасолов Л. И. и Антипов-Каратаев И. Н., Каштановые почвы. (Prassolow L. I. und Antipow-Karatajew I. N., Kastanienfarbige Böden), ,,Почвы СССР", Moskau-Leningrad 1939, Bd. 1.

175. Проскурников С. М., Результаты экспериментального изучения движения гравитационной пленочной воды в однородных песках. (Proskurnikow S. M., Versuchsergebnisse über die Bewegung des Gravitations-Filmwassers in homogenen Sanden), ,,Тр. ГГИ", Leningrad 1948 a, Ausg. 8 (22).

176. Проскурников С. М., Экспериментальные данные по изучению движения капиллярной воды в песках. (Proskurnikow S. M., Experimentelle Unterlagen zum Studium der kapillaren Wasserbewegung in Sanden), Ebenda 1948 b.

177. Процеров А. В., Полевая влагоемкость почв Европейской части СССР. (Prozerow A. W., Die Feldwasserkapazität der Böden des Europäischen Teiles der UdSSR), Moskau 1948, Ausg. XXVI.

178. Процеров А. В., и Карасев Н. К., Об исчислении коэффициента завядания по почвенным константам. (Prozerow, A. W. und Karassew N. K., Über die Berechnung des Welkekoeffizienten nach Bodenkonstanten), 1939, Heft 12.

179. Разумова Л. А., Основные итоги агрогидрологических исследований щдрометслужбы. (Rasumowa L. A., Die wichtigsten Ergebnisse der agrohydrologischen Untersuchungen des hydro-meteorologischen Dienstes), Leningrad 1950, Ausg. 18, (45).

180. Роде А. А., Опыт изучения механического состава нескольких почв. (Rode A. A., Die beim Studium der mechanischen Zusammensetzung einiger Böden gesammelten Erfahrungen), Leningrad 1932, Bd. VI.

181. Роде А. А., О культуре в научной работе. (Rode A. A., Über die Qualität der wissenschaftlichen Arbeit), 1943, Heft 7.

182. Роде А. А., О взглядах фагелераи его школы на некоторые вопросы водного режима почв. (Rode A. A., Über die Ansichten Vagelers und seiner Schule hinsichtlich einiger Fragen über die Wasserführung des Bodens), 1947 a, Heft 6.

183. Роде А. А., Водный режим почв богарной зоны Усбекской ССР. (Rode A. A., Die Wasserführung der Böden der unbewässerten Zone in der Usbekischen SSR), Moskau-Leningrad 1947 b, Bd. XXV.

184. Роде А. А., К вопросу о природе сил, удерживающих в почве ,,капиллярно подвешенную" влагу. (Rode A. A., Zur Frage nach der Natur der Kräfte, die das Wasser im Boden in ,,kapillar getragenem" Zustand zurückhalten), Moskau-Leningrad 1950 a, Bd. XXXII.

185. Роде А. А., Режим почвенно-грунтовых вод подзолистых, подзолисто-болотных и болотных почв. (Rode A. A., Die Wasserführung im Podsol-, und podsolierten Moorböden), Ebenda 1950 b.

186. Родников П. В., О водном режиме подзолистых почв под лесом и лугом в связи с водоохранными свойствами леса. (Rodnikow P. W., Über die Wasserführung der Podsolböden unter Wald und Wiese in Beziehung zur Wasserhaltung durch den Wald), Moskau 1940.

187. Розов Л. П., Мелиоративное почвоведение. (Rosow L. P., Meliorative Bodenkunde), Moskau 1936.

188. Романов В. В., Водные свойства сфагнового очеса. (Romanow W. W., Das Wasserhaltevermögen von Sphagnum), Leningrad 1949, Ausg. 13, (67).

189. Ротмистров В. Г., Передвижение воды в почвах Одесского опытного поля. (Rotmistrow W. G., Die Wasserbewegung in den Böden des Odessaer Versuchsfeldes), St. Petersburg 1904, Bd. V.

190. Ротмистров В. Г., Сущность засухи по данным Одесского опытного поля. (Rotmistrow W. G., Das Wesen der Dürre nach den Unterlagen des Odessaer Versuchsfeldes), Odessa 1913.

191. Рыжов С. Н., Влияние строения пахотного слоя на водопроницаетость почвы. (RYSHOW S. N., Der Einfluß der Struktur der Ackerkrume auf die Wasserdurchlässigkeit des Bodens), 1935, Nr. 7.

192. Рыжов С. Н., Зависимость адсорбции от величины зерна адсорбента. (RYSHOW S. N., Die Abhängigkeit der Adsorption von der Korngröße des Adsorbenten), Moskau 1937a, Ausg. 18.

193. Рыжов С. Н., К определению порозности почвенных аггрегатов. (RYSHOW S. N., Zur Bestimmung des Porenvolumens der Bodenaggregate. Ebenda 1937 b.

194. Рыжов С. Н., Влияние дренирующих прослоек на водопроницаемость и водоудерживающую способность почв. (RYSHOW S. N., Der Einfluß drainierender Zwischenschichten auf die Wasserdurchlässigkeit und das Wasserhaltevermögen der Böden). 1940, Heft 7.

195. Рыжов С. Н., Орошение хлопчатника в ферганской долине. (RYSHOW S. N., Die Bewässerung der Baumwolle im Ferganatal), Taschkent 1948.

196. Сабинин Д. А., О корневой системе растений как осмотическом аппарате. (SABININ D. A., Über das Wurzelsystem der Pfanzen als osmotischer Apparat), Perm 1925, Bd. 3, Ausg. 4.

197. Сабинин Д. А., О значении корневой системы в жизнедеятельности растений. (SABININ D. A,, Über die Bedeutung des Wurzelsystems im Leben der Pflanzen), Moskau-Leningrad 1949.

198. Саваренский Ф. П., Гидрогеология. (SAWARENSKI F. P., Hydrogeologie), Moskau 1934.

199. Сафонова Е. Я., Прорастание семян некоторых древесных пород при различной степени влажности почвы. (SAFONOWA E. Ja., Das Auflaufen der Samen einiger Baumarten bei unterschiedlichem Wassergehalt des Bodens), Moskau-Leningrad 1949, Bd. 6, Ausg. 2.

200. Сказкин Ф. Д., Физиологическая оценка влияния на растение орошения. (SKASKIN F. D., Die physiologische Bewertung des Einflusses der Bewässerung auf die Pflanze), Leningrad 1938, Bd. XIII., Ausg. 5.

201. Созыкин Н. Ф., Гидрологическое значение лесной подстилки и физических свойств лесных почв. (SOSYKIN N. F., Die hydrologische Bedeutung der Waldstreu und die physikalischen Eigenschaften der Waldböden), Moskau 1939, Ausg. 8.

202. Спенглер В. В., Выщелачивание солей при промывке засоленных почв. (SPENGLER, W. W., Die Auslaugung der Salze beim Durchwaschen versalzter Böden), 1950, Heft 11.

203. Сперанский К. В. и Крашенинников М. Н., Гидроскопическая вода в почве (подземная роса). (SPERANSKI K. W. und KRASCHENINNIKOW M. N., Das hygroskopische Wasser im Boden [unterirdischer Tau]), St. Petersburg 1907, Bd. VIII.

204. Тейлор, Физическая химия. (TAYLOR, Physikalische Chemie), Moskau 1935.

205. Терцаги, Основы механики грунтов. (TERZAGI, Grundlagen der Mechanik des Untergrundes), Moskau 1932.

206. Ткачук В. Г., Физико-механические свойства фракций пород и их классификация. (TKATSCHUK W. G., Physikalisch-mechanische Eigenschaften der Gesteins-Fraktionen und ihre Klassifikation), Moskau-Leningrad 1939, Ausgabe 7.

207. Ткачук В. Г., К методике определения водоотдачи песков. (TKATSCHUK, W. G., Zur Bestimmungsmethodik der Wasserabgabe durch Sande), Lwow 1949, Ausg. VI.

208. Токарь Р. А., Количественная характеристика макропористых (лессовидных) грунтов. (TOKAR R. A., Die quantitative Kennzeichnung eines kleinporigen [lößartigen] Untergrundes), Moskau 1937, Nr. 7.

209. Троицкая М. Н., К вопросу об определении высоты капиллярного поднятия и водоудерживающей способности песков. (TROIZKAJA, M. N., Zur Frage nach der Bestimmung des kapillaren Aufstieges und des Wasserhaltevermögens der Sande), Moskau-Leningrad 1936, Ausg. 3.

210. Трофимов А., Некоторые наблюдения над изменениями почвенного раствора. (TROFIMOW A., Einige Beobachtungen über die Veränderungen der Bodenlösung), 1924, Bd. 1. Nr. 9—10.

211. Трофимов А., К познанию невыделимой части почвенного раствора. (TROFIMOW A., Zur Kenntnis des nicht ausfällbaren Teiles der Bodenlösung), Moskau 1925, Nr. 10.

212. Трофимов А., О пленочной влаге в почве. (TROFIMOW A., Über das Filmwasser im Boden), 1927, Bd. IV.

213. Тюлин А. Ф. и Скляр А. И., Пористость почвенных аггрегатов и механическое поглощение суспензий в почве. (TJULIN A. F. und SKLJAR, A. I., Die Porosität der Bodenaggregate und die mechanische Sorption von Suspensionen im Boden), Moskau 1937, Ausg. 18.

214. Тюремнов С. Н., Годовой ход влажности и влияющие на него условия в западно-предкавказском выщелоченном черноземе. (TJUREMNOW S. N., Der jährliche Gang des Wassergehalts und die auf ihn wirkenden Faktoren im ausgelaugten Tschernosjom des westlichen Vorkaukasus), Krasnodar 1923, Bd. I., Ausg. 2.

215. Уласевич В. А., Предельная полевая влагоемкость. (ULASSEWITSCH W. A., Die begrenzende Feldwasserkapazität), Moskau oder („Chemie d. soz. Ackerbaues"), 1938, Nr. 5, Moskau 1938, Nr. 12.

216. Уласевич В. А., Предельная полевая влагоемкость — основной показатель водоудерживающей способности почв. (ULASSEWITSCH W. A., Die Feldwasserkapazität als Hauptkennziffer für die wasserhaltende Fähigkeit des Bodens), Moskau 1948.

217. Усов Н. И., Почвы Саратовской области. (USSOW N. I., Die Böden des Gebietes Saratow), Saratow 1948.

218. Фагелер, Режим катионов и воды в минеральных почвах. (VAGELER, Kationen- und Wasserhaushalt in Mineralböden), Moskau 1938.

219. Федоровский, Д. В., Определение в почве воды, недоступной для корней растений. (FEDOROWSKI D.W., Die Bestimmung des für die Pflanzenwurzeln unzugänglichen Wassers im Boden), 1939, Heft 4.

220. Федоровский Д. В., Зависимость коэффициента завядания от вида растений и осмотического давления почвенного раствора. (FEDOROWSKI D.W., Die Abhängigkeit des Welkekoeffizienten von der Pflanzenart und dem osmotischen Druck der Bodenlösung), 1948, Heft 10.

221. Федосеев А. П., К вопросу определения полевой влагоемкости почвы. (FEDOSSEJEW A. P., Zur Frage nach der Bestimmung der Feldwasserkapazität des Bodens), 1940, Heft 11.

222. Филиппова В. Н., Сравнительное исследование различных методов подготовки почв к механическому анализу. (FILIPPOWA W. N., Vergleichende Untersuchung verschiedener Vorbereitungsmethoden des Bodens zur mechanischen Analyse), Leningrad 1931, Ausg. 14.

223. Финдлей, Осмотическое давление. (FINDLEY, Der osmotische Druck), St. Petersburg 1914.

224. Францессон В. А., Изучение динамики влажности при проведении стационарных опытов. (FRANZESSON W. A., Die Erforschung der Feuchtigkeitsdynamik bei Durchführung stationärer Versuche), 1939a, Heft 1.

225. Францессон В. А., О формах воды, слагающих полевую влагоемкость. (FRANZESSON W. A., Über die Wasserformen, aus denen sich die Feldwasserkapazität zusammensetzt), 1939, Heft 5.

226. Францессон В. А., Изменение агрономически важных свойств чернозема под влиянием высушивания и смачивания. (FRANZESSON W. A., Die Veränderung der agronomisch wertvollen Eigenschaften des Tschernosjoms unter dem Einfluß des Austrocknens und der Benetzung), Moskau 1947.

227. Францессон В. А., О максимальной гигроскопичности и связанной воде в черноземных почвах. (FRANZESSON W. A., Über die Maximale Hygroskopizität und das gebundene Wasser im Tschernosjom), Moskau-Leningrad 1949.
228. Фрицман Э. Х., Природа воды. (FRIZMAN E. CH., Die Natur des Wassers), Moskau 1935.
229. Цытович Н. А., Механика грунтов. (ZYTOWITSCH N. A., Die Mechanik des Untergrundes), Moskau 1940.
230. Шаврыгин П. И., Физические свойтва почв в зависимости от состава поглощенных оснований. (SCHAWRYGIN P. I., Die physikalischen Bodeneigenschaften in Abhängigkeit von der Zusammensetzung der sorbierten Basen), Leningrad 1936, Bd. XIII.
231. Шаров В. С., Противоречия современной коллоидной химии почв и их источник. (SCHAROW W. S., Die Widersprüche der neuzeitlichen Boden-Kolloidchemie und ihr Ursprung), 1939, Heft 6.
232. Шаров В. С., Изменение физических свойств глины в точке перехода от коллоидгидрата к гелю. (SCHAROW W. S., Die Veränderung der physikalischen Toneigenschaften im Übergangspunkt vom Sol zum Gel), Woronesh 1941, Bd. VII, Ausg. 4.
233. Шаров В. С. и Бутовская М. П., Получение и свойства Са-глины в состоянии первичной дисперсности. (SCHAROW W. S. und BUTOWSKAJA M. P., Die Herstellung und die Eigenschaften eines Ca-Tons im Zustand der primären Dispersion), Woronesh 1940, Nr. 7.
234. Шаров В. С. и Измайлович О. И., Растирание густого теста как метод диспергирования глины. (SCHAROW W. S. und ISMALJOWITSCH O. I., Anrühren eines zähen Breies als Dispergierungsmethode für Ton), Woronesh 1941, Bd. VII., Ausg. 4.

B. Internationale Literatur

235. ADAM N. K., The physics and chemistry of surfaces. London 1938.
236. ALTEN F. und KURMIES B., Die physikalisch-chemischen Gesetzmäßigkeiten beim Kationenaustausch in Mineralböden. „Ang. Ch.", Beiheft 21, Berlin 1935.
237. ALTEN F. und KURMIES B., Das Verhalten des Wassers im Boden. „Blanck's Handbuch der Bodenlehre", 1-s Ergsbd., Berlin 1939.
238. ALTEN F. und LOOFMAN H., Möglichkeit, Art und Wirkung der Anlagerung von Flüssigkeiten, Gasen und Ionen am Sorptionscomplex und Folgen für die ackerbaulichen Eigenschaften der Böden. „Bdk. und Pfl.", Bd. 31, Berlin 1943.
239. ALWAY F. J., Studies on the relation of the non available water of the soil to the hygroscopic coefficient. „Univ. Nebr. Res. Bull.", N 3, 1913.
240. ANDERSON M. S., Influence of substituted cations on soil colloids. „J. Agr. Res.", v. 38, 1939.
241. ATTERBERG A., Studien aus dem Gebiete der Bodenkunde. „Ldw. Versuchst.", Bd. 69, Berlin 1908.
242. BÄR A. und TENDELOO H., Über die Doppelschicht der Tonkolloide. „KH Beihefte" Bd. 44, Berlin 1936.
243. BAVER L. D. und HORNER J. M., Water content of soil colloids as related to their chemical composition. „S. S.", v. 36, 1933.
244. BAVER L. D. und WINTERKORN H., Sorption of liquids by soil colloids. II, „S. S.", v. 40, N 5, 1935.
245. BEHRENS W. H., Beziehungen zwischen Oberfläche, Hygroskopizität und Benetzungswärme des Bodens. „Z. f. P. D. B.", Bd. 40, Berlin 1935.
246. BERNAL J. D. und FOWLER R. H., A theory of water and ionic solution. „J. Chem. Phys.", B. I, 1933.
247. BOTELHO DA COSTA J. W., The indirect determination of the wilting coefficient by the freezing point method. „J. Agr. Sc.", v. 28, London 1938.

248. Botelho da Costa J. W., A critical survey of investigations on the wilting coefficient of soils. ,,J. Agr. Sc.", v. 28, London 1938.
249. Bouyoucos G. J. und Mc Cool M. M., Further studies on the freezing point lowering of soils. ,,Mich. Agr. Exp. St. Techn.", Bull. 31, 1916.
250. Bouyoucos G. J., Classification and measurement of different forms of water in the soil by means of the dilatometer method. ,,Mich. Agr. Exp. St. Techn.", Bull. 36, 1917.
251. Bouyoucos G. J., Relationship between the unfree water and the heat of wetting of soils and its significance. ,,Mich. Agr. Exp. St. Techn.", Bull. 42, 1918.
252. Bouyoucos G. J., A new classification of soil moisture. ,,S. S.", v. 11, 1921.
253. Bouyoucos G. J., Heat of wetting of soils dried at different temperatures and the force at which soils absorb water. ,,S. S", v. 20, 1925.
254. Bouyoucos G. J., The state in which the hygroscopic moisture exists in soils, as indicated by the determination with alcohol. ,,S. S.", v. 41, 1936.
255. Bradley W. F., Grim R. E. and Clark G. L., A study of the behaviour of Montmorillonite upon wetting. ,,Z. Krist. A.", Bd. 97, 1937.
256. Briggs L. J., On the adsorption of water vapor and of certain salts in aqueous solution by quartz. ,,J. Ph. Ch", v. 9, 1905.
257. Briggs L. J. and Shantz H. L., The wilting coefficient for different plants ,,U. S. Dep. Agr. Bur. Pl. Ind.", Bull. 230, W., 1912.
258. Briggs L. J. and Shantz H. L., Relative water requirement of plants. ,,J. Agr. Res., v. 3. 1914.
259. Buckingham E., Studies on the movement of soil moisture. ,,U. S. Dep. Agr. Bur. of soils", Bull. 38." 1907.
260. Christiansen J. E., Effect of entrapped air upon the permeability of soils. ,,S. S.", v. 58, No 5. B., 1944.
261. Dallavalle J. M., Micromeritics, N. Y., 1943.
262. Dobeneck A. F., Untersuchungen über das Adsorptionsvermögen und die Hygroskopizität der Bodenpartikeln. ,,Forsch. Agr. Ph.", Bd. XVII. H., 1892.
263. Don Kirkham and Feng C. L., Some tests of the diffusion theory and laws of cappilary flow in soils. ,,S. S.", v. 67, B., 1949.
264. Ehrenberg P., Die Bodenkolloide, J., 1922.
265. Fisher R. A., On the capillary forces in an ideal soil. ,,J. Agr. Sc.", v. 16, L., 1926.
266. Fisher R. A., Further note on the capillary forces in an ideal soil. ,,J. Agr. Sc.", V. 18, L., 1928.
267. Fisher R. A., The Haines formula improwing. ,,J. Agr. Sc.", v. 20.
268. Foster A. G., The sorption of condensible vapours by porous solids. ,,Tr. Far. Soc.", v. 28, L., 1932.
269. Fraser H. J., Experimental study of the porosity and permeability of clastic sediments. ,,J. of Geol.", v. XLIII, No 8, W., 1935.
270. Fredenhagen ,,Phys. Z.", Bd. 36, B., 1935.
271. Freudlich H., Kapillarchemie. L., 1923.
272. Furr S. and Reeve K., Range of soil moisture percentage through which plant undergo permanent wilting. ,,J. Agr. Res.", v. 71, 1945.
273. Gardner W., A capillary transmission constant and methods of determining it experimentally. ,,S. S.", v. 10. B., 1920.
274. Gruner E. und Vogel R. F., Das Quellungsverhalten von Kalzium- und Natrium-Bentonit und seine Deutung. ,,K. Z.", Bd. 118, L., 1950.
275. Haines W. B., Studies in the physical properties of soils:

II —,,J. Agr. Sc.", v. 15. L., 1925;
IV —,,J. Agr. Sc.", v. 17. L., 1927;
V —,,J. Agr. Sc.", v. 20. L., 1930;

276. Haines W. B., On the existence of two equivalent series in soil capillary phenomena. ,,Pr. of 2-d Int. Congr. S. S.", v. 1., M., 1932.

277. HENDRICKS S. B. and JEFFERSON M. E., The struktures of kaolin an talc-pyrophyllite hydrates and their bearing on water sorption. ,,Am. min.", v. 23, N. Y., 1938.
278. HILGARD E. W., Soils, N. Y., 1921.
279. HOFFMANN K. und GIESE K., Über den Kationenaustausch an Tonmineralien. ,,K.Z.", Bd. 87, D.-L., 1939.
280. HOSE MORDECAI, Heat of wetting of some soil colloids at different moisture contents. ,,S. S.", v. 43, B., 1937.
281. HÜCKEL E., Adsorption und Kapillarkondensation. L., 1928.
282. JANERT H. Z., Untersuchungen über die Benetzungswärme des Bodens. ,,Z. f. P. D. B.", Bd. 34, B., 1934.
283. KAPP L. C., The approximate size of soil particles at which the heat of wetting is manifested. ,,S. S.", v. 29, B., 1930.
284. KATZ J., ,,Proc. Acad. Sc. Amsterdam", v. 15, 1912.
285. KEEN B. A., A note on the capillary rise of water in soil. ,,J. Agr. Sc." v. 9, L., 1918.
286. KEEN B. A., The system soil — soil moisture. ,,Tr. Far. Soc.", v. 17, L., 1922.
287. KEEN B. A., On moisture relationships in an ideal soil. ,,J. Agr. Sc.", v. 14, L., 1924.
288. KEEN B. A. and COUTTS J. R., Single value soil properties. ,,J. Agr. Sc." v. 18, L., 1928.
289. KELLEY W., JENNY H., BROWN S., Hydration of minerals and soil colloids in relation to crystal structure. ,,S. S.", v. 41, B., 1936.
290. KÜHN S., Über die Beziehungen zwischen Hydroskopizität, adsorbierten Basen und einigen physikalischen Eigenschaften bei Böden. ,,Z. f. P. D. B.", Bd. 26, B., 1932.
291. KURON H., Versuche zur Feststellung der Gesamtoberfläche an Erdböden, Tonen und verwandten Stoffen:

I —,,Z. f. P. D. B.", 18, B., 1930;
II —,,Z. f. P. D. B.", Bd. 21. B., 1931;
IV —,,Z. f. P. D. D. B.", Bd. 24. B., 1932a;
V —,,Z. f. P. D. B.", Bd. 25. B., 1932b;
VII —,,Z. f. P. D. B.", Bd. 36. B., 1934a.

292. KURON H., Adsorption von Dämpfen und Gasen an Böden und Tonen und ihre Verwendung zur Oberflächenermittlung dieser Stoffe. ,,Koll. Beih", Bd. 36, B., 1932b.
293. KURON H., Der Einfluß von Natiumcarbonatzusätzen auf die Wasserbindung an Wasserstoffton. ,,Z. f. P. D. B.", Bd. 33, B., 1934 a.
294. KURON H., Die Abgrenzung der Formen des vom Boden gebundenen Wassers durch den Einfluß auf die Umsetzung zwischen Boden und Salzen. ,,Z. f. P. D. B.", Bd. 45., B, 1936.
295. LEAMER R. W. und LUTZ J. F., Determination of Pore-size distribution in soils. ,,S. S.", v. 49, B., 1940.
296. LIVINGSTON B. E., The relation of desert plants to soil moisture. ,,Carnegie Inst. Publ.", 50, W., 1906.
297. MAGISTAD O. C. and REITEMEIER R. F., Soil solution concentration at the wilting point and their correlation with plant growth. ,,S. S.", v. 55. B., 1943.
298. METCALF W. V., Die kinetische Deutung des osmotischen Drucks. ,,K. Z.", Bd. 90, D., 1940.
299. MEYER B. S., A critical evaluation of the terminology of diffusion phenomena. ,,Plant Phys.", v. 20., 1945.
300. MITSCHERLICH A., Untersuchungen über die physikalischen Boden-Eigenschaften. ,,Ldw· Jahrb.", Bd. XXX. B., 1901.
301. MITSCHERLICH A., Zur Methodik der Bestimmung der Benetzungswärme des Ackerbodens. ,,Ldw. Jahrb.", Bd. 31. B., 1902.
302. NITZSCH W., Über den Bau der Hydrathülle der anorganischen Bodenkolloide. ,,K. Z.", Bd. 93. D., 1940.
303. NITZSCH W. und CZERATZKI L., Beschaffenheit und Beeinflußbarkeit der Bodenkolloide und ihre Bedeutung für Krümelbildung und Krümeleigenschaften. ,,Bdn. und Pfl.", Bd. 18. B., 1940.

304. NOVÁK V. a. PECHANEK J., Vliv disperskiho stupue na fysicke vlastnosti kremennych písků III. Vzlinavost. ,,Sb. ČAZ.", XVIII. Pr., 1943.
305. ODEN S., Note on the hygroscopicity of clay and the quantity of water absorbed per surface unit. ,,Tr. Far. Soc.", v. 17. L., 1921.
306. OLNSTED L. B., Soil Moisture relation of the soil from the erosion experiment station. ,,K. S. Dep. Agr. Techn.". Bull. 562. W., 1937.
307. OSTWALD W., Zur Theorie des Osmose und Ultrafiltration kolloider Lösungen, ,,K. Z.", Bd. 23. D., 1918.
308. OSTWALD W. und MÜNDLER K., Über Osmose und Quellung disperser Systeme. ,,K. Z.", Bd., 24. D., 1919.
309. PATE W. W., The influence of the amount and nature of the replaceable bases upon the heat of wetting of soil colloids. ,,S. S.", 20. B., 1925.
310. PETTIJOHN E., Measurement of the thickness of film, formed on glass and sand. ,,J. Am. Ch. Soc.", v. 41. N. Y., 1919.
311. PILLSBURY A. F. and APPLEMAN D., Factors in permeability changes of soils and inert granular material. ,,S. S.", v. 59. B., 1945.
312. PURI A. W. and KEEN B. A., The dispersion of soil in water under various conditions. ,,J. Agr. Sc.", b. 15. L., 1925.
313. PURI A. W., CROWRHER E. M., KEEN B. A., The relation between the vapour pressure and water content of soils. ,,J. Agr. Sc.", v. 15. L., 1925.
314. PURI A. N., A critical study of the hygroscopic coefficient of soil. ,,J. Agr. Sc.", v. 15. L., 1925.
315. PURI A. W. and HOON R. C., Heat of wetting, ,,S. S.", v. 47. B., 1939.
316. PURI A. N., The capillary tube hypotesis of soil moisture. ,,S. S.", v. 48. B., 1939.
317. PURI A. N. and RAI B., Effect of pH value and the nature of exchangeable base on dispersion of soil. ,,Ind. J. Agr. Sc.", v. 14, C., 1944.
318. RODEWALD, Über Quellungs- und Benetzungserscheinungen. ,,Z. f. Phys. Chem.", Bd. 33, 1900.
319. RODEWALD H., Theorie der Hygroskopizität. ,,Ldw. Jahrb.", Bd. 31, B., 1902.
320. RODEWALD H. und MITSCHERLICH A. Die Bestimmung der Hygroskopizität. ,,Ldw. Versuchst.", Bd. 59, B., 1904.
321. ROSENE H., Water balance in the onion root. ,,Plant Physiol.", v. 16. W., 1941.
322. RUSSELL E. W., The interaction of clay with water. ,,Phil. Tr. Roy. Soc.", L., 1934.
323. RUSSELL M. B., Soil moisture curves for four Iowa soils. ,,S. S. S. Am. Pr.", v. 4. M., 1940.
324. SACHS J., Bericht über die physiologische Tätigkeit an der Versuchstation in Tharandt, ,,Ldw. Versuchst.", Bd. 1. B., 1850.
325. SCHOFIELD R. K., The pF of the water in soil. ,,Tr. 3-d Int. Congr. of soil Sc.", v. II. L., 1935.
326. SCHOFIELD R. K., Pore size distribution as revealed by the dependence of suction on moisture content. ,,Tr. I-st Com. I.S.S.S.", L., 1938.
327. SEKERA F., Die nutzbare Wasserkapazität und die Wasserbeweglichkeit im Boden. ,,Z. f. P. D. B.", Bd. 22. B., 1931.
328. SHAW C. F., The normal moisture capacity of soils. ,,S. S.", v. 23. B., 1927.
329. SHAW C. F. and SMITH B. A., Maximum height of capillary Rise. ,,Hilgardia", v. 2. No. 11. W., 1927.
330. SMITH, W. O., FOOTE, P. D., BUSANG, P. F., Capillary rise in sands of uniform spherical grains. ,,Physics", v. 1. L., 1931.
331. SMITH W. O., Capillary flow through an ideal uniform soil. ,,Physics", v. 3. L., 1932 a.
332. SMITH W. O., The final distribution of retained liquid in an ideal uniform soil. ,,Physics", v. 4. L., 1933b.
333. SMITH W. O., Minimum capillary rise in an ideal uniform soil. ,,Physics", v. 4. L, 1933.
334. SMITH R. M. and BROWNING D. R., Persistent water unsaturation of natural soil. ,,S. S. Am. Pr.", v. 7. M., 1943.

335. SZIGETI P., Über sogenannte negative Adsorption an Permutiten und Tonen. ,,Koll. Beih"., Bd. 38. D., 1933.
336. TAYLOR C. A., BLANEY H. F., MCLAUGHLIN W. W., The wilting range in certain soils and the ultimate wilting point. ,,Nat. Res. Council. Am. Geophys. Union. Trans.", v. 15. W., 1934.
337. THIEL, A., Über die Vorstellungen von dem Zustandekommen des osmotischen Druckes. ,,V. Z.", Bd. 91. D.—L., 1940.
338. THIEL A., Osmotischer Druck und Membranwirkung. ,,K. Z.", Bd. 94. D.—L., 1941.
339. THOMAS M. D., Aqueous vapor pressure of soils:

I —,,S. S.", v. 11, B., 1921;
II —,,S. S.", v. 17. B., 1924;
III —,,S. S.", v. 25. B., 1928;
IV —,,S. S.", v. 25. B., 1928.

340. URSPRUNG A. und BLAM G., Dürfen wir die Ausdrücke osmotischer Wert, osmotischer Druck, Turgordruck, Saugkraft synonym gebrauchen? ,,Biol. Zbl.", Bd. 40. B., 1920.
341. VEIHMEYER F. G., Some factors, affecting the irrigation requirement of deciduous orchards. ,,Hilgardia", v. 2. No. 6. 1927.
342. VEIHMEYER F. G. and HENDRICKSON A., H. Soil moisture at permanent wilting of plants. ,,Plant Phys.", v. 3. B., 1928.
343. VERSLUYS J., Die Kapillarität der Böden. ,,Intern. Mitt. für Bodenkunde", Bd. 7. B., 1917.
344. WADSWORTH H. A., An interpretation of the moisture content-surface force curve for soils. ,,S. S.", v. 58. B., 1944.
345. WHITT D. M. and BAVER L. D., Particle size in relation to base exchange and hydration properties of Putnam clay. ,,J. Am. Soc. Agr.", v. 29. N. Y., 1937.
346. WIDTSOE J. A. and MCLAUGHLIN W. W., The movement of water in irrigated soils. ,,Utah. Exp. St". Bull. 115. Utah., 1912.
347. WIDTSOE J. A., The principles of irrigation practice. W., 1926.
348. WIEGNER G., Wasserbindung im Boden. ,,K. Z.", Bd. 35. D.—L., 1924.
349. WIEGNER G., Dispersität und Basenaustausch. ,,K. Z.", Bd. 36. D.—L., 1925.
350. WILCOX J. C. and SPILSBURY R. H., Soil moisture studies; III application of soil moisture measurements to soils classification. ,,Sc. Agr.", v. 21. 1941.
351. WILSDON G., Studies in soil moisture. ,,J. Agr. Sc.", v. 14. L., 1924.
352. WINTERKORN H. F. and ECKERT G. W., Consistency and physiochemical data of a loess pampaneo soil. ,,S. S.", v. 49. B., 1940.
353. WINTERKORN H. F., The condition of water in porous systems. ,,S. S.", v. 56, B., 1943.
354. WOODRUFF C. M., Soil moisture and plant growth in relation to pF. ,,S. S. S. Am. Pr.", v. 5, M., 1940.
355. WOODRUFF C. M., The movement and evaporation of soil water in relation to pF. ,,S. S. S. Am. Pr.", v. 6. M., 1942.
356. ZUNKER H., Eignung der mechanischen Verfahren zur Bestimmung der Dränenentfernung. ,,Der Kulturtechniker". Bd. 31. B., 1928.
357. ZUNKER H., Das Verhalten des Bodens zum Wasser. ,,Blanck's Handbuch der Bodenlehre". Bd. IV. B., 1930.

FSC
www.fsc.org
MIX
Papier | Fördert gute Waldnutzung
FSC® C083411

Kolibri 360 GmbH
Ferdinand-Jühlke-Straße 7
99095 Erfurt, Deutschland
produktsicherheit@kolibri360.de